建筑工程施工质量控制与防治对策

王宗昌　编著

中国建筑工业出版社

图书在版编目（CIP）数据

建筑工程施工质量控制与防治对策/王宗昌编著．北京：中国建筑工业出版社，2010.5

ISBN 978-7-112-12091-8

Ⅰ.①建… Ⅱ.①王… Ⅲ.①建筑工程-工程质量-质量控制 Ⅳ.①TU712

中国版本图书馆 CIP 数据核字（2010）第 090949 号

建筑工程施工质量控制与防治对策

王宗昌 编著

*

中国建筑工业出版社出版、发行（北京西郊百万庄）

各地新华书店、建筑书店经销

北京千辰公司制版

廊坊市海涛印刷有限公司印刷

*

开本：850×1168 毫米 1/32 印张：17 字数：488 千字

2010 年 7 月第一版 2014 年 1 月第四次印刷

定价：**39.00** 元

ISBN 978-7-112-12091-8

（19360）

本书汇集了作者对建筑工程施工过程有关领域的工作实践和研究成果，在对各类工程实际应用和总结经验的基础上，结合现行国家标准及行业规范、规程，对工序操作过程的工艺方法和技术措施，以质量控制和通病防治为主，详细介绍符合要求的施工方法和质量控制。本书主要内容包括：建筑结构设计控制，建筑墙体工程施工，钢筋混凝土工程，幕墙门窗质量控制，房屋采暖技术应用及建筑电气设计施工控制等。本书内容全面系统，突出实用性、针对性和可操作性，通俗易懂。

本书可作为施工现场技术人员、质量监督人员、监理人员学习、工作用书，也可作为土木工程大专院校相关专业教学参考资料。

* * *

责任编辑：尹珺祥　郭　栋
责任设计：赵明霞
责任校对：赵　颖

前　言

建筑业是一个历史悠久的古老行业，要做好建筑产品或工程项目，通常需要有多项专门技能的配合才能完成。设计理论及设计规范技术问题已经解决，但是要把图上画的变成地上建造的合格工程，有许多具体技术和操作问题还需要处理。当然在许多情况下，设计师都是尽量详细而周到地考虑到施工条件和环境因素的可行性。一项完美成功的工程，不仅要有优秀的设计师，更需要技艺高超的施工技术人员及管理者。这是规范建筑行业行为，使国家制定的所有标准、规范和规程落到实处的根本保证。

鉴于工程项目施工过程细部多数为手工作业，技术要求高、难度大，且受环境及人员素质影响，因而造成质量的波动大和隐患多。建筑工程使用的材料数以千计，质量差异离散性大，一个项目是将这些互不关联的材料，按一定比例和工艺方法组成为一个供人们使用的合格产品，其施工工序过程中的科学搭配、协调配合、质量控制非常重要，必须要求每个环节都规范合格。由于建筑产品具有其他任何产品不可比拟的特殊性，一旦形成难以改变，更加需要对工程全方位、全过程地监控，使产品真正达到设计要求。

混凝土是现代建筑结构用量最大、使用最广泛的工程材料，已发展到高性能、高强度和绿色混凝土。化学外加剂及矿物外掺合料的使用，使得混凝土集中预拌和商品化，泵送施工已成为现实。而且混凝土的品种和用途有很大提高，如高抗裂抗渗混凝土、自密实混凝土、泡沫混凝土、再生混凝土、钢管混凝土、清水混凝土及多孔植被混凝土等，根据建设需要而得到更多发展。然而，由于预拌混凝土的大水灰比、高流动性的后果是收缩量大而结构裂缝严重，控制预拌混凝土的裂缝是近年来工程施工的重要问题。从现在工程质量存在的问题看，建筑工程的质量问题仍然是裂缝、渗漏、沉降、保温性差、承载力低和耐久性达不到设计年限等方面。

建筑节能已成为建筑业当前关注的问题，国家已制定了保温节能的规范和标准，并提出节能65%的目标，需要从屋顶、外门窗及围护结构和地面综合考虑。如外围护结构用量最大的膨胀聚苯乙烯泡沫板的施工质量不规范、薄层抹灰易开裂问题还要认真解决。通过对各类工程在实际应用和总结的基础上，结合现行国家规范、标准及行业规程，对施工工序操作过程的工艺方法和技术措施，以质量控制和防治通病为主，从大量施工应用中介绍符合规范要求的合格技术方法措施是十分必要的。

本书主要内容包括：建筑结构设计控制，建筑墙体工程施工，钢筋混凝土工程，幕墙门窗质量控制，采暖技术应用和建筑电气设计施工控制等方面。在写作中力求全面系统，突出实用性、可操作性和针对性，通俗易懂，方法简单，措施规范。适合现场技术及管理人员，工程技术人员，监理人员，质量监督人员，工程设计人员，质量检查人员及土木工程大专院校相关专业师生学习参考，使这些工作繁忙又无时间学习标准规范的技术人员，通过参阅本书，用很少时间即可熟悉掌握新的标准规范和施工控制措施方法。

在本书出版发行之际，作者衷心感谢建设部原总工程师许溶烈、姚兵、金德钧三位教授，感谢长期关心和支持写作的领导和同事，感谢出版社编审老师的辛勤修改，并感谢参考文献作者的辛勤劳动，才能使拙作问世。由于作者水平及工作地区的局限性，难免存在不少不足之处，希望读者提出意见和建议，批评指正，作者衷心感谢，再版时更正。

目　录

一、建筑结构设计控制

1　建筑结构设计规范中需协调统一的问题

现行的建筑行业国家设计规范之间存在一些不同或差异，如荷载取值、计算方法及构造措施等需要协调一致，便于设计中采用。在此对存在的问题进行分析、探讨，并提出解决措施。

1. 砌体结构圈梁的设置

现行的《砌体结构设计规范》GB 50003—2001 第 7.1.6 条规定：采用现浇钢筋混凝土楼（屋）盖的多层砌体结构房屋，当层数超过 5 层时，除檐口标高处设置一道圈梁外，可隔层设置圈梁，…未设置圈梁的楼面，…并沿墙长配置不少于 2ϕ10 的纵向钢筋。第 7.1.5 条规定：当墙厚≥240mm 时，圈梁高度不应小于 120mm，纵向钢筋不应少于 4ϕ10，箍筋间距不应大于 300mm。现行国家标准《建筑抗震设计规范》GB 50011—2001 第 7.3.3 条及第 7.5.3 条第 2 款规定：现浇或装配整体式应允许不另设圈梁。这两个国家规范规定的都是对非地震区，这样在设置圈梁的要求上，地震设防区同非地震区相差很大，圈梁设置的不同要求，应该统一。

2. 砌体结构的荷载取值

（1）隔墙荷载计算：现行《建筑结构荷载规范》GB 50009—2001 第 4.1.1 条注 5：是指灵活自由布置的隔墙荷载简化计算，有的隔墙较密集，楼层较高及板跨较小时，则荷载偏小。非地震区隔墙下支承构件砌体隔墙由于拱效应作用，按墙梁计算，计算跨中弯矩易满足要求，但对支座端剪力视其大小（支座剪力是隔墙支座全反力）而定，大者则不易满足要求。地震区砌体隔墙在强震作用下拱效应破坏，则墙下支承梁应按隔墙满荷载计算。

（2）底部抗震框架梁顶砌墙及屋面取值：《砌体结构设计规范》GB 50003—2001 第 10.5.6 条规定的底部框架抗震墙房屋的框架，由重力荷载代表值产生的框支墙梁内力，应按本规范第 7.3 条的有关规定计算，按墙梁组合共同作用计算。《建筑抗震设计规范》条文说明第 7.2.4、7.2.5 条，考虑大震时墙体严重开裂，托墙梁与非抗震的墙梁受力状态有差异，由重力荷载产生的弯矩，四层以下全部计入组合，四层以上有所折减，对托墙梁剪力计算时，由重力荷载产生的剪力不折减。

（3）挑梁及雨篷抗倾覆荷载计算：《砌体结构设计规范》GB 50003—2001 图 7.4.3 及图 7.4.7 中，挑梁及雨篷梁顶抗倾覆荷载，除梁顶荷载外，还要考虑挑梁及雨篷梁尾端上部 45°扩展角阴影范围内的砌体荷载，也就是图 1、图 2 外侧虚线范围内砌体荷载，只适用于非地震区，地震区只能取梁伸入墙内长度范围内的砌体荷载计算抗倾覆荷载，详见图 1、图 2 阴影范围内的砌体荷载。

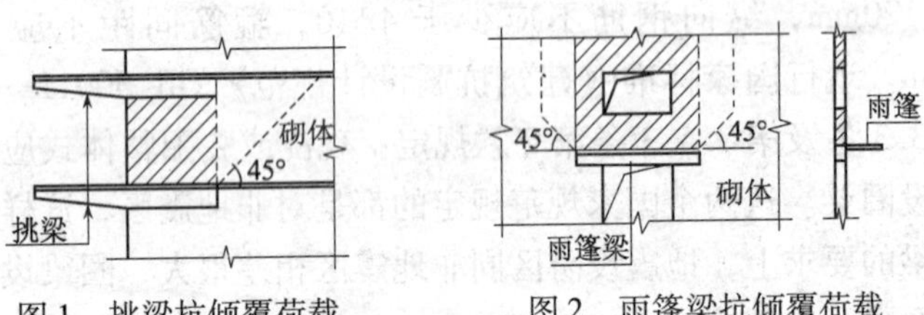

图 1　挑梁抗倾覆荷载　　图 2　雨篷梁抗倾覆荷载

（4）底部框架-剪力墙的计算：《建筑抗震设计规范》第 7.2.5 条要求，底部框架抗震墙结构，框架柱承担的地震剪力设计值，可按各抗侧力构件有效侧向刚度比例分配确定，是否还应按照第 6.2.13 条，不应小于底部总剪力的 20% 和按框架抗震墙结构分析的框架部分各楼层地震剪力中最大值 1.5 倍两者的较小值来考虑。

（5）屋顶花园的荷载取值：按《建筑结构荷载规范》中第

4.3.1 条注 4，屋顶花园活荷载标准值为 3kN/m²，屋顶花园活荷载标准值中不包括花园土壤材料自重，这是容易理解的。对于居住人员没有什么约束，如果参照《平屋面建筑构造（二）》03J201—2 图集，屋顶花园种植屋面的活荷载标准取值，才能够保证屋面安全。

3. 独立柱基础的构造与计算

（1）独立柱基础一般不容易满足现行《混凝土结构设计规范》GB 50010—2002 中表 9.5.1 条规定的在外力作用下，纵向受力钢筋最小配筋百分率的要求，计算基础冲切，只计入柱边 45°分布角以外的地基反力，45°分布角以内的地基反力按 45°分布角扩散所平衡抵消，因而减小柱边弯矩，无筋混凝土可能承担了此弯矩。但在设计中都按地基土全部净反力计算弯矩及配筋，需要进一步分析，取得与实际受力状态相符合的配筋，见图 3、图 4。

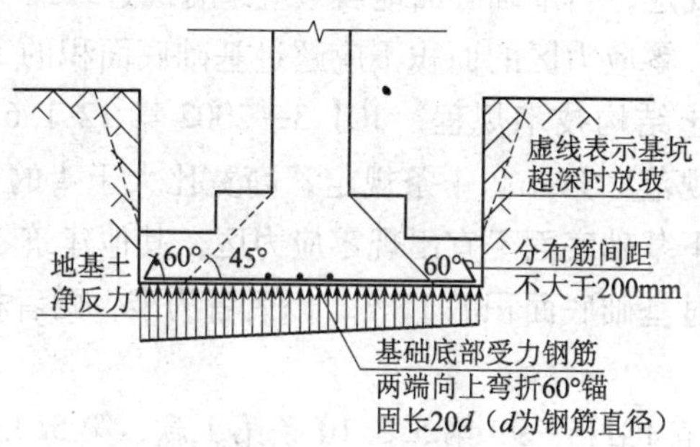

图 3　独立柱基础剖面图

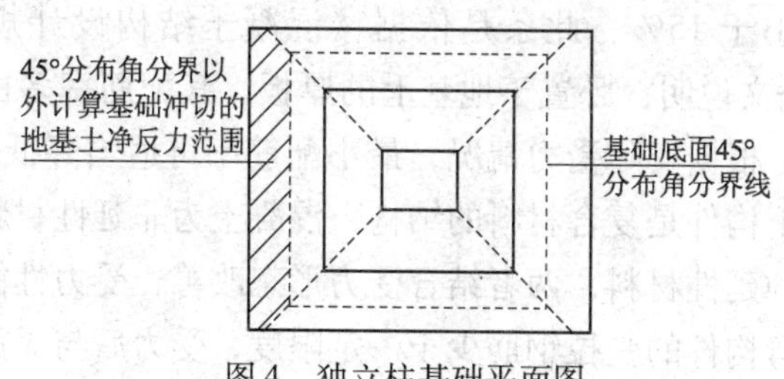

图 4　独立柱基础平面图

(2) 独立柱基础无筋素混凝土垫层的改进处理。独立柱基础无筋素混凝土垫层挑出基础外边缘不小于100mm的习惯做法可取消，采取无筋素混凝土垫层厚度外侧不支模，避免因支模需加宽基础底部尺寸；按基础底部尺寸挖基坑原槽浇筑混凝土，增强基础稳定性；少挖土方，加快工期；基础埋置深，减少了土方量及回填土，地面开裂也相应减少。

(3) 独立柱基础和条形基础底配筋，两端类似悬臂梁，配筋详见《混凝土结构设计规范》GB 50010—2002中第10.2.3条，要有一定的锚固长度，两端向上弯折，如图3所示，钢筋弯折60°，减去保护层的混凝土垫块施工。必须有一定锚固长度是必要的，而现在施工图都是直条钢筋，未有弯钩锚固。

4. 高层建筑箱形与筏形基础

(1) 现行《高层建筑箱形与筏形基础技术规范》JGJ 6—99第4.0.5条规定，当基础底面地震效应组合的边缘最小压应力出现零应力时，零应力区的面积不应超过基础底面积的25%。《高层建筑混凝土结构技术规程》JGJ 3—2002第12.1.6条及《建筑抗震设计规范》第4.2.4条规定，高宽比大于4的高层建筑，在地震作用下基础底面不宜出现零应力区，其他建筑零应力区的面积不应超过基础底面积的15%，以后者为准，两者相差67%，应协调一致。

(2) 规范JGJ 6—99第5.3.10条第1款、第5.3.11条中考虑了筏形基础整体弯曲的影响，基础梁和底板的底部钢筋，其配筋率不应小于15%，此条是依据《混凝土结构设计规范》第9.5.2条条文说明：卧置于地基上的厚板，其配筋率多由最小配筋率控制。根据实际受力情况，最小配筋率可适当降低0.15%。钢筋混凝土构件是复合材料的结构，混凝土为非延性材料，而钢筋是很好的延性材料，两者结合受力形态改善，受力性能大幅提高，但受弯构件的受拉钢筋少于一定限度，受力后与无筋混凝土相差不大而脆断，因而构件有一个临界配筋量，在构件受弯后而不脆断，这就是构件受弯后的最小配筋率。

(3)《混凝土结构设计规范》条文说明中，厚板系指平板式筏板厚度，而梁板式筏板底板则较薄，梁都不是构造配筋，不论是厚薄板，梁的受力机理与地面上的受弯构件作用相同。其构件最小配筋率也应相同，筏板基础底部埋置在土中，出现问题无法发现，又是建筑物最重要的部分。与现行规范中非地震区（详见规范表9.5.1）和地震区（详见规范表11.3.6-1）比较，相差就更大了。

平板式筏板厚度，其跨厚比多在10以下属小挠度厚板，计算内力及变形应以剪切变形为主，弯曲变形为次。按一般跨厚比在30左右的薄板计算，存在一定差距而不安全。

5. 无筋素混凝土结构伸缩缝最大间距

现用的《砌体结构基础图集》DBJT 20—16 中，砖基础下素混凝土部分是根据《砌体结构设计规范》中表6.3.1砌体房屋伸缩缝最大间距而定，表中伸缩缝最大间距为40～100m，《混凝土结构设计规范》附录A中表A1.4素混凝土结构伸缩缝最大间距：现浇素混凝土结构中为20m，配构造钢筋为30m，如配有足够的温度钢筋（详见规范表9.1.1），现浇框架结构可到55m，素混凝土基础垫层设置在土中超长出现裂缝不会被发现，影响到结构的安全，规范与应用图集应相统一。

6. 剪力墙的计算

（1）剪力墙除了按平面计算内力及配筋外，各层现浇楼板与剪力墙形成刚接，荷载较大的楼板传给剪力墙的弯矩是不容轻视的，有关规则当作分布钢筋，按构造配筋与实际受力计算配筋相差较大，特别是在风力及地震作用下，为双向偏心受压构件而造成结构的不安全。

（2）剪力墙的厚度取值，《混凝土结构设计规范》及《建筑抗震设计规范》的抗震部分规定，剪力墙厚度皆是按层高的比值及不小于规定的最小厚度即可。《高层建筑混凝土结构技术规程》JGJ 3—2002 附录 D，剪力墙厚度是按稳定性计算确定，与这些规定所确定的剪力墙厚度要小得多，相差大，两者之间对剪力墙厚度取值宽严相反，三本规程应协调一致。

7. 大跨度梁支承在砌块墙上的处理

《砌体结构设计规范》第 6.2.7 条规定，等于或大于 9m 的大跨度梁，支承在砌块墙上若是处理不当，大跨度梁承受荷载后将会下挠变形，梁端便会发生转角变位。当梁顶荷载特别是屋面女儿墙荷载不能阻止梁转角变位时，会引起墙体开裂。防裂措施是：梁垫底用卷材与墙体隔断开；梁垫两侧及以上墙体顶部预留 20mm 缝隙，用柔性密封胶嵌缝，见图 5。

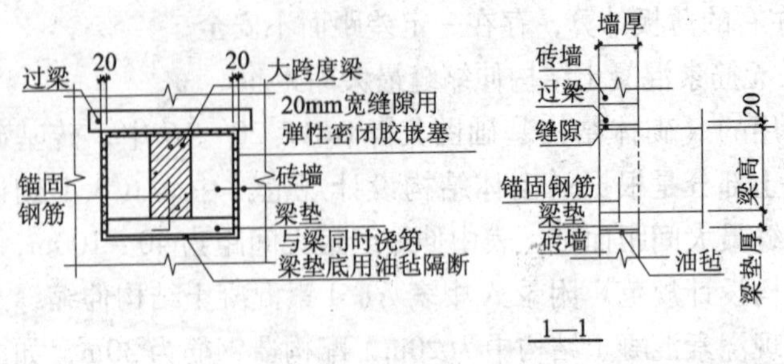

图 5　大跨度梁支座构造

对于建筑结构平面转角及尽端的要求，按照《建筑抗震设计规范》第 7.1.7 条第 4 款规定，楼梯间不宜设置在房屋的尽端及转角处，因为本层楼梯开洞，使板平面内的刚度出现变化，在地震作用下会产生扭转效应，应力集中而影响到结构安全。同样，由于建筑功能及造型上的需要，在建筑物端头及转角处的楼面开大洞，规范上未能说明，但在具体应用中还是应该避免此类现象出现。

2　平法制图规则框架柱梁节点钢筋构造的处理

钢筋混凝土结构施工图平面整体表示方法制图规则和构造详图，为建筑界较好解决了一些图示技术难点，减轻了工程设计人员制图的工作量，在应用了10多年后，设计及施工技术人员已熟悉和基本掌握，并取得了较好的社会效果。《混凝土结构设计规范》GB 50010—2002 颁布后，平法又修订为0XG101—X，进一步得到推广使用。采用技术规则将规范、规程的应用更细化，能够起到明确和具体的技术指导，如国家建筑标准设计的G101系列与G329承担了这些工作，使建筑结构设计制图规则化、标准化，构造详图图形化。在具体工程中情况多变，平法也有其需要进一步补充完善的地方，如钢筋混凝土框架柱梁节点处、钢筋集中锚入柱内的构造等，是不容忽视而值得认真分析探讨的重要问题。

1. 柱梁节点钢筋的构造措施

1.1　混凝土结构设计规范的要求

在梁柱节点中，框架梁上部纵向钢筋伸入中间层端节点的锚固长度，当采用直线锚固形式时，不应小于 l_a（如是抗震构件时，l_a 应改成 l_{aE}），且伸过柱中心线不小于 $5d$（如梁在柱支座要满足直锚长度 $\geqslant l_a$ 和锚固长度 $\geqslant 0.5h_c+5d$ 两个条件，记为 $\max\{l_a, 0.5h_c+5d\}$，d 为梁纵向钢筋的直径）。当截面尺寸不够时，梁上部纵向钢筋应伸至节点对边并向下弯折，其包含弯弧段在内的水平投影长度不应小于 $0.4l_a$，包含弯弧段在内的竖向投影长度不应小于 $15d$，见《混凝土结构设计规范》中图10.4.1所示。

在计算中充分利用钢筋的抗拉强度时，下部纵向钢筋应锚固在节点或支座内。此时可采取直线锚固形式，钢筋的锚固长度不应小于受拉钢筋锚固长度 l_a；下部纵向钢筋也要采取带90°弯折的锚固形式。其中竖向段应向上弯折，锚固端的水平投影长度及竖直投影长度不应小于对端节点处梁上部钢筋带90°弯折的锚固的规定；下部纵向钢筋也可以伸过节点或支座范围，见《混凝土结构设计规范》中图10.4.2所示。

在计算中充分利用钢筋的抗压强度时，下部纵向钢筋应按受压钢筋锚固在中间节点或中间支座内，此时其直线锚固长度不应

小于 $0.7l_a$；下部纵向钢筋也可以伸过节点或支座范围，并在梁中弯矩较小处设置搭接接头，见《混凝土结构设计规范》中图 10.4.2 所示。

梁上部纵向钢筋水平方向的净间距（钢筋外边缘之间的最小距离）不应小于 30mm 和 $1.5d$（d 是钢筋最小直径）；下部纵向钢筋水平方向的净间距不应小于 25mm 和钢筋直径 d。梁的下部纵向钢筋多于两层时，两层以上钢筋水平方向的中距应比下面两层的中距增大一倍。各层钢筋之间的净间距不应小于 25mm 和钢筋直径 d。还要重视，同一构件中相邻纵向受力钢筋的绑扎搭接接头要相互错开，绑扎搭接接头中钢筋的横向净距不应小于钢筋直径 d，且不应小于 25mm。

1.2　平法制图的要求

上、下部钢筋或同排钢筋中，如果直径不同，以各自的大直径为准，考虑钢筋间的各自间距。钢筋混凝土构件中线与线、面与面接触要有钢筋净距要求，点与线或面无净距要求。交叉钢筋可接触，平行钢筋不可接触。受拉钢筋通常在梁上部，如果是中间支座则要求同一根钢筋贯通，如果是边支座则必须锚固才行。

图 1 所示为梁上部一层钢筋、下部两层钢筋的翻样图。图 2 所示为梁上部两层钢筋、下部两层钢筋的翻样图。其中：b 为柱保护层；ϕ_1 为柱外侧钢筋直径；ϕ_2 为上部第一排纵筋直径；a 为层间纵向钢筋净距（一般是 25mm 或钢筋直径的最大值），即取值为 $1d$ 与 0.025m 中的较大值；ϕ_3 为上部第二排纵筋直径；ϕ_4 为下部第一排纵筋直径；ϕ_5 为下部第二排纵筋直径；a'为梁上部纵向钢筋与梁下部纵向钢筋在弯折 90°后的直段钢筋净距。目前对 a'取值有不同的理解。现按层间纵向钢筋净距 a 取值（取值为 $1d$ 与 0.025m 中的较大值）。梁上部钢筋与下部钢筋比较，上部钢筋是主要条件，平锚段除了满足不小于 $0.4l_{aE}$外，当柱截面高度较大，可采取直锚构造时，其锚固长度$\geqslant l_a$，且锚固长度$\geqslant 0.5h_c+5d$，如图 3 所示。

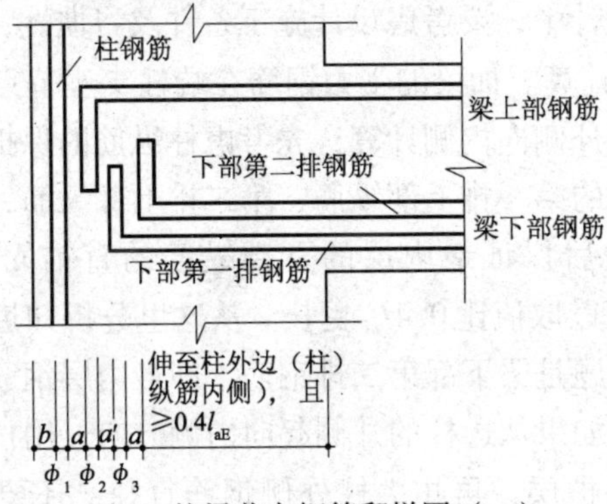

图1　柱梁节点钢筋翻样图（一）

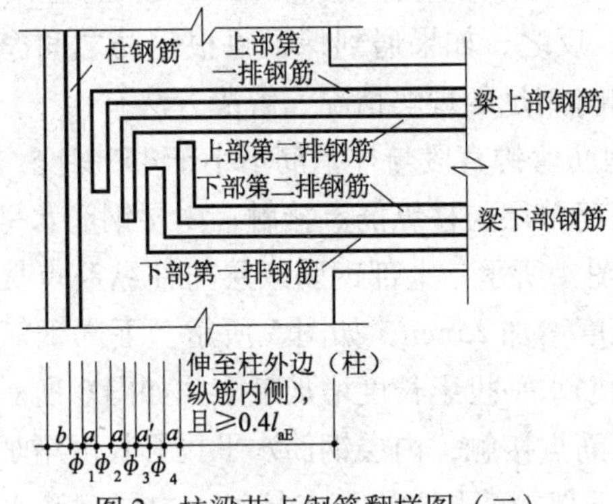

图2　柱梁节点钢筋翻样图（二）

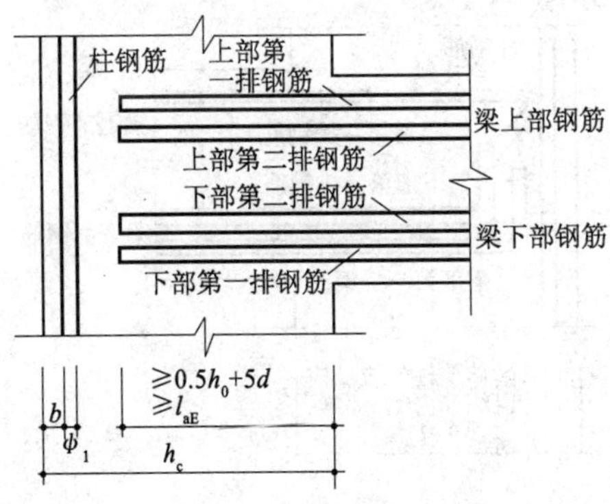

图3　柱梁节点钢筋翻样图（三）

在构造设计中，要考虑设计施工条件及习惯性，不一定要按最小值 $0.4l_{aE}$ 计算。如梁的受力钢筋在端柱支座节点计算锚固长度时，从端柱外侧向内侧计算，先考虑柱纵筋的保护层，再按一定间距布置梁的第一排上部纵筋、第二排上部纵筋，再计算梁的下部纵筋，最后保证最内层的下部纵筋的直锚固长度不小于 $0.4l_a$，即还可以取值比 $0.4l_{aE}$ 更长。从这里分析知道，柱梁节点钢筋的构造问题是梁下部第二排钢筋，即最内层钢筋的水平段锚固长度问题。如果从边柱的外侧起向内侧方向，用柱的截面高度 h_c 扣去柱的保护层，再扣去柱外侧钢筋直径，还要扣除钢筋净距后的长度（即 $h_c-b-\phi_1-a$），一般要比 $0.4l_{aE}$ 长，将其作为 $\geqslant 0.4l_{aE}$ 的值；反之，如果遇到保证每根钢筋之间净距与保证直锚长度不能同时满足的现实情况，解决方法有：

（1）梁钢筋弯钩直段与柱钢筋不小于45°斜交，或零距离点接触。上部钢筋单层与柱纵筋点接触，内层钢筋水平投影长度增加25mm，如图4所示。上部钢筋双层与柱纵筋点接触，内层钢筋水平投影长度增加25mm，如图5所示。下部钢筋与柱纵筋点接触，内层钢筋水平投影长度增加最多，如图6所示。上、下部钢筋均与柱纵筋点接触，内层钢筋水平投影长度增加最多，如图7所示。上、下部钢筋与柱纵筋点接触，内层钢筋水平投影长度增加比较多，如图8所示。

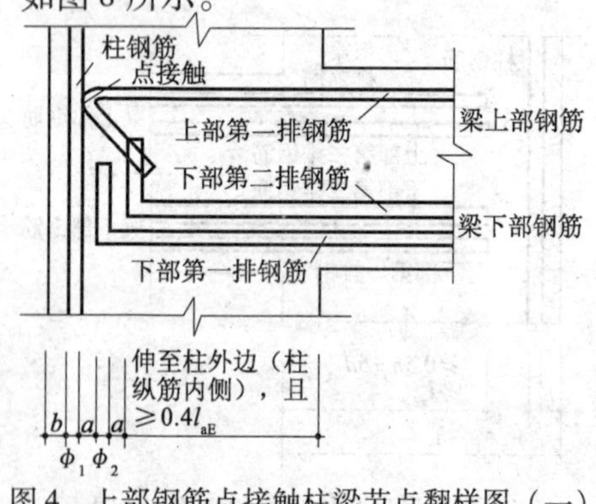

图4　上部钢筋点接触柱梁节点翻样图（一）

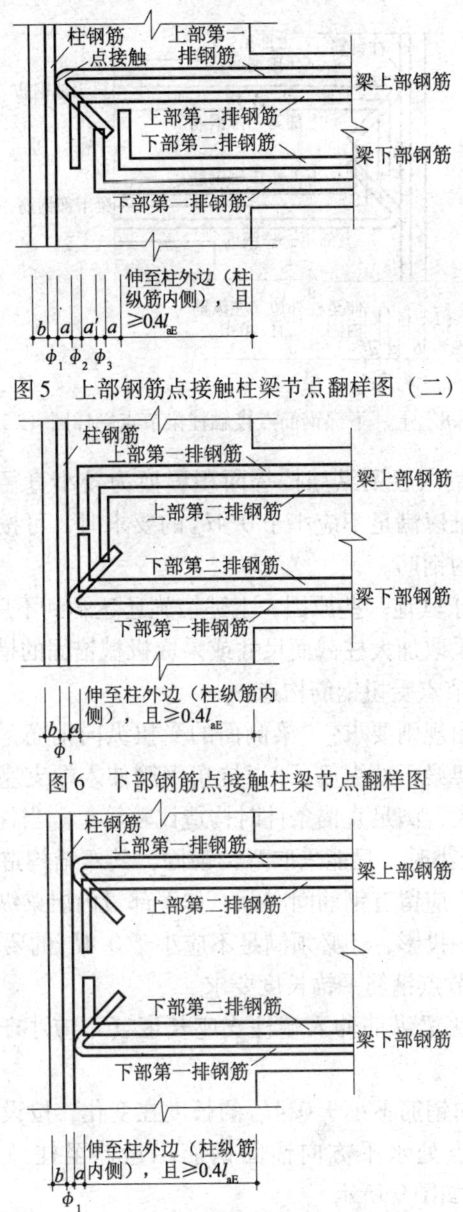

图5　上部钢筋点接触柱梁节点翻样图（二）

图6　下部钢筋点接触柱梁节点翻样图

图7　上、下部钢筋点接触柱梁节点翻样图（一）

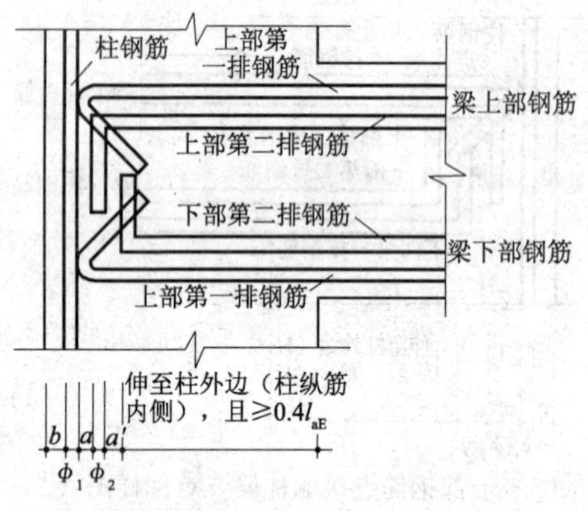

图8　上、下部钢筋点接触柱梁节点翻样图（二）

（2）将最内层梁纵筋按等面积置换为较小直径的钢筋，最内层梁纵筋难以满足不应小于0.4l_{aE}的要求时，可按等面积置换为较小直径的钢筋。

（3）由于其他一些原因，上述措施还达不到不应小于0.4l_{aE}的要求时，采取加大柱截面尺寸或采取机械锚固的措施处理。

2. 梁柱节点受扭钢筋构造

平法制图规则要求："梁侧面的受扭纵向钢筋，其锚固长度与方向同框架梁下部纵筋。"当抗扭钢筋伸入端支座时，若柱的截面高度较大，满足直锚条件时构造比较简单。当柱的截面高度（柱宽度）较小时，只能采取弯钩锚固，其弯锚构造如同框架梁下部的纵筋，应留有钢筋间净距，如下部最内层梁纵筋一样，锚入节点的水平投影，还必须满足不应小于0.4l_{aE}的要求。

3. 梁柱节点钢筋平锚长度要求

（1）平法梁纵筋伸入端柱支座长度（不应小于0.4l_{aE}）的计算方法：

不同纵向钢筋不小于0.4l_{aE}的长度在变化，按设计规范和规程中梁柱节点处水平方向锚固钢筋尽量伸至柱外侧，取值比0.4l_{aE}更长，如图9所示。

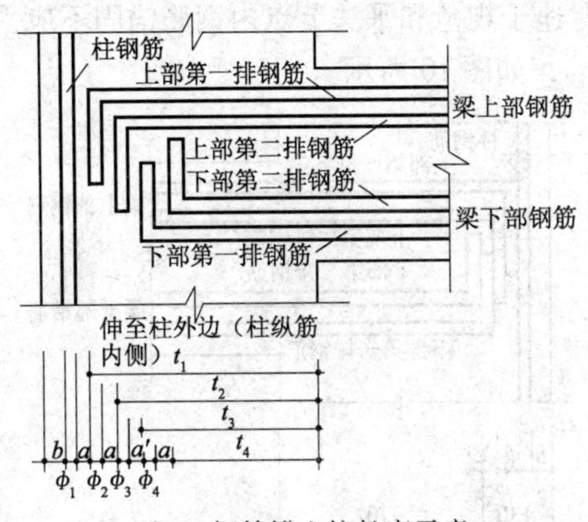

图9　钢筋锚入柱长度示意

上部第一排纵筋：伸至柱外边（柱纵筋内侧）长度 $t_1 = h_c - (b + \phi_1 + a)$；上部第二排纵筋：伸至柱外边（柱纵筋内侧）长度 $t_2 = h_c - (b + \phi_1 + \phi_2 + 2a)$；下部第一排纵筋：伸至柱外边（柱纵筋内侧）长度 $t_3 = h_c - (b + \phi_1 + \phi_2 + \phi_3 + 2a + a')$；上部第二排纵筋：伸至柱外边（柱纵筋内侧）长度 $t_4 = h_c - (b + \phi_1 + \phi_2 + \phi_3 + \phi_4 + 3a + a')$。

（2）梁钢筋水平锚入边柱的计算长度：

上部筋：不小于 $0.4l_{aE}$，下部筋：伸至柱外边（柱纵筋内侧），且不小于 $0.4l_{aE}$，应将上、下部钢筋的长度 t_i 与不小于 $0.4l_{aE}$ 长度进行比较，取两者的最大值。

例：已知某框架梁所在地为二级抗震，梁混凝土为C20，梁柱混凝土保护层厚度为30mm；钢筋采用绑扎搭接接头；柱外侧纵向筋直径 $\phi25$；纵向钢筋搭接接头面积≤25%。由此知 $l_{aE} = 44d$（HRB335，$d \leqslant 25$），所以 $0.4l_{aE} = 0.4 \times 44d = 0.4 \times 44 \times 25 = 440$mm。

1）当钢筋间无间距时：柱外侧到下部第二排钢筋外侧的距离 $s = 30 + 25 \times 4 = 130$mm；下部第二排钢筋外侧到柱内侧的距离 $s' = h_c - s = 600 - 130 = 470$mm。

所以 $s' > 0.4l_{aE}$，满足平锚不应小于 $0.4l_{aE}$ 的要求。但钢筋间无间距，有违于规范和平法节点内钢筋锚固不应平行接触的要求，$s'>0.4l_{aE}$，如图10所示。

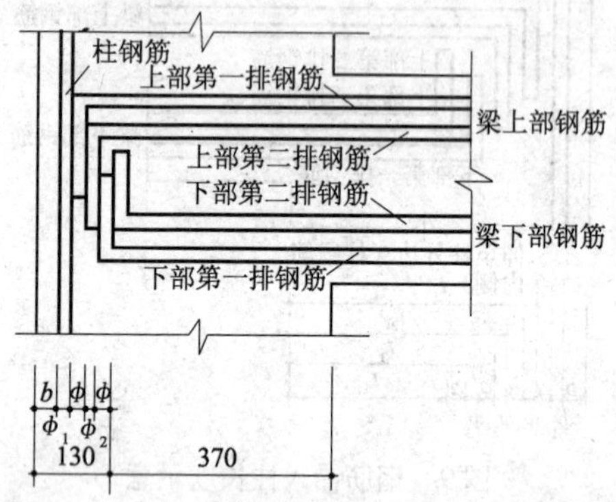

图10　上、下部钢筋线接触柱梁节点翻样图

2）当钢筋间考虑净距时：柱外侧到下部第二排钢筋外侧的距离 $s=30+25\times4+25\times4=230$mm；下部第二排钢筋外侧到柱内侧的距离 $s'=h_c-s=600-130=470$mm。

所以 $s'>0.4l_{aE}$，如图11所示，不满足平锚不应小于 $0.4l_{aE}$ 的要求。但钢筋间有间距，如果柱截面由600mm增加到700mm，则 $s'=h_c-s=700-230=470$mm，满足平锚不应小于 $0.4l_{aE}$ 的要求。实际工程中如果柱截面尺寸无法增加，也可以采取另外增加其他构造措施的方法，来达到满足锚固要求。

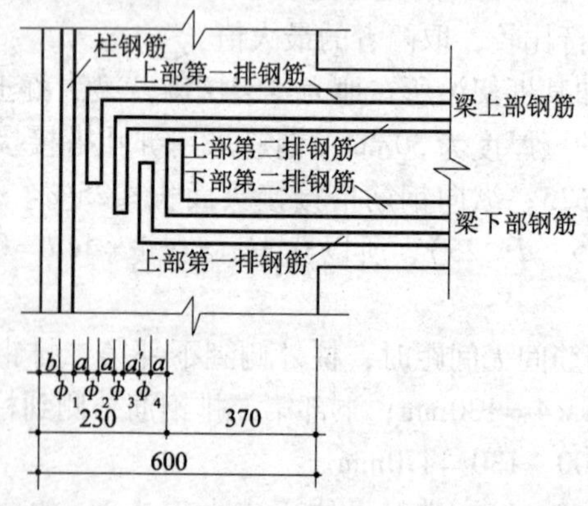

图11　上、下部钢筋含净距柱梁节点翻样图

通过上述分析，钢筋在梁柱节点的构造措施，除了准确理解和掌握国家现行的建筑结构设计规范、施工及质量验收规范、行业相关规程及设计意图外，还要了解工程所处场地条件、抗震设防等级、工艺操作惯例和施工图的表示方法。重视节点内钢筋过密、钢筋交叉无法通过的实际，合理准确选择节点钢筋的锚固形式。梁柱节点处钢筋的施工往往比较困难，现在采取平法制图规则有多种构造形式，对实现设计构图、满足规范要求及安全有重要意义。

3　异形框架结构设计及应用控制

异形框架结构是在普通框架结构基础上改进发展的结构体系，通过加设边缘构件（即边缘壁柱和边缘壁梁），提高框架柱、梁及节点区刚度，提高结构整体抗侧和抗震能力。在建筑结构设计中，按常规梁、柱截面设计，地震作用下其侧向位移不满足要求时，原因是结构整体在侧向刚度不足。通常的解决方法是：①调整侧向剪力墙数量、厚度及混凝土强度等级；②将楼电梯间做成封闭型，形成闭合的筒体；③调整侧向框柱截面为矩形，增加侧向框梁截面高度；④少数多层框架类结构，采用增设混凝土斜撑的方式提高侧向刚度。

这几种方法中，①、②、③是比较常用的，与建筑协调，取得足够数量的剪力墙。当剪力墙较少时，在地震作用下将首先破坏。而斜撑更多用在钢结构中，在混凝土中并不多见，会给梁柱节点施工带来一定困难，节点区施工质量得不到保证。现分析探讨异形框架结构，应从新的角度解决高层建筑结构弱向刚度不足、位移不满足要求的问题。

1. 异形框架结构体系形式

1.1　异形框柱及异形框架截面形式

异形框柱从截面形式上看，与剪力墙带端柱约束边缘构件相似，文中称作为带边缘壁柱的异形框架柱，主框柱承担水平力和水平剪力，边缘壁柱辅助框柱承担水平剪力和少量竖向力。这点是与异形柱在受力机制上的主要区别。边缘壁柱的设置根据需要可分为几种情况：在框柱一侧设置；在中间框柱两侧同一方向设置；在框柱三个方向设置成T形；在框柱四周同时设置，如图1所示。设计中根据实际，在不同位置柱采用不同截面形式，图1（*c*）用于角柱，图1（*d*）用于边框架中柱等。

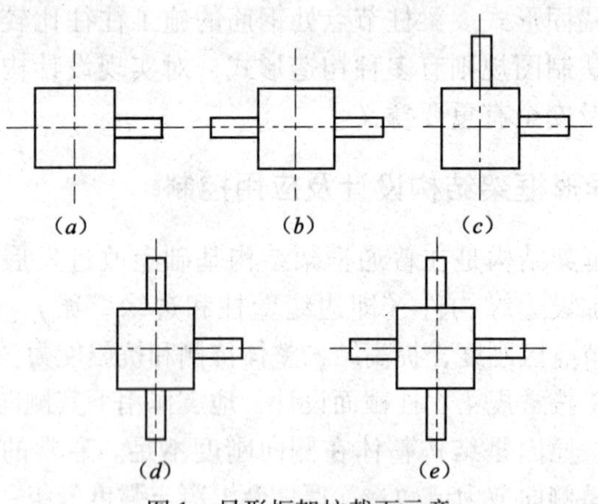

图1　异形框架柱截面示意

异形框梁为在主框梁上边、下边加设边缘壁梁的框架梁，如图2所示。框架梁承担大部分剪力和弯矩，边缘壁梁提高框梁的抗弯刚度，承担部分竖向荷载引起的弯矩和水平荷载引起的剪力。根据计算和平面布置需求，可以布置在框梁上边、下边或上下边同时设置。

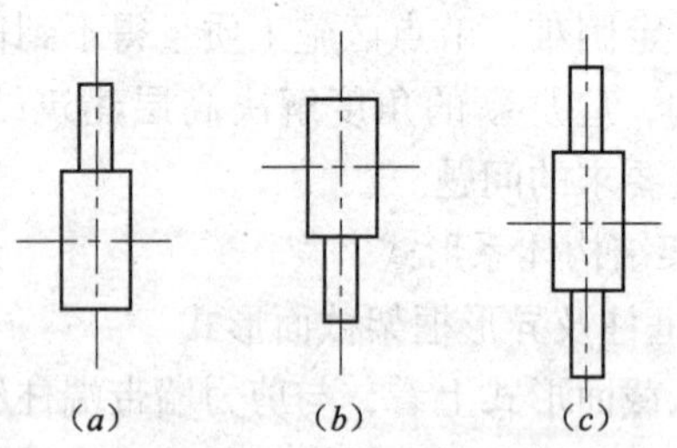

图2　异形框架梁截面示意

1.2 异形框架结构体系特点

异形框架结构是由普通框架结构发展来的，定义为由异形框架柱和异形框架梁组成的现浇钢筋混凝土结构。与框架结构、框剪结构结合起来形成异形框架-框架结构、异形框架-框剪结构。

异形框架结构仍然属于《高层混凝土结构技术规程》JGJ 3—2002 中规定的框架结构，但在地下室顶板处有内力转换的特点，地下室顶板看作为不完全转换层，但整体并不明确承担不落地框柱或者剪力墙的转换梁，全部竖向构件均为连续转换至基础。因此，异形框架结构从转换角度来说，与普通的带转换层结构有较大的区别。

异形框架结构与异形柱结构，壁式框架结构及短肢剪力墙结构有着明显的区别。现行《混凝土异形柱结构技术规程》JGJ 149—2006 和有关资料对异形柱结构的设计与应用，选择的出发点还是建筑功能的需要，应用局限于 7 度抗震区及以下，最多层高不超过 6 层等。异形柱结构不论采用何种截面，均按全截面整体受力考虑，不允许地震作用下异形柱任何部位破坏。

壁式框架结构介于框架与剪力墙之间的一种形式，截面形式及受力变形特征同异形柱结构相同。

异形框架结构内力传递机理分为两种情况，根据附加的边缘构件长度不同，相似于普通框架构成框支剪力墙结构。

（1）当边缘构件长度较小时，边缘构件仅起到加强框柱与框梁刚度的作用，承担少量内力，与之相连的地下室顶板框梁转换功能不明显，结构整体在水平力作用下变形特征与普通框架结构相似，均为竖向荷载由框柱直接向基础传递，不存在通过转换梁向下传的问题。在水平地震或风荷载下，主框梁柱组成的体系主要承担水平剪力与倾覆弯矩，边缘壁柱梁分别增大了框梁柱抗弯刚度和抗剪承载力，整体结构的抗侧刚度得到提高。

（2）当边缘构件长度比较长时，边缘构件刚度大幅增加，其受力机制发生转变，框架梁柱与边缘构件组成的平面可看作开洞的带边框剪力墙，而结构整体趋向于框支剪力墙结构，其转换层在地下室顶板处，构造措施和计算时要按框支剪力墙结构取用。

1.3　异形框架结构设置特点

边缘构件设置位置比较方便，只要填充墙或隔墙的梁柱部位均可设置，其设置决定了可以任意调整结构不同部位的抗剪刚度。例如，当剪力墙比较集中且平面不对称布置时，可以设置边缘构件来调整另一侧构件抗侧刚度，减少剪力墙不对称带来的不利影响，使结构平面刚度分布合理。由于平面布置要求，楼梯、电梯间的剪力墙分布在两端，也有在中间的，因楼板面变形没有布置剪力墙部位，其框柱要承担的剪力相对较大，而计算通常假定楼板为无限刚性，不存在面内剪切变形，与实际有一定差异。

异形框架结构边缘构件在地震作用下首先出现延性破坏，设计异形框架-框架结构在地震作用下的屈服部位依然是：边缘壁梁→边缘壁柱→框架主梁塑性铰。同理，异形框架-框剪结构的屈服部位依然是：边缘壁梁→边缘壁柱→连梁→墙肢→框架。在正常使用条件下，按照框梁处于弹性阶段时平截面假定，边缘壁梁下缘应变最大，最下排钢筋应力也将首先达到屈服应力，边缘构件将不承担弯矩，框梁开始承担大部分弯矩，边缘构件的裂缝宽度必须控制在规范允许范围内。梁柱节点的刚度因边缘构件的存在而增大，框梁的计算长度减小，楼层层间侧向刚度增大。通过设置边缘构件，很容易实现“强柱弱梁，强剪弱弯，强节点弱杆件”的设计理念。

在工程具体应用中，可以单独使用边缘壁柱、边缘壁梁或将两者结合使用。由于框架梁的刚度对结构整体抗侧刚度有较大影响，单独利用边缘壁柱得到的效果小于单独利用边缘壁梁的效果。在单独利用边缘壁梁时，宜设置边缘壁柱，应该将两者结合使用较合理。

2. 异形框架结构计算问题

异形框架结构在地震作用下的变形特点，同普通框架结构类似，各榀框架的变形曲线基本相同。由于控制边缘壁柱的截面长度，使框柱的反弯点在柱中部，结构整体变形特点仍呈剪切型，楼层剪力同样可按异形框柱的抗推刚度 D 值比例进行分配。根据边缘构件所起的作用，可以用刚度等效的方法，把边缘构件按刚度相等原则叠加到框架梁柱上。希望地震作用下边缘构件先于框柱发生开裂或是屈服，以消耗地震能量，因此对等效后的刚度进行折减，然后再修正框柱和框梁的截面抗弯刚度。

$$K' = \beta K$$

式中 K——为框柱（梁）主体截面线刚度；

K'——为异形框柱（梁）等效线刚度；

β——为等效线刚度系数。β 有两种计算方法，一是对边缘构件本身刚度进行折减后，叠加到主框柱（梁），再与其进行比较确定 β 值；二是将两者刚度叠加后，再对异形框柱（梁）刚度进行整体折减。

现在常用的几种电算程序可以进行异形截面梁柱的计算与设计，此处的异形梁柱构件各部分共同承担弯矩、剪力和扭矩作用，不分主次整体参与计算，无疑结构的刚度会大于预期的异形框架结构计算结果，不利于控制梁柱的强弱程度，结构失效机制不符合异形框架结构特点。地下室顶板梁柱节点设计难度较大，电算程序一般不能反映梁柱节点具体处理方法，而这将直接影响该处梁柱内力计算及配筋处理。

设计时，通过初步计算的层间位移角与规范规定进行比较，简单估算边缘构件的需要量，再均匀分布到可以加设边缘构件的框架上。采取二次配筋法给出结构整体配筋图。

3. 异形框架结构的设计要求

现形《混凝土异形柱结构技术规程》JGJ 149—2006 中对异形柱确定为“各肢最小截面宽度小于 300mm”。异形框柱（梁）的边缘构件截面宽度根据填充墙或隔墙宽度确定，固定隔墙下均可以设置，如 200mm、250mm、300mm 厚度，确保使用功能和外观不受影响。

边缘构件的设置原则是可以采取在少数梁柱上加设截面较

大的边缘构件，也可以在多数梁柱上加设截面较小的边缘构件，应根据计算及平面隔墙布置进行。边缘构件的长度需要计算，认真调整，一般为2～5倍截面宽度，边缘构件过长时会改变其受力机制和对梁、柱的刚度作用。边缘构件受力钢筋可以采取单排布置，钢筋直径不宜过大，承受剪力的箍筋配筋率可以放大。边缘构件的截面要求，配筋和梁柱节点设计是异形框架结构设计考虑的重点。同时还要根据计算结果逐层减小边缘构件的截面高度，使自上而下框柱和框梁刚度均匀变化，加强结构下部刚度，弱化上部刚度。边缘构件的设置尽可能上下对齐。边缘壁柱的刚度及配筋可适当大于边缘壁梁，以达到“强柱弱梁”的设计理念。

边缘壁柱通常从地下室顶板或底部大空间楼层的顶板起设置。直接作用在框架梁上，由于边缘壁柱在此处不连续设置，且地下室顶板处的框梁截面设计成普通矩形梁，因此框梁为不完全转换梁，承担较大的内力作用，应按转换梁的构造要求进行考虑。地下室顶板处的梁柱节点区采取的连接方式，可根据工程使用要求和计算结果，采用加大下部框柱截面，加设牛腿柱帽，或者加强框梁，以承担边缘壁柱的内力传递，如图3所示。

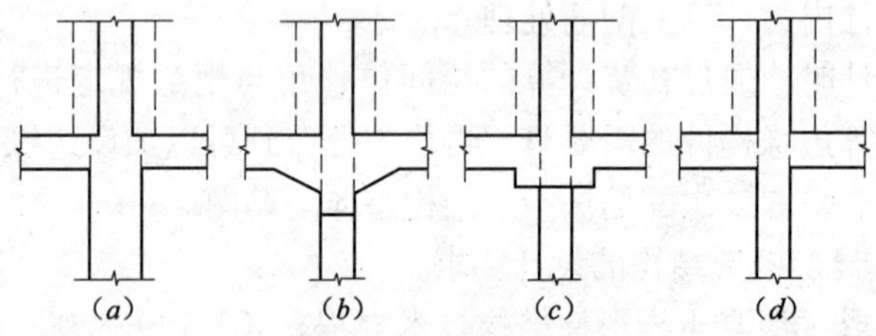

图3　地下室顶板处梁柱节点形式

在一般情况下，上部框梁支座处在地震下发生塑性屈服时，地下室顶板处的梁支座处不屈服，而且在很多情况下把地下室顶板看作上部嵌固端，顶板混凝土比较厚且配筋量也大，如此考虑是切实有效和可行的。

综上所述，现在采用比较多的异形框架结构体系，可以解决纯框架结构位移不满足规范要求，框架-剪力墙结构中剪力墙数量偏少时位移不满足规范要求，或结构扭转情况比较严重的问题，丰富了建筑结构体系类型。文中涉及异形框架结构延性破坏顺序，增加了框架结构抗震防线，即边缘构件（边缘壁柱、边缘壁梁）和框架主梁塑性铰的双重防线，符合设计原则。

4 底部框架-抗震墙房屋设计问题

由于城市化进程的加快，促使商业性用房需求量增加，使用功能上的需求底部空间要大且灵活，但是上部房屋却相对小而较封闭，而底部框架-抗震墙房屋建筑形式正好满足了这个功能要求。同时，与纯框架相比价格也低，所以这类建筑已成为中小城市临街建筑和生活住宅最多的一种形式。但由于上下部结构特性差异较大，受力复杂，抗震性能也差，在抗震设防区的结构必须达到抗震规范要求。因此，要掌握结构特点，有针对性采取相应技术措施。根据我国国情，这种结构的建筑还将在较长时间内使用。在此仅对此类结构抗震设计问题进行分析。

1. 底部框架-抗震墙房屋设计存在问题

现在用量比较大的底部框架-抗震墙房屋即底部为1～2层框架-抗震墙结构，上部为烧结普通砖或其他砌块，是由两种结构形式截然不同的建筑结构及材料共同组合而成的结构体系。在设计时必须明确这一特性，才能针对其特性采取相应措施达到抗震设防的建筑房屋。由于这种建筑房屋的设计比较简单，同时其规模也不是很大，给人的感觉是技术含量不高，容易误导设计人员对其引不起高度重视，在理解执行规范时深入不够，易出现偏差，使得执行规范力度不够，因此，在工程具体设计中存在一些需引起重视的问题。

（1）底部框架-抗震墙的布置：在具体工程设计时，有些工程在地震设防区6、7度的设防工程，总层数超过5层时，仍然采取嵌砌于框架柱之间的抗震墙，有的纵向抗震墙刚度中心偏离重量中心布置，有些抗震墙的布置不考虑上部砌体抗震墙，置于底部框架梁上的数量太少，较为严重的是许多小城镇的个人建房，甚至在底部采用纯框架结构，不设置抗震墙，或是采用底部沿街的前二三排采用纯框架结构，背面一排采用砖砌体，底部结构体系较乱。

（2）抗震构件截面的取值：在具体的建筑工程中，设计人员对于底部框架-抗震墙房屋结构的受力特点了解并不深，对设计时应考虑的关键环节把握尺度不准确，在设计中只管电算能通过而不是根据其特点去考虑相应断面尺寸取值是否合适。一部分工程底部抗震墙的单片刚度太大，高度比小于2，托墙梁宽度小于300mm；对于抗震墙的边框梁，由于不存在超筋问题，因此设计时梁高取值比较容易；当采用明梁时，明梁宽度不会符合规范要求。

（3）对过渡层问题：对于底部框架-抗震墙房屋过渡层，一些工程虽然过渡层楼板的厚度符合现行规范120mm的要求，但过渡层楼板采取错层的楼板。过渡层的构造柱设置也不是都合理，主要体现在底部框架柱对应位置处漏设构造柱，上部构造柱与底部框架柱上下不能贯通的比例较多。

（4）基础设计构造：在底部框架-抗震墙房屋的基础设计时，盲目从字面上理解规范条文，而不是从更深层次的原理上把握规范的实质要求，对底部框架-抗震墙房屋的抗震墙基础仅在抗震墙下的局部范围内设置条形基础。

（5）配筋问题：配筋主要是构造柱及托墙梁，构造柱的纵向筋在过渡层时，规范要求在地震7度设防时不应少于4ϕ16，在8度时不要少于6ϕ16。而有的设计者为了节省钢筋，主观认为以小直径高强度的钢筋配筋，对于其他层的构造柱，规范规定构造柱纵向钢筋不宜少于4ϕ14，也是采取相同方法代替。对于托墙梁，在进行箍筋配筋时仅按一般框架梁进行配置，在上层墙体洞口处和洞口两侧各500mm且不小于梁高的范围内，没有进行加密处理。对上部设有构造柱的部位，托墙梁没有进行加强处理。对于托墙梁的支座上部纵向钢筋在柱内的锚固长度，不符合钢筋混凝土框支梁的相关规定，对托墙梁的腰筋在柱内的锚固，未按受拉钢筋的规定进行施工。

2. 底部框架-抗震墙房屋设计重点

底部框架抗震墙房屋设计时涉及的问题有多个方面，上述几个问题要认真处理好，才能对此类建筑的结构设计更准确把握。

（1）底部框架-抗震墙房屋的结构特点：首先，是它的特殊性，由于建筑物上部为砖及砌块砌体，下部是钢筋混凝土结构，其表现特征为上刚下柔，对结构的抗震极其不利；其次，从传力上看，上部砌体结构通过过渡层梁板，将竖向力传至底部大空间框架-抗震墙结构上，过渡层梁板在力的传递上成为事实上的转换构件，受力情况比较复杂；另外，对于房屋重量的分布，这样的结构形式上部都是小房间，而下部是大空间，房间的质量分布是上重下轻，这种形式在地震时较其他房屋特殊；最后，是房屋上、下层的材料性质有较大差异。底部的钢筋混凝土框架-抗震墙具有一定的延性，且强度比较高。上部砌块不论什么材质，都属于脆性且强度比较低，应采取有效措施解决好两种材料之间过渡问题，避免材料突变的问题。

（2）底部框架-抗震墙房屋的结构设计重点：由于底部框架-抗震墙房屋存在其自身特点，规范中规定了构造处理措施。在进行此类建筑设计时拟重视以下问题：

1）底部框架-抗震墙的布置：在抗震设防烈度在 6、7 度，总层超过 5 层以上时，就要采用钢筋混凝土抗震墙；在进行抗震墙布置时，要遵循均匀、分散、对称的原则，使两个方向抗震墙刚度中心尽量接近质量中心；在布置抗震墙时，还要考虑上部砌体抗震墙位置。当上部无砌体抗震墙时，底部布置的混凝土抗震墙就不能全部发挥其应有作用。因为在这种情况下，底部混凝土抗震墙只能通过过渡层楼层间接受力。

另外，要使上部砌体抗震墙尽可能的置于底部框架梁上，当上部砌体抗震墙置于次梁上时，质量传给底部框架柱及混凝土抗震墙的路径太远，效果不是很理想。如果出现此种情况，应将一些次梁上的抗震墙改变为轻质墙，通过每层设次梁来解决轻质填充墙的支承问题。在底部采取单纯框架结构不布置抗震墙时，上下部结构刚度差异特别明显，成为真正的弱柱形式，底部的单纯框架结构就是地震作用时的薄弱层（部位），依靠这样的建筑结构能抵抗倒塌是不可能的。当底层沿街的前二排用纯框架结构、背面一排采取砖砌体时，底层结构成为砖砌体与混凝土框架的混合结构，结构体系不规范的房屋在地震作用下出现破坏是不可预测的。

2）结构件截面的取值处理：在抗震构件截面取值时，要切实控制底部框架-抗震墙房屋结构的受力特点，不能只看计算结果的通过。底部混凝土抗震墙属于低矮墙，低矮墙的延性不好，承受水平力作用时表现出大的脆性。要处理好脆性问题，控制高宽比是极其重要的。高宽比较小的抗震墙虽然单片强度高，在进行上、下部刚度比控制时比较容易些，但其脆性大却是相当危险的。当单片墙的高宽比小于2时，应在其上的结构上开洞或留缝；在进行托墙梁宽度取值时，要满足规范要求的不小于300mm的限量，保证托墙梁具有一定的延性和强度储备。有试验表明，带边框的抗震墙延性比不带边框的抗震墙高30%左右。所以，抗震墙的边框梁在设计时考虑梁截面高度，不应小于墙板厚度的2.5倍；当采用明梁时，明梁的截面宽度，不应小于墙板厚度的1.5倍，以保证混凝土抗震墙的延性。

3）过渡层处理：对于底部框架-抗震墙房屋过渡层处理，设计时应考虑控制好连续性，具备强度较高的平面内外刚度为重点。即是说过渡层楼板应当在同一标高上，而且要有一定的厚度保证。当结构上要求有错层时，过渡层楼板仍然设计为不错层板，而错层高度通过过渡层楼板上填充轻质材料达到要求；有的工程虽然过渡层楼板厚度符合规范要求的120mm厚度，但过渡层楼板若是错层楼板，过渡层的构造柱设置在底层框架柱延伸的位置时最好，使上部构造柱与底层框架柱上下全部贯通，从而尽可能减少一些底部和上部结构的延性差。

4）基础设计构造：在底部框架-抗震墙房屋的基础，与混凝土框架抗震墙相似。比较好的基础形式是筏板基础和交叉条形基础。这两种基础有较好的抗转动能力，可有效地把底部框架-抗震墙的水平地震作用传至地基。仅在抗震墙下部设置条形基础，框架柱下用独立基础的处理措施是极不正确的。需要明确的是，此处规范条文文字并没有表述其要求的实质，容易产生误解。原条文是这样表达的："底部框架-抗震墙房屋的抗震墙应设置条形基础、筏式基础或桩基"。不妨这样认为，仅是抗震墙设置的筏式基础是什么样筏式，应该是对整个建筑物的基础而言。另外，对整个建筑物的基础进行内力分析时，应当采用弹性地基梁板模型或者在柱距比较均匀时采取倒楼盖法。

5）构件的配筋措施：构造柱的纵向钢筋在过渡层时，规范要求抗震设防烈度为7度时不应少于4ϕ16，在8度时不要少于6ϕ16。对于其他层的构造柱，规范规定构造柱纵向钢筋不宜少于4ϕ14，也就是要求无论设计中采取任何级别的钢筋，都必须要保持足够的钢筋直径（即截面积），目的是确保构造柱有一定的配筋率，从而具备需要的延性。对于托墙梁，在上部墙体洞口处受力可能突变，为此在上部墙体洞口处和洞口两侧各500mm且不小于梁高的范围内，其箍筋应进行加密绑扎。对于上层没有构造柱的部位，托墙梁不可避免地要受到较集中且复杂的荷载受力，要采取加强措施处理，这里的加强措施至少要对箍筋加密。对于托墙梁的支座上部纵向钢筋在柱内的锚固长度，要符合钢筋混凝土框支梁的相应要求，对托墙梁的纵筋锚固构造，可以参照现行《高层建筑混凝土结构技术规程》JGJ 3—2002中第10.2.9条执行，锚固见图1。

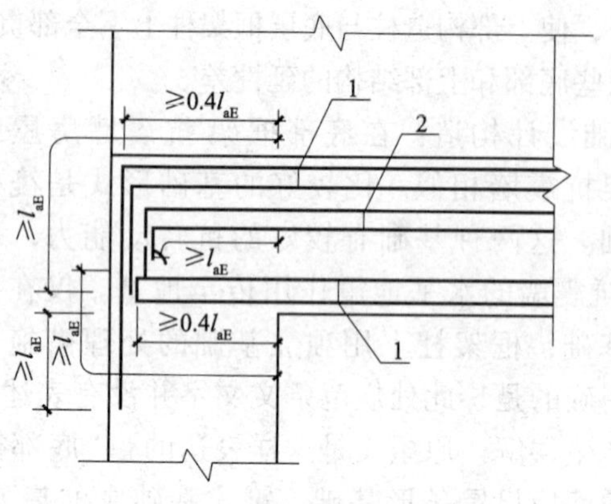

图 1　框支梁主筋和腰筋的锚固
1—主筋；2—腰筋

通过上述分析探讨可知，凡是严格按照现行的国家规范设计、选材及施工的建筑工程，在遭遇比当地设防烈度高一度的地震作用时，一般不会倒塌破坏，可以保护人员生命财产。同时，通过汶川大地震使我们清楚地认识到，地震烈度有一定的不确定性，因此减轻地震灾害的根本措施是提高各类建筑物的抗震能力。虽然分析了底部框架-抗震墙房屋在地震作用下，从多个方面看都是不利于抗震的建筑，但是只要设计过程中正确理解，结合实际经验，在结构布置和抗震构造造措施上严格执行规范要求，可以达到“小震不坏”、“中震可修”、“大震不倒”的设防目标。设计中认真处理好每一个环节，保证构造措施发挥应有作用，现在大量的底部框架-抗震墙房屋就具有良好的抗地震能力。

5　住宅混凝土框架异形柱结构应用

住宅建筑设计中，采用混凝土异形柱框架结构形式的越来越多，异形柱结构特点是截面几何形状多为 L 形、T 形和十字形，截面各肢的肢高厚比不大于 4 的柱。混凝土异形柱框架结构是以异形柱代替一般框架柱，和梁刚性连接组成的承受竖向和水平作用的结构。应异形柱框架结构有其自身的受力特点，对其布置形式及构造措施应认真分析，以确保其结构安全性。

1. 混凝土异形柱框架结构形式

（1）异形柱与短形柱具有不同的截面特性及受力特点。理论分析及工程应用表明，异形柱的双向偏压正截面承载力随着荷载作用方向不同而有较大差异。在L形、T形和十字形三种结构柱中，以L形柱的差异最为明显。当异形柱结构中混合应用等肢异形柱与不等肢异形柱时，则差异情况更加错综复杂，成为异形柱结构地震作用计算时不容忽视的问题。因此，对异形柱结构采用三维空间分析方法，现在技术条件下可以用于这类结构抗震分析用软件，主要是SATWE、TAT等。

（2）实验分析表明，异形柱在单调荷载特别是在低调反复荷载作用下，粘结破坏较矩形柱要严重。对于柱的剪跨比不要小于1.5的规定，主要是为了避免出现极短柱，减小地震作用下发生脆性粘结破坏的危险发生。为方便计算，当反弯点位于层高范围内时，柱的净高与柱肢截面高度之比不能小于4，地震设防时不得小于3。

（3）异形柱外形多数是两肢或三肢，也有四肢的，剪切中心往往在平面尺寸之外，受力时要靠各肢交点处核心区混凝土协调变形和内力分配。由弹性分析可知，这种变形协调使柱各肢存在较大的扭曲正应力和剪应力，而此剪应力的存在，首先使柱肢混凝土先于普通压剪构件出现裂缝，其次对各肢相交的核心混凝土，使其单元应力呈三维剪压状态，由此使异形柱较普通框架柱变形能力低，脆性破坏比较大。

（4）影响框架柱和剪力墙肢破坏形态的主要因素是：轴压比U、剪跨比γ、配筋率及构造处理。异形柱作为压剪构件，由于其肢长与肢宽之比以及肢宽等介于普通框架柱和剪力墙肢之间，表明异形柱是介于两者之间的一种过渡性构件。异形柱作为压剪构件，其破坏形态有：弯曲破坏、小偏压破坏、粘结破坏、高压剪破坏、剪压破坏、剪压破坏和斜压破坏。和其破坏形态相关的主要因素是：轴压比、柱净高与截面肢长比即剪跨比、纵向配筋率等。通过必要的构造措施，可以防止粘结、剪拉及斜压等脆性破坏，提高柱肢的小偏压及剪压破坏的延伸率。

（5）异形柱框架梁柱节点核心区的受剪承载力，低于截面面积相同的矩形柱框架梁柱节点的受剪承载力，是异形柱框架的薄弱部位。为了确保安全，对抗震设计的二、三、四级抗震等级柱节点核心区以及非抗震设计的梁柱节点核心区，均应进行受剪承载力计算。在设计时切实采取各种有效措施，包括在梁端增加支托或水平加肢等构造措施，以提高或改善梁柱节点核心区的受剪能力。对于纵横向框架共同交汇的节点，可以按各自方向分别进行节点核心区受剪承载力计算。

2. 混凝土异形柱框架结构布置处理

异形柱框架结构布置形式，包括平面及竖向布置，无论是抗震或是非抗震设计都是非常必需的，结构的平面和竖向布置宜简单、规则、均匀，这就需要设计者与建筑人员密切协调配合，兼顾建筑和结构功能的合理性。对于结构布置中对规则性的要求，现行行业标准《混凝土异形柱结构技术规程》JGJ 149—2006 中指出：异形柱结构宜采用规则的结构设计方案。抗震设计的异形柱结构设计应符合概念设计的要求，不应采用特别不规则的结构设计方案。比较现行国家标准《建筑抗震设计规范》GB 50011—2001，对一般钢筋混凝土结构的有关规定更加严格，这也是根据异形柱结构抗震性能和抗震设计的特点提出的要求。

异形柱结构并不是要求全部柱截面均为非矩形截面。在具体工程中，还是根据结构的平面布置和受力特点，结合实际的建筑平面布置 L 形、T 形和十字形的不同柱，以充分发挥异形柱在结构应用和受力上的优越性，从而达到最佳的技术经济效益。结构布置在平面和沿结构高度上刚度和质量要均匀布置，以减少结构在地震过程中扭转和防止出现薄弱层。另外，L 形、T 形和 Z 形截面异形柱的截面配筋具有非常明显的不对称性。就单个异形柱构件来说，其延性有较大的缺陷。但是理论分析表明，对于由对称布置的异形柱所组成的框架，由于相互对称的异形柱优缺点可以互相补充，具有一定的结构延性，所以，结构的平面布置上组成框架柱的异形柱应尽量对称。异形柱的肢厚度较薄，其中心轴线与梁中心线对齐，尽量避免由于两者中心线偏位对受力带来的不利影响。在平面节点处应尽可能设柱，避免主次梁搭接。在多层住宅工程中，异形柱应布置在房间不使用的墙角位置，其他部位从受力合理和施工便利角度考虑，布置成矩形柱。

3. 混凝土异形柱框架结构的计算

无论是抗震或非抗震设计，在竖向荷载、风荷载、地震作用下的混凝土异形柱结构内力和变形分析，按现行的设计规范、规程，均要进行弹性方法计算。但在截面设计时，则考虑材料的弹塑性性质。在竖向荷载作用下，框架梁及连梁等构件可以考虑梁端部塑性变形引起的内力重分布。异形柱的柱肢截面的肢高肢厚比控制在不大于 4 的范围。与矩形柱相比，其柱肢一般相对较薄，表明这种尺度比例的异形柱，其内力和变形性能具有一般杆件的特征，并不适宜划分薄壁杆件的基本条件。因而在计算分析时，异形柱应按杆系模型分析。在按空间模型进行结构分析时，柱与梁都要考虑弯曲、剪切及扭转变形。两者之间的差异是，柱还要重视轴向变形，而梁一般不考虑轴向变形，仅有必要重视楼板平面内变形时才考虑轴向变形问题。

框架结构中的非承重填充墙属于非结构构件，但框架结构中的非承重填充墙的存在，会增加结构的整体刚度，减小结构自振周期，从而形成增大对结构地震作用的影响。为反映这种影响，可采用折减系数 ψ_t 对结构的计算自振周期进行折减。具体数据采用现行行业标准《混凝土异形柱结构技术规程》JGJ 149—2006 中相关规定。

4. 混凝土异形柱框架结构的构造措施

（1）对异形柱的轴压比和延性，可以采用高强度等级的混凝土来提高，由于异形柱结构的显著特点是截面和配筋不对称，造成异形柱在两个方向强度和延性不对称。为了尽可能降低这种不利影响，腹板端部配筋应在合理范围内尽量多一些，而采用了HRB400 级钢筋，可以起到此种作用。如果用 HRB400 和 RRB400 钢筋在同样的外力作用下，钢筋用量相对少，施工也容易控制，更加有效地确保混凝土的施工质量。

（2）在实际工程中，异形柱结构的宽厚比一般会大于2.5，当异形柱截面肢厚小于200mm 时，将会造成粘结强度不足及梁柱节点的钢筋设置困难，源于施工和外墙保温隔热等需要，故限制异形柱肢厚也不应小于200mm。同时，考虑到稳定性的问题，柱肢厚度不应小于楼层高度的1/20。对于二级抗震设防要求的底层异形柱，因为计算长度过大，为了保证有足够的侧向刚度和稳定性，柱肢厚度不宜小于楼层高度的1/16。

（3）异形柱柱端箍筋加密区的箍筋应根据受剪承载力计算，同时满足体积配箍率条件和构造要求进行。对箍筋合理配置的分析中发现，当体积配箍率 ρ_v 相同时，采用较小箍筋直径 d_v 和箍筋间距 s 的延性好。只是用增大箍筋直径来提高体积配箍率，而不减小箍筋间距并不一定能提高异形柱的延性，只能在箍筋间距 s 对受压纵筋支撑长度达到一定要求时，增大体积配箍率 ρ_v，才能达到提高延性的目的。

（4）考虑到异形柱的柱肢截面厚度较小，如果中间柱两侧梁高度相等时，梁的下部钢筋均在节点核心区内满足 l_{aE} 条件后，切断的做法会使节点区下部钢筋过于稠密，造成布筋困难，混凝土无法浇筑密实并且影响节点核心区内的受力性能，因而采取梁的上部和下部纵向钢筋均贯穿于中间节点，如图 1 所示。

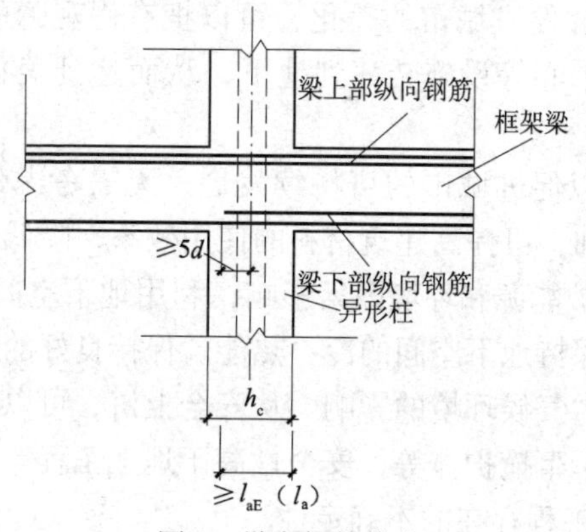

图1　纵向钢筋分布

混凝土异形柱框架结构随着建筑功能的提高和技术的发展，使用量的增加会更加广泛。只要在设计中充分认识和掌握异形柱的受力特点及破坏机理，选择合适的构造形式，正确应用现代科技手段，利用计算机技术使异形柱结构的使用可以更加安全、可靠。

6　地下工程结构类型及设计方法

地下各类建筑工程种类及适用范围十分广泛，尤其在当今世界能源及其材料的短缺，基于环境保护的需要，各国极其重视对地下空间的开发利用。21 世纪可持续发展战略的提出，人类居住、交通、环境的矛盾日益突出，使地面上的开发逐渐转向地下空间的开发利用。

1. 地下工程的特点

城市地下空间的开发和利用具有以下特点：

（1）从城市规划角度看，现代地下工程是促进城市土地的高效利用，并达到改善城市环境的目的。发挥城市拥挤区域地下空间的潜力，不仅能把地面作为城市公园和休闲场所来使用，还可以通过地下通道的建设，把地面交通空间让给行人、自行车、公共交通及应急车辆用。

（2）能够促进城市的美化，可以把有碍观瞻的停车场、高架桥、购物中心等设施转移到地下，从而达到美化城市景观的作用。

（3）可以促进城市的可持续发展，无需考虑建筑物外部的覆盖层和装饰，可提高建筑材料的使用效率，降低建筑费用。

（4）保护能源和环境因素影响，利用地下空间的绝缘功能，吸收噪声并保持地下空间的冷、热能。保持良好的气候条件，使人们免除恶劣气候环境的影响。从安全上讲，可以做银行的地下保险库或是军事掩护体等，安全性高于地上工程。

2. 地下工程存在的不确定性

（1）从工程受力特点看，与地面上是不同的，地面上工程先有结构，后有荷载；而地下工程先有荷载，后有结构。

（2）工程材料的不确定性。地面工程用材料多为人工材料，如钢材、砌块材料、混凝土材料。这些材料虽然在力学与变形性质方面存在变异性，但是与岩土材料相比，不仅变异性要小得多，而且可以通过方法加以控制和改变。地下工程材料所涉及的材料，除了支护材料性质可以控制外，其工程围岩均属于难以预测和控制的地质体。地质体是经历了漫长的地质构造运动的产物，它不仅包含了大量断层、节理、夹层等不连续的构造，而且还存在较严重的不稳定性，其不确定性主要表现在空间分布和随时间变化上。

（3）工程荷载的不确定性。对于地面工程所承受的荷载比较明显，虽然有些荷载也存在随机性和不易确定性，但其荷载值和变异性同地下建筑相比相对要小。对于地下工程，由于围岩的地质体不仅会对支护结构形成荷载，同时它也是一个承载体。因此，不仅作用到支护结构上的荷载难以计算，而且这种荷载又随着支护类型、支护时间与施工工艺变化而各异。

（4）破坏形式的不确定性。工程的数据分析与计算的主要作用在于为工程设计提供可参考的依据，而地下则提供结构破坏或失稳的安全指标，这种指标是建立在结构的破坏模式基础之上的。

对于地面工程，其破坏模式是比较容易确定的，在结构力学和土力学中已经了解。例如，强度破坏、变形破坏、扭转失稳破坏等。而对于地下结构，其破坏模式一般很难确定，它不仅取决于岩土体结构、地应力环境、地下水条件，而且与支撑类型、支护时间与施工工艺密切相关。

（5）地下工程信息的不完整性。地质条件与变形特性的描述或定量评价，取决于所获得信息数量和质量。然而对于地下工程只能在局部有限的小范围工作面或暴露面获取，因此，所获信息是极有限的、不全面、不充分，还可能存在错误资料信息，可靠性低。

3. 地下工程的种类

地下工程也是属于土木工程的一个重要分支，按其工程的几何形状分为硐室工程和隧道工程。

硐室工程一般是指长跨比较接近（一般 <10）的地下建筑物，如地下商场、地铁车站、地下影剧院、地下试验室、地下停车场、地下厂房及储备库等。

隧道工程是指结构尺寸远大于断面尺寸（最大跨度或高度）的建筑结构，通常是公路隧洞、铁路隧洞、煤炭运输巷道、矿山采场进道、人防地下通道及引水涵洞等。

从力学计算模式上考虑，隧道工程可近似处理为平面应变问题，而硐室工程一般属于三维计算力学模型的范畴。

4. 地下工程的设计计算方法

地下工程的设计长期以来主要是考虑地层弹性抗力的方法，锚喷方法的应用出现后，仍然以结构力学的原理处理锚喷的结构。国际隧道协会结构模型研究人员在 20 世纪 80 年代曾对盾构开挖的软土隧道、锚喷钢拱支护软岩隧道、中硬岩石深埋隧道和明挖施工的框架结构等四种类型的隧道，收集了 11 个国家所采用的结构计算模型，归纳为工程类比法，即经验法、收敛-约束法、作用-反作用模型法和连续介质模型法等四种。经过 20 多年的地下工程实践表明，这四种类型仍然是可以采用的设计方法。

(1) 工程类比法。即经验法，以围岩分类为基础的新奥法、Q 系统图和以 Q 系统为基础的挪威法等，都反映了初始确定支护时的工程类比，在现在及以后相当长的一段时间内，仍然是不可缺少的一种设计方法。由于地层和地下工程包含着很多随机因素，单纯的理论分析还是难以全面解决这些问题。因此，认真分析，多征求意见，做出正确判断是不可忽视的。

(2) 收敛-约束法。收敛-约束法主要用于新奥法施工的隧道，是用此种方法监控量测的重要部分，借助于收敛量测数据的反分析，可以实现正确的信息反馈，用图像或数字显示各施工阶段中围岩和衬砌中的变形及应力状况、强度发挥系数或安全状况，指出薄弱环节或强度的多余程度，可以采取措施保证安全或调整设计，节省材料。为了确保该方法的有效性，一是要选择足够精度的测量设备，二是要解决开挖后至所设测点间的变形测量。此方法也称为隧道现场直接测试，与之相似的试验室隧道试验，自然可认为是该方法的另一种方法。

(3) 作用-反作用模型法。采取作用-反作用模型法亦称荷载-结构或结构力学模型，在 20 世纪 60 ~ 70 年代设计计算中占领先地位。当周围地层和隧洞刚度差别较大时，即在软土中建筑隧道进行设计计算时，采用这种方法是恰当的，而在岩石地层中设计时，只有当荷载明确时采用是恰当的。

(4) 连续介质模型法。此种方法是以弹性理论、塑性理论和流变（黏性）理论为基础，采用有限元数据计算方法，模拟地下工程的多种特性，如分部开挖的围岩应力-应变状态、围岩的形状和结构面对稳定性的影响、时间空间效应等。采用节理单元、夹层单元、接触单元和锚杆单元等特殊单元，使数值分析方法成为更有效的工具，得到地下工程的各种特性进行分析，能有效地指导整个施工过程。该方法也称为数值计算方法，主要是解决连续介质问题。对于块体松动围岩等特殊问题，还需要再采用相适应的计算方法。

地下建筑工程设计是一项包含多种因素的复杂工作，只有设计人员具有扎实的基础知识，掌握基本的设计方法和深入实际的现场经验，在稳定性、安全性和经济性几个方面下功夫，才能达到满足需要的效果。

7 深化装饰工程设计与施工质量的控制

就建筑装饰深化设计来说，涉及面广，具有多层次装饰设计方案控制与约束的含义，即：目标层，满足使用单位所需功能、使用、艺术规格定位及效果要求；约束层，即资源、资金、技术及基础层遵守标准和规范。装饰深化设计就是在充分理解和尊重原设计方案的基础上，按照现行国家相关规范和标准，从科学和艺术的角度考虑，把握好建筑装饰装修所投入的资金与想达到的效果。正确处理和协调资源、资金、技术与环境条件限制，精心利用材料、工艺的组合，达到较低造价，获得理想效果，设计出满足并指导施工的高质量装饰深化图样。

1. 目标层质量控制

目标层也是对设计内容的界定，其预控实质上是对原设计理念的再改进，使设计产品细节更符合工程本来的立意，也是对使用单位所需功能和使用艺术风格的再定位。

（1）加深对设计的理解：对建筑装饰的深化设计必须吃透原设计构思，在明确设计方向指导下进行细节部分的表述，从而达到对工程项目未来效果的预控制，才能够使原设计的设计理念得到更好的体现。要做好深化设计中目标层控制，就要在深化设计前做好对装饰的特征定位，使设计方案的理念、风格设定、色彩到质感的设想得到充分体现。

（2）深化设计的中心技术内容：建筑业的飞速发展繁荣了设计市场，也为设计带来了新的理念。根据对设计理念的理解，其所衍生的大量专业深化设计工作成为先进设计理念，可转化为具体操作性施工工艺设计的重要依据。装饰深化设计人员在工作开展之初，在对施工内容进行深层次消化的同时，充分同原设计及使用单位就拟使用的材料、工艺及细部节点处理，综合管线与尺寸控制等进行沟通并协调，得到确认后把这些重要内容具体落实到深化施工图设计中表现出来。

(3) 施工质量的控制：要做好目标层施工实施的准备，最重要的是要根据深化设计的施工图，做好施工质量的预先控制要点与处理方案；同时，深化设计工作要做好施工准备，在开始、中期、后期及收尾等各节点阶段的预先指导，例如对各种材料接口的处理，特别是阴阳角部位的接缝，要求施工对材料进行工厂化加工，深化设计人员对此要有明确要求，并且使相关工艺在不同阶段起到合理配合的预控作用。

2. 约束层质量控制

约束层控制包括资金、资源、技术等，对整个施工内容和操作工艺过程有着重要影响，也是深化设计人员的责任、能力和设计水平综合素质的体现，是关系到整个装饰项目顺利开展和造价控制的关键环节。

(1) 从资金、资源的控制上分析：施工深化设计决定了施工工艺最终实施的内容，对材料选择、施工工艺先后搭接的预先设定、具体流程都有重要的影响作用。有了深化设计对这些内容的预先要求，才能进一步对工程造价进行可控性；同时，相同的内容可通过不同的变化也会产生不同的工艺效果和经济费用。如某一装饰工程，原设计对整体坡度展厅地面装饰材料采取建筑结构完成后，再进行地材装饰结构的二次安装，后通过深化设计的改进提议，在施工工艺上提出改进，在建筑结构施工的同时，预留埋件的合理处理方法，最终在充分保证原设计结构不受影响的前提下，大大提高了施工节点的工艺强度，节约了施工费用，并且也降低了原设计工艺中对建筑结构的二次破坏，加快了进度，达到工艺和经济的协调、统一。

现在装饰企业间的竞争不仅是设计信誉和水平的竞争，同时也是管理水平的竞争和工程成本的竞争。装饰施工设计中的模数设计思维在合理利用材料、降低工程成本方面具有极其重要的作用。如室内墙根部的踢脚线（板）高度，若取高 $H=140$mm，一张夹芯板宽 1220mm 只能够 8 条，剩余 100mm 宽边角成为废品；若取宽 $H=135$mm，一张夹芯板正好是 9 条，因为高度只少了 5mm 在视觉上并无明显差别，但材料的利用率却提高了 12.5%，节省材料，降低了费用。另外，如在设计玻璃橱窗时，对玻璃高度的选择应考虑到玻璃产品的规格、尺寸。通常，玻璃的平面尺寸一般是 2100mm × 3300mm，如果不考虑材料模数，任意把橱窗高度确定为 2200mm，这就必须把玻璃沿长方向裁割，每块玻璃可利用的尺寸为 2100mm × 2200mm，余下 2100mm × 1100mm 的边料，会造成材料的较大浪费。从提高材料的合理利用着想，这显然是不经济的，无疑增加了橱窗玻璃的用量，从美观上看也没有必要。假如把橱窗玻璃高度定为 2100mm，视觉上也感觉不到变化，但材料利用率却大幅度提高。再如，室外复合铝板幕墙设计时，必须要对幕墙进行一定高度的分割。如果设计时能综合考虑美学和复合铝板的规格、尺寸，进行造型设计，就能在保证美观要求的同时充分利用材料，既降低成本又使外墙观感效果好。

（2）从技术控制上进行分析：施工的深化设计是现场实施中接触最多的设计内容。材料如何加工成型，如何裁割排板，施工工序的设定对现场施工的控制影响极其重要。例如，某工程装饰项目的施工中，就较多地使用了成品化制作、现场安装的施工工艺。在大厅的施工中，室内的所有门套、门扇、踢脚线、软包装等，在设计时都采用了较大尺度，单是门套就有 3m 高整体成型，在控制和追求完美装饰效果的同时，与项目业主及制造厂家技术人员共同协商、推敲，论证产品加工制作工艺和现场安装控制办法，最终制定出一套十分有效的技术方案，经报原设计认可和建设单位同意，所有木制品挂件均采用了特制的木制楔形扣件，形式见图 1。

按照此形式安排施工，在现场基层施工的同时，加工厂家构件的制作也同步进行，待现场基层完工后，成品装饰构件也制作完成，这样不仅缩短了工期，最终工程的装饰效果和质量也十分满意。

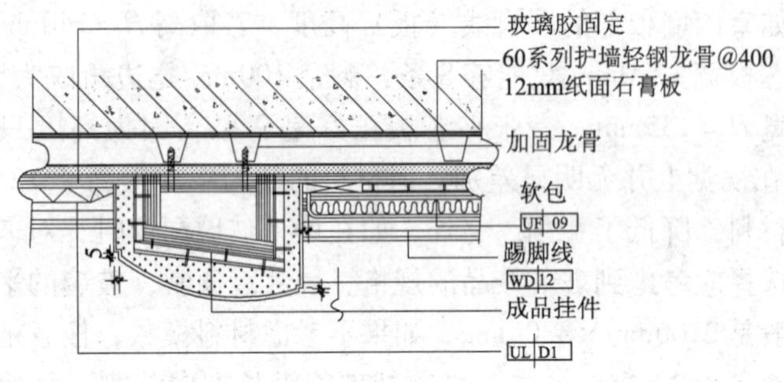

图1　楔形扣件构造

3. 基础层质量控制

基础层控制包含了技术标准和法规的管理，深化设计工作的另一工作环节是纠正、完善或整合装饰深化施工图的出图标准，使其完全符合国家现行的设计规范、标准和相关规定。在精心设计的同时，保证项目各项要求都符合规范和规程。

随着对外开放力度的深入，境外的设计项目也日益增多，由于国度差别和规范之间的差异，原来设计所表达的设计理念要经过本土深化以及与国内的技术标准、法律法规相匹配。从而能在施工过程中，以实际的本土要求去表达和控制具体的施工工艺，达到国家规定的质量验收标准。在具体工程中，设计深化设计人员必须充分了解不同地域设计标准之间存在的不同，通过自身理论基础和实践经验，把不同或者矛盾加以整合，在差异中寻找合理性，去解决实际工作中材料的使用、工艺标准、技术参数之间的技术问题，把建筑装饰工程做细、做好。

8　建筑住宅工程用钢量的控制

现在的多层住宅工程多属于砌体结构，高层及小高层为钢筋混凝土结构。在经济适用房造价相对偏低的住宅中，以小高层及多层为主。高层建筑结构相对复杂价格也高，控制建筑成本尤其重要。建筑住宅工程成本的控制，钢材价格的变化影响因素比较大，关注用钢量的设计控制对降低成本，保证结构耐久性和安全性十分重要。

1. 多层砌体住宅工程

在多层砌体结构住宅工程中，基础、圈梁、构造柱、梁板为钢筋混凝土结构件。基础采取的结构形式对用钢量有一定的影响。采用复合桩基对基础梁板用钢量影响不大，复合柱基可以减少桩的数量。构造柱与圈梁因截面较小，设置尽可能按规范规定的最小配筋要求，砌体用钢量控制在 38kg/m^2 左右是可能的。

（1）基础：多层砌体结构所受荷载比较均匀，基础梁所受的力如采用桩基时，略大于采用沉降控制复合桩基。在采用复合桩基时，要设置翼缘板而桩基不设翼缘板，综合比较，基础梁的用钢量相差很小。如采用复合桩基，可以大大减少 60% 桩基数量和桩直径，这样可大幅度减少整个基础用钢量，复合桩基降低费用的潜力较大。

（2）圈梁、构造柱：因砌体结构主要受力构件为墙体，圈梁和构造柱为抗震设的构件，其主要作用是加强对墙体的整体性。当砌体开裂后，可以限制裂缝的发展和墙体的错位，能使墙体在地震作用下有足够的延性，使砖砌体在反复荷载作用下不仅能维持竖向和水平荷载力，并能够耗损地震能量。这些构件的最小截面尺寸和最小配筋要求，规范有明确要求。分析知道，圈梁和构造柱用钢量主要取决于截面大小和数量，在平面户型一定的情况下，在规范规定的位置设置构造柱，没有必要增加很多构造柱，尤其在抗震验算局部不满足要求的情况下，应首先考虑增加该反向的承重墙体，不要局部设置过多的构造柱，对结构抗震和减少用钢量有利。

（3）梁：在砌体结构中，梁的数量较其他结构形式的要少，对整体建筑物用钢量没有什么影响。但是，要控制整体用钢量指标，梁数量虽少也要在用量上加以重视。在习惯的设计中不分梁跨度和受力，采用同样截面和配筋，大多会造成部分梁配筋偏大，在经济上略微不利。所以，设计时应区分结构受力大小，采用不同的截面和配筋率。

（4）楼板：在砌体结构中，楼板的用筋量占建筑物总用钢量的比重较大，约占总用钢量的近40%，双向通长配筋明显大于分离式配筋。减小用钢量必须满足现行标准《混凝土结构设计规范》中对混凝土结构件最小配筋率的要求，其受弯构件最小配筋率不应小于0.2%和$45f_t/f_y$中的较大值，表明提高钢筋的强度可以减小配筋率。以下为简单配筋计算例子，若楼板厚度为110mm，混凝土强度C30（$f_t=1.43\text{N/mm}^2$），钢筋分别采用HPB235（$f_y=210\text{N/mm}^2$）、HRB335（$f_y=300\text{N/mm}^2$）、HRB400（$f_y=360\text{N/mm}^2$），计算最小配筋率，则：

HPB235钢筋 MAX（0.20%：$45f_t/f_y=45\times1.43\div210=0.306\%$）=0.306%

HRB335钢筋 MAX（0.20%：$45f_t/f_y=45\times1.43\div300=0.215\%$）=0.215%

HRB400钢筋 MAX（0.20%：$45f_t/f_y=45\times1.43\div360=0.179\%$）=0.20%

从以上计算可以看出，采用高强度钢筋可以降低楼板最小配筋率，从而减少构造配筋的数量。当采用HRB400钢筋替代HPB235钢筋时，构造配筋量可以减少30%以上，且住宅建筑中大多数楼板跨度和楼板受力不是很大，楼板的配筋主要是强度控制而并非裂缝控制。对此，只有提高钢筋强度才能有效减少钢筋用量。结合上述分析可知，不论楼板是构造配筋还是计算上要求配筋，采用HRB400钢筋可以明显降低钢筋用量。

2. 小高层建筑住宅工程

目前小高层住宅建筑结构多数采用剪力墙或短肢剪力墙结构，影响这类建筑结构用钢量的因素是很多的，不同单位和人员使用的钢量也是不同的。小高层住宅建筑基础，当土质很软弱时用桩基，地质条件好用梁筏板的也比较多。桩基因柱截面、桩长、承载力不同和地质情况影响较大，可比性少。有地下室的用钢量明显大于无地下室的建筑，地下室建筑采取无梁平板基础用钢量明显大于梁板式基础。而剪力墙部分的配筋对结构整体用钢量有较大影响，剪力墙结构用钢量少于短肢剪力墙结构，相对较多采用长墙的用钢量少于短墙。梁在剪力墙结构中的钢筋用量少于墙体，控制连梁截面高度可以减小梁受力和配筋构造要求，从而降低梁的配筋。影响楼板配筋量因素除了跨度以外，主要是结构的规则及选择钢筋品种和是否采取分离式配筋。从数据上分析和可以采取的优化措施，无地下室小高层结构用钢筋量可以控制在 60kg/m^2 左右。带地下室小高层结构用钢筋量可以控制在 65kg/m^2 左右。

3. 整体计算对结构合理性影响

（1）振型数计算问题：用来判断参与振型数计算是否满足的重要概念是有效质量系数，现行《高层建筑混凝土结构技术规程》第 5.1.13 条规定，B 级高度高层建筑结构有效质量系数应不小于 0.9。现行《建筑抗震设计规范》中第 5.2.2 条的说明中，建议有效质量系数应不小于 0.9。一般而言，当有效质量系数大于 0.9 时，基底剪力误差小于 5%，所以满足规范要求就行，没有必要增加过多振型数，在计算时增加不必要的用量。

（2）周期折减系数：现在常用结构计算软件只能计算受力结构的刚度，也就是只能计算剪力墙、梁、柱结构自身的周期，不能计算填充墙对结构周期的影响。结构计算时考虑填充墙的刚度对结构周期进行折减，《高层建筑混凝土结构技术规程》第 3.3.17 条对折减系数取值范围有明确的规定，剪力墙结构一般取值为 0.9 ~ 1.0。对于采用砖填充的剪力墙，考虑到结构的安全性，折减系数可以适当小一些；对于采用轻质隔墙的建筑，折减系数可以取大值，甚至不用折减。

（3）偶偏心问题：《高层建筑混凝土结构技术规程》JGJ 3—2002 规定，高层建筑在计算位移比时应当考虑偶偏心的影响，计算单项地震作用时应当考虑偶偏心的影响因素。按照规范要求，高层建筑在结构计算时均应考虑偶偏心的影响，考虑偶然偏心后，结构墙及深的结构用钢量增加约 3%。

（4）双向地震扭转效应：《高层建筑混凝土结构技术规程》

规定，质量与刚度分布明显不对称、不均分存在时，应当计算双向水平地震作用下的扭转效应。在具体工程中，要求刚性楼板假定偶然偏心荷载作用下位移比不小于1.2时，应考虑双向水平地震作用。考虑双向地震作用后结构配筋率一般增加5% ~8%，单构件最大可增加1倍左右，可见双向地震作用对结构的用钢量有些增加。控制高层建筑混凝土结构位移比不要超标，是关系到双向水平地震作用的关键所在，也是控制用钢量的重要环节。

（5）斜交抗侧力构件方向附加地震：《建筑抗震设计规范》GB 50011—2002第5.1.1.2条规定，有斜交抗侧力构件的结构，当斜交角度大于15°时，应分别计算各抗侧力构件方向的水平地震作用。考虑多方向地震对构件配筋有明显的影响，配筋平均增加5%左右即可。

4. 结构构件的设计

（1）基础设计：小高层建筑结构基础受力比较大，当地处软土地基时一般采用桩基。有地下室建筑由于多一层底板及地下室外墙，用钢量明显大于无地下室建筑。如果是人防地下室，用钢量明显要大。有地下室建筑采用无梁平板基础，因受力复杂、板也比较厚，相对于梁板式基础用钢量会有所增加。桩位尽量布置在墙下，使基础梁受力减小，柱长根据受力加长；提高单桩承载力可使更多桩直布在墙下，减少了基础梁用钢量。

（2）剪力墙设计：因小高层住宅建筑多数是剪力墙结构，从应用中分析知道，剪力墙结构部分用钢量占小高层住宅建筑用钢量的40% ~45%，处理好剪力墙配筋对整个工程的用钢量有较大的影响。通过分析比较，普通剪力墙结构受力与构造要求好于短肢剪力墙结构，其用钢量也少于短肢剪力墙结构。长度比较长的墙，刚度大于较短墙，同样的面积能更多地提供抗剪力刚度，相对边缘构件用钢量少于短墙。

（3）梁的设计：梁及连梁在剪力墙结构中的钢筋用量少于墙体，约占小高层住宅建筑用钢量的15% ~17%。控制连梁截面高度能有效减少连梁受力，从而可降低梁的配筋。对于跨高比不小于5的连梁按框架梁设计，配筋时箍筋配置要分加密区与非加密区，梁上层钢筋配置采用支座加筋形式均可有效减少钢筋用量。次梁应区分受力大小，采取不同的截面和配筋。

(4) 板的设计：楼板部分的用钢量约占小高层住宅建筑用钢量的17% ~20%，小高层住宅建筑楼板用钢量的控制同砌体结构。

(5) 其他方面：设置放空调板、飘窗台板、出屋面板、坡屋面及建筑外立面的变化和装饰构件，这些用量小的构件也会增加用钢量，估计占总用钢量的5%以下。

上述对工程的应用分析，在许多工程中得到了很好的应用，在确保结构安全、可靠的前提下，有效降低结构的用钢量和建筑物总造价，对提高社会效益和经济效益都有利。

9　钢筋混凝土结构高层竖向变形问题

高层建筑结构的竖向构件如剪力墙、边角柱等，在垂直荷载作用下轴压比设计的差异，必然要在它们之间产生竖向变形差，由此引起内力的变化调整。根据工程进度，一层一层逐渐向上叠加进行，其竖向刚度和竖向荷载也是逐层形成的，这种情况与钢结构刚度一次形成、竖向荷载一次施加的方法存在较大差异。《高层建筑混凝土结构技术规程》JGJ 3—2002 中明确指出，高层建筑结构墙柱的轴向变形应考虑施工过程的影响，不然引起过大的竖向变形，将使计算结果失真。

徐变是混凝土材料固有的特性，是引起结构竖向变形的又一因素。《混凝土结构设计规范》GB 50010—2002 第5.3.6条规定：徐变在结构中产生的作用效应可能危及结构的安全或正常使用，应进行专门的结构分析。在每层施工找平后，因结构竖向构件在重力作用下一般会处于长期受压状态，将产生徐变变形，而高层建筑结构由于竖向构件高度大，徐变变形值累计也相对大。另外，高层建筑结构重力荷载随着施工逐层增加，大部分竖向构件开始承担相当一部分压应力时，竖向构件混凝土龄期较短，还在养护时间，此时徐变变形较大。在长期荷载作用下，徐变最终导致结构变形和内力分布的变化。如果设计不当，多层及高层建筑钢筋混凝土竖向结构件压应力会出现明显的不均衡分布。随着时间的延续，混凝土徐变将使结构产生较大的侧移倾斜和裂缝，影响建筑物的正常使用，导致安全隐患和降低耐久性。

1. 竖向变形引起内力重分布

受压构件长度越长，压力越大，压缩变形量也越大。因此，对于高层建筑受竖向变形差影响比低层建筑严重得多。由结构力学可知，不均匀沉降会引起结构内力重分布，如图1所示。

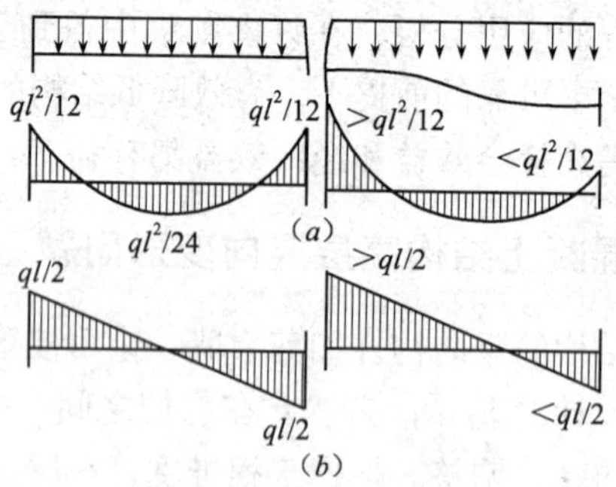

图1　不均匀沉降引起的内力重分布

(a) —弯矩；(b) —剪力

弯矩图中沉降差引起一侧梁端负弯矩增大，而另一侧相应减小，甚至出现了正弯矩。根据剪力图，支座反力一侧增大，而另一侧相应减小，甚至出现变号。高层建筑当竖向恒载一次加上，其上部竖向位移往往偏大，层数较多时，顶端几层的中间支座将出现较大沉降，与其相连的梁支座不出现负弯矩或负弯矩很小，不能正确做好梁的配筋。这在框架-剪力墙、框架-筒体结构中表现更加明显。若不考虑模拟施工荷载，柱的压缩变形将明显大于墙体，从而使梁柱相连端负弯矩减少或出现变号，同时柱子所承受压力也较实际偏小，甚至变成拉柱。而与剪力墙相连端梁则负弯矩偏大而出现超筋现象，给设计造成困难。实际情况是轴向压缩变形在施工过程中是分阶段实现的，并在各楼层标高处找平，对于梁端处负弯矩影响不大，所以一次加载随着建筑物高度的增加和轴压比差异的加大不再适用。

在施工作业完成后竖向荷载长期作用下，由于柱子轴压比大于剪力墙，其徐变变形也大于剪力墙变形，内力又要重新调整。需要重视的是，徐变变形与荷载引起的变形有着本质的区别，徐变是材料本质的蠕变，不会直接导致材料开裂或应力增加，反而有减缓个别结构应力集中的有利性。如柱子轴压比不同而造成徐变差异引起的支座不均匀沉降（见图 1），事实上在沉降发生时梁也有一个相协调的徐变过程，这个徐变导致梁的部分弯曲，而理论计算中的一次加载引起的支座不均匀沉降在瞬间完成，梁的受力如图 1 中内力图所示。因此，结构竖向变形差所引起的内力重分布是一个动态过程，影响因素比较多，涉及材料、施工、布置方案等。设计时除重视竖向变形差的计算外，应注意结构布置选型、构造配筋和材料选择。

2. 竖向荷载施工计算问题

一般情况是高层建筑的活荷载比较小，仅占竖向荷载的 10% ~15%，大体与施工荷载相似。在具体施工时，竖向恒载是一层一层加上去，并在施工中逐层找平，下层变形对上层基本不产生影响。建筑物竖向变形在施工到上部时已经完成了大部分，不会产生一次性加荷所产生轴向变形过大的异常现象，所以对一般的多、高层建筑，要选择施工模拟加载。

对于施工模拟加载，目前 PKPM 系列软件有三种方式可供选择：即模拟施工加载 1、2、3。

(1) 模拟施工加载 1 假定结构刚度一次形成，竖向荷载逐层增加。逐层计算方法简便，适用于基础没有不均匀沉降或基础沉降很小的工程。模拟施工加载 1 是一种简化的计算，与实际受力状况并不完全符合。因为：一方面，某层主体施工阶段的垂直荷载只影响到该层以及以下各层主体结构，并不影响本层以上的主体结构；另一方面，在主体结构施工到该层时，其以上主体尚未施工，不可能参与以下各层的垂直荷载分配。

(2) 对于考虑不均匀沉降的模拟施工过程，应采用模拟施工加载 2。该方法是在模拟施工加载 1 的计算基础上，通过间接方式进行，将竖向构件轴向刚度增大 10 倍。由于竖向构件轴向刚度放大，使水平梁两端竖向位移差减小，这样削弱了楼面荷载因刚度不均而形成的内力分配，所以模拟施工加载 2 的荷载分配结果更接近于手工计算结果，传给基础的荷载更为合理。对框架-剪力墙结构或框架-筒体结构，采用模拟施工加载 2 时，计算出传给基础的力比较均匀，外围框架柱受力有所增大，剪力墙受力有所减小，所以避免剪力墙轴力远大于实际的不合理现象。对整体式基础设计计算时，如不采用模拟施工加载 2 时，由于上部传来的荷载差异过大（剪力墙荷载过大周边柱荷载过小），常造成基础受力不均或配筋量过多，超出正常使用。而模拟施工加载 2 在理论上并不严密，只是一种经验方法，用于地基有不均匀沉降的设计上更合理，更能反映实际受力状态。同时，模拟施工加载 2 不能用于上部结构计算。

(3) 模拟施工加载 3 是对模拟施工加载 1 进行了改进，分层计算各层刚度后再分层施加竖向荷载，能够真实地模拟结构竖向荷载的加载过程，适用范围和模拟施工加载 1 相同，可避免上述计算误差产生，但模拟施工加载 3 计算费时且内存占用过高。

需要注意的是，竖向荷载的加载方式与施工密切相关，并不是所有工程都适合使用模拟施工加载，如上部楼层外挑出部分，施工单位选择悬挑脚手架进行挑出部分施工，待整体挑出结构完成后再拆脚手架，此时采用模拟施工加载计算外挑端点的竖向外移不适合。这时最好用一次性加载计算，才能符合实际状况。

3. 混凝土的徐变及处理措施

徐变对结构承载力极限状态影响很小，主要影响到正常使用极限状态和耐久性，必要时也要进行分析计算。从理论上看，混凝土徐变利于结构变形协调，利于减缓结构应力集中，因此，混凝土徐变对整体强度及稳定性没有什么影响。然而，部分构件（如上部连梁和高层建筑中的非结构构件）却深受危害。因此，针对徐变的不利影响，采取相应的对策，是解决高层混凝土结构设计的重要内容。

混凝土受力后水泥胶体的变形要持续很长一段时间，这也是产生徐变的原因。一般在受荷的前 4 个月徐变增长较快，6 个月以后可达最终徐变值的 80% 左右，两年的徐变约为弹性变形的 2 ~ 4 倍，因此徐变的问题在 2 ~ 3 年后会暴露出来。尤其是高层建筑结构设计中，对抗侧刚度构成和抗侧能力及延性有一定要求，相应地要求部分主要抵抗水平力的竖向构件，在重力荷载下轴压比低于其他竖向构件在重力荷载下的轴压比，从而使竖向构件间累计徐变变形差增大。有些高层现浇混凝土结构，评为优质工程投用几年后，非结构构件内填充墙出现严重的 45° 斜裂缝，而且裂缝由顶层的宽而长延伸至中部的细而短，并逐渐消失。裂缝走向由柱子下斜指向筒体，明显呈现出柱“沉”、内筒“顶”现象。

分析表明：填充墙裂缝是由于主体结构竖向构件的竖向徐变差造成。内柱压应力水平高，徐变变形量大，筒体压应力水平低，徐变变形小，而顶层累计徐变变形及其变形差最大。同时，脆性填充墙又受到硬性塞紧、拉结筋连接等规定的限制，主体结构的徐变变形造成受主体结构周边约束的填充墙很大的强迫剪切变形而导致开裂，而裂缝走向为顶层严重、中部逐渐收敛的规律，完全符合竖向变形差引起内力重新分布的现状。

伴随着竖向构件间徐变变形差的出现以及结构中楼板刚度的作用，必然有一部分重力荷载从压应力水平高的构件（柱子）向压应力水平低的构件（筒体或剪力墙）转移，从而达到一个新的塑性变形协调，即整体结构竖向构件间徐变变形差会向减小的方向发展。因此，高层混凝土结构建筑因徐变产生的影响，既有缓和竖向构件应力集中有利因素，又有增加楼屋面梁内力的不利因素，要全面分析、综合考虑。徐变对非结构构件也有一些影响，尤其是建筑物上部区域，徐变引起的差异累计值较大，常引起填充墙等非结构构件开裂。由于徐变比较复杂，涉及的因素多，一般处理徐变效应的设计原则是“放”，释放和尽量减少徐变效应的影响；“抗”是考虑徐变的影响，布置相应的构造配筋加强，抵抗和承受徐变效应的附加影响，使结构安全。

采取“放”的措施主要是：首先，从混凝土的浇筑过程认真控制，减少容易引起混凝土收缩徐变的不利因素，如竖向构件尽量使用高强度混凝土，水灰比要小，水泥用量不要过高。而泵送混凝土水灰比要求大，如果加大水泥用量则混凝土收缩变形大，对结构不利，因此宜增加适宜的外加剂；其次，对结构布置选型时，注意竖向构件重力荷载作用下压应力水平尽量接近，减小差异，避免后期混凝土徐变差过大；第三，控制混凝土压应力水平，既利于减小混凝土徐变变形，又可使钢筋压应力增量不致过大，避免钢筋屈服；最后，是填充和连接支承于高层建筑结构内的非结构构件，如填充墙、幕墙等，要避免使用脆性材料硬性连接，尽量选用弹韧性好的材料柔性连接。在后期结构出现徐变变形差时，给非结构构件留下足够的位移变量，不会因协调服从构件间徐变差而产生较大应力，从而造成非结构构件开裂甚至破坏。

“抗”的措施主要包括：适当加大竖向构件竖向配筋率，主要是压应力水平较高的竖向构件纵筋配置量，利于减小混凝土最终收缩变形，利于混凝土的协调工作；另外，尽量使上部若干层楼板承载力配筋留有适当余地，以保证安全使用；对于非结构构件自身要有一定的强度，适应结构后期塑性变形的能力，达到支承结构后期变形的需要。

综上所述，建筑设计竖向荷载方式选择不当，可能造成计算精度不足、分析结果不准确。因此，设计人员认真了解不同竖向荷载加载方式的适用范围，才能确保结构的安全、合理使用。由于钢筋混凝土材料本身的特性，使徐变成为一个动态过程，随时间的变化而变化，且与荷载作用下的受力变形有本质的区别。因此，如果完全依靠计算来确保徐变引起的安全及正常使用是不够的，需要从结构布置、构造措施、材料选择及施工过程来考虑，结合结构及非结构构件间的构造处理解决徐变变形影响。

10 预制装配式住宅建筑的设计与应用

工业化预制装配式结构（PC）是以预制构件为主，经过装配、连接，部分现浇而形成的混凝土建筑结构。

1. 预制装配式特点和应重视的问题

与传统的全部在施工现场完成的工艺比较，其具有以下特点：

（1）以钢筋混凝土外墙板代替传统的砌体围护，增加了构件的韧性和结构的整体性。

（2）施工现场用工大大减少，不用安装模板，节省材料，交叉作业方便有序，进度快，质量可靠，工期短。

（3）每道工序可以像安装工业设备进行检查控制，能保证安装精度。

（4）结构施工占用场地少，现场用材料少，湿作业少，减少了大量车辆运输和噪声。现场文明施工，对周围环境影响小。

（5）外饰面与外墙板在工厂同时加工到位，现场可以一步到粗装修程度。

（6）可以减少大量用水用电，达到节能减排的社会效果。

早在20世纪50年代，欧洲一些国家为解决住房问题，建造了大量的装配式房屋。之后，美国及日本经济发达国家住宅工业化从数量的发展向质量提高过渡。我国20世纪80年代，在当时的标准化工厂生产水平下，预制装配情况比较普遍，主要是预制楼板、梁、柱、预制叠合楼板及混凝土墙板等。但进入20世纪90年代后，由于预制构件自身原因，现浇混凝土技术的飞速发展，预制混凝土构件房屋几乎停顿。究其原因还是技术和设计原因，缺乏对预制拼装房屋结构的认定。如大板多层和高层公寓建筑，因承重墙多开间小，构件连接困难大及用钢量多，缺乏竞争力。另外，是加工制作及装配技术的原因，那时预制构件制作精度和生产工艺落后也直接影响了推广应用。

社会发展进步到今天，现代混凝土预制加工精度与质量有了极大的提高，施工技术不存在困难，关键因素是社会认可和设计质量的改革。通过分析总结 20 世纪的成功经验和不足，提出现在预制装配式建筑工程的应用要重视的问题是：

（1）注重预制墙板功能设计，包括墙板的围护和防雨水功能、隔声功能及保温隔热功能等，是否达到现在的相应标准。

（2）连接采用的形式是柔性连接还是刚性连接。

（3）节点的防水包括材料密封防水、空腔构造防水、空腔内排水及空心橡胶密封防水。

（4）预制墙板在不同工况的受力分析及配筋设计。

（5）预制叠合楼板和阳台板的设计构造等。

2. 关键部位的构造处理

（1）预制墙板功能设计：对预制混凝土墙板的围护功能、防护功能、隔声及保温功能分析得出，应采取预制混凝土外挂墙板加内保温，完全可以达到外墙使用功能的需要。在工程具体应用时，采用预制混凝土外墙板，外墙厚度除要保证功能的需要外，还要考虑外墙热惰性和构件制作、运输及吊装的可靠性，厚度按 160mm 考虑，如图 1 所示。

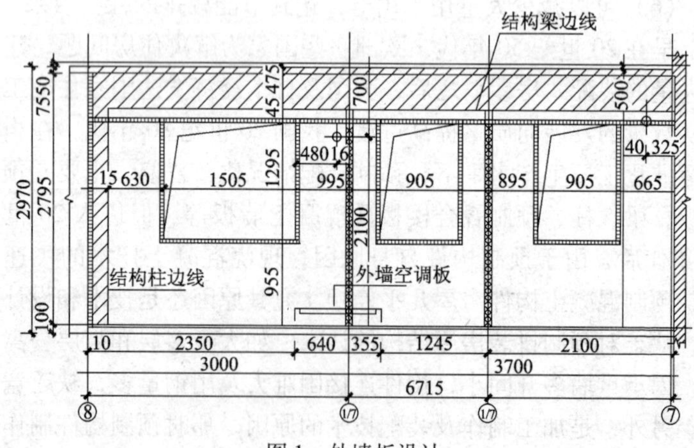

图 1　外墙板设计

（2）预制混凝土外墙墙板与主体结构的连接形式，主要是柔性连接与刚性连接两种形式。在实际工程中，两种形式与围护结构件都可以采用，柔性连接对施工精度、施工水平有较高的要求；刚性连接对施工水平精度要求相对不高，相对柔性连接可节省使用空间。采用刚性连接的工程施工时，尽量减少框架梁柱外露，采用预制混凝土墙板与框架梁柱连接部位，预制混凝土墙体减薄的方法。通过减薄处理，使梁柱外露减少50mm，如图2所示。

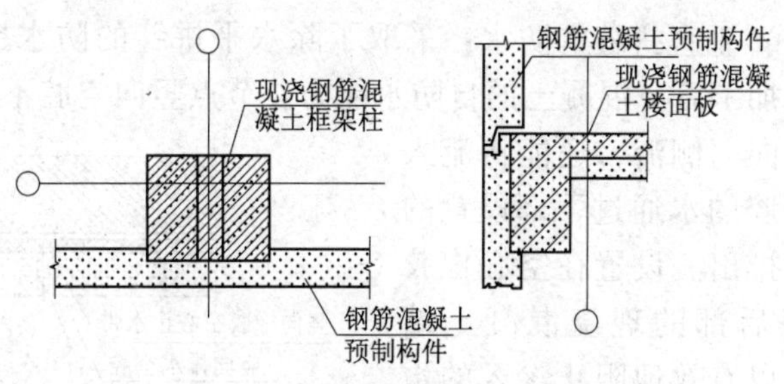

图2　柔性连接与刚性连接

3. 节点的防水处理

（1）水平拼缝的防水：为有效处理好预制外墙板的渗漏问题，保证构件拼缝处不漏水，在水平拼缝处采取三种防水措施，即材料密封防水、空腔构造防排水和空心橡胶密封条防水。水平拼缝最外侧为材料密封防水层，采用耐候硅胶将缝最外侧密封；拼缝中部为构造形成的空腔，在上下两块预制混凝土墙板相对应处分别设置凹槽。当两块板拼缝时，形成内高外低的空腔，并在下块板的顶部（即空腔下部）设置排水槽，在排水槽的尽端垂直拼缝底部设置排水管；在预制墙板的拼接内侧设置空心橡胶密封止水条，如图3所示。

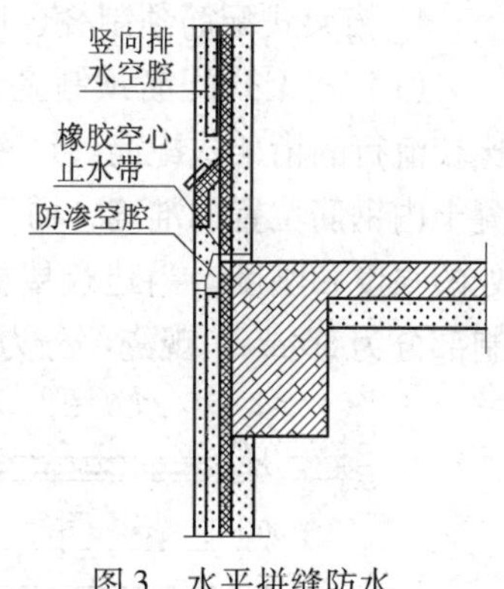

图3　水平拼缝防水

空腔防水作用，假若材料密封防水失效，雨水进入空腔，由于内侧高于外侧，水会顺空腔设置的排水槽流至拼缝垂直空腔内，由垂直空腔流至垂直空腔底部的排水管排出，达到防水的目的。垂直空腔底部设置排水管，不但可以把流入空腔水排出，还可以在风压作用下确保空腔内外气压相同，防止水汽在风压作用下渗入空腔。为确保防水万无一失，在两板拼缝处设置空心橡胶密封条。

(2) 垂直拼缝的防水：采取了除水平拼缝的防水措施外，另外增加了后浇混凝土的自防水能力。节点竖向空腔不但可以防止水向内侧流，还能将流入水平空腔的水通过下部设置的排水管排出。设置在空心橡胶密封条后部的现浇混凝土结构，可以有效地阻止渗入的水汽，从而使防水更加安全、可靠，如图4所示。

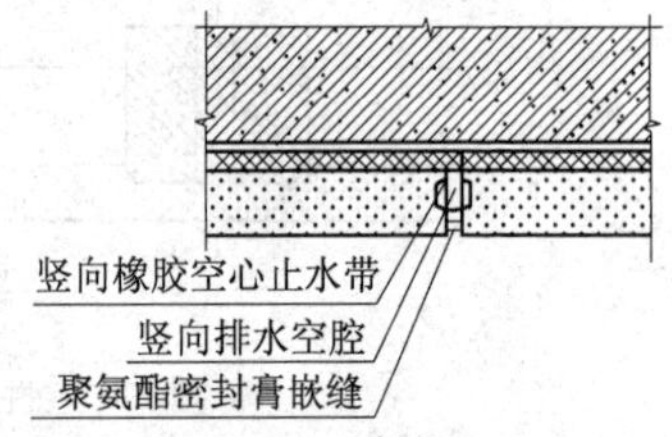

图4　垂直拼缝防水

(3) 预制墙板窗框边处防水：采用铝合金框与预制混凝土墙板整体浇筑方法，一次性地将铝合金框与预制混凝土墙板制作成一个整体，可以有效地减少施工现场工程量并大大提高防水性能。

4. 桁架式配筋预制叠合板

(1) 桁架式配筋预制叠合楼板：预制叠合楼板要采用国外比较流行的桁架式配筋。这种配筋形式不但可以保证上部现浇混凝土内钢筋位置的准确，而且还能大大提高预制与现浇部分结合处的强度和刚度。当建筑楼板设计总厚度为180mm时，其中预制部分为80mm，现浇部分为100mm，构造配筋如图5所示。

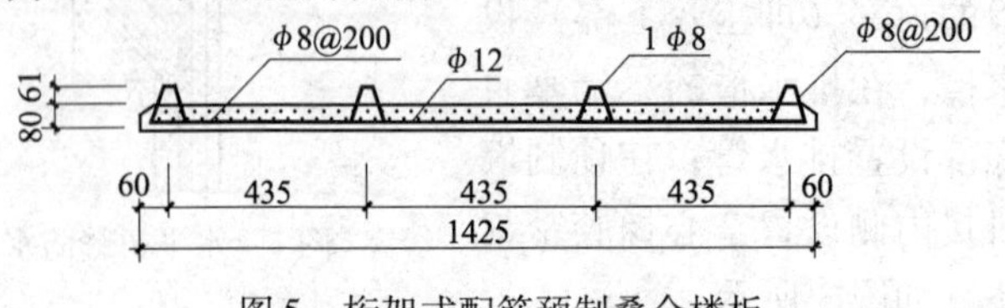

图5　桁架式配筋预制叠合楼板

（2）桁架式配筋预制叠合阳台板：构造上同叠合楼板，采用桁架式配筋，能够确保悬挑阳台的上部钢筋的有效高度，提高整体质量，构造配筋如图 6 所示。

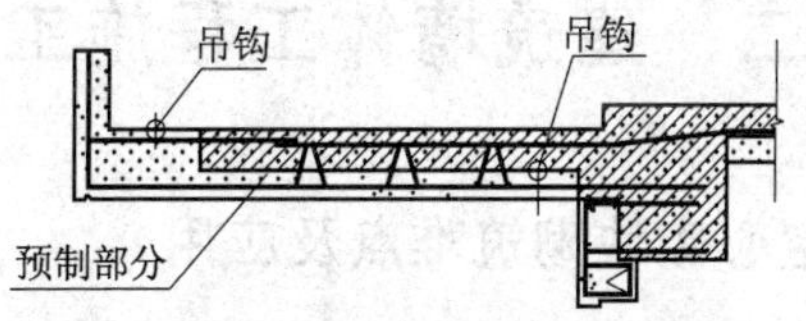

图 6　桁架式配筋预制叠合阳台板

通过上述分析介绍可知，装配式（PC）结构充分发挥预制墙板的优势，将保温隔热层同构件一起预制，形成具有保温、隔热、隔声、防止渗漏功能为一体的外墙，可大幅度提高保温材料的耐久性，进一步减少施工现场工作量，加快进度。

在设计过程中考虑构件的模数和通用性，增加模具的周转次数，部分构件要做到可互换通用，同时可将外墙设计成具有装饰艺术效果的图案，在预制过程中同时完成，充分发挥预制构件的精美优势，减少外装饰工程量。为更好地节能减排，应大力发展预制装配式建筑房屋。

二、建筑墙体工程施工

1 小型空心砌块砌筑难点及应用

混凝土小型空心砌块体型小、重量轻，适合用于中小型设备生产，在墙体改革中可以代替黏土砖，因而应用广泛。实践表明，使用砌块和烧结普通黏土砖相比，墙身重减轻 40% 左右，每平方米墙面造价较黏土砖低，房屋的使用面积增加 3% 左右，而且建筑结构体系自重的降低，使结构受力构件的费用有较大的降低。推广使用小型空心砌块有利于节地、节能，降低造价。但是，混凝土小型空心砌块的施工应用存在一些技术难点还需要解决。

1. 砌块质量及其控制措施

（1）施工技术难点包括：①砌体结构的楼层放线；②混凝土小型空心砌块的材料要求；③砌块的排砖与要求，以及砌筑过程中的预留、预埋处理；④芯柱混凝土的控制；⑤圈梁模板的支设及圈梁底砌块的堵孔隙；⑥墙表面抹灰前基层的处理点。

（2）控制措施：①楼层的施工放线，一字形建筑结构形式比较简单，测量放线除了楼层放线外，其操作与砖混结构基本相同。在楼层放线时，由于轴线位置全部是芯柱钢筋，无法准确放线，因而各墙体均选择以墙皮线作为控制线，方法是由控制线向外返出 100mm 确定，弹在现浇混凝土板上。对于门窗洞口位置线，事前先按施工图样确定位置，在排砌块时再进行调整，可以左右移动不超过 90mm。放线后要做好移动位置的记录，确保在上层排砖时移动方向一致，上下层洞口通顺。

对于设计尺寸 600mm 宽的门间垛，在放线时要将每边洞口放大 5mm，即墙垛按 590mm 放线，以防止砌块竖向灰缝过大，保证墙体砌筑合格。门口放大后通过抹灰补充平齐，或制作门框时加大尺寸处理。

② 排砌块第一层尺寸为：290mm + 10mm + 290mm = 590mm；第二层砌块尺寸为：190mm + 10mm + 190mm + 10mm + 190mm = 590mm。竖向控制轴线用经纬仪引测，弹在砌好的墙体上，确保能随时复核墙体的位置及垂直度。水平标高控制及皮数杆设置与砖混结构相同。

③ 砌块的材质要求：混凝土小型空心砌块是用碎石或卵石为粗骨料制作的混凝土块材，具有混凝土的脆性，同时也有容易干燥收缩的特性。在经过 28d 的养护后，其干缩值约完成了60%，所以对砌块的养护时间、搬运、装卸车运输有严格的要求。

④ 混凝土小型空心砌块应符合《普通混凝土小型空心砌块》GB 8239 标准的具体要求，使用的混凝土小型空心砌块品种、规格、强度等级均符合设计要求。生产厂家必须是具有生产许可证厂家，砌块进场前要检查合格证及检验报告，同一工程应采用同一厂家同批砌块。空心砌块进场后按规定进行见证抽样复检，检验合格后方能用于砌筑。施工中所用的混凝土小型空心砌块生产龄期不得小于 28d，要有专人负责贮存及使用安排，防止出现误用，影响墙体砌筑质量。

2. 砌筑过程中的质量控制

（1）砌块的排砌：墙体在砌筑前必须按照施工图的轴线绘制砌块排列顺序图，排出本工程的整个排列顺序图。排列时要根据砌块的实际尺寸、灰缝厚度及宽度、门窗洞口尺寸、过梁与圈梁高度、芯柱位置、预留洞大小、开关、管线、插座敷设部位进行对孔、错缝搭接和排列。砌块排列优先采用 390mm × 190mm × 190mm 主规格砌块，有芯柱的位置采用带清扫口的 E 型砌块，丁字墙或十字墙用 F 型砌块，在调整轴线间尺寸、墙体转角处及内外墙交接处可以使用辅助砌块。调整轴线间尺寸的辅助砌块放在门洞上部，窗台下或没有设置芯柱的位置，由于不能保证墙体对孔错缝搭接的需求，应尽量少采用。一般建筑砌体工程使用的砌块比例为：390mm 主砌块占 70% 左右；290mm 砌块占 20% 左右；190mm 砌块只占 10% 左右。

对墙体排块设计时，还要重视设备及电气专业的留洞位置。由于砌块带孔洞，模数为 100mm 进制，因此，设备及电气专业的留洞短边尺寸大于或等于 100mm 时，留洞口尺寸应满足模数要求。当预留洞口尺寸小于 100mm 时，应严格按照施工图预留洞口，必须采用切割机切割砌块，禁止后期人工剔凿。电气预埋竖向套管应设置在砌块的空腔内，避开芯柱。当空腔不够时，墙体可改为局部现浇。对留洞和敷设电气主管道的墙体，要请设计人员进行强度和稳定性验算，以满足结构安全使用。

（2）砌筑中的预留预埋处理：砌筑用砂浆要用 42.5 级普通硅酸盐水泥或 32.5 级矿渣硅酸盐水泥，用干净中砂拌制。混合用石灰膏或生石灰熟化时，其质量符合《建筑生石灰》JC/T 479 的相关规定，并采用孔洞小于 3mm 网筛过滤，熟化时间 7d 以上。用磨细的生石灰粉，时间不少于 2d。对熟化池中的石灰膏应防止干燥、污染和冻结。砂浆要有良好的稠度与和易性，砌筑稠度以 50 ~ 70mm 为宜。砂浆稠度较大，砌块砌筑时会因自重而产生偏差过大，此时绝不允许在缝隙中垫石块或木片来调整平整度及垂直度，而应立即拆除，重新拌制砂浆，再进行砌筑。在进行正式砌筑时，从每层转角处或门口部位开始砌，用拉通线和皮数杆控制砌体的标高，用线坠随时垂吊墙体的垂直度，用直尺靠表面平整度。

砌块每皮要咬槎、对孔错缝搭砌，砌筑时砌块要大面朝上反砌，这样可更好地保持水平灰缝的砂浆饱满度。圈梁上或楼面板上的第一皮砌块要满铺砂浆砌筑，以上各层横肋也要满铺砂浆砌筑。竖缝要先抹碰头灰再上墙挤砌，砌块稳定后调整垂直度和水平平整度后，再将缝填实。勾缝时间掌握在砌筑后用手指能压出清晰指纹又不粘手时进行，用镏子将灰缝镏压实，灰缝低于墙面深度 2mm 为宜。砌筑要逐块铺砌，灰缝必须横平竖直，水平灰缝厚度和垂直灰缝宽度均保持在 10 ~ 12mm。砌筑时一定要挂线，遵守“上跟线、下跟棱、左右相邻要对平”的习俗，随时检查纠正，以便处理达到砌体质量要求。在一般情况下，混凝土小型砌块不宜浇水，以免砂浆流失、砌块滑移，最重要的还是防止干燥收缩，以免产生更多的裂缝。

按照现行的技术规程要求，砌体每600mm高设置一层镀锌钢筋网片，内外墙交接处、转角处由于网片可能叠加，使灰缝厚度增加，此时可采取纵横墙错层设置钢筋网片，即横墙第一层自400mm高度开始放置，而纵墙第一层自600mm高度放置。在施工洞口、窗洞口处采取预埋2ϕ8钢筋代替钢筋网片更加方便，施工也符合质量要求。另外，如果施工洞口预留阴阳槎一直至圈梁下部，应在圈梁内增加2ϕ14钢筋，此段按过梁考虑加强，也是为了保证质量。

3. 芯柱的施工质量控制

芯柱的钢筋必须按设计图样规定下料、绑扎及搭接，从墙体上部预留马牙插入至下端处，通过清扫口与下部预留钢筋搭接绑扎，一般是扎两个扣，搭接长度为40d且最短为500mm，工程芯柱钢筋为ϕ16，绑扎搭接长度为640mm。如果是单面焊，为160mm即可。

浇筑芯柱的混凝土采用的坍落度为140mm的细石混凝土，严格按试验配合比配置混凝土，浇筑芯柱要在砌体完成24h、砌体砂浆强度达到1.0MPa以上进行。浇筑前再次清理砌块留槎中的残浆，冲水干净后封堵清扫口。在芯柱底部先倒进50mm厚度1：2.5水泥砂浆，再正式浇筑混凝土，每浇筑厚度500mm振捣一次。以前施工有时用人工振捣，达不到设计的密实度。因此，虽然截面很小，还是用机械振捣可靠。对有预埋拉结筋时，一定要慢振密实，这些部位由于有筋从芯柱中心横穿过去，易产生质量问题。芯柱混凝土浇筑到砌块上表面20mm处，留一段凹槽，在浇筑圈梁混凝土时一齐浇筑，这样芯柱与圈梁形成销栓作用。芯柱钢筋混凝土初凝前要拉线检查位置，混凝土凝结后不得再碰动钢筋，否则会影响钢筋与混凝土之间的握裹力。

4. 圈梁模板支设及底部封堵

过去有些做法是用 190mm × 190mm × 190mm 砌块横砌兼作穿墙方子眼，在墙上部留下大量孔洞，既影响结构的整体性，封洞也比较繁琐，特别是外墙还容易引起渗漏。总结不利因素，在砌墙时预埋封闭钢筋套子代替穿墙方子，但只能用一次，以免造成钢筋用量上的浪费。

为了使模板有需要的刚度，减少夹板用量，圈梁模板用 40mm 厚木板，夹板可以用角钢或型钢焊接，也可用 100mm 厚方木制作。穿墙螺杆用 ϕ12 钢筋，套丝长度 80mm，螺杆总长 540mm，在螺母与木夹板之间夹垫 40mm × 40mm × 4mm 钢垫片，防止螺母紧固时嵌进木板中。穿墙螺杆可以在砌筑墙体时预埋在上块的水平灰缝中，但要在砂浆初凝后把钢筋转动，防止被粘牢，也可以在安装圈梁模板时，在水平灰缝钻孔穿过安装。

按规程要求，圈梁底部需铺密目钢丝网，防止混凝土掉入砌块孔中，在以前的施工中也使用过密目钢丝网片，但由于网孔太小，会影响圈梁混凝土与砌块之间的粘结牢固；若孔眼过大，不可避免地会渗漏浆，影响混凝土的密实度与强度，也会使穿墙螺杆拔不出来。

混凝土小型砌块属于节能产品，用于外墙外保温还是得满足保温节能要求的，只要认真处理完全可以解决砌体因温差变化产生的收缩开裂，也可以处理砌体芯柱热桥问题。另外，因外表面抹聚合物砂浆及耐水外涂料或面砖起到较好的装饰防渗作用，弹性好的涂料能弥补裂缝的缺陷，防水效果更优。

2 混凝土砌块墙体施工裂缝及其控制

加气混凝土砌块属于节能材料，砌块的制作原材料是水泥、石灰、砂子、粉煤灰、石膏及铝粉等，经过对原材料处理、搅拌、发泡、切割、蒸压养护制成，具有质轻、保温、防火及隔声的特点。作为一种保温型建筑砌体材料，对它的材料特性应认真了解，加气混凝土为多微孔结构，对水的吸附比较快也多，但微孔之间互不连通，对水的渗透有一定阻碍作用。另外，这种砌块在温度、湿度变化下体积变形相对较大，施工砌筑时如果对其特性掌握不住，极易造成砌体开裂、抹灰层空鼓甚至脱落，严重影响墙体质量，给加气混凝土砌块的推广应用带来不利影响。经过10多年应用加气混凝土砌块的施工实践，总结应用加气混凝土砌块的施工裂缝控制措施，现浅述对出现问题的治理方法。

1. 加气混凝土砌块的裂缝形式

加气混凝土砌块施工裂缝与其他材质砌块裂缝一样，是由多种原因共同作用的结果，呈现裂缝形式有多种，按产生的部位归纳只有两类。

(1) 砌体裂缝：加气混凝土砌块墙体裂缝主要是水平裂缝、不规则的竖向裂缝，与混凝土梁、柱结合面出现的水平和垂直裂缝，这些裂缝的共同特点是都产生在灰缝内，削弱了加气混凝土砌块墙体的整体性。

(2) 抹灰层空鼓、开裂：加气混凝土砌块墙体抹灰层由于与墙体基层的粘结性能差，表面裂缝是极其普遍的，裂缝多且无任何规律，缝细而范围广，在墙面任何部位、梁柱交界处都会出现。

2. 裂缝的危害性

普通裂缝一般不会危及建筑物的安全使用，但对观感及其使用功能有不同程度的不利影响，主要表现在：

(1) 贯穿墙体的裂缝会严重削弱墙体的受力性能，特别是单层或多层承重结构中，直接影响建筑房屋的使用寿命及抗震能力。

(2) 墙体中存在的大量缝隙，会造成雨水向室内渗漏，处理渗漏水难度大，冬季冻胀成为冷桥，降低保温性能，也会对内、外墙面质量造成严重影响。

(3) 当裂缝产生多且密时，损坏饰面层效果，在自然环境长期作用下反复变化，加大裂缝的宽度，造成空鼓更大，其结果是装饰层脱落，存在安全隐患。

3. 裂缝的原因分析

3.1 施工管理控制不到位

施工前管理责任未落实，流于形式，管理人员同操作人员未按要求进行沟通，交代不清，更未进行技术交底，对质量的重点注意事项不了解。

（1）不重视加气混凝土砌块的现场管理，主要是材料管理人员对加气混凝土砌块的保管要求不知道，而工程技术人员又没有进行交底，砌块露天堆放，受太阳暴晒或者雨淋湿透水，影响了砌块使用性能，砌筑后很容易产生收缩变形，导致裂缝大量产生。

（2）施工监督管理不到位，现在许多项目施工技术管理人员不足，一个人兼顾多个岗位，现场人员少，不分专业的情况比较多，加上一些施工管理者未尽到自己职责，使得操作者不按技术交底，违反施工规程及工艺程序施工，不规范的施工更容易造成裂缝的产生。

（3）技术交底内容程式死板，没能结合施工组织和实际现状进行，交底没有针对性且关键要求内容不全面，不能有效指导操作施工。实际上并不掌握操作要领，施工随意性大，违反施工技术标准，砌块的砌筑质量达不到验收规范要求，导致墙体裂缝产生。

（4）施工管理人员业务素质参差不齐，一些管理人员没有学好规范和标准内容要求，尤其是现在的节能新材料、新工艺、新技术的学习明显不到位，对新材料性能的了解、认识有限，存在一知半解。在指导砌筑施工中，容易出现错误和违规现象，给砌体质量造成潜在隐患。

3.2　材料存在问题

加气混凝土砌块在温度、湿度的影响下体积变形比较大，而且养护时间必须达到28d；否则，会导致更多裂缝的产生。这些通过对养护时间的严格控制、技术措施的改进、产品质量的提高、减少材料方面的影响因素可以改进。

（1）砌块的养护时间和存放时间不够。加气混凝土砌块的物理性能是吸水后体积膨胀，失水后体积缩小。如果是养护不到期的砌块，体积变化则更大，因此加强养护时间的控制，不到期的不出场。若是不按规定使用了这种不到期砌块，就会导致裂缝的出现。

（2）砂浆的强度及和易性对砌体的影响。砂浆未按配合比调配，会出现强度过低、保水性差、和易性及稠度不适宜、失水过快等缺陷，影响砌筑砂浆的粘结力，造成裂缝。

3.3 施工过程控制不到位原因

正确的施工操作工艺是确保砌体质量的重要技术手段。由于节能型加气混凝土砌块是一种使用时间不长的新型材料，对它的施工经验积累并不完全，施工质量技术标准尚未完善，几乎都是参照普通砌块要求进行砌筑，对材料特性了解不深刻也是产生裂缝的原因。

（1）组砌没有按排列图进行，灰缝厚度控制不准，标高误差大，砌块砂浆竖缝达不到80%饱满度，出现瞎缝、假缝，削弱了墙体的整体性。

（2）不按构造要求及砌筑规范施工，长、高超过要求的未设构造柱或混凝土加强带，同柱未设拉结筋，就是放了拉结筋端部未弯钩，长度也不够，放置数量满足不了要求。

（3）一次性砌筑高度过高，尤其是阴雨天，砂浆干燥过程中承受重量大，使砌体产生变形。

（4）对砌筑基层清理不彻底，也未浇水冲洗、湿润，形成隔离层，降低粘结牢固性。而砌块含水量过多、过湿，上墙后干燥过快，收缩变形量也大。

（5）由于砌筑中检查不严，对已砌筑好的墙体在进行整修时，没有按要求重新返工整改，而是砸墙随便移动砌块，破坏了砂浆的粘结功能，灰缝砂浆起不到粘结作用，同时气温高或干燥而未采取保湿措施，导致裂缝产生。

（6）抹灰前对基层没有认真处理，砂浆失水过快，来不及收光，干燥裂缝产生；且抹灰层厚度不均匀，相差比较大，在重力作用下厚度大的下沉脱离基层，出现裂缝；而过薄砂浆层干燥过快，也产生裂缝。

（7）按照规范要求，抹灰层超过10mm以上时要分层进行，一次抹灰厚度不超过8mm，但实际是一些操作人员图省事、快速，不进行分层施工，或未待上层干燥而急于进行下道抹灰，扰动下层开裂，上层也压不密实，引起抹灰层出现裂缝。抹灰干燥后要及时喷水养护，这一工作非常重要，有时不能引起管理人员重视，抹灰层得不到水分补充、开裂，是正常的现象。

3.4　自然环境因素原因

施工过程中自然环境的变化和一日当中气温差异也很大，尤其是最高、最低和潮湿环境温度时作业，加气混凝土砌块的物理性能都会发生变化，给砌筑质量带来不利影响。

（1）进入夏季气候干燥炎热，多数时间超过30℃，砌块和砂浆失水过快，在施工过程中没有及时采取使砌块含水率适宜的有效措施；而进入冬季气温偏低，仍然干燥，灰缝砂浆强度增长缓慢，内外湿差大而产生一定应力，导致裂缝出现。在雨天环境下，因砌块含水率偏高，在露天作业时砌块被雨淋后出现体积膨胀，在干燥时又收缩，同样产生裂缝。

（2）当温度变化较大时，会在不同材料之间，因膨胀系数的差异而引起结构胀缩及内外产生不一致变形。当抹灰层粘结力较低时，不足以抵抗这种变形，就会出现空鼓，将面层拉裂。在砌体和混凝土接合处，常出现此种开裂。

4. 砌体墙体裂缝控制方法

4.1　加强施工全过程管理

施工过程全方位管理包括组织、协调、技术在内的综合性管理，目的是干好活、出效益，使产品质量合格，在加气混凝土砌体施工中同样不可缺少这一重要的管理环节。

（1）重视对加气混凝土砌块生产厂家的选择，实行货比三家。由于原材料及工艺条件存在差别，各生产厂家的产品的砌块干缩差异较大，必须选择生产工艺成熟、养护管理好的厂家的产品。尽量选择07级以上或抗压强度大于5MPa的砌块。强度等级高，其材料的密实度也好，干燥收缩量也就越小。

（2）砌块提前进入施工现场，如果未达到养护龄期时继续进行养护，由于砌块出釜时含水率很高，以后砌块会逐渐干燥而产生体积的不稳定。为此，要避免边进料边施工的不良习惯，必须组织砌块提前进场，保证使用时砌块的性能稳定。

（3）重视砌块进入现场的保管工作，不要随便堆放，而要做好防雨措施。砌块不要露天堆积，尤其春、夏季节要有遮盖材料，底部垫起能防潮、排水，防止吸水过多而出现体积膨胀变形。

（4）认真做好技术交底工作，根据现场环境变化提出保证质量的措施，要求每个操作人员掌握施工要点，把质量隐患消灭在施工过程中。同时，加强过程监督力度。选择责任心强的施工技术人员管理砌体质量。重点检查和巡视相结合，发现不符合要求的随时纠正处理，把不合格砌体排除出去，杜绝不规范操作，使砌体质量符合验收标准。

4.2　加强对规范的学习，提高砌筑质量

对加气混凝土砌块的墙体质量应以预防为主，防患于未然；认真做好规范的学习，采取正确的施工方法，关键是对全过程的控制。这是消除和减轻加气混凝土砌块墙体裂缝的有效方法。

（1）学习掌握加气混凝土砌块性能的特点，施工及检验必须按照现行国家标准《蒸压加气混凝土砌块》GB 11968—2006和《砌体工程施工质量验收规范》GB 50203—2002 的要求进行。常用加气混凝土砌块性能指标见表 1。

常用加气混凝土砌块的性能指标　　表 1

体积密度和等级	B03	B04	B05	B06	B07	B08
密度（kg/m^3）≤	300	400	500	600	700	800
导热系数［W/(m·K)］≤	0.10	0.12	0.14	0.16	0.18	0.20
抗压强度（MPa），≥	1.0	2.0	2.5	3.5	5.0	7.5
干缩值（标准法）(mm/m) ≤	0.50					
抗冻性（冻后强度）(MPa) ≥	0.8	1.6	2.0	2.8	4.0	6.0

从表1可以看出，砌块密度越低，导热系数越小，保温隔热效果也越好。为此，配制好砌体砂浆，用普通低强度水泥配制砂浆，保证良好的保水性及施工和易性，且强度不低于M5.0级，灰缝厚度密实、均匀，才能保证墙体保温性能。

（2）砌筑时采取相应的构造措施，在砌块与柱相接触处设置拉结筋，拉结筋间距根据砌块模数为600mm，从柱边压入砌块内两侧不小于1m。当墙体长度为5m及以上时，要留置构造柱。构造柱砌筑时，基层表面两侧开始留置后退槎，先退后进至板底。墙高超过3m时设置混凝土带，以抵抗温度裂缝。

（3）加气混凝土砌块不应与其他砌块混砌。因不同干密度和强度材料的性能不同，外界影响下容易开裂。重视对砌块含水率的控制，降低砌块含水率，不宜浇水过多，最佳含水率在10%～15%，浸水深度8～10mm为宜。最好在砌筑前一天表面喷水。根据规定，每日砌筑高度不超过1.40m，雨天砌筑高度不超过1.20m；若是填充墙，砌后停留7d再砌；梁板下用同品种小砌块斜砌顶紧。砌筑时如果下雨必须有遮掩，防止雨水冲刷、淋湿。

（4）混凝土砌墙体与混凝土柱、剪力墙及梁交接触处，以及门窗洞口边缘应挂钉上钢丝网片。网片应钉牢固，搭接长度大于100mm且平整，钢丝网片处用1：1水泥砂浆抹灰盖住网表面，增加与墙体粘结力，抵抗不同材质收缩，出现开裂。

（5）确保砌筑灰缝的厚度及砂浆饱满度，尤其是竖向灰缝的饱满度。竖向灰缝的饱满度可以阻止墙面的变形，减缓裂缝的出现。

（6）抹灰前，认真检查、清理墙基层表面。发现有裂缝时，应根据情况进行处理；如果裂缝较多，应在砌块上钉钢丝网修补。经过检查合格后，再进行抹灰。抹灰前对表面洒水湿润，刮1：1水泥砂浆或1：0.5水泥素浆一道，在水中掺入30%的108胶，用滚筒反复滚压，密封砌块表面缝隙。抹灰要分层进行，每层厚度一般以8mm为宜，过厚时分多次抹平。面层一次抹灰厚度以5mm为宜，每次抹灰时用手指按压无痕迹再抹，要求平整、光洁，无抹纹痕迹，接槎平顺。抹灰完成后，待表面发白应洒水养护，这个工序不能省，洒水养护不少于3d。

4.3　采用新材料提高抹灰抗裂质量。

随着建筑工业发展的需要，采用新材料、新技术可以有效防止加气混凝土砌块裂缝的产生。

（1）采用专门用于加气混凝土砌块的砌筑砂浆或干粉砂浆，或者在砂浆中掺入无机或有机塑化剂。改善及提高砂浆的和易性与保水性，增加砂浆粘结力，提高砌体抗裂性。

（2）使用加气混凝土砌块的界面处理剂，可以增强抹灰层与加气混凝土砌块之间的粘结力，有效防止微裂纹和空鼓的产生；同时，也可以在砂浆中添加抗裂纤维，增强抹灰层抗裂能力。

（3）改善加气混凝土砌块的物理性能，通过生产工艺、原材料及配合比的优化设计，使用优质添加剂，改变砌块内部孔隙结构，得到良好的适应自然环境的建筑墙体应用效果。

综上所述，加气混凝土砌块在节能保温墙体应用中比较广泛，但开裂仍是一个不容忽视的质量问题。在使用中必须把握好以下几个方面：①重视对砌块的管理，保证砌块的养护及存放期；②按照不同气候条件采取不同的砌筑方法；③处理好拉结筋，并在不同材料处钉钢丝网片；④网片上抹1：1水泥浆；⑤选用专用砂浆及界面处理剂，砌筑砂浆不低于M7.5；⑥砂浆收水时检查是否开裂，尽早抹压。只要认真按照要求施工，其裂缝将不会出现。

3　砌体结构墙温度裂缝分析及预防

砌体结构仍然是国内使用最广泛的结构形式之一，具有取材容易、施工方便、工期短、平面布置灵活等优点。由于砌体结构墙体是由脆性材料构成的，砌体的抗拉、抗弯、抗剪能力较差，墙体开裂比较多。而造成墙体开裂的原因很多，其中比较多的是由温度变化引起的温度裂缝。在近些年砌体结构开裂房屋中，由温度引起的裂缝占75%以上。

温度变化使砌体结构墙体开裂的形式主要是两种情况：一种是由温差和砌体干缩引起的墙体竖向裂缝。为了控制此种裂缝，应根据楼房墙体类别，按照现行《砌体结构设计规范》GB 50003—2001第6.3.1条规定，在墙体中设置伸缩缝。二是由钢筋混凝土屋盖温度变化和砌体干缩变形引起的墙体局部裂缝。表现在结构体上部的水平裂缝、八字缝等，都统称作温度裂缝，缝宽通常小于3mm。现重点就温度裂缝的主要原因、预防控制及处理措施分析探讨。

1. 砌体温度裂缝原因

砌体结构温度裂缝多数产生在房屋顶层，也有的延伸至相邻下层，房屋两端的1~2个开间内，内外纵墙多数为八字形斜裂缝，山墙部位常山现水平裂缝，平屋顶下或屋顶圈梁下沿砖块灰缝的水平裂缝及水平包角裂缝。裂缝主要由屋面与墙体间温度变化引起的应力过大而形成。轻微的温度裂缝一般是不会对结构造成危害的，但裂缝会导致装饰层破损，影响观感及耐久性；而宽度较大且随着温度升降产生明显变化的裂缝，对建筑物的使用年限及抗震能力带来较大的不利影响。

屋面板和墙体是两种性质不同的材料，线膨胀系数差别较大，混凝土板的线膨胀系数 $\alpha_c = 10 \times 10^{-6}$m/(m·℃)，砖砌体的线膨胀系数 $\alpha_s = 5 \times 10^{-6}$m/(m·℃)。当温度变化时，钢筋混凝土屋面的温度变形大于砖砌体的变形量，由于屋面和墙体间相互约束，相对位移受到限制，屋面和墙体接触面则产生较大剪力。当此时的剪力大于砌体的抗剪强度时，墙体产生水平裂缝。另外，屋面荷载使墙体承受压应力，与剪应力共同作用时，当温度应力与荷载形成的主拉应力大于砌体的抗剪强度时，墙体则产生斜裂缝。

举例说明线膨胀：某一砌体结构，长 $L = 48$m，内外墙均采用240mm砖砌筑，纵墙间距 $b = 6$mm，屋面采用钢筋混凝土现浇顶盖，混凝土强度等级为C25，板厚 $h = 110$mm，浇筑混凝土时平均气温为5℃，屋面保温隔热效果并不理想。在夏季屋顶最高气温超过40℃，而砖砌体墙面的最高温度为30℃。其计算是：

砖砌体的线膨胀系数 $\alpha_s = 5 \times 10^{-6}$m/(m·℃)；混凝土的线膨胀系数 $\alpha_c = 10 \times 10^{-6}$m/(m·℃)；

混凝土和砖墙水平阻力系数：$C_x = 1\text{N/mm}^3$；C25 混凝土弹性模量 $E_c = 2.8 \times 10^4 \text{N/mm}^2$；

如果墙体与顶板不存在水平约束，则墙体自由伸长量为：$\Delta L_{墙} = \alpha_s \Delta T_{墙} = 6\text{mm}$；

顶板自由伸长量为：$\Delta L_{板} = \alpha_c \Delta T_{板} = 16.8\text{mm}$；其伸长差异见图1。

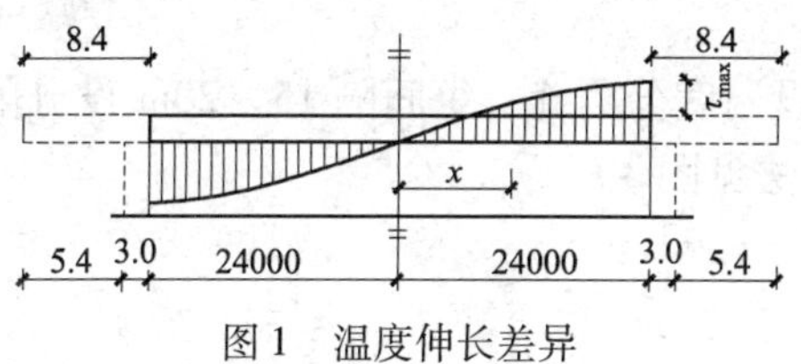

图1　温度伸长差异

2. 温度裂缝的预控措施

工程实践表明：砌体结构裂缝存在比较多，按照现在的技术条件和规范提供的措施，还不能完全避免墙体的开裂。但是要求将裂缝控制在某一宽度范围内，使其满足建筑物整体性、适应性，使裂缝降低到可以接受的安全需要程度。在裂缝控制的设计过程中，可以通过适当构造处理，化解为细小无危害裂缝。

砌体结构的体型尽管采取比较规则的形式，墙体布置均匀贯通，长高比适当，加强基础刚度和整体性；并按照规范中确定的防止或减轻墙体开裂的主要措施，即“防”、“放”、“抗”的经验方法。

(1)“防”的措施：“防”即采取适当的屋面构造处理，减小屋顶与墙体的温差，也是减小屋顶与墙体的变形。通常的做法是：选择全年平均温度季节做屋面工程，适当加厚保温层，确保屋面保温隔热效果，采用低含水率或是憎水性材料作为保温材料，防止屋面产生渗漏水。对屋面保温隔热或刚性屋面及砂浆找平层设分格缝，间距小于6m，并与女儿墙断开，缝宽为20mm。表面浅色防止吸热，严格控制墙体材料的含水率。减小圈梁、现浇构件（如挑檐板）直接外露，这些构造措施可以减轻温度裂缝，如240mm厚砖墙的圈梁外隔热处理见图2。

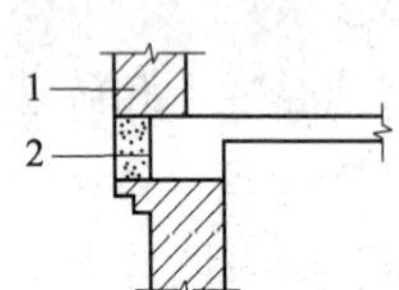

图2　圈梁外加隔热层
1—女儿墙；2—圈梁隔热层

（2）“放”的措施：“放”就是采取适当措施，允许屋面或墙体在一定程度上能自由伸缩，减少屋面板与墙体之间的水平约束力，以达到控制裂缝的目的，具体做法有多种。

① 屋面设温度分隔缝：每间隔15～20m设分隔缝，缝宽大于20mm，做法见图3。

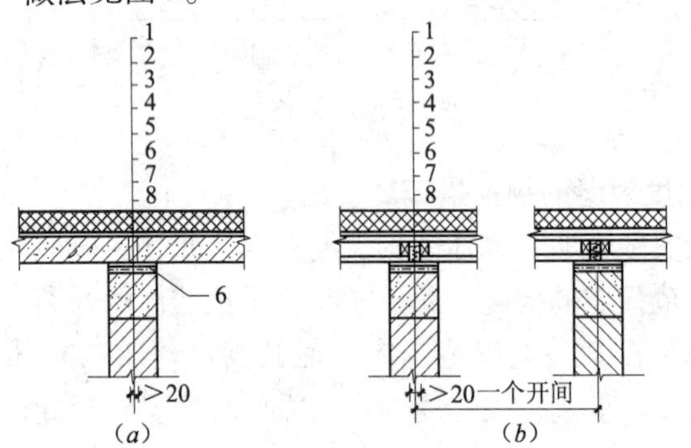

图3　屋盖温度缝
（*a*）现浇板屋盖分隔缝；（*b*）预制板屋盖分隔缝
1—防水层；2—找平层；3—保温层；4—找平层；
5—聚苯板条（密度>18kg/m³）；6—干铺三层油毡；
7—1：2水泥砂浆找平；8—圈梁

② 外挑檐设温度缝：每隔不大于12m在挑檐板上留设20mm宽温度缝，缝内嵌填防水油膏或沥青麻丝。当挑檐板宽度大时，要加大纵横向配筋率。

③ 如果房屋进深较大时，在沿女儿墙内侧的现浇板处留设局部分隔缝，缝宽也是20mm，缝内要用防水性的弹性材料嵌

填，做法如图 4 所示。

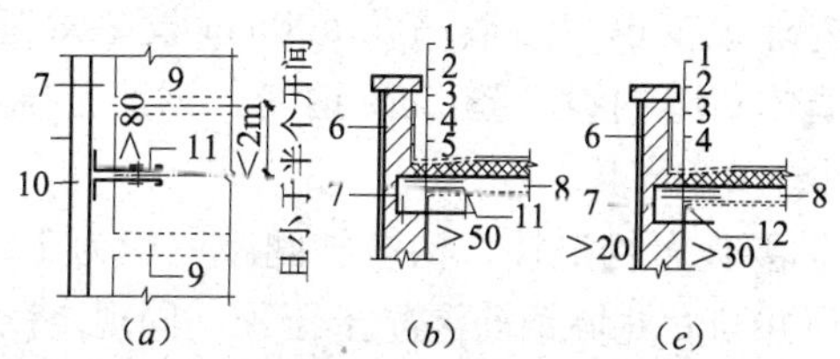

图 4　沿女儿墙屋盖处局部设分隔缝

（*a*）屋面局部平面；（*b*）圈梁无局部凸出；（*c*）圈梁局部凸出
1—防水层；2—保温层，隔热层；3—找平层，隔气层；
4—聚苯板；5—胶膏封底；6—女儿墙；7—圈梁；8—现浇板；
9—内墙；10—外墙；11—大于 2ϕ10 拉结筋；12—铺两层油毡

④ 在顶板与圈梁之间设置滑动层，如图 5 所示。滑动层可以采用两层 SBS 毡或者橡胶塑料片等材料。顶层圈梁同屋面浇筑分开进行，中间设滑动层，用箍筋来加强圈梁与顶板之间的连接。通过调整箍筋间距及用量，使圈梁与顶板之间可以微动。纵墙的滑动层设置在其两端的 2～3 个开间内，横墙的滑动层可只在其两端各 *L*/4 范围内设置（*L* 为横墙长度）。采取“放”的措施控制温度裂缝，会降低建筑结构体的整体性刚度，尤其对抗震不利，采用时应慎重掌握。

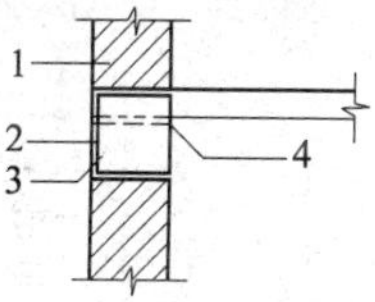

（3）“抗”的措施：“抗”就是通过构造上的处理，如增加圈梁构造柱的设置，提高砌体强度，加强墙体整体性刚度，这是砌体结构目前普遍采用的抗裂构造措施，具体做法有多种。

图 5　顶板与圈梁间设滑动层

1—女儿墙；2—滑动层；3—箍筋；4—顶角线

① 在房屋顶层增设抗裂构造柱，多数设在建筑房屋端部 3 开间内及较大洞口两侧，而应加大顶层圈梁截面，加大构造柱和圈梁的配筋量；在门窗洞口宽度大于 2.10m 时，要在洞口边加设边梃柱。

② 提高房屋顶层的砌体强度等级，顶层砌体及女儿墙的砂浆强度等级不低于 M7.5；外纵墙两端各两个开间内，砂浆强度等级不低于 M10.0。气候寒冷时，应提高一个级别。

③ 在顶层端部圈梁下的墙体内埋设水平拉结筋，两端山墙端部两开间内外纵横墙，沿墙高每 500mm 设 2ϕ8 通长拉结筋；顶层挑梁下墙体灰缝内设 3 道 2ϕ8 钢筋，钢筋自挑梁末端伸入两边墙体不少于 1.0m 长。

④ 女儿墙要设置构造柱，构造柱间距一般为 2.5m，构造柱伸至女儿墙顶并与女儿墙钢筋混凝土压顶一同现浇。

在结构设计中，应该做到重点“防”、合理“抗”、适当“放”的原则。以构造措施为主，理论设计为辅。在设计时综合考虑抗震设防、经济适用性等因素，对不同的建筑合理选择控制温度裂缝的预控措施。

3. 温度缝的处理方法

根据工程施工及检查验收实际，各种墙体温度裂缝的处理方法有：

（1）对于很细微的裂缝，可以采用刮腻子表面刷涂料处理。

（2）对于裂缝宽度在 1mm 内的墙体表面，仅有 1 ~ 2 条裂缝的表面，可以用环氧树脂灌缝处理，再在裂缝各 750mm 范围内除掉抹灰层，砖缝剔入 30mm 钉入扒钉拉结，再用 M10 水泥砂浆压抹平，做法见图 6。

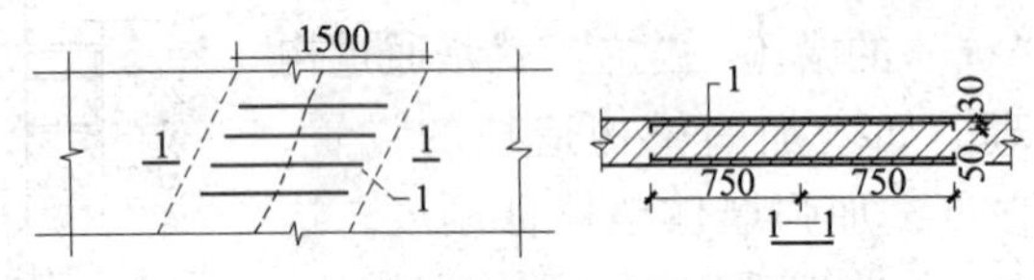

图 6　预制板屋盖分隔缝

1—扒钉 ϕ6@300（砖缝外）

（3）对于裂缝宽度大于 1mm 墙体表面，仅有 1 ~ 2 条裂缝的表面，先用环氧树脂灌缝一道，再敷设钢丝网片，用 ϕ8 钢筋将钢丝网片固定在墙上，用 M10 水泥砂浆压力喷射，再做表面饰面层，见图 7。

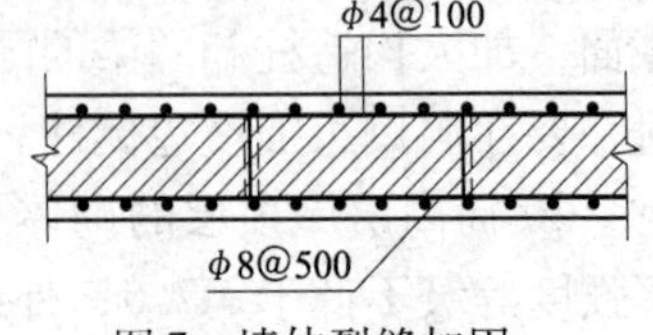

图 7　墙体裂缝加固

(4) 若是墙体裂缝比较多且宽时，屋顶圈梁也被拉裂时，圈梁裂缝可先用环氧树脂灌缝一道，然后粘贴钢板或用碳纤维布加固，钢板加固如图 8 所示。

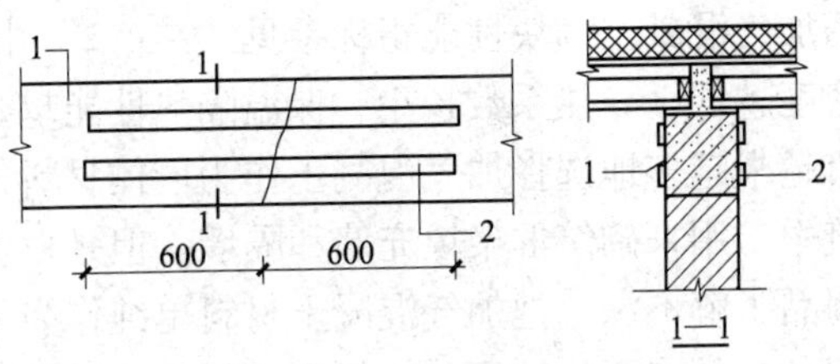

图 8　圈梁裂缝加固

1—圈梁；2—钢板

综上所述，砌体结构裂缝现象比较普遍，但是还是可以通过“防”、“放”、“抗”的技术措施得到控制，把裂缝宽度限制在无害的状态。对于裂缝的发生不可忽视，也不要过分紧张。总之，只要精心设计、精心施工，砌体结构的裂缝可以得到有效的控制和治理。

4　加气混凝土在外墙自保温体系中应用

当前，在建筑外墙保温技术中，外墙自保温节能中主要有三种方式，即外墙内保温体系、外墙外保温体系和外墙自保温体系，其中外墙自保温体系采用集围护和保温隔热功能为一体的轻质墙体材料，加上内外砂浆使墙体热工性能达到保温节能标准要求。与外墙内保温体系和外墙外保温体系相比，外墙自保温体系能较好地解决外墙开裂及渗水问题，可提高墙体耐久性，具有外装饰多样化的优点。因此，在广大地区尤其是夏热冬冷地区采用外墙自保温体系，是实现建筑节能的一种经济、合理、有效的办法。

1. 加气混凝土的性能

加气混凝土是一种具有高分散性多孔结构的混凝土制品，总孔隙率可达 70% ~85%，孔表面积为 40 ~ 50m^2/g。在众多建筑材料中，加气混凝土制品既有保温隔热性能，又可作为墙体材料，具有质轻、保温隔热性能好，施工简单，安全环保，综合价低，使用寿命长的优点，还具有极佳的居住舒适度。

按照现行国家标准《蒸压加气混凝土砌块》GB 11968—2006规定，常用加气混凝土砌块性能指标参见“二、2”中表1。

砌块密度越低，导热系数越小，保温隔热性能越好。现在各大、小城市越来越多地选择加气混凝土作为墙体材料，尤其是在多高层建筑中，用来砌筑框架填充墙和隔墙。但是，也存在对加气混凝土制品了解不深，把加气混凝土材料单纯作为一种外墙主体材料使用，在外表还粘结聚苯乙烯泡沫板或胶粉聚苯颗粒浆料做外保温；并对加气混凝土自保温墙体的热工性能、设计构造、施工做法缺乏认识，没有充分发挥加气混凝土自身保温和隔热性能。因此，必须对加气混凝土材料的研究应用提到一个新的高度，加快它在自保温体系中的应用。

2. 加气混凝土自保温体系应用问题

蒸压加气混凝土砌块适用于全国各地，用于工业和民用建筑非承重围护墙和隔墙时，既可以是单一墙体材料，也可作为保温隔热材料。GB 11968—2006 规范对加气混凝土材料的性能指标作了详尽规定，许多省市也出台了相关技术规程和图集，为自保温墙体的设计、施工提供了保证。在加气混凝土自保温体系中，墙体材料自身性能研究应用仅是其中一部分，还必须结合墙体具体构造及特点，配套材料性能及适应性、施工要求、节能指标等不同因素进行综合分析。把加气混凝土自身保温体系作为一个整体，这样不但可以满足必需的节能指标，还可以更有效地解决“裂、渗、漏”等墙体外保温构造常见的质量问题。

2.1　自保温体系热桥处理

（1）外墙的热工计算考虑：广大夏热冬冷地区常用的加气混凝土砌块密度等级为 B05 ~ B07，导热系数为 0.14 ~ 0.18W/(m · K)，一般厚度为 200 ~ 250mm，抹灰层厚度两侧计按 40mm，墙体总厚度按 240 ~ 290mm。热工指标选自某市居住建筑节能 65% 设计标准值，见表 1。

普通灰缝加气混凝土墙体热工指标 **表1**

密度等级	砌块厚度（mm）	外墙总厚（mm）	热阻植 R/（m^2·K/W）	传热系数 K［W/（m^2·K）］	热惰性指标 D
B05	200	240	1.344	0.744	3.700
	250	290	1.631	0.613	4.503
B07	200	240	1.090	0.917	3.680
	250	290	1.312	0.762	4.478

从表1看出，根据现行行业标准《夏热冬冷地区居住建筑节能设计标准》JGJ 134—2001 对节能50%的外墙要求，K、D值分两个级别控制，即 $K \leqslant 1.5\text{W/(m}^2 \cdot \text{K)}$，$D \geqslant 3.0$；$K \leqslant 1.0\text{W/(m}^2 \cdot \text{K)}$，$D \geqslant 2.5$；可以看出只需B07级加气混凝土厚200mm，另加内外抹灰40mm，墙体总厚度240mm，K值和D值能够满足规范对外墙的节能要求。

K值和D值只是外墙主体的参数，未考虑梁、构造柱、板等热桥部位，而这些部位热工参数和面积大小对外围护结构的整体保温节能有很大影响。在实际设计应用中，根据具体节能要求选择相适应密度等级和厚度的加气混凝土砌块。然后按照规范对外墙平均传热系数 K_m 和平均热惰性指标 D_m 进行热工计算。

（2）热桥部位的处理措施：在钢筋混凝土框架和剪力墙结构中，梁、柱和剪力墙等处“热桥”面积在外墙总面积中占相当的比例，必须采取内外保温系统使外墙平均传热系数 K_m 满足节能要求。对于加气混凝土自保温体系，热桥部位一般采取外保温处理，保温材料用无机砂浆或是同等级加气混凝土砌块，和主体墙体适应且施工便利，还能增加外墙整体耐久性。也可外贴膨胀聚苯乙烯泡沫板保温，这样可确保墙体具有良好的热工性能。据介绍，国外对产生热桥区域的办法是在结露外采用复合材料，外部贴低密度加气混凝土薄板，内部贴聚苯乙烯泡沫板，这样内、外与主体是与一材质。

2.2　自保温体系配套用砂浆

砂浆在砌筑和抹灰中是不可缺少的，尤其在自保温系统中发挥着重要的作用。以前基本使用普通水泥砂浆及混合砂浆，与加气混凝土自保温系统不相匹配，易产生空鼓、开裂、脱落的质量问题，使加气混凝土自保温系统使用不广泛。自《蒸压加气混凝土用砌筑砂浆与抹面砂浆》JC 890—2001 实行以来，研发出蒸压加气混凝土砌块专用砂浆，不但和易性好、粘结强度高、抗裂性也好，施工方便，专用砂浆的研发加快了加气混凝土砌块在建筑节能工程的应用。

（1）灰缝大小的影响：在加气混凝土墙体中一般砌筑灰缝不大于15mm，表观密度为1700kg/m^3 左右，导热系数为0.8～1.0W/(m·K)，与加气混凝土砌块的导热系数差距较大。容易使外墙砌体存在“热桥”现象，由砌筑灰缝引起的砌体能量损失可达25%左右。现用规范和标准都要求加气混凝土应用在外保温时，导热系数要考虑灰缝的影响，要通过修正取值，一般为1.25。砌筑砂浆在硬化过程中体积密度和灰缝的宽度都会影响系数的变化，砂浆密度越低，导热系数也越低，灰缝影响系数越小；灰缝宽度越小，导热系数影响越小。

现在加气混凝土砌块灰缝的宽度多数是10～15mm，此宽度对导热系数影响较大，修正系数取1.25左右。假如灰缝的宽度在3mm左右时，灰缝对导热系数的影响就很小，修正系数接近1。现在一些国家普遍提倡薄灰缝砌筑，灰缝的宽度为5mm，这就要求砌块表面平整，尺寸准确，配套砂浆性能也优良。薄灰缝加气混凝土砌块墙体热工性能指标见表2。

薄灰缝加气混凝土砌块墙体热工性能指标　　表2

密度等级	砌块厚度(mm)	外墙总厚(mm)	热阻植 R/(m^2·K/W)	传热系数K [W/(m^2·K)]	热惰性指标 D
B05	200	240	1.631	0.631	4.503
	250	290	1.988	0.503	5.507

续表

密度等级	砌块厚度（mm）	外墙总厚（mm）	热阻植 R/(m^2·K/W)	传热系数 K [W/(m^2·K)]	热惰性指标 D
B07	200	240	1.312	0.762	4.478
	250	290	1.590	0.629	5.475

注：抹灰厚度为40mm；不考虑抹灰影响，砌块导热系数修正取值1.00。

从表2看出，若是在加气混凝土砌块自保温体系中，采用薄灰缝3mm砌筑时，热工计算可不考虑灰缝的影响，砌体的传热系数比表1的值有明显下降，利于提高砌体的保温性能。

保温砂浆干密度小而和易性好，粘结强度高，抗裂性好，既具有保温隔热功能，还可解决墙体开裂和渗漏问题。现行国家标准《建筑节能工程施工质量验收规范》GB 50411—2007第4.2.11条规定：保温砌块砌筑的墙体，应采用具有保温功能的砂浆砌筑。因此，要有针对性地研发强度符合规范要求的加气混凝土砌体用保温砂浆，从而既节能又增强外墙整体稳定性。

（2）抹灰层厚度：在加气混凝土砌体中，热工计算的砂浆抹灰层厚度一般按40mm（墙内外各抹20mm）取值，尤其是现在大力提倡使用加气混凝土专用砂浆抹灰，厚度有些偏大，材料用量多，抹灰层次也多。因此，应该在使用加气混凝土专用砂浆抹灰时，外墙先抹专用界面剂不大于5mm，再抹专用砂浆5mm左右找平，这样既满足保温要求，经济上也合理。

2.3　施工重视问题

加气混凝土砌块由于其热工性能好、质量轻、施工方便的优点，被作为一种墙体保温材料得到较快发展和广泛应用，但在应用中发现有墙体空鼓、开裂及脱落的不良现象。使用和检查发现，出现质量问题的根本原因并不是产品问题，主要是设计和施工方面的原因。结合使用情况，参考规程和图集提出一些需要引起重视的方面。

（1）合理的构造措施对防止自保温砌块墙体裂缝有较好的

效果。对拉结筋、构造柱、圈梁、窗台及门窗安装构造，必须符合国家和各地颁发的技术规程和构造图集要求。

（2）在热桥部位用聚合物粘结砂浆粘贴聚苯板时，应增加锚固措施，加强固定作用。外墙表面不同材料交接处，要加贴玻璃纤维网格布或者钢丝网片，固定后用聚合物粘结砂浆压实抹平，搭压宽度每侧不小于100mm，保证热桥部位处理效果。

（3）在墙体的一层和容易碰撞的部位，如门窗洞口边、大墙阳角处加强保护措施，粘贴两层网格布，抹两次灰，增加抵抗破坏或损伤的能力。

（4）禁止使用龄期不满28d的砌块上墙，不要使用有裂缝、缺棱少角或表面污染的加气砌块。砌块在进场时堆放平整，上墙时的含水率符合要求，并不得提前浇水湿润。不得同其他材质材料混砌，也不要用不同密度和不同强度等级的砌块混砌。

（5）许多地区一年中温差变化很大，如克拉玛依冬夏温差正负达70℃以上。温差应力也可以使墙体产生裂缝，由于环境温度变化无法控制，因此，应尽量不要在高温季节砌筑墙体，在温度不高且变化很小时砌筑效果较好。

综上所述，加气混凝土是一种既具保温隔热，又可作为墙体自保温材料，应用价值及效果比较优异。但使用中要加强墙体的常用构造和热桥处理、配套砂浆及施工措施。框架-剪力墙结构的热桥部位对节能影响比较明显，热桥保温处理及构造要保证耐久性。当采用自保温系统时，不可忽视外墙热工的计算。砌筑及抹灰用砂浆是加气混凝土自保温体系中重要的环节，砌体灰缝宽度、砂浆密实度和抹灰层厚度都是控制的重点，对墙体保温有一定影响。

5　影响混凝土多孔砖性能的因素分析

抗压强度是检验各种混凝土的一项重要指标，也是混凝土多孔砖最重要的力学性能指标之一，因为混凝土结构物主要用来承受荷载或者抵抗各种作用力，对建筑物使用寿命有直接影响。实际工程中还要求多孔砖同时具有耐久性能，一般情况是强度高耐久性则好。因此，通常是用强度来评定控制混凝土多孔砖的质量，评价各种工艺因素影响程度。

1. 原材料中水泥质量因素

混凝土多孔砖受力破坏的情况有三种：一是骨料破坏，多见于高强砌块；二是水泥石破坏，因配制混凝土的水泥强度等级大于砌块强度等级；三是骨料和水泥石的分界面上，这是最常见的粘结面破坏形式。所以，混凝土多孔砖的强度主要取决于水泥石强度及与骨料界面的粘结强度。水泥强度直接影响混凝土的强度。在配合比相同的条件下，所用的水泥强度等级越高，生产的混凝土多孔砖强度等级也越高。水泥的性质是影响混凝土多孔砖强度最基本的因素，水泥质量的波动对混凝土多孔砖强度的影响是一个值得重视的问题。水泥质量的波动对混凝土多孔砖早期的强度影响较大，采用具有相同平均强度而离散系数小的水泥，可以降低混凝土多孔砖生产的水泥用量。

混凝土多孔砖强度的增长速度，随着水泥品种的不同而异，要根据不同水泥品种的性能结合工艺条件认真选择相适应水泥。现在国内混凝土多孔砖生产常用的水泥，因混合材料品种和掺加量的不同而有 6 个品种，即：纯硅酸盐水泥、普通硅酸盐水泥（P. O），矿渣硅酸盐水泥（P. S），火山灰质硅酸盐水泥（P. P），粉煤灰硅酸盐水泥（P. F），复合硅酸盐水泥（P. C）。其基本特性是：

（1）纯硅酸盐水泥有明显的早强作用，正常气温下 3d 可达 28d 强度的 40% 以上，水化热高，适宜用在冬期施工采用，制作的多孔砖抗冻性较好，但后期强度增长较慢。

（2）普通硅酸盐水泥的早期强度比硅酸盐水泥略低，但高于其他品种水泥，水泥水化热比其他品种水泥高，制作的多孔砖抗冻性较好。

（3）矿渣硅酸盐水泥的早期强度比较低，制作的多孔砖后期强度增长较快，水泥水化热低，多孔砖的抗冻性能会受到影响，不易在冬季生产时选用。

（4）火山灰质硅酸盐水泥的早期强度低，制作的多孔砖后期强度仍有较大的提高，水泥水化热低，抗冻性能较差。

（5）粉煤灰硅酸盐水泥早期强度增长缓慢，制作的多孔砖后期强度仍有大发展，一定要在窑内养护，不适宜在露天环境下自然养护，多孔砖的抗冻性能不好。

（6）复合硅酸盐水泥的早期强度较低，水泥水化热低抗冻性能较差，不适合选用。

用不同品种水泥正常养护条件下，混凝土多孔砖各龄期的相对强度见表1。

不同水泥多孔砖正常养护下各龄期的相对强度（%）　表1

项目及名称	7d	28d	60d	90d	180d
普通硅酸盐水泥	55 ~ 65	100	110	115	120
矿渣硅酸盐水泥	45 ~ 55	100	120	130	140
火山灰质硅酸盐水泥	45 ~ 55	100	115	125	130

2. 原材料骨料品种的影响

水泥石与骨料间界面粘结力与骨料表面形状相关，如粒形、粒径、表面结构态势等。骨料粒形以接近球形或是立方形态好。碎石表面粗糙、多棱角与水泥粘结最好，颗粒间有嵌固咬合作用，而卵石表面光滑粘结力相对小。在水泥强度等级和水灰比相同条件下，碎石混凝土的多孔砖强度往往高于卵石混凝土多孔砖。骨料级配良好，砂率适宜，能组成极好的骨架，使水泥浆体数量相对减少，也有利于强度的提高。适当选用粒径较大的骨料，可以降低水泥用量和水灰比，对强度也是极有利的。

骨料品种对混凝土多孔砖强度的影响与水灰比有关。当 $W/C<0.4$ 时，碎石制成的混凝土多孔砖强度较卵石制成的要高出20% ~30%，随着水灰比的增加而骨料影响减小；当 $W/C=0.6$ 时，用碎石和卵石制成的混凝土多孔砖强度相差很少。

骨料的强度不同使混凝土多孔砖的破坏机理有所区别，骨料强度一般都比水泥石强度高（不包括较集料）。对于一般中低强度等级的混凝土多孔砖来说，不会直接影响到混凝土多孔砖的强度。若是使用低强度或风化岩石及含薄片较多的劣质骨料，一定会降低强度。但是，强度过高的骨料因温度或湿度变化发生体积变化，使水泥石受到应力而开裂，对强度也会有直接影响。

3. 外掺矿物混合料影响

矿物混合料不但能代替部分水泥，降低生产成本，同时还能改善新拌干硬性混凝土的成型稳定性，提高混凝土多孔砖的强度。

（1）粉煤灰：粉煤灰是现在各类混凝土中掺用最多最广泛的一种掺合料，也是生产混凝土多孔砖使用量最大的矿物外用料。一般来说，掺入粉煤灰的混凝土多孔砖其 28d 的强度低于基准混凝土多孔砖，90d 以后强度才与基准混凝土多孔砖相同。如果生产高强度多孔砖，宜选择Ⅰ级粉煤灰，而且粉煤灰的掺入量原则上不能超过水泥质量的 25% 上限。掺入粉煤灰的混凝土多孔砖不要采用火山灰质硅酸盐水泥和粉煤灰硅酸盐水泥。考虑到多孔砖的其他性能需要，普通混凝土多孔砖的粉煤灰掺量宜控制在水泥质量的 35% ~40% 左右。

（2）细矿渣粉：掺入磨细矿渣粉对混凝土多孔砖密实度有较大提高，密实度的提高也就是多孔砖强度的提高，改善抗渗性和抗冻性，耐久性也会更好。但是，现在磨细矿渣粉的资源相对较少，价格偏高，因此用于制作混凝土多孔砖的外掺料有些不现实。

（3）外加剂：外加剂在混凝土中的作用很大，在混凝土多孔砖的应用中，可以掺入的外加剂主要是早强剂、抗渗剂和减水剂三种。

① 早强剂主要作用是加快混凝土的硬化，提高多孔砖的早期强度。在进入冬季或者是蒸汽养护时掺用，一般多孔砖 1d 的强度可提高 26% ~35%，3d 的强度可提高 20% ~30% 左右，7d 的强度可提高 10% 左右，对 28d 以后强度没有什么影响。

② 抗渗剂作用是为了提高多孔砖的抗渗漏能力。清水墙用光面多孔砖原则上需要掺入抗渗剂，对成品多孔砖的强度没有影响。

③ 减水剂可以使混凝土在工作性不变的情况下，明显减少拌合物的用水量，以达到密实性，提高强度，改善抗渗性、抗冻性和泌水性。掺普通减水剂的混凝土多孔砖 3d 和 7d 强度比基准混凝土多孔砖强度提高 10% ~15%，28d 强度提高 5% ~19%。掺入高效减水剂，3d 强度可提高 20% ~30%，7d 强度可强度提高 15% ~25%，28d 强度提高 10% ~20%。

4. 配合比影响因素

（1）水灰比因素：当用同一种水泥及集料配合比相同时，混凝土多孔砖的强度主要取决于水灰比。在材料条件相同的情况下，混凝土多孔砖的强度随着水灰比增大而降低的规律近似呈双曲线关系；而混凝土多孔砖的强度和水灰比的关系，则呈直线关系。正常认为当用水量愈少，水灰比愈小时，通过振动捣实效果则愈好。当水灰比逐渐增大，振动振实的效果也逐渐降低。

（2）集灰比因素：混凝土中集料质量与水泥质量比为集灰比。集灰比对配制 C35 以上的混凝土强度影响比较大。相同水灰比（W/C）时，混凝土强度随集灰比的增大而提高，因为集灰比增多后表面积增大，从而降低了有效水灰比，使强度提高。同时，水泥浆体相对减少，导致混凝土内总孔隙率减少，也有利于提高强度。

（3）砂率含量因素：砂率对混凝土多孔砖的影响，主要是受粗细骨料的品种、级配、料径和表面状态，水泥和矿物掺合料用量、外加剂品种和掺量的影响。最优砂率是在确保质量与和易性要求条件下，用水及水泥用量为最小时的砂率，影响最优砂率的因素是：

① 水泥用量：水泥用量多则砂率低，用量低则砂率多；②水灰比：水灰比大则砂率大，水灰比小则砂率小；③骨料最大粒径：随着骨料粒径的增大而减少；④粗骨料的品质：用碎石

则砂率大，用卵石则砂率小；⑤细骨料的粗细程度：用细砂的砂率低，用粗砂的砂率多；当掺用引气剂或减水剂时，砂率要适当少；如掺用粉煤灰时，水泥浆粘结性好，砂率要适当少。砂率同用水也是凭经验选取，调配灵活，一般砂率按36%～42%，过高、过低都不宜。

5. 制作工艺因素

（1）搅拌混合影响：混凝土混合料搅拌时间的长短对拌合物匀质性影响较大。搅拌时间过短，不仅会降低混凝土多孔砖的平均强度，而且增大均方差值。当搅拌时间分别为30s、60s、90s、120s时，相对应的多孔砖强度离散系数分别为16.2、13.3、8.5、8.2，因此，搅拌时间最短也必须控制在90s以上。当掺入外加剂或矿物外掺料时，搅拌时间应不少于120s。由于轻骨料表面孔多，内摩擦力较大，其搅拌时间应比普通混凝土要长，一般要在150s以上。

如果拌合料搅拌时间过长，又会使混凝土和易性重新降低，可能出现分层离析现象，影响正常制作。拌制合适的料应颜色一致，混合物纹理均匀，不会出现粗、细料分开或结团现象。在相同配合比和养护条件下，采取多次投料搅拌工艺与一次投料搅拌比较，多次投料混凝土的和易性好，可以在粗、细骨料表面裹上一层低水灰比（W/C）的水泥薄膜，以提高水泥与骨料之间界面粘结强度。多孔砖3d强度可提高20%，7d强度可提高28%，28d强度可提高10%。配制相同强度的混凝土，多次投料搅拌工艺可节省水泥15%。制作轻骨料混凝土多孔砖，如轻骨料吸水率大于10%时，搅拌前必须对轻骨料进行预湿，这样可提高28d强度20%。

（2）成型参数设置的影响：振捣时间也会影响多孔砖强度。制品成型参数要根据水灰比（W/C）、骨料品种、配合比及设备性能调整。设备的最佳振动频率为50Hz，加速度为98～196m^2/s；振动10s时加速度越大，最佳振动频率也越大，即加速度为98m^2/s对应的最佳频率为50Hz；加速度为196m^2/s对应的最佳频率为100Hz。若一次布料振动时间过短，则供料不足，影响砌块坯体密实性，造成疏松、蜂窝、掉角及裂缝。当拌合物水灰比（W/C）在0.4～0.45时，一次振动时间为2～3s；水灰比（W/C）在0.5～0.55时，一次振动时间为4～5s。二次成型振压时间不足，拌合物在模具内不能够充分振实，也影响到其强度。拌合料水灰比（W/C）在0.4～0.45时，二次振动时间为6～8s；水灰比（W/C）在0.5～0.55时，一次振动时间为7～9s比较好。

（3）成型质量控制：由于混凝土多孔砖的壁及肋比较薄弱，在成型后的一系列过程中易开裂。相同的空心率，其表观密度与混凝土密实度关系很大。砖内孔隙率每增加1%，强度降低4%左右。有裂缝的多孔砖比无裂缝的多孔砖强度要降低15%左右，产生裂缝的原因主要是：

① 配合比不当，如骨料中细料过多，拌合物粘结性下降；水灰比（W/C）过大，出现塑性沉降变形裂缝；水泥用量过多，水化热集中在早期放出，1～3d释放达总量的75%，再加上昼夜温差变化，使多孔砖坯体内部与表面温差变化较大，引起较大拉应力而开裂。②混凝土多孔砖的强度和成熟度对数呈线性关系，多孔砖成型后需要在近100%的湿环境下，静停养护500℃·h以上才可以出窑堆放。在此极限值之前，多孔砖受到任何碰撞、振动或受到较大集中荷载，都容易在坯体产生裂缝。③周围环境会随着温度、湿度、风速对裂缝的形成产生影响，风速越大带走表面水分越快，干燥变形越大。而环境湿度越大，收缩变形量越小，采用湿养护比自然养护收缩变形明显小。同时，延长养护时间也将延缓收缩变形的发展。

（4）重视养护条件的影响：成型后的养护是保证水化过程顺利进行的条件，环境温度、湿度非常关键。对用硅酸盐、普通和矿渣水泥生产的多孔砖浇水不小于7昼夜，而对于粉煤灰和火山灰水泥生产的多孔砖浇水不少于14昼夜，掺入外加剂有抗渗要求的浇水不少于14昼夜。

在试验条件下，养护温度在4～23℃的混凝土多孔砖后期强度比养护温度在32～49℃的强度高。后者体现的初期养护温度越高，混凝土多孔砖后期强度增长速率越小，这是由于早期急速水化物分布不匀。通常混凝土多孔砖早期养护期间，有一个最佳养护温度，在此情况下多孔砖在某一龄期强度最大，在试验室条件下硅酸盐水泥最佳养护温度为13℃，而快硬早强水泥约为4℃。

硅酸盐水泥和普通水泥混凝土多孔砖，经蒸压养护后，再在正常条件下硬化至28d的抗压强度，与直接在常温下养护28d的抗压强度相比，一般降低10%～15%。这是由于高温养护使水泥水化速度加快，在水泥颗粒外表面形成水化产物凝胶体膜层，阻碍水分进入内部，经过一定时间后强度增长速度反而降低。而矿渣和火山灰水泥混凝土多孔砖，经过蒸汽养护后28d强度略微提高，幅度在10%～30%不等。这是由于加速了水泥中活性材料与水化析出的氢氧化钙发生的化学反应，使强度增长加快。

（5）龄期的影响：混凝土多孔砖在正常养护条件下，其强度会随着龄期的增加而提高。最初7～14d内增长较快，28d后增长较慢，混凝土多孔砖龄期为3个月、6个月、12个月的强度分别约为28d的1.2、1.4、1.5倍。其强度会延续数十年仍然增长。混凝土多孔砖强度的发展，大概与龄期的对数成正比。在一定养护条件下，可根据早期强度可估计28d的强度，用硅酸盐水混制作的混凝土多孔砖28d强度与7d强度之比，一般在1.3～1.7。

综上所述，现在混凝土多孔砖已经成为广泛使用的主要墙体砌块材料，提高多孔砖的质量对更好利用资源、节省能源和保护环境意义十分重大。提高多孔砖的耐久性，延长其使用寿命，对社会效益和经济效益巨大。充分认识和了解掌握制作过程存在的影响质量的因素，采取工艺和技术措施加以改进，使混凝土多孔砖产品质量大幅提升，为建造更多的保温墙体而努力。

6 生态节能草砖在建筑工程中的应用

生态节能草砖近年来在北方地区得到发展和应用。草砖是用稻草或麦草作物的秸秆为主要原料，经专用机械打压成型的一种新型绿色建材。草砖建筑是以草砖为基本材料建造的，与传统的砖房相比，具有保温、隔热、造价低、节省燃煤、透气性好和抗震性强的优点，且利用草砖建房，还可以减少由于焚烧稻麦草等农业废弃物所产生的二氧化碳对大气的污染。

事实上用草砖建房已有上百年的时间，19 世纪中期在美国内布拉斯加州西部沙丘地区开始用草砖建房，到20 世纪 80 年代因节能又受到人们关注。现在草砖建筑在世界各地传播很快，美国、欧洲、南非和我国都可见到各种类型草砖建筑，跨越了所有气候地带。一些国家正在对草砖和草砖建筑的规范进行验证。美国和加拿大展开了针对草砖成型技术及不同气候和外部环境方面研究，已制成了成套建筑规范。

我国是 1999 年 21 世纪管理中心与安泽国际救援协会中国合作开始引进草砖建筑技术的。北方地区哈尔滨市、佳木斯、本溪市、白山市、阿拉善盟、赤峰市等 4 省 8 市县，分别开展了节能草砖建筑技术项目。到现在为止，已建成超过 600 套住宅和 3 所小学，受到农户的欢迎。黑龙江省汤原县对示范草砖房与传统砖房进行两年监测，表明草砖房的总体能源效率比传统砖房高出 72%，每年冬天每户节省取暖煤 50%，草砖房与传统砖房在保温方面优势较大。草砖建筑在国内作为一种新技术被推广应用，哈尔滨市还编制了农村住宅设计图集等。

1. 草砖结构体系

（1）草砖的特性：草砖外形为长方形，形状规则，密实均匀，含水量不超过自身重量的 17%，正常时草砖单位质量为 $112kg/m^3$，具有良好的承载能力，用水泥砂浆抹面的草砖承载力允许应力值为 $488kN/m^2$。

（2）结构类型：草砖建筑的结构类型有三种，即：承重型、框架型、混合型。

① 承重型：草砖墙作为承重墙直接承受屋顶的荷载并将重量传给基础。承重型的建筑一般比较小，只有一层。由于草砖承

受荷载，所以，草砖的质量和墙体的设计必须符合规范规定，如草砖墙宽不应小于33cm，窗墙比不大于50%。建筑设计必须按照草砖的尺寸，满足草砖的基本模数要求。单块草砖的长度容易调节，但高度和宽度是由机械的型号决定，不宜改变。

② 框架型：在框架建筑中，草砖只是一种填充材料，填充在柱子与柱子之间，不承担重量，房屋的荷载全部由混凝土、烧结普通砖、木材或钢结构框架来承担。一般可以用来建造体量比较大、体形大且复杂的建筑物。

框架结构又分为嵌入结构和独立结构。嵌入结构将框架嵌入到草砖墙中，使两者完整地结合为一体，能够更有效抵抗水平方向的荷载，在地震多发地区更有利。现在国内的草砖建筑绝大多数属于这个类型。独立结构将框架置于草砖墙之外，整个框架必须对角固定起来。由于柱子和草砖墙不在同一个平面内，所以两者需要有独立的基础，或是两者共用一个宽度大的基础。

③ 混合型：在混合型建筑中，荷载由结构框架和部分草砖墙共同承担，是承重型和框架型的结合。因此，在此类建筑中应特别重视承重型和框架型的技术要点。如河北张北县的一些草砖建筑就属于这种结构类型建筑。

（3）地基基础的处理：草砖建筑的地基处理方法与普通的砖混结构房屋地基处理相同，应根据当地土质勘察报告选择相应的处理方法。常见的人工地基处理方法有：换土垫层、重锤表面夯实、振冲、强夯、挤密桩、深层搅拌、预压及化学加固等方法。

基础形式的确定取决于结构的类型。承重型草砖房屋的基础大多数是条形基础，使得能够承受各部位传递向下的荷载。框架型草砖建筑的基础大多数是采取柱下单独基础，可以更好地承担柱子传递向下的荷载，并且保证各支撑柱连接牢固。在北方一些地区采用毛石基础，现在大多数地方基础采用钢筋混凝土基础。同时还应注意的是在有冰冻地区，地基必须挖到冰冻线以下；在地震带或土质松软地方，可整体浇筑钢筋混凝土基础。

2. 草砖结构的防火、防水性能

(1) 防火性能：松散的稻麦草极易燃烧，但是压缩非常密实的草砖却具有很好的防火性能，主要是因为草砖内的空气含量不足以支持燃烧。因此，只要使草砖与热表面隔开，不使草砖直接接触火源，就可以预防大多数火灾的发生。据对防火性能测试表明：抹灰后草砖墙的耐火极限可达 2h。因此，采取抹灰是必要的，金属烟囱或炉灶管道不要穿越草砖墙，穿越电线用绝缘套管隔绝保护。

(2) 防水性能：水对草类危害严重，如果草内含水量连续 15d 大于自身重量的 20%，气候比较温暖的环境下，真菌能够正常生长，草则迅速腐烂。因此，草砖墙的防水处理是草砖建筑最重要的环节。

自然环境中湿气的来源主要是三个方面：降雨、地表水及地面潮气、室内生活产生的水蒸气，其中降雨的危害最严重，而且能大面积渗透到草砖墙内。

(3) 对于防渗水处理：为有效防止各种水分侵入草砖墙体，屋顶应是一把伞，遮挡从上面来的雨水；外墙抹灰层如雨衣外套，阻挡溅落的雨水，也减少空气中水分的浸透，而基础阻挡地面水的浸入。如果缺少那个方面的保护，草砖房屋就会受雨淋，其实其他建筑也是用同样的保护方法。

对草砖房屋，一般采取的防水措施是草砖墙的抹灰层要均匀、密实。如横向砌筑在表层的草砖最容易受雨水浸渍。水分很容易沿垂直方向进入砖中间，干燥比较困难。但抹灰层质量好，危险性则小；屋顶应有悬挂的挑檐和坡度，且挑檐伸出外墙大于 500mm。这样的屋顶通常能有效保护草砖墙的上部。窗台板下应有防水处理，最好铺通长防水卷材，且窗台板外侧有一定斜坡。基础顶面应至少高出室内地坪 200mm 以上，基础和草砖墙之间必须设防潮层，室外散水处理好，排水及时；同时，在冬季一定有良好的通风，把室内水汽散发出去。卫生间和厨房要通风排气，室内空气保持新鲜。

（4）节能设计重点：草砖具有良好的保温隔热性能，要最大限制地发挥草砖建筑的保温节能效果，单独的草砖墙还是不够的，而应尽量采取综合手段处理保温技术措施。

① 朝向很关键：根据地区气候特点选择最佳平面朝向，避免周围地形、地物对拟建建筑南向及其东西15°朝向范围内在冬季的遮阳。

② 窗户与遮阳：建筑南向的窗户可以尽量大一些，增加受热面，获得更多光照。北向和东西向窗户可以尽量小一些，减少热损失，保留室内温度。夏季保持室内凉爽，可以在南窗上挂帘布或遮挡物，也可以在窗外种植树木，夏季遮蔽阳光。

③ 采暖系统：当前北方广大农村冬季供热采暖方式仍然是火炕、火炉和火墙，东北等地建造的草砖房在保留了农村特有保暖方式的同时，采用了低温地板辐射采暖系统，效果明显。

④ 保温处理：保温是一个非常重要的措施。只有处理好房屋各部位的保温处理，才能发挥草砖建筑的保温节能效果。室内顶棚可以用锯末、矿渣棉材料保暖，框架柱圈梁外部可粘贴聚苯乙烯泡沫板保温，地面用炉灰保温。

3. 草砖房屋存在的问题

草砖建筑在国内起步较晚，虽然以保温节能的优势得到社会认可，但草砖技术的推广应用还存在许多需要解决的问题，阻碍了该技术的进一步发展。

（1）研究人员不足，缺少技术资料，没有制定相关国家标准，这些都严重影响了草砖技术的发展应用。同时，设计过于简单，没有改变传统排房习惯，户型单一，满足不了建设新农村的需求；布置不合理，功能分区不明显，造成人们对草砖建筑认识的不足。受传统观念影响，草砖建筑仍然没有得到社会的广泛了解和认识。

（2）建筑技术不成熟，现有的草砖建筑在使用过程中表现出一些不足。如草砖外墙面裂缝比较多，一旦雨水侵入墙体，很可能导致稻草腐烂，影响建筑物使用寿命。局部热桥也存在，在建筑过程中对框架砖柱及建筑细部虽做了保温处理，但在冬季室内外温差比较大的环境下，室内砖柱部位仍有结露现象，圈梁等部位甚至出现霜冻、结露。

（3）维护保养不及时，居住使用人员缺乏对草砖建筑保养的知识，宣传力度也不够，对出现的问题不能及时采取解决办法，甚至处理不当。如对墙体出现裂缝不能及早修复补好，在草砖墙外堆放柴草容易吸水，对墙体不利。

虽然草砖建筑在发展的初期表现出一些缺点和不足，但其天然的保温节能特性是其他任何建筑材料所不可替代的。因此，应当加快草砖建筑的发展进程，不断研讨、解决出现的各种问题，促进草砖建筑市场的大力发展，为广大居住者提供健康、有益的住房形式。

综上所述，草砖建筑在国内有着巨大的发展空间，草砖原材料来源广泛，价格低廉，广大地方以燃烧方式处理秸秆，浪费资源又污染环境；如果用秸秆生产草砖，不但保护环境、节省资源，而且有一定的经济效益，并改善居住条件。另外，有很大一部分群众仍居住在泥石建成的不节能的危房里，御寒性差且冬季消耗大量的煤取暖，增加了取暖费也对空气造成污染。草砖建筑正好弥补了这些不足。同时，国家加大建筑节能的力度，草砖建筑以其自身优势受到社会的重视，其应用前景十分看好。

7 防火木饰面板干挂施工技术

防火木饰面板是一种将基层用阻燃合成，板面采取特殊处理的枫影木皮在一定温度及高压下成型的板材。当板面积较大时，保持板面平整、不翘曲、使用不霉变是非常关键的。在高级大厅公共场所使用，长期用空调，环境温湿度对防火木饰面板也有一定影响。

防火木饰面板具有良好的耐火性能，燃烧时能保持较长时间稳定性，耐火等级符合《建筑材料及制品燃烧性能分级》GB 8624 的 A 级标准；耐久性好，在骤烈温度变化后不会影响板材性能；表面光洁，易于清扫；重量轻，密度仅为800kg/m^3；环保性好，板的甲醛释放量小于1.5mg/L，达到E-1级标准。同时，方便使用，面层不需切割，涂层工厂完成，可以钻孔等。

1. 施工工艺流程

防火木饰面板采用金属挂件背面为不可见的固定，防火木饰面板固定在钢龙骨架上。在安装施工中根据面板的构造和排板图，采取严密的施工安排，确保面板加工合理，固定可靠，装饰效果完美。工艺流程是：

施工准备→清理墙面→量测墙面准确尺寸→对照排板图→核对尺寸误差→调整板面尺寸→确定点弹线→按排板图弹纵线→弹横向水平线→弹每块板线→弹龙骨固定点位→安装固定主龙骨→固定通长次龙骨→安装固定面板挂片→安装板材→撕保护膜→清理检验。

防火木饰面板是由工厂定型加工，现场安装。只有钢龙骨和少量板材需在现场进行修理处理，因此施工方便、快捷，外观质量容易保证。

2. 施工准备

（1）材料的准备，按设计要求的防火木饰面板一般产品规格为1200mm×600mm到现场，按工程需要准备各种型号龙骨材料，竖向主龙骨采用5号槽钢，横向次龙骨用40mm×20mm方钢管，挂件分为普通和可调两种，根据安装需要位置选择，螺钉切口或自攻。龙骨规格大小及间距宜根据饰面板分格大小，重量由设计确定。

（2）作业条件要求，主体经过相关单位检查合格并已验收。专项施工方案编制完成并经审核通过，完成技术交底。所有施工图纸及设计文件齐全，施工前安全及质量交底已经进行。材料合格证、检测报告、进场验收及复检全部合格。墙面电气、消防及其他需要隐蔽、固定安装通过验收。各相关专业及工程之间完成了交接。

（3）土建专业移交基准线和控制线，对饰面板施工环境可能造成污染的，在装饰前完成；脚手架及操作平台搭设到位。

防火木饰面板规格及数量与排板图要一致，每块板背后标注具体位置及编号。下料单标注板材尺寸为成品可视板面，不包括缝隙宽，板面边缘另加纵向 8mm、横向 4mm 的接缝卡槽尺寸。

3 施工工艺控制

3.1 墙面的处理

对基层表面进行清理，并垂直吊线找方正、规矩，弹出垂直线和水平线。根据内墙防火木饰面板深化设计图和实际需要，弹出安装板位及分块线。墙面防火木饰面板的分格宽度水平方向为 600mm，垂直方向为 1200mm，局部按深化设计要求做调整，也可以按设计要求选择用其他规格的板面材料。

3.2 墙面测量画线

按照设计图样，复验土建单位移交的基准线。依标准线为基准，按照深化设计要求将分格线画在墙上。分格线放完后，检查膨胀螺栓的位置是否与设计相符；否则，要调整合格。

放线的质量要求：在防火木饰面板安装前，用经纬仪标出大角两个面的竖向控制线，位置最好在离墙角 200mm 的地方，以便随时检查垂直挂线的准确性，保持安装顺利进行。在每一层将室内标高线移至墙面，并经复查核对。在放线前对建筑物内部偏差进行测量，根据实际误差确定基准线位置。

竖向挂线宜采用 $\phi1.2$ 钢丝较牢固，下端吊铁件大小按高度定，正常吊线高度 20m 以下重量在 5kg 左右，上端固定在专用的挂线角钢上，吊线角钢用膨胀螺栓固定在建筑物大角顶端，一定要挂在牢固、准确、不易碰撞的位置，并经常检查控制线上下的标志。若线长超过 5m 有下垂情况，用水平仪抄线，并弹出防火木饰面板待安装的龙骨固定点位。需要注意的是，在放线时结合土建存在误差逐渐分配，防止积累；拉好线后要做标记，重点是基准线。

3.3 墙体固定螺栓

在基体墙面上弹准水平线，按照内墙装饰设计要求，准确弹出墙面上防火木饰面板安装标记，然后按点位钻孔。孔深在60～80mm，也可用冲击钻孔，用 ϕ12.5mm 钻头，先用尖錾子在画好的点上凿一个点，再用钻打孔。如果碰见内部的钢筋时，可以在水平方向移动或上下错位，在连接金属件时可以调节固定。成孔要求与结构基体垂直，钻孔洞内灰用小型风机吹干净，再插入固定螺栓转动几下，然后膨胀螺栓安装就位，将该层所需要的膨胀螺栓全部安装就位。螺栓安装位置要经过检查，误差在允许范围内；设计无要求时，标高偏差应在 10mm 左右，位置偏差应在 20mm 内。

3.4 龙骨的安装固定

（1）根据控制线确定主龙骨位置，严格控制龙骨架位偏差，防火木饰面板主要靠骨架来固定，因此骨架本身的刚度和牢固非常重要。用膨胀螺栓固定连接钢板，将主龙骨焊接在连接钢板上，再焊接次龙骨，将主、次龙骨焊接为一体。注意在挂件安装前，必须全面检查骨架位置的准确度、焊接质量及牢固性，安装时用水平尺使龙骨横平竖直。

（2）龙骨要做防锈处理，5 号槽钢主龙骨、预埋件及各种镀锌角钢，焊接烧毁镀锌层后必须满刷两遍防锈漆，两次间隔不少于12h；钢型材进场必须经过防潮湿，并除去表面污垢再除锈，要求涂刷均匀，不漏底。

3.5 安装吊挂件

在每一块防火木饰面板上，最上一层固定连接件的固定点距板边上端 40mm。最下面一排固定连接件的固定点距板边下端为 80mm。中间板材部分以 370mm 为等距均分，安装横向固定连接件。墙面纵横向固定连接件与板块分格相对应，通过不锈钢挂件固定板材。板块上挂点一侧设限位螺钉，另一侧为活动端，既保证板块准确定位，又确保板块在温差及主体结构移位作用下自由伸缩。该结构板固定靠型材的挂接来实现。板块直接挂在横龙骨的预留槽口上，靠龙骨本身定位。型材结合部位多数用铝合金装饰条连接，局部用硅胶，横竖连接采用浮动式伸缩结构。

4　防火木饰面板的施工安装

4.1　安装要求

不锈钢金属挂件的安装位置必须经过计算，确保板块安装的准确、可靠。固定好连接金属挂件后，在安装时撕掉保护面膜。安装板块的顺序是先安装底层板，再安上层板。

4.2　金属挂件及饰面板的安装

根据设计规格及图样要求，把板块放在平整木质台面上，按定位线和定位孔进行加工，在板块上打孔的直径尺寸要比固定螺钉的直径小1mm。孔深要比固定螺钉的深1mm，不允许钻穿板。安装不可调挂件及可调挂件，挂件在靠近板材最上端一排应安装可调挂件，板材其他部位与之平等的挂件采用均匀不可调挂件。挂件的安装应根据设计尺寸，将专用模具固定在台钻上进行钻孔。挂件的纵向间距取决于横撑龙骨的间距，挂件的间距根据板块大小来确定，间距一般要求400mm一块，金属挂件的外沿距板材边缘为40mm。在安装过程中，每块防火木饰面板的横向两侧距板材边缘为40mm的位置安装挂件，中间的部分以370 mm的间距均分。

4.3　底部、顶部防火木饰面板的安装

把金属挂件安装在平面及阴阳角板的内侧，将板块托起挂在横撑龙骨上面，调节防火木饰面板后上方的调节螺钉。在安装底板前，等底部面板全都就位后，用激光标线仪检查各板块的水平一致。如果有不平现象，及时调整合格，采取先调节板后金属挂件，直至板面上口在一条水平线为止。先调整板面上口的水平与垂直度，再检查板缝，板缝宽横向为8mm，竖向为4mm，要求宽度均匀、一致。然后，安装锁紧螺钉，防止板块横向滑动。防火木饰面板最下端距地面的距离为8mm，竖龙骨预留到地面，下端预留部分用硅胶嵌缝，见图1-①。

顶部一层面板与下部板块安装要求一致，板块上端与吊顶间留8mm缝隙，用硅胶嵌缝，见图1-③。防火木饰面板安装最好在吊顶完工后进行。

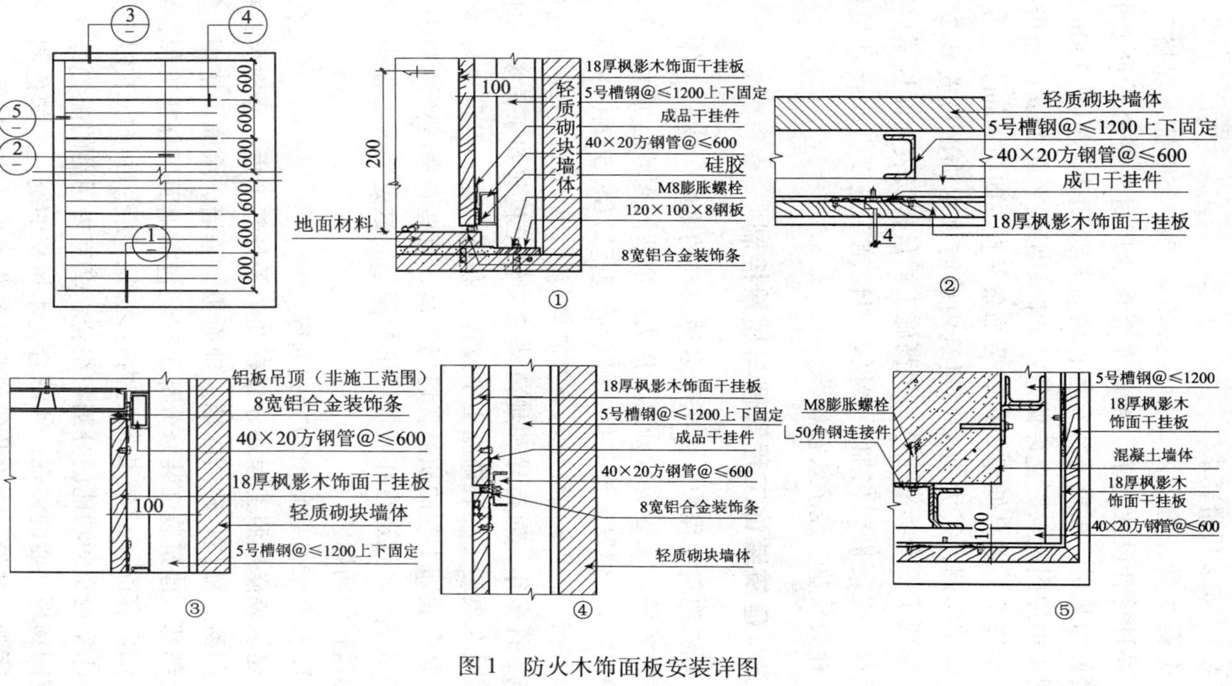

图1 防火木饰面板安装详图

4.4　安装质量要求

金属龙骨、防火木饰面板必须有产品合格证，规格、型号、品种符合设计要求，金属龙骨配套用材料符合质量要求，连接件与基层、板材连接牢固；转角板最短边不小于300mm，否则要增加固定点。允许偏差：龙骨间距，平直2mm；面板平整，接缝平，缝高低差2mm；装饰条平直，间距2mm。

施工实例，某大型公共建筑内墙防火木饰面板安装2万m^2，形成了一套标准工艺，提高施工质量，安装饰面板减少手工作业，提高机械化加工程度，加快施工进度，改善环境质量，社会效益、经济效益显著。

8　建筑装饰工程管理与质量控制

现在建筑工程中，由于受多种因素的影响，建筑主体工程与室内外装饰工程实行分离，作为一个新的领域已成为一个不争的事实。《建筑装饰装修工程验收规范》GB 50210—2001 和《民用建筑工程室内环境污染控制规范》GB 50321—2001 已经实施了许多年，对指导和规范建筑装饰工程起到了重要保证，尤其是在奥运工程装饰施工中发挥了积极功能。但是从总体来说，整个装饰工程的质量普遍仍不高，有些花费巨资的装饰效果并不好，而且还存在质量污染的隐患，这是装饰工程中必须引起重视的问题。

1. 建筑装饰装修所包括的内容

建筑装修按照工程划分共有九个子分部工程，分别为：抹灰、门窗、吊顶、轻质隔墙、饰面板、幕墙、涂饰、裱糊、软包及细部。建筑装饰装修分部工程还包括地面子分部工程，室内装饰内容除了建筑装饰的内容之外，更注重于以下四个系列：①室内空间功能的分割与组合；②室内用品的配置；③室内空间物理性能的体现；④综合艺术风格的统一，如色调、壁挂、字画、盆景、绿化及各种摆设和艺术小品的布置等。

2. 装饰工程主要存在的问题

2.1　合格率偏低

有的地方曾对装饰工程质量进行过专门的抽查，其结果都反映出装饰工程质量合理率很低，环境污染严重超标，有害气体也超出规定，甲醛、苯、氨气、氡气没有执行《民用建筑工程室内环境污染控制规范》GB 50321—2001 规定的限量值，大大地超标，有些存在安全隐患。建设部曾对装饰施工水平比较高的 6 个大城市装饰质量进行检查，合格率也只有 55% 左右。装饰工程质量与标准的差距太大，基本是不合格的装饰。

2.2　存在质量隐患多

（1）火灾隐患：据资料介绍，每年发生在公共娱乐场所的火灾，约占全国火灾事故的 25% 以上。而引发火灾的直接原因是使用了易燃的装饰材料，违章设计施工所造成的，而且装饰设计很少纳入管理审查程序中，如有的室内装饰工程，不仅选择了易燃的化纤织物类饰面材料，还有的将电气开关直接安装在易燃织物上，安全隐患明显。

（2）健康隐患：据监测检验资料介绍，国内由于每年室内污染引起死亡人数超过 10 万人，从南方某中等城市环境监测中，在 2004 年对近百套新装饰住房室内空气进行检测，只有约 1/2 住房基本符合国标，不达标房间的污染物是甲醛，建筑用油漆含铅量高达 10% 以上，化纤地毯一般静电严重、易吸尘、不易清扫，这些产品有的挥发有害气体，有的会出现接触中毒，有的细菌孳生，有的则产生较大静电，对人体健康都会产生严重危害。氡存在于水泥、矿渣砖、装饰石材和土壤中，氡的危害是放射性，对人体导致肺癌病症。

（3）安全隐患：大面积玻璃墙及相关的装饰材料，因其外表华丽壮观，观看效果很好，对于提升建筑品牌、增加城市景观有明显的作用，越来越受到建筑装饰的青睐。但是由于采取结构设计的少，不考虑荷载而使用的装饰材料质量低劣，施工质量也差，这样装饰的工程安全性得不到任何保证，安全隐患随时存在。

(4) 结构自身隐患：由于现在的建筑工程与装饰工程的设计是独立分开进行的，带来的质量问题不少。大多数装饰工程是在土建完成后才进行施工，而主体结构荷载一般是不考虑装饰材料的，在装饰的过程中破坏结构的现象极其普遍，拆除或削弱承重墙，或在承重墙上开洞，或以圈梁代替过梁，或在多孔板上固定膨胀螺栓，把吊顶挂在螺栓上，结构受力遭受破坏，传力方向改变，造成结构开裂，造成质量事故。

2.3 装饰人员素质普遍低

装饰工程不只是技术的运用，而是要求操作者具备一定技术修养，只有这样才能理解设计意图，发挥操作者的主观能动性。由于马路装饰队伍多，施工技术不高，管理混乱和偷工减料，有些质量问题比较严重。而装饰工人看不懂施工图和相关结构图，不了解装饰设计与布置的基本知识，不熟悉装饰用材料的基本性能，材料所含有害物质限量值及调配处理方法。不掌握本专业制作安装技能、施工工艺，因此装饰工程质量问题普遍较多。

装饰管理人员技术水平跟不上建筑市场的需求，没有一定的美学基础，也不具有对材料质量及有害物质知识的了解，不知道室内环境污染控制规范的内容要求，因此设计引发出一系列管理滞后的现象，构成了装饰装修粗制滥造，无监控或监督不到位现象。

3. 提高装饰装修工程质量措施

3.1 加强装饰市场管理，实行市场准入制

(1) 严格建筑装饰装修企业资质管理，坚持原则及标准，实行统一归口监管，通过资质审查，取消一批素质低、质量差的不合格装饰队伍，这是提高装饰工程质量的重要步骤。

(2) 严禁无证设计和无证施工，结合建设工程执法检查，发现一起查处一起，净化装饰市场。并强化质量监督，真正做到所有装饰工程都办理监督手续，实行监理制度，真正得到控制。

(3) 严格装饰装修工程招投标制度，所有项目都办理招标

手续，通过市场招投标，做到公平、公正、公开的原则，择优选择施工队伍，排除不合格队伍。

3.2　建立健全质量保证体系

建筑装饰工程应建立质量保证体系，由企业建立组织保证体系和工作质量保证体系，并制定相应的技术施工方案，实行“三工序”和“三检制”，使工序过程得到切实控制。

3.3　推行样板引路示范

建筑装饰工程的实物样板是确保装饰效果的重要措施，实物样板是在大面积施工开始前在一间房屋或一小块面积的施工，这一方法在装饰中应用极其普遍。通过小面积的实物样板，从中检查设计中交叉接口是否合理，同时对不同专业施工配合有清晰的区别，有利于调整施工程序，选择优化方案。样板方式应考虑系统工程应用中解决的几个问题：检验设计效果；确定施工工艺；预测施工工期，核定工作效率；核算材料消耗和施工费用；实现实物培训；为编制新工艺工法打好基础。

3.4　做到设计与施工衔接

建筑装饰设计与施工工艺之间，在一些分项工程中并没有严格的界定，甚至装饰设计贯穿于工程的全过程中。所说的全过程并不是施工过程中的图样修改，而是施工过程就是设计的过程。例如，装饰设计中的大理石墙面，设计施工图纸标注比较简单。然而在具体施工中的具体操作问题就比较多，在工艺加工时也可以认为是大理石墙面的详细设计。这种详细设计不可能提前就做好，因为板材实际并不清楚，有些不好预测构造，而只能原则上提出大概要求。事实上，天然大理石有其自身的特色，没有规律的纹理和差异的色差。这也是大理石的显著特点，利用好其特点正是工艺水平差距的反映。

4. 装饰材料及施工质量的控制

4.1　使用材料质量的控制

在装饰施工过程中涉及使用的材料品种繁多，而且许多小配件价格较低，往往容易被检查时忽略。但恰恰是这些小部件的质量不符合要求，影响到装饰的功能和效果，因此要制定装饰材料的全部进场检验，尽量避免小配件的质量低劣问题。同时，由于装饰材料的批量相对较小，采用其他材料的质量控制方法、材料质量保证书、复试报告等手段，有时难以操作，这就要求在装饰过程中采取其他工作方法，起到控制质量的作用。

采取的方法包括：各种装饰材料国家制定有质量标准，尤其含有 TVOC 有机化合物含量的限值，工商部门对伪劣产品有害健康的要追根溯源，运用法律武器来杜绝劣质品的生产源头；因装饰材料种类多，规格质量不同，在选择使用材料时必须要符合设计质量的要求；对装饰材料的质量除符合设计外，还要符合各自材料标准的规定；对采购的装饰材料要有严格的验收制度，仔细进行规格及功能检查，尤其是检验质量。

4.2 施工工艺质量的控制

装饰装修工程的施工工艺相当复杂和繁琐，许多工序作业要交叉进行。因此作为质量管理人员，首先要处理好各专业之间关系，尤其是装修工程需要变更设计时，必须掌握相关专业的设计意图，在熟悉各种规范的基础上，会同设计人员提出合理的处理方法，才能够确保质量，减少损失。其次，要编制好施工组织设计或施工方案，明确工序要求，注重装饰质量通病预防措施的落实。另外，要求质量控制人员在现场跟踪检查，要求操作班组实行自检和严格互助检查，施工人员承担责任，并及时处理好发现的问题，不影响下道工序进度。最后，由于装饰施工是整个项目的最后一道工序，也是面子活儿，所以在交叉施工组织中，要加强成品保护和质量管理意识。

5. 室内污染的防治

（1）慎重选择装饰材料。选择材料必须按照现行《建筑工程室内环境污染控制规范》GB 50321—2001 的相关规定进行。

（2）加强室内通风。经验表明，凡是新装饰的房间，室内污染物的浓度高于室外 10 倍以上，有的甚至是数十倍，即使是安全环保材料，仍然含有对人体健康有害的物质。在室内装饰施工期间，门窗不关让其向外界散发。在通风不良情况下，空气质量也十分差，装饰半个月内污染达到高峰；在自然通风条件下，一个月才能排出50%左右的有害气体。因此，房屋装饰后短时间内不要进住，一般3个月后进住，也要常开门窗通风，尤其冬季，不进行装修较好。

(3) 养花种草减轻污染。不同植物可以吸收和消除不同化学污染物，如吊兰、虎尾兰可以消除甲醛，常青藤和铁树可以消除室内的苯，万年青和雏菊可以消除室内的三氯乙烯。据介绍，生长在不同浓度（如0.1～10mg/m^3甲醛气体）中的吊兰，每一枝新芽每小时可吸收0.1μg的甲醛，一根吊兰可使空气中的甲醛减少40%左右。

另外，竹碳也可吸收室内有害气体，将干燥竹碳成包分散布放，能起到好的效果，但要保持竹碳的干燥，时间长了在太阳下晒干再用。

装饰工程伴随着建筑工程的发展而发展，其市场是巨大的，装饰材料从源头抓起，治理质量通病也要从源头抓起，做好装修装饰的优化设计，建立健全质量保证体系，实行全方位、全过程的监管力度，使建筑装修装饰水平得到提升，装修装饰行业得到大的发展。

9　复合断热砌块在建筑保温墙体的应用

建筑保温节能在近些年来取得了很快的发展，国家也制定了相应的规范、标准，公用和民用建筑节能设计标准已在几年前开始实行，各地也对建筑物的围护结构提出了较高的保温节能要求，用轻集料制作的微孔混凝土与EPS断热节能复合砌块，是具有一定保温效果的外围护砌块。现从砌块材料的组成、性能特点及配合比、制作工艺和施工质量控制作分析介绍。

1. 复合断热砌块的应用材料

能够断热节能的复合砌块是用轻集料微孔混凝土与EPS材料无间隙复合制成。充分利用两种不同质材料的优良特性，具有质轻高强、保温性及耐久性好的特点，可以用在各类建筑工程的外围护结构和保温结构。关键性材料的轻集料微孔混凝土是用快硬性水泥为胶结材料，用特种短纤维为增强材料，利用陶粒、炉渣、碎砖渣及膨胀珍珠岩等多种粗细不同的轻质材料作骨料，并在制作中引入微小泡沫而制成。创新点是轻集料微孔混凝土与EPS材料以断热结构形式实现了无间隙复合成一体，EPS材料必须符合《绝热用模塑聚苯乙烯泡沫塑料》GB/T 10801.1—2002要求的阻燃型聚苯板。和普通轻集料混凝土的区别在于，其水泥石基体也是微孔结构。用轻集料混凝土和EPS材料复合成的砌块，同时具有轻集料混凝土和泡沫混凝土的特性，使其成为密度小、抗裂性及热工性好、强度高和耐久性优良的新型混凝土材料，在外围护结构体中是首选砌筑块材。

2. 配合比原材料的使用

（1）水泥胶结料。因复合断热节能砌块的制作是用模型浇筑而成，制作的各种轻集料微孔混凝土浆料是一种大流动性水灰比的自密实混凝土浆料。选择普通硅酸盐水泥时，水泥可以水化用的水灰比仅为0.25左右，而多余的水为自由水，因此干缩量也大；当采用快硬性硫铝酸盐水泥时，其完全水化的理论水灰比为0.4左右，而多余的自由水比较少，干缩量也小。由于硫铝酸盐水泥凝结速度很快，早期强度增长快，有利于微孔的稳定形成。根据使用需求，一般要选用P.O42.5级快凝型硫铝酸盐水泥，因该品种水泥的抗碳化能力比较差，要选择与普通硅酸盐和矿渣细粉复合成快硬型复合水泥才能使用。

（2）轻质集料。选择陶粒、矿渣细料、炉渣及废砖渣，并同膨胀珍珠岩适当配合使用。骨料为天然级配，最大粒径为10mm。陶粒和炉渣的自然堆积密度为550～750kg/m^3；废砖渣自然堆积密度为550～750kg/m^3；膨胀珍珠岩自然堆积密度为550～750kg/m^3。

（3）增强纤维材料。选用8mm长无机矿物纤维与聚丙烯短切纤维复合，经过专门分散剂处理，达到可均匀分散于轻集料微孔隙混凝土中。

（4）保温用芯材。选择符合现行国家标准《绝热用模塑聚苯乙烯泡沫塑料》GB/T 10801.1—2002 规定的阻燃型聚苯乙烯泡沫板，正常的密度为 $10kg/m^3$，导热系数为 0.041W/(m·K)。

（5）微泡剂和脱模剂。选择型号为 HF-3 型磺酸盐微泡剂。该微泡剂具有良好的起泡和隐泡作用，用压缩空气可以制泡。脱模剂用 HF-2 型乳化油脂皂液，具有无毒无味、隔离性能好、不污染的优点，涂刷和喷涂均可。

3. 配合比及工艺控制

（1）原材料配合比。用密度为 $500kg/m^3$ 级的砌块为例，每立方米制品的材料用量，快硬性水泥 150kg，轻集料 520kg，短纤维 0.5kg，微泡沫剂 10kg，胶粉（水溶性）0.5kg，EPS 芯材 $0.5m^3$，脱模剂 2kg。水灰比为 0.85～0.9，浆料的控制密度小于 $1200kgm^3$。

（2）工艺过程控制。复合断热节能砌块采用先进工艺技术，大规模工业化生产。用压缩空气制泡，成组模及成型车，微机自控配料搅拌浆，可控分料浇筑，自动脱模和入窑低温干热养护工艺。其工艺流程是：

各种原材料→自控配料→搅拌成浆→微泡剂拌匀→浆料注机→成型→安插芯材→低温干热养护→整体脱模→清理→推放养护→出厂检验→出厂。

4. 复合砌块的构造特点

复合型断热节能砌块及其关键的轻集料微孔混凝土外部基体承受荷载，并与 EPS 板保温芯层的结构，采取独特的浇筑工艺实现无间隙缝复合成整体。主块型尺寸采用目前国内中型砌块通用规格尺寸，即 600mm × 300mm × 200mm、600mm × 300mm × 120mm。复合砌块的构造如图 1 所示。

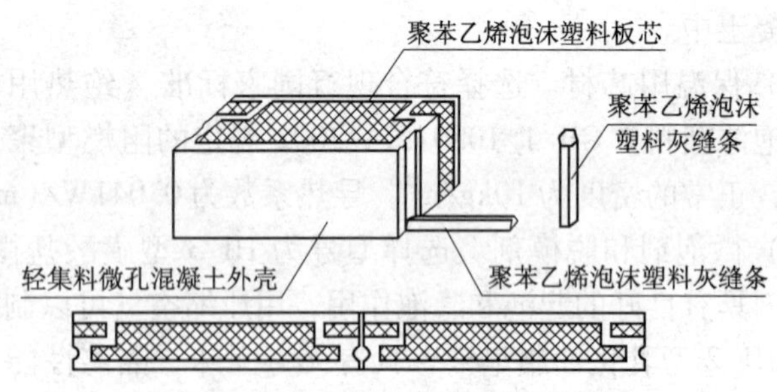

图 1　断热节能复合砌块外观结构

复合型断热节能砌块可以单独砌筑，也能同其他砌体材料配合砌筑，主要用于框架结构填充墙，砌混结构承重墙配砌，剪力墙外模内置或贴砌及其他保温节能墙体的砌筑。可配置 EPS 板竖向和水平灰缝压条，普通砌筑砂浆砌筑需要用 EPS 灰缝压条使灰缝热工性不受影响。复合型断热节能砌块结构形式具有明显的特点：

（1）块体为轻质微孔混凝土的基体和保温芯材以断热方式的紧密复合体，保温芯材体积占块材的 1/2 以上，切断了热传导通道，消除了热桥可能性。另外，因轻质微孔混凝土的热工性能较好，使砌块的综合导热系数小于 0.070W（m·K）以下，轻质微孔混凝土外部基体保护层刚性好，使得质轻、保温隔热、强度高、耐久年限长。

（2）施工砌筑时既可以使用保温砂浆，也可采用普通砌筑砂浆，块材两端留有竖向榫槽，底面设有凹槽，槽内可填充保温砂浆或置放 EPS 灰缝条，更有效地防止热桥现象产生，极大地改善灰缝热工性能，同时也确保灰缝饱满度，加强砌体的整体性和稳定性。

（3）该种保温砌块同现在流行的外贴 EPS 保温板薄层抹灰系统相比，不但墙体围护与保温同时完成，减少了砌筑后二次再做保温层施工，缩短工期，加快进度，而且不需要对表面进行处理即可粘贴面砖饰面，提高了建筑物的耐久性，降低工程造价，减少安全隐患。

5. 砌块及保温系统性能

（1）砌块的热工性能。根据检测，轻集料微孔混凝土基体体积密度为600～1200kg/m^3，其导热系数计算值分别为0.14～0.24W（m·K），依次计算砌块热工性能，结果见表1。

砌块热工性能表 **表1**

砌块规格	EPS板厚（mm）	砌块密度（kg/m^3）	砌块总热阻［(m^2·K)/W］	砌块导热系数［W/(m·K)］
120型	80	300	2.23	0.054
		400	2.21	0.055
		500	2.15	0.056
		600	2.12	0.057
200型	150	300	4.02	0.051
		400	3.98	0.050
		500	3.92	0.052
		600	3.88	0.053

从表1可以看出，复合型断热节能砌块的保温性能主要是EPS保温层起作用，轻质微孔混凝土也具备良好的热工性能，共同作用保温更优异。砌块的平均导热系数为0.055W/(m·K)，修正系数取1.25，导热系数计算值取0.070W/(m·K)。

（2）砌块保温热工设计计算。由于复合型断热节能砌块主要造用于框架结构填充墙、砖混结构承重墙配砌、剪力墙外模内置或贴砌及其他保温节能墙体的砌筑，其系统的构造处理如图2所示。

建筑系统的热工设计计算一般根据《民用建筑热工设计规范》GB 50176—93、《公共建筑节能设计标准》GB 50189—2005和《采暖居住建筑节能设计标准》DB62/T 25—3033—2006（甘肃省标准）进行。

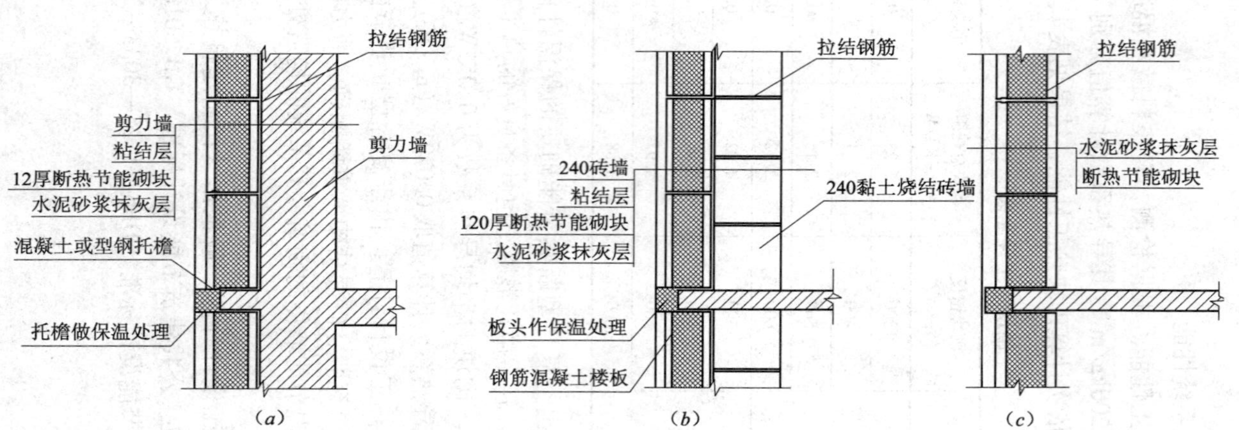

图 2　断热节能复合砌块建筑保温系统的构造和做法

(*a*)剪力墙结构体系建筑外保温复合墙构造做法；(*b*)砖混结构体系复合承重构造做法；(*c*)框架结构体系自保温墙构造做法

(3) 保温设计计算，结果见表2。

保温设计计算表　　表2

项目及名称	墙体构造做法		
	(a) 剪力墙结构	(b) 砖混结构	(c) 框架结构
砌块厚度 (mm)	120	120	200
墙体总厚度 (mm)	350	410	250
墙体截面总热阻[$(m^2 \cdot K)/W$]	1.86	2.18	2.92
墙体截面传热系数 [$W/(m^2 \cdot K)$]	0.54	0.47	0.34
寒冷地区围护外墙平均传热系数限值65%的标准	0.60 (体形系数≤0.30)		
	0.50 (0.30<体形系数<0.40)		

注：①内外抹灰层水泥砂浆导热系数取0.93W/(m·K)，砌块导热系数取0.07W/(m·K)，钢筋混凝土导热系数取1.73W/(m·K)，多孔砖导热系数取0.57W/(m·K)；②内外墙表面换热阻计取0.15 $(m^2 \cdot K)/W$；③平均传热系数根据不同建筑形式、体形系数和窗墙比等计算。

由表2可知，采用的3种结构中用复合型断热节能砌块保温系统，墙体的热工性能都可以满足寒冷地区节能65%的设计要求。

综上所述，复合型断热节能砌块保温系统有其自身的特点，质量轻，强度高，热工性能好，适用性强和施工方便，砌块能与抹灰层粘结牢固，尤其是用EPS板保温切断冷桥存在，而且材料来源广泛，已经在一些地区推广应用，前景看好。

10　混凝土中心空调墙的应用

混凝土中心空调系统属于辐射空调方式，它通过敷设在混凝土中的盘管，利用水循环冷却或加热，降低或提高墙体内表面温度，达到控制室内温度的目的，使居住者感觉舒适、愉快。混凝土中心设置空调系统，不同于低温地板辐射采暖，冬天加热供暖，它是通过敷设在外围护墙体中的盘管，处理冷、热负荷对室内环境的影响。目前这种系统在国内外都有使用，北京的锋尚国际公寓，德国的法兰克福办公楼、艺术馆等采用了先进的隔热保温技术，辅以混凝土采暖制冷系统代替了传统的空调和暖气片，关注这种新技术的应用，来改善采暖方式，创造舒适的居住条件。

1. 混凝土中心空调构造系统

（1）应用原理：影响室内温度、湿度状况的因素有内部及外部因素。外扰通过围护结构的热量传递过程，先作用到围护结构的各个表面，使得温度发生变化，然后再以对流形式与室内空气发生热交换，同时还以辐射形式在围护结构内部各个表面（包括家具之间）进行互相辐射。由于任何壁体都具有各自的热阻和热容，外扰是逐步反应到内表面的，普通墙体和混凝土空调墙体夏季热传递过程比较如图 1 所示。

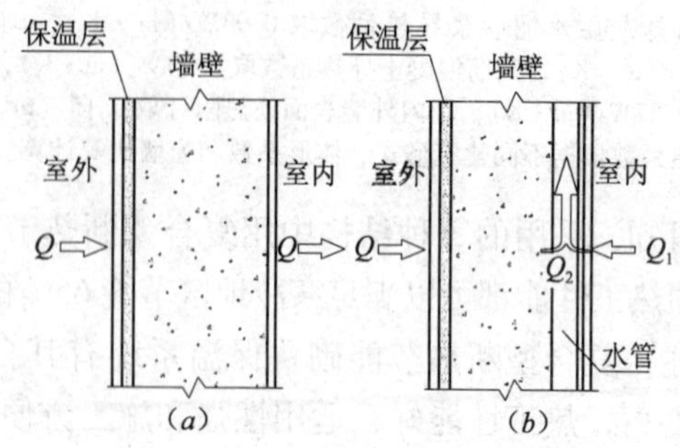

图 1　夏季普通墙体与混凝土中心空调墙的传热对比
（a）普通墙体；（b）混凝土中心空调墙

从图 1 可以看出，普通墙体传热特点是尽管墙体保温性能较好，但随着室外保温的提高，内墙表面的温度会随着提高，保温材料只影响温度提高的幅度，也就是墙体保温性能好时，墙体内墙表面温度提高的幅度小。当墙体的保温性能差时，墙体内表面的温度提高的幅度则大，但内表面的温度始终高于室内保温。混凝土中心空调墙内表面的温度除受到室外气候的影响外，还受到水量、水温、埋管数量多少的因素影响。内墙表面温度的降低，将对室内居住人员带来辐射冷感觉，产生类似窑洞一样的舒适感，即在居住建筑中营造原生态的自然舒适感；相反，在冬季水管中水温较高则提高了墙体内表面的温度，使室内居住人有热辐射舒适感。

（2）材料使用及结构设计：①管道材料：随着建筑材料的应用和发展，各种建筑用塑料管得到了广泛使用，塑料管材主要品种有交联聚乙烯管（PEX）、聚丙烯管（PP-R），具有耐温性能好、韧性好、强度高、耐老化、耐腐蚀、阻力小及不结垢、价格适宜的优点。金属管道可以用铜管，具有耐温，延展性好、承压力强、化学稳定性好及线性膨胀系数小的优点。

② 结构设计方面：设计考虑的是建筑墙体保温宜采用外保温、管道敷设靠近墙体内表面，管道间距与建筑物所处位置、气候环境、朝向及保温要求等诸多因素有关。

（3）安装位置确定：以外围护结构墙体为主，如屋面、外墙直接受大气环境变化的影响较大，安装在这些部位利用效率则高。由于窗墙比较大的建筑物，外墙面积比较小，可以考虑在地面、屋面和内墙敷设管道，以调节墙体、地面和屋面的温度。

2. 混凝土空调墙的应用优势

（1）热效率高：同对流空调供冷系统相比，该系统所用水温提高，对流空调供冷系统供回水温度一般为 7～12℃，而该系统所需温度一般在 16～18℃即可。从而可以提高制冷机的 COP 指标，或者直接采用土壤冷却的方法，也就是说在土壤中埋管，通过水泵循环，将通过墙体传入房间的热量传入土壤。与对流空调供暖系统相比，降低了供水温度。对流供暖空调供回水温度为 60～50℃，而该系统所需温度在 30℃左右即可，从而提高热源的供热效率，同时可以提高一次管网供回水温差，减少一次管网的供回水流量，与散热器供暖相比，温度要低得多。

（2）减小空调使用对电力的影响：随着人们生活水平的提高，对舒适度的要求也更高，使用空调调节室温也十分普遍，城市用电量的增加造成了能耗、环境的系列问题。尤其是空调的大量使用，加剧了电力供应的紧张局面，国内电力负荷紧张这些年多出现在夏季高温时间段，加大了电力系统季节性的峰谷差和每日不同时间段峰谷差，对周围小区气候环境造成很不利的影响等。由于混凝土中心空调属于辐射供冷系统，冷感来自于围护结构的辐射。与其他空调系统相比，室内空调温度提高2℃，而获得的舒适度是相同的。同时，混凝土中心空调由于混凝土部分的墙体温度下降，当电力需求处于高峰阶段，混凝土空调系统停运蓄存在墙体的冷量，使得墙体内表面平均温度继续保持一定的时间，电力供应日高峰值得到转移。

（3）墙体热惰性相对高：室外大气环境温度和太阳辐射，具有逐日、逐年周期变化的特性，围护结构外表面一般是白天被太阳加热，夜晚又被降温冷却的不断交替中。其交替变化的过程会带来室内墙壁表面温度的变化，同时室内空气和墙面的换热，使得室内空气温度发生变化。通过保温仅可以改变墙体内、外表面的温差，但是内墙的温度在夏季室外温度升高时总的趋势是升高，冬季室外温度降低时总的趋势也是降低。而混凝土中心空调墙，夏季可以降低内墙表面温度，冬季可以提高内墙表面温度。

（4）室内舒适度好：夏季墙体内表面温度受室外气温升高带来的热辐射，而此系统降低了夏季墙体内表面温度。冬季因室外温度比较低造成墙体内表面温度降低，而此系统提高了冬季墙体内表面温度。由于系统改善了墙体内表面温度，减少了夏季墙体内表面对人体的热辐射，冬季减少了墙体内表面对人体的冷辐射，可以在城市中营造出冬暖夏凉的窑洞式室内环境。也就是，当采用土壤内埋管与墙体埋管的水循环时，一定深度的土壤温度常年稳定，通过水循环将土壤中的冷量或热量传递到墙体中，也是通过水的循环把土壤附加在墙体上而增加了墙体厚度。

（5）混凝土中心空调墙的问题：由于此种冷却方式的局限性，混凝土中心空调系统只负担显热负荷，而潜热负荷需要采取其他方式消除。为满足室内空气质量的需要，还要采取通风或新风系统配合使用，向室内补充新风。由于充分利用了墙体的热容性，当房间内冷热负荷突然增加时，非围护结构传入的冷热负荷，使系统不能迅速消除房间冷热负荷，系统控制有延迟性，属于隐蔽项目，一旦渗漏维修是比较困难的。

3. 实际使用分析

以西北地区 7 月中旬为计算实例，墙体构造如图 2 所示。墙体材料参数按公共建筑节能设计标准传热系数的要求设计，管内通水温度为 18℃，埋管深度为 30mm，交联聚乙烯管径为 $\phi 20$，管内水流量为 30L/h，管间距为 300mm，墙体总的传热系数确定为 0.57W/(m^2·K)，室内空气温度按 28℃考虑。材料设计参数见表 1。

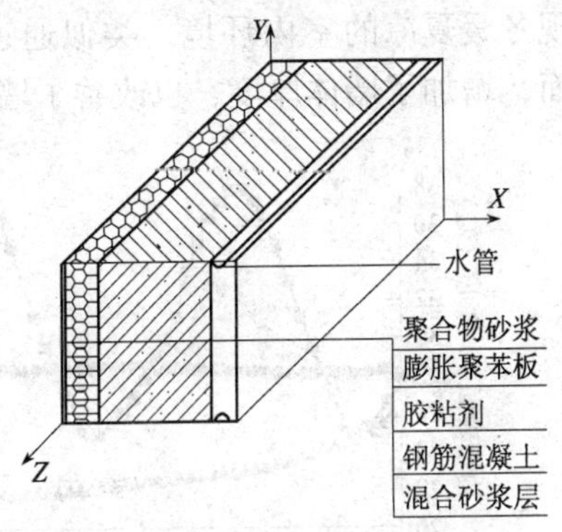

图 2 墙体传热模型的计算单元

墙体材料设计参数表 **表 1**

材料名称	厚度（mm）	密度（kg/m³）	导热系数 [W/m·K]	比热容 [J/(kg·K)]
聚合物砂浆	3	1800	0.93	1050
水泥砂浆层	20	1800	0.93	1050
石灰砂浆层	20	1700	0.87	1050
钢筋混凝土	190	2500	1.74	920
交联聚乙烯管	—	940	0.35	2300
膨胀聚苯板	60	60	0.042	1400

混凝土空调墙内表面平均温度效果比较如图 3 所示。从图中看出，混凝土中心空调墙可有效降低外墙内表面温度。在确定的条件下，内表面温度比非混凝土中心空调墙低 6℃左右，这是在管内通水温度为 18℃时的计算，而表面温度的降低使得居住者有辐射凉爽感觉。

上述浅要分析，介绍混凝土中心空调墙中敷设管道，利用低温水流动降低墙体温度。低温水是通过地下管道与土壤换热获取，土壤作为一种冷、热源，具有稳定的温度且容量大。土壤的冷、热源的利用现在主要是用热泵技术实现，热泵技术通过压缩过程提高冷、热资源的品质，其 COP 技术虽然高，但比直接通过水泵输送耗能要大得多。城市建筑中利用混凝土中心空调墙实现冬暖夏凉的室内环境，类似通过水的流动把土壤加到墙的表面，增加了墙体厚度，也改善了墙体内表面的舒适温度。

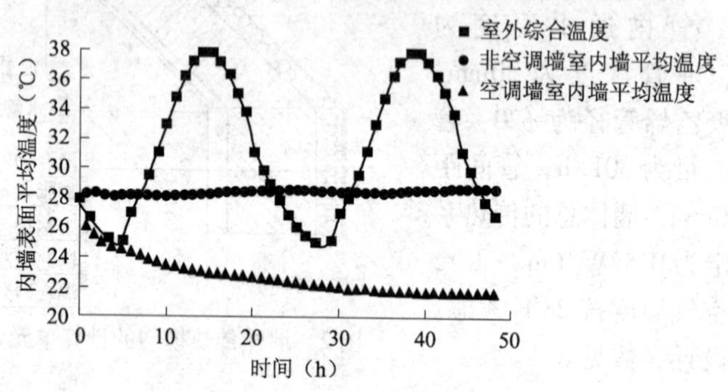

图 3 混凝土空调墙内表面平均温度效果比较

11 保温夹芯墙施工问题处理

夹芯保温墙体由于其具有独特的优点，成为我国北方寒冷地区现阶段节能建筑的墙体最好形式，而夹芯墙对保温材料的要求并不很高，且处于内、外叶墙之间，不受外界自然环境的影响，也不存在内保温和外保温面层防护处理困难及保温层容易受损的质量问题。避免和减少冷桥问题的存在，墙的整体传热系数较低，防水及耐久性年限长，并且节省工期和降低费用，社会效益和经济效益明显。

1. 墙体构造技术要点

（1）空气间层是控制重点：空气间层是夹芯保温墙体中不可缺少的重要部分，是内、外叶墙之间保温层的一部分，能够很好地防止湿气渗进内墙，设计宽度一般控制在 20mm 左右。对空气间层宽（厚）度及位置准确布置极其重要。设计时应把保温板四周边缘用胶粘结成带，中心涂抹成梅花状点粘分布在内层砌块上，或采用带棱翅的保温板，使得两侧与内、外墙片支撑，避免空腔内倾斜或移动错位，见图1。

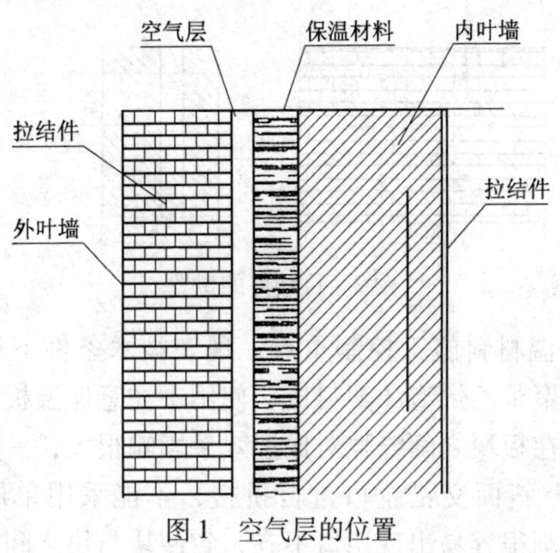

图1　空气层的位置

施工中内叶墙应边砌边用原浆勾缝，尤其是不要忽视安装夹芯保温层的一侧，这也是施工过程中一个应主要重视的环节。只有引起重视才能保证保温板安装的平整度，保持空气层厚度不受影响，同时可以避免外界自然因素对保温层的影响，真正发挥保温层的作用。

（2）拉结件的技术控制重点：拉结件在墙体中起到重要的作用，防止外叶墙失稳破坏，达到协调内、外叶墙的变形。现在国内大多数采用的是用直径为6mm 的钢筋，放置在灰缝的砂浆中间，标准要求在拉结件上下应有一定厚度的砂浆保护层，且直径不能大于灰缝厚度的1/2，拉结件的宽度不应小于60mm，灰缝中钢筋砂浆保护层厚度不应小于15mm 。在具体的工程中，应尽量确保拉结件处于砂浆层的中部，施工时在灰缝面先铺5mm 厚砂浆，然后将钢筋网片或另外加工的钢筋放在砂浆层上，轻微压入砂浆中，确保钢筋底层有不少于2mm 的砂浆垫层。钢筋安放到位后，上面再铺6～7mm 厚度砂浆，再砌上皮砌块。另外，要控制灰缝总厚度在12mm 左右，还必须严格按照规定对拉结件进行必要的防腐处理，拉结件的布置见图2。

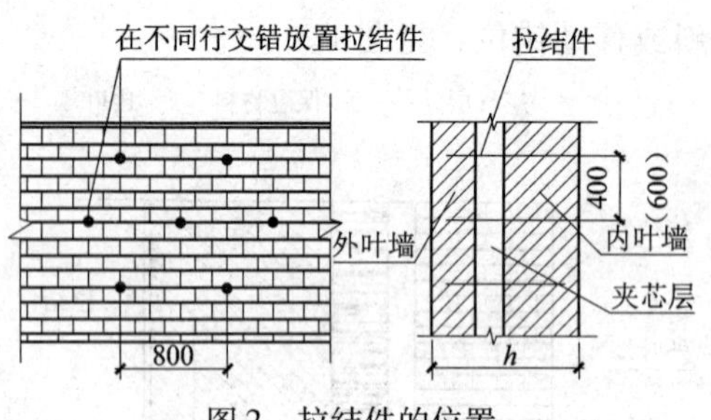

图2　拉结件的位置

(3) 保温材料施工控制重点：现在技术条件下保温材料多数采用膨胀聚苯乙烯泡沫塑料板，使用中注意保温板材的拼接方式，由于存在板块之间缝隙对保温效果影响很大，一般是将板材边切割成45°斜面交错企口进行拼接，不能采用单层直缝的形式，现场切割很容易出现切口不齐，致使块与块之间对缝不严又无任何密封处理，影响墙体的整体保温隔热性能。施工单位应对材料的选择进场，加工及施工过程全方位抓紧、抓好，严格按照工序要求进行，按先砌内叶墙、安放固定保温材料、再砌内叶墙的顺序施工。对使用材料的切割由专人用专用工具进行，板的安装平整度、垂直度、阴阳角垂直及方正为4mm/2m，两块板之间高差为1.5mm。为了达到更好的效果，可以在拉结件部位的保温材料处做成凹槽，用专门的胶粘剂将接缝粘结，使缝内更加密实，增加整体效果，避免出现冷桥现象。另外，对外墙转角处的保温层适当加厚，不允许在施工过程中把保温层简单处理，更不能使保温层厚度出现负偏差。

2. 施工过程的质量控制

(1) 芯柱浇筑质量控制重点：墙体夹芯体作为混合结构中的重要组成部分，为了增强结构的整体性能，一般会在门窗洞口两侧、墙体转角处、内外墙交接处、梁支座处及楼梯四周等部位设置钢筋混凝土芯柱。浇筑芯柱前先要清除底部的杂物，用水冲洗干净，再用模板把清扫口封严，防止漏浆。还要注意芯柱与内外墙要有一定的连接，并符合相关拉结要求，同时要沿墙高每

500mm 设置 U 形拉结筋。浇灌用混凝土宜采取流动性较大的，具有补偿收缩性的细石混凝土连续浇筑，不允许留置施工缝。正常处理是在柱底部先倒入 50mm 厚度水泥砂浆，浇筑必须分层进行，每层高度在 400mm 左右，浇筑至距最上皮砌块面 50mm 左右为止，并保持其表面的粗糙程度，也是对砂浆粘结有利。芯柱混凝土必须在墙体砌筑砂浆强度达到 1MPa 以上或者达到设计强度后再浇筑，芯柱应从基础中或地梁内生根，柱筋并同基础或地梁内钢筋连接，埋入地下不少于 500mm，芯柱必须分层浇捣密实。

（2）圈梁施工质量控制重点：圈梁多数是设置在每层纵横墙上部，紧靠楼板的钢筋混凝土梁。在砌体结构建筑中可直接在砌体内，沿水平方向设置封闭的钢筋混凝土圈梁，增强房屋的整体性和空间刚度，减轻因地基不均匀下沉或其他原因振动、荷载造成的不利影响。对于夹芯墙体，其圈梁大部分都采用组合节能结构形式，其中一种圈梁见图 3。

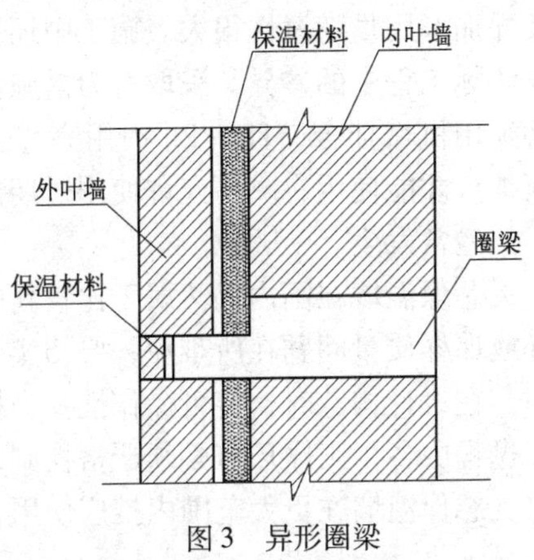

图 3　异形圈梁

砌体结构中，混凝土圈梁与普通圈梁不同，所以要采取特殊的处理措施，施工中应采取使圈梁与芯柱的连接使得成为弱框架形式；当与挑梁相遇时要整体现浇，圈梁高度不要小于 120mm。浇筑时圈梁下一皮砌块均应提前用混凝土灌实，或灌满留下不小于 50mm 并布置有水平筋，作为底模最关键的是对圈梁的保温处理，保温层必须连续。例如，图 3 在圈梁凸出部位外侧做保温层，这也是施工中容易被忽视的问题，而在内侧还要抹 25mm 厚度保温砂浆，以免出现冷桥现象。当圈梁被门窗洞口截断时，必须在洞口上部增设同断面的附加圈梁。附加圈梁每边的搭接长度不应小于 1.0m，或者沿洞口两侧浇筑混凝土边梃与圈梁钢筋相同并伸入圈梁连接。

（3）砌筑砂浆质量控制重点：夹芯墙体构成的砌体，灰缝中的砂浆是比较薄弱的环节，严重影响到砌体的抗震及耐久性能。在施工中往往不引起重视，甚至使用普通水泥砂浆或是落地灰，监管不到位会出现质量隐患的存在。对此，施工现场管理人员必须按照设计要求，选择粘结性能高、流动性低、和易性、保水性好、强度增长快等性能优异的专用砂浆。如果条件允许，掺入适量的微膨胀剂，确保砂浆因为失水收缩量大而降低同砌块的粘结力。现在对专用砂浆的使用，还不够规范，即使广泛使用，但是外掺合料及外加剂用量随意性很大。施工中还要注意试验室试配条件与现场实际工程中的差异，采取有力措施使得与试验室相接近，砂浆必须用机械拌合，且在 2h 内用完。当超过使用时间后加水泥重新拌合才能使用，决不允许使用过期砂浆，这一点很多人都知道，但经常发生。

综上所述，夹芯保温墙在国内仍然属于比较新的技术，施工过程中出现这样或那样质量问题在所难免，要切实处理解决这些问题要综合考虑。在设计构造时，将可操作性及易控制性放在重要位置。在施工过程中各个工序环节必须严格控制，在现有的基础上按照设计将夹芯保温墙在更大范围内推广使用，使保温节能工作取得更大成果。

12 夹芯砌块在建筑应用中应注意的问题

夹芯混凝土砌块是指砌块中加有保温材料的砌块，用这种砌块砌筑的墙体具有自保温作用，不要为了保温再用保温隔热材料外部施工，这样施工方便，造价也低，建筑物保温性能好且使用寿命长，是节能建筑自保温最理想的外围护材料。但是，到目前还缺乏相应的技术规程规范要求。夹芯砌块厂家的生产和工程应用中，对产品材料性能、热工性能要求不明确，存在使用中的误区。因此，认真研究夹芯砌块及其热工性能具有十分重要的现实意义，有助于此类产品的广泛应用。

1. 建筑外围护墙体的热工基本要求

建筑节能减排是当今社会最关切的问题，国家和各地区都制定了相应的规定，对建筑外围护墙体的热性能提出了更高要求。在建筑物外围护结构中，外墙、屋面及窗户是节能的重点部位。与屋面及窗户比较，外墙节能困难更多。这是由于屋面面积相对较小，构造简单，施工也容易；外窗是定型产品，由工厂加工制作，容易达到相应的质量标准。而外墙面积相对较大，存在大量节点，处理不当容易形成冷桥，并且外墙是在主体施工中形成，影响因素多，更会造成热工性能的变数和不确定性。

现在对外墙保温性能的要求很高，当节能设计标准达到65%时，外墙传热系数达到0.6W/(m^2·K)。各地区建筑气候特征不同，具体要求也不同，一些地区65%节能目标设计对围护结构的传热系数限值要求见表1。

部分地区节能65%外墙传热系数限值 **表1**

地区名称	传热系数限定值［W（m^2·K)］			根据标准
	外墙	屋顶	楼梯间	
北京	0.60(≥5层)、0.45(≤4层)	0.50（≥5层)、0.40(≤4层)	1.50(≥5层)、1.50(≤4层)	DBJ 01-602-2004
哈尔滨	0.41	0.30		DB23/T 1270-2008
兰州	0.6	0.6	0.8	DB62/T 25-3033-2006
郑州	0.75	0.60	1.65	DBJ 41/062-2005

需要注意的是，表1中外墙的传热系数是墙体平均传热系数，也就是墙体主断面传热系数和热桥部位传热系数的加权平均值。用夹芯砌块砌筑外墙时，通常考虑的是墙体主断面的传热系数，而忽略了热桥部位的传热系数。夹芯砌块主要用于房屋的外

围护部位，为此，在使用夹芯砌块时要综合处理好热桥部位的传热系数，使砌筑后墙体平均传热系数达到表1的基本要求。

2. 混凝土夹芯砌块及砌体热工性能

夹芯混凝土砌块及砌体是非均质的材料，其传热性能应按平均热阻或传热系数表示。夹芯砌块的热阻或传热系数计算是根据现行国家标准《民用建筑热工设计规范》GB 50176 中复合结构的传热要求，最基本的要求是加权平均。

现在建筑市场上使用的夹芯自保温外墙砌块，主要技术性能为：砌块基材是普通混凝土，中间填充膨胀聚苯乙烯泡沫塑料（EPS），单排双孔结构，查建筑热工设计参数选用表，得到的基本参数分别是：混凝土基材密度为2300kg/m^3，常温状态下导热系数为（1.51W/m·K）；夹芯用EPS板密度20~25kg/m^3，常温状态下导热系数为0.042W/(m·K)。砌块外形尺寸为：390mm×240mm×190mm，平均壁厚32.5mm，平均肋宽40mm，见图1。

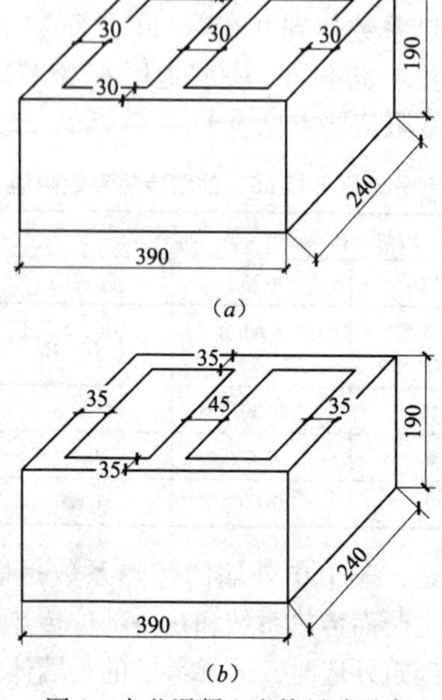

图1 夹芯混凝土砌块尺寸示意

（a）砌块上部尺寸；（b）砌块下部尺寸

（1）夹芯砌块的热阻值计算：夹芯砌块的热阻、砌块的平均热阻按下式计算：

$$R=\phi[F_0/F_1/R_1+F_2/R_2\cdots F_n/R_n-(R_i+R_e)]$$

式中　R——砌块平均热阻，$(m^2\cdot K)/W$；

F_o——与热流方向垂直的总传热面积，m^2；

F_1，F_2，…，F_n——按平行于热流方向划分的各个传热面积，m^2；

R_1，R_2，…，R_n——按单层均质材料考虑的各个传热部位的传热阻，$(m^2\cdot K)/W$；

R_i——内表面换热阻，取 0.11 $(m^2\cdot K)/W$；

R_e——外表面换热阻，取 0.04 $(m^2\cdot K)/W$；

ϕ——修正系数，按 GB 50193—93 附表 2.1 中数据选用。

在平行热流方向上将砌块分为几个单元，这样砌块的平均热阻可以计算如下：

$$R=0.86\ [0.39\times0.19/0.0325\times0.19/0.159\times2+0.1425\times0.19/4.21\times2+0.040\times0.19/0.159-(0.11+0.04)]=0.331\ (m^2\cdot K)/W$$

（2）夹芯砌块的传热系数：计算砌体的热阻、传热阻和传热系数时，要考虑砌筑砂浆的厚度和导热系数，还有抹面砂浆的厚度和导热系数。在这种情况下要分步进行计算，先进行砌体中砌块的面积和砌筑砂浆灰缝的面积；计算砌筑砂浆灰缝的热阻；按照砌体中砌块和砌筑砂浆所占面积比例，按面积加权的方法计算出砌体主体部位的平均热阻；测量抹面砂浆厚度，计算抹面砂浆热阻；再按多层材料复合结构热阻计算公式，计算出砌体最终的热阻；将这些砌体最终热阻代入下式，计算出砌体的热阻和传热系数。

$$R_0=R_i+R+R_e\quad K=1/R_0$$

式中　K——传热系数，$W/(m^2\cdot K)$；

R——砌体主体部位热阻，$(m^2\cdot K)/W$；

R_0——砌体热阻，$(m^2\cdot K)/W$。

计算过程是：假若砌体中砂浆灰缝的面积为 F_s，导热系数为 λ_s，热阻为 R_s，砌块面积为 F_b，砌块热阻为 R_b，砌体不含抹灰砂浆的砌体热阻为 R_z；抹面砂浆的导热系数为 λ_m，热阻为 R_m；砌筑墙体包括两面抹灰砂浆的热阻为 R_q；砌筑墙体的传热阻为 R_{q0}；砌筑墙体的传热系数为 K_q；砌筑灰缝厚度为 10mm，抹面砂浆厚度为 20mm，计算 $1m^2$ 砌体的热阻和传热系数。

① 砌筑砂浆灰缝的面积及热阻：$F_s = (1 \times 5 + 0.19 \times 11) \times 0.01 = 0.0709m^2$

查常用材料热工参数，得出：$\lambda_s = 093W/(m \cdot K)$，砌筑砂浆缝的热阻 $R_s = 0.24/0.93 = 0.258\ (m^2 \cdot K)/W$

② 砌块的面积及热阻：$F_b = 1 - F_s = 1 - 0.0709 = 0.9291m^2$；根据上述夹芯砌块的热阻值计算可知，砌块的热阻：$R_b = 0.331(m^2 \cdot K)/W$

③ 砌体加权平均热阻值 R_z：

$$R_z = F_s R_s F_b R_b / F_s + R_s = 0.0709 \times 0.258 + 0.9291 \times 0.331/0.0709 + 0.9291 = 0.326\ (m^2 \cdot K)/W$$

④ 抹面砂浆的热阻：$R_m = 0.02/0.92 \times 2 = 0.044\ (m^2 \cdot K)/W$

⑤ 砌体（包括两个面抹灰砂浆）热阻：$R_q = R_z + R_m = 0.326 + 0.044 = 0.370\ (m^2 \cdot K)/W$

⑥ 砌体传热阻及传热系数：$R_{q0} = R_i + R_q + R_e = 0.11 + 0.370 + 0.04 = 0.520\ (m^2 \cdot K)/W$

$$K_q = 1/R_{q0} = 1/0.520 = 1.920W\ (m^2 \cdot K)$$

上述这些值是 390mm × 240mm × 190mm 单排双孔夹芯混凝土砌块，用导热系数 0.936W/(m² · K) 的砂浆砌筑和抹面，灰缝厚 10mm，双面抹灰层厚度各 20mm 的砌体墙体热系数。对比表 1 可以看出，这个值远大于表中所列城市节能 65% 设计外墙标准传热系数的限值，甚至更高。由此可见，由于砌块壁及肋灰缝热桥的存在，在普通三排孔空心砌块（2 排盲孔中间为通孔）中间的通孔用人工方法插入聚苯板的做法，其热工性能并不符合要求。

3. 夹芯砌块问题的处理

（1）砌块的传热特点：通过上述计算分析可知，影响夹芯砌块热阻的因素是砌块的规格尺寸、孔型、混凝土基材、夹芯材料厚度及导热性能等。主要取决于两部分：一是砌块的基材，另一个是夹芯保温材料的性能。从图1空心砌块的结构上看，在垂直热流方向壁和肋占砌块面积约为27%，保温材料占砌块面积为73%左右；若是按体积计算，夹芯保温材料占整个砌块体积的53.3%。虽然夹芯材料为绝热性能优良的聚苯乙烯板，其导热系数仅为0.042W/(m^2·K)，当其厚度为175mm时，自身热阻为4.17（m^2·K)/W，此时整个砌块的平均热阻却只有0.40（m^2·K)/W左右，满足节能要求。

（2）砌块砌体的传热特点是"热格栅"：对于夹芯砌块砌体的外围护墙，其热阻主要由砌筑砂浆、基材、中间保温材料和内、外表面换热阻5个部分组成，见图2。

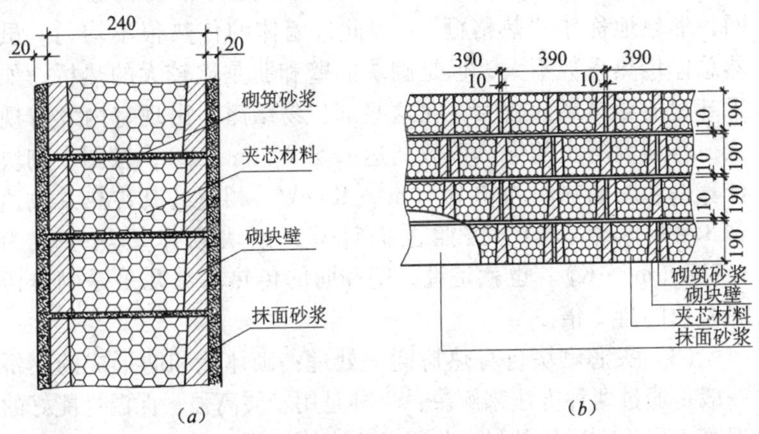

图2　砌块砌体传热计算示意

（a）砌体截面图；（b）砌体剖位图

其中内、外表面换热阻取决于墙体内外的热环境，一般不会变化过大，因设计中考虑了各种状态下的取值要求。因此，砌体中可变的有三个部分，即砌筑砂浆、砌块基材和砌块中间的保温材料。根据图2可以计算出三个部分所占比例，结果见表2。

砌块砌体面积构成比例　　表2

项目名称	各部分面积		各项目材料导热系数［W/(m·K)］
	具体数值（m^2）	比例（%）	
砂浆缝 F_s	0.0709	7.1	0.93
壁、肋 F_p	0.2522	25.2	1.51
聚苯乙烯板 F_e	0.6769	67.7	0.042

表2中第3种保温材料热阻最大，灰缝次后，最小的是砌块壁和肋。在垂直于热流方向的墙体中，夹芯保温材料只占总面积的67.7%左右，而热桥达到32.3%，这是按图1砌块尺寸计算的理论结果。而在实际上因加工制作工艺因素，夹芯保温材料不可能完全无缝填充在孔洞中，因此真正面积还是要小于此值的。

当室内温度高于室外温度时，热从室内向室外散失去，虽然墙体中有热阻较大的保温材料，但砌块的壁和肋、砌筑灰缝的热阻却很小，成为传热最快的通道。这种结构就像一个筛网，形象地称作"热格栅"。因此，墙体的传热很不均匀。虽然总体传热系数不大，但是砌块的壁和肋是比较大的热桥，如果基材的导热系数较大，在这些部位易结露，出现室内发霉现象。普通混凝土的导热系数高达1.50W/(m·K)，按图中砌块计算壁和肋的热阻为0.16（m^2·K)/W，相应的其传热系数达到3.2W/(m^2·K)。按照上面计算，砌块砌体传热系数为1.7W/(m^2·K)。也就是说，壁和肋的传热系数几乎是砌体传热系数的近2倍。

（3）夹芯砌块自身热桥问题处理：砌体壁和肋形成的热桥一般是通过两种方法来解决：一种是用轻质高强、保温性能好的混凝土作为砌块的基材，如果条件允许，用轻质陶粒混凝土做基材。填充墙用陶粒混凝土砌块导热系数只有0.25W/(m^2·K)，承重墙用陶粒混凝土砌块基材导热系数为0.50W/(m^2·K）左右。而另一种是通过改变砌块形状，使砌筑后在墙的截面上任何部位都有夹芯保温材料，这样可以更加有效地处理砌体壁和肋产生的热桥问题。对于砌筑砂浆，灰缝热桥可采用导热系数小的砂浆砌筑，如陶砂、膨胀珍珠岩等来配制保温砂浆。在节能标准要求高的建筑墙体，砌块及砂浆可同时使用，如现在一些地方生产的夹芯保温材料贯穿整个砌块的复合砌块、Z 形复合砌块等，见图 3 和图 4。

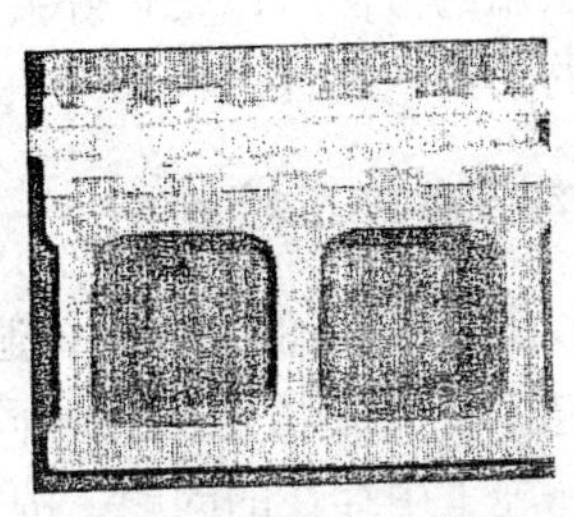
图 3　断热桥夹芯砌块

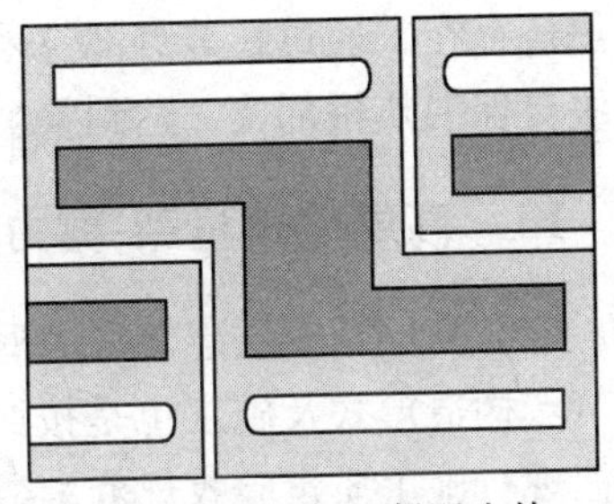
图 4　Z 形混凝土保温砌块

按照上述计算方法求出图 3 砌块（390mm × 240mm × 190mm）的热阻为 1.926 ($m^2 \cdot K$)/W。在垂直热流方向阻隔热流的聚苯乙烯板面积可达 100%。按照体积计算，聚苯乙烯板只占砌块体积的 24.2%，聚苯乙烯板自身的热阻为 1.786 ($m^2 \cdot K$)/W，占砌块热阻的 92.7%，可以认为砌块的热阻主要是由聚苯乙烯板提供的。从图 1 知道，砌块热阻为 0.40 ($m^2 \cdot K$)/W，同样的材料因砌块孔型和夹芯材料的布置方式不同，得到的热阻相差数倍。

（4）夹芯砌块围护结构热桥复合处理：传统工艺生产的夹芯砌块砌筑的自保温墙体，从传热设计的方面考虑缺陷是墙体热桥问题。热桥的产生除了上述分析的灰缝及壁肋外，砌体中梁柱板节点也是薄弱部位。由于梁板柱都是混凝土结构材料，其导热系数高达 1.74W/($m \cdot K$)。因此，梁板柱节点是建筑上使用夹芯砌块的难点，采用的做法是用夹芯砌块砌筑外墙，然后在梁板柱外侧部位用聚苯板或聚氨酯保温。处理好外保温部分和砌块交接处的防裂，用这种复合保温方式能有效解决热桥存在，使整个外围护结构无热桥存在部位，达到传热均匀的墙体，满足建筑节能设计标准要求。

综上所述可知，墙体自保温用夹芯砌块设计要从基材选择、块型、孔洞布置方面综合考虑，在传统混凝土夹芯砌块中用人工插入保温材料效果并不好；夹芯砌块的热阻主要是由基材和保温材料决定的，要充分利用保温材料阻隔热流，消除砌块壁和肋部位产生的热桥。用夹芯砌块砌筑的墙体最大的问题是梁板柱节点的热桥存在，通过在节点部位采用外保温的方法可以处理好夹芯砌块自保温热桥部位，达到整个墙体的均衡一致性。

13 高层建筑框架-剪力墙结构节点施工控制

现在高层及多层建筑采用框架-剪力墙的结构形式比较普遍，其节点构造形式及施工也是按照图纸进行，控制方法大致相同。根据现行施工质量验收规范，结合实际施工中存在的问题，按照规范要求提出改进措施，达到设计和施工更加规范，使框架-剪力墙结构安全、可靠。

1. 主次梁相交处次梁钢筋保护层控制

（1）现在节点处习惯做法：梁的截面尺寸及标高不变，为了能够保证次梁顶钢筋保护层厚度，增加主次梁相交处混凝土的板厚度，造成局部标高超高，使板面不平整；同时，由于截面高度变化，易产生应力集中，而且因楼面局部高出，给地面装饰施工带来一定难度。尤其是混凝土原浆收光情况时，表面薄层处理不能与下部结合为一体。

缩小主次梁钢筋骨架截面尺寸，一般是缩小一个次梁上层纵筋尺寸，用以满足次梁顶部纵筋的保护层需求。这样做虽然可以确保次梁上钢筋的保护层厚度，又可以使楼板面平整，但使主梁结构负弯矩设计的有效高度减小，梁抵抗负弯矩的承载力降低，易使梁根部产生弯矩裂缝。

（2）应采取的正确处理方法：在主梁底模支设时将梁底设计标高降低一个次梁顶部纵筋直径，这样处理增加了主梁的高度 h_0，$h_0=h_{01}+d$（d 次梁顶部纵筋直径），又保证了设计计算图形的合力中轴位置不变，同时也满足次梁顶部纵筋保护层厚度，施工方便，经济安全。

当多个斜梁相交时，这时主梁底模标高降低 2～3 个次梁顶部纵筋直径，可能会出现主梁顶部钢筋保护层大于 50mm 的现象，存在防止抗裂缝的具体要求，虽然现浇板的负弯矩筋的分布筋从梁顶穿越有利于抗裂，但是毕竟垂直于主梁，因此沿梁纵向仍需要增加一些抗裂筋，尤其是在梁端部负弯矩区域，一般增加不少于 3ϕ12 筋，伸入柱或与原钢筋搭接长度不少于 400mm。

2. 剪力墙外侧水平筋在柱节点锚固控制

（1）在节点处锚固习惯做法：正常结构设计时为强调外立面的协调统一，往往采用剪力墙与柱外平齐处理，使节点施工时的锚固无依据，通常有以下几种做法：①将剪力墙水平筋绑扎在约束柱纵筋外侧；②将剪力墙水平筋在端部按 1∶6 的坡度打弯后，穿入约束柱内侧锚固；③剪力墙水平筋不打弯，直接穿入约束柱主筋内侧进行锚固等方法。

（2）应采取的正确处理方法：①应将剪力墙水平筋从柱主筋外侧贯通支座后，再将水平筋与柱箍筋单面可靠搭接焊，焊接长度不小于 10d，这样搭接的锚固方法更加可靠，也不会削弱剪力墙端部的抗剪能力；②剪力墙水平筋打弯后穿入约束柱筋内侧进行锚固，但在截面变化处附加水平筋抗裂，应加 ϕ8@150 筋即可；③伸入柱筋外侧进行锚固，长度及原水平筋的搭接长度都要符合规范要求。

3. 柱节点核心区箍筋的控制

（1）节点核心区箍筋习惯做法：由于梁柱节点处钢筋布置极其密集，箍筋无法到位和绑扎，只有减少或者不放箍筋才能安置到位，给节点核心区无箍筋留下质量隐患，这种现象在立模后绑扎梁钢筋再整体就位的施工中尤其严重。但发生后也可以采取补救处理，通常是采用从对面两侧加开口箍筋的做法，但开口箍筋的数量减少也不易绑扎到位，更不符合必须封闭箍筋的要求。

施工人员在这样先支模再整体就位难以绑扎节点区箍筋中，便采取先支梁底模后绑扎梁钢筋再支立梁侧模及平板模的方法，这样处理虽然可以保证节点核心区箍筋的布置，但也存在弊端：一是先支立梁底模再绑扎钢筋时，施工人员操作不便也不安全；另一点是交叉作业多，木工人员支好梁底模后，等待梁钢筋绑扎完后再安装梁侧模及平板模，给工序安排增加难度，产生窝工现象。另外，是先立梁底模板各独立梁之间连接少，安全性差，存在安全隐患。同时，节点区没有按抗震设防要求加密筋。

（2）应采取的正确处理方法：要根据现行的国家标准《混凝土结构设计规范》GB 50010—2002 第 10.4.6 条规定，对四边均有梁与之相连的中间节点，由于周围约束较大，为简化箍筋配置，节点内可只配置沿周边的封闭矩形箍筋，中间的小箍筋或拉结筋可以不放置。但是对于非中间节点及顶层端节点，仍然按规范及设计要求配置复合箍筋。

如果仍旧采取先支梁板模后绑扎梁钢筋，绑扎梁筋后整体下沉的施工方法，但箍筋的绑扎方法是先用 3ϕ12 短钢筋作纵筋，将节点区箍筋按间距要求与纵向筋点焊成钢筋骨架，套入柱纵筋上并架设在模板上，然后再穿梁筋进行绑扎，绑扎好后梁钢筋整体与节点区箍筋骨架一体下放至模底，这样就可以保证节点区箍筋数量不减少。为了避免发生箍筋骨架纵筋与柱主筋碰撞现象，要根据实际柱筋的位置确定短筋位置，一般离开箍筋角部 50mm 处，如图 1 所示。

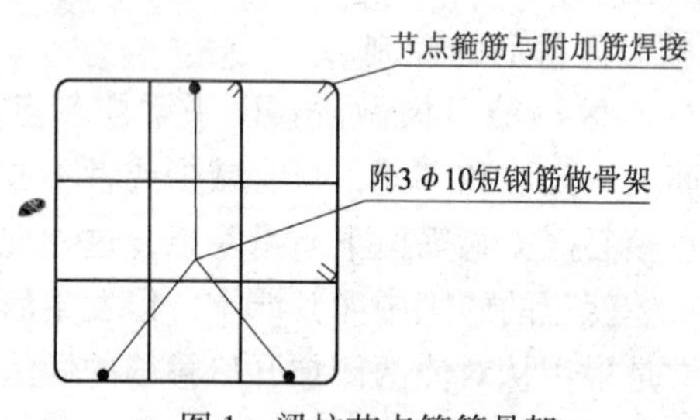

图 1　梁柱节点箍筋骨架

4. 强度不同梁柱节点的控制

在钢筋混凝土结构的设计中一般采取强柱弱梁的习惯做法，

柱的混凝土强度多数高于梁的混凝±1～2个强度等级，而且伴随着建筑物高度的增加，强度差异也会越大。这是考虑到高度的增加，柱的承载力加大，因而使柱的混凝土强度要求更高，有时超过梁板10MPa以上，节点处高出2～3个混凝土强度等级情况较多，给现场浇筑混凝土带来一定困难。

（1）常见的错误处理：①节点区混凝土强度等级不同的错误浇筑，不管级差及节点约束，均浇筑与柱强度等级相同的混凝土；②不论级差多大，均浇筑与梁板强度等级相同的混凝土；③浇筑节点区混凝土时，节点区范围不确定，分界不合理，区域随意性大。有的距柱边100mm，也有距500mm的，还有的是梁高h或负弯矩筋的端头；分界面有垂直梁轴的，也有与梁轴线成45°角的，情况各异。

（2）应采取的正确做法是：当柱、梁混凝土强度之差小于5MPa时，不论是边节点还是中节点，由于梁对于节点处的约束作用及梁筋纵横穿过节点区箍筋加密等作用，完全可以实现强节点原则。为了方便施工，可以将节点与梁板一块浇筑，用梁板混凝土即可。

对于柱、梁混凝土强度之差为10MPa及更高时，节点应采用与柱强度等级相同的混凝土浇筑，具体的浇筑工艺控制为：先将快速收口网绑扎在距柱边500mm或梁高之处，浇筑节点混凝土因用量少可以用塔吊施工，而不用泵送，这样可用小坍落度混凝土施工，节点处混凝土略微高出楼面，暂不振捣；接着浇筑梁、板混凝土，先浇筑分界部位，基本到达标高后先振捣节点已浇混凝土，然后再振捣梁、板混凝土，这样施工既可以防止节点区混凝土流入到梁内，又可以防止梁、板区低强度混凝土流入节点区。当然，振捣应在混凝土初凝前完成，并且两边的浇筑时间在2h之内，防止出现冷缝，如图2所示。

5. 主次梁相交处主梁箍筋及吊筋的控制

（1）常见的错误处理：①主次梁相交节点处主梁漏放箍筋；②主梁上次梁两侧附加箍筋仅按图4、图3示意数量放置，附加箍筋数量不够；③当使用吊筋抗剪时，吊筋绑扎位置不准，不在次梁的正下方；④次梁绑扎不正、歪斜，角度不对；⑤挤占梁纵筋位置，使纵筋净距达不到要求。

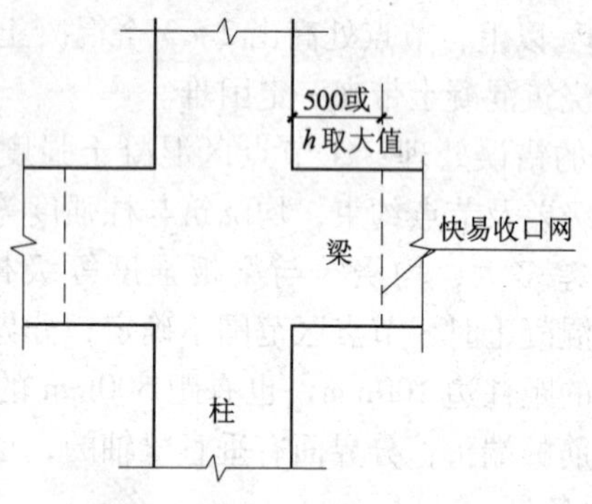

图2　梁柱节点混凝土浇筑面

（2）应采取的正确做法是：当主梁上次梁处箍筋要按正常箍筋的间距布置，然后两侧附加箍筋应在次梁对主梁影响区段内按计算确定。影响区段 $s=2h_1$（h_1 为主次梁高低差）$+3b$（b 为次梁宽度），附加箍筋总面积 $A_{sv}\geqslant F/f_y$（F 为次梁传给主梁的集中荷载，f_y 为箍筋抗拉强度设计值），箍筋的布放从次梁边50mm 开始，在影响区段 s 范围内全部均匀布置。

当采用吊筋设置时，应充分考虑主梁纵向钢筋位置，不要任意占据空间，只要上锚固段及水平抗弯段符合受力要求即可，也可考虑放到第二排或第三排钢筋位置，以确保梁筋的净距要求和吊筋的位置及角度正确。当主次梁高低差较小时，应优先采取附加箍筋抗剪。

6. 框架顶层端节点的钢筋锚固质量控制

（1）常见的施工错误处理：框架顶层端节点区钢筋锚固仍按中间层节点锚固，达不到规范要求的锚固规定。

（2）应采取的正确做法是：要采取梁内搭接的形式，但搭接长度应符合现行规范 GB 50010—2002 第 10.4.4 条规定的 $1.5l_a$ 的要求，见图3。

采用柱内搭接形式时，可预先埋放竖直长度为 $1.7l_a$ 的 L 形梁锚固钢筋，然后浇筑柱混凝土，施工缝仍留在梁底部，再支模绑扎梁钢筋，就位后将梁绑筋与预埋锚固筋进行搭接焊，搭接长度应符合钢筋焊接搭接的相关要求，这样既满足锚固要求又方便施工，见图 4。

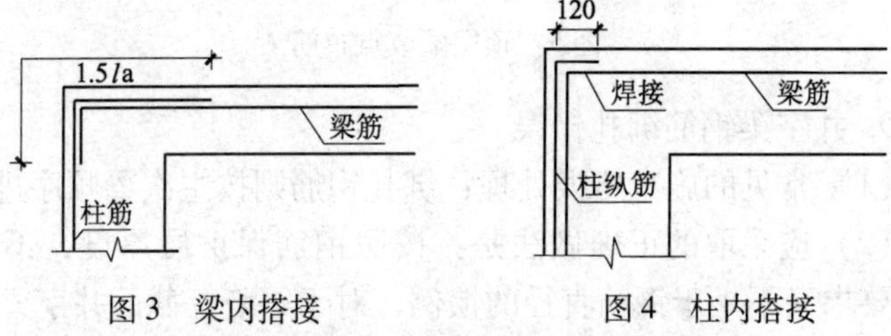

图 3　梁内搭接　　图 4　柱内搭接

7. 框架梁与框架柱平齐时梁筋保护层质量控制

（1）常见施工质量问题：①常会出现柱筋移位或是柱筋过密，为了便于施工，有的梁筋从柱筋外围穿过，不符合结构中梁筋应锚固柱中的要求；② 梁筋弯折后从柱筋内侧穿过，但因梁筋位置不正，使箍筋无法到位，影响到梁的受力性能和增加梁角裂缝的产生机率。

（2）应采取的正确做法：①为保护柱筋位置准确，梁纵筋到柱位置时应沿水平方向稍微弯折从柱筋内侧穿过，达到锚固要求；②梁纵筋移位后留下的空位置，在箍筋的上下角部位附加 $2\phi12$ 筋，与原钢筋搭接。当有腰筋时，在腰筋位置也相应加设 $2\phi12$ 筋。

8. 顶层端节点钢筋弯弧及保护层质量控制

（1）常见的施工错误处理：对顶层端节点钢筋仍采用习惯的钢筋弯曲直径，即 $d \leqslant 25$mm 时为 $4d$，$d \geqslant 25$mm 时为 $6d$。

（2）应采取的正确做法是：顶层框架端节点的钢筋应按普通钢筋的弯弧增加 $2d$，即 $d \leqslant 25$mm 时为 $6d$，$d \geqslant 25$mm 时为 $8d$。一般情况下，柱顶角部保护层厚度会超过 40mm，因此应采取抗裂措施防止开裂，见图 5。

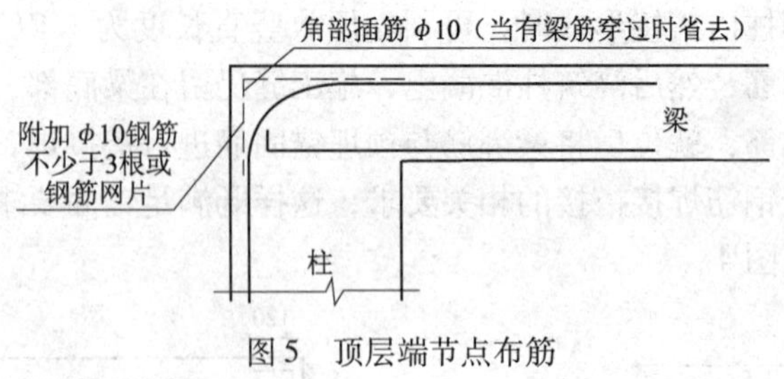

图 5　顶层端节点布筋

9. 井字梁钢筋绑扎错误

（1）常见的施工错误处理：绑扎钢筋则按主次梁顺序进行。

（2）应采取的正确做法是：按照钢筋保护层厚度，不小于设计要求又不小于钢筋直径的惯例，对于等跨等截面井字梁，宜将较粗纵向筋居内，而另一方向较细的梁纵筋置外，逐排穿插，使纵横梁钢筋的有效截面高度接近，内力矩相近，纵向钢筋排距也能得到控制。

如纵横梁纵向受力钢筋直径相同，则排数多的居外侧。在尽量保证两个方向梁下部分纵筋的几何中心至梁顶的距离，保持一致的条件下进行调整。若保持一致有难度时，则优先保证梁跨少的有效截面高度或短向梁的有效高度，以及位于中部梁的有效截面高度相对取大值，即短向纵向受力筋应设置在长向纵向受力筋外侧。

设在内柱的井式梁板，一般情况下沿柱网双向布置主梁，再在主梁网格内布置井式次梁，这时井式次梁钢筋就在井式次梁上部。

三、钢筋混凝土工程

（一）混凝土配合比及其控制方法

1　优化大体积混凝土配合比设计的方法

大体积混凝土因水泥用量多，其水化热产生的裂缝主要有两种形式：一种是表面裂缝。在水泥水化初期由于混凝土表面和内部的散热环境及条件不同，形成表低内高的温差，使混凝土表面产生拉应力，结构内部产生压应力。当混凝土表面产生的拉应力超过混凝土此时的抗拉强度时，大体积混凝土表面就会产生裂缝。这种裂缝的特点是：裂缝比较分散，裂缝的宽度和深度都较小，出现在混凝土的表面层。而另一种裂缝是贯穿性裂缝。当大体积混凝土的水化热基本上释放完毕时，大体积混凝土开始逐渐降温，在大体积混凝土的降温阶段，由于混凝土的收缩受到地基、模板或结构其他部分的外部约束，大体积混凝土就会产生很大的温度变形和温度应力，从而会导致贯穿性裂缝的出现。这种贯穿性裂缝会破坏结构的整体性、刚度和防水性，直接影响到工程的安全耐久性。

大体积混凝土裂缝产生的重要根源是：温差与约束。在保证大体积混凝土质量的前提下，最大限度地减少水化热，是解决大体积混凝土裂缝的有效措施。多年来人们想出了许多办法，如在拌合混凝土时加入冰块，降低混凝土出机温度，在混凝土浇筑过程中对工艺工序进行改革，加入蛇形管内通进冰水，从而降低水泥的水化热，减少裂缝的产生。有的施工项目为减少大体积混凝土的开裂，在施工过程中增设预应力装置。当大体积混凝土强度达到一定值时，对大体积混凝土施加预应力，从而提高混凝土的抗裂性。这些措施在一定程度上减少了大体积混凝土的裂缝产生，但却大大提高了工程建设的造价。现在提倡节约型社会，在大体积混凝土配合比设计时，必须综合考虑技术和经济方面的因素，在满足使用功能和技术要求同时，对其配合比进行优化设计，使大体积混凝土的成本降低，这是一个现实性的问题。从降低大体积混凝土的成本考虑，对大体积混凝土的配合比优化设计进行分析探讨。

1. 传统裂缝控制方法经济性

1.1 大体积混凝土中加冰块的分析

引起大体积混凝土开裂的关键因素是内外温度梯度。而温度梯度差与浇筑入模温度 T_p 及水泥水化温度 T_r 有关，后来由于冷却至环境常温 T_f 有关，可用下列等式表示：$\Delta T = T_p + T_r - T_f$。现在在大体积混凝土中为减少 ΔT 一般采取降低混凝土的浇筑温度，这种方法用在水工大体积混凝土中是有效的。据介绍，目前国内在大体积混凝土中加冰率为 50% 时，能降低浇筑温度约 5.7℃，可减少温度应力为 0.3 ~ 0.45MPa，加冰率 75% 时能降低温度约 8.5℃。加冰降低温度是有限度的。

以某大体积混凝土为例：混凝土设计强度等级为 C20，坍落度 80mm，单位混凝土材料用量：P. O 32.5 级矿渣水泥 295kg，中砂 707kg，5 ~ 40mm 石子 1203kg，水 195kg，$W/C = 0.66$。水占每立方米混凝土重量比为 195/295 + 707 + 1203 + 195 = 8.125%。从市场可知，每 50kg 为 10 元，在炎热季节每 50kg 为 20 元左右，即 1t 冰块在 200 ~ 400 元之间，平均 1t 按 300 元计，1m³C20 混凝土约加入 100kg 冰块，费用提高 30 元。以一个基础 100m × 80m × 4m = 3.2 万 m³ 计，则冰块费达 96 万元，降低温度仅 5.7℃，降低 1℃费用达 20 多万元。从分析可知，加冰块代价太高，而民用建筑混凝土特点是超长、超宽，厚度不大，而不同于超长超厚的水工混凝土结构，控制水化热相对容易，因此民用建筑的大体积混凝土不效仿水工混凝土加冰块；否则，会带来巨大浪费。

1.2　预埋冷却水管的分析

在大体积混凝土施工中，为了预控制混凝土内部升温过高，降低温差，有些工程采取预埋冷却水管，内通冰水循环来降温。多数埋设水管为钢管，直径25mm，壁厚1.8mm。现在也有用聚乙烯管的，直径32mm，壁厚2mm。为了达到冷却效果，许多把水管以梅花形布置冷却效果好，且水平垂直间距为2m左右。为方便施工，冷却水管通常敷设在一个浇筑层面上。以上述某基础100m×80m×4m工程为例，根据施工方案浇筑层分两次，每次厚度2m。敷设冷水管后每立方米混凝土含钢量为0.4~0.5kg，本大体积混凝土为3.2万m^3，则含钢量按高为16t，钢管4000元/t，其费用为6.4万元，安装及其他费用也不少。所以，加放蛇形管在混凝土中，可充当钢筋功能，对提高混凝土的抗裂性是有好处的。工业建筑尚可，但民用建筑大体积混凝土厚度偏小，使用冷却水管一方面会提高费用，同时也影响进度。因此，在使用时要慎重选择降温措施。

2. 大体积混凝土影响费用的因素

对大体积混凝土配合比进行选择时，在满足使用功能和技术要求前提下，最大限度减少水泥用量，是降低大体积混凝土绝热升温的关键。在大体积混凝土配合比组成材料中，水泥的价格比其他所有材料高，因此控制费用要从降低水泥入手。

在正常情况下，对大体积混凝土配合比优化设计重点考虑的是混凝土的抗裂性能。为了达到不使混凝土开裂，技术人员想出了许多措施：如在拌合混凝土时加入冰块，降低混凝土出机温度，在混凝土浇筑过程中对工艺工序进行改革，加入蛇形管内通进冰水，采用预应力等措施，这些对解决大体积混凝土裂缝取到了一些效果，但付出的成本过高。对于民用大体积混凝土配合比，可采取优化的思路进行：在保证混凝土强度、刚度及耐久性质量的前提下，实现最经济的配合比。

2.1　水泥胶凝材料的影响

大体积混凝土水泥水化热是主要的热源，减少水化热是防止大体积混凝土开裂最经济、有效的办法。大体积混凝土水泥水化热引起的绝热升温的计算公式是：

$$T_{(t)} = m_c Q/cp(1 - e^{-t}) + m_f/50$$

式中　$T_{(t)}$——混凝土在浇筑时 t 时间后的绝热升温值，℃；

m_c——每立方米混凝土水泥用量，kg；

m_f——每立方米混凝土粉煤灰用量，kg；

Q——每千克水泥水化热，kJ/kg；

p——混凝土表观密度，一般为 2400kg/m^3；

c——混凝土的比热容，一般为(0.92~1.0)×10^{3}J/(kg·K)；

e——常数，为 2.71828；

t——龄期，d。

从上述公式看出，影响水化热的主要因素是水泥，选用水化热低的水泥或减少水泥用量是降低水化热的重要手段。对于民用建筑的大体积混凝土，由于大体积混凝土多数是用在基础承台或转换层，其强度等级一般不低于 C25。水化热低的水泥强度等级也低，无法保证大体积混凝土的强度要求，因此降低水泥用量，才是降低大体积混凝土水化热的重要措施。据资料介绍，将水泥用量降低 10kg，温度相应降低 1℃。在混合料中掺入粉煤灰代替相应水泥用量，可有效降低大体积混凝土的水化热。这是由于粉煤灰的放热量仅为水泥放热量的 5%~35%，粉煤灰还具有减水及降低水灰比作用，以及提高密实性，防止泌水功能，并可改善细骨料级配。粉煤灰价格仅是水泥的 1/3~1/4，通过掺入粉煤灰代替相应水泥用量，可有效降低大体积混凝土的水化热优化配合比。为了确保大体积混凝土强度必须满足：$M_{min} \leqslant (m_1 + m_2) \leqslant M_{max}$ 且 $K_{min} \leqslant m_3/(m_1 + m_2) \leqslant K_{max}$，式中：$m_1$、$m_2$、$m_3$ 分别为水泥，粉煤灰和水的质量；M_{min}、M_{max} 分别为胶结材料的上限和下限；K_{min}、K_{max} 分别为水灰比的上限和下限。

2.2　用水量和减水剂影响

对于大体积混凝土，用水量合适与否，会使水泥用量及工程费用有一定影响。大体积混凝土的用水量要根据水泥品种、骨料品质、粒径、施工需要坍落度综合考虑。在大体积混凝土配合比优化设计时，通过掺入缓凝型高效减水剂，通过减少水用量达到降低水泥用量，实现降低水化热。另外，由于缓凝延迟了释放水化热峰值的出现时间，推迟凝结硬化速度，防止大体积混凝土早期抗拉强度低产生开裂。掺入缓凝型高效减水剂，使混凝土降温成本降低，其掺量为水泥重量的0.8%～12%，价格约4元/kg，掺量少，不会提高费用。

为满足大体积混凝土施工和易性及泵送要求，用水量必须符合行业标准《普通混凝土配合比设计规程》JGJ 55—2000的要求，即 $M_{\mathrm{Wmin}} \leqslant m_2 \leqslant M_{\mathrm{Wmax}}$，在此范围内进行优化。式中，$m_2$ 为水的质量，M_{Wmin}、M_{Wmax} 分别为用水的上限和下限。

2.3　粗细骨料和砂率影响

（1）粗骨料选择。在保证大体积混凝土不开裂的前提下，优选有利于减少水泥重量的骨料，对降低成本有利。大体积混凝土由于混凝土体积大，现在施工全部是泵送。而泵输送管径一般为125.150mm，粗骨料可选用粒径5～40mm碎石。因碎石较卵石，更有利于大体积混凝土抗裂。工程应用实践表明：在对大体积混凝土优化设计时，选择5～40mm碎石比选择5～25mm卵石每立方米混凝土可减少用水量15kg左右，在相同水灰比情况下可减少水泥30多kg。经验告诉我们，选择相对粒径较大的粗骨料，可以减少用水和水泥用量，降低了水化热，更减少了大体积混凝土的费用。对粗骨料质量要严格选择，使之符合使用要求。

（2）细骨料选择。细骨料使用也必须利于减少水泥用量，选择颗粒光洁、含土率极少的中粗砂，砂子的细度模数在2.7～3.1，有利于降低水泥用量。根据施工经验可知，采用中粗砂比使用细砂，每立方米混凝土可减少用水量25kg左右，在相同水灰比情况下可减少水泥35kg，实现了减小水化热，又降低大体积混凝土费用的功能。

（3）砂率。砂率是混凝土中一个重要指标。砂率大小是由水胶比（W/C）、粗骨料种类和粒径确定。通过大体积混凝土配合比设计所要求的砂率最大、最小值进行试配，确定最优砂率。为满足大体积混凝土施工和易性及泵送要求，必须使砂率满足 $S_{min} \leqslant m_4/m_4 + m_5 \leqslant S_{max}$（式中 m_4、m_5 分别为砂、石子质量，S_{min}、S_{max}分别为最小、最大砂率）。另外，为满足大体积混凝土泵送要求，大体积混凝土坍落度一般都会在100mm以上。采取加大砂率的办法使大体积混凝土坍落度符合要求，对建筑工程C40的大体积混凝土砂率控制在35%～38%。一般是坍落度每增大20mm，砂率按1%左右幅度调整。

2.4　外加剂的影响

大体积混凝土配合比进行设计时，适当掺入一些高分子材料，能够使大体积混凝土材料变成具有一定强度、较高极限拉伸性能的抗裂韧性材料，使得大体积混凝土具有一定的韧性，能适应结构的温度变形需要。这样，大体积混凝土就不容易开裂，从而降低大体积混凝土的成本。在大体积混凝土配合比进行设计时，增加如乳化沥青效果也可以。乳化沥青的掺入可提高混凝土的极限拉伸性能，另外，乳化沥青中的水分能代替部分用水量，即减少了用水量，结果还是降低了水泥用量。

3. 优化大体积混凝土配合比设计

以某基础为例优化配合比设计，基础承台为100m×80m×1.5m的大体积混凝土，强度等级为C40，在满足使用功能、抗压强度、抗拉性能、耐久性和其他技术要求下进行。由于混凝土强度等级为C40，选择水泥为P.O.42.5级普通硅酸盐水泥为胶结料。为降低水泥用量、减少水化热和降低成本，采用当地生产的5～40mm碎石，中粗砂。

水泥、粉煤灰、砂子、石子表观密度取值为：$P_c = 3.1 \times 10^3 kg/m^3$，$P_t = 2.2 \times 10^3 kg/m^3$，$P_s = 2.65 \times 10^3 kg/m^3$，$P_g = 2.67 \times 10^3 kg/m^3$。

（1）确定基准配合比，由规范可知：$f_{cu,0} = f_{cu,k} + 1.645\sigma$

式中　$f_{cu,0}$——混凝土的施工配制强度，MPa；

$f_{cu,k}$——设计混凝土的强度标准值，MPa；

σ——施工单位混凝土强度标准差，MPa；本工程 $\sigma = 6$MPa。

所以　$f_{cu,0} = f_{cu,k} + 1.645\sigma = 40 + 1.645 \times 6 = 49.87$MPa

骨料为花岗石碎石，水灰比用经验公式求出：

$$W/C = 0.46 f_{ce}/f_{cu,0} + 0.0322 f_{ce} = 0.46 \times 1.1 \times 42.5/49.87 + 0.0322 \times 42.5 = 0.419$$

一般混凝土的水灰比在 0.40～0.70，水灰比过大则混凝土的收缩量也大，同时混凝土也容易开裂。水灰比过小，水泥浆过于干稠，操作困难。考虑到大体积混凝土的泵送需要，试验配合比定为 0.41。主要还是为了保证泵送，坍落度控制在 120mm 左右，根据坍落度每增大 20mm，砂率按 1% 左右幅度调整的实际，砂率按 35% 考虑，碎石粒径 5～40mm，利于抗裂。由于减少水泥用量，相应地成本也得到降低。

经过试配，混凝土用水量选定为：$m_{w0} = 178$kg，水灰比 $W/C = 0.41$，则水泥用量为：

$$M_{co} = m_{w0}/W/C = 178/0.41 = 434\text{kg}。$$

根据公式：

$$m_{c0} + m_{w0} + m_{s0} + m_{g0} = m_{cp}$$

$$\beta_s = m_{s0}/(m_{s0} + m_{g0})$$

$$m_{c0} = 434\text{kg};\quad m_{w0} = 178\text{kg}$$

式中　m_{cp}——每立方米混凝土拌合物的假定总用量，C40 以上混凝土取 2450kg/m^3；

β_s——砂率，为满足泵送，砂率取 35%；

m_{c0}、m_{w0}、m_{s0}、m_{g0}——分别为每立方米混凝土时水泥、水、砂子、石子用量，kg。

经过计算：

水泥 = 434kg；水 = 178kg；砂子 = 643kg；石子 = 1195kg。大体积混凝土的配合比为：$m_{c0} : m_{w0} : m_{s0} : m_{g0} = 434 : 178 : 643 : 1195$。

（2）对基准水灰比进一步优化。在大体积混凝土中，水泥的价格在所有材料中最贵。在保证混凝土质量的前提下，最大限度地降低水泥用量，是降低费用、防止混凝土开裂的重要措施。采取在混凝土中掺入粉煤灰，既降低水化热，又降低成本。普通水泥的收缩性比矿渣水泥小，为减少开裂及C40混凝土的要求，选择用普通水泥配制混凝土。大体积混凝土中粉煤灰用量可取代30%～40%的水泥，而粉煤灰掺量为15%时效果最好。

粉煤灰取代水泥大体积混凝土配合比优化：

① 粉煤灰取代水泥用量：434 × 15% = 65.1kg；65.1/2.2 = 29.59L

② 水泥实际用量：434 − 65.1 = 368.9kg；368.9/3.1 = 119L

③ 粉煤灰与水体积：368.9/3.1 + 65.1/2.2 + 178/1 = 326.59L

④ 砂石总体积：1000 − 326.59 − 10 = 663.41L

⑤ 砂子用量（砂率35%）：663.41 × 35% = 232.19L；232.19 × 2.65 = 615.3kg

⑥ 石子用量：663.41 − 232.19 = 431.22L；431.22 × 2.67 = 1151.35kg

⑦ 水的用量：由于水灰比保持不变，胶凝材料也不变，为：178kg，178L

由于粉煤灰取代水泥，大体积混凝土配合比优化后为：

$$m_{cf} : m_{f0} : m_{wf} : m_{sf} : m_{gf}$$
$$= 368.9 : 65.1 : 178 : 615.2 : 1151.35$$

（3）大体积混凝土配合比经过优化，在保证质量的前提下进行，粉煤灰代替部分水泥降低水化热，以降低费用为目的，实际降低比较明显，社会效益也好。

通过对大体积混凝土裂缝原因的分析，对传统大体积混凝土防止裂缝方法的经济性进行分析，采取降低水泥用量，在保证质量的前提下进行优化设计，确定各种材料的最佳用量，并计算出配合比。施工过程各环节严格控制，优化设计才能真正实现。

2　按规程进行混凝土配合比设计

混凝土配合比设计是混凝土材料科学和工程应用中最基本的方法，是实现混凝土性能的一个过程，更是保证混凝土质量必须要做的。合理的混凝土配合比设计不仅能满足结构设计和施工需求，而且也是降低工程成本的有效途径。因此，如何科学、准确及快捷地进行混凝土配合比设计是建筑工程技术人员必须面对的现实。传统的混凝土配合比设计是按照现行的行业规程《普通混凝土配合比设计规程》JGJ 55—2000，再结合其他外加剂和外掺合料应用规程，根据工程实际和使用经验在配合比中掺用。《普通混凝土配合比设计规程》虽然统一、规范了设计方法，并经过了多次修改，但对设计中配制的强度、砂率和用水量等重要参数的确定，仍然采用的是半定量或者查表选择法，没有准确的定量计算公式。因此，对设计的经验要求较高，使无经验初学者难以适应，无法实现全计算智能化设计。

现在许多设计应用是根据自己研究得出的数学模型，又重新建立混凝土配合比设计方法，并对基准混凝土和掺合料进行设计整合，以实现混凝土配合比设计的全计算。现在只能按照 JGJ 55—2000 的规定计算基准混凝土配合比，在此基础上依据其他掺合料应用技术规程，再计算掺合料混凝土配合比，其思路清晰、简单，容易被广大混凝土技术人员所接受。因此，完全按照现行规程《普通混凝土配合比设计规程》JGJ 55—2000 有关规定建立数学模型，通过严格的数学推导和多元非线性回归分析，得到配制的混凝土强度、砂率和用水量的准确定量计算公式，再与相关规程规定的公式组成联立方程，可实现传统混凝土配合比设计方法的全计算。

1. 数学模型计算公式的确定

从现行《普通混凝土配合比设计规程》JGJ 55—2000 规程中看出，混凝土配合比设计必须要先确定配制强度、水灰比、用水量、砂率等关键参数，其中只有 *W/C* 有准确的计算公式。配制强度虽然有明确的计算公式规定，但对于大于符号的取值范围缺乏准确的定量，而砂率和用水量则基本需要凭经验查表选择，无法实现混凝土配合比设计的全计算。因此，配制的强度、砂率和用水量，都需要重新建立准确的计算公式。

（1）配制强度计算公式确定：

根据《普通混凝土配合比设计规程》第 3.0.1 条规定，混凝土配合比强度应按式（1）计算：

$$f_{cu,0} \geqslant f_{cu,k} + 1.645\sigma \tag{1}$$

式中 $f_{cu,0}$——混凝土配制强度，MPa；

$f_{cu,k}$——混凝土立方体抗压强度标准值，MPa；

σ——混凝土强度标准差，MPa。

按照《普通混凝土配合比设计规程》规定由统计资料计算确定或是《混凝土结构工程施工及验收规范》GB 50204—2002 的规定选取。标准差 σ 当混凝土低于 C20 为 4.0；C20 ~ C35 为 5.0；大于 C35 为 6.0。同时，规程第 3.0.2 条还规定，遇到下列情况时应提高混凝土配制强度：

①现场条件与试验室条件有显著差异时；②C30 级及以上强度等级的混凝土，采用非统计方法评定时。

在现实工程中非统计方法评定情况比较多，即使采用统计方法评定，因同一验收批混凝土立方体抗压强度试件组数的不同，其合格界限也不相同。但是实际混凝土配合比设计时和其他设计新方法及一些文献资料介绍中，多数习惯于简单地使用式（1）中等于符号确定混凝土配制强度，而忽略了规程中第 3.0.2 条还规定的配制计算强度公式中大于符号的配制强度条件，从而造成配制强度可能偏低，容易使混凝土强度评定为不合格，最常见的是实际最小值不满足评定要求。

结合《普通混凝土配合比设计规程》第 3.0.1 条和第 3.0.2 条规定可理解为，只有采取统计方法评定时，才能使用式（1）中等于符号确定混凝土配制强度，此时能够保证 $f_{cu,k}$ 的强度保证率达到 95%，即 1.645 为保证率达到 95% 时的概率。同时，也能够保证混凝土实际最小值可以满足统计方法评定的要求。统计方法评定允许的强度最小值，是依据现在仍然使用的国标《混凝土强度检验评定标准》GBJ 107—87 的相关规定为 $0.85f_{cu,k}$。对于 C30 混凝土，当 σ 为 5MPa 时，可以算出此时 $0.85f_{cu,k}$ 的强度保证率高达 99.5%。依此可以将式（1）做如下变形推导：

$$f_{cu,0}=f_{cu,k}+1.645\sigma=f_{cu,min}+t\sigma=0.85f_{cu,k}+t\sigma \qquad (2)$$

式中 $f_{cu,min}$——同一验收批混凝土立方体抗压强度的标准允许最小值，MPa；按 GBJ 107—87 的有关规定选取见表 1；

t——同一验收批立方体抗压强度允许最小值基本可以满足评定要求时的概率度。

同一验收批混凝土立方体抗压强度的标准允许最小值 $f_{cu,min}$ 表 1

预计试件组数	1	2 ~ 9	10 ~ 14	≥15
标准允许最小值	$1.15f_{cu,k}$	$0.95f_{cu,k}$	$0.90f_{cu,k}$	$0.85f_{cu,k}$

由式（2）推导出： $$t=1.645+0.15f_{cu,k}/\sigma \qquad (3)$$

将式（2）和式（3）解联立方程，可以得到混凝土配制强度计算公式：

$$f_{cu,0}=f_{cu,min}+(1.645+0.15f_{cu,k}/\sigma)\sigma \qquad (4)$$

式（4）确立了混凝土配制强度与满足强度要求之间的关系，更加实用、合理，最大限度地避免了混凝土强度为不合格情况的出现。

（2）用水量计算确定：对于 W/C 在 0.4 ~ 0.8 范围内单位混凝土用水量的确定，普通混凝土配合比设计规程给出的选值见表 2。

从表 2 的数值由试验获取的，在使用了几十年可知，基本上还是适用的。分析这些数据可知，变量之间的关系是非线性的。表中只是给出某一范围，根据使用条件选择。如果数值不在范围之内用内插法取值，这样会出现误差。为了方便准确计算，就需要多元非线性回归分析程序，建立用水量、坍落度和粗骨料粒径之间的回归方程。

塑性混凝土的用水量（kg/m^3）　　表2

坍落度（mm）	卵石最大粒径（mm）				碎石最大粒径（mm）			
	10	20	31.5	40	16	20	31.5	40
10~20	190	170	160	150	200	185	175	165
35~50	200	180	170	160	210	195	185	175
55~70	210	190	180	170	220	205	195	185
75~90	215	195	185	175	230	215	205	195

将表中用水量作为可变量，混凝土坍落度和粗骨料粒径作为自变量，根据粗、中、细砂和卵石、碎石的不同情况，对表中数值进行插值处理，采用多元非线性幂函数方程，建立混凝土用水量计算数学模型：

$$m_{w0} = a_1 Tb_1 Gc_1 \tag{5}$$

式中　m_{w0}——未掺外加剂时混凝土中的用水量，kg/m^3；

T——混凝土坍落度，mm；

G——粗骨料最大粒径，mm；

a_1、b_1、c_1——混凝土用水量回归系数。

利用Excel软件运行多元非线性回归分析程序，可以得出混凝土用水量回归系数，见表3。

混凝土用水量回归系数表　　表3

砂石类型		回归系数 a_1	b_1	c_1	全相关系数 r
粗砂	卵石	163.829	0.136	−0.159	0.994
	碎石	192.119	0.144	−0.185	0.984
中砂	卵石	171469	0.130	−0.152	0.884
	碎石	199.688	0.138	−0.178	0.984
细砂	卵石	179.097	0.125	−0.146	0.995
	碎石	207.251	0.133	−0.172	0.984

表3中全相关系数大于0.98充分表明，用水量与坍落度和粗骨料粒径之间有着高度非线性相关关系，求得的回归方程是有效的。利用式（5）即可准确计算出粗、中、细砂和卵石、碎石及任意大小混凝土坍落度和粗骨料最大粒径时的用水量。根据《普通混凝土配合比设计规程》第4.0.1条有关规定的计算方法相比较，结果表明式（5）同样适用于流动性大的混凝土用水量计算。因而对掺外加剂时的混凝土用水量计算公式调整为：

$$m_{wa} = a_1 Tb_1 Gc_1 (1-\beta) \tag{6}$$

式中 m_{wa}——掺外加剂时每立方米混凝土中的用水量，kg/m^3；

β——外加剂减水率，%；通过试验确定，或者按外加剂使用说明书使用。

由于现代混凝土坍落度大小主要是由外加剂来调节，所以式（6）也适用于 W/C 小于0.40的混凝土用水量计算。对于干硬性混凝土用水量与维勃稠度和粗骨料粒径之间的回归方程，暂不探讨。

（3）砂率的确定：对于坍落度在10～60mm混凝土的砂率，《普通混凝土配合比设计规程》中给出了选择的数值，见表4。

配合比设计规程给出砂率数值　　　表4

W/C	卵石最大粒径（mm）			碎石最大粒径（mm）		
	10	20	40	16	20	40
0.40	26～32	25～31	24～30	30～35	29～34	27～32
0.50	30～35	29～34	28～33	33～38	32～37	30～35
0.60	33～38	32～37	31～36	36～41	35～40	33～38
0.70	36～41	35～40	34～39	39～44	38～43	36～41

采用与建立混凝土用水量计算数学模型相同的方法，将表4中的砂率作为可变量，混凝土 W/C 和粗骨料粒径作为自变量，同样根据粗、中、细砂和卵石、碎石的不同情况，对表中的数据进行插值处理，建立混凝土砂率计算数学模型：

$$\beta_s = a_2 (W/C) b_2 Gc_2 \tag{7}$$

式中　β_s——混凝土砂率,%；

W/C——混凝土水灰比；

a_2、b_2、c_2——混凝土砂率回归系数。

同样得出混凝土砂率回归系数，见表5。

混凝土砂率回归系数　　**表5**

砂石料种类		回归系数			全相关系数 r
		a_2	b_2	c_2	
粗砂	卵石	52.947	0.455	−0.041	0.999
	碎石	64.479	0.423	−0.085	0.998
中砂	卵石	51.502	0.520	−0.044	0.999
	碎石	62.539	0.453	−0.091	0.998
细砂	卵石	50.232	0.598	−0.048	0.999
	碎石	60.706	0.488	−0.098	0.998

利用式（7）即可准确计算出粗、中、细砂和卵石、碎石及任意大小混凝土 W/C 和粗骨料最大粒径情况下的混凝土砂率。对于流动性和大流动性混凝土的砂率计算，《普通混凝土配合比设计规程》第4.0.2条有关规定，可以调整为：

$$\beta_s = a_2(W/C)b_2Gc_2 + (T-60)/20 \tag{8}$$

从上述推导中看出，混凝土配制强度、用水量和砂率的数学模型及计算公式建立，完全是按照《普通混凝土配合比设计规程》中有关规定而推导计算的。将上面推导的计算公式（4）~式（8）与相关规程规定的其他公式组成联立方程，可以准确计算出单位混凝土中各组分用量和比例，使规程规定的混凝土配合比设计方法实现计算。

2. 规程的全计算方法、步骤

以集中搅拌站常用的泵送混凝土的配合比设计为例，简略介绍规程全计算法方法、步骤：

（1）混凝土配制强度：$f_{cu,0} = f_{cu,min} + (1.645 + 0.15f_{cu,k}/\sigma)\sigma$

（2）混凝土 W/C：$W/C = \alpha_a f_{ce}/(f_{cu,0} + \alpha_a\alpha_b f_{ce})$

式中　α_a、α_b——回归系数，α_a：碎石 0.46，卵石 0.48；α_b：碎石 0.07，卵石 0.33；

f_{ce}——水泥 28d 抗压强度，MPa；根据前期强度统计结果，按下式计算确定：

$$f_{ce}=\mathrm{m}f_{ce}-1.645\sigma_{ce}$$

$\mathrm{m}f_{ce}$——水泥 28d 抗压强度平均值，MPa；

σ_{ce}——水泥 28d 抗压强度标准差，MPa。

（3）掺外加剂时每立方米混凝土中用水量：$m_{wa}=a_1Tb_1G_{c_1}(1-\beta)$；

（4）每立方米混凝土基准混凝土中水泥用量：$m_{c0}=m_{wa}/(W/C)$

（5）基准混凝土中砂率；$\beta_s=a_2(W/C)^{b1}G^{c1}+(T-60)/20$

（6）每立方米混凝土基准混凝土中粗、细骨料用量：

1）体积法：

$$m_{c0}/P_c+m_{g0}/P_g+m_{s0}/P_s+m_{wa}/P_w+0.01a=1$$

$$\beta_s=m_{s0}/(m_{g0}+m_{s0})\times100\%$$

式中　m_{c0}——单位体积基准混凝土中水泥用量，kg/m^3；

P_c——水泥密度，kg/m^3；

m_{g0}——单位体积基准混凝土中粗骨料用量，kg/m^3；

P_g——粗骨料表观密度，kg/m^3；

m_{s0}——单位体积基准混凝土中细骨料用量，kg/m^3；

P_s——细骨料表观密度，kg/m^3；

m_{wa}——掺外加剂时单位体积混凝土中用水量，kg/m^3；

P_w——水的密度，取 $1000kg/m^3$；

a——混凝土含气量,%；在不使用外加剂时，a 可取 1。

2）重量法

$$m_{c0}+m_{s0}+m_{g0}+m_{wa}=m_{cp}\qquad \beta_s=m_{s0}/(m_{g0}+m_{s0})\times100\%$$

式中　m_{cp}——单位体积基准混凝土拌合物的假定重量，kg；其值取 2350－2450kg。

（7）基准混凝土理论配合比：$m_{c0}:m_{s0}:m_{g0}:m_{wa}$

（8）每立方米粉煤灰混凝土中水泥用量：

$$m_{cf}=m_{c0}(1-\beta_c)$$

式中　β_c——粉煤灰取代水泥,%，按规范在10～20之间。

（9）每立方米粉煤灰混凝土中粉煤灰用量：

$$m_f=\delta_c(m_{c0}-m_{cf})$$

式中　m_f——单位体积粉煤灰混凝土中粉煤灰用量，kg/m³；

m_{cf}——单位体积粉煤灰混凝土中水泥用量，kg/m³；

δ_c——粉煤灰超量系数，通过试验确定，按照规范Ⅰ级粉煤灰1.0～1.4；Ⅱ级粉煤灰1.2～1.7。

（10）每立方米粉煤灰混凝土中细骨料用量：

$$m_{st}=m_{s0}-(m_{cf}/P_c+m_f/P_f-m_{c0}/P_c)P_s$$

式中　m_{st}——单位体积粉煤灰混凝土中细骨料用量，kg/m³；

P_f——粉煤灰密度，kg/m³。

（11）每立方米粉煤灰混凝土中粗骨料和用水量：

$$m_{gt}=m_{g0},m_{wt}=m_{wa};$$

式中　m_{gt}——单位体积粉煤灰混凝土中粗骨料用量，kg/m³；

m_{wt}——单位体积粉煤灰混凝土中用水量，kg/m³。

（12）每立方米粉煤灰混凝土中的外加剂用量：

$$m_{at}=(m_{cf}+m_f)\mu$$

式中　m_a——单位体积粉煤灰混凝土中的外加剂用量，kg/m³；

μ——外加剂掺量,%（按说明书掺加）。

（13）泵送粉煤灰混凝土理论配合比：

$$m_{cf}:m_f:m_{sf}:m_{gf}:m_{wf}:m_{af}$$

3. 配合比最后确定

计算求出的混凝土理论配合比必须先验证其水灰比、水泥用量或是胶凝材料用量等参数，是否满足相关规范对混凝土耐久性及可泵性要求；否则，要对相关参数进行调整。同时要强调的是，原材料质量对混凝土的影响比较大。无论采取多么科学、先进的方法进行配合比设计，对每一种原材料质量性能的各种因素考虑的十分周到，加上原材料质量的不稳定及之间相互影响，都有可能造成根据理论配合比生产的混凝土其实际性能与设计目标有一定差距，存在质量隐患。对此，不论采取何种方法设计的混凝土配合比只能是理论上的，应该经过检验证实才能正式使用。

在介绍的混凝土配合比设计过程中，配制强度、水灰比、用水量、砂率及各组成用量等，均基于规程的规定，并可以通过公式计算而定量确定，最终设计出混凝土配合比，因而将该设计法称之为规程全计算法。当然，在计算过程中与任何设计过程一样，还要涉及许多数据的取值问题，如强度标准差、外加剂掺量及减水率、粉煤灰替代水泥率及超量系数、原材料及拌合物的密度等。这许多数据应在配合比设计前或者后期通过试验、试配及统计分析求得，与传统的配合比设计中关键参数凭借经验半定量或是查表选择相比，其科技含量有较大的提升。

通过上述分析可知，混凝土配制强度、用水量和砂率的数学模型及计算公式的建立，是完全基于《普通混凝土配合比设计规程》JGJ 55—2000 的有关规定推导出来的，遵循规程又略微超越条文，实现了传统混凝土配合比设计方法的全计算。规程全计算法设计思路清晰简单，也容易理解，容易为广大混凝土工程技术人员所接受，利于方便应用。

混凝土配合比强度设计计算公式确定了建立配制强度与满足强度评定要求之间的关系；用水量和砂率的计算不仅定量也准确，规程 JGJ 55—2000 中选取表数据外延扩展的情况下也能应用，扩大了使用范围。与规程中的规定比较，3 个关键参数的确定更加准确、合理。

3 混凝土耐久性评价问题的探讨

由于建筑材料自身及设计施工和自然环境的特点，所有的混凝土结构由于各种不同原因使得耐久性能过早失效，由此而导致的经济损失巨大。现在的混凝土工程开始重视采取以耐久性作为设计的主要指标，即采用高性能混凝土，混凝土结构耐久性成为土木工程非常关注的重要课题。

混凝土结构的耐久性所涉及的范围十分广泛，包括自然环境、使用材料、构件和结构的各种方面。仅从材料这一最普通的层面来说，就涉及混凝土碳化、氯离子侵蚀、钢筋锈蚀、冻融循环、碱-集料反应等问题。涉及如此广的问题如何能对其耐久性进行客观、公正、准确的评价，成为一个复杂而极具争论的问题。虽然现在有许多研究人员在混凝土耐久性评价指标方面进行了大量工作，但至今尚没有一个公认的比较理想的应用指标。在对现有成果分析、探讨、总结的基础上，分析影响耐久性的关键因素，提出评价指标相关问题。

1. 现在对混凝土耐久性评价指标及方法

现在对混凝土耐久性研究主要集中在两个方面，即耐久性评价指标的选择和耐久性评价方法，而耐久性评价指标的确定是评价混凝土耐久性的关键前提。金伟良教授曾就混凝土结构的评估与寿命预测作了全面分析，明确指出在耐久性评估领域尚待解决的基本问题之一，即确立反映结构使用寿命的耐久性指标。为了能尽量准确地对在使用混凝土结构寿命进行预测，必须寻求具有代表性的耐久性指标，建立与混凝土密实度、孔隙结构表征混凝土内部结构的特征参数，钢筋锈蚀速度，锈蚀量等之间的相互关系，这些工作尤其重要。

参考众多文章，在对混凝土的耐久性能进行评价时，由于评价混凝土耐久性的侧重点不同，所采取的耐久性指标也是种类繁多，总体上分为以下几个方面。

1.1 混凝土材料层次的耐久性评价

（1）属于单一环境因素的耐久性指标。在自然环境中用某一种指标来描述混凝土的耐久性能，是耐久性评价工作中最简单、容易的方法。

在大气环境中碳化被认为是影响混凝土耐久性的主要原因，它是用碳化深度或碳化速度对混凝土耐久性进行评价。同时，很多研究人员将渗透性作为衡量耐久性的最好手段，其水渗透系数常被用于衡量混凝土抵抗有害介质侵入混凝土的能力；然而，由于现代混凝土的水胶比越来越低，水渗透系数的测试越来越困难，因而近年来趋向于用抗氯离子渗透的测试以代替。同时，也考虑海洋及盐渍土地区自然环境及冬季撒除冰盐时，氯离子侵蚀一般认为是耐久性劣化的主要因素，此时采用的耐久性评价指标是氯离子扩散系数，此外，氯离子电迁移扩散系数等参数都曾经用来评价混凝土的耐久性。

同时，由于地域的差距较大，北方冻融及南方锈蚀严重现实，北方寒冷地区冻融破坏被重点重视，现在主要衡量指标集中在抗冻融循环次数，冻融循环后的动弹性模量或者抗压强度的损失率等参量。对有不同耐久性的混凝土在冻融过程中宏观性能劣化的敏感程度，提出以抗折强度损失率作为混凝土冻融耐久性的评价指标，可以更准确地反映混凝土耐久性劣化程度。以上这些参数只在某种程度上反映了材料密实、孔结构对耐久性的物理影响，而碳化系数和氯离子扩散系数还反映材料成分对耐久性的化学影响。对于混凝土的顽症碱-集料反应来说，目前其反应机理及预防措施比较多，但对其反应程度并无明确判定的指标及方法。

事实上，混凝土的耐久性劣化是由外界环境的侵蚀，材料自身的性能恶化两种因素共同作用的。这里的内因和外因同样重要。在过去通常考虑外界环境的侵蚀作用多，而对耐久性劣化材料自身内部的变化常被忽视。对于结构来说，如果自身材料真的是理想化，那么无论外界环境多恶劣，结构也不可能出现劣化，因此，材料自身性能的改变才是耐久性劣化的主导因素，这其中一个很重要的问题是微裂纹的存在和裂缝的产生、发展。

（2）微裂纹对混凝土耐久性指标的影响。在具体工程中，因约束条件下的体积产生收缩、温度变化、徐变及受荷变形等，使混凝土结构常常是在带裂缝下工作的。而当前随着混凝土技术的提高，掺入多种外加剂和掺合料，使混凝土的性能又有了一定的提高，早强、高强及高性能混凝土的发展，集中预拌混凝土的普及应用，使混凝土的裂缝问题更加突出。一般而言，裂缝是不可避免的，而产生裂缝是绝对的，这一实际问题近年来引起各方的高度重视。对于混凝土的抗裂性问题，主要是围绕产生裂缝的原因及其影响有一些研究，取得了一定成绩。

(3) 导致混凝土开裂的原因。收缩是导致混凝土开裂的重要原因，水泥和掺合料对水泥基材自身收缩的影响，当掺入硅粉和高效减水剂时收缩值增大；关于高性能混凝土的耐久性能，要建立相应收缩模型对开裂进行深入分析。国内一些人致力于收缩开裂的研究，如针对混凝土早期塑性收缩难以量测的实际，提出采用传感器测量混凝土早期塑性收缩的测试，同时为了提高混凝土的抗裂性，采取多种手段控制收缩，如大掺量粉煤灰混凝土的应用、水泥基体参数的控制、在施工和养护方面采取措施等方法。

裂缝对水渗透性是极其明显的，国外曾采用反馈控制劈裂试验，使混凝土试件产生不同裂缝，卸载后测量试件的渗水性能。发现水的渗透随着裂缝的宽度而增大，增大的程度取决于裂缝开口位置的大小。当加载引起的开口位置增大到 50 ~ 200μm 时，混凝土的水渗透大大增加，而国内通过劈裂试验获得不同宽度的裂纹，通过透水性试验发现裂纹宽度对混凝土渗透系数的影响关系。表明裂纹宽度确实对渗流量起关键作用，但两者之间并不服从立方定律；另外，纤维混凝土的裂纹扩展会随着纤维掺量的增加，由宽而疏趋向于窄而密，其抗裂纹扩展能力有利于混凝土抗渗透能力。

(4) 为了能定量衡量裂纹对耐久性指标的影响程度，一些研究人员利用数学方法对此进行了分析。利用分形理论代表混凝土不均匀程度的超声声速和回弹分维数及裂缝的分维数，都可以作为衡量结构老化程度的有效指标。同时，王铁成教授应用分形理论研究混凝土结构几何损伤形态，对混凝土结构损伤开裂状态、裂缝覆盖率、总延长和分支延伸作了定量化解析；分析了分形特征值和混凝土强度、裂缝宽度的关系，为混凝土结构损伤几何形态及耐久性定量提供了新方法。

1.2　构件与结构层次耐久性评价

（1）钢筋锈蚀构件的耐久性分析。在长期潮湿或南方地区，混凝土结构耐久性破坏的直接原因主要是钢筋锈蚀，尤其是在氯离子环境下，锈蚀引起的顺筋胀裂已成为耐久性破坏的显著标志。以前，研究人员致力于锈蚀机理、定位检测及损伤防治等方面研究，其中微裂缝对锈蚀的影响得到重视。裂缝对钢筋锈蚀并不产生重要影响，因为开裂仅会加速腐蚀的产生，腐蚀速度将取决于阴、阳极间的电阻及阴极的供氧程度，而氧气的供给取决于未开裂处混凝土保护层的质量和渗透性。分析表明：微裂缝连接了混凝土内部的流通路线，使水和侵蚀离子更方便地渗入到钢筋表面，加速了钢筋的腐蚀速度。同时，裂缝对于钢筋腐蚀的影响与裂缝宽度的形成、形式、分布及环境条件等因素有关，可见裂缝的存在直接影响到混凝土的渗透耐久性。

由于钢筋中腐蚀电流非常微弱，量测得到的数据中，信号噪声密度大，剥离噪声要借助复杂的信号分析技术，处理难度大，因此这方面工作事实上进行得很少。以钢筋锈蚀作为主要的耐久性评价指标，使得耐久性评价工作太艰难，对于一般工程，目前对钢筋复杂的锈蚀机理认识并不十分明确情况下，作为耐久性评价指标要谨慎。

（2）多层次评定法对耐久性的评价。对建筑物的安全性和可靠性评估时，多层次模糊综合评判的方法得到了广泛应用，该方法是：建立隶属函数，对非定量因素定量化；根据各因素的重要性，用层次分析法确定因素权重；采用加权平均模型作为综合评判模型，划分评定等级。该方法能够较全面地考虑到多种影响因素，对建筑物性能进行整体综合评价。用该方法综合多种腐蚀实测结果，在框架结构体系各影响因素在模糊分析的基础上，给出受腐蚀混凝土框架结构腐蚀损伤的评判方法，为进一步对受腐蚀混凝土框架结构的腐蚀可靠性评估提供支持。

可将结构耐久性指标分为恶化程度和恶化速率两个体系，利用比率标度法凭主观经验判断信息客观、科学量化，对耐久性进行分级评定。但是也存在一些问题：

在对结构件耐久性评估时，以多层次评定法为代表的各种方法有一定发展空间，这些方法考虑了多种因素，层次清晰；缺点是理论复杂，只适合于对大工程的整体综合评价，难以被一般技术人员应用，而对小型建筑物单体耐久性评价时不大方便。

对耐久性指标还是以材料层次为基础，简单、方便，可以直接指导混凝土配置。分析材料层次的单一评价指标方法，当前采用的多指标对耐久性评价应用广泛，基本上都是基于材料密实度来评定混凝土耐久性，简单认为材质越好耐久性越高。然而耐久性的复杂，使得这些简单指标反映出的信息不清。例如，掺入粉煤灰对耐久性影响如何，仅从碳化方面讲就有不同意见。有人认为粉煤灰取代水泥降低了 pH 值，可以使钢筋及早锈蚀，对耐久性不利；也有人认为粉煤灰颗粒改善混凝土孔结构，堵塞二氧化碳侵蚀通道，可显著提高抵抗钢筋锈蚀能力。再以氯离子渗透为例，分别用 NEL 法与 ASTM 法测试同一构件，两种方法测试结果之间并不存在有规律的对应关系，对这种情况只能按其中某一测试方法得到耐久性结果。

1.3　多种评价指标存在的不足

（1）考虑因素过于单一，只能定性而不能定量地处理耐久性。当测试得出水渗透系数或氯离子渗透系数时，只能依照该值在某一范围内，简单粗略得出材料耐久性好与不好的判断，至于该系数与耐久性年限或剩余使用期之间，则不会有什么联系。

（2）试件与实际结构混凝土存在差异。对某一指标测试数据，只能反映材料配合比在试验室环境下的状况；养护条件标准、试件尺寸有限，在这种情况下不考虑裂缝对耐久性的影响。现实工程中的混凝土，由于尺寸较大且施工工艺条件所限，不可避免地存在大量微裂纹及大的裂缝，因此，试验室测试数据对实际工程中混凝土，应该只有参考价值没有对应关系。

（3）试验条件与处置环境不同。为了有可比性，对试验条件（如碳化箱中二氧化碳浓度等）进行统一规定极其重要，但也导致试验条件与环境不符，无法考虑实际工程中多种不利因素的影响。可见，多评价指标从不同方面分别评价耐久性方法有一定缺陷，并没有充分考虑到工作场合环境，尤其没有考虑裂纹与裂缝对耐久性指标的影响，还应该将抗裂指标、体积稳定性指标归纳到混凝土耐久性评价体系中，从内因和外因两个方面进行评价更全面、准确。

2. 确保混凝土体积稳定性及抗裂性，建立综合耐久性指标

我们知道，由于混凝土耐久性的影响因素繁多且互相关联，反映耐久性单一方面多指标对耐久性评价显然是不充分的。纵观应用经验到现在，还没有一个统一评价混凝土耐久性的标准，这是由多种因素影响并与自然环境关系密切。因此，需要在原有耐久性评价指标基础上考虑环境因素，建立一个能全面评价耐久性的综合指标。

（1）环境因素影响问题。混凝土结构在大气环境中会受到多方面的影响，如碳化、氯离子侵蚀、碱-集料反应、冻融循环、钢筋锈蚀等耐久性劣化因素都可能同时进行，在耐久性指标中考虑这些因素是重要的，但是这些因素的测试都是针对试验室的无裂缝混凝土，评价现场的真正带裂缝混凝土存在明显的缺憾。因此，要求新的耐久性评价指标中应该包括对混凝土抗裂缝能力的评价，而且还应该包含对体积稳定性的评价，因为在时间因素下，长期多方面因素的收缩可能会引起开裂。

（2）耐久性综合评价问题。当前对混凝土耐久性采取综合评价时，多层次评定、模糊综合评定方法现实中都有一些应用，其方法综合总结了各种因素，对混凝土耐久性采取分级评价，结论科学、客观。但由于数学方法引入，计算难度大，难以被工程上采用。对此建立了一个全面反映结构性能、又能在各类不同工程中普遍应用的混凝土耐久性评价指标体系，形式是：

$$D = m_1 D_1 + m_2 D_2 + m_3 D_3 + \cdots = \sum m_i D_i$$

式中　m_i——特定环境下第 i 个指标权重；

D_i——标准化处理后的混凝土氯离子的侵蚀、碳化、冻融循环、碱-集料反应、断裂韧度、长期收缩等评价指标。标准化处理：确定某一标准配合比值，以指标实测值与指标标准值作为标准化处理后的指标值。

在确定指标权重 m_i 时，要充分考虑环境因素的影响，如蒸汽环境、氯离子环境、腐蚀环境等。上式表示的综合指标方式，其优点是：

1）从材料层次分析，避开了钢筋锈蚀对承载力的影响，便于指导混凝土配合比设计，更方便一般工程的使用。

2）根据混凝土所处具体环境，而且考虑到耐久性涉及的各个方面，包括抗裂缝性能和体积稳定性：依粉煤灰对耐久性影响为例，在式中粉煤灰会降低抗碳化性能（反映 D_2），但也提高了抗氯离子渗透性能（反映 D_1），再通过工作环境是干燥的还是潮湿的，来确定各自影响权重，反映问题比传统单一指标全面。

3）综合众多因素后指标依然单一，方便与耐久年限建立联系。要说明的是，式中表示的综合指标方法现在还只是一个初步设想，还有一些问题需要解决。如何科学建立并确定 D 的参数，D 指标如何与耐久年限建立联系，D 指标值大意味着耐久性差还是耐久性好等。

综上所述，对于建筑混凝土结构工程构件的结构层次耐久性评价方法，虽然采用了模糊综合评价及多层次评价方法，但由于理论复杂及计算量大，只适合于特殊场合，因而难以指导一般混凝土工程的耐久性设计。对于材料层次的、基于环境的单一耐久性指标评价混凝土耐久性有一些缺陷：综合全面能力差，只能定性不能定量地反映耐久性，指标来自试验室条件，无法真实地反映带裂缝工作的状况。在分析探讨一些问题同时，本文也提出了一种可以客观反映混凝土耐久性的设想，通过综合耐久性涉及的各个方面，包括抗裂性能和体积稳定性，再能过工作环境确定各方面对耐久性影响的权重。对于权重系数的确定还要再探讨，但反映耐久性问题比传统单一指标全面，在综合了诸多因素后的指标依然是单一指标，方便与耐久年限建立联系。

4 配制防水混凝土的原则及方法

混凝土是一种非均质多相材料，其内部存在可贯通整个空间的微细孔隙，水容易产生渗透，因而防水功能比较弱。防水混凝土是指经过一定的技术措施，调整配合比及掺入适量外加剂，达到改善混凝土孔结构及内部各个界面间的密实性，或者补偿混凝土的收缩，以提高混凝土结构的抗裂、抗渗性能，或掺入憎水性材料使混凝土具有一定的憎水性，使结构能抵抗 0.6MPa 的水渗透压力，具备一定的防水能力。

防水混凝土集围护、承重及防水功能为一体，同时满足设计规定耐久性年限要求。在各种工业及民用建筑的生活消防水池、污水池、地下室、地下设备基础及沉箱等防水构筑物和建筑物，地下通廊，隧道，桥墩，水坝等建构筑物中应用极其广泛，因此，对防水混凝土的配制技术深入分析及探讨具有现实意义。

1. 混凝土的渗透及其防水原则

混凝土属于一种非均质多孔材料构成体，普通混凝土内孔隙及微裂缝随机分布并相互连通，形成一个孔隙网络贯穿在整个体积中，使得普通混凝土通常是渗水的，不具备防水功能。因此，防水混凝土的设计就要通过相应的技术措施，使混凝土内部孔结构及贯穿裂缝通道不贯穿，使混凝土内孔隙和通道不能形成，切断通水线路达到具有防水功能不渗漏的目的。

水在混凝土内的渗透是毛细孔吸水饱和与压力水透过的一个连续过程，其渗透量是指水在混凝土内渗透的快慢与混凝土结构的孔隙率的表面积有关，也就是组成材料颗粒表面与体积的比值关系。因此采取控制混凝土的孔隙率与孔结构，可提高混凝土抗水渗透性能，满足混凝土的防水需要。而混凝土结构中的孔隙网络是由水化产物对原始充水空间填充不足而留下的孔隙，由于水泥浆体在水化过程中因温度及湿度变化时，而在收缩过程中形成了微裂缝，以及水化硅酸钙凝胶本身固有的孔隙连通形成的。孔隙网络主要分布在水泥浆体和骨料间的界面过渡区和水泥浆体内部，而在界面过渡区分布比较多。考虑到其自身特性，在设计防水混凝土时要注意混凝土微结构特殊性，分析普通混凝土中孔隙及微裂缝的形成原因、分布特征，从原材料配置和施工两个关键环节入手，通常采取降低水灰比、掺入一定外加剂、调整砂率、掺用外掺料和适当增加水泥等方法，减少混凝土内部毛细孔的数量，削减界面过渡区的连通性，抑制液体硬化过程微裂缝的形成，控制混凝土内部孔隙网络的生成，减少内部渗水通道数量，使混凝土具备需要的防水功能。

2. 防水混凝土配合比控制

建筑工程中最大量的混凝土是普通混凝土，而普通混凝土设计是根据工程实际需要的强度和耐久性等级进行配制而成的。而防水混凝土却不同，除了要满足强度及耐久性要求外，还要根据结构所必需的抗渗等级进行配制。为了能有效控制混凝土内部孔隙的产生，削弱和减少渗水通路的目的，防水混凝土的配合比设计原则是：提高水泥浆的不透水性，增大石子拨开系数即砂浆体积与石子空隙的比值，粗细骨料周边形成足够数量和质量的砂浆包裹层厚度，使粗骨料彼此隔开一定间距，控制骨料表面的过渡区的不连贯；提高成品混凝土的体积稳定性和改善抗裂性，尽量减少混凝土内部微裂缝的产生，控制结构内部渗水网络的扩展发育。防水混凝土和普通混凝土一样，防水混凝土的配合比设计关键环节还是水灰比、用水量及砂率等几个方面。

2.1 水灰比控制

水灰比是任何混凝土配制时必须控制的指标，是防水混凝土设计中最重要的参数之一，它对硬化混凝土中孔的体积含量及孔径大小起着非常关键作用，直接影响到混凝土抗渗能力。水灰比的确定主要还是工程要求的抗渗等级和可施工性，满足了抗渗要求强度是比较容易达到的。由于抗渗性能对水灰比要求要高出强度对水灰比的要求，对此防水混凝土的强度一般要超出结构要求很多。正常情况下，当水灰比大于0.65时混凝土的抗渗性会急剧下降，防水混凝土的水灰比一般不超过0.6为宜。防水混凝土水灰比选择可参照表1选取（经验值严于规范值要求）。

防水混凝土水灰比参考选择表 **表1**

抗渗设计等级	水灰比	
	C20～C30混凝土	C30以上混凝土
P6～P8	0.55	0.50
P8～P12	0.50	0.45
P12以上	0.45	0.40

2.2　单方混凝土用水及水泥用量

单方混凝土水的用量选择取决于混凝土原材料粒径大小及混凝土流动性需要。同普通混凝土一样，要按照工程结构需求，如结构的重要程度、截面大小、钢筋疏密程度、施工及运输条件、浇捣等需要的和易性，通过配合比试验配制确定单方用水量。在水灰比用量确定后，单方用水量决定水泥用量，对混凝土抗渗性有较大的影响。如果水泥用量比较少，会使拌合物干散，结不成团，降低混凝土施工和易性和最终强度，抗渗性能肯定达不到需要。混凝土的抗渗性会随着水泥用量的增加而明显提高，其水泥用量以不低于$320kg/m^3$为宜。

2.3　砂率和灰砂比控制

防水混凝土中砂率和水泥用量比例很重要，与普通混凝土相比，其比例有所不同，防水混凝土的砂率及灰砂比应高于一般混凝土，这是需要骨料上有更厚的砂浆包裹层。砂的用量与砂粒径、粗骨料空隙率相适应相对偏高，正常情况下砂率应不低于38%。这是由于在较高水泥用量下的合适砂率能在粗骨料表面形成足够数量和质量的砂浆层，有效阻隔沿石子表面相互贯通的过渡表面区，减弱混凝土内部的众多通道，使混凝土达到设计要求的抗渗混凝土标准。

当砂率和水泥用量确定后，还要对灰砂比进行检验。灰砂比可直接看到水泥砂浆的质量及水泥包裹砂粒的情况，如果灰砂比过大，因水泥过多混凝土会出现收缩量大，使混凝土抗渗性降低。若灰砂比过小，则新拌混凝土松散干涩，和易性差，缺乏粘结性，同样达不到抗渗混凝土的目的。只有经过多次试配优化比例，才能够使抗渗混凝土质量有保证。防水混凝土的灰砂比为1:(2.0~2.2)为宜。

3. 抗渗防水混凝土配合比措施

在配制防水混凝土过程中，除了最重要的水灰比、用水量、砂率及灰砂比外，还必须辅加外掺合料、外加剂及聚合物材料，以更加有效地抑制混凝土内部孔隙网络的形成和发展，减少和切断渗漏水通道，实现混凝土的抗渗目的。现阶段，在防水混凝土中掺入一定的外加掺合料，混凝土又被称作微膨胀防水混凝土、聚合物防水混凝土及外加剂防水混凝土等，现对这几种混凝土分别分析于下。

3.1 微膨胀防水混凝土

常用的普通混凝土在水化凝结过程中会因多种原因引起裂缝及裂纹，最主要的是干燥收缩、温度及化学裂缝等。在硬化的混凝土内部收缩产生的内应力而引发微小裂缝，这些裂缝不仅使结构体遭到破坏，对强度、抗渗性及整体性有严重影响，而且会使外界侵蚀性介质进入结构体内部，造成混凝土的耐久性能降低。通过在混凝土配合料中掺入一定比例的减水膨胀剂，利用膨胀剂自身水化反应及水泥水化反应产生的微膨胀，补偿和抵消因混凝土的体积收缩，达到混凝土不产生裂缝而可防水的目的。

掺有膨胀剂的混凝土在水化过程中，产生的氧化钙及氧化镁类膨胀剂自身发生水化作用，生成膨胀性结晶产物如氢氧化钙、氢氧化镁等，而硫铝酸钙类膨胀剂则与水泥水化产物的氢氧化钙发生反应，生成钙矾石产物。这些结晶产物的体积较水化前约大1倍。这些微膨胀体在混凝土内部产生微膨胀，使得体积微弱膨胀来补偿抵消混凝土因失水干燥引起的收缩，减少裂缝的产生。

在模板及环境约束条件下的微膨胀产物可填充、堵塞毛细孔，改善结构孔隙率，提高混凝土的密实性，达到防水目的。另外，在约束条件下的微膨胀产物可改变混凝土内应力状态，膨胀力转变为自应力，抵消结构因干燥收缩引起的拉应力，使结构成为受压状态，大大提高混凝土的抗裂性，达到结构的防水能力。

3.2　聚合物防水混凝土

在普通混凝土中掺入化学聚合物，能改善混凝土防水结构性。聚合物在混凝土凝结硬化过程中形成一定的网络结构，形成的网络结构能在一定范围内填充石子之间孔隙，提高其抗裂性及密实性。从而达到混凝土防水抗渗的作用，最重要的是聚合物的加入会使混凝土的孔结构产生变化，影响到混凝土的性能。聚合物在混凝土中的反应表现在：

（1）随着水泥水化的进程和聚合物在水泥浆体孔隙中的汇集，聚合物含的水分被水泥水化时吸取，聚合物颗粒之间更接近汇集成一个体，在混凝土空间形成一个连续网状聚合网膜。聚合网膜同水泥水化网络之间相互交织在一起，形成互相穿插网膜，并将混凝土粗骨料包裹在其中。水化产物同聚合网膜之间相互交织在一起，增强了混凝土的抗拉强度，开裂机会也相应减少，密实度得到极大提高，而且使聚合物水泥防水混凝土具有较高的抗裂防渗能力。

（2）聚合物与水泥水化产物所形成的连续网状网膜，会改善水泥浆体及混凝土内部结构，当聚合物材料同混凝土原材料加水拌合后，部分聚合物分子的活性基团可与水泥水化产物中的Ca^{2+}、Al^{3+}等产生交联反应，生成特殊的桥键作用，能够改善水泥浆体微结构，缓解内应力而减少裂纹的产生，增强了聚合物水泥混凝土的密实度。

（3）多数聚合物对拌合混凝土有一定的减水效果，聚合物材料的掺入能极大改善混凝土的和易性，减少拌合用水量，起到降低水灰比的作用。这样能减少混凝土的孔隙率，改善孔结构，提高聚合物防水混凝土的抗渗防水能力。

3.3　外加剂防水混凝土

工程实践表明，外加剂的使用能大大提高混凝土的各项性能，对混凝土的微观结构有很大影响。采用不同品种和数量的外加剂会直接影响到混凝土的孔隙率大小、孔径分布及孔壁质量，影响到石子界面过渡区的连续性及硬化后结构内微裂缝的形成。外加剂不仅可改善新拌混凝土的流动性，减少用水量，使混凝土更加容易致密，更好地使混凝土内部收缩裂缝产生受阻。根据工程需要，通过采用不同的外加剂品种及严格限量，使防水混凝土微结构更趋合理，配制不同需要的防水混凝土。例如减水剂防水混凝土、引气防水混凝土及密实剂防水混凝土。

（1）减水剂防水混凝土：采取在混凝土中掺入高效减水剂，达到减少用水量而提高混凝土抗渗能力的目的。由于减水剂分子对水泥颗粒具有吸附分散、润滑等效果，拌合料中掺入减水剂利于水泥颗粒的分散，提高拌合物的和易性，对浇筑成型和密实极其有利。在保持相同和易性的情况下，大大降低拌合用水，减少混凝土内部自由水，使通道大量减少，使混凝土具备一定防水功能。

（2）引气剂防水混凝土：是掺入在拌合混凝土中可以产生大量气泡的混凝土，也是使用年代较长、应用广泛的一种有效防水混凝土。引气剂的加入使拌合料更具和易性、抗渗性、抗冻性及耐久性。近年来常使用的引气剂有松香热聚物、松香酸钠及烷基磺酸钠等。

（3）密实剂防水混凝土：系指通过掺入能同水泥材料发生反应而生成的水化产物，具有堵塞孔隙的作用。密实剂防水混凝土主要包括氯化铁防水混凝土和硅质密实剂防水混凝土，达到抗渗防水的目的。另外，还可通过在拌合物中掺入纤维，提高混凝土的抗裂防渗来实现混凝土的防水效果。

综上所述，由于工程的功能需要配制具备防水功能的混凝土，因此在配制时除严格控制水灰比、用水量、砂率及灰砂比外，还必须根据需要掺入外加剂及外掺合料，制成需要的膨胀混凝土、减水剂及密实剂混凝土等抗渗防水混凝土，达到抑制结构内部孔隙的形成，阻断内部渗水通道的产生，实现抗渗透的功能需求。

5 预拌混凝土缺方原因与处理

长期以来，大部分混凝土生产是施工单位在建筑工地现场自己拌合生产自己使用，自动化程度低，采取手工作业，人为误差大，很少有单位对自制混凝土数量进行单独核算，只是对原材料核算，也未有缺少方量问题出现。

从 20 世纪 80 年代末期开始，建设部门把混凝土生产从施工中分离出来，以此来加强对其质量的控制。在房屋建筑和市政建设中几乎都使用预拌混凝土，将混凝土生产单独核算。集中商品混凝土搅拌站的自动化程度高，形成工厂化、规模化生产，混凝土的生产由传统的自拌自用的方式，开始出现缺方的实际问题。但早期预拌混凝土市场是供不应求，买方均接受以收货单据进行结算。

进入 21 世纪以来，随着城市化进程的加快和基础设施建设规模的宏大，国家限制了建筑工程自行搅拌混凝土，集中预拌商品混凝土成为混凝土供应的主体，加剧了混凝土行业的竞争，使混凝土市场的供需关系出现了变化，即由原来的卖方市场转为买方市场。这种市场行情的转变，也使混凝土生产厂从原来的交易活动中占据的主动地位转变成处于被动地位，缺方问题也表现得越来越严重。据统计，某些工程的缺方量已经达到 10% 左右，这就意味着一个工程的缺方问题的严重性。其中，不排除市场竞争的人为因素，而缺少方量的受害者，只能给工程带来无法估量的隐患。科学、合理地解决这一难题，成为预拌混凝土推广应用中不可回避的现实问题。

1. 集中搅拌站存在缺方问题

（1）原材料波动大。根据现行行业标准《普通混凝土配合比设计规程》JGJ/T 55—2000 规定，混凝土配合比设计一般用重量和体积法进行设计。采用重量法简单，只要确定单位混凝土拌合料质量（2350～2450kg/m^3）就依此进行计算；而体积法要先实测每批原材料（如水泥）的密度和粗细骨料的表观密度后，才能进行理论计算。现在一些搅拌站引入一些新的设计方法，如陈建奎教授的全计算法和台湾科技大学黄兆龙教授的致密配合比设计法，无论采用哪一种计算方法设计的配合比，都会受所使用材料的限制。

水泥密度一般在2850～3200kg/m^3，粉煤灰密度在1800～2400kg/m^3，普通细骨料的表观密度在2400～2700kg/m^3，而粗骨料的表观密度在2600～2800kg/m^3。在使用中会出现水泥粉煤灰密度变化，外加剂含气量，尤其是粗细骨料的级配变化，颗粒大小及密度变化，孔隙率和含水率的变化，这些都会直接影响到混凝土密实度和体积的变化。水泥用量增加造成室内表观密度偏小。使用了引气型外加剂，在运输、输送及浇筑过程中，含气量减少，使体积产生变化。

（2）混凝土生产过程中的坍落度损失及预防。混凝土坍落度的正常范围直接影响到混凝土的密实性，不同结构件使用的坍落度大小也不同，但具备大流动性和高性能的预拌混凝土，在生产中很难遵守这样规定。坍落度也会由于组成材料的更换而发生变化。

室内试验用小型搅拌机试拌与集中搅拌站大批量拌制有较大差异。拌合量越大，坍落度也越大。同样配合比的厂家也不同，类型不同的搅拌机坍落度也不同。因此，试验室设计配置的混凝土拌合物在正式用于施工时，坍落度也常被增加。在达到相同坍落度情况下，控制相对用水量和减水剂比试拌用水少，造成实际重量比设计重量少，从而造成按设计配合比生产的混凝土体积偏小的现象。

（3）混凝土生产过程误差较大问题。卸料口磨损和泵管渗漏，通常是一套自动化设备3年就要进行大维修，输送泵施工每万立方米要更换已磨损的泵管。

（4）技术人员对施工配合比进行换算，要确定实际生产出的混凝土配合比与施工配合比体积偏差；开盘前，先检查砂含水率、粗细度、粗骨料的级配颗粒大小等。生产时实际的胶骨比、胶凝材料用量都会影响混凝土的表观密度，每次调整用水量、砂率等要核对单位重量是否等于理论配合比重量，现在搅拌站施工配合比采用固定砂率，只调整单位用水量或调整外掺粉煤灰用量，造成实际胶骨比和砂率变化明显，这种偏差是存在的，积少成多。

（5）搅拌和运输中的耗损。首开盘及拌合中搅拌筒内会残留砂浆及混凝土，搅拌运输车也卸不干净粘附混凝土，而粘附程度随水灰比大小不同。经检查，坍落度大，强度高，自卸车，路面混凝土可存留 0.2 ~0.4m^3；长距离路面颠簸和爬坡，会造成混凝土损失。

《混凝土搅拌运输车技术条件》QC/T 667—2000 规定出料残余率：出料后残留在运输车搅拌筒内的混凝土与装载搅动容量混凝土的质量之比，用%表示。表中规定了坍落度 90mm 以下出料残留率，也是说在现场坍落度较小的道路施工中出料残留率至少有 2%左右。实际上，在高强度等级、长距离运输的混凝土现场卸料也会有一定残余，尤其在夏季混凝土极易失水粘附在筒壁上。

在双站式搅拌站胶凝材料有 8 个仓，用来存放水泥最多是 6 个仓，在大体积混凝土连续施工时水泥用量会超过 6 个存料仓，而不得不在施工过程中进新的水泥。新进水泥温度偏高，导致混凝土在运输中坍落度损失过快而粘结，而这个每车每次粘结问题还不宜解决。实际粘结量是比较大的，如坍落度 50mm，卸余量 5%；坍落度 70mm，卸余量 3%，现场缺方肯定严重。

2. 施工方存在的问题

（1）设计图样的误差。设计图样验算细部尺寸有偏差，需要从几个角度验算复核，多数施工单位在收到施工图后就应认真验算，因为设计图样往往在以前已经完成。而这期间地形、地貌可能发生变化，或者图上尺寸有误，如果不复核或计算不仔细，就会造成结构尺寸的偏差。

（2）施工现场放线出现的偏差。施工图纸尺寸放样到现场，水准基点引导过程可能出现的误差，计算时是否减去的未减，尤其是节点部位，如相对标高换算绝对标高、垫块厚度未去掉等。隐蔽工程地下水或洞超过设计深度，所用混凝土将超过设计量。

（3）模板支设截面偏差。安装模板支撑加固不严，造成混凝土浇筑过程胀模，使截面尺寸超大，也有胀模漏浆造成多用混凝土。甚至有未认真检查模板尺寸而导致多用混凝土的现象出现。

（4）收光的影响。对大面积及大体积混凝土道路、板面厚度收光的掌握，按规范正负误差要求收光如果只正或只负值混凝土用量会有很大差别。测量只是局部控制几个点，有些建筑工程验收也不用仪器检查，控制不好基础已超厚度，多用了混凝土。

（5）施工全过程损失。施工全过程可能产生的损失包括：泵送管堵塞，开始泵压时管内损失，结束时残留在管内余浆损失；模板跑浆、漏浆造成的损失；混凝土倒运损失，搬运过程中损失含气量及输送管中损失气量，含气量越多损失越大，严重的浇筑时已损失气量1/2以上；振捣出现过振，拌合料离析，失水体积不够；浆体太稀，表层浮水高度不够；泵车送混凝土最大有1.0m的落差，泵冲力、粗骨料沉底部，浮浆水在上，体积收缩，水分流失。

3. 混凝土自身体积收缩

混凝土拌合物中含有大量的水分，而水分虽然存在于孔隙中但也占有一定的空间体积，在浇筑后逐渐凝结水化过程中，失去水分体积会引起缩减。而体积缩减一般出现在混凝土拌合后约3～12h以内，以混凝土的强度等级、气温及混凝土凝结时间而定。混凝土表面失水及蒸发均会使体积收缩。预拌混凝土由于掺入粉煤灰和外加剂，且混凝土强度等级越低则掺量越多，浆体相对比较多，坍落度相对普通混凝土也较大，一般在160～220mm，沉降量大，因而收缩量更大。

4. 计算方法存在的争论

（1）集中搅拌站供应混凝土体积确定方法。现行的《普通混凝土拌合物性能试验方法》GB/T 50080—2002 规定了采用专用的金属容量筒、规定的试验步骤和振捣方法进行对新拌混凝土表观密度测试，由于预拌混凝土坍落度均在 70mm，按照标准规定捣棒人工插捣密实。不论是采取配合比设计，还是采取表观密度抽检，预拌混凝土站都是会采取这些规定作为供应混凝土实际（表观密度）数量，在搅拌车过磅去掉车自身质量后除以表观密度，才确定实际方量，这样和供货单数量差别较小，因而结算时以供货单数量为依据付款。

（2）施工方混凝土体积确定方法。施工使用混凝土单位确定混凝土用量方法主要是按照施工图纸设计计算，或实际丈量结构尺寸计算数量。图纸设计中，混凝土表观密度均是根据国家定额计算的方法计算数量的。而混凝土表观密度在各地都不会是相同的，预拌混凝土由于室内测试，基本在 2400kg/m^3。

（3）两种确定体积方法之间的差别。对于搅拌站实际供应混凝土方量确定，施工方面会要求按施工图纸结构体积计算，搅拌站要求以供货签字单或过磅记录测算，还有人提出测试混凝土试块密度法测算方量。各方的依据都有道理，图纸是按照设计及业主要求设计并经过各方认可，而混凝土配合比施工设计也是按照国家规范进行的，一个要求按体积计算，另一方要求按重量计算，事实上两种计算方法的提出都是符合要求也是合理的。

由于施工现场签收拌合料是按罐车容积计算的方量，预拌混凝土站在罐车中实际装载拌合料量不可能超过罐车容积的，只会小于或等于罐车容积。而运输车能够运输装载的预拌混凝土经过捣实后的最大体积，预拌混凝土表观密度应按 2400kg/m^3 计算，并存在罐车容积是否准确、搅拌罐是否标准的问题。如果预拌混凝土站在生产中严格控制每盘混凝土总量的稳定，则会使施工单位方量的亏损减少。

工程施工的浇筑振捣必须密实、均匀，为此根据结构件大小采取不同直径的插入式振动棒，表面用平板振动器，虽然振捣中以混凝土不上冒气泡及表面大致振平为准，还会因人而异存在差别。按照现行的《普通混凝土拌合物性能试验方法标准》GB/T 50080—2002 中规定，由于确定预拌混凝土坍落度为 70mm，室内测试是采用直径 16mm 捣固棒捣密实的混凝土拌合物密度，而实际应用的拌合物坍落度远大于 70mm，试验振实和现场应用振实差异较大。

采取按照施工图样计算方量或者采取实际测量计方，在施工过程中因多种原因也会造成一些损失，这样计算对集中搅拌站也失公平，造成不应有的损失。

5. 根据现状应采取的解决方法

5.1 集中搅拌站供应方

(1) 对每个配合比在搅拌台内搅拌要测试各项性能后，再确定最终采用的配合比，在具体应用时对表观密度进行抽检记录，以得到一个较准确的实际表观密度值，从而对配合比进行再次修订。这项观察在现场也要进行，现场是考虑大致相同运输距离混凝土表观密度的变化，设计时再增加一个富余量和差值，国家对预拌混凝土的定额中也考虑了一定损耗，即单价偏高，为了解单位混凝土的真正组成，在任何情况下都必须测试拌合物的表观密度。

(2) 切实做好对原材料的检测，确保其密度变化在可控范围内；若是变化较大，要重新设计调整配合比，料源最好固定，尤其是砂子变化不要过大。

(3) 制定加强对原材料和设备的检修制度，尤其对搅拌台控制人员进行专业技术培训，预防发生大的失误。应在半年内请计量鉴定单位对电子秤、地磅进行鉴定，自己单位也要检查，具体时间根据混凝土使用量大小确定，必须保证准确性，让使用单位信任。

(4) 同使用方确定浇筑部位和浇筑量，以防止供货单和实际供货量出现差错。

5.2 施工使用方面

(1) 加强对模板的加固和检查，认真核算方量。若图样修改或用量发生变化，及时用书面形式通知搅拌站，在施工前同搅拌站技术人员一起做好泵的准备，道路清理及浇筑前的各项准备工作。

(2) 随机过磅抽查该车混凝土表观密度，用振动棒振捣，现场测试混凝土表观密度来计算混凝土实际方量，而并非固定密度换算。按总用量确定一个抽检频率，检查与实测数量是否超过供货单数量的2%，超过即视为不亏方。

如果认为有必要，可以随机抽查搅拌站每盘或整个供货量的材料用量记录，因为计算机内部数据一般是不易更改的。当对配合比存在疑问，还可以让第三方进行当场检验，对坍落度和表观密度进行验证。

对混凝土缺方情况的出现是行业由买方市场向卖方市场转变的结果。不论采取任何计算方法对双方均有利弊。只要双方都能严格遵守规范及职业道德标准，沟通、协调总会得到解决。

6 预拌混凝土质量控制方法

混凝土自发明至今经历了可铸性-塑性-干硬性-低水灰比-大流动性几个阶段。20世纪末，全国许多大城市禁止现场搅拌混凝土，标志着混凝土技术的又一大进步和生产力水平的提高。然而当前建筑市场面临预拌混凝土生产厂质量管理体系缺失，质量认证只是形式，忽视质量管理；或以降低混凝土强度等级和使用不合格原材料来节省费用；甚至将厂家在搅拌站出具的“出厂检验”资料，作为施工单位在交货地做的“交货检验”资料，两者合二为一，省去了一个质量把关的重要环节；还出现了专门做假试块的人员。这些问题的出现，造成某些混凝土构件实体检验强度不符合设计要求，使建筑工程未投用即先加固补强，对社会资源造成极大浪费。对此，必须引起建设主管部门及监督监理者的重视，并尽快完善监管力度，确保预拌商品混凝土生产过程的质量处于可控制状态。

1. 加强行业管理力度

随着国家加大对基础设施的建设和城市化进程的加快，预拌混凝土站已覆盖了几乎所有的大小城市。国家在20世纪末已制定及规范预拌混凝土标准，但各地区针对性管理措施并未完全到位，造成集中搅拌混凝土质量存在隐患。预拌混凝土产品质量是一个社会关注的大事，涉及工程结构安全耐久的系统性问题，政府主管部门和质量监管部门应齐心协力，开展综合治理才能见效果。

建议政府部门对预拌混凝土生产厂家建立诚信档案并定期向社会公示，实行资源动态管理，完善营业执照和资质证书管理制度，对预拌混凝土质量问题加大监管力度，改变现在预拌混凝土生产厂家的资质及行业管理方式。

2. 严格选择预拌混凝土生产厂

对于某些预拌混凝土供应市场存在的种种不规范行为，工程建筑使用预拌混凝土单位，要确保施工质量合格，首要的是选择质量稳定信誉好的预拌厂家。选择好的厂家也就抓住了质量保证的源头。因此，项目及监理必须高度重视，在考察搅拌站时不但要查看质量管理体系、质量认证制度、资质证书，还要看设备使用年限、技术指标、人员素质、原材料生产地及其质量、生产水平、社会评价等。优先选择执行现行《预拌混凝土》GB/T 14902—2003的厂家。同时，要重点考察搅拌站是否建立健全了生产质量保证体系，是否严格按照国家、行业及地方相关标准组织生产。企业是否对进场原材料的质量严格控制监管，按规定取样进行复试再用。要考察搅拌站的计量设备及试验室检测仪器设备的精度是否符合国家及行业标准，并按规定的检验周期由法定的计量监察机构检定。若是未按规定申请检验或者检定不合格的，不能使用。

3. 预拌混凝土现场的检验

（1）订货资料的检查。购买的预拌混凝土供需双方提前签订合同，合同订立后供方严格按合同技术要求组织生产和供应。订购单位联系人、施工单位联系人、工程名称及供应地点、浇筑部位及输送方式，混凝土供应时间及强度等级、标识、技术要求，混凝土强度检验方法，供货量及使用时间等详细约定，并根据现场情况及时做出调整。

（2）交货验收。交货时，供方随每一搅拌运输车向需方施工现场一同送交混凝土发货单。发货单内容包括：合同编号、发货单编号、工程名称、供应方、需用方、浇筑部位、混凝土强度等级、坍落度、*W/C*、发货时间、运输车号、供应数量、发车时间、到达时间等，双方确认真实。使用方指定专人及时对供方运送的预拌混凝土质量、数量进行确认。

供应方按照分部工程需要的混凝土品种、强度等级向需方提供混凝土出厂合格证书。出厂合格证应具备的一些主要内容包括：出厂合格证编号、合同工程名称、生产厂、需要方、供货时间、浇筑部位、混凝土编号、混凝土强度等级、坍落度、*W/C* 及其他相关要求；供货数量，原材料品种、规格、级别及复检报告号、混凝土配合比编号、混凝土强度指标、其他技术指标及质量评定等。

（3）坍落度的实地检测。每辆运输车进场卸载时，监理工程师同施工现场技术人员一起，在卸货地点对出口混凝土进行坍落度的实际测试检验。若实际测试结果与设计值及预先确定值不符合，应立即停止卸货并督促施工单位退货处理，并将货物实际情况记录在案。

4. 做好现场标养试块留置

（1）预拌商品混凝土除应在预拌站按规定制作用于出厂检验用的混凝土试块外，运输到现场的拌合料，施工及监理人员还要根据现行的《预拌混凝土》GB/T 14902—2003 规定留置用于交货检验强度的取样。按照常规，用于出厂检验用的混凝土试块应在搅拌地点做；用于交货检验的混凝土试块取样要在交货地点采取。交货检验的混凝土试样的取样及坍落度试验应在混凝土运至交货地点开始算时，20min 内完成，试件制作应在 40min 内完成。交货检验的试样应随机从同一运输车中抽取，混凝土试样应在卸货过程中卸出 1/4～3/4 时抽取；每个试样量应满足混凝土质量检验项目所用量的 1.5 倍，且不宜少于 0.02m^3。

对于混凝土强度检验的试样，其取样频率按规定进行，即用于出厂检验的试样，每 100 盘相同配合比的混凝土取样不得少于 1 次；每一个工作班组相同配合比的混凝土不足 100 盘时，取样不得少于 1 次，用于交货检验的试样应按《混凝土结构工程施工质量验收规范》GB 50204—2002 规定进行。

混凝土拌合物坍落度检验试件取样频率应与混凝土强度检验取样频率相一致。对有抗渗要求的混凝土，进行抗渗检验的试样，用于出厂及交货检验的取样频率均应为同一工程、同一配合比的混凝土不少于 1 次，留置组数可根据需要确定。对有抗冻要求的混凝土，进行抗冻检验的试样，用于出厂及交货检验的取样频率均应为同一工程、同一配合比的混凝土不少于 1 次，留置组数可根据需要确定。预拌混凝土的含气量及有其他特殊要求的混凝土取样检验频率，应按提前约定执行。

（2）预拌商品混凝土交货检验留置的混凝土试块数量，根据《混凝土强度检验评定标准》GBJ 107—87 和《混凝土结构工程施工质量验收规范》GB 50204—2002 规定，试样应在混凝土浇筑地点随机抽取，取样与试件留置应符合：每拌制 100 盘但不超过 100m^3 的同配合比的混凝土，取样次数不少于 1 次；每工作班拌制的同配合比混凝土不足 100 盘时，其取样次数仍不少于 1 次；当一次连续浇筑超过 1000m^3，同一配合比的混凝土每 200m^3 取样不得少于 1 次；每一楼层、每一配合比的混凝土，取样不得少于 1 次；每现浇混凝土结构，其试样留置还要符合：每现浇楼层同配合比的混凝土，取样不得少于 1 次；同一单位工程每一验收项目中同配合比的混凝土，取样不得少于 1 次。

对大体积粉煤灰混凝土每拌制 500m^3，至少做 1 组试块；不足规定数量时，每班至少成型 1 组。每次取样应至少留置 1 组标准养护试件，同条件养护的留置组数应根据实际需要确定，如拆模前、施加预应力和施工间歇临时荷载使用，检查方法按当时记录及试件强度报告。

5. 预拌混凝土同条件养护试块留置

（1）根据现行的《混凝土结构工程施工质量验收规范》GB 50204—2002 规定，用于检验结构混凝土强度的试件，应在混凝土浇筑地点随机抽取。在留置标养试块的同时，重视工程实际需求，同各有关方协商确定同条件养护试块的留置组数。正常工程对同条件养护的留置组数应考虑的因素是：

1）同条件养护试件所对应的结构构件或结构部位，应由建设、监理、施工方根据重要性共同商定：①对混凝土结构工程中各混凝土强度等级，均应留置同条件养护试块；②同强度等级的同条件养护试块留置组数根据混凝土的重要性确定，不宜少于 7 组，不应少于 3 组；③同条件试块拆模后，应放在靠近构件或结构适当的位置，并采取相同的养护方法。

2）同条件养护试块达到等效养护龄期及相应的强度代表值，宜根据当地气候和养护条件，按照其规定执行：①等效养护龄期可按日平均温度逐日累计达到 600℃ · d 时确定，0℃及以下的龄期不计入；②等效养护龄期不应少于 14d，也不宜大于 60d；③同条件养护试块的强度代表值，应根据强度试验结果，按现行国家标准《混凝土强度检验评定标准》GBJ 107—87 评定后，乘以折算系数取用，折算系数一般取 1.10，也可以根据当地经验统计结果进行适当调整。

对于冬期施工人工加热养护的结构件，其同条件养护试件的等效养护龄期，可根据结构构件的实际养护条件，由建设、监理及施工单位根据需要共同确定。

（2）预拌混凝土试件的见证送取样，混凝土试件必须由施工单位送样人会同建设（监理）见证一同取送样。送给认可的试验室后，应逐项填写好“委托书”，不允许漏项目，如使用部位、浇筑时间及强度等级的重要内容。

6. 预拌混凝土监理质量重点

面对当前建筑市场的实际，对混凝土质量的控制一定要把预拌混凝土的源头质量工作做细、做好，在工程监理过程中，一般应做好几个重要环节的质量控制工作。

（1）通过调研优选预拌混凝土生产厂家。按照现行的《预拌混凝土》GB/T 14902—2003 要求选定。在考察混凝土生产厂家时不但考察相关的质量文件、质量证书，还必须看原材料产品及其质量，技术人员配备及素质，生产能力，包括厂家社会信誉等。督促施工单位要求混凝土搅拌站签订供货合同，要求按《预拌混凝土》GB/T 14902—2003 和当地具体规定，提供出厂检验资料和质量保证承诺书、违约处理办法等。

（2）加强对原材料质量的抽查复检工作。监理人员督促施工单位随时对进入现场的运输原材料（拌合料）车辆进行抽检，如果发现有不符合要求的材料立即责令停止运送，并不得使用该搅拌站拌制的混凝土。还要加强对进入工地预拌混凝土送货单进行核查。包括出厂时间、配合比、水灰比、强度等级、坍落度、使用部位仔细核实，防止误用。

（3）做好预拌混凝土进场的抽查工作。由于预拌混凝土的特殊性，现场变化大，不能只凭感觉办事，还要对拌合料的坍落度定时实测。同时把混凝土装入桶中，用水冲洗干净水泥浆，余下粗细骨料，当场测试粗细骨料质量和配合比情况。有怀疑时可将这些骨料送试验室检验。作为监理人员必须牢记，混凝土的强度主要是直接受粗细骨料质量、级配、水泥强度和水灰比、养护条件及龄期影响。

（4）现场混凝土试块的留置很关键。为了防止施工单位弄虚作假，监理人员必须认真跟踪试块的制作过程，并做上记号防换；填写好“混凝土试块留置及检验试验登记台账”，以免发生遗忘。同时做好试块的留置记录，以备后查。混凝土试块的留置要严格执行现行国家标准《混凝土结构工程施工质量验收规范》GB 50204—2002 规定中第 7.4 条主控项目即强制性条文规定，同批次、同楼层、同强度等级的标准养护混凝土试块，每次留置通常应不少于3组（9块），但绝不少于2组。尤其是同条件养护混凝土试块的留置，要视混凝土构件的重要性，会同建设、设计和施工方共同确定。对同批次、同楼层、同强度等级的柱和梁同条件养护试块的留置，至少也必须保留2组，不要随意让施工方留置，也不能放任自流，做到记录清楚，心中有数。

（5）及时收集并清理预拌混凝土的监理资料。及时检查施工单位对预拌混凝土验收资料整理情况，凡是工程上使用预拌混凝土生产厂家资料和工地发生变化、变更记录资料，都必须认真、准确、完整，及时签字，手续齐全，按归档标准独立组卷。对进场验收票据要装订成册，留作施工质量过程控制的重要依据。同时，要及时收集及整理预拌混凝土监理资料，必须准确、齐全。

7 预拌混凝土常见质量问题原因及预防

现在预拌商品混凝土已得到普及，但在施工及检查中发现有预拌混凝土在高强度等级存在强度偏低、现浇构件出现裂缝、外加剂使用不规范的常见质量问题，给工程带来一定的质量隐患。对高强度等级混凝土强度偏低及现浇构件出现裂缝两个问题的原因进行分析探讨，现结合工程应用经验提出防治措施。

1. 强度偏低及裂缝成因浅要分析

1.1 设计混凝土强度高而拌制强度偏低原因

（1）粗骨料强度偏低配制的混凝土强度低。粗骨料天然级配、最大粒径、含泥量、针片状含量对混凝土强度有较大影响，这一点容易被使用者所忽略。对不重要的一般工程强度等级低的混凝土，其粗骨料强度都可以满足工程要求，不做检验即可用。但对重要的大型工程要求强度等级较高的混凝土，粗骨料的强度非常重要，因此必须进行检验。在生产中多数搅拌站的粗骨料检验报告中，没有列出碎石压碎的指标值。部分搅拌站一再压低成本，采取低配制强度，过分利用水泥的富余量，造成配制的混凝土强度偏低，存在一定安全隐患而直接影响到工程质量。

（2）未考虑原材料含水率，使水灰比偏大。部分搅拌站无自控检测砂、石含水率设备，遇到雨天只能凭经验判定含水率，未能按规定次数检测砂、石含水率，也没有及时调整砂石用量及减少用水量，还有的根本不测也不调整，造成了雨天水灰比失控过大，其结果还是影响混凝土的强度。多数搅拌站远离施工现场，加上夏季高温干燥，在混凝土运输过程中未对车辆进行防护处理，造成运输搅拌车在路途水分大量蒸发，坍落度损失很大。因个别施工管理人员对混凝土中随意加水会降低混凝土强度和耐久性不甚了解，为便于卸车、泵送和浇筑，就在卸出口及浇筑现场随便加水，破坏了原来的配合水灰比，局部坍落度和水灰比失控，严重降低了混凝土的设计配制强度，留下质量隐患。

1.2　裂缝的性质及原因分析

在使用搅拌混凝土的许多工程中，不同结构件出现裂缝的现象占有较大的比例，而裂缝的种类复杂。少量裂缝会影响到建筑物的安全使用和耐久性能，而多数裂缝只是表面的，仅影响到观感。大量裂缝的产生并非与荷载作用有关系，通过调研与应用的实践表明，多数裂缝是由于变形原因引起的，包括干燥变形、温度变形、环境气候变化及水化热变形，收缩变形（包括塑性、碳化变形）及地基不均匀沉降变形等。

（1）温度变形：即在水泥水化过程中发热及散热条件形成的内外温差，表面与环境温差，降温过快急冷热不均产生的温差导致的收缩裂缝形成，这些裂缝在大体积混凝土体中常见。

（2）干燥收缩裂缝：混凝土在凝结过程中的化学作用，使凝结后的绝对体积减小，而自缩和水化过程中水分的大量散失变干产生的裂缝。由于浇筑后混凝土表面失水量快，在收缩应力的作用下出现。从混凝土自身分析，混凝土强度等级较高时，通常是水泥用量比较大，掺有外加剂减少水的用量来达到保证混凝土强度的措施，并保持泵送混凝土的流动性要求。C40 以上强度等级的混凝土，水泥用量最少在 400kg/m^3，再加上高效减水剂使水灰比小于0.40，但坍落度却在150mm以上，凝结时间初凝在6h，在初凝前混凝土是没有任何强度的。当遇到温度比较高时混凝土表面的水分很快蒸发，再有风吹则失水更快，表面收缩但下面仍湿润导致硬皮开裂。此类裂缝的特点是无规律性和方向性，缝宽一般在0.1～0.3mm，且数量居多。

现在的泵送混凝土在泵前加水造成局部水灰比过大，水泥浆沉淀，在水分蒸发后，表面的干缩产生裂缝，气候的影响也大，夏季浇筑混凝土梁板时，由于表面系数大，干燥失水快，则出现大量不规则开裂，而同时浇筑的梁和柱周围模板有包裹，表面系数小，裂缝自然也少。

（3）收缩或胀缩裂缝：混凝土在塑性阶段因水分蒸发，干燥收缩引起体积变化，周围受模板及配筋率的约束，凝结后出现开裂。胀缩原因是水泥、掺合料及外加剂本身不适应或混合不均匀产生的质量问题。

（4）塑性沉降裂缝：浇筑后的混凝土因不均匀沉降而产生沉降裂缝。因拌合料不均匀，尤其是大厚结构件在浇筑后数小时内产生，基础或混凝土自身沉降、模板支撑下沉或模板振动造成。

（5）荷载裂缝：这种裂缝比较少，一般是配筋不当或附加筋错位，附加应力产生的裂缝。

（6）扰动变形裂缝：浇筑后的混凝土在未凝结之前，受到外力经重新抹压可以恢复作用，但在初凝后即失去了可流动性，产生的裂缝就不能恢复了。浇筑后的混凝土扰动的原因主要是：泵送管道支撑对模板的冲击振动；楼面板面积比较大时，泵送管道只有支设在楼板上，泵送管的弯头比较多，加大了输送阻力，输送时来回的运动影响到钢筋的不断振动，这种振动对开始凝结的混凝土影响极大，只要有机会就在混凝土中形成裂缝，而裂缝的方向性很强，形成与钢筋走向基本相同的开裂。板底支撑刚度不足，受力后变形会造成裂缝，这种情况会出现在胶合板的情形。当支撑间距较大时，混凝土浇筑抹压虽完成，但未完全凝固，此时上人操作即会产生裂缝，此种缝无规则，出现在应力集中部位；楼板上安装的预埋管固定不牢，浇筑混凝土后即上人干活儿，使埋管开裂，拆模后可以看出裂缝与埋管方向相同。

2. 强度偏低裂缝的预防控制

2.1　设计混凝土强度高而拌制强度偏低的处理方法

针对预拌高强度的混凝土而实际强度偏低的原因，在搅拌站生产过程中要采取的措施是：

（1）加强对粗骨料的检验：结合实际配制符合要求的混凝土。由于粗骨料强度是影响混凝土强度的主要原因，混凝土强度等级为 C45 及更高时要进行岩石强度检验，当认为有必要时也要对岩石进行抗压强度检验。岩石的抗压强度与混凝土的强度等级之比要大于 1.5。混凝土的强度为强度标准值增加 1.645 倍的标准差，保证率必须达到 95% 以上。还要结合施工现场条件同试验室的差异，试配强度要高于设计强度一个等级，使保证率不要过高或偏低。

（2）砂石含水率及用水量随时调整：保证运输过程中混凝土质量不受损失。搅拌站必须采取有效措施，保证砂石料有比较稳定的含水率，遇到雨天要按规定次数抽查含水率，并根据实际调整用水量，保持良好的水灰比例，满足混凝土强度等级和施工和易性需求。由于在相同材料和工艺条件下，混凝土的强度取决于水灰比，即混凝土强度会随着水灰比的增加而降低。对此，为了保证运输距离过远或天气太热，而造成混凝土拌合物在运输中水分损失过多，不能保持正常的泵送浇筑施工，而随意加水稀释混凝土拌合物，增加水灰比和坍落度，这样是不允许的行为，导致拌合物离析和泌水；同时，材料不均匀也会严重影响混凝土的强度。

（3）控制掺合料和外加剂数量：使用表明，掺合粉煤灰在混凝土中起到填充均化及润滑作用。粉煤灰掺用量小于 10% 时具有一定的增强效果，再加上粉煤灰与水泥水化产物 $Ca(OH)_2$ 的二次反应，生成低硅化的 C-S-H 凝胶体，提高了混凝土的密实性及强度。如果粉煤灰掺量过多，对混凝土的早期强度有明显影响，所以掺有粉煤灰的混凝土应减少水泥用量，即小的水胶比（$W/C+F$）制备。粉煤灰掺量应控制在不超过25%为宜，还要减少相应的水泥用量。

外加剂的使用极其普遍和广泛，对其使用要根据设计混凝土的性能要求、气候环境及现场条件，还要结合原材料、配合比，特别是水泥的相容性因素综合考虑。选择外加剂品种和掺量应经过试配确定，并在实际使用中严格计量，确保使用误差 $<1\%$，保证达到预期效果。

2.2 混凝土出现裂缝的控制措施

（1）对于体积较大混凝土引起裂缝的主要原因是水泥水化热的大量积存，使混凝土出现早期升温和后期降温，产生内外表面的温差所致。减小温差的重要措施是选择低热矿渣水泥或中热硅酸盐水泥，在掺入粉煤灰或泵送剂时也可选用矿渣硅酸盐水泥。还可以利用混凝土的后期强度，减少水泥用量，更有利于降低水化热产生的升温。减少温度应力要根据结构实际，符合刚度和强度，取得设计人员同意，可以用56d或90d抗压强度替代28d抗压强度作为设计要求。这样减小水泥用量，有效降低水化热和内外温差，水泥用量控制在400kg/m^3左右，在强度允许范围内水泥用量以粉煤灰置换来调整。

（2）外加剂掺量的控制，外加剂使用极其普遍，混凝土中掺入具有减水、缓凝、增塑、抗冻及引气型泵送剂，可以极大地改善混凝土拌合物的流动性、和易性、黏聚性和保水性等性能。由于具备减水及分散作用，在降低用水量和提高混凝土强度的同时，还可以降低水化热，推迟热峰值出现的时间，可以减少温差裂缝。在泵送混凝土中掺入水泥用量0.25%的木质素磺酸钙减水剂，不仅可以改善泵送的速度，而且减少拌合用水量，降低水化热，延迟水化热释放速度，推后热峰值出现的时间。

（3）外掺合料的使用经过众多工程实践表明，是很有效的技术措施。外掺合料用量最大的是优质粉煤灰，掺入混凝土后不但能代替相同的水泥量，而且因粉煤灰颗粒呈球状具有滚珠效应，起到在拌合料中的润滑作用，有效改善混凝土拌合物的流动保水性和黏聚性，更好地起到补充泵送混凝土中粒径小于0.31mm以下、细集料达到15%的需求，对改善泵送十分有利。同时，根据大体积混凝土早期强度的特点，初期处于较高温度环境下，强度增长快也高，但在后期却增长较慢。在掺入粉煤灰后其中活性成分 Al_2O_3、SiO_2 与水泥水化析出的 CaO 作用，形成新的水化产物来填充空隙，密实性更好，提高结构后期强度。需要引起重视的是掺入粉煤灰的混凝土早期抗拉强度和极限变形能力有所下降。考虑到这一因素，对早期强度要求较高的混凝土结构，粉煤灰掺量不要过多，一般在10%~15%较适宜。

（4）选择质量优异的粗细骨料是保证混凝土强度的根本条件。要根据结构最小截面和泵送管内径，确定石子最大粒径，尽可能采用较大粒径骨料。如正常使用粗骨料粒径为5~40mm级配卵石或碎石，比用5~25mm粒径减少用水量 $8kg/m^3$ 左右，减少泌水和收缩量。

要优先选择天然连续级配好的粗集料，使拌合料在泵送管中顺利输出，级配好的粗集料可减少水泥用量，降低水化热，减少开裂。细骨料也要优选级配好，含土量少的中砂，其模数达到2.8时比用2.3模数砂少用水 $20kg/m^3$ 和少用水泥 $30kg/m^3$ 左右，对降低水化热十分有利，可以更好地减少结构开裂。泵送混凝土也必须优选砂率，较高砂率对泵送流动性好，但影响到混凝土的强度，更增加收缩量，加大开裂。

（5）预拌混凝土施工工艺的改进。首先控制混凝土的出机温度和浇筑温度，其次是搅拌工艺，第三是振捣工艺，最后是改进养护方法。

为降低混凝土的总升温，减少大体积混凝土的内外温差是一项重要的技术措施。在高温季节施工，浇筑温度不要超过30℃，最有效的措施是降低原材料的温度。混凝土中石子热比小，但体积中石子所占质量最大，所以降低石子温度最有效。高温季节施工太阳光最强，遮挡太阳直射方法是搭棚或者装水管淋，对运输车保温和冷却也是可以采取的方法。

在搅拌时采取二次投料的纯浆包裹石子工艺，能有效地防止水分聚集在石子表面，使凝结后界面过渡层浆体密实，粘结力强，可提高到10%和节省水泥5%，减少开裂。而振捣工艺是对已完成的混凝土采取终凝前的二次再振捣。这样可以更好地排除混凝土因泌水在石子、水平筋下部形成的水膜及空隙，重新提高粘结力和抗拉强度，减少内部裂缝与气孔，加强抗裂性。

养护是一道关键工艺，要切实做到、做好。混凝土的养护主要是保证温度和湿度，要保持结构表面的热扩散和降低表面温度差，防止失水表面开裂。由于散热时间较长，混凝土强度和松弛作用得到充分发挥，使混凝土总温差产生的拉应力小于其抗拉强度，防止贯穿裂缝的形成。浇筑时间不长的混凝土仍处于凝结水化过程，水化速度较快湿润的环境防止表面失水而产生收缩裂缝。同时，湿润条件可使水泥水化充分、彻底，提高混凝土的抗拉强度。

综上所述可知，对预拌混凝土容易产生开裂的质量问题分析与采取防治措施，关键还是加强对原材料质量的检测控制；对水灰比、坍落度影响混凝土强度和浇筑质量的控制；加强现场取样检验其质量变化；裂缝的控制要由设计、施工、材料选择几个环节控制；优化配合比设计，选用低热水泥及配制高强混凝土；采用适应性好的外加剂及掺合料；当出现裂缝时处理要慎重，使工程结构质量达到设计及施工规范要求。

8 集中预拌混凝土结构开裂原因及预防

集中预拌商品混凝土几乎代替了所有传统现场自拌混凝土，广泛应用在城市及各类建筑工程中。泵送混凝土因为配料准确、质量可靠且不占用施工场地、施工便利、速度快等优点，受到建设各方的认可。但是为了适应泵送管道性能要求，混凝土中粗骨料含量大大减少且粒径级配也不良，有些细骨料多用细砂、粉砂且含泥量超标等因素都会造成混凝土的稳定性变差，收缩量增大，从而使混凝土结构件出现裂缝。同时，由于现在建筑功能的不断变化，大空间的建筑形式导致大跨度梁板结构的大量出现，超长超厚地下室大体积混凝土基础，加上层高限制对裂缝宽度计算方法也不是很准确，且设计人员对裂缝产生原因理解不深，在不使用预应力的情况下，结构出现裂缝的几率也大幅增加。虽然结构中出现裂缝多数是无害缝，对结构安全耐久性并不构成一些威胁，但根据使用环境及现状分析，目前群众对建筑居住房屋投诉中，房屋裂缝方面所占的比例占绝对多数，是现实中焦点问题。因此，必须加强对裂缝产生原因进行分析探讨，在设计中如何采取构造措施来提高构件的所需刚度，在材料选择上通过设计提出要求，严格控制混凝土的各项技术参数达到减轻混凝土自身收缩，并在施工中采取切实技术措施减小温度影响，只有了解裂缝的产生和发展原因，认清其裂缝危害程度，才能为控制裂缝发展和修复提供科学的依据和方法。

1. 裂缝形态及表现特征

钢筋混凝土结构容易产生裂缝的部位主要是：较长的地下室外墙，较厚的地下室底板，跨度比较大的框架梁，大面积屋面板，楼板和混凝土路面及场地等。根据不同构件及产生原因不同，各部位的裂缝呈现出不同特征。

（1）较长墙体裂缝：某办公写字楼地下室外墙长 128m，中间设一道沉降缝、一条后浇带，最长间距 64m。结构施工完后逐渐发现外墙板出现裂缝，随着时间的推移，整个地下室外墙裂缝数量达到近 100 条。从裂缝形态上看，绝大部分裂缝是竖向缝，裂缝长度大多数接近墙高；裂缝宽度由中间向两端逐渐变细而肉眼看不见；裂缝大多集中在墙长中间，两端裂缝相对较少；裂缝间距比较近，一般 1 ~ 1.5m 出现一条不等；外墙壁柱两侧均出现两条长度不等的裂缝；地下墙外部回填土以后，停止抽水后个别裂缝出现渗漏水现象，表明裂缝已经贯穿。地下室局部内墙出现 45°斜裂缝，一些斜裂缝贯通，如图 1 所示。

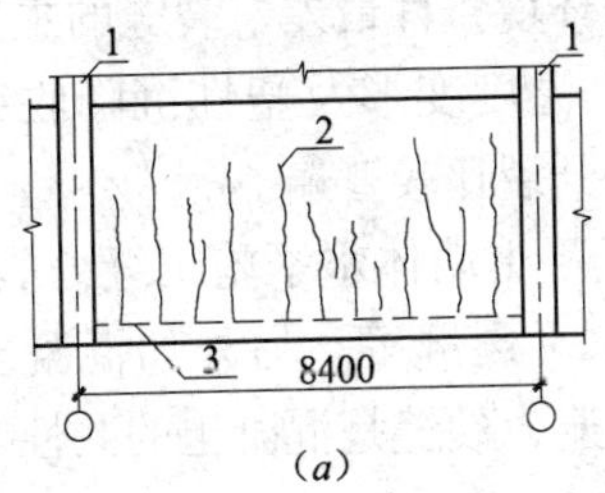

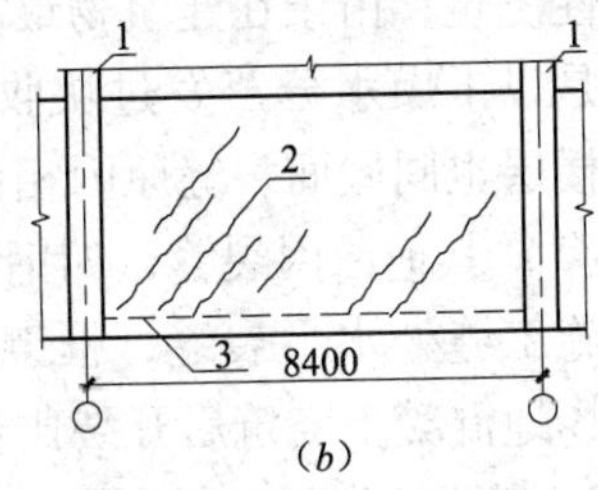

图 1　地下室墙体裂缝示意

(a) 外墙垂直裂缝；(b) 内墙斜裂缝

1—壁柱；2—垂直裂缝；3—水平施工缝

(2) 地下室底板裂缝：从地下室底板使用看，厚度在 1m 左右的底板裂缝的现象较少，而厚度 300 ~ 400mm 筏板会出现裂缝情况。由于较大厚度底板刚度大，水平构件浇筑环境好，底板下部紧贴地基，养护也好，底板浇筑后一般连续进行地下室施工，受温度影响少。而较薄底板因梁高刚度大，底板薄弱收缩应力不均匀产生裂缝。

(3) 框架梁裂缝：某综合楼从第 4 ~ 13 层西端框架主梁在结构完成后，梁两侧面及底面出现竖向裂缝，有的裂缝出现在同一梁高两侧均有，连续两条间隔不足 200mm，也有的裂缝不连贯，断断续续为环形缝，即两侧及梁底缝连接，形状如图 2 所示。从裂缝分布的位置看，多数裂缝集中在梁的中间侧面，裂缝间距比较近，其宽度较小，因梁下部受主筋约束，梁上部有现浇楼板约束，所以裂缝宽度也呈现出中部大两端小的特征，但经过 4 个月观察，裂缝数量未增加，宽度没有发展，属于温度缝，主次梁交接处有常见缝出现。

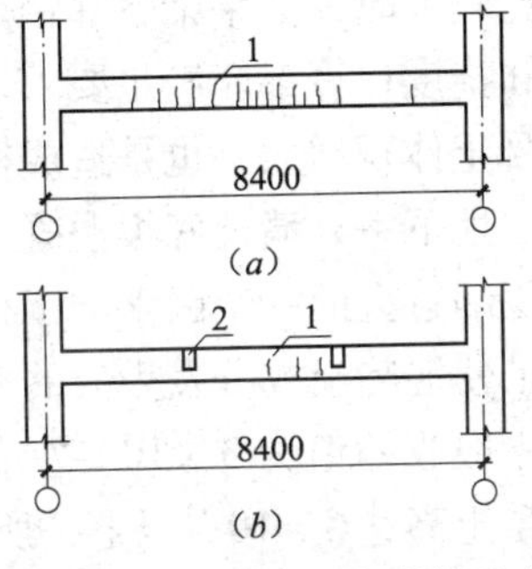

图 2　框架梁侧及梁底裂缝示意

(a) 南北向梁侧环形裂缝；

(b) 东西向两侧环形裂缝

1—环形裂缝；2—次梁

(4) 屋面及楼层板裂缝：屋面板一般面积比较大而且整体

一次性浇筑，由于在建筑物最高处环境条件最差，裂缝的主要原因还是以干燥水分蒸发过快收缩、温度变形及塑性沉降收缩为主。楼层也同屋面裂缝原因相似，开裂比较普遍。

（5）其他原因裂缝，如钢筋混凝土墙体水平施工缝处裂缝，柱头施工缝处水平裂缝，框架柱水平裂缝等。另外如混凝土道面、场地混凝土浇筑后开裂比较普遍，裂缝是混凝土的共性。

2. 裂缝产生的一般原因

导致混凝土结构构件产生裂缝的原因比较复杂，通过工程施工及大量实践总结，主要是以下几个方面的原因造成的。

（1）设计方面存在问题。对长度较大的钢筋混凝土地下室外墙来说，当钢筋混凝土结构伸缩缝间距超过现行国家标准《混凝土结构设计规范》GB 50010—2002 关于伸缩缝的最大间距时，构造措施如果未采取有效的方法来减弱温度变化和混凝土收缩对结构的不利影响，如后浇带间距过长、墙体水平配筋没有考虑到超过允许长度时温度应力的影响时，就肯定会出现地下室外墙竖向裂缝的情况。对于非预应力框架梁来说，当框架梁的跨高比较大时，如果梁下部钢筋直径大，数量少，即使承载力、裂缝和挠度计算都能满足要求，但梁的配筋间距过大，钢筋之间素混凝土体积增大，也是造成框架梁出现裂缝的原因。

地下室外墙及底板混凝土强度等级一般偏高，也是导致混凝土收缩过大的一个因素。工程实践表明，由于泵送混凝土的工艺要求使混凝土成分发生大的变化，其收缩值普遍加大。传统混凝土一般收缩值为3×10^{-4}左右，现在则为4×10^{-4}以上，而泵送混凝土高达5×10^{-4}以上，所以在设计中必须考虑到现代混凝土组成性能变化的因素。

（2）材料因素的影响。混凝土配合比不当，材料比例中粗骨料含量大大减少且粒径也较小，级配连续差；细骨料用砂过细且粉砂含量多，砂石含泥及杂质超标，这是当前造成混凝土结构出现收缩量加大、裂缝增多的主要原因。现在的预拌商品混凝土经济利益考虑得比较多，用低强度水泥配制高强度等级混凝土，造成水泥用量过多，水化热过高收缩值大，结构件开裂严重。

混凝土坍落度过大，用水量多，加重了混凝土的开裂。现行国家标准《地下工程防水技术规范》GB 50108—2008 规定：预拌混凝土入泵坍落度控制在 120 ± 20mm，而现在预拌混凝土入泵坍落度多在 160mm 以上，多达 180 ~ 220mm 也不少见。另外，存在外加剂使用不当的现象。一些预拌厂家为降低成本，使用劣质外加剂，而其含量过多也将增加混凝土收缩量。

（3）施工控制原因。现在工程建设有的违背规律，工期要求紧，施工企业被迫赶进度，抢工期，压缩混凝土中间提高强度时间，从而也降低了混凝土质量及其耐久性。施工钢筋加工及绑扎保护层过大，钢筋位置摆放不准确，浇筑振捣漏振或时间短不密实，不到期拆模及养护措施不到位，依然不可避免地存在。

更严重的是，个别搅拌车随便向罐车内混凝土中加水，施工方为了方便，也在泵送前任意加水，人为地改变混凝土的水灰比例，混凝土的收缩量明显增大。地下工程完成后长时间不做回填，使地下墙板长期暴露在大气环境下，由于季节及每日不同时间温度变化，出现热胀冷缩现象不间断循环，开裂是难免的，这些多种因素促使商品混凝土的普遍开裂。

3. 裂缝的一般防治措施

通过对裂缝产生原因的简要分析，最关键的还是在设计中采取构造措施预控裂缝的产生和发展。

（1）设计措施：①地下室墙板及底板和屋面对防水要求高的部位，尽量选择低等级的抗渗混凝土；②对超长地下结构外墙水平筋不能完全按构造配筋，外墙如果是双向板，应按计算配筋，如果是单向板，水平配筋率应放宽至 3% ~4%，水平筋间距宜控制在 100 ~ 120mm，尽可能减小温度对混凝土收缩的影响；③框架梁跨高比不宜过大，若是过大要采取有效措施控制裂缝宽度，尤其是在用宽扁梁时，更应该考虑钢筋的间距、直径和数量。经验表明，采用密而细的配筋方式更有助于减少裂缝的产生；④对裂缝控制要求高的结构件，必要时可采取预应力构件。

（2）材料措施：①严格控制混凝土用水泥量的最小值和最大值、水灰比和坍落度是重要指标；②确定混凝土用外加剂品种、掺量，尤其是相容性，不仅要考虑混凝土强度，而且还考虑混凝土的水化热和收缩量，对地下有抗渗要求的混凝土还要考虑抗渗漏功能。

（3）施工措施：①加强对图纸的熟悉和理解，做好技术和工艺交底工作；②加强施工过程管理，严格按照施工组织设计进行施工，不得随便改变混凝土材料的各项技术指标；③积极应用新技术、新工艺来减少施工原因造成的混凝土收缩；④冬期施工采取可靠的保温措施。

综上所述，混凝土结构的裂缝控制是关系到整个建筑物耐久性的重要因素，是影响建筑物防水安全使用的关键所在，也是保证地下人防区密闭性的必要条件，是保证房屋质量的有效途径。通过分析，结合工程遇到的实际情况，已经引起了建设各方对裂缝产生及危害程度的重视，在预防和处理房屋裂缝时分析影响程度，然后再区别程度分别进行处理。

9　预拌商品混凝土施工质量的控制

预拌混凝土习惯称作商品混凝土，也是由传统混凝土材料的水泥、砂、石子、外加剂及外掺合料和水按一定比例配制而成的混合物。实践表明，采用预拌混凝土可提高劳动生产率250%左右，节省水泥15%，是节省资源、保护环境、提高建筑产品质量、降低成本的需要。预拌混凝土普及率国内已达到80%左右，其使用潜力是巨大的。但商品混凝土也存在裂缝开裂比较普遍，从而影响到结构质量的问题。本文从预拌混凝土的特性、质量影响因素、施工质量控制方面，分析探讨确保混凝土施工质量的方法。

1. 商品混凝土的特殊性

（1）优点方面：具有工业化、专业化大生产特点，质量控制、技术服务及新产品研发具有明显优势。质量相对现场、搅拌稳定性更好，机械化程度高，计量准确，搅拌均匀，减少离散性。加快施工进度，减少施工现场噪声及粉尘污染，利于文明施工。

（2）常见的质量问题：由于混凝土是一种非均质离散材料，质量波动较大。原材料、配合比波动，生产过程变化及施工水平直接影响混凝土产品质量，预拌商品混凝土的通病表现在和易性差、容易离析、泌水等。

和易性也是流动性、黏聚性和保水性的综合体现。泵送混凝土的可泵性极其重要，输送时管道内需要不离析、不阻塞，摩擦力小才能泵送。坍落度损失反映在拌合物失水和凝结速度。混合料拌制后经过停留逐渐变稠而黏聚性增大，流动性降低，给施工过程带来相应难度，容易造成浇筑后混凝土出现蜂窝、麻面问题。离析是拌制后混凝土中各组分分离，造成分层沉淀现象，而离析后的混凝土在泵送管中会堵塞或爆管，施工中的分离使结构件强度不均匀。而混凝土产生泌水则是拌合物下沉，使水被排除并上升至表面，表面形成浮浆，有些水通过模板缝漏出，使混凝土表面产生缺陷。

（3）混凝土强度不足的问题：由于材料不均匀问题，而生产过程中影响质量的因素又多，其强度离散性也明显存在。如外加剂掺入不当，为了改善混凝土拌合物的和易性，习惯做法是掺入粉煤灰、矿渣等外掺料及减水剂、缓凝剂外加剂。如掺量不当也会影响到其强度，施工过程有时为了满足泵送而任意加水，造成出现强度和耐久性不足的现象。

（4）裂缝的问题：干燥裂缝是混凝土在硬化过程中而引起的体积收缩，及内部游离水由表及里的逐渐蒸发，其结构体内外形成湿度梯度。在约束环境下收缩应力大于抗拉强度时，则出现干燥收缩裂缝。早期收缩裂缝比较细小，随着干燥程度延长则更为明显，形状是上宽下窄，楼板上见到的多。而温度裂缝由于水泥水化释放大量热量，一般在3d内释放大量水化热，如果降温措施不当，导致结构体内外温差大于25℃及以上时，因内外温差梯度过大而造成结构开裂。而混凝土出现异常凝结现象在工程上也会遇到，尤其是高温季节，外加剂与水泥品种适应性不好，或者外加剂掺量超过临界限制，拌合物发生速凝、假凝或缓凝现象，都将影响到混凝土的施工质量。

2. 商品混凝土原材料质量控制

混凝土的原材料主要指水泥、砂、石、外加剂、外掺合料及水，原材料的质量直接影响到混凝土的性能。对进场的原材料应及时通过目测外观及检查质量相关资料报告，然后再根据规定见证取样，送具备检验资质的试验室检验，合格才能用于工程。

（1）水泥：水泥的质量对混凝土结构强度、变形、外观及耐久性具关键性影响。水泥的品种、强度等级、生产厂家、批次、细度，凝结时间都有差异，会影响拌合物用水量、坍落度及强度。

工程使用针对不同用途混凝土正确选择水泥品种。从减少裂缝的角度考虑，水泥品种的选择次序是：低碱水泥，硅酸盐水泥，普通硅酸盐水泥；而大体积混凝土宜采用低热水泥。无特殊要求时不要选择早强水泥、含碱量大及过细水泥。在使用前根据规范 GB 50204—2002 要求，对水泥的强度、安定性进行复检。对水泥标准稠度和用水量大小也不同，在相同强度时选择需水量小的水泥，在配制混凝土时采用需水量小的水泥可降低其用量。对水泥富裕量、强度标准差、标准稠度用水量、初凝时间、对减水剂适应性好及经时坍落度损失率等技术指标，综合评价水泥质量的优劣。

（2）粗骨料：在混凝土硬化后石子则是骨架，占据混凝土中最大的体积，石子最大粒径和级配对混凝土的流动性、强度、耐久性及经济方面均有一定影响。

对粗骨料石子质量的要求是颗粒表面形状、最大粒径、有害杂质限量、颗粒强度及级配。当石子中氯离子含量较多时，应进行检验处理。在粗骨料连续级配有变化时，只能调整砂率，使粗细骨料混合堆积密度更好。

(3) 细骨料：细骨料在混凝土中的作用是起填充石子空隙作用，对细骨料质量要求主要是粗细度、级配合理、有害杂质含量等。

每进场的每一个检验批要对颗粒级配、细度模数、松散堆积密度及含泥量进行检验。配制高强混凝土一般用粗砂，普通混凝土宜用中砂。砂子的细度模数影响混凝土的砂率和用水量，如砂率多，用水量大，坍落度损失快；反之，容易产生泌水和离析。砂子中氯离子含量较多时，应进行检验处理。在细骨料连续级配有变化时，在确保水灰比不变情况下调整水泥浆用量。

(4) 水：一般水中会含有某些杂质，对混凝土的正常凝结硬化产生不利影响，不利于混凝土强度的增长，加快钢筋锈蚀及污染混凝土表面，故宜使用饮用水。当采用其他水源的水时，水质必须经过化验符合混凝土拌合用水要求。

(5) 外加剂：常用的外加剂主要有减水剂，引气剂，早强剂，缓凝剂，膨胀剂，防水剂，防冻剂及泵送剂等。

使用外加剂时必须根据混凝土原材料、强度及配合比选择适应的外加剂品种，确定减水率及用量。针对外加剂种类进行 pH 值、细度、含气量、混凝土减水率、凝结时间、坍落度损失、钢筋锈蚀程度的检测。还有如抗冻性、抗渗性、抗浸蚀及耐磨性的要求等。

3. 混凝土配合比优化控制

混凝土配合比是组成混凝土各种原材料用量比例的控制。比例不同则拌合料有不同的和易性，可使混凝土在使用中有不同的强度和耐久性。

3.1 混凝土配合比要满足使用要求

(1) 工程结构要求。不同结构类型的工程对混凝土性能的要求不尽相同，如大体积混凝土的配合比设计应重点考虑水化热对结构的影响，大面积薄壁结构及有振捣困难的结构应使混凝土有自密实的性能，设计必须结合工程特点及内部配筋来选择骨料及粒径。

（2）施工的需求。首先要考虑粗骨料的最大粒径，为了使混凝土振捣密实，石子粒径不得超过截面最小尺寸的1/4，也不得超过钢筋最小净距的3/4。而泵送混凝土用的碎石不要大于输送管内径的1/3，卵石不应大于输送管内径的2/5，并符合泵送技术要求。

（3）拌合料稠度。混凝土拌合料的稠度是由水灰比决定的，在水泥用量不变的条件下，单位体积拌合物内若是水灰比增大，稠度变小拌合物流动性随之加大，黏聚性及保水性变差。如果水灰比减小，稠度会增大，拌合物流动性减小，又给施工浇筑增加难度，影响密实度。因此，混凝土的水灰比以满足黏聚性及保水性为宜。过大的水灰比使结构内部形成大的孔隙率，对混凝土密实性、强度和耐久性极其不利。若是泵送混凝土，还要有可泵性，在管道中摩擦力小，不离析，不阻塞，顺利到浇筑部位。

（4）砂率要求。砂率多少反映骨料孔隙和总表面积大小，对混凝土拌合物和易性影响明显。若砂率过大，骨料总表面积与孔隙率均加大，在水泥浆用量不变情况下，水泥浆不能够达到填充、包裹、润滑骨料作用，使拌合物流动性减小。当砂率过小，又不能在粗骨料之间有一定厚度的砂浆层，会降低混凝土拌合物的流动性，将严重影响粘结性和保水性，容易形成分层离析。合理采用砂率，可使混凝土拌合物获得良好的流动性，保持需要的粘结性和保水性，水泥用量最少。

（5）强度要求。抗压强度是世界上通用的一个重要力学指标。由于混凝土是一种非均质松散材料，在生产过程中影响质量的因素众多，造成强度离散性大。为达到设计要求强度等级的混凝土，使得有大于95%的保证率，要考虑有一定富裕量的混凝土配合比。混凝土抗折强度也是控制质量的一个重要技术指标，在场地及道路工程中，常用混凝土28d抗折强度作为控制指标，事实上混凝土的抗压强度高，则抗折强度也相应高。

（6）耐久性要求。混凝土的耐久性是混凝土长期在自然环境中使用，保证达到安全使用寿命的能力，包括抗冻、抗渗、抗碳化、抗侵蚀及耐氯离子对结构的锈蚀性。根据工程环境不同及具体需要，配制具有相应耐久性的混凝土。

采取掺入外加剂及外掺合料的双掺技术，掺合料代替水泥，外加剂减少水泥用量都可达到改善混凝土性能，又降低费用的良好效果。

(7) 控制混凝土配合比。混凝土配合比设计的做法是通过计算—试验进行。也是采用规范规定的计算公式和经验数据，经初步计算后再实际试验配制来达到最优化施工配合比。

优化施工配合比最重要的是考虑结构的强度、工作性及耐久性，如结构截面尺寸、钢筋布置、施工方式、运输振捣、成型及养护条件，结合实际分析判断，制定出最佳配合比。

3.2 对混凝土拌合物的检测

施工中对拌制的混凝土拌合料检测主要是稠度、水灰比、含气量、水泥用量及拌合均匀性等方面。

(1) 稠度要用坍落度与维勃稠度表示。混凝土拌合物的和易性主要取决于拌合物的稠度。在混凝土施工过程中，针对结构特点、不同的施工工艺和施工方法，要采取不同稠度的拌合物，才能确保各工序的施工质量。对混凝土的配制稠度进行控制是极其重要的环节。

(2) 水灰比的重要性是不言而喻的，灰和水的用量比例均匀程度、混凝土拌合物的水灰比均匀性既影响混凝土拌合物的和易性，又影响混凝土的实际强度、密实性和耐久性。混凝土的最大水灰比和最小水泥用量必须符合施工规范及设计文件要求，而且对混凝土拌合物的均匀性要检验控制。

(3) 含气量的控制。掺入引气剂的混凝土拌合物要检测其含量多少。实践表明，在混凝土中引入一定数量的引气泡不仅能改善拌合物的和易性，还可以提高混凝土的耐久性质量。但也存在气泡的引入会降低凝结后混凝土的强度及弹性模量，一般情况下含气量每增加1%，混凝土强度下降3%~5%左右。因此，根据粗骨料最大粒径，控制混凝土拌合物中含气量不要超标。

4. 预拌混凝土的施工质量控制

4.1 浇筑过程中的质量控制

（1）混凝土施工浇筑时对坍落度的要求，主要是根据结构件截面大小、钢筋疏密、施工振捣方法确定。首先，严格按照浇筑程序和泵送专项要求进行；其次，浇筑应连续进行，需要间歇时间要短，在前面浇筑的终凝前将后续混凝土浇完。当超过终凝时，要留施工缝。

（2）施工缝的留置必须认真按规范办，留的部位在浇筑前确定，但要留在结构受剪力小且方便施工的位置，重新浇筑时考虑到新旧混凝土接合的问题，认真处理好接槎处的粘结质量。

（3）混凝土的浇筑顺序应由远及近、由低向高进行，在同一区块的先竖向结构再平面，分层后退浇筑，分层厚度应按设计参数，但必须在400mm左右为宜。浇筑表面应基本平整，减少在模板内的流动，防止离析泌水。

（4）混凝土从高处向下倾落时，其自由高度必须在2m以内，超过时要用串筒或溜槽下落，防止离析。

4.2 成品养护及管理

（1）为了能使水泥充分水化，加快混凝土强度提高，防止因气候等原因产生的裂缝。在浇筑抹压后及时覆盖养护保湿。

（2）建筑工程用硅酸盐及普通硅酸盐水泥、矿渣硅酸盐水泥拌制的混凝土养护不少于7d，而抗冻、抗渗和补偿收缩混凝土养护不少于14d。大体积混凝土养护，还要考虑保温和降温措施。

（3）当温度低于5℃时不得再浇水养护，应当采取保温措施。同时，混凝土强度未达到2.2N/mm^2时，不得上人或放置材料。

综上所述，对于集中搅拌的商品混凝土而言，其应用价值还是很明显的。质量控制和管理是一个连续的系统工程，定期对搅拌站使用原材料质量采取检测，并对拌合物各项性能指标不定期地在搅拌站出口或现场浇筑点抽验，加强配合比的优化设计和现场检查管理，对施工现场跟踪检查并及时加强同施工人员的沟通，实行过程动态管理，严格执行工序过程监督力度，才能保证商品混凝土施工质量达到设计要求。

10　混凝土抗冻性测试方法及其评价

现在对于混凝土的抗冻性检验测试及评价存在着较大的缺陷，即试验的环境与实际使用环境是不一致的，习惯用混凝土在试验环境下的抗冻性去判断在使用环境下的结构抗冻性能。这里反映出对不同环境下混凝土抗冻性的概念不够确切，对它们之间的区别和变化复杂的关系需要给予进一步的重视。混凝土的抗冻性根据其所处环境，一般可分为三种情况：一种是完全处于水中的抗冻性，二是暴露在大气环境中的抗冻性，三是既暴露在大气环境中同时又接触水面的抗冻性。这三种情况之间的相关性，随着混凝土自身孔结构状态的变化而改变。如果忽视了这一点，认为混凝土的三种抗冻性之间始终具有固定不变的相关性，并采取其中一种情况下的抗冻性，如试验正常采用的水融、水冻或水融气冻，代表或表示处于其他情况下的相对抗冻性。当混凝土处于不同孔隙结构状态时，就会出现误判。因此，应该将过于笼统的抗冻性概念，细化为具体环境中的抗冻性，明确各种不同环境抗冻之间的区别和联系，并完善相应的测试和评价方法。

1. 混凝土抗冻性概念细化问题

影响混凝土抗冻性的主要因素是混凝土的饱（和）水度。当混凝土的实际饱水度低于混凝土的临界饱水度时，混凝土就具有较高的抗冻融循环能力。其临界饱水度只是与混凝土的孔结构有关，与外界的环境条件无关。对于孔结构一定的混凝土，无论环境条件如果出现变化，临界饱水度是不会变的。而决定混凝土实际饱和度的因素主要是两个：一个是混凝土内部的孔结构，另一个是外部的环境条件。

具有相同孔结构的混凝土，当处于不同的外界环境时，会有不同的实际饱和度。两个影响因素单独或同时共同作用出现变化，都会影响混凝土的实际饱和度。因此，对于处在不同环境条件下且具有不同孔结构的混凝土，实际饱和度和临界饱水度之差的大小，即抗冻性的高低，同时受孔结构和环境条件的双重影响。这样就决定了具有不同孔结构混凝土在不同环境条件下，其抗冻性变化规律的复杂性。由于存在孔结构的不同，有些混凝土在不同环境条件下的抗冻性可能出现正比关系，也有些混凝土在不同环境条件下的抗冻性可能出现反比关系。在试验数据不太规范的情况表明这种关系，对于不同孔结构的混凝土，现在不能也无法都用某一种环境条件下抗冻性的相对高低，去判断处于其他环境条件下抗冻性的高低。因此，将混凝土的抗冻性概念细化区分为不同环境条件下抗冻性，并区别对待具有孔结构的混凝土就显得极其重要。

（1）混凝土孔结构的分类：根据混凝土孔结构的主要特点及孔径的种类现状，可将其划分为以超微孔为主要孔隙的超密实混凝土，以微毛细孔为主要孔隙的高密实混凝土，以大毛细孔为主要孔隙的普通混凝土和以大孔为主要孔隙的大孔混凝土 4 个类型。

在混凝土孔结构种类基本不变的情况下，各种不同环境条件下的混凝土饱和度之间有相互对应的比例关系。也就是在不同环境条件下的抗冻性之间有一定的相关性。但是在混凝土的孔结构发生较大变化情况下，这种比例关系就会随着孔结构种类的不同而发生变化。

（2）对于抗冻性能比较优秀的引气型混凝土，由于引入气泡的直径很小，一般在 20～200μm 之间，远大于毛细孔的直径，使互相连接的毛细孔变成了互相隔断的毛孔。这样不仅能提高混凝土的抗渗漏性和渗入性，降低混凝土在水中的饱和度，而且能同时降低混凝土在大气环境中毛细孔凝结现象，即降低混凝土在大气中的饱和度。两种饱和度一般呈正比，它们与临界饱和度差值的大小也是呈正比关系。因而引气混凝土在水中的抗冻性与在大气中的抗冻性，也应呈现正比例关系。

（3）对以大毛细孔为主要孔隙的混凝土来说，其在水中的饱和度与在大气中的饱和度一般呈反比关系。因为大毛细孔只有直接与液体接触时才能被液体填满。在大气环境中只有微毛细孔才能产生毛细孔凝结现象，而大毛细孔不仅不吸收湿润空气中水分，其中原有的水分反而会被排出到空气中。这种混凝土在水中的饱和度较大，在大气中的饱和度相对较小。两者与临界饱和度的差值呈反比关系。

（4）对于以微毛细孔为主要孔隙的高密实混凝土来说，处在水中或大气中其孔隙内部都会有水存在，伴随着毛细孔压力（即大小与孔径尺寸有关，与孔长无关，但作用方向与混凝土体积有关）、毛细孔阻力（其大小与孔径尺寸及孔长度均有关），毛细孔凝结现象、浸水时间和大气湿度等因素变化。混凝土在水中的饱和度与在大气中的饱和度可能呈正比关系，也可能呈反比关系。它们在水中或在大气中的相对抗冻性也可能相同。

（5）对于以超微孔为主要孔隙的超密实混凝土来说，无论是在水中或是在大气中，其孔隙内部一般都有水存在。当这种孔隙越多，混凝土在水中的饱和度与在大气中的饱和度都会相应增大。两者的变化又会呈正比关系。它们在水中或是在大气中的相对抗冻性，也应呈现正比关系。

还需要重视的一点是在不同环境条件下抗冻性，即使呈现正比关系的混凝土，由于环境条件及混凝土孔结构的不同，其临界饱和度与实际饱和度的差值不同，抗冻性的比例关系也不一样，据有关资料介绍，普通混凝土的抗冻性在室内试验室与自然状态的比例为1∶10.6，引气混凝土的抗冻性在室内试验室与自然状态的比例为1∶13.6。可见引气混凝土的室内与室外抗冻性比值大于普通混凝土，室内与室外抗冻性的比值。也就是引气混凝土与普通混凝土相比较，室内抗冻性相同，室外抗冻性却相对较高；室内抗冻性相对较低，室外抗冻性却相同或相对较高。

同样，高强度混凝土抗冻性与普通混凝土的抗冻性的室内外对比关系也不相同。因为高强度混凝土与普通混凝土相比较，结构相对密实一些，具有相对较多的微毛细孔和相对较少的大毛细孔。因而高强度混凝土在大气环境中具有更好的毛细孔凝结现象，可以使混凝土在大气环境中具有更多的孔隙体积吸湿性，从而导致混凝土的饱和度相对较大，造成混凝土的抗冻性下降。对此，如果高强度混凝土在室内的抗冻性与普通混凝土相同，则在室外的抗冻性要远低于普通混凝土，甚至会存在高强度混凝土在室内的抗冻性高于普通混凝土。但在室外的抗冻性却低于或相同于普通混凝土的现象。在没有试验数据表明两者之间的具体比例关系时，对于这两种现象目前无法根据混凝土在室内相对抗冻性的高低去判断混凝土在室外相对抗冻性的高低问题。

从上述浅要分析可知，当处于不同大气环境下，混凝土抗冻性之间的对应关系会随着混凝土孔隙结构的变化而发生较大、甚至相反的变化。即在某种环境条件下相对抗冻的混凝土，却在另外一种环境条件下可能相对不抗冻。所以，在评价具有不同孔结构混凝土的抗冻性时，应该区别混凝土所处的环境条件，即是具体的抗冻性概念，不要轻易用一种抗冻性概念代替或是表示另一种抗冻性概念，造成含糊不清。

2. 混凝土抗冻性的测评方法①

在现实混凝土工程中，进行抗冻性试验的目的就是为了确定不同结构的混凝土实际抗冻性高低。习惯认为，快速试验法得出的抗冻性结论，与长期实际自然环境的抗冻性结果有一些必然联系，其前提应该是指试验条件与实际环境相似才是。当抗冻试验法的试验条件与环境条件不同，其抗冻结果之间也会有一些联系，但是关键问题在于这种联系并不是固定不变的，而且现在没有完善的试验数据来表明这种比例关系。因此，只有对于不同环境条件下抗冻比例关系已知的某些混凝土，可以通过比较一种规范的环境条件下，如水融水冻或水融气冻，所测得的抗冻试验结

---

① 读者还可参阅现行国家标准《普通混凝土长期性能和耐久性能试验方法标准》GB/T 50082—2009，编者注。

果，来判断实际环境抗冻的相对高低。而对于其他一些不同环境下抗冻关系未知的混凝土，如非引气型高强度混凝土，就不能通过比较与实际环境条件不同的抗冻试验结果，来判断这种混凝土实际环境抗冻性的相对高低；也不能通过这种抗冻试验结果，来判断这种混凝土与其他种类混凝土实际环境抗冻性的相对高低。

对于上述这些具体情况，在不同环境条件下抗冻性比例关系未知的混凝土结构，为避免出现误判，应该针对不同抗冻性概念，即具体环境条件下的抗冻性，采取不同的、接近实际环境抗冻条件的模拟冻融试验和评价方法，并增加辅助性评价指标。具体参考做法是：

（1）对于完全暴露在大气环境中的混凝土工程，应当重点考虑的是混凝土在大气环境的抗冻性。抗冻融试验方法应把水融法改为气融法。具体试验操作方法可以将混凝土试块放在蒸汽养护室或蒸汽养护箱内进行吸湿和融化，然后再放入冰箱中冷冻。为加快速度，缩短冻融时间，可以适当提高融化温度，并且将混凝土试块切割成小块后再进行冻融试验。混凝土抗冻等级的确定也应该以气融法为依据，才能更好地反映大多数混凝土工程在实际应用环境中的抗冻性。

（2）对于暴露在大气环境中同时又临近水面的混凝土结构体，要同时考虑混凝土的吸湿性和在毛细孔压力作用下的吸水性，以及对混凝土抗冻性的影响。因此，希望在采取气融法冻融试验的过程中，融化时将试块底面与水面保持接触，使试块同时受毛细孔吸水性和吸湿性的双重影响，然后再进行抗冻试验。

（3）参照国外一些试验方法，如瑞典水泥与混凝土研究所提出的混凝土抗冻性预测方法，以临界饱和度（即规定的冻害程度饱和度）与实际饱和度（通过水汽吸附或简单的毛细孔吸水试验评估）的差值，来评估抗冻性（饱和度定义为105℃时可蒸发水的总体积与受冻前有效空间中总开孔体积之比）。同时，也可以参考前苏联提出的看法，认为储蓄孔（被蒸汽与空气混合填充的孔）体积与充满冰水的孔体积之比越大，抗冻性越好，利用混凝土在不同环境下孔隙体积含水率（含意同饱和度相似）的高低作为辅助指标，来大概判定混凝土抗冻性的优劣。不论如何，混凝土临界饱和度的影响因素毕竟少于实际饱和度的影响因素，波动范围也相对较小。

另外，还需要引起重视的是混凝土在不同环境条件下，达到一定饱和度需要的时间。如混凝土在安全使用期的定义，就是混凝土变为怕被冻伤害以前能够浸泡水中的时间。如果混凝土达到一定饱和度所需要的时间较长，或是被水浸泡后干燥速度快(即饱和度降低速度快)，在冰冻之前与临界饱和度的差值较大，其抗冻性就得到提高。据介绍，有些水泥石的吸水率虽然相对高，但是吸湿率却相对较小，而且干燥速率相对较快。因此，在利用饱和度或孔隙体积含水率评定混凝土抗冻性时，还应加入时间的概念。也就是将饱和度或孔隙体积含水率概念更深入细化，区分为在不同环境条件下达到的平衡饱和度或孔隙体积平衡含水率，以及单位时间内的饱和度或孔隙体积含水率。

3. 简要小结

（1）处在不同环境条件下混凝土的抗冻性，即是混凝土的实际饱和度与临界饱和度之差，会伴随着混凝土孔结构的变化而发生较大，甚至出现相反变化。对此，在评价和比较不同孔结构的混凝土抗冻性时，应该将笼统的抗冻性概念细化为具体环境条件下的抗冻性。不要轻易用某一种环境条件下的抗冻性概念，代替或表示其他环境条件下的抗冻性概念。

（2）对于在不同环境条件下混凝土的抗冻性比例关系不知时，而且对抗冻性要求较高的混凝土，针对不同概念（处于不同环境条件）的抗冻性，采取不同模拟试验和评价方法，使模拟冻融试验的环境条件尽可能接近实际环境条件，并利用混凝土在不同环境条件下临界饱和度与实际饱和度的差值，预测混凝土抗冻性的优劣。同时，也可以利用混凝土在不同环境条件下孔隙体积含水率的高低作为辅助指标，大概判断混凝土抗冻性的优劣。还要将饱和度或孔隙体积含水率概念进一步细化，为平衡饱和度或孔隙体积平衡含水率，以及单位时间内的饱和度或孔隙体积含水率来进行综合评价，完善对混凝土抗冻性评价指标。

11 既有混凝土结构性能的可靠度检验方法

处在大气环境中的混凝土结构件，现在评定混凝土结构性能的基本方法是通过充分的荷载试验，即是将试验一直进行到构件完全丧失承载力为止，从而获得结构或构件承载力、变形、抗裂以及裂缝宽度等方面的实测数据，并同国家的标准规定相比较，将破坏性试验作为研究预制混凝土构件质量检验评定的标准中，对结构性能检验方法应用于既有混凝土结构件的可靠性评定中。由于可能损害既有混凝土结构件的性能，而且在试验过程中存在一定安全风险，试验将以正常使用极限状态下的挠度以及抗裂度为例，从概率角度对既有混凝土结构构件的可靠性进行分析。

1. 采取荷载值的选取

按照现行国家标准《混凝土结构设计规范》GB 50010—2002 规定，正常使用极限状态时，结构构件应分别按荷载效应的标准组合、准永久组合，并考虑长期作用的影响进行验算，并以变形、裂缝等计算值不超过规范规定的限制。由于做研究性试验并不一定是某一具体的荷载情况来设计试验结构构件，因此不会像检验性试验一样，直接根据荷载的标准值来确定荷载标准组合设计值 S^c，然后再按试验加载要求换算为结构构件的使用状态短期试验荷载值。

对于研究性试验，往往是已知钢筋和混凝土材料的实际测试强度、结构构件的截面几何尺寸实测值及实际配筋率等情况，因此，应根据结构构件的这些实际参数反求正常使用极限状态标准组合内力计算值 S_s^c，然后再根据结构构件截面上这个的内力计算值和试验加载要求，来确定结构构件的使用状态试验荷载值。而对于既有结构由于材料的实测强度、截面几何尺寸、配筋等情况是已知的，因此可以参照研究性试验方法来确定结构构件的使用状态试验检验值。检验前对样本进行分析，主要是对结构抗力、荷载效应中变量的统计结果，再结合预制混凝土构件质量检验评定标准中的结构性能检验方法，对既有混凝土结构的性能作出评定。

2. 可靠性指标的计算

（1）挠度指标的计算，按照现行标准《预制混凝土构件质量检验评定标准》GBJ 321—90 规定，对于受弯构件，变形的评定指标是允许挠度值，符合下式的要求：

$$a_s^o \leqslant [a_s] \tag{1}$$

式中 a_s^o——荷载检查值下实测的挠度；

$[a_s]$——荷载标准组合下的挠度限值。

对于正常使用极限状态方程的建立与承载能力极限状态方程相似，其表达如下：

$$Z = R - S \tag{2}$$

式中 Z——混凝土构件的功能函数；

R——混凝土构件的抗力，包括强度、刚度、抗裂及裂缝宽度；

S——混凝土构件的广义荷载效应。

当 $Z>0$，即抗力 R 大于效应 S 时，混凝土构件处于可靠状态；反之，则处于失效状态。当 $Z>0$ 时，即抗力 R 大于效应 S 时，混凝土构件处于正常使用极限状态。对于构件试验的评定，在试验过程中已经消除了众多不确定因素，只需要确定荷载检验值与实际所承受荷载之间的关系，因此建立对于构件性能试验挠度的极限状态方程，可以通过荷载检验值与实际所承受荷载的关系来确定，极限状态方程表达如下式：

$$S_{Gk} + S_{Qk} - S_G - S_Q = 0 \tag{3}$$

其中，$R = S_{Gk} + S_{Qk}$ 为常量，$S = S_G - S_Q$

按照设计规范，构件的可靠度指标与可变荷载和永久荷载标准值的比值 p 有关。在建筑结构中 p 通常取 0.1、0.25、0.5、1.0 和 2.0。永久荷载效应 S_G、可变荷载效应 S_Q 为随机变量。

其中 $S_G = K_G S_{GK}$，$S_Q = K_G S_{QK}$。随机变量的分布类型和统计参数见表1。

荷载分布类型和统计参数 **表1**

荷 载 类 型	随机变量	分 布 类 型	均值 μ	变异系数 δ
恒 载	K_G	正态分布	1.0600	0.0700
办公楼面活荷载	K_Q	极值Ⅰ型分布	0.6980	0.2882
住宅楼面活荷载	K_Q	极值Ⅰ型分布	0.8585	0.2326

由于新规范对活荷载的取值作了调整，所以表1中活荷载的统计参数的值受到影响。主要是办公和住宅楼的活荷载的标准值由过去的 1.5kN/m^2 提高到 2.0kN/m^2。所以统计参数均值系数（即实测值的平均值与标准值之比）会受到影响。由于活荷载的标准值的提高对变异系数的影响不大，因而变异系数仍然采用过去的结果。对于恒载由于缺乏系统的统计资料，对恒载的统计资料 K_Q 的均值和变异系数仍然采用过去的结果进行取值。对表1修改见表2。

荷载分布类型和统计参数 **表2**

荷 载 类 型	随机变量	分 布 类 型	均值 μ	变异系数 δ
恒 载	K_G	正态分布	1.0600	0.0700
办公楼面活荷载	K_Q	极值Ⅰ型分布	0.5235	0.2882
住宅楼面活荷载	K_Q	极值Ⅰ型分布	0.6439	0.2326

按照表2的统计参数，用JC法分别计算构件在不同 p 值下的正常使用极限状态下挠度的可靠指标 β。通过以住宅实例计算其极限状态方程为：

$$S_{Gk} + S_{Qk} - S_G - S_Q = 0 \tag{4}$$

活荷载的标准值取调整后的 2.0kN/m^2。当 $p = 0.5$ 时则 $S_{Gk} = 2.0/0.5 = 4.0\text{kN/m}^2$。且恒载服从正态分布。

$\mu_{SG} = S_{Gk} \times 1.06 = 4.24$　　　$\sigma_{SQ} = S_G \times 0.07 = 0.2968$

活荷载服从极值Ⅰ型分布：$\mu_{SG} = S_{Gk} \times 0.6439 = 1.2878$

$$\sigma_{SQ} = S_Q \times 0.2326 = 0.2995$$

因为恒载是正态变量，不考虑抗力变化，看作常量。而活荷载是非正态变量，极限状态方程为线性方程，应对非正态变量进行当量正态化。根据 JC 法得到 $p=0.5$ 时的正常使用极限状态下挠度的计算结果 β 为 1.226。同理，可以计算出不同 p 值的可靠性指标。最后得到办公楼正常使用极限状态下挠度的指标均值 β 为 1.02，住宅的可靠指标 β 为 1.38。

（2）抗裂可靠指标的计算。按照现行《预制混凝土构件质量检验评定标准》GBJ 321—90 规定，对混凝土的抗裂性能评定，规定以抗裂检验系数 γ_{Cr} 为检验指标，要满足下式要求：

$$\gamma_{cr}^0 = S_{cr}^0 / S_s^0 \geqslant [\gamma_{cr}] \tag{5}$$

式中 γ_{cr}^0——构件抗裂检验系数实测值；

S_{cr}^0——构件开裂内力实测值；

S_s^0——荷载效应的标准组合；

$[\gamma_{cr}]$——抗裂检验系数容许值。

正常使用极限状态下抗裂的极限状态方程的建立同挠度及极限方程为：

$$[\gamma_{cr}]S_s - S_G - S_Q = 0 \tag{6}$$

试验以预应力构件为例，其正截面抗裂检验系数允许值 $[\gamma_{cr}]$ 见表 3。

结构的正截面抗裂可靠性指标及失效概率　　　表 3

结构件种类	GBJ 321—90 计算的 $[\gamma_{cr}]$	住宅		办公楼	
		β_{cr}	p_f	β_{cr}	p_f
9m 先张法预应力混凝土屋面梁冷拉Ⅳ级二级抗裂	1.166	2.81	0.00792	3.16	0.00271
9m 先张法预应力混凝土屋面梁冷拉Ⅳ级一级抗裂	1.274	3.94	0.00017	4.19	0.00006
6m 后张法预应力混凝土屋面梁冷拉Ⅳ级，中级	1.165	2.79	0.00837	3.15	0.00288
6m 后张法预应力混凝土屋面梁冷拉Ⅳ级，重级	1.216	3.32	0.00167	3.66	0.00051

表3中根据抗裂检验的极限状态方程（6），并参照正常使用极限状态挠度的计算方法，得出的抗裂可靠指标及失效概率。

3. 对计算结果分析

（1）挠度计算结果。对挠度计算结果表明，由于住宅的活荷载比办公楼高，且变异系数比办公楼较小，算出的可靠性指标也小，这是符合规律的。统计的变量稳定程度越大，对结构件的评定结果就越肯定，在取值时可以适当降低可靠性指标；反之，则相反。根据《建筑结构可靠度统一标准》GB 50068—2001 确定的正常使用状态的可靠性指标 β，可逆状态时取0，不可逆状态时取1.5。在正常使用极限状态控制设计的条件下，其可靠性指标在0.8～1.9之间，相应的失效概率在5%～25%之间，其平均可靠性指标在1.2左右。通过试验的计算结果平均可靠性指标在1.20，失效概率为15%左右，从结果分析基本上是合理的。从计算过程分析可知，p 对可靠性指标的影响比较大，也即活荷载所占比例对可靠指标的影响是最重要的因素。β 值越大，表示活荷载的比例越大，也就是不确定的因素越大，可靠性指标的取值相应也大，是同实际相符的。

（2）抗裂计算结果分析。对于抗裂计算结果分析表明，由于［γ_{cr}］的不同，会导致可靠性指标 β 的不同，对一级或重级的构件对应的抗裂检验系数取值较大，对应的可靠性指标相应的比二级及中级的可靠指标高。按照上述计算结果来看，对于办公楼的可靠性指标要求要高于住宅的要求，分析原因同挠度相似。

根据分析结果，一级抗裂评定可靠性指标的均值为3.8，对应的失效概率大约为0.03%；对于二级抗裂评定可靠指标的均值为3.0，对应的失效概率约为0.44%。对抗裂的评定指标远高于正常使用状态下裂缝的评定指标，这一点在设计时应引起重视。在正常情况下构件主要是由承载力极限状态来控制设计的，在构件设计中一般不会达到正常使用极限状态。从抗裂可靠性指标的计算结果分析，有些可靠性指标可能会高于承载力极限状态所控制的结果。因此，对预应力构件设计时，尤其对于一级的构件，在设计时应重点考虑安全性能。

（二）混凝土材料质量控制

1 高强度混凝土用骨料的选择

由于高强度混凝土可以适应现代工程结构大跨度、重承载和恶劣环境条件的需要，现在建筑工程用高强度混凝土十分广泛，并获得良好的社会效益和经济效益。现在配制高强度混凝土的主要措施是采用高强度等级水泥、高水泥用量、低水灰比、掺入超细活性外掺料、高效减水剂、优质细骨料等。同普通混凝土相比，高强混凝土水泥用量多，而粗细骨料体积约占混凝土体积的75%，在进行配合比设计时，设想在选择骨料方面降低水泥用量的较大潜力，这样不但在经济上降低高强度混凝土的造价，而且还可以保证混凝土体积稳定性和耐久性年限。根据工程应用实践并参考一些文献介绍，分析探讨骨料的品种质量及粒径的选择对混凝土强度和生产成本的影响，为选择高强度混凝土用骨料提供有益的参考。

1. 骨料选择的合理性

（1）骨料强度问题：骨料体积占混凝土体积的 3/4 左右，骨料的质量品质、粒径、级配、粉尘含量等都会对混凝土技术性能和生产成本产生极大的影响。骨料品质对混凝土强度的影响主要体现在骨料强度、骨料—砂浆界面粘结强度、骨料弹性模量以及泊松比等方面。

从高强度混凝土抗压试件破坏的截面来看，主要有碎石破坏、砂浆破坏、碎石和砂浆界面处破坏的三种形式。由于高强混凝土采用较低水灰比，水泥浆体强度较普通混凝土有明显的提高，与骨料间的粘结力也大大加强，骨料强度对混凝土强度的影响程度增大，甚至成为决定混凝土强度极限的重要因素。如果出现粗骨料断裂新断面，表明破坏是由于粗骨料强度不足而被压裂引起的，对于普通混凝土骨料强度一般不存在问题，但要保证骨料在高强混凝土中的骨架作用，骨料的品种是首先考虑的重点。当骨料—砂浆界面为混凝土内最薄弱的部位且骨料品种不同时，在强度相同砂浆界面粘结强度下，骨料—砂浆界面粘结强度仍然存在较大差异性。

现阶段高强混凝土骨料的选择基本上是参照普通混凝土用碎石或卵石骨料标准，评定粗骨料的强度指标有岩石抗压强度和碎石压碎值，标准要求混凝土强度等级为C60及其以上时，应进行岩石抗压强度检验。岩石的抗压强度与混凝土强度等级之比不应小于1.5，碎石压碎指标值随着混凝土强度等级和岩石品种的不同而各异。

（2）骨料最大粒径问题：高强度混凝土使用骨料粒径的大小一直是存在不同看法的，因为最大粒径对混凝土用水量有极大的影响。习惯认为，混凝土的强度是由水灰比确定的，当水灰比和坍落度一定时，骨料最大粒径不同的两种混凝土强度接近。骨料粒径越大，水泥用量越小，则混凝土成本也越低。另外，在水泥用量相同的情况下，要达到同样的坍落度，骨料粒径的适宜增大，可减少用水量，因而对混凝土的强度有利，并且可以减小混凝土的收缩开裂。

但是，现在国内外很多研究认为，减小骨料粒径可以消除骨料颗粒的内在缺陷，如大裂缝、大孔隙、松散矿物等，因而高强度混凝土的骨料最大粒径应是20mm；也有些认为由于大粒径骨料比同质量的小粒径骨料表面积要小，其与砂浆的粘结面积小，粘结力低，且混凝土的均质性差，所以大粒径骨料不可能配制出高强度混凝土。对于目前存在的两种截然不同的观点，使得高强度混凝土骨料最大粒径问题的选择应用，将成为一个非常值得深入探讨的大问题。

2. 试验材料的选择

为了解骨料品种粒径对高强度混凝土技术性能和生产费用的影响，分别对商品混凝土搅拌站常用的两种石料，即花岗石和石灰石按两种不同颗粒级配的碎石进行配合比试验，试验所用材料：

（1）粗骨料：普通混凝土所用的骨料一般为5～20mm、20～40mm两种级配，或是一种级配16～31.5mm的单颗粒级配。由于高强度混凝土水灰比较小，采用连续级配骨料能使混凝土获得更好的工作性，同时可以减少骨料间的孔隙率，提高混凝土强度。试验采用骨料用两种连续级配即5～20mm、5～40mm，其中5～40mm碎石采用5～20mm和20～40mm各占50%的不同比例，用水冲洗干净。两种矿石的主要物理性能指标见表1。

矿石的主要物理性能指标 **表1**

岩石名称	表观密度（kg/m^3）	抗压强度（MPa）	压碎值（%）	针片状含量（%）
花岗石	2720	148	5.4	4.5
石灰石	2580	104	7.2	3.8

（2）细骨料选择：由于高强度混凝土水泥用量较高，水灰比小，宜采用细度模数为2.8～3.1的中偏粗干净天然河砂，以减少拌合用水量。

（3）水泥品种：采用当地产P.O 42.5级普通硅酸盐水泥，试验实测值28d抗压、抗折强度分别为55.3MPa和8.7MPa，富余强度比较多。

（4）外掺合料：配制高强度混凝土为了保持强度，节省水泥用量，降低水化热，同时改善混凝土的和易性和施工性，必须掺加一定比例的粉煤灰、细矿渣、矿粉及硅灰等。在实际应用的大量资料中，大多掺加表比面积为20000～25000m^2/kg的硅灰。由于国内硅灰资源很有限，市场价格偏高，大量使用是不现实的，而且超细硅粉的需水量比高达135左右，随着硅灰的掺入，高效减水剂的用量要相应增加，才能确保用水量不发生大的变化。由于常用的粉煤灰和矿渣的需水量比小于100，具有明显的减水增强作用，而且磨细矿渣活性很高，为此吴中伟院士建议：应尽可能利用磨细粉煤灰和磨细矿渣复合掺合料的“超叠加效应”原理，对降低生产成本、降低水化热、改善混凝土的工作性能、促进后期强度增长，并提高抗腐蚀能力均有明显作用。使用矿粉要符合现行的《高强高性能混凝土用矿物外加剂》GB/T 18736—2002 的要求。

(5) 外加剂：采用 QL-5 萘系高效减水剂，浓度为30%。

3. 试验问题及其分析

现在混凝土的输送全都采取泵送，要设计28d 混凝土抗压强度达到80MPa、坍落度为13～15cm 的高强度混凝土配合比，主要比较不同粒径、不同品质的骨料在相同水灰比和水泥用量情况下高强度混凝土的性能。

高强度混凝土选择砂率较小，但对于粗骨料最大粒径较小的大流动性高强度混凝土的砂率还是要适当增大，以防止产生离析现象。经过多次和易性试配，确定最大粒径为20mm 的骨料砂率为38%合适，最大粒径为40mm 的骨料砂率为35%较合适。其中复合矿料掺量为胶结料20%，减水剂掺量为水泥的1.5%。不同级配的骨料配合比及28d 抗压强度结果见表2。

高强度混凝土配合比及28d 抗压强度 表2

编号	粒径（mm）	W/C	混凝土配合比（kg/m^3）						坍落度（cm）	抗压强度（MPa）
			水泥	复合矿渣	水	减水剂	砂子	石子		
C-1	5～20	0.28	463	115	162	7.00	662	1080	15	85.9
C-2	5～40	0.28	437	110	153	6.55	606	1178	13	82.7
C-3	5～40	0.26	463	115	150	7.00	596	1160	12	87.1
D-1	5～20	0.28	463	115	162	7.00	630	1029	14	83.4
D-2	5～40	0.28	437	110	153	6.55	579	1122	13	78.8
D-3	5～40	0.26	463	115	150	7.00	568	1104	13	82.3

注：C-1～C-3 用花岗石，D-1～D-3 为石灰石。

从表2 可以看出，不论是用花岗石还是石灰石为粗骨料的高强度混凝土，在水灰比为0.28 的情况下，骨料最大粒径为40mm 的高强度混凝土，其28d 强度较骨料最大粒径为20mm 的高强度略为降低，仍属于高强，但胶结材料用量却减少了6%左右。在相同水灰比情况下，粗骨料最大粒径小，对提高混凝土强度有利，这也是当前很多高强度混凝土研究人员提倡使用最大粒径较小粗骨料的原因所在。但这并不能完全说明高强度混凝土粗骨料最大粒径只能是10~20mm的最佳选择，在确保混凝土设计强度满足结构尺寸构造使用下，还是应选择最大粒径为40mm的骨料配制高强度混凝土，以节省费用、降低成本、满足需要为目标。由于在水泥用量相同情况下，最大粒径为40mm的骨料强度与骨料最大粒径为20mm的强度接近，但用水量却降低了8%，即水灰比降低到0.26。另外，当粗骨料最大粒径为40mm时，水灰比降低，强度却提高，传统意义上的水灰比理论对高强度混凝土仍然是适用的。

在比较了不同粗骨料品种混凝土试块的强度可以看出，花岗石碎石混凝土的强度略高于石灰石碎石混凝土的强度。另外，从破坏截面的情况观察，花岗石碎石混凝土很少出现碎石被折断或压碎的情形，而石灰石碎石混凝土出现碎石被折断或压碎的现象较多，可以认为该混凝土的强度极限由石灰石骨料的强度所决定。因此，高强度混凝土所用粗骨料母岩的物理性能对于混凝土强度的影响程度增加是明显的。所以，当选用高强度混凝土骨料时，必须选择强度高、质量均匀的碎石，但不同强度的高强度混凝土并不一定都要求粗骨料的强度越高越好。因为若是盲目追求高强度，骨料会造成生产费用的提高。试验表明，骨料母岩的强度应是混凝土设计强度的1.3倍以上，碎石压碎指标应根据混凝土设计强度等级的不同而要求也不同。当高强度混凝土设计强度达80MPa时，在满足设计要求的前提下骨料压碎值应不大于7%，这一点与《高强度混凝土结构设计与施工指南》中所提出的高强度混凝土中的粗骨料针片状含量不许大于5%，母岩强度应与高于混凝土配置强度的20%相接近。

需要注意的是，选择最大粒径粗骨料必须采用连续级配，严格限制骨料中粉尘含量及针片状含量，在浇筑过程中更加重视振捣密实，不漏振、过振很关键，才能发挥高强效应。另外，高强度混凝土的高水泥用量和低用水量必然产生高的水化热，浇筑后的养护保湿及降温工作也是需要高度重视的重要环节。

通过上述浅要研究分析认为，选择高强度混凝土粗骨料品种时，必须选择强度较高、质量稳定均匀的碎石。粗骨料母岩的强度应是混凝土设计强度的1.3倍以上，碎石压碎指标根据混凝土设计强度等级不同而决定。当混凝土设计28d的强度为80MPa时，骨料压碎值不得大于7%，这一点非常重要。在高强度混凝土粗骨料最大粒径选择时，并非只有10~20mm是唯一的，最大粒径放宽到40mm对质量不会造成不利影响。在*W/C*相同时，骨料粒径较大的混凝土强度，较骨料最大粒径小的混凝土强度仅低极少，仍然是高强度混凝土。由此可知，在保证混凝土设计强度的条件下，应当选择较大粒径骨料，其水泥用量和减水剂节省6%。在相同水泥用量下减少用水量8%，而不论粒径大小的混凝土强度则相当。粗骨料粒径的大小变化使用水量发生大的变化，骨料粒径相同时传统水灰比理论仍然适用。

2　混凝土中钢筋锈蚀原因与防护处理

钢筋混凝土结构是当今世界应用最多最广泛的建筑形式，建筑结构具有坚固耐久、性能稳定的特性。然而，由于设计与施工的不规范，造成钢筋混凝土结构耐久性降低，影响建筑物的安全正常使用。而影响耐久性年限的主要原因是混凝土的氯离子侵入和碳化造成钢筋的锈蚀，降低了钢筋的强度及力学性能。重视对混凝土结构中钢筋锈蚀原因的分析，对钢筋采取适当的预防处理措施，达到提高混凝土结构的耐久性，确保安全使用极其必要。

1. 氯化物对钢筋的锈蚀

（1）混凝土中氯化物的来源：混凝土中的氯化物是在施工过程进入的，也可能是在硬化后由外界扩散渗入的，主要来源包括：加入的氯化物速凝剂、早强剂及抗冻剂等，以及经清洗或未经清洗的海砂、盐渍含量高的砂作骨料带入的海盐等。海水溅湿海岸附近的混凝土结构后，在混凝土表面上析出的盐，冬季为化冰雪撒在路面上的除冰盐，在储盐仓库或存放盐的混凝土池子中，混凝土表面沾上沉积及析出的盐类。

（2）氯化物对钢筋的锈蚀机理：局部酸化作用，虽然氯化物是中性盐，它的侵入不会引起整个混凝土孔隙中水溶液 pH 值的变化，但当其中的氯离子 Cl^- 与其他阴离子 OH^- 共存，并竞相被吸附时，Cl^- 具有被优先吸附的可能。所以，钢筋钝化层表面的 Cl^- 浓度远高于孔隙水中 Cl^- 的平均浓度。也就是说，钢筋钝化层表面附近的 OH^- 浓度远低于孔隙水中 OH^- 的平均浓度。表明钢筋钝化层表面附近已被 Cl^- 局部酸化。由于 Cl^- 局部酸化作用，钢筋表面阳极电解液的 pH 值被局部降低到 3.5 左右，形成“活化-钝化”锈蚀电池。氯离子 Cl^- 半径小，活性大，常从膜结构的缺陷处渗进去将钝化膜击穿，直接与金属原子发生反应。这样，暴露的金属便成了“活化-钝化”锈蚀电池的阳极。这种小阳极大阴极的锈蚀电池促成了小孔腐蚀，即坑蚀现象。氯离子击穿钝化膜所需要的最低电位被称为击穿电位，或坑蚀临界电位。据介绍，击穿电位是氯离子浓度的函数，随着氯离子浓度的增加，击穿电位随之下降。催化剂作用，由于氯离子在钢筋腐蚀过程中其本身不被消耗，只是起到加速腐蚀进程中的催化剂作用。在氯离子的催化剂作用下，钢筋表面腐蚀（坑蚀）微电池的阳极反应产物 Fe^{2+} 被及时地搬运出去，不使其在阳极区域堆积下来。这样就大大加速了钢筋的腐蚀进程。由于氯离子在钢筋腐蚀过程中本身不被消耗而在不停地循环利用，因而氯化物侵蚀一旦进行，就难以补救。降低混凝土电阻的作用，氯化物侵入混凝土结构后，其中的氯离子 Cl^- 及钠离子 Na^+、钙离子 Ca^{2+} 等阳离子都会参与混凝土中的离子导电，降低钢筋表面阴、阳极之间的混凝土电阻，提高锈蚀电池效率，从而加速了钢筋电化学锈蚀的速率。

（3）氯离子扩散的影响因素：氯离子在混凝土中的扩散遵循 Fick 定律，即自由离子的扩散取决于浓度和梯度，Fick 定律是：

$$F = -aC/ax \tag{1}$$

在饱和混凝土中，氯离子浓度随时间的变化为：

$$aC/at = -DaF/ax \tag{2}$$

式中 F——氯离子流；

D——氯离子扩散系数；

C——深度 x 处孔隙溶液的氯离子浓度：

x——混凝土深度；

t——时间。

将式（1）代入式（2），便得到 Fick 第二定律：

$$aC/at = Da^2C/ax^2$$

2. 钢筋碳化引起的锈蚀原因

2.1 钢筋碳化原因分析

混凝土的大量微孔隙中含有可溶性钙、钠、钾等碱金属和碱金属的氯气物，这些氧气物与微孔中的水发生化学反应生成碱性很强的氢氧化物，从而为钢筋造成一个高碱性的环境（pH 值为 12~13）。在这样的环境条件下，钢筋表面生成一层致密的、分子和离子难以穿透的“钝化膜”。钝化膜能完全覆盖钢筋的表面，并长时间保持完好，因此钢筋表面不容易发生锈蚀。

混凝土的碳化是大气中的二氧化碳气体与混凝土中的碱性氢氧化物相互作用的结果。二氧化碳气体溶解于水形成一种酸，与混凝土微孔水中的碱发生中和反应，生成碳酸钙，沉积在微孔的内壁上，反应式为：

$CO_2 + H_2O—H_2CO_3$　　$H_2CO_3 + Ca(OH)_2 \rightarrow CaCO_3 + 2H_2O$

由于二氧化碳在微孔水溶液中是很饱和的，微孔中存在的氢氧化碳化溶入微孔水中的氢氧化碳多，因此，当碳酸钙化学反应开始后，微孔水溶液的 pH 值为还能在 12~13 的正常水平维持一段时间。但伴随微孔中的氢氧化碳的消耗和生成的碳酸在水溶液中的沉积，微孔水溶液中的 pH 值会明显降低。当 pH 值降低到 11.5 时，钝化膜不再维持稳定；当 pH 值降低到 9~10 时，钝化膜的作用完全被破坏，钢筋处于脱纯状态，锈蚀就开始发生了，此时的 pH 值即为钢筋锈蚀的开始点。

2.2　影响混凝土碳化的因素

（1）水灰比（W/C）影响。水灰比是决定混凝土孔结构与孔隙率的重要因素，其中多余游离水还影响着孔隙饱和度（孔隙水体积与孔隙总体积之比）的大小。因此，水灰比是决定 CO_2 有效扩散系数及混凝土碳化速度的主要因素。水灰比加大，混凝土孔隙率就增加，CO_2 有效扩散系数扩大，混凝土的碳化速度就加大。

（2）水泥品种和用量影响。水泥品种决定各种矿物成分在水泥中的含量，水泥用量决定单位体积混凝土中水泥熟料多少，两者是影响水泥混凝土中可碳化物质含量的因素。水泥用量越大，单位体积中可碳化物质含量越多，消耗的 CO_2 越多，碳化速度越慢。

在水泥用量相同时，掺加混合材料的水泥水化后混凝土中可碳化物质含量减少，碳化速度加快，因此相同水泥用量的硅酸盐水泥混凝土的碳化速度最小。不同品种水泥碳化速度系数见表1。

不同品种水泥混凝土相对碳化速度系数　　表1

水泥品种名称	相对碳化速度系数		
	无外加剂	掺引气剂	掺减水剂
硅酸盐水泥	0.6	0.4	0.2
普通硅酸盐水泥	1.0	0.6	0.4
矿渣硅酸盐水泥（矿渣掺量30%～40%）	1.4	0.8	0.6
矿渣硅酸盐水泥（矿渣掺量60%）	2.2	1.3	0.9
火山灰质硅酸盐水泥	1.7	1.0	0.8
粉煤灰质水泥	1.8	1.1	0.7

（3）外加剂影响。混凝土中掺减水剂能明显减少用水量，引气剂使混凝土中形成大量封闭的气泡，切断毛细管的通道，两者均可使 CO_2 有效扩散系数显著减少，从而降低碳化速度，见表1。

（4）温度与湿度影响。湿度通过温度平衡决定着孔隙水饱和度，一方面影响 CO_2 的扩散速度，另一方面由于混凝土碳化在溶液中或固体界面上进行，湿度也是决定碳化反应快慢的环境因素之一。若是环境因素使湿度更高，混凝土接近饱和状态，则 CO_2 的扩散速度很慢，但缺少碳化反应所需的液化环境，碳化难以进行。70%～80%的中等湿度，碳化速度最快。在此温度的升高主要是加快 CO_2 的扩散速度，温度的交替变化也有利于 CO_2 的扩散，促使碳化速度加快。

（5）施工质量控制方面。施工质量对混凝土的品质影响极大。混凝土浇筑工艺、振捣质量不仅影响混凝土的强度，而且直接影响密实度。实际工程应用表明，在所有条件相同时，施工质量好混凝土强度高，则密实度好，抗碳化性能强；反之，施工质量低，混凝土表面不平整，内部裂缝、孔洞、蜂窝存在，增加了 CO_2 在混凝土中的扩散路径，使碳化速度加快。

3. 钢筋防锈蚀的设计控制

（1）钢筋有足够厚度的混凝土保护层。混凝土保护层可以阻止外界腐蚀介质的渗入，保护效果与保护层厚度关系密切。适当加厚保护层厚度是提高耐久性，延长使用寿命的重要措施。现行国家标准《混凝土结构设计规范》GB 50010—2002 对混凝土最小保护层厚度有明确的规定，对不同使用环境要求与欧洲的规范有些接近。但仍然有些偏低，在具体工程设计时应有所提高。一些国家的规范规定的混凝土保护层厚度见表2。

各国规范规定的最小保护层厚度（mm） **表 2**

混凝土所处部位	欧　洲	美　国	英　国	挪　威	澳大利亚	中　国
大气区	65（90）	65（90）	75（100）	40（80）	60（60）	50（75）
浪溅区	65（90）	65（90）	75（100）	50（100）	60（60）	65（90）
水下区	50（75）	50（75）	60（75）	50（100）	60（60）	30（75）

注：括号内为预应力混凝土的最小保护层厚度。

（2）正确选择混凝土材料。为了提高钢筋的抗锈蚀能力，选择优良的水泥品种极其重要。抗硫酸盐水泥、火山灰硅酸盐水泥、矾土水泥、矿渣硅酸盐水泥等对不同的腐蚀介质具有不同的抗腐蚀性能。如火山灰硅酸盐水泥具有良好的抗硫酸盐侵蚀能力；矾土水泥抗各种化学腐蚀能力；矿渣硅酸盐水泥具有较强的抗海水侵蚀能力。在混凝土耐久性设计中，应当选择同腐蚀环境相适应的水泥品种用于工程。

（3）掺用钢筋阻锈剂。将钢筋阻锈剂掺入到混凝土拌合物中，通过化学反应抑制钢筋表面阳极或阴极反应，主要用于预防盐类的侵蚀。阻锈剂分为水剂型和粉剂型，应用方便，价格也较低，用量取决于环境条件、结构使用年限及混凝土强度等级。

（4）钢筋表面涂环氧层。在钢筋表面喷涂一层环氧树脂粉末，形成具有一定厚度的不渗透连续的绝缘层，隔绝与腐蚀介质的接触。国家制定了产品标准《环氧树脂涂层钢筋》JG 3042—1997，并在工程中得到应用。使用环氧树脂涂层钢筋应保证涂层具有一定厚度在表面遮盖，也不要过厚，以避免同混凝土的粘结效果。这种涂层钢筋在运输及加工的各个工序中要加强保护，防止损伤表面涂层。

（5）加强施工及使用过程中的保护处理。对混凝土结构耐久性具有重大影响的密实度，钢筋保护层厚度，施工质量控制是极其关键的因素。而工程质量对耐久性的影响作用重大。在建筑物使用阶段，要加强对结构的管理与维修，重视检测与评估，必要时采取加固和维修措施。

综上浅述，引起混凝土中钢筋锈蚀的最重要因素是氯离子的侵蚀和碳化。氯离子是混凝土在设计施工中人为因素进入的，而碳化是在大气环境下发生的。为了提高建筑工程的耐久性质量，应了解钢筋锈蚀产生的机理，从使用材料选择入手，加强和优化设计，加强对钢筋的保护措施，增加工程使用耐久性。

3　水分对混凝土结构耐久性的影响

水是混凝土中不能缺少的重要组成物质，硬化混凝土内部水含量的变化对混凝土耐久性影响极大，水泥完全水化用水量约为水泥质量的25%。水与水泥、粗细骨料按设定比例一起拌合成混合料开始，到混凝土硬化的时期内，直至结构使用的漫长岁月止，水分在混凝土中一直起着重要角色。水使水泥同其他松散材料水化胶凝成所需的整体，赋予拌合物浇筑时有良好的和易性。同时，水分对混凝土结构的耐久性也有负面的不利影响，水分是混凝土产生收缩开裂的主要原因；孔隙水含量影响混凝土长期使用的安全性问题，一些有害介质是通过水才能进入混凝土中，并且促使混凝土中钢筋的锈蚀，加快混凝土结构质量的劣化，在有水部位混凝土在受冬季冻结时对混凝土膨胀及正温融化循环作用，使混凝土过早损坏；水的存在是混凝土碱集料反应、碳化和硫酸盐侵蚀的条件。水不可缺少但存在的危害更大，充分认识水分对混凝土耐久性的影响，采取有效措施防范是十分重要的。

1. 水在混凝土中存在形式及微观影响

混凝土中施工用水远远大于水化用水，因此凝结的混凝土中存有较多游离水，这些毛细孔中及凝效结晶水，存在于固体颗粒之间，给拌合物流动性和水泥水化用水，维持与外界使用环境湿度下相平衡的含水量，在负温下冻结膨胀。毛细孔水存在毛细孔中，相对于游离水因冰点降低，能在负温下提供水泥水化用水。凝胶水又称为吸附水，存在于各种水化物中，如C-S-H、C-A-H中凝胶水，在自然条件下是不结冰的。结晶水主要是水化产物托勃莫来石和钙矾石等含的水，也是不冻结水。

当混凝土凝结硬化后多余的水分一部分留下来，一部分蒸发出去，在混凝土中形成孔隙和毛细孔通道，改变了混凝土的微观结构。混凝土孔隙内有水存在时未充分水化的水泥可以继续进行水化，对混凝土微孔结构具有细化作用。另外，水分也可对混凝土裂缝具有能自愈合的功能，当表面的微细裂缝和水接触时，裂缝有可能自愈合，其原因是因为该缝部位的未水化水泥颗粒的水化，或是泛出的氢氧化钙发生碳化，形成碳酸钙堵塞。

2. 水在混凝土中的运动

因水泥拌合物中存在可溶性离子，混凝土中的水不是纯洁水而是水溶液。外界有害介质侵入混凝土基体中的运动，是一个非常复杂的物理化学反应过程。介质侵入混凝土内有三种不同的方式：即渗透、毛细管吸附和扩散，实际上结构受有害介质的侵蚀作用往往是这几种侵入方式的共同作用。在很多情况下，扩散和毛细吸附是有害介质进入的主要来源，进入的一个共同条件是在混凝土的孔隙中必须存在一定的水分。

（1）水溶液在混凝土中的扩散作用。在混凝土饱和或含水程度很高时，盐离子通常是以扩散的方式随水进入混凝土中。如水下部分或水位升降变化部位，氯离子的浸入主要是靠饱和水混凝土里外氯离子浓度差引起的离子扩散。盐离子通过水扩散进入混凝土的过程可以分为稳态扩散和非稳态扩散两种。

（2）混凝土对水溶液的毛细吸附。吸附是混凝土毛细孔隙的表面扩张引起的液体传输，只有真空或部分饱水的毛细孔隙才有表面胀力，当表面干燥或半湿的混凝土表面接触到含有盐的水分子，盐离子就会被吸收。混凝土表层的含水率很低时，盐的浸入都是靠混凝土的毛细管吸附作用的。当含水率越低，毛细管吸附作用就越大。混凝土毛细管吸附的能力很大程度上是取决于孔隙中游离水的含量，游离水的含量变化频繁导致盐分大量进入混凝土中的情况有三种：

①干饱和作用：即在干热环境中混凝土表面温度可达60℃，混凝土内可蒸发的水完全可蒸发干燥，一旦接触海水或含盐分高的水，就会立即为氯化物所饱和，含盐量可以马上达到混凝土质量的0.2%左右；②干湿循环作用，在自然环境风干时间比湿润时间长的海水，干湿交替10年内，可使混凝土含盐量达到0.3%~0.4%；③蒸发作用，在干热环境中半浸在地下盐碱水中的混凝土，由于从中蒸发出的只是纯水，盐水被遗留在混凝土孔

隙中，然后地下盐碱水被混凝土像油灯芯那样地吸上去，充满毛细孔，致使地表以上的一截混凝土表层孔隙中氯化物收缩，发生钢筋严重腐蚀。

3. 水分对混凝土的物理作用

（1）气蚀和冲蚀作用。在水工建筑中流动的水会因气蚀而对混凝土造成破坏。当水流有变化并且与混凝土表面不成切面时会出现气蚀。使混凝土表面反复连续不断地遭受水力冲击，这种冲压力可达很高冲压力，使混凝土表面出现局部剥落掉皮，逐渐粗糙不均匀，加剧混凝土面层的破坏。冲蚀是流动的水和混凝土表面接触的又一次破坏形式，如水工构筑物表面因水中夹带泥沙冲击而遭到磨蚀，而磨蚀的结果是混凝土表面呈粗骨料凸出在外。这种损坏是由于水中所带硬的颗粒碰撞造成，而水本身不具备这种功能，水只是一种传送介质。不管如何，水仍是产生破坏的关键。

（2）水变引起混凝土破坏：①液态转化即冻融作用破坏。混凝土内部的孔隙水冻结时体积膨胀达 9.1%，如果混凝土毛细孔中含水率超过 91.6% 时，孔壁将会受到很大的压力而产生裂缝，经过多次冻融循环后，裂缝不断扩大并深入，混凝土则遭受破坏。②液气态转化破坏。在建筑物遇到火灾时混凝土中自由水、毛细水，甚至吸附水在高温下由液体转变为气体，水相变伴随体积增大。当水蒸气的压力大到一定程度时，会使混凝土发生爆裂。同时，当建筑物内外温度梯度与湿度梯度很大时，混凝土壳体的外层不断发生液态水与气态水的交换，使混凝土内部形成越来越多的毛细通道。

4. 水引起混凝土的化学侵蚀

（1）淡水溶蚀与酸性水侵蚀。淡水溶蚀是在流动的淡水中，尤其是在有水压作用下，水泥石中的 $Ca(OH)_2$ 因溶解度较其他水化物快，易被水溶解并带走。$Ca(OH)_2$ 晶体不断地被水溶解并带走，使水泥石中的孔隙率增加，而强度则降低。随着 $Ca(OH)_2$ 的晶体被溶解，碱性高的水化硅酸盐、水化铝酸盐等也相继水解，成为低碱性的水化物，最终成为一种无胶凝性的硅酸凝胶、氢氧化铝、氢氧化铁，甚至水泥石崩裂破坏。

酸性水对水泥石的侵蚀，当水中含有一些酸性物质时，水泥石会受到溶蚀的化学侵蚀，使混凝土的耐蚀性大大降低。酸类物质包括无机酸和有机酸，它们在溶液中能完全或部分离解为 H^+ 离子和酸根 R^- 离子，H^+ 离子与水泥石中 $Ca(OH)_2$ 的 OH^- 离子结合成 H_2O，R^- 离子与 Ca^+ 离子结合成钙盐 CaR_2，由于消耗了水泥石中的 $Ca(OH)_2$，也会导致其他水化产物的分解。当水介质中 pH 值小于 6 时，水泥石会受到侵蚀。pH 值越小，H^+ 离子越多，被中和耗掉的 OH^- 离子也越多，水泥石受到侵蚀的现象也会越严重。

（2）混凝土的碱集料反应，是由于混凝土原材料中的碱（Na_2O 或 K_2O）与集料中的活性成分的反应，在混凝土浇筑成型后的几年或更长时间逐渐出现的反应，反应生成物吸水膨胀使混凝土产生内部应力，膨胀开裂使混凝土失去强度优势。碱集料反应包括碱与二氧化硅或碱与碳酸盐的反应。反应条件除了必须有活性 SiO_2 碱性环境外，还是需要水。因此，水是发生碱集料反应三要素之一。在碱-硅酸盐反应中生成具有黏性的凝胶，可吸收大量的水，导致凝胶膨胀而开裂。

反应过程中生成物与水泥石的 $Mg(OH)_2$ 继续反应生成 ROH，循环不停地进行，而反应本身并不会引起体积膨胀。碳酸盐包裹的黏土暴露出来吸收水分膨胀，造成破坏作用。分析知道，碱碳酸盐反应只是黏土吸水提供了条件。

在混凝土结构使用期间，如果没有水的环境下，则不会产生碱集料反应条件，即使这种反应已经发展到对混凝土造成破坏，但一直保持干燥无水环境，反应将会中止。也就是损坏是不可逆转的，但是可以中止，由此可见水仍是损害的关键所在。

（3）水对混凝土碳化的影响。环境中的 CO_2 和水泥水化产物 $Ca(OH)_2$ 反应生成 $CaCO_3$，这种物质使混凝土的 pH 值降低而使钢筋锈蚀。但是氢氧化钙不是和二氧化碳气体反应，而是和碳酸发生反应。反应过程中，水又起到关键作用。

混凝土结构体孔隙中水的存在，一方面影响着 CO_2 的扩散速度，另外因碳化反应均需在溶液中或固液界面上进行，也决定了碳化反应的速度。如果含水率过高，混凝土内呈饱和状态，则 CO_2 的扩散速度较慢，碳化发展也馒。同时，也由于混凝土碳化的化学反应可知，混凝土的碳化反应是一个释放水的反应，会随着混凝土内水分的增加也将影响混凝土碳化反应的进行。如含水率过少，混凝土处于干燥状态，虽然 CO_2 的扩散速度很快，但缺少碳化反应所需要的水分环境，碳化反应难以发展，当水含量达 70% ~80% 以上湿度时，碳化速度极快。

（4）硫酸盐侵蚀反应。环境气候中，水中或土壤中都会含有硫酸盐类物质，硫酸盐对水泥混凝土的腐蚀是溶液中的 SO_4^{2-} 和水泥中的水化物造成混凝土的破坏。硫酸盐侵蚀造成混凝土劣化的原因非常复杂，水分仍然是其反应的主要因素。硫酸钙和水化铝酸钙反应生成钙矾石的过程也是水分的参与，氢氧化钙和硫酸根离子也是在水溶液中反应，形成固化石膏。

（5）水分对钢筋锈蚀的作用。在混凝土耐久性中，钢筋腐蚀是一个很重要的方面，也受到多种因素影响，其中混凝土内水分是一个重要原因。钢筋腐蚀只有在水和氧存在的条件下才能发生。钢筋开始腐蚀时电子从阳极区域的铁分子中脱离，向阴极转移；氧与水反应形成的氢氧离子（OH^-）与铁离子（Fe^{2+}）生成氢氧化亚铁，进而生成氢氧化铁，最后形成铁锈。

阳极：$Fe \rightarrow 2e^- + Fe^{2+}$

阴极：$O_2 + 2H_2O + 2e^- \rightarrow 4(OH^-)$

从上面反应式看出，水直接参与了钢筋的锈蚀反应，是主要反应物；另外，水是电子从阳极输送到阴极的载体。可以看到水是钢筋锈蚀反应的重要条件。如果携带氯离子的水分子进入混凝土，当钢筋表面的氯离子浓度达到一定程度，孔隙中含盐水就会起到电极的作用而诱发锈蚀，逐渐加重直至破坏。可以看出，水是该过程中形成电化学电池不可缺少的物质。如果混凝土结构完全干燥，即使钢筋表面氯离子浓度再高，钢筋很难达到锈蚀。而混凝土碳化是引起钢筋锈蚀的另一个因素，在气候比较潮湿时，混凝土孔隙含水量大，碳化则严重，钢筋锈蚀速度也快，符合电化学原理。

（6）水分对钢筋锈蚀速度的影响。混凝土中水分对钢筋锈蚀有双重作用，一是影响混凝土中氧气的扩散速度，另外是混凝土中电导率。水分越多，电导性越好，钢筋的电化学腐蚀就越快。含水率不仅直接影响钢筋的电化学腐蚀速度，而且也间接影响钢筋的锈蚀。混凝土的含水率高时，对空气的渗透性低，碳化慢。完全饱和水的混凝土不可能碳化，但是完全干燥（相对湿度不大于25%）的混凝土一般也不会产生碳化。在干燥环境中（如室内的钢筋混凝土结构），不仅很少产生碳化，即使碳化至钢筋表面，钢筋也可能不发生锈蚀。现在大多数钢筋混凝土结构处于干燥环境中，使用到设计年限正常情况下不会出现问题。当结构处在湿度较大或干湿交替环境下，钢筋锈蚀是难以避免的，要采取保护措施。

综上分析可知，水是组成混凝土不可缺少的重要组分，给水泥拌合物的和易性，水泥水化起关键作用，养护才能保证混凝土达到需要各项性能。同时水产生强度的水化产物硬化混凝土的特殊微观结构，使得水分可以在其内部自由运动。而水分子的存在和运动使大量有害物质进入混凝土内部，为冻融、碳化、碱集料反应、硫酸盐侵蚀和钢筋锈蚀提供了反应条件。充分认识这些危害因素，对提高或改善混凝土的性能，在允许条件下尽量减少水分对混凝土可能造成的危害，正确了解水分在混凝土中作用，对提高混凝土耐久性有重要意义。

4　混凝土渗透型保护剂在结构中的应用

工业及民用建筑设计使用年限都在50年以上，地处寒冷地区的水工建筑、工业厂房、桥梁涵洞、混凝土道路及场地、市政工程混凝土，接触到水或受到水的渗透部分，都会受到一定冻融破坏。如某循环水冷却塔大型混凝土水池，由于冬季仍然同夏季一样蓄水，使用20多年遭受冻融破坏而出现表皮裂缝、脱落、空鼓等质量问题，为使工程能继续发挥作用，使用单位必须耗费人力及材料进行维修，每年花费的维修费用十分惊人。

由此可见，水泥混凝土材料给人们带来巨大利益和方便的同时，本身也存在许多致命缺陷，早已引起各方面的高度关注。大量工程应用及实验表明，在设计强度完全满足使用条件下，混凝土结构仍会遭到严重破坏，主要原因是混凝土的使用环境条件不同，随着使用时间的推移而遭受自然环境的危害。总的来说，情况还是比较严重的，造成维修的费用也是巨大的。

1. 混凝土结构在使用环境中的腐蚀分析

水泥石是由水泥、粗细骨料、水及外掺合材料经过搅拌、浇筑成型养护而成。水泥的基本化学成分为：$3CaO \cdot SiO_2$，$\beta\text{-}2CaO \cdot SiO_2$ 及少量的 $3CaO \cdot Al_2O_3$，$4CaO \cdot Al_2O_3 \cdot Fe_2O_3$ 等。混凝土结构长期暴露在大气环境下，受各种不利因素的影响侵蚀，造成耐久性的大幅度下降。

1.1 氯化物对混凝土的侵蚀

氯离子的侵蚀是导致混凝土耐久性降低的重要因素。氯离子侵入混凝土有多种方式，在混凝土施工中的材料如砂石料、水含有一些氯化物；混凝土水化后大气中的氯化物污染无法避免，尤其是沿海和盐渍土地区，氯离子的渗透侵蚀力是极强的，也是除去钢筋钝化膜的清蚀剂。氯离子进入混凝土到达钢筋表面便快速破坏钝化膜，即便在强碱环境中依然会引起腐蚀。环境中的液态水也会进入混凝土中，这种水并非纯净，而是含有大量氯化物的电解液，在电化学作用下加速了锈蚀。

氯离子和氢氧根离子相互腐蚀过程中产生的 Fe^{2+}，形成 $FeCl_2 \cdot 4H_2O$（绿锈），绿锈从钢筋的阳极向含氧较高的混凝土空隙迁移，分解为 $Fe(OH)_2$（褐锈）。褐锈沉积于阳极周围，同时释放出氢离子和氯离子，它们又回到阳极区，使阳极区附近的孔隙液局部酸化，氯离子带走更多的 Fe^{2+}。氯离子虽然不构成腐蚀的产物，在腐蚀反应中也不消耗，但腐蚀的中间产物对腐蚀反应起催化作用。

如果在大面积钢筋表面有浓度较高的氯离子，则氯离子引起的腐蚀可能比较均匀。但是由于钢筋局部腐蚀的缺陷，会引起钢筋表面氯离子的局部腐蚀加重，形成坑蚀。腐蚀坑相当于钢筋的一个缺口，在钢筋受拉时引起应力分布的不均匀，导致应力集中使钢筋受力断裂。钢筋表面的腐蚀生锈对混凝土结构的不利影响表现在：铁锈的形成使钢筋截面减小，构件承载力降低；铁锈体积膨胀较大，使混凝土保护层胀裂并脱落，严重影响到结构的正常使用和耐久性；铁锈的生成破坏了钢筋与混凝土之间的粘结，从而使钢筋与混凝土之间的共同工作能力大幅降低，甚至造成整个构件失效。

1.2　混凝土的碳化影响

混凝土对钢筋的保护主要表现在两个方面，即物理保护和化学保护。物理保护是指阻断性保护，即混凝土保护层隔断了钢筋与空气，水和腐蚀环境的直接接触；化学保护是指钝化保护，水泥在水化过程中生成大量的氢氧化钙，使混凝土内部的空隙中充满了饱和氢氧化钙溶液，其中 pH 值在 12～13。处在这样的高碱性环境中的所有钢筋，容易发生钝化作用。使钢筋表面生成一层难溶的三氧化二铁（Fe_2O_3）和四氧化三铁（Fe_3O_4），习惯称作钝化膜，能够阻止混凝土中钢筋的腐蚀，埋置于无氯及无碳化混凝土中的钢筋是不会生锈的。

通常说的碳化是指空气中的 CO_2、SO_2 等酸性气体与混凝土中液相的 $Ca(OH)_2$ 作用发生中和反应。另外，水泥石中水化硅酸钙和未水化的硅酸三钙及硅酸二钙也要消耗一些 CO_2 气体。由于混凝土属于一种多孔性材料，在结构体内部会存在大小不同的毛细孔、空隙和气泡等不密实孔洞，具有可渗透性及透气性。空气中 CO_2 首先渗透到混凝土内部，充满空气的孔隙和毛细管中；然后，溶解于毛细管中的液体，与水泥水化过程中产生的 $Ca(OH)_2$ 和水化硅酸钙等物质相互作用而生成 $CaCO_3$。

$Ca(OH)_2$是水泥的主要水化产物之一，对于普通硅酸盐水泥来说，水化生成的$Ca(OH)_2$可达10%~15%。$Ca(OH)_2$一方面是混凝土高碱度的主要提供者，另一方面又是混凝土中最不稳定的成分之一，很容易与环境中的碱性介质发生中和反应，使混凝土发生碳化。

混凝土发生碳化后其碱性降低，造成的后果是使钢筋表面的钝化膜失去稳定，遭受破坏，混凝土就不能保护钢筋免遭腐蚀性破坏，混凝土碳化后的pH值被大幅降低，此时钢筋必然会受到电化学腐蚀的破坏。

2. 对混凝土中钢筋腐蚀的预防

混凝土中氯离子的侵蚀与碳化和水分与氧的存在是密不可分的。而提供这些条件的通道主要是毛细管的存在，水和氯离子通过混凝土毛细孔渗入到混凝土内部。因此混凝土的防腐应当重点防水和防氯离子侵蚀入手，防止氯离子和水分对混凝土的侵蚀，延长混凝土碳化时间则预防钢筋锈蚀。

（1）加强混凝土密实性，提高防水功能。钢筋锈蚀主要是因混凝土保护层碳化和氯化物的侵蚀，这两种腐蚀现象都是以水为载体进行的。应该认为混凝土的防水是其防腐的第一道屏障。大量工程及研究表明，由于混凝土保护层的过早破坏，水逐渐渗透到内部，加速了混凝土的碳化和内部钢筋腐蚀。

（2）严格控制氯离子的含量。混凝土中氯离子的含量对钢筋的危害是严重的，一般情况下钢筋混凝土中氯盐掺用量应小于水泥质量的1%以下，掺氯盐的混凝土必须振捣密实，更不能用蒸汽养护。但更重要的是外界氯化物的侵蚀，必须采取有效措施，最大限度地降低混凝土结构对氯离子的渗透和吸收。

3. 混凝土结构的防护措施

对混凝土结构的防护主要有混凝土表面涂层，混凝土表面硅烷浸渍，环氧涂层钢筋，钢筋阻锈剂等。其中混凝土表面硅烷浸渍是一种技术成熟、施工操作简单、性价比最优的方法，几种防护方法比较见表1。

常见防护方法性能比较　　表1

项目名称	表面涂层法	硅烷浸渍法	环氧涂层法	钢筋阻锈法
价格水平	高	低	高	低
施工时间	长	短	长	短
防护工艺	复杂	简单	复杂	简单
重涂修复性	复杂	简单	—	—
防护效果	一般	较好	钢筋与混凝土粘结力降低	一般重复保护性差
耐久性能	年限较短	年限较长	施工时涂	施工时用

作用在混凝土表面的防护主要是表1中前两种，混凝土表面涂层主要是采用具有良好耐碱性、耐腐蚀性和附着力强的涂料。常用的涂料是：环氧树脂，聚氨酯，丙烯酸，氯化橡胶和乙烯树脂。通过在混凝土表面涂刷一定厚度的涂膜来保护结构不受有害介质的侵蚀。最需要保护的区域无论是水位变化区，还是桥墩及梁外檐，表面常处潮湿状态，保护涂层附着力差，所以表面涂层往往达不到理想效果，主要原因是混凝土表面涂刷前处理很关键。只有标准的表面才能使涂层达到最佳效果。一旦涂层遭到损害，水和氯化物很容易进入混凝土内部，轻者涂层起泡掉皮，重者就会造成混凝土内部钢筋的锈蚀破坏。

混凝土表面硅烷浸渍是一种通过特殊小分子结构，渗入到混凝土表层几毫米深度，并与已水化的水泥发生化学反应，从而在毛细孔壁上形成牢固的憎水屏障，使水分及水分所携带的氯化物都很难渗入混凝土中，大大提高混凝土结构的防水性能。特别是这种保护剂与其他材料相比较，在孔隙率较低的高强度混凝土和周围环境极恶劣干湿交替处，阻止水和氯化物渗透的效果更为有效，更加耐久，至少可保持15年以上。

4. 混凝土硅烷浸渍渗透型防护

结合混凝土浇筑特点所开发的硅烷类混凝土保护剂系列产品，较好地解决了钢筋混凝土结构在施工及使用过程中的保护问题。混凝土保护剂内含高渗透保护因子和阻锈剂，其特殊的小分子结构能轻易穿透混凝土表面，渗透到混凝土内部达2~6mm，并与其形成牢固的保护层，进而极大提高混凝土结构的防水性和氯离子吸收性。它能与保护基底产生化学反应，深度渗透并产生防水、防氯离子的性能。经过保护基材具有良好的憎水性，并保留原有的外观。

（1）硅烷作用的机理：利用硅烷特殊的小分子结构（粒径为10^{-10}m级），与混凝土基材有优良的亲和力，能轻易渗透到混凝土内部，与暴露在酸性和碱性环境中空气、基底中的水分发生化学反应，生成羟基团。这些羟基团将与基材及本身产生交联、堆积、结合在毛细孔内壁，不阻塞毛细孔的防水透气，形成牢固的有机硅网络保护层，被有机硅网络覆盖的混凝土表面多孔部分形成一个憎水层，能够有效地阻止外部水分和有害物质的侵入，并使内部水汽和有害气体逸出，见图1。从而大大提高混凝土结构的防水性、耐盐碱、抗冻融性，延长结构耐久性，尤其是碱性环境，如浇筑时间不长的混凝土结构，会使该反应加速保护层的形成。

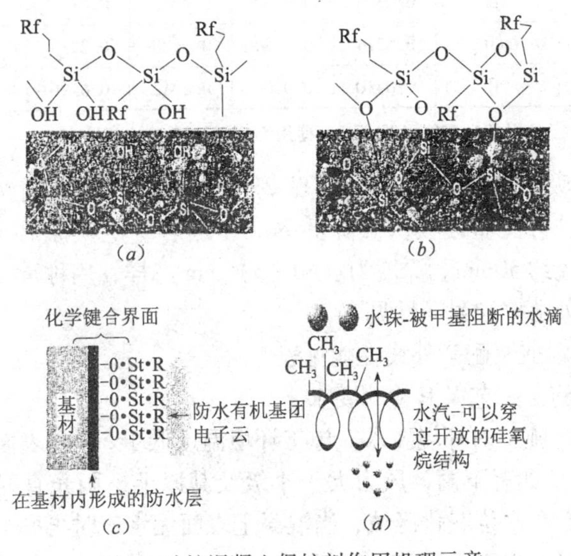

图1　硅烷混凝土保护剂作用机理示意

（2）硅烷的性能：①渗透深度：按照《海港工程混凝土结构防腐蚀技术规范》JTJ 275—2000 中渗透深度测试方法（染色法）进行，硅烷的性能渗透深度测试，应在最后一次喷涂后至少 7d，钻取直径 50mm、深度为（40 ± 2）mm 的芯样，其结果是：随着混凝土强度提高而深度降低，并与涂布量有关。依次是：涂布量 150 ~ 180gm^2，C15 为 6mm，C25 为 5mm，C35 为 4mm，C45 为 3mm；当涂布量为 250 ~ 300gm^2，C15 为 10mm，C25 为 8mm，C35 为 6mm，C45 为 5mm。

② 氯离子降低吸收降低量：按照《海港工程混凝土结构防腐蚀技术规范》JTJ 275—2000 中氯离子降低吸收率检测，表 2 为使用硅烷浸渍后混凝土氯离子吸收率降低情况。

硅烷浸渍后混凝土氯离子吸收率降低比较　　表 2

混凝土强度等级	是否用保护剂	氯离子吸收量（%）				降低效果（%）
		2 ~ 10mm	10 ~ 20mm	20 ~ 30mm	平均值	
C30	不用	0.7135	0.2088	0.0333	0.3185	94.0
	用	0.0355	0.0200	0.0015	0.0190	
C45	不用	0.5214	0.1220	0.0220	0.2218	91.2
	用	0.0410	0.0166	0.0012	0.0196	

注：产品用量为 150 ~ 180g/m^2，使用 5mol/L 氯化钠水溶液。

③ 吸水率耐碱性：按照 JTJ 275—2000 规范吸水量降低率检测方法进行试验，吸水量降低率应在最后一次喷涂后至少 7d，钻取直径约 50mm。深度为（40 ±5）mm 芯样，用称重法测量吸水率，吸水率和耐碱性见表 3。

④ 耐酸及耐紫外线性能见表 4。

5. 施工工艺及其检测要求

（1）施工对环境要求。施工环境温度低于 5℃或表面干燥前（约 10h）如有下雨，风力大于 4 级及其以上，阳光直射时也不易施工。在水位变化区域，当混凝土表面无水迹时再刷涂层，尽量使混凝土表面干燥效果好。

混凝土吸水率和耐碱性表　　表3

混凝土强度等级	是否用保护剂	浸 Ca（OH）$_2$ 前		浸 Ca（OH）$_2$ 后		耐碱性
		吸水率（$mm/min^{0.5}$）	降低率（%）	吸水率（$mm/min^{0.5}$）	降低率（%）	
C30	不使用	0.180		0.180		
	使用	0.0030	98.3	0.0035	98.1	较好
C45	不使用	0.07		0.07		
	使用	0.0025	96.4	0.0027	96.1	较好

注：实验为饱和 Ca（OH）$_2$ 水溶液，浸泡时间 48h。

混凝土耐酸及耐紫外线性能表　　表4

混凝土强度等级	是否用保护剂	处理前		耐酸处理后		耐紫外线处理后		耐酸性
		吸水率（$mm/min^{0.5}$）	降低率（%）	吸水率（$mm/min^{0.5}$）	降低率（%）	吸水率（$mm/min^{0.5}$）	降低率（%）	
C30	不使用	0.180		0.180		0.180		
	使用	0.0030	98.3	0.0033	98.2	0.0037	97.9	较好
C45	不使用	0.07		0.07		0.07		
	使用	0.0025	96.4	0.0029	96.9	0.0035	95.0	较好

注：紫外线按 GB/T 16777—1997 中第 7.1.7 条，48h；酸溶液为 0.1mol/L 的 H_2SO_4 水溶液浸泡 48h。

（2）进行预处理。首先将混凝土表面上有明显缺陷进行修补，表面应干净坚硬，无松动浮尘。如果模板用脱模剂涂混凝土面，应通过喷涂确定对混凝土保护剂是否有影响；否则，要在保护剂施工前，将表面充分处理至可涂刷状态并清理干净，表面干燥才能进行涂刷。保护剂对混凝土表面有 0.2mm 及其以下裂纹不受影响，可直接涂刷，可以阻止水分进入。

（3）涂刷施工控制。保护剂涂刷的混凝土表面必须养护期满 28d 龄期，或者表面处理后 14d 龄期的表面。混凝土涂刷时的表面温度在 5～45℃之间的干燥表面。保护剂不得稀释，使用时开封，开封后 72h 内用完。

喷涂保护剂应连续进行，使被涂表面涂刷均匀饱满，立面涂刷顺序应自下向上进行，涂刷长度20cm左右，使表面湿润不少于7s。喷涂分两次完成，第一遍与第二遍间隔6h以上。使用工具：密封喷枪、滚筒或刷子。如用喷枪要注意压力不能过高，一般压力60kPa左右，并防止水进入任何部位。

综上所述，混凝土工程的使用量在建筑工程中用量最大，但因种种原因造成耐久性质量的下降，尤其是寒冷及自然环境差，水位变化大部位的结构，由于结构表面开裂腐蚀介质进入内部造成结构的破坏，影响耐久性使用寿命。为了延长结构的使用寿命，使用现代科技手段对结构表面进行保护，硅烷保护技术是现在最简单也是最方便、安全的防护方法，是解决混凝土材料可持续发展的重要措施。

5 混凝土结构孔隙与材料性能

混凝土的组成材料属于离散性的多孔脆性材料。在原来组分的基础上增加了矿物外掺料和化学外加剂，使得质量及性能有所改善，这些性能包括强度、变形、应力及耐久性，其中混凝土孔隙率对其性能影响很大。了解混凝土孔隙的形成因素，即可采取预防措施来降低结构体的孔隙率，提高密实性，选择混凝土组成材料的质量。混凝土孔隙一部分为外孔隙，这里所指的孔隙为施工成型过程和水化阶段产生的各类裂缝，目前对其影响无好的评估方法；而另一为内部孔隙，指水泥水化凝结过程在结构内部形成的孔隙，主要是水化产物形成的。这个问题可以进行评价，理论上相对成熟，重要的是对材料的作用方面。混凝土内部的孔隙是可以变化的，从混凝土配合比设计开始到整个工序过程，采取的各项措施都是为减少孔隙、提高密实性而努力。

1. 降低混凝土孔隙的措施

1.1 内部孔隙

（1）优化配合比设计是构成混凝土的基础，作用是找到各种组分间的最佳搭配，确保选择级配的符合需求，不要有造成危害混凝土强度的材料成分存在。水泥浆能充分填补孔隙和包裹骨料外表面并有一定厚度；粗骨料最重要的是表面形状尺寸，要求骨料强度必须高于混凝土强度；水是组成体中重要部分，在满足使用和易性等方面后，尽量减少其用量。配合比控制的目的是降低（水灰比）孔隙率，而水是产生孔隙及其他质量问题的主要因素。而水过少则水泥不能充分水化，也影响到各种性能。

（2）选择合适的水灰比是关键。混凝土中存在的大量孔隙，主要是未能水化的游离水蒸发后留下的通道毛孔。水灰比越大，内部孔隙也越多、越大。在配合比时严格控制水灰比最重要。例如，在无任何外掺料时，最小水灰比为 0.42，实用时应大于 0.42 较方便施工。理论上讲，真正参加水泥水化的水只有 0.25 就是够，还有部分水固定在胶凝体内不参加反应，但是不可缺少。水灰比同孔隙率的关系如何表示，一般采用的公式是：毛细孔率 $P_c = V_c/V_p = W/C - 0.36a/(W/C + 0.32)$，毛细孔率也可以用胶空比 $X = 0.68a/(W/C + 0.32a)$ 表示其量。从这个公式可以知道，影响毛细孔率的主要因素是水灰比和 a（水泥水化程度），当水泥水化程度一定时，毛细孔率只受水灰比控制。可见水灰比的确定是多么的关键，因为它是决定孔隙率的主要因素，也是决定混凝土质量的原因之一。

（3）外加剂和外掺合料必不可缺少。实践表明，矿物外掺合料是指常用的粉煤灰、炉渣、矿粉及沸石粉。矿物外掺合料都含有活性 SiO_2，在水化时与 $Ca(OH)_2$ 作用生成 C-S-H，与 C_2S 的作用相似，可以代替水泥用。矿物外掺合料颗粒可填充在水泥颗粒之间，使混凝土更加密实。降低孔隙提高抗冻抗渗及耐久性能。粉煤灰是发电厂的废弃物，含有 SiO_2 达 50% 左右，而硅粉大于 90%，矿渣为 35%，沸石粉约 65%。因 SiO_2 含量不同，其火山灰反应也不同。由于粉煤灰量大面广，水化热低，提高混凝土密实度效果好，使用多。硅粉含 SiO_2 活性最多，火山灰反应最大，掺入后能很快与 $Ca(OH)_2$ 作用生成 C-S-H 的火山灰反应。硅粉比粉煤灰需更多的水，与减水剂同时使用较适宜，保湿很重要，而矿渣与沸石粉处在两者之间。

化学外加剂现在使用的种类较多，在此只涉及影响孔隙率的减水剂类。水泥水化作用生成的 C-S-H 及外掺合料中的 SiO_2 与 Ca（OH）$_2$ 作用生成的 C-S-H 均具有吸水凝聚，互相吸引成团，不易分散孔隙率增加倾向。减水剂及高效减水剂可较好吸附在水泥颗粒表面，使产生相同电荷而互相排斥，拆散了原来聚团状态，其网状结构封闭水能使水泥颗粒更好水化，降低了孔隙率。同时，因减少拌合用水量使水灰比降低至 0.35 或更低，无游离多余水可蒸发水极少，形成的毛细孔也有限，减水剂及高效减水剂的效果极其明显。

（4）振捣密实和养护方法对降低孔隙率有关。振捣到位密实，养护措施方法有效的结构混凝土孔隙率肯定低。振捣可以使混凝土骨料受到振动压实，排除内部气体及多余水分，正确的振捣使内部孔隙减少到最少，尤其多余水的排除使产生孔隙的机率更低。

不掺入外加剂的混凝土水化凝结需水泥重量 0.42 的水，失水过快、过量，会使塑性表面形成收缩裂缝。内部失水到 $RH=80\%$ 时水化则停止进行，为此，新拌混凝土切实浇水养护保持足够的水分。混凝土肯定是水化越充分孔隙越少，对养护过程必须认真保湿。

1.2　外部孔隙缺陷

外部孔隙指在混凝土浇筑及水化硬化初期，因施工方法不当等多方面原因所产生的裂缝问题。如施工超载，过早在上面堆积材料，吊装碰撞，支撑变形，混凝土早期失水塑性收缩产生开裂；漏振及过振产生蜂窝、麻面；配合比不当形成的泌水离析的缺陷，均会在结构外部产生裂缝。这些外部缺陷绝大部分是可以预防的，只要事前进行技术交底，按照施工方案组织施工，工艺过程严格控制，这些质量问题是可以减少或避免的。但是各种裂缝仍然随处可见，严重地危及结构的安全使用，更影响到建筑物使用的耐久性。

2. 孔隙与材料的特性影响

2.1　结构外部裂缝

建筑工程的裂缝不或避免，带裂缝工作的工程裂缝宽度必须小于0.2mm，当裂缝宽度达0.3mm及其以上时不仅影响外观感，更重要的是影响到安全及正常使用。由于有害介质进入缝中，冻胀及渗漏水腐蚀钢筋，使承载力下降，影响到正常使用的裂缝及缺陷，除强度损失外更加影响耐久性。

这些存在于外部的裂缝，完全是可以减少或避免的，尤其是施工阶段的各个环节控制是关键，而对已经出现的裂缝根据其性质采取处理是能够达到使用要求的。

2.2　材质对孔隙的影响

（1）孔隙与材料强度：凡是有孔隙的材料强度受孔隙率影响关系较大。孔隙越少越密实则强度越高。对于混凝土结构强度同样也取决于孔隙率，而混凝土的孔隙率取决于水灰比，即水灰比影响孔隙率，而混凝土的孔隙主要存在于水泥浆体的抗压强度，也就是胶体的抗压强度正比于胶空比 X 的立方。胶空比 $X=0.68a/(0.32a+W/C)$，当水化程度 a 一定时，胶空比受控于 W/C，W/C 愈小胶空比则愈大，孔隙率愈低，则强度愈高，所以胶空比表示了孔隙率大小。水灰比定律表示：对于给定的材料，强度只取决于一个因素——水灰比，水灰比则决定水泥浆体的孔隙率。而掺加硅粉使混凝土更密实，孔隙率分布均匀，大孔减少，小孔增多，混凝土强度可大大提高。混凝土的抗拉强度受界面过渡区、浆体水灰比、孔隙率及微裂缝等内部缺陷较大的影响，所以抗拉强度比抗压强度更低。影响混凝土强度的还有水化程度 a 的因素。

（2）弹性模量与孔隙率：混凝土的弹性模量 $E=\sigma/\varepsilon$ 关系的物理量，表示应力与应变的行为关系，E 越高抵抗变形能力愈强。工程应用时 E 常用 f_c 代替，所以凡是影响混凝土抗压强度 f_c 的因素，对 E 都会有影响，而影响最大的还是孔隙率。而孔隙率的变化主要还是在水泥浆体中，水泥浆体的弹性模量正比于胶空比的立方。用毛细孔率表示：$E = E_g / (1 - P_c)^3$，E_g 为 $P_c = 0$ 时的弹性模量；P_c 为孔隙率，而 $P_c = (W/C - 0.36a)/(W/C + 0.36a)$，$P_c$ 愈小，混凝土愈密实，弹性模量也会高；反之，则愈低；a 则表示水泥浆成熟度。

(3) 收缩变形的影响：混凝土的收缩变形分早期的塑性收缩，硬化后的干燥收缩，自身收缩及碳化收缩。早期收缩因毛细孔失水超过泌水速度而产生负压，引起的收缩为塑性收缩；而干燥收缩是硬化的混凝土失去毛细孔水引起的收缩；自身收缩是硬化过程中水被水化消耗，没有多余水向外散失，混凝土也会自身干燥并引起收缩；碳化收缩是硬化混凝土毛细孔中水分干燥到一定程度，CO_2 从毛细孔中进入混凝土与 C-S-H 和 CH 作用生成碳酸钙，同时失水收缩；而自身收缩及碳化收缩是混凝土干燥收缩的另一种表现形式。

(4) 孔隙率与耐久性的关系：混凝土结构耐久性是指在自然环境中可以抵御抗冻、抗渗、抗腐蚀及耐磨损性能。这些耐久性与孔隙率相关，而孔隙多少及分布、孔隙大小影响不同。毛细孔量大互相连接成网，孔径大，分布不均匀，影响大。胶凝孔是胶凝体固有的一部分，孔径小，分布较均匀，影响较小。

① 抗冰冻性，混凝土的受冻是因结冰使水体积增加约 9.1% 而胀裂破坏。是指有水孔隙尤其大毛细孔，其孔随水灰比的增大而增大，随龄期延长而降低。早期因水化程度低毛细孔多，可冻结水也多。随水化进展水会逐渐消耗，毛细孔率也随着降低，孔内可冻结水减少，达到一定程度冻胀力是不会使混凝土破坏的。完成水化的混凝土更加密实，毛细孔更少可冻水也少，孔内无水就不会受冻。而减少冰冻的方法主要是降低水灰比，并振捣密实。添加矿物掺合料和化学外加剂，理论上 $W/C = 0.36$ 时不采取措施也不会冻坏，实际上还是水灰比大，降至 0.24 才是可靠的。经验表明，向混凝土中加气是有效的防冻措施，混凝土的含气量以 3% ~4% 为宜，过多、过少均对混凝土造成损害。因气泡为静水压力外渗提供安全气阀作用，但气泡中有水也会冻结。

但也有人认为混凝土受冰冻的破坏不是冰胀而是静水压造成的，毛细孔中的水受冻时向周围膨胀，毛细孔内未冻水受到压力向周围扩散，当扩散受阻压力增大，若有排出空间压力消失。周围毛细孔中水压力增大与附近水压相叠加，压力超过混凝土的极限抗拉强度时混凝土则破坏。

② 抗渗性即混凝土的抗渗透力，也是由孔隙率、毛细孔率决定，都是受水灰比影响。当水灰比≤0.4 时，水泥浆体几乎不透水；水灰比 >0.4 因毛细孔率明显增大，渗透系数增加渗透力加强。大的水灰比因孔隙大，水容易渗过，水中有害物质便会侵蚀混凝土，使耐久性降低。渗滤与盐霜危害：因水从混凝土中外渗或混凝土干湿交替，水分向内渗进，外渗盐类沉积或内入 CO_2 与混凝土作用生成钾、钠、钙碳酸盐，混凝土表面出现白色盐霜。同时，C-S-H 长期渗滤也会析出氢氧化钙水解成霜。长期渗滤因孔隙变大加快腐蚀，盐霜通常称泛碱，水冲洗干净即可，对耐久性无影响。

③ 硫酸盐侵蚀性，混凝土为碱性材料，只有碱浓度很高才能受到影响，但酸侵蚀较常见。如地下、水上建筑物，构筑物地下室工程隧道混凝土。侵害物质为硫酸盐类钙、镁等。硫酸盐类常含在水中，遇到混凝土则会逐渐侵蚀渗透破坏。硅酸盐水泥中 C_3A 含量偏高也容易受侵蚀，工程中一般要求有 C_3A 含量低于 8% 的规定。由于该水泥水化时生成钙矾石和单硫铝酸钙，当硫酸盐溶液从毛细孔渗入混凝土内，单硫铝酸钙接触渗入的硫酸根离子时会再次生成钙矾石，此反应体积增加约 55% 而产生膨胀，导致混凝土开裂。而 CH 与硫酸根离子接触生成二水石膏，体积增大约 120%，数量少于钙矾石，腐蚀作用也轻微。

④ 混凝土结构受硫酸盐的侵蚀是由其自身属性所决定，关键是单硫铝酸钙非常容易同渗入混凝土中硫酸根离子结合，二次生成钙矾石。防止硫酸盐的侵蚀加强混凝土的密实性是关键，降低水灰比和孔隙率防止渗透。同时，选择水泥中低 C_3A 含量、高 C_4AF 的水泥，两种都会降低硫酸盐类的侵蚀。

通过上述分析可知，混凝土结构的孔隙率对耐久性影响较大，控制孔隙率也就是控制水灰比。无论是混凝土的强度还是其他性能，都与水灰比关系密切。因为水灰比影响孔隙率，而孔隙率则影响混凝土的强度。水灰比小的混凝土渗透性则低，当小到一定程度时则不渗水。此时不仅强度得到提高，变形能力也增加，更重要的是追求的耐久性——抗冻、抗渗、抗硫酸盐侵入减少。降低孔隙率是提升结构混凝土质量的重要措施。

6 混凝土孔隙的形成及预防

混凝土的孔隙包括施工浇筑过程形成的各种缺陷、变形、收缩引起的裂缝及各种原因引起的内部裂缝；混凝土水化凝结硬化形成的不同孔隙。由于混凝土组成材料如粗细骨料、水泥及水等，将这些松散互不关联材料复合成整体，其本身就是一种微孔材料，而且多数是带着裂缝工作，工程上只是限制裂缝的办法加以解决，也并不是说混凝土的裂缝是放任的，而是对裂缝的产生和发展严格控制的。一些裂缝孔隙并不影响建筑物的使用，但外观及耐久性会受不利影响。

1. 混凝土的孔隙形成问题

混凝土的内部孔隙是水泥硬化过程形成的，属于混凝土的一种属性。混凝土的孔隙是决定其属性的决定因素，水泥水化凝结没有孔隙是无法进行的。混凝土硬化后的强度、变形、收缩、徐变、抗冻、渗透、迁移及各种侵蚀无不与孔隙有关联，可以说混凝土孔隙决定了混凝土的材料性质。

（1）外部裂缝。施工及验收规范允许混凝土结构出现裂缝，满足规范要求不影响使用功能。施工过程造成的孔隙与裂缝、振捣不实、养护不好及泌水离析形成的裂缝，选用骨料级配不连续，支模变形，沉降裂缝，失水收缩裂缝，温度变形缝，干燥与碳化裂缝，配合比例不当与 W/C 控制不好增加的孔隙，防护不当碰撞及冻融等都会使混凝土形成裂缝。

（2）内部裂缝。这是非常重要的问题，混凝土性能决定孔隙主要是指存在于水泥浆体内的孔隙。对孔隙的计算采用 T. C. Poweros 简易公式。要求混凝土有良好的级配，而合理级配要求粗细骨料与水泥浆胶结紧密，水泥浆要充满所有骨料孔隙并完全将其包裹。新拌合的混合料没有孔隙，因为拌合水充满了所有孔隙。当水泥开始水化，需要水补充及蒸发，内部水泥水化物中就留下孔隙，即孔隙是存在于水泥水化粒子之间的水分蒸发后残留的空间。这一部分属于毛细孔，呈分布联通网状，可发生毛细作用，孔径在 2.5 ~ 16μm 之间变化；另一部分为水泥矿物在与水发生化学物理作用，生成 C-S-H，即凝胶体。大量的微毛细孔一般无法分辨，孔径在 0.5 ~ 2.5μm 甚至更小，C-S-H 体积中 1/4为孔隙。而 C-S-H 又是决定混凝土性质的决定因素。这个孔隙率为 T. C. Poweros 公式求出，这是一个规律，对各种水泥的 C-S-H又是固定不变的数值。第三种孔隙是由“壁垒”效力在局部引起的孔隙增大。水泥水化浆体在遇到骨料、钢筋时，接触面处形成界面过渡区，接触面处水灰比增大引起局部泌水，此处的毛细孔是连通的，渗透性很强。

用 T. C. Poweros 公式：水泥胶凝 C-S-H 孔隙率 $P_c = 0.26$；毛细孔隙率 $P_c = (W/C - 0.36a)/(W/C + 0.32)$。用胶空比反映毛细孔隙率 P_c = 凝胶体积(含凝胶孔)/(凝胶体积 + 毛细体积) = $0.68a/[0.68a + (W/C - 0.36a)] = 0.68a/(0.32a + W/C)$，此式用于胶结材料，除水泥以外另掺活性矿物如粉煤灰、矿渣等。

式中 W/C——水灰比（水胶比）；

a——水化程度系数，完全水化 $a = 1.0$。由式中可看出，当 a 一定时决定孔隙，胶空比唯一因素为 W/C。

（3）水灰比最小问题。保证水泥浆体中水泥完全水化所需要的水，即最小水灰比。由 P_c = 毛细孔体积/水泥浆初始体积 = $(W/C - 0.36a)/(W/C + 0.32)$ 可知，当 $P_c = 0$、$a = 1$ 时，可得出 W/C_{min}。分母不会等于0，只有分子等于0。当完全水化时 $a = 1$，可得 $W/C = 0.36$，即完全水化所需的水灰比。此时一点孔隙也没有（$P_c=0$），而形成水泥水化产物必须形成一个饱和的凝孔。事实上，水泥水化后浆体由水化产物+凝胶孔+毛细孔3部分组成。达到完全水化时凝胶体所需水为0.24。凝胶孔为凝胶体固有部分，不随水灰比大小变化，凝胶孔中固定了0.18的水，所以水泥完全水化所需水量为0.24+0.18=0.42，用水灰比表示，即$W/C_{min}=0.42$。可认为0.18的水是用于形成凝胶孔为水化反应提供必须空间，即水化是在凝胶孔中进行的。实际最小需要$W/C>0.42$，多余水蒸发后就成为胶体中的毛细孔。一个重要特点是胶凝孔率0.26（≈1/4）为固定不变，所以毛细孔只受水灰比的影响。也就是水灰比越大，失水后凝胶体中残留的毛细孔率越高，这也是影响混凝土基本性能的重要因素。

当$W/C<0.42$以后，水泥不能完全水化，胶体中存在一部分未被水化的水泥颗粒，而一部分残留毛细孔中无水，成为空孔；当内部HR达到75%～80%时引起体积自收缩，产生内部微裂缝，成为孔隙的一部分。

2. 影响孔隙的主要因素

（1）水灰比（W/C）的影响。如果骨料中无孔隙，则孔隙来源于水泥水化产物-凝胶体，而毛细孔则存在于凝胶体，则毛细孔率主要取决于水灰比。由上述浅介可知，当水泥完全水化时$a=1.0$，$W/C_{min}=0.42$，再考虑到模板及周围接触物的吸水，实际取$W/C>0.42$合适。此时$P_c=8.1\%$，若$W/C=0.6$时，毛细孔率$P_c=26\%$。水灰比越大毛细孔率也大，但水灰比不影响凝胶孔率（0.26）。

（2）水泥水化程度的影响。随着水化程度的加快，孔隙率逐渐减少。由上述公式可知，当水化程度达到50%时，即$a=0.5$，水灰比相同时，$P_c=26\%$；完全水化时，$a=1.0$，孔隙率只有8.1%。水化早期C-S-H从水泥颗粒表面向周围有水的空间扩散，此时水化产物C-S-H具有很多的微隙率和粗大的孔隙。随水化进程后期C-S-H主要在水化水泥颗粒周围发展，形成更加密实的外壳，孔隙率比早期水化物大为降低。

（3）影响孔隙率的其他因素。首先，是施工中任意向混凝土中加水，当水泥用量不变而水量增大，水灰比因此增大，则孔隙率也大。所以混凝土施工中绝不允许加水，包括预拌混凝土坍落度损失，现场临时加水肯定会使拌合物离析，内部孔隙增多且大。其次，是加强振捣使混凝土密实。浇筑时的混合料中空气较多，多余水占据一定空间，振捣迫使骨料流动，挤出空气和排挤多余水，使混凝土密实减少孔隙。未参与水硬化后残留在混凝土内部，蒸发后形成毛细孔及气孔。而振捣密实的混凝土，毛细孔、气孔少，孔隙率也低。最后，是养护不及时、不规范，水泥水化需要一定水，水量不足，水化反应不足，当混凝土内部相对湿度小于80%水化则停止。成型后混凝土周围模板接触土壤、垫层都会吸收水分，收压表面会因失水而开裂。凡失水混凝土表面部分水泥均不能充分水化，留下一些孔隙。加强浇水湿润，及时保持水分充足，对确保水化、加强密实度、减少孔隙率十分重要。

（4）严格控制配合比是减少孔隙的重要方面。粗细骨料、水泥及水用量要合理。水泥用量过多，水化热也高，水化过程中收缩增大造成开裂。水是混凝土中不可缺少的，但多了坏处也大，未水化的水蒸发后留下大量孔隙，水灰比越大，孔隙越多。水泥水化时 $W/C=0.36$，但因施工中水的损失，$W/C_{min}=0.42$，在满足工作性的条件下，水灰比越小越好。水泥浆料以充满并包裹粗细骨料的孔隙包围表面。合理的级配内部孔隙会小，相反孔隙会增大。配合比优选合理，是提高密实度降低孔隙率的基本条件。

（5）外加剂是影响孔隙的因素之一。为提高混凝土的性能，目前常采取掺入外加剂和掺合料技术来解决。常用的有硅粉、粉煤灰、矿渣及沸石粉，混凝土中掺加矿物粉可以降低水泥用量，降低水胶比，改变凝胶体微观结构，使C-S-H分布分散均匀，质地密实，孔隙率降低。这是由于掺合料中含有很多 SiO_2 同 $Ca(OH)_2$ 作用生成C-S-H，使C-S-H总量增多，掺合料更细，起到填充颗粒作用，使混凝土更密实是由于料中 $Ca(OH)_2$ 多少决定。硅粉含活性 SiO_2 达90%以上，比表面积 15 ~ 20m^2/g；粉煤灰含 SiO_2 达45% ~60%，比表面积0.3 ~0.6m^2/g，只有硅粉的1/4 ~1/5，活性远不及硅粉，沸石粉含 SiO_2 达 65%，比表面积0.4 ~ 0.7m^2/g，矿渣粉含 SiO_2 达 35%，比表面积 0.35 ~ 0.75m^2/g，均径只有 8μm，与粉煤灰相似。

矿物外掺料的使用在于大量降低水灰比，会达到 $W/C<0.35$ 的现实。矿物外掺料的细度更细，反应时需要更多水。此时生产的混凝土比较干，工作性不好且粒子扩散不好，用矿物外加剂与减水剂配合效果好，减水剂品种很多，作用效果大概相同。

（6）碳化作用的影响。已经完成的混凝土当空气中 CO_2 扩散进入与水泥浆体反应 $C_3S_2H+3CO_2 \rightarrow 3CaCO_3+2SiO_2+3H_2O$，$Ca(OH)_2+CO_2 \rightarrow CaCO_3+2H_2O$，这一反应产生不可逆收缩，会在混凝土表面引起微裂缝，$CaCO_3$ 向周围扩散加上碳化反应释放的水，加快水化，使表面混凝土密实度提高，孔隙率降低。孔隙率降低更减少了有害裂缝的数量，对钢筋有益。

在水化产物中占主要地位的C-S-H结晶差，且分散呈无定型的一堆不规则成团的絮状物。矿物外加剂又使C-S-H数量及水胶比降低，使C-S-H更难于分散，所以必须补充外加条件——减水剂以改善混凝土的质量。减水剂是一种阴离子表面活性剂，当它吸附在水泥颗粒表面时在水泥颗粒周围形成相同电荷，使水泥颗粒相互排斥，原本互相吸引形成团的絮状物得以充分地分散在水泥浆中，微观结构更加均匀、密实，孔隙率为之降低，并使水泥表面张力降低，水泥浆的流动性提高，即使水灰比较低也会有较大坍落度，这对泵送混凝土十分有利，这是减水剂吸附分散湿润的绝对好处。

综上所述，混凝土是一种脆性微孔结构，孔隙决定混凝土的属性。在通过大量工程施工及质量问题处理中，深刻认识到混凝土内部、外部孔隙对保证混凝土质量的重要性。了解混凝土孔隙的形成及主要影响因素，各种影响因素对减少孔隙、提高密实度、正确应用是十分有益的。同时，减少孔隙及加强密实度的技术措施，只有对孔隙的形成和发展充分了解，才能理解水灰比、振捣、养护及掺加外掺合料、外加剂尤其是减水剂使用的真正意义和价值。

7 混凝土中氯离子的危害及预防

氯离子的来源比较广泛，对混凝土来说主要来自水泥及各种原材料及外加剂中。氯盐是最容易得到的工业原料，在水泥中具有一些应用价值。可作为熟料焙烧的矿化剂，能降低烧成温度，也是有效的早强剂，不仅使水泥 3d 强度提高 50%，还可以降低混凝土中冰点温度，防止混凝土早期受冻。但在水泥生产时由于熟料焙烧中氯离子大部分在高温下挥发排出窑外，残留在熟料中的氯离子含量已很少。如果水泥中的氯离子含量很高，其主要原因是掺加了混合料和外加剂。因此，水泥标准中增加了水泥生产中允许加入≤0.5% 的助磨剂和水泥中的氯离子含量≤0.06% 的规定。这主要是为了使水泥不要对混凝土造成过大影响。

在天然砂石料中，特别是海砂及盐渍土地区出产的砂，氯离子含量比较高，砂的表面氯离子吸附比较多。如果不采取冲洗用于混凝土，将导致混凝土中的氯离子含量超标。

在混凝土拌合中水是不可缺少的重要组分，如果用饮水拌制混凝土，一般情况下是合格的。若是用地表积水、地下水或再生水等，这时就要检测其中氯离子的含量，最后确定水是否可以用；否则，可能给混凝土带来含量很高的氯离子，对混凝土造成危害。

混凝土外加剂及外掺合料中，常用的如早强剂、防冻剂、减水剂等外加剂，它们都含有以氯盐为早强、防冻及防水组分。在使用这类外加剂时，如果只考虑混凝土的使用需要，而不严格控制用量，就会使混凝土中氯离子含量超标。外掺合料（如粉煤灰、矿渣细料及沸石粉等）掺量大于外加剂，更要考虑其氯离子含量，严格限制对混凝土质量的影响。

1. 氯离子对混凝土质量的影响

1.1　钢筋锈蚀，混凝土剥落强度下降

氯离子对混凝土中钢筋的腐蚀是对结构的耐久性危害量严重。钢筋的腐蚀分为湿腐蚀和干腐蚀两种情况。钢筋在混凝土结构中的腐蚀是在有水分参与的环境下发生的反应，属于湿腐蚀，而腐蚀过程是一个电化学反应过程。使钢筋表面铁分子不断失去电子而溶于水，逐渐扩大腐蚀；与此同时，在钢筋表面形成铁红锈，体积膨胀引起钢筋周围混凝土开裂、脱皮，不断加深扩大。

水泥在没有 Cl^- 或 Cl 含量较低情况下，由于水泥混凝土碱性很强，pH 值较高，保持钢筋表面钝化膜使锈蚀不能进行，氯离子在钢筋混凝土中的有害作用是破坏钢筋表面钝化膜，加速锈蚀速度。当钢筋表面存在 Cl^-、O_2 和 H_2O 的情况下，在钢筋的这些部位会发生电化学反应：

$$Fe + 2Cl^- \rightarrow FeCl_2 + 2e \rightarrow Fe^{2+} + 2Cl^- + 2e$$

$$O_2 + 2H_2O + 4e \rightarrow 4OH^-$$

进入水中的 Fe^{2+} 与 OH^- 作用生成 $Fe(OH)_2$，在一定的 H_2O 和 O_2 条件下，可以进一步生成 $Fe(OH)_3$ 而膨胀破坏混凝土。

在 20 世纪 50 ~ 70 年代，广大北方寒冷及严寒地区，为了使冬期施工方便，普遍使用氯化钙等氯盐作为混凝土早强剂，导致大量结构因钢筋严重锈蚀遭到破坏，教训极其惨重。现在执行的国家标准《混凝土外加剂》GB 8076—2008 和《混凝土外加剂应用技术规范》GB 50109—2003 中，规定了早强剂、防冻剂和防水剂中对 Cl^- 含量的限制，并且也限制了混凝土中的掺量。现在国内外所有钢筋混凝土工程，原则上不要求使用含氯盐早强剂等。现在国内标准规定钢筋混凝土工程中氯离子含量不得大于水泥用量的 1.0%，而港工钢筋混凝土工程中氯离子含量不得大于水泥用量的 0.1%，并要求对钢筋进行防锈处理，混凝土必须浇筑密实。而是对一些混凝土结构工程禁止或限制使用含氯盐早强剂、防冻剂和防水剂，如：

(1) 在高湿度空气环境中使用的结构；(2) 露天结构或经常受水淋的结构或处于水位升降部位的结构；(3) 预应力混凝土结构；(4) 需蒸汽养护的构件或使用过程经常处于 60℃以上的结构；(5) 与镀锌钢材或铝铁相接触部位的结构，以及与酸碱或 SO_4^{2-} 等侵蚀性介质相接触的结构或其他工程。

当混凝土中氯离子较多时，会降低混凝土抗化学侵蚀和耐磨性强度，其破坏机理也是因为氯离子对钢筋的锈蚀，造成混凝土膨胀、疏松，使抵抗化学侵蚀和耐磨性强度降低。

1.2　对混凝土耐久性的影响

进入本世纪以来，人们提高了对混凝土耐久性的重视，虽然混凝土强度等级提高了，但是耐久性能开始劣化，这中间故有水灰比过大引起的开裂是一个重要因素，而含氯环境下混凝土中钢筋腐蚀已成为关注重点。与碳化引起的钢筋腐蚀相比，Cl^-引起的钢筋腐蚀一旦发生，在较短的时间内即可对混凝土结构造成严重破坏。因此，将钢筋开始腐蚀时间作为构件耐久性寿命的终点。含氯环境下混凝土中钢筋开始腐蚀时间不仅与混凝土中 Cl^- 的渗透过程有关，还与临界 Cl^- 浓度有关，所以现行的混凝土规范及标准对 Cl^- 浓度也作了明确限量。

2. 控制混凝土中 Cl^- 含量超标

2.1　水泥生产厂严格按标准生产

水泥生产企业严格按现行通用硅酸盐水泥标准生产，全面控制水泥中 Cl^- 含量，是企业的社会责任，也是减少钢筋腐蚀和混凝土开裂的有效措施。为了严格执行水泥标准，必须努力做到：

(1) 学习标准各项规定和具体操作要求，现在的水泥标准是把原来的 6 大通用水泥的 3 项标准（GB 175、GB 1344、GB 12958）整合修订为一个标准：即《通用硅酸盐水泥》GB 175—2007。其中修改的内容较多，切实需要水泥技术人员深入领会熟知，以便在生产过程中严格掌握。尤其是标准中增加了 Cl^- 限量的规定，企业要尽快采取对水泥中 Cl^- 测验工作，严格执行 Cl^- 限量的规定要求。

（2）控制原材料、混合料、熟料及水泥中 Cl^- 含量，及时调整配料方案，相关工艺技术参数。由于我国地域相差较大，各个水泥厂使用的原料、燃料、材料差异也大，不同地区氯离子的来源不同，以前的水泥标准中又未要求对氯离子含量的检测，因此首先摸清本地资源状况和企业熟料、水泥产品氯离子含量的情况。然后，再确定调整配方及工艺参数。

（3）考虑水泥产品在混凝土中的使用性能，正确选择水泥助磨剂。水泥原料粉磨工艺耗电量占水泥总耗电量的70%以上，而粉磨工艺中的能耗大部分转化为热能，因此粉磨工艺的节能增效更为突出。现在解决磨机节能方法中，水泥助磨剂是有效途径之一。《通用硅酸盐水泥》GB 175—2007 标准的实施，将规范助磨剂材料，其中有一部分会淘汰出去。一些粉状助磨剂应改为液态助磨剂，另一方面将 Cl^- 含量由少量降至微量。助磨剂的用量由原来的0.4%～0.8%降低至0.1%～0.2%，真正带入水泥中 Cl^- 低于0.01%，水泥球磨机增产8%～10%，节省电5%～10%。

2.2　外加剂生产必须严格执行现行标准

混凝土外加剂生产企业要严格按照国家现行标准，生产出合格的产品。建筑施工企业要按照外加剂使用技术条件正确掺用，只有各方共同努力，在外加剂生产和使用环节严格认真，从而为保证混凝土质量打下坚实基础。

2.3　选择质量合格的混凝土原材料

组成混凝土的原材料除水泥和外加剂外，在选择时要对砂子、石子及水进行分析检验，检验合格后才能使用，并做配合比设计及现场试配，否则不允许使用。

2.4　掺入高品质掺合料

大量的工业废渣被用于水泥产品中，现行水泥标准对 Cl^- 含量规定小于0.06%，同时鼓励再生资源综合利用，是在保证混凝土耐久性不受影响前提下，为废物利用提供了空间。

在混凝土中掺入高品质掺合料（如粉煤灰及矿渣细粉），实践表明，不但能改善混凝土的和易性，提高混凝土的流动性和可泵性，同时也提高密实性和后期强度，更好地提高抗冻和抗渗性。另外，高品质掺合料还能够吸附、中和、稀释氯离子的浓度，延缓氯离子对钢筋的锈蚀速度，延长混凝土耐久性使用年限。

综上浅述，混凝土中 Cl^- 含量过高是导致钢筋锈蚀的主要原因。如何减少混凝土在满足技术要求前提下，使混凝土中 Cl^- 含量最少，是水泥生产、外加剂及外掺合料生产、粗细骨料使用中质量控制的关键所在，也是混凝土结构耐久性必须做到的重要问题。

8　混凝土耐久性现状分析

混凝土已经成为当今世界上用量最大的人工材料，各国的基础设施及大量建筑工程主要是用混凝土结构材料建造。在混凝土的应用发展过程中，使用材料的各项性能逐渐被人们所认识，同时，工程结构也对混凝土材料提出了越来越高的要求，这也是促进现在混凝土材料发展的方向。最突出的需求是：早强，高强，质轻，低收缩，耐久性，耐腐蚀及徐变小等。但是，这些性能指标要求会出现相互矛盾，全面分析了解这些性能之间的相互影响，协调处理好这些矛盾具有重要的现实意义。

现阶段混凝土结构的耐久性已成为世界关注的问题，工程界人士对土木工程基础性设施的耐久性认识更加引起重视。但是一个不容忽视的现实问题是，一方面与传统的混凝土（即 20 世纪 50 ~ 70 年代）相对比，现代混凝土理论更深入，设计施工技术有更大的提高，混凝土的强度密实性得到了明显改善；而另一方面是现代混凝土（即 20 世纪 80 年代后）实际的耐久性能的提升却很缓慢，甚至出现了一定的衰退现象。曾经对 20 世纪 60 年代建设的北屯水电站混凝土工程进行过观察，这些当时只有不足现代 C20 混凝土的耐久性比较理想。现从混凝土材料组分及早强、高强、外加剂几个方面分析现代混凝土的耐久性劣化原因，期望对高性能混凝土的发展有所思考。

1. 现代混凝土材料的变化

现在建筑工程对工期的追求有些不尽合理，导致了混凝土材料的早期强度过分的需要，特别是一些大型基础设施，如PC连续箱梁，因采用悬臂浇筑施工，有时在混凝土浇后3d即要张拉预应力筋，混凝土在早期需要承担极高的预应压力。混凝土材料早期高强一直是设计和施工的重要指标。为了满足工程对早强和高强的需求，材料应用中对混凝土组成不断进行改进。与传统的混凝土比较，现代混凝土材料组分发生了一些变化：

（1）水泥成分发生了较大变化，水泥颗粒的细度越来越细。与早期的低强度等级水泥相比，现在生产的水泥中铝酸三钙和硅酸三钙的含量越来越多，导致在很短时间内的水化反应极大，直接后果是混凝土产生高水化热、高温差、高收缩率问题。水泥在较短时间内释放的大量水化热，大体积箱结构外围的保温隔热不可能满足要求，内外温差及早期强度的提高，造成混凝土内部微裂缝的产生和扩展，严重影响混凝土后期强度及耐久性能。

（2）混凝土的组成需要发生了明显变化。集中机械化搅拌、运输、泵送稠度要求、混凝土坍落度、水灰比、骨料粒径都发生了不利于耐久性的现实。混凝土水灰比加大提高了坍落度，骨料粒径变小而增加了水泥浆的体积，水泥用量的加大进一步加快水化热提高，加大收缩变形，不太相容的外加剂也是不容忽略的耐久性隐患根源。

（3）外掺合料已经成为现代高性能混凝土中不可缺少的重要组分。目前掺合料主要是用粉煤灰、硅灰及矿渣细粉等，粒径一般小于10μm，而超细矿粉具有表面性能好、对水泥孔隙的可填充、化学活性提高等特点。工程应用及实验表明，适当外掺合料的使用，能改善混凝土的微观结构，增加混凝土的密实性，提高抗渗透水性。同时，对降低混凝土水化热，减小收缩和徐变比较明显。对提高拌合物坍落度，改善和易性和保水性作用很好。由此可见，活性外掺合料的使用，是现代混凝土提高强度和耐久性必不可少的重要环节。但需要指出的是，掺合料的掺入对提高早期强度不利，影响现代献礼工程中的施工进度。尤其是工期要求快时可能不宜外掺料，也在客观上造成这些建筑工程混凝土耐久性低劣的问题出现。

2. 早强对耐久性的影响问题

（1）早强混凝土会存在内部应力的不均匀倾向，严重情况是未加任何荷载就出现开裂问题。工程工期过短，导致水泥中早强成分过多，早期强度的发展必然会出现强烈的水化热反应升温，大体积混凝土施工不能确保温控的万无一失，尤其是表比大的结构体。由于高水化热产生的高强度出现，导致施工阶段温度应力的产生及此时裂缝的出现，在高温恢复至常温后，这些裂缝会永久地留下来。当结构承受荷载时，会加剧截面各部位应力的不均匀，设计时无法把握结构体的实际受力状态，造成设计内力与实际使用状态的不符，可能会为结构留下安全及耐久性隐患。对于此种现象，据介绍国外专家提出混凝土早期强度上限是12h强度不超过6MPa，国内专家建议混凝土强度24h不超过12MPa，为限制早期强度过高而开裂出现。

（2）早期强度过高导致早期受荷及各个阶段受荷问题。由于结构早期受荷及各个阶段受荷会影响内部骨架的受力不均匀，增加裂缝出现的机率及已有裂缝的扩展。从微观角度看，混凝土内部凝结硬化的过程是逐渐进行的，过早荷载又有早期凝结的骨架承受，后期凝结的骨架未参与承担早期荷载。只有在进一步加重荷载后，后期水化的水泥颗粒才能逐渐受力，而早期凝结的骨架仍然继续承担后加的荷载。由此可见，混凝土内部的受力骨架并不是处在一个均匀的受力状态下，而早期水化的水泥颗粒承担的应力要远大于后期水化的水泥胶体承担的应力，势必会导致在总体应力水平较低的情况下，早期水泥水化的骨架会过早遭遇破坏，内部出现裂缝，形成耐久性降低。但在宏观上看，表现出早龄期分阶段荷载的混凝土结构，与晚龄期分阶段荷载的混凝土结构相比，强度及弹性模量会有一定程度的降低。

这些现象在大量的预应结构如PC结构中明显存在。由于大跨度PC连续刚构桥梁的悬臂浇筑施工，每一阶段在浇筑3d后需要张拉预应力筋，便于进行下一节段的施工。张拉预应力筋时的混凝土强度因水化时间过短只达到设计强度的60%左右，继续施工及预应力筋荷载都会逐渐增加的，同达到设计标准强度后再一次性加荷的情况相比，早期及各个阶段受荷对结构内部混凝土骨架的承受情况比较复杂，但早期硬化的骨架肯定承担得多，造成内部裂缝的大量产生和形成。这些年建造的这些工程的开裂比较普遍与此有直接关系。

（3）为了能说明上述现象的存在，以混凝土轴压试件为例。早期及各个阶段受荷两阶段混凝土强度达到50%时，第一次加荷至实际强度的80%，达28d龄期后100%，加荷破坏，此时如不计先后硬化混凝土骨架之间的卸载及应力重分布现象，很容易计算出理论强度比例，则为$50\% \times 80\% + (1-80\%) \times 100\% = 60\%$，即按照这样的两阶段加载，其极限强度只相当于混凝土到龄期，达到设计强度后加载强度的60%。这个分析是基于先后硬化的骨架之间不存在相互卸载及应力重新分布现象。

混凝土硬化受力过程中这种现象的实际存在，其应力重新分布现象与混凝土的变形能力有关。现代混凝土要求的早强及高强，也导致了高弹模、低塑性、小徐变的形态，降低了混凝土自身的应力重新分布能力。如果结构中大量早强、高强早受力的混凝土，尽管表现的应力水平较低，但混凝土内部早强骨架已处于较高的受力状态，甚至在裂缝的状况下工作，也就是在结构的实际应力与混凝土强度的发展及荷载与施工工序有关。设计只是要求按龄期一次性加载的要求评价混凝土的应力状态，势必与混凝土的实际情况存在差距。

当混凝土处于高应力微裂缝的状态下工作，其耐久性必然会受到大的影响，无论是污染介质侵入还是碳化，都会导致钢筋锈蚀的加快。在试验室环境下耐久性数据显示，现代混凝土的密实性有很大提高，耐久性指标也高于20世纪60~70年代，试验与实际结构的耐久性存在大的差异性。事实上，混凝土是有生命的有机体，早强混凝土必然耐久性差，如同早产儿先天不足。

3. 早强对耐久性的影响

早强混凝土一般也是高强度混凝土，而高强度混凝土一个最明显的特点是塑性较差，脆性特征明显。在不同环境因素及荷载作用下，高强混凝土从微观结构看，调节不均匀应力状态的能力极差，这将导致微裂缝的过早出现，并加快已有裂缝的发展，对结构的耐久性很不利。与传统的中低强混凝土相比，高强度混凝土的徐变变形能力较小，塑性应力重新分布调节能力差，进一步加剧了混凝土内部微结构的应力不均匀存在。从这一点上分析，混凝土是具备一定的徐变变形能力。对调整内部微结构的应力不均匀现象，控制微裂缝的早期出现与开展是有利因素。

在实际工程中，由于要求对结构长期刚度及变形的严格控制，混凝土在强调早强和高强的同时，对刚度、变形和徐变的控制也更加严格。与20世纪60~70年代强度等级混凝土相比，现代混凝土早强和高强、刚度大、徐变小的特性，在客观上造成了近年来修建的大量混凝土基础建筑、构筑物耐久性退化较快的主要原因所在。

4. 外加剂及掺合料对耐久性的影响

现在世界上使用的高性能混凝土（HPC）是发展的总趋势，高性能混凝土（HPC）是基于混凝土结构耐久性设计的概念提出来的，与传统和现代使用的混凝土相比，高性能的含义主要是指高强度、高韧性、高耐久性和大流动性。HPC设计中关键问题是新拌混凝土自密实、低水灰比、低胶结材料，同时具有高流动性和抗离析性能。细矿渣掺合料和高效外加剂作为现代混凝土必不可少的重要材料，在实现HPC特殊性中发挥主要作用，如何用好外掺合料和高效外加剂是确保HPC混凝土的技术关键。外加剂的掺量占水泥用量比例很小，但却对混凝土的性能影响巨大。大量工程应用实践表明，混凝土性能的改善及技术的进步，与外加剂在混凝土中的应用密切相关。发达国家已在60%~90%以上混凝土中应用外加剂，已成为除水泥、砂石料及水以外的不可缺少的组成材料，称为混凝土发展史上继钢筋混凝土、预应力混凝土后的又一次飞跃。不夸张地说，没有外加剂的使用，谈不上现代混凝土的技术发展。

但是也应该看到，化学外加剂可改善混凝土微观结构，提高密实性，改进施工性，降低水灰比方面起到重要作用的同时，还存在外加剂在研发、销售、使用中存在不容忽视的问题。一方面各类新型外加剂与其他新生事物一样，对它的认识有一个长期大量工程的实践检验。尤其是外加剂对混凝土耐久性地影响问题。现在国内正处于基础设施工程项目的建设高峰期，一个较普遍的现象是对工程进度的过分追求。外加剂的采用大都关注有利的方面，忽视外加剂可能存在的对混凝土其他性能的不利影响，特别是可能造成对耐久性质量的劣化，直接导致关注早期强度，忽视后期性能的结果。如在20世纪50~60年代工程中大量使用氯化钙及氯化钠作为混凝土外加剂，改善混凝土冬期施工的抗冻性。随着时间的推移发现，此类外加剂对混凝土结构耐久性损坏才显现出来，实践表明弊害多而利极少，再不能使用此种对混凝土危害大的外加剂。

当今使用的各类数十个品种的外加剂性能，多数还缺乏全面深入的了解，片面强调其有利效果，不久会付出代价的。而另外，外加剂在生产、销售及使用环节普遍存在管理比较乱，监督使用不当，包括同水泥的适应性、配合比、施工方法方面。既影响了产品质量，对产品质量成熟的推广也不利，还会造成工程质量的隐患。虽然化学外加剂占混凝土比重极小，但在混凝土早期凝结过程中发挥效力后，以何种形式滞留在混凝土中，是否会产生其他副作用，这些重要滞留物质在长期环境下是否与钢筋、混凝土发生不利反应等，关于这方面的研究尚未见到过介绍。可以认为，分析现代混凝土的耐久性功能下降，必须要与混凝土广泛使用的，各类性能还没有完全了解的外加剂相联系。加强混凝土外加剂使用后期的研究，完善各类外加剂性能，真正实现高性能混凝土达到的功能目标，意义深远重大。

综上所述，现代混凝土结构工程具有早强、高强、采用外加剂的特性，并为满足早强、高强要求而生产的水泥组分的改变，正是混凝土耐久性下降劣化的直接原因。现在使用的具有高性能性质的混凝土，必须认真解决这些问题，即耐久性需考虑早强、高强及外加剂影响因素。

早强混凝土即早期受荷及分阶段受荷的机理，需要量化以使设计人员可参考，早期受荷及分阶段受荷的程度及控制水平，达到改善早强产生的早裂。加强对混凝土外加剂的综合研究，包括生产到使用的各个环节。慎用性能不成熟的外加剂，特别是大型基础。碳化及氯离子对混凝土结构的腐蚀要建立模型预测，结合现代混凝土早强、高强、采用外加剂的特性，并考虑早受荷带裂缝工作的实际，消除一切对混凝土结构存在的耐久性影响。

（三）混凝土施工质量控制

1　超长混凝土结构设计与施工质量控制

在超长混凝土结构体中，混凝土具有的收缩、温度、徐变及预应力引起的结构轴向压缩等参数成为控制结构设计与施工方法的重要因素，混凝土的早期性能导致结构内力分析的复杂性，施工阶段与使用过程结构受力体系存在差异和转变，施工方法和后浇带的留置将影响到结构分析及经济性等问题，这些都是需要解决的实际问题。

环境气候、温度及收缩作用对结构产生不利影响，但与很多因素相关，如温度变化、混凝土收缩、结构约束、作用效应组合下的钢筋应力，抗裂度和裂缝控制的等级要求等。如混凝土结构中竖向结构的抗侧刚度是影响伸缩缝及后浇带设置间距的重要因素，承重柱尺寸较大的框架结构，框架-剪力墙结构及剪力墙结构等，伸缩缝间距应相对小。事实上，不同结构受温度及收缩作用的影响不会相同，伸缩缝间距也相应不同。不留温度及收缩缝，不采取用分段流水施工法及微膨胀混凝土、预应力技术等。温度及收缩作用导致承重混凝土结构裂缝宽度超过规范限值的结构应该是超长混凝土结构。

分析探讨由混凝土收缩及气候温差引起的结构内力分析方法；收缩及气候温差间接作用的极限状态设计方法；收缩及气候温差引起的结构内力不同；如何设计超长混凝土结构的分段流水施工；在超长混凝土结构中如何布置预应力筋及非预应力筋等是非常重要的。

1. 混凝土收缩及温差引起的结构内力分析

只有结构不同部位上发生收缩及温差作用时，而且只有当变形受到约束时，才会出现应力或内力。混凝土楼面的构件尺寸相对较小，可以不考虑内外温差引起的不均匀内力。

1.1 计算模型的选择

超长混凝土结构一般为多层框架结构，对于单层框架结构，可以直接建模型。使用阶段设计时，多层框架结构的温差、收缩作用下，二层以上各楼层可假设为自由变形，不受约束，基础和地下室不变形，二层楼面梁和板受底层柱的强力约束，计算只考虑地上两层；在日照温差大的地区，屋面结构还要考虑日照温差作用引起的内力，计算只考虑顶部两层。大量已建工程的现场检测表明，建立这样的模型可以满足工程需要。

对温差及收缩作用下的规则多层框架按单层框架进行建模，也能满足工程需要；温差及收缩作用下的施工阶段多层框架设计，不论是否规则可按单层框架进行建模。

超长混凝土结构在施工阶段需要留置施工缝和后浇带，后浇带在结构浇筑后一般两个月后才封闭，这时计算模型可根据后浇带的位置将结构分成段，先做后浇带封闭前的计算，再进行封闭后整体结构计算，最后将两部分计算结构叠加。留置后浇带的超长混凝土结构有限元分析，可以通过现有软件来实现。

1.2 计算方法和结果分析

温差及收缩内应力的计算方法比较多，较精确的方法可以通过适当的模型用通用软件计算，对规则多层框架也可用D值法简化计算。无论采用哪种计算方法，计算模型都小于实际结构，为减少误差可根据填充墙刚度大小，把模型刚度放大，也可放大温差和混凝土收缩作用产生的内力或内应力的计算结果。对于重要的结构，用更精确的分析模型计算。

温差和混凝土收缩应力的计算必须考虑徐变引起的应力松弛，一般采取应力松弛系数对弹性应力进行折减；否则，与实际相差过大。通过对结构在温差、混凝土收缩和徐变作用下的有限元分析，以下结论可供设计时采用：

（1）结构中间跨存在大范围的均匀拉应力，且梁和板中的拉应力基本相同，乘以徐变应力折减系数后可得到结构真实应力。（2）边跨柱存在最大侧移，如果所有柱刚度相同，则边跨柱存在与竖向荷载作用下相反的最大剪力和弯矩，对于使用阶段设计，可取该有利内力分项系数为0~1.0。（3）边跨梁及板中存在与竖向荷载作用下相反的最大剪力和弯矩，对于使用阶段设计，同样可取该有利内力分项系数为0~1.0。（4）对于屋面结构，在日照温差作用下，屋面和楼面的温差可达5~8℃，采用与二层楼面梁板类似的措施仍然可以解决温度应力；对洞口等应力比较集中处要注意，采取加强抗裂处理。（5）施工阶段结构分析模型和计算参数的影响因素较多，如施工缝及后浇带的留置带来施工阶段和使用阶段的结构体系不同，施工阶段模板和支撑未拆除，竖向荷载力很小，混凝土强度及弹性模量在施工阶段也是变值，而且竖向构件的材料性能、计算参数与水平构件不同，早期混凝土性能对预应力筋的张拉都会有很大影响，施工阶段的内力分析影响到结构的配筋量。（6）在温差和混凝土收缩作用下，混凝土开裂后刚度下降，裂缝的开展是一个随时间逐渐积累，动态发展的过程。可以采用分段计算法来求构件开裂后的刚度折减系数。配筋率高的构件由于开裂后的抗拉刚度折减较少，内力值降低也较少，与低配筋构件相比，高配筋构件有机会出现更多的裂缝，虽然内力水平比较高，但裂缝宽度由于高配筋率仍可控制得较小，开裂后构件的内力维持在开裂内力附近；不允许开裂的构件，应力随温度降低，收缩作用的增加而增大。对允许开裂的构件内力要小得多，混凝土的拉应力超过抗拉强度时出现第一条裂缝，裂缝出现后构件轴向刚度降低，相应内应力减小，随着温度降低和混凝土收缩发展内力再次增大，当内力增大至两条裂缝之间达到抗拉强度时再次出现开裂。而采取预应力可控制混凝土构件不开裂。

2. 超长混凝土结构极限状态设计法

采取直接或间接作用对混凝土构件的安全性、耐久性及使用性能的影响存在差别较大。由于竖向构件约束引起的温差和混凝土收缩内力与竖向构件的抗侧刚度有关，也与构件本身的截面刚度有关，降温和收缩引起的轴向拉力、弯矩及剪力甚至扭矩会使荷载作用下的裂缝变宽，同时使构件截面刚度降低，相应的超静定内力也会随之减小。不允许开裂的预应力构件由于降温和收缩引起的内力会因竖向构件的开裂及混凝土徐变而减小。也就是说，间接作用对延性好的混凝土结构，主要是使用性能及耐久性的影响，间接作用引起的自平衡内力对承载能力影响较小。对于超长混凝土结构的温差和混凝土收缩作用，只进行正常使用极限状态设计。

季节温差和混凝土收缩是两种完全相同的作用，混凝土收缩是从结构混凝土浇筑完成后开始，收缩量逐渐增大，10 年以后基本稳定。而季节温差作用是以年为周期的循环，日照温差及每天循环，在建筑物的整个寿命周期内不停地变化，如果只采用一个温差的代表值是不够的，由于温差有正负之分，季节温差增加的缝宽在升温时并不能恢复，对季节温差应分段计算。

对超长混凝土结构正常使用限状态设计可以有两种思路：一种是对结构在温差和混凝土收缩作用下考虑徐变的弹性有限元单独分析设计，得到所需配置的抗温差和收缩的钢筋面积，然后用直接作用下结构设计得到的钢筋面积叠加，根据叠加后的钢筋面积进行配筋；另一种是将温差和收缩作用下的内力与荷载作用下的内力，先行组合后再确定所需钢筋面积，这两种方法都是把混凝土梁板构件作为偏拉构件设计，第一种方法比较简便，第二种方法更容易不利内力组合。如果设计中简单地用一种最大温差和收缩作用产生的内力，同荷载产生的内力叠加再用规范公式求解截面刚度及裂缝宽度的做法是不合理的。

3. 后浇带和施工段处理

超长预应力混凝土楼板、屋面施工段的划分影响因素比较多，主要是建筑平面布置特点，如伸缩缝、柱及竖向构件约束程度等，预应力筋张拉方式，混凝土浇筑问题，模板投入、工期等。施工段长度一般为 30 ~ 50m，为张拉需要施工段长度可增大，为减少混凝土收缩再划分小段施工，用留临时施工缝方法处理。现在施工段的留置主要是将结构分为二段和三段施工。

（1）分两段施工，一种情况是把第一施工段的长度为 2*L*/3（*L* 楼总长），第二施工段的长度为 *L*/3。前者两端张拉，后者一端张拉，使预应力筋建立的应力基本相等。在第一施工段混凝土浇筑后便可进行第二段施工，但第二段混凝土浇筑应在第一段预应力张拉后进行。第二种情况是：两段长度大致相等，中间留有一条宽 1. 2 ~ 2. 0m 的区间后浇带作为张拉预应力用，然后再补浇筑。如果两段间不设带区，中间可留一小段后浇带，待两段张拉后再补浇该跨混凝土。预应力筋的连接在施工缝或后浇带处用锚头连接器对接，在张拉后接长，逐段浇筑混凝土向前推进。在后浇跨处采用分离搭接，预应力筋在梁端张拉，两施工段之间的后浇小跨内预埋无粘结预应力筋，待该小段补浇筑混凝土后再张拉，连接成贯通的预应力筋。

（2）三段施工分为 3 种情况，一是 3 段长度基本相等，分段施工法基本同上述第二种情况。二是把第一施工段即中间部分长度为 *L*/2，第二三施工段的长度为 *L*/4。前者采用两端张拉，后者采用一端张拉。在第一段混凝土浇筑以后，第二、三段可同时施工，此时所用模板及人工都比较均衡。从下层楼面依次转向上层楼面连续施工。三是中间段长度约为 *L*/4，两侧段约为

3L/8，预应力筋可通长铺设，中间段增加配筋，该段张拉后才能进行两侧混凝土浇筑。

实际工程中预应力混凝土楼板、屋面施工段面积比较大，为减少施工段混凝土的收缩裂缝，纵向次梁和板的无粘结预应力筋可以分两次张拉，每一施工段待混凝土浇筑7d以后再张拉20%纵向预应力筋，气温偏高4d后即可张拉。当混凝土强度达到设计的75%及以上时，张拉其余纵向和全部横向预应力筋。

4. 考虑各种应力的钢筋配置

现在国内对超长混凝土结构多数采取预应力混凝土结构以减少柱的数量，预应力对减少结构的裂缝功不可没。设计中预应力筋线形及连接长度的不合理，未根据具体情况确定预应力筋的张拉次序及时间，增加过多的抗温差及收缩的直线预应力筋的不合理措施，都会影响该类结构理想抗震耗能机制的形成，使得结构整体性能下降。超长混凝土框架结构设计中会出现两种不利现象：一是根据抗震设计规范要求，按规范给定的各种作用综合引起的结构内力，避免约束裂缝的产生，使梁超强过多；二是仅按构造要求配置少量的非预应力筋，而这些非预应力筋在预应力筋张拉之前要承担混凝土早期收缩、温差及支撑沉降引起的结构内力，过少的结构配筋会导致混凝土结构在预应力筋张拉之前就出现了严重开裂。

由于摩擦产生的预应力损失在中间跨较大，同时由于柱子抗侧刚度引起的预应力损失在中间跨比其他跨都大，因此中间跨有效预应力总损失较大，有可能出现边跨达到抗裂要求而中间跨不能满足抗裂要求的情况。这时必须在中跨适当增加配置预应力筋，利用后浇带或施工缝将预应力筋分区段张拉等措施，使得预应力可以有效地施加在楼盖系统上，以满足抗裂要求。刚性柱的内跨大梁明显的拱作用，这一有利因素可减小由于梁轴向预应力降低的影响。在大面积梁板结构中，如板的跨度较大，预应力混凝土梁中传递给板的压应力是有限的。板厚超过140mm时，在板中采用曲线的预应力筋线形，一方面利用曲线预应力筋产生的径向等效荷载抵消作用在板上的竖向荷载，另一方面也可以利用轴向顶压力，抵消混凝土收缩及温度作用。

超长混凝土结构在温度和收缩作用下边跨柱存在较大侧移。如果所有柱强度相同，则边跨柱存在与竖向荷载下相反的最大剪力与弯矩，边跨梁与板中存在与竖向荷载下相反的最大剪力与弯矩。在使用阶段，可取该有利内力分项系数为0～1.0，或不考虑温差及收缩作用对梁、柱、板内力的不利影响。在施工阶段虽然梁模板及支撑未拆除，竖向作用极小，但此时后浇带或施工缝未闭合，导致温差及收缩作用对竖向剪力与弯矩不会大，可以不考虑这种因素。

工程设计中会遇附房与楼连在一块，柱净高 H_n 很小，如柱截面高度h较大，会出现 $H_n/h<2$ 的超短柱，这种超短柱预应力混凝土大梁在钢筋张拉阶段因弹性压缩引起柱下端较大弯矩与剪力，产生交叉剪力裂缝，甚至剪力破坏。如无法避免超短柱的出现，张拉要采取措施。在保证总抗侧力前提下，可采用分体柱、开缝剪力墙、加大温度应力、最大层高即中长柱手段，减小底层竖向构件的抗侧刚度。在保证抗震能力前提下，采用滑动支座等方法有意识地释放温度应力，避免出现张拉阶段剪切裂缝。同时，$H_n/h<4$ 短柱的箍筋沿柱高全加密，用封闭或焊接箍筋，用钢柱或钢骨混凝土提高柱的抗侧移、抗裂和抗剪及抗弯承载能力。

2 超长混凝土结构的无缝施工

为了有效利用有限的土地资源，建筑物普遍设置地下室，以增加使用空间。但因地下部分承重及抗渗的要求，整个混凝土构件要形成一个封闭的整体，且结构的截面尺寸通常要远大于地上部分，因此地下部分混凝土的浇筑就成为一个比较关注的问题。在地下室部分结构施工中，混凝土裂缝的控制是一个很重要的技术课题。由于混凝土结构的截面尺寸较大，由外荷载引起裂缝的可能性不大，但因水泥在水化反应中释放的水化热所产生的温度变化和混凝土收缩的共同作用，会产生较大的温度应力和收缩应力，这必将成为大体积混凝土和超长混凝土结构出现裂缝的主要原因。多年来，人们为了减轻裂缝的产生想了很多方法，但效果并不明显，在国际上对于控制大体积混凝土裂缝也存在两种不同的构造处理方法，即“抗”（不设缝）与“放”（设缝）。王铁梦教授根据结构收缩应力与结构长度是非线性关系的原理，提出了“抗”、“放”兼顾，以“抗”为主；或“抗”、“放”兼施，以“放”为主，来控制有害裂缝的一整套处理方法。

其应用过程是通过设计、材料选择与施工等方面综合技术措施将裂缝控制在无害范围之内。习惯性做法是设计人员都会用设置后浇带，即“放”的方法来消除温度应力对混凝土结构的影响。现以某工程地下室施工全过程，介绍利用微膨胀混凝土替代后浇带，即“抗”的方法来控制混凝土裂缝的施工技术措施。

1. 工程及地下概况

某办公写字楼地上7层地下1层，建筑物总长为98m，其中地下室底板平面尺寸为98.5m×21m，底板厚度90cm，混凝土设计要求为C35P8。按设计要求，在建筑物中部设置宽度为1m的后浇带，以消除温度应力。但施工方提出该办公楼地处位置低而地下水位较高，地表1m以下则出水，如果留置后浇带会造成施工过程中排水量大且时间长的困难，因此希望取消后浇带，在地下部分所用混凝土中掺入微膨胀剂，采取对地下工程的无缝施工，业主及监理经过分析研究，并与设计人员进行协商，确定该施工措施在技术上是可行的，在造价上还要考虑。在混凝土中掺入微膨胀剂虽然提高了混凝土单价，但在施工中取消了留置后浇带所用的橡胶止水带，后浇带长期间排水也要发生费用。整体比较，所用费用基本持平。同时，根据设计要求所留置的后浇带应在主体结构完成后再进行补浇，若是取消了设置后浇带，还可节省后浇带施工及养护时间，从而加快进度，缩短工期，因此同意施工单位取消后浇带的技术措施。

2. 无缝施工技术方案

（1）设计构造原理。根据其他工程施工经验分析，采用中国建筑材料科学研究院开发应用成功的HEA早期微膨胀剂，完全可以满足补偿收缩达到的预期效果，而且60d回缩率极小，决定使用HEA早期微膨胀剂为补偿收缩混凝土的外加剂，以加强带取代后浇带，达到连续一次性浇筑体量为98.5m×21m、底板厚度90cm的大体积混凝土。根据混凝土结构无缝设计要求，将地下室底板以原后浇带为界分两块浇筑，膨胀加强带宽度为2m，原设计对后浇带部分的钢筋网已进行的加密不变，在加强带边缘每侧设密孔钢丝网并用钢筋加固，防止加强带外混凝土振动流入加强带内。混凝土浇筑时先浇加强带外混凝土，待浇至加强带时改用掺微膨胀剂的补偿收缩混凝土浇筑。

（2）补偿收缩混凝土配合比。普通水泥的水化热比较高，特别是使用到大体积混凝土时，水泥水化凝结过程中所释放的热量不易散发，在结构体内部积蓄热量过高，与混凝土表面产生较大的温度差，使得混凝土内部产生压应力而表面则是拉应力。当表面拉应力超过当时混凝土的极限抗拉强度时，就会出现温度裂缝。因此，确定采用水化热相对低的矿渣硅酸盐水泥，其强度为42.5级；经过同集中搅拌站生产厂协商，确定加强带范围内混凝土HEA微膨胀剂的掺量为10%～12%。考虑到膨胀作用会使混凝土的强度有少量降低，膨胀加强带的混凝土强度等级从C35提高到C40。监理人员还提出了为保持地下室混凝土的整体性，全面消除混凝土温度应力的不利影响，应在加强带外的混凝土中掺入适量的HEA微膨胀剂，经过认真分析，确定掺量为5%。

3. 施工过程控制措施

（1）掺入少量减水剂的考虑，由于混凝土的浇筑时间正赶上7月高温季节，高温对浇筑大体积混凝土坍落度影响很大，而坍落度的大小与混凝土拌合物的流动性及混凝土硬化后的强度有直接的关系。加上会在运输途中车辆影响或施工中出现临时需要处理的问题，使浇筑进度减慢，延缓了混凝土的入模时间，因延时会造成混凝土坍落度损失的加大，导致拌合物不能满足泵送的要求，因此要采取二次掺少量木钙型FDN-AN高性能缓凝高效减水剂的后掺入，补偿和恢复混凝土的坍落度损失。由于在配合比中减水剂的用量仅为0.8%，考虑到实际需要，将减水剂的用量提高到1%，因而在后掺减水剂用量只考虑在0.2%。后掺法比先掺法或是同掺法在相同掺量下减水作用显著提高，是可以补偿坍落度损失的。但需要注意的是，凡后掺减水剂的混凝土运输车，应快速搅拌30转或1min以上。其掺量和搅拌时间由专人负责进行，同时混凝土设计配合比阶段，采取降低水灰比的措施，实际水灰比仅为0.41。底板泵送混凝土的坍落度为130～150mm。采取措施的目的在于减少用水量，降低混凝土的干燥及温度收缩。

（2）对浇筑混凝土温度控制。根据设计要求，对基础混凝土底板进行温度监测。混凝土在浇筑完成后72h内温度上升很快，以后逐渐趋于不再上升，并随时间的延长而逐渐降温。施工验收规范要求的对较大体积抗渗混凝土的养护，应根据气候条件采取温控措施，并按照需要测定混凝土内部及表面的温度，将内外温差控制在通常认为的25℃以内；如果设计有要求时，按设计要求控制。本基础未曾有具体要求，但为保证安全，仍进行了实际测试检查。

（3）混凝土的测温。基础混凝土浇筑前预埋测温管，配备专职测温人员使测温工作连续进行。每测一次做好记录，持续测温至混凝土达到规定时间和强度后才能停止进行。测温过程中当出现混凝土内部及外部温差大于25℃时，要采取降温措施。测温采用电子测温仪，保证测温准确。

4. 混凝土浇筑质量控制

现在混凝土施工全部采用集中搅拌商品混凝土，罐车运输到现场，用泵车通过管道送到浇筑地点。

（1）对底板混凝土的浇筑采取“分区定点，一个坡度，循序推进，一次到顶”的施工工艺。浇筑时先集中在一个部位进行，一直浇至到达设计高度，混凝土形成扇形向前赶流动，然后在该坡面上连续浇筑，循序推进。这样的浇筑方法能较好地适宜泵送施工，使每车混凝土都浇筑在前一车混凝土形成的坡面上，确保每层混凝土之间的浇捣间歇时间在规定的初凝期内。

（2）混凝土浇筑时，在每辆泵车的出浆口处配制 2 个振动棒。因为泵出口拌合料坍落度比较大，在混凝土厚度为 900mm 的底板内，斜面流淌长度 1m 以上。1 个振动棒主要进行下部斜坡流淌段的振实，而另 1 个振动棒主要负责上部混凝土振实，需要多配备振动棒，防止损坏，影响进度。

（3）由于坍落度比较大，会在上部钢筋底面形成水膜层，或者在上部钢筋表面的混凝土产生较多的细小裂缝。为防止此种裂缝的出现，在混凝土浇筑后的初凝前，采取二次振捣工艺效果较好。这是由于混凝土骨料下沉受钢筋影响，在钢筋下部形成水层，采取二次振捣、二次抹压不但混凝土内部更加密实，而且表面裂缝得到抹压愈合，实践表明是最有效的措施。

（4）试块的留置。试块留置根据规范及实际需要做，现场按每 $100m^3$ 制作标准养护试块 1 组（3 块），整个底板标准养护试块 2 组（抗压强度用）。而同条件抗压强度用试块不少于 3 组（即 6 块）。对于抗渗用试块留置，按规范连续浇筑混凝土每 $500m^3$ 应留置 1 组抗渗用试块，且每个工程不少于 2 组，该基础抗渗试块共留置 3 组（即 9 块），满足试验所用的需要。

（5）现场质量控制重点。基础混凝土重点审查加强带内外混凝土配合比是否符合要求，对加强带混凝土的强度等级和 HEA 微膨胀剂掺量加强检查控制。抽查商品混凝土坍落度是否符合设计要求。对所有试块的制作过程要全程监控见证。监督施工人员在混凝土初凝前进行二次振捣和二次抹压，这项措施是保证混凝土内部密实、表面裂缝得到愈合的最有效措施。

（6）基础混凝土的养护。在混凝土抹压完成后，从可上人时即铺上事先准备好的塑料薄膜保湿，在混凝土硬化后基础周边填堵少许土，对表面蓄水养护，坚持养护不少于 14 昼夜。

通过对某办公写字楼基础超长大体积混凝土工程无缝施工，按照上述技术措施施工以后，投用几年检查未出现裂缝及渗漏质量问题，表明在一定条件下采取“抗”的办法，利用微膨胀剂混凝土替代后浇带，进行超长结构无缝施工是完全可行的。

3 大体积混凝土裂缝原因分析及预防

由于基础设施建设的加快，各种建筑物的规模都在大幅度提升，大体积混凝土在土木工程中得到广泛应用。大体积混凝土体积庞大，一次性浇筑混凝土量也多，工程条件一般复杂，因此很容易产生多种不同形态裂缝，轻者影响外观及耐久性，严重的影响混凝土的力学性能，降低混凝土的整体刚度和承载力，加速结构的失效老化。因此，对大体积混凝土裂缝原因认真分析并采取有效预防措施，成为工程技术人员长期关注和研究的问题。

1. 何谓大体积混凝土

多大的混凝土才能被称作为大体积混凝土，几十年来并无确切的定论。以前大体积混凝土是根据外形尺寸、厚度定义的，国际上多采用0.8~1.0m的界限。

自20世纪80年代后，对大体积混凝土的定义有些变化。据资料介绍，美国ACI5.1导言定义为：任何现浇混凝土其尺寸达到必解决水化热及随之引起的体积变形问题，以最大限度地减少开裂影响的，即称为大体积混凝土。日本建筑学会标准（JASS5）的定义是：结构断面最小尺寸在80cm以上，水化热引起混凝土内部的最高温度与外界气温之差，预计超过25℃的混凝土，称作大体积混凝土。而我国规范《普通混凝土配合比设计规程》JGJ 55—2000规定，混凝土结构物中实体尺寸大于或等于1.0m，或预计会因水化热引起混凝土内外温差过大而引起裂缝的混凝土，称为大体积混凝土。有些建筑结构体的截面并不大，但也会因使用水泥的水化热较大，也应该按大体积混凝土考虑温差，防止开裂。最新资料分析指出：所谓大体积混凝土，是指其结构尺寸已经大到必须采取相应的技术措施，妥善处理温度差值，合理解决温度应力，并按裂缝开展进行处理及控制的混凝土；也就是需要采取降温及其他方法才能使内外温度差小于

25℃，防止温差应力使结构开裂的混凝土。

2. 大体积混凝土结构裂缝的形成机理

据工程裂缝原因统计分析，大体积混凝土结构裂缝因施工原因造成的约占 80%，因材料方面的原因造成的约占 15%，因设计不当及其他原因造成的占 5%。在大体积混凝土建筑地下结构工程中，底板出现裂缝的约占 20%，地下室外墙板混凝土出现裂缝的约占 80%。大体积混凝土结构物由温度变化变形和地基变形等因素引起的裂缝约占 80%，而由荷载引起的裂缝占 20% 左右。

国内外不同的设计或施工验收规范中，关于允许最大裂缝宽度的规定虽然不太相同，但是总体还是相似的。同时结构产生的裂缝并不是绝对影响到结构使用安全，都有一个允许最大限值考虑。处于室内正常环境的构件，最大裂缝允许宽度≤0. 3mm；处于室内高湿或自然环境中露天的一般构件，最大裂缝允许宽度≤0. 2mm；对于处在地下或半地下结构体，裂缝主要是影响到防水性，当裂缝宽度在 0. 1 ~0. 2mm 时，会出现渗漏水现象，但水压不大经过一段时间会自然愈合。当缝宽大于 3mm 时，则渗漏水情况会随着裂缝的宽度加大而扩大流量，因此在地下工程中应避免产生大于 0. 3mm 的裂缝，当出现后防水处理比较麻烦。

2. 1　大体积混凝土裂缝的类型

大体积混凝土裂缝按时间，可分为早期和后期裂缝；按结构形态，可分为表面裂缝和内部裂缝；按形成原因，分为温度、干燥收缩及沉降裂缝；按危害程度可分为表面微裂和贯穿性裂缝。而对大体积混凝土裂缝类型，从产生原因还可分为物理和化学两个因素，其中物理型裂缝是最常见而且是最难预防和控制的，主要是因温度、收缩、变形、约束等，导致浇筑后体内外产生各种应力和应力变化，同时混凝土强度增长中不相适应性和不均匀，如水泥安定性及碱集料化学反应现象裂缝，而这类裂缝比较好防治。

2. 2　大体积混凝土裂缝产生原因

（1）温度产生的裂缝。大体积混凝土在浇筑初期水泥水化热发展较快，再加上浇筑块体量大，积聚在体内的热量不易散发出去，导致混凝土内部温度上升很快、很高，而块体表面则散热很快，表面温度低于内部很多，形成较大的温差梯度。混凝土内部体积膨胀受到周围模板的巨大约束，处于受压状态，产生压应力；而表面混凝土体积收缩但受到内部的约束，产生较大拉应力。当这时的拉应力超过混凝土此时的抗拉强度时，混凝土表面则出现开裂。这些因内部与表面温差过大而产生的裂缝，也称为内约束裂缝。此类裂缝出现的时间很早，多呈现不规则状态，深度浅未到主筋部位，属于表裂，易出现应力集中，可促进裂缝的进一步扩展。

在混凝土浇筑后的7d以后，水泥水化热基本释放完毕，混凝土从最高温度逐渐降至常温，这期间会使混凝土体积收缩，再加上体内游离水的大量蒸发引起的变形收缩，受到地基和周围边界的外环境约束，不能自由变形，而产生温度拉应力。当温度应力超过此时混凝土抗拉强度时，严重的会发展到贯穿整个结构的裂缝，破坏结构的整体性、防水及耐久性能，影响安全使用。

温度裂缝一般没有规律性，走向不规则。表面系数大的结构通常表现为纵横交错零乱；梁板类长尺寸结构很少出现沿纵向开裂现象，一般是平行与短边方向，其缝宽度不一，受温度变化影响较大，多数是夏季窄而冬季宽。由高温膨胀引起的裂缝是中间宽而两端窄；由冷缩引起的裂缝粗细变化不明显。

（2）干燥收缩裂缝。混凝土因逐渐失水干燥及其他原因引起的收缩裂缝比例很大。在浇筑后散热和凝结过程水分减少导致的收缩，对大体积混凝土则更加明显。

混凝土塑性收缩是大体积混凝土收缩的一个重要途径，水泥活性大混凝土温度较高或者水灰比较低条件下，混凝土的泌水明显减少，表面蒸发的水分不能得到有效补充，而此时的混凝土尚处于塑性状态，略微有一点受拉，则会在表层出现不规则的裂缝及细纹。在水化逐渐进行中，混凝土内水分的减少会使裂缝进一步增加，还会逐渐加速扩展。

而自身收缩也是大体积混凝土收缩的主要因素。自身收缩与失水干燥收缩一样，是由于早期水的迁移减少引起的。但它不是因水向外蒸发损失的原因，而是由于水泥水化时消耗水分造成凝胶孔液面下降，形成低弯面产生的自干燥效应，导致混凝土的相对湿度降低及体积缩小而最终体积自收缩。水灰比的变化对于干燥收缩和自身收缩影响正好相反，即当混凝土的水灰比降低时，干燥收缩减少而自身收缩增加。当水灰比大于0.5及以上时，自干燥作用和自身收缩与干燥相比很小，可以不计。但是当水灰比小于0.35时，体积内相对湿度会很快降低至80%以下，自身收缩与干燥收缩各占50%。自身收缩主要发生在混凝土拌合的后期，在大体积混凝土中即使水灰比并不太低，自身收缩量也不大，但是若与温度收缩叠加到一块，应力则会增加。对此必须考虑到水化热及引起的体积变形，同时还要考虑自身收缩和温度收缩叠加的影响。

大体积混凝土收缩受到约束的影响，收缩应变将导致弹性拉应力，而拉应力会导致弹性拉应力。拉应力可以近似看作弹模与应变的乘积，当拉应力超过混凝土的抗拉强度时，开始产生裂缝。但由于混凝土的徐变部分应力释放，残余应力才是决定大体积混凝土是否开裂的关键因素，见图1。

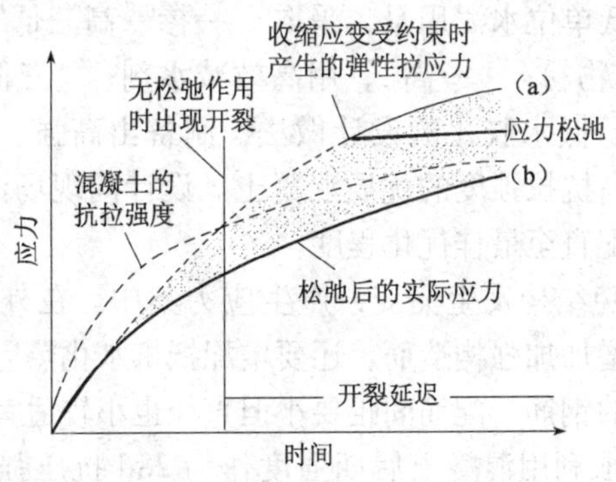

图1　收缩和徐变对混凝土开裂的影响

3. 大体积混凝土裂缝的控制

对大体积混凝土裂缝的控制是长期以来困扰工程技术人员的

重要问题，如何才能有效地控制其裂缝的产生及发展，是现在必须认真解决的。

影响大体积混凝土裂缝的原因很多，不是单一因素造成的，控制裂缝也不只是施工技术人员及专业混凝土搅拌站的事情，而是包括行业内所有人员，即设计、原材料生产商、施工、业主及监理人员共同的责任。因此，需要各方共同的努力来解决，但是混凝土的施工及原材料质量控制及过程中各个环节，对于控制早期裂缝、减少后期开裂及发展、实现混凝土达到设计强度及耐久性至关重要，其施工质量控制过程是：

准备阶段—技术交底—机械准备—原材料—混凝土配合比—搅拌—(时间,温度，坍落度）—运输（转动）—入模浇筑—抽样—养护—拆模（保温）。

3.1　设计控制问题

（1）要控制好结构件的“抗”与“放”的关系。“抗”就是对约束状态下的结构件在没有足够变形余地时，为防止裂缝所采取的有力控制措施，而“放”则是结构在完全自由变形状态下，有足够变形余地时所采取的做法。

（2）优化配合比设计，在确保混凝土具备良好工作性情况下，尽量降低单位水泥用量，采取“一掺一高三低”，即：“一掺”，掺入矿物粉；“一高”，用高效减水剂；“三低”，低坍落度、低砂率、低水胶比的设计做法，制备出高强、高韧性、中弹、低热、高抗拉强度的优质混凝土。设计同现场试验相结合，达到多次试配直至最佳优化程度。

（3）避免结构发生突变，产生应力集中。在外转角及预留较大孔洞处增加加强构造筋，还要增配抵御水化热应力变化及防止裂缝产生的钢筋，配筋间距要小但直径也小较适宜。

（4）采取利用混凝土后期强度作为28d抗压强度值，作为评定标准，如60d或90d的实测抗压强度。为达到减少结构水泥用量和减少水化热少开裂的目的，还应采用补偿收缩混凝土处理缝处质量。另外，对体积较大混凝土温度进行计算，做到控制升降温度的技术准备。

3.2　原材料的控制问题

（1）根据结构特点及使用功能要求，选择适宜的混凝土强度等级及水泥品种、等级，尽量采用低热或中热水泥，优先选择收缩率小或是具备微膨胀性质的水泥，绝对不要用早强或收缩率大的水泥品种。

（2）选择产地连续级配好的粗细骨料，含杂质及含泥量必须要小，砂粒模数2.4~2.8；并选择优质外掺合料粉煤灰及细矿粉；外加剂也要同水泥相容性匹配的，确定合适用量。

3.3　施工质量控制重点

（1）现场施工技术人员应根据砂石料的检验质量和含水率及时调整施工配合比，按照浇筑和振捣条件，结构截面及施工人员素质，合理选择浇筑方法，但必须符合“同时浇捣、分层推进、一次到位、循序渐进”的传统工艺方法。

（2）根据工程实际，大体积混凝土的浇筑方法可以分为三种：即全面分层、斜面分层和分段分层，其摊铺厚度根据振动棒功率确定，每层间的间隔时间要尽量短，必须在前层未终凝前浇筑完上层混凝土，如图2所示。

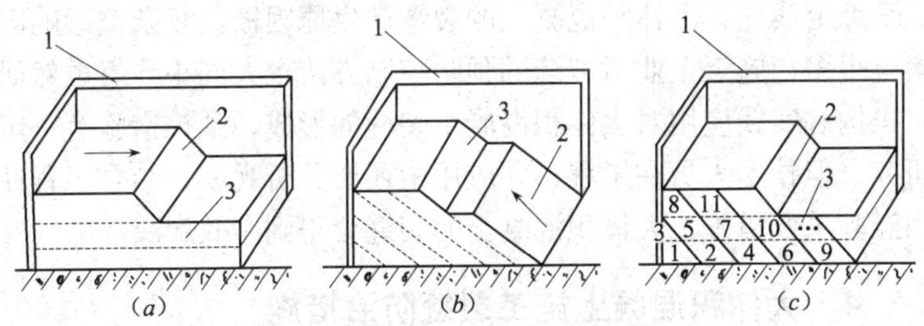

图2　大体积混凝土的浇筑方法
（*a*）全面分层；（*b*）斜面分层；（*c*）分段分层
1—模板；2—新浇筑的混凝土；3—已浇筑的混凝土

（3）对浇筑完的混凝土表面尽快压抹覆盖，并及早浇水或保温。其养护时间根据工程需要而定，现在房屋建筑工程混凝土一般为7d，有防水抗渗要求的不少于14d，而水工混凝土水池类为28d。

3.4 温控的一般做法

大体积混凝土的内部最高温度产生是由浇筑温度、水泥水化热引起的绝对温升和混凝土的散热速率三个部分组成的，而水泥的水化热引起的绝对温升是最关键的因素。

（1）降低混凝土入模温度是夏季炎热时浇筑混凝土必须注意的一个环节，混凝土搅拌站宜对砂石骨料采取遮阳降温，搅拌时习惯做法加冰块；并在传统降温的基础上采取吹冷风工艺，在垂直和水平输送管上加盖材料，防止太阳直射。

（2）合理安排施工时间，避开当天最高温度期，如克拉玛依地区施工时间调整至每天 18：00 时左右开始浇；而进入秋季初冬则避开早晚时间，利用上、中、下午时间施工，混凝土完成后马上抹压并及早覆盖材料保温、保湿。

（3）混凝土拆模后的表面温度及环境温度之差理论要求≤15℃，若是表面温度及环境温度之差理论要求 >15℃，则要尽快对混凝土表面采取有效保温；拆模必须按顺序进行，不要损伤模板，尤其是防止混凝土棱角碰撞坏。

（4）温控监测的措施根据工程规模和重要性而定，测温方法有经验法、简易测试法和先进的仪表检测方法进行。

综上浅述，大体积混凝土的裂缝产生原因极其复杂，影响因素也很多，施工企业对裂缝的预防控制方法也大同小异。虽然研究机构和实践应用对大体积混凝土裂缝的形成、预控措施有一定研究，但技术人员在工程具体应用中还要分析观察，结合工程使用经验采取措施，大体积混凝土的裂缝会得到有效解决。

4 大体积混凝土施工裂缝防治措施

现在建筑工程中会时常涉及大体积混凝土施工，如高层建筑物的大型基础、工厂大型设备基础、大型桥梁基础及水利大坝基础等。其主要特征是体积大，表面系数较小，水泥水化释放热比较集中，内部升温快且高。混凝土内外温差较大时，会使混凝土产生温度裂缝，影响建筑结构安全和正常使用。现以某墩台大体积混凝土为例，浅要分析施工过程中防止裂缝出现的措施。

1. 大体积混凝土的裂缝

大体积混凝土内出现的裂缝按深度的不同，分为贯穿裂缝、深层裂缝及表面裂缝三种。贯穿性裂缝是由混凝土表面裂缝发展为深层裂缝，最终发展为贯穿裂缝。它切断了结构的整个截面，破坏了结构的整体性、稳定性及耐久性，其危害是严重的。而深层裂缝部分切断了结构体截面，危害性也比较大。表面裂缝深度一般未达到主筋位置，比较浅，危害性轻微。

大体积混凝土施工阶段所产生的温度裂缝，一是混凝土内外温差引起的裂缝，另外是混凝土结构的外部约束和混凝土各节点的约束，阻止混凝土收缩变形。混凝土的抗压强度比较高，但抗拉能力却很低，当温度应力一旦超过混凝土当时极限抗拉强度时，即会产生开裂。这种裂缝的宽度一般在规范允许范围内，也不会影响结构的强度，但却会对耐久性有不利的影响，因此必须引起足够的重视和加强控制。一般产生裂缝的原因有以下几点。

（1）水泥水化热因素：水泥在水化过程中要释放一定的热量，而大体积混凝土结构体量大，截面较厚，表面系数比较小，所以水泥散出的热量在结构体内部无法排到外面。这时结构体内的温度无法及时散发出去，以至不断升高，使内外温差不断扩大。单位时间水泥释放的水化热与混凝土单位体积中水泥用量和水泥品种有关，并伴随混凝土的龄期而增加。由于结构表面热量可以自由散发，应用实践表明，结构体内部的最高温度，出现在浇筑后的3～5d以内。

（2）环境大气变化因素：大体积混凝土施工阶段，它的浇筑温度是随着大气温度的变化而发生变化的。尤其是气温急降，会大幅度增加内外混凝土之间温度差，这种降温对大体积混凝土防裂是极其不利的。温度应力是由温差引起温度变形产生的，温差愈大温度应力也越大。同时，在高温环境下，大体积混凝土不易散热，结构体内部的温度可以达到65～75℃高温，并且有较长的延续时间。因此，必须采取切实有效的预控措施，防止结构内外温差过大而产生的应力开裂。

（3）混凝土的收缩因素：据分析，混凝土中约有20%的水是参与水化必需的，约80%的水分是多余游离水，要蒸发出去。游离水的蒸发会引起混凝土体积的收缩。混凝土收缩的重要原因是内部水分的蒸发引起混凝土体积的收缩，如果混凝土收缩后再处于水饱和状态，还可以恢复膨胀并几乎达到原来的体积。干湿交替也会引起混凝土体积的交替变化，这对混凝土是很不利的。总体上说，影响混凝土收缩主要是水泥品种、混凝土配合比、外加剂和掺合料的品种、施工工艺及养护条件等。

2. 大体积混凝土配制要求

大体积混凝土所选用的原材料应注意的重点是：

（1）骨料的选择：粗骨料选择的粒径一般为5~31.5mm或5~40mm连续级配的碎石、卵石，宜优先选用5~40mm的碎石，减少混凝土体积收缩；细骨料选择细度模数大于2.6的中粗砂，可掺WL-1型缓凝剂，内掺一定比例粉煤灰；严格控制骨料的含泥量，分别控制在1%以下。骨料的含泥量及杂质含量少不仅有利于强度的增长，而且有利于混凝土极限拉伸强度的提高，更加有效地增强抗裂能力。

（2）水泥的选择：水泥首选水化热低、凝结时间长的品种，优先采用中热硅酸盐水泥、低热矿渣硅酸盐水泥、大坝水泥、粉煤灰水泥和火山灰质水泥。一般大体积混凝土用低热、凝结时间长的32.5级矿渣硅酸盐水泥。但是水化热低的矿渣硅酸盐水泥析水性比其他水泥大，在浇筑表面有较多水析出。这种泌水现象不仅妨碍施工进度，也影响到质量。因析出的水聚集在上下两浇筑层表面间，使混凝土水灰比改变，而在排水时又带走一些砂浆。这样便形成了一层含水多的夹层，破坏了混凝土的粘结性及整体性。混凝土泌水性的大小与用水量相关，用水量大泌水也多，并与环境温度高低有关，水完全析出的时间随着温度的升高而缩短。在选择矿渣水泥时考虑到泌水性，应在混凝土中掺入减水剂。减少拌合用水。在施工中及时排出析水或者上层拌制一些干硬性混凝土均匀浇筑在泌水处，用振动棒重新振捣再进行上部施工。

(3) 外加剂及外掺合料：大体积混凝土宜使用减水剂和缓凝剂，这样有利于施工过程控制，外掺合料最常用的是粉煤灰、矿渣及硅粉等，在确保使用性能不降低情况下，应提高骨料及掺合料的用量，以降低水泥用量且强度还会提高。

3. 大体积混凝土浇筑控制

(1) 混凝土浇筑流程：

准备工作→安装固定模板→绑扎钢筋→布置测温管→原材料计量→混凝土拌合→运输泵送→分层浇筑→振捣→表面压抹→保湿覆盖→保温养护→测温→观察记录→高温临界→降低温差→养护正常→到期拆模→检查→缺陷处理→交工检验。

(2) 施工控制措施：为保证连续施工选择信誉好的预拌站搅拌供料。含砂率在39%～41%之间，坍落度在可泵下采用最小值12cm，也是为减少收缩，混凝土初凝时间为8h。

合理安排浇筑顺序和泵车停留时间以减小温差，确保连续施工。浇筑中配备所需要的卸料串筒或软管，混凝土自由落高小于2m，主要是防止离析。高度超过2m时，必须用串筒或软管布料。浇筑时采取分段分层推进，浇筑基础底部混凝土时振捣人员直接在浇筑面振捣，在浇筑上层混凝土时振动棒插入下层10cm以内，以消除两层间可能存在的施工缝。在浇上层混凝土时下层混凝土必须在初凝前进行，振动棒在每一插点振动时间，以表面大致水平，并不出现气泡和浆不下沉为宜，掌握时间过短不实，过长离析，不漏振十分重要。

基础承台截面较大采取分块浇筑。分块浇筑时宜符合相关规定，分块布置合理，分块面积大于50m^2；每块高度控制在2m以内；块与块之间竖向接缝面应与基础平截面短边平行，与平截面长边垂直；上下相邻层混凝土之间的竖向接缝，应错开位置留成企口，按照施工缝处理；如需要断开时，其时间必须在允许范围内。

（3）泌水处治：混凝土浇筑时略为有点坡度，使表面水顺利流入周围排水沟；浇筑向前推进接近另一端，可从另一端逆向浇筑，形成V形底部成水坑，用软管及时排出；通过侧模板底开孔排出；表面处理在浇筑后3h左右进行，先按标高用直尺刮平；如仍有积水排出，在初凝前用滚筒压待自身收水沉实，二次进行搓压，在初凝前和终凝前完成，闭合收水覆盖。

4. 大体积混凝土散热措施

大体积混凝土浇筑后的水化热量大，内外温差大能使混凝土产生裂缝。为了有效控制裂缝开展，采取内散、外蓄、保温养护方法。

（1）在基础内部预埋冷却水管，利用冷水循环降低混凝土内部温度，并在基础表面覆盖塑料薄膜、草袋两层养护，使基础表面不至于散热过快，以控制基础内外温差在25℃的允许范围内，并保持表面湿润状态。本墩台冷却水管用ϕ25mm钢管，埋设在内部竖向与水平向间距以基础内部均匀降温为原则，取0.8～1m各布置两层。冷却水管固定在钢筋主筋支架上，用钢丝绑扎或是点焊。

（2）冷却水源用工地自来水，由于自来水温度比较低与混凝土之间温差控制在22℃左右。进出水管由总管分出几个分头，与单元进出水头连接，各单元进出水头安装阀门，以便根据水温控制流量。对冷却水管连接方式用螺纹连接，接头长度在基础外留出0.5m左右，安装后浇筑混凝土前通水试验，不能渗水。

（3）混凝土浇筑开始时水管上覆盖混凝土后，应在管内通水循环冷却，通水过程中对其流量、进出口水温及内部温度变化，由专人定时观察记录，以此为依据控制流量、蓄热养护参数。连续通水12～14d不得中断，检查进出口水温趋于一致时才能停止。通水过程中，避免温度变化过大而产生开裂，下降温度每天在3℃左右。

（4）冷却水管使用完毕后，用压力机注入42.5级微膨胀水泥浆封孔。并将多出表面的钢管割断，深入表面20mm，用细石混凝土抹压平封闭。

5. 大体积混凝土养护时的温控措施

(1) 大体积混凝土养护时，要对混凝土内部的温度进行检测，测点布置应重视选择具有代表性部位，并且布点均匀，尽可能反映出各个部位温度变化的真实情况。

(2) 测温点预埋较细的 PVC 管并将下端封堵，预埋测温孔垂直，深度按设计或施工方案要求，测温前孔口堵塞，防止掉入杂物，影响深度。

(3) 对测温区 24h 监视，监视时间为 14d，每天上午和晚上各报告两次测量数据。当基础内外温差超过 25℃时，及时发出报警报告，及时调整保温层，采取处理措施。

(4) 混凝土内部的升温正常情况下在 3～5d 内可达到最高值，以后趋于稳定，并逐渐开始降温，在升温阶段的测温 2h 进行一次，降温阶段每 4h 进行一次。测量温度时，测温计必须伸入到预留孔内一定深度，尽快取出读数，以免外部温度干扰。

以上是在某大型墩台混凝土施工中温度控制过程的详细记述，按这个控制措施大体积混凝土未出现超过规范允许范围的裂缝。虽然大体积混凝土极容易出现裂缝，但只要引起足够重视，在设计构造、材料选择、施工工艺及后期的养护过程中，充分预测到各种不利因素的影响，是完全可以控制裂缝的发生，尤其是有害裂缝的出现和发展。

5 地下室外墙混凝土裂缝的防治

多层及高层地下室是极其普及的建筑工程，而地下室外墙混凝土结构早期非荷载裂缝是一个十分普遍的现象，为了解决这一质量通病，在近几年的工程具体应用中，针对地下工程的特点，经过认真分析探讨，并采取相应的技术方法，取得了可供借鉴的控制措施。

1. 地下室混凝土外墙裂缝原因分析

地下室混凝土外墙在施工阶段，特别是在混凝土浇筑后 2～

28d时间以内，会出现不同程度、不同数量的裂缝，裂缝走向绝大多数为竖向缝。裂缝的产生是多方面的，与地下室布置、设计构造、外墙长度、配筋率、施工方法及养护条件均有关联。

（1）塑性收缩裂缝。混凝土在初凝前由于水分蒸发，内部水分不断向表面迁移，形成混凝土在塑性阶段的体积收缩。一般混凝土的塑性阶段的收缩约为1%，而大坍落度的混凝土收缩约达到2%。当施工时温度较高，相对湿度偏低，混凝土内部水分不断向表面迁移速度赶不上蒸发量的情况下，表面失水过快，干燥收缩受下部混凝土的约束，会出现不规则的塑性收缩裂缝。这种塑性收缩裂缝在混凝土初凝前采取二次振捣或二次抹压可以达到愈合，但是若不及时认真抹压处理，可能会发展成为贯穿性有害裂缝。

（2）温度胀缩裂缝。混凝土浇筑以后，水泥的水化热使混凝土内部升温较高，一般是100kg水泥可使内部混凝土升温10℃左右，再加上混凝土入模温度，在2～5d内中间温度最高可达到50～70℃，而表面的环境温度不高，混凝土的线性膨胀系数为10×10^{-6}/℃。试验表明，在标准环境下，若是内部及环境温差大于25℃时，即出现可见的温差收缩裂缝。

（3）干燥收缩裂缝。地下室混凝土外墙开裂主要是由于混凝土在凝结以后，内部多余游离水会由表及里逐渐蒸发加重失水，导致混凝土由表及里逐渐产生干燥收缩裂缝。在受到各方约束条件下，收缩变形量导致的收缩应力大于混凝土的抗拉强度时，混凝土出现由表及里的干燥收缩裂缝，干燥收缩包括发生在开始阶段不可逆转收缩及再受湿后的体积膨胀，后期干燥时出现的可逆收缩。影响混凝土干燥收缩的因素是：水灰比（W/C）、水化程度、含水率、水泥用量、养护温度、构件厚度体积与表面积之比、相对湿度、干燥时间及速率等。在地下室外墙拆模后，虽然进行洒水养护，但由于受到施工条件环境限制，不可能达到恒温、恒湿的环境，而只能简单地在模板上部洒水，因此浇筑的混凝土外墙干燥及收缩是不可避免的。

（4）水化及自身收缩裂缝。混凝土浇筑后水泥石水化反应过程中，也会产生水化收缩。硅酸盐水泥的水化收缩量约为1%～2%，水化收缩在初凝前表现出浆体宏观体积收缩，初凝后则在已形成的水泥石骨架内生成孔隙。水泥在不断水化过程中不断消耗水分，使毛细孔内水分减少很快，温度降低，外部养护水来不及补充的情况下，内部则出现自干燥现象。由于自干燥作用导致毛细孔内形成负压，引起自干燥收缩现象发生。因为一般混凝土的水胶比较高，所以产生自干燥收缩现象也少，但对于集中搅拌商品混凝土，水灰比因水泥用量多而低于0.42时，自干燥收缩现象是难免的，必须引起重视。

同时，因地下室混凝土外墙体积与表面积之比较小，从而使干燥在短时间内速度加快，在认真观察中看到，地下室混凝土外墙收缩开裂大多数均发生在浇筑后的14d之内，裂缝主要集中在墙高1/2处向上下扩展，最底部及顶部几乎很少出现，最多沿墙长方向3m左右一条。

据资料介绍，对于混凝土收缩与徐变的试验推荐收缩预估公式为：

$$\varepsilon_s(t)=\varepsilon_0(t)\beta_1\beta_2\beta_3\beta_5 \qquad \varepsilon_s(t)=\varepsilon_0 1/152.79+3.27t\times10^{-3}$$

式中 ε_s（t）——结构混凝土的收缩量；

ε_0（t）——混凝土收缩基本方程；

t——干燥天数；

β_1——相对湿度影响系数；

β_2——构件尺寸影响系数；

β_3——养护方法影响系数；

β_5——混凝土强度等级影响系数。

2. 裂缝预防措施

2.1 设计方面控制

精心设计要从墙的厚度选择适当。一层地下室外墙400mm厚度即可，当两层及其再深时不少于500mm。在墙体中设置暗柱和暗梁可以减少混凝土的开裂，墙体每隔3～4m设一附墙或柱，在墙高1/2的水平施工缝处加设暗梁，加强侧墙刚度，减少裂缝宽度。外墙水平钢筋宜布置在竖向筋外侧，一般采用细而密的布置形式，间距100～120mm对抗裂效果好。采用冷轧带肋钢筋焊成网片，或是用无粘结预应力筋技术对抗裂有利。混凝土强度不要过高，采取中等强度C30～C40较好。

2.2　原材料及配合比控制

水泥必须用水化热低的品种，当采取集中预拌混凝土时因胶结材料较多，要使用32.5级低水化热水泥，这样和易性更适当。砂必须采用中粗粒径的，细度模数不低于2.6；石子粒径在满足可泵性的同时，粒径偏大而且连续级配的要好，但粗细骨料必须控制含杂质及含泥量，砂子含泥量小于1%。通过合理选择主要原材料，减少了水泥及用水量也就减少了收缩开裂。

配合比中掺入适当外掺合料如粉煤灰，降低水泥用量和水化热，也减少了多余的游离水。若单位体积混凝土每降低水泥10kg，可降低内部升温1℃。当掺用微膨胀剂配制成补偿收缩混凝土，在养护期间能产生适量的膨胀，抵消混凝土收缩量而不开裂。作用是在钢筋和相邻部位约束下能产生一定的拉应力，对混凝土产生压缩作用，因而在混凝土中建立一定预应力，使它能有效抵御混凝土产生的拉应力，而达到补偿收缩的效应。

在混凝土中掺入钢纤维或短纤维丝，这些纤维与混凝土骨料及外加剂是相容的，可以在搅拌中直接掺入拌匀，在混凝土中防裂效果优良。优化混凝土配合比设计，在确保施工和易性要求下，降低W/C，提高效率，以减少毛细孔数量和孔径。加强在施工现场的质量控制，对超时混凝土、坍落度大于180mm的混凝土不宜使用，更不准任意加水改变混凝土的配合比，这是要坚决杜绝的劣习。

2.3　施工过程控制

（1）钢筋绑扎工程。地下室外墙钢筋的保护层厚度、间距、尺寸必须严格按照设计图纸及施工规范规定，切实认真控制，外墙内外层钢筋之间的拉钩可改进成方箍加以支撑，纵横向筋采取绑扎，每个交叉点都应绑扣，绑扣不要在一个方向。

（2）墙板的混凝土浇筑。从传统浇筑混凝土看，混凝土在现场搅拌水泥用量相对较少，混凝土结构的裂缝也少，由于非泵送混凝土水灰比小坍落度也小，水化过程的收缩开裂比较好控制。

但是集中搅拌的商品混凝土流动性大，施工过程采取斜面分层法浇筑，需要加强二次振捣工艺较适合。但对二次振捣的时间一定要在下层混凝土初凝前，保证混凝土的粘结握裹力不受影响。另外，浇筑速度不宜过快，掌握在 $30m^3/h$ 左右，严禁在一处铺料过厚，超过 800mm；下料间距在 3m 以内。振动棒快插慢拔，以不再冒气泡为主，暗梁和暗柱处钢筋要认真保护，振时应注意。还需要重视的是，墙柱和顶梁板分开浇筑，决不要一同施工；否则，会造成更多裂缝产生。

（3）宜留置垂直后浇带。通过计算外墙钢筋混凝土的收缩估算值，将其与混凝土极限变形值相比较，根据比较差值在外墙浇筑时，每隔一定距离设留一道垂直后浇缝（带），后浇带要预留在应力可能集中的转角处部位，便于施工墙板厚度大的位置；如果采用的是掺入了粉煤灰的商品混凝土，其间距宜小于 30m 较适当。

（4）拆除模板及养护。对于浇筑后时间短的混凝土尚处在凝结硬化之中，水化速度快，表面水分散失和热量散失快，在散热快、保温湿跟上的现实需求下，及时保养很关键。

混凝土的干缩会随着龄期的延长而减少。大部分干缩出现在早期。由于早期混凝土还没有强度，容易出现早期干缩裂缝。为此，加强混凝土早期保湿养护，可以推迟混凝土产生裂缝的时间，减少干缩裂缝的产生。混凝土终凝以后即覆盖洒水保湿，房屋工程不少于 14d，水工建筑物不少于 28d。冬期施工的混凝土要采取保温措施，最低温度在 10℃以上，防止冻结。

地下室外墙混凝土几乎为防水混凝土，墙模板拆除时间不宜过早，拆模时混凝土表面温度与周围大气温度之差应在 20℃以内，还是防止表面出现裂缝。未拆除前，还要从顶端浇水养护。拆模后的混凝土墙养护可用塑料管或钢管上钻上细孔，利用自来水压力对两个侧面喷洒浇水，效果明显也节省人工。另外，当确认墙体不再有通过管线或无其他安装时，做好防水层尽早回填，利于混凝土后期强度增长，防止暴露环境下时间太长变形。

3. 对出现裂缝的处理

地下室外墙体要承受一定的外部水压而且长期处在潮湿的地下环境中的结构体，使用允许的裂缝宽度为 0.05mm 左右，因此对于大于 0.05mm 的缝要进行修复处理，常用的修复材料主要是水泥、环氧树脂及改性环氧树脂，修复方法是采取表面处理、灌浆及填充法等。

（1）表面处理法。表面处理法是针对小于 0.2mm 的细微裂缝采取的方法，利用弹性防水涂膜材料、聚合物水泥及渗透性防水剂等，涂刷在裂缝表面，达到防水及耐久性的目的。表面处理措施分骑缝涂复修补及全部涂抹修补。如果是稀而少的缝，可以用骑缝涂复修补；而对于细而密的缝，采取全部涂抹修补，对表面进行处理由于涂层较薄，涂层材料必须选择粘结力强且不易老化的材料。处理前先将表面用钢丝刷把表面用力刷毛，油污刷干净，用水冲洗干净再晾干，用环氧胶泥等嵌补混凝土表面缺陷，最后再用选择的涂层材料涂抹均匀，不漏刷。

（2）压力灌浆处理。采取高压灌浆法是利用空气压缩机将配置好的环氧浆液、聚合物水泥浆灌入裂缝深部，达到使结构恢复至整体性、防水及耐久性的效果。高压灌浆适用于缝隙宽度大于等于 0.3mm、深度较深或者贯穿性裂缝内部的修补处理。

（3）用填充法处理。对较大裂缝及接缝可用胶凝性砂浆和油灰等嵌缝材料进行堵塞处理。先把裂缝凿成 V 形上大下小槽，再用钢丝刷刷干净，用水冲干净自然表干，再刷一道素水泥浆，用不低于 42.5 级水泥，配制成 1：1 水泥砂浆认真嵌填。当有水时，用快凝结水泥修复，修复宽度缝的两侧各放宽 100mm 范围，做防水附加层，以加强防水效果。

综上所述，地下室外墙混凝土裂缝现象比较普遍。实践表明，只有通过设计，优先选择原材料用料，严格施工过程中质量控制，后期加强养护是完全可以减少裂缝产生的数量的。对于已出现的裂缝分析原因，认真补救处理，使质量达到验收标准，探讨确保安全耐久性达到有效的可采用方法措施。

6　混凝土道面早期裂缝治理方法

新修水泥混凝土道面及硬化场地受环境温差、风力、骨料洁净程度、混凝土水灰比及现场多种因素的影响，部分浇筑后的混凝土表面易出现早期裂缝。出现裂缝以后，施工方一般急需选择治理措施，严重的返工重新浇筑，局部修补或等待裂缝进一步发展稳定后再进行修补等。对这一问题目前还没有相应的规范和有约束力的规定。为此，在分析常见水泥混凝土道面及硬化场地早期裂缝的基础上，对早期出现裂缝的治理方法进行探讨求得解决。

目前对混凝土道面及硬化场地早期裂缝的研究，主要是针对混凝土早期裂缝的形成机理和预防措施的分析。认为在混凝土强度发展早期，基层对面层的约束及界面之间的过渡层存在早期裂缝，在荷载作用和温度应力的作用下会向上延伸，直至道面板断裂。并有一些文献提出了为防止早期出现裂缝的各种方法措施。当混凝土道面出现早期裂缝后，施工单位急需裂缝处理方法，但现在的研究并不深入系统，需要对裂缝的早期处理方法进行研究，加以解决。

1. 对常见早期裂缝的分析

1.1　早期裂缝的形成及特性

在浇筑完水泥混凝土场地硬化早期，粗骨料界面会产生一定的初始裂缝。随着浇筑后进一步的水化硬结，材料会产生干缩及温度收缩，当收缩变形受到阻碍时，内部将产生收缩应力。另外，混凝土表面至底部的温度、湿度差还会产生翘曲变形。当变形受到约束时，其板内部也产生翘曲变形。在这两种内应力和外部荷载共同作用下，混凝土初始裂缝沿着粗骨料界面最终延伸到板的表面。因此，早期裂缝按形成原因主要包括沉降收缩裂缝、塑性收缩裂缝、温度裂缝、干燥裂缝和翘曲裂缝等，见表1。

混凝土板面早期裂缝形成原因及其特性　　表1

裂缝名称	裂缝描述	裂缝形成原因	裂缝特性
沉降收缩裂缝	混凝土硬化阶段在表面形成开裂	混凝土离析，粗细料分离，泌水，水灰比大，表面收缩受约束	非结构裂缝，对承载无影响，裂缝可扩大，为稳定裂缝
塑性收缩裂缝	混凝土凝结过程中在表面形成并开裂	表面蒸发大于泌水，拌合物温度高，风速过快	非结构裂缝，对承载无影响，深度达3cm可扩展，为稳定裂缝
温度裂缝	纵横向出现混凝土硬化初期遇降温或切缝不及时	表面降温受约束，约束力大于强度而开裂，板长切缝不及时	结构性裂缝，表面具分形性质，易二次裂，为活动缝
干燥裂缝	高温，风速快蒸发量大失水快	表面干燥收缩受约束，约束力大于强度开裂，水灰比大	结构性裂缝，表面具分形性质，易二次裂，为活动缝
翘曲裂缝	横向贯穿裂缝	温度荷载应力超过设计时	结构性裂缝，活动缝，使用裂缝

现在减少表面混凝土早期开裂的传统做法是通过切割缝来降低板内应力，尽量减少初始裂缝的发展，所以道面混凝土出现早期开裂的破坏程度与切缝时间的掌握是否恰当有较大关系。切缝时间过早，混凝土强度低易使边角损伤；切缝时间过晚，易使表面产生早期裂缝，见图1。设计或其他原因可能会缩短图1中合理切缝时间，甚至难以达到控制裂缝的目的。

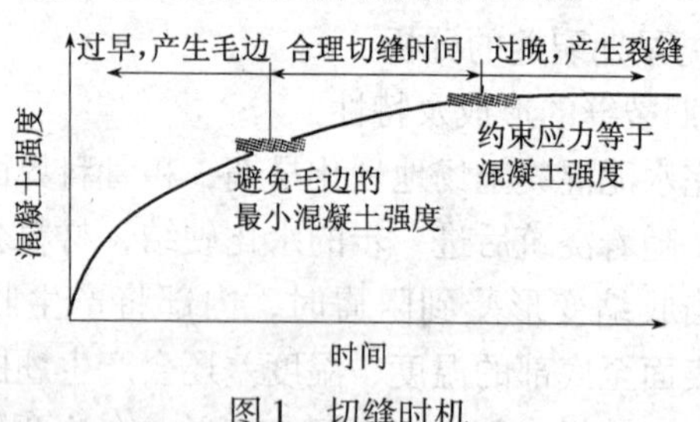

图1　切缝时机

1.2　早期裂缝的形式

常见的混凝土道面早期裂缝按表现形式主要分为：纵向和横向裂缝。按照裂缝的形式和方向，可初步分析判断裂缝产生的原因。

当切缝较晚时，易产生横穿整块板的裂缝，其中纵向裂缝如图2（a）所示，而产生的横向裂缝难以确定，但一般也会横穿整块板面或对角贯穿，如图2（b）所示。若切缝较晚时，还可能会导致切缝过程中出现板角崩裂，主要在靠近切缝的末端，在接近自由边几十厘米范围内（图2b）。出现板角崩裂，也受到板自由边混凝土蒸发和收缩过快的影响。由于地基不均匀沉降和冻胀等引起的混凝土板面位移而产生的裂缝，主要表现见图2（a）。面层混凝土施工中，过分抹压也可能出现网状裂缝和裂纹，如图2（c）所示。这时在道面混凝土表面出现浅层、细微或发丝状裂纹网，可使道面板表面深度不超过15mm。当难以确定道面混凝土出现早期裂缝的原因时，裂缝还可能是由于基层和混凝土面板之间的粘结引起的，摩擦力限制了混凝土水化过程中的干缩和温度收缩，这时混凝土裂缝的方向一般是无规律，受控于粘结区影响，如图2（c）所示。

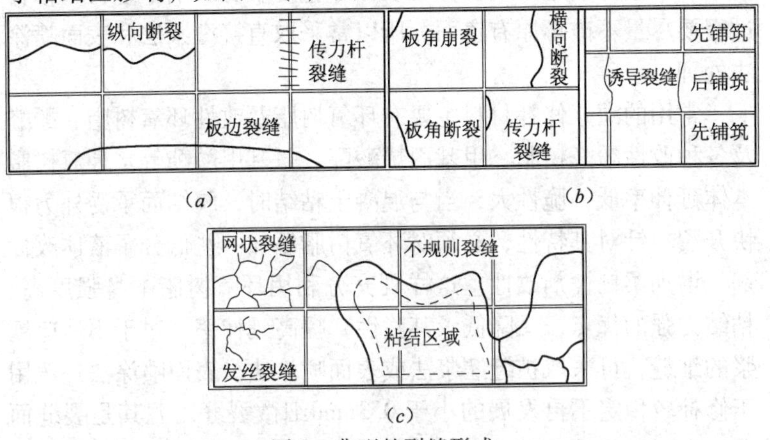

图2　典型的裂缝形式

（a）纵向裂缝；（b）横向裂缝；（c）其他

在选择混凝土道面及硬化场地早期裂缝治理方法时，应根据裂缝的严重程度区别对待。对于轻微龟裂或裂缝宽度小于3mm时，应选择成熟的灌浆材料及时修补；对于有剥落现象的裂缝或裂缝较宽时，要凿槽嵌缝处理；对于单块板裂缝较大较宽时，应拆除重新浇筑。

2. 裂缝灌浆修补处理

对水泥混凝土道面及硬化场地早期裂缝的修补，采取化学灌浆是最常见的一种方法，也是非常有效的，能使结构的强度得到有效恢复。目前比较通用的灌浆修补法主要是压力灌浆修补法、扩缝灌浆法、直接灌浆法和表面喷涂法，如图 3 所示。

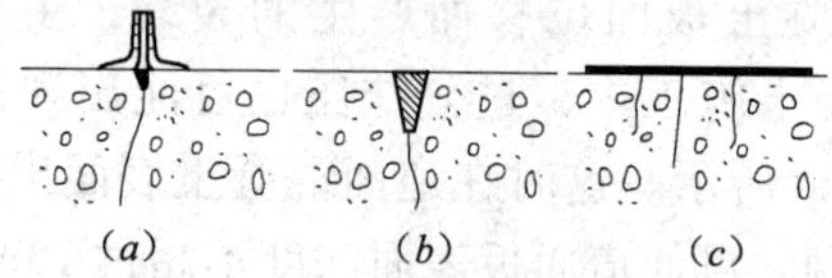

图 3　灌浆修补法示意

(*a*) 压力灌浆法；(*b*) 扩缝灌浆法；(*c*) 表面喷涂法

一般情况下，混凝土道面及硬化场地对平整度的要求比较高，灌浆修补措施必须在保证表面平整度不受影响下进行，修补过程要尽量不破坏原有道面，所以常采取直接灌浆法和表面喷涂法处理。

常用的灌浆修补材料主要有环氧树脂及改性环氧树脂、酚醛及各种改性酚醛树脂、甲基丙烯酸酯、氨基甲酸酯等。环氧树脂本体延伸率低，脆性大，当与混凝土粘结时，胶结面承受外力很快开裂。针对其特性，必须对环氧树脂添加一些低分子液体改性剂，增加柔韧性剂改性。这样既充分利用环氧树脂本身强度高、粘结力强的优点，又降低了其脆性，提高延伸率。对于不适应灌浆的细缝，可采取扩缝灌浆法或表面喷涂法。表面喷涂法一般用于修补较稳定不再发展的小于 0.3mm 细微裂缝，尤其是裂缝面积较大时。修补材料大多采用具有密封性、不透水性、耐碱耐候性的防水涂料表面涂层处理，且其收缩膨胀性应与被修补混凝土相似。

3. 凿槽修补处理

凿槽修补法是将道面裂缝区域的混凝土凿成规则形状的槽，冲洗干净并刷一道素水泥浆，立即用水泥基类或树脂类材料将槽塞堵填补，经过养护达到使用要求，此方法常用于边角破损和较宽裂缝的修补。凿槽修补法的关键在于旧混凝土楂与修补材料的适应性及粘结牢固，材料自身强度及不裂。常用的修补材料主要是掺入修补剂的普通硅酸盐和硫铝酸盐水泥拌制的细石混凝土以及各种专用混凝土和环氧树脂砂浆。修补的工序主要包括凿槽扒毛处理、涂刷界面剂、填充捣实及养护等。

在修补之前要先将开槽位置提前画出，对于不同位置开槽之间要预留不小于 100mm 位置不凿损。当接缝两侧都要修补时，在除去破损混凝土后接缝中要插入很硬的隔离材料。对于边角处理，凿槽边界线转角均应大于 90°，凿槽边界应距破裂混凝土 50mm 以上，并距接缝 100mm 以上。凿槽深度一般要大于 50mm 或采取凿入到未破损混凝土深 10mm 方法处理。不同接触处混凝土破损的凿开槽修补方法也有一定区别，处理方法如图 4 所示。

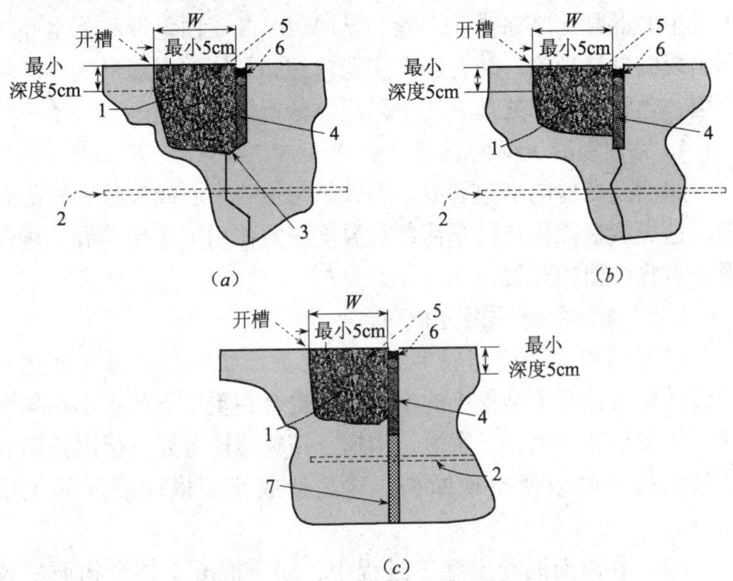

图 4　不同接缝的开槽修补方法

(*a*) 施工缝的修补；(*b*) 缩缝的修补；(*c*) 胀缝的修补

1—最初的破损面；2—如有传力杆的位置；3—放置粘结隔离材料；4—新的隔离板；5—新的修补材料；6—新的封缝材料；7—原有的胀缝板

综上浅述，水泥混凝土道面及硬化场地从施工到使用，应保证使用全过程中处于良好状态。但由于混凝土特性所决定的脆裂问题，尤其早期裂缝的出现不仅影响质量评定，也会加重各种病害的产生，影响表面正常使用且缩短耐久性年限。在此对道面及硬化场地常见早期裂缝进行初步分析，并针对不同裂缝给出相应的修补方法，期待裂缝问题的有效解决，最终达到确保质量的目的，并使安全耐久性得到提高。

7 混凝土路面常见裂缝分析与防治

现在城市及工业厂区有大量的道路及场地为水泥混凝土面层，在使用过程中车辆超载现象比较突出，长期在超负荷作用下路面损坏较严重，自然环境下冬季冻融也是一个原因。同时混凝土本身施工控制不到位，也会导致混凝土结构产生局部损毁。对于产生的混凝土路面横向裂缝、纵向裂缝及表面龟裂和下水井周围出现的裂缝现象，结合施工实践对这些裂缝的表现形式，产生原因，预防措施和处理方法予以浅要分析探讨。

1. 路面混凝土横向裂缝

路面及场地的横向裂缝，多数是与道路中心线大致垂直的裂缝。这类裂缝往往在行车荷载与温度应力作用下逐步扩展，慢慢形成贯穿路面的开裂。

1.1 横向裂缝原因分析

（1）道路及场地基层多为软土地基，如果基础压实度达不到设计要求，哪怕是很小的不密实，也会在重压下产生不均匀沉降。尤其是穿越上、下水道、沟槽、拓宽路段等处，会因路基沉降较大板底脱空而出现断裂，这是造成路面横向裂缝的主要原因。

（2）在路面混凝土施工过程中，如果混凝土拌合物原材料连续级配不好、搅拌不均匀、振捣不密实、集中搅拌混凝土水灰比过大、配料计量不准、振后表面抹压不及时及覆盖不到位、养护不及时等，都会造成混凝土强度不均匀，在车辆重压及温度作用下则会产生横向裂缝。

(3) 在浇筑路面混凝土达到一定强度时，如果不及早切缝，就会因为温度和混凝土水化作用的干燥收缩而在薄弱处开裂。混凝土连续浇筑的路面越长，浇筑时的气温越高，表面处理越不及时，越容易出现横向裂缝。对于切缝深度，一般要求是混凝土板厚的1/3或1/4，由于横断面没有彻底断开，应力得不到完全释放，因此在临近裂缝处又会产生新的横向裂缝。

(4) 另外，由于冬季的冻胀和循环作用，也会使裂缝扩大和延伸；若是抹压时表面洒了水，则该部分路面起砂、掉皮；因设计和施工原因使路面厚度不均匀及强度不足，在使用过程中同样会导致横向裂缝的发生。

1.2 预防裂缝一般采取的措施

(1) 处理基础是关键，对同一场地及同一路段，基础回填的方式要一致，如换土及碾压用同样方法、控制含水率及固结度、限制残余沉降量。尤其在沟槽，上、下水管道回填处，必须分层进行，回填密实均匀，基础稳定。

(2) 浇筑后的路面混凝土要按规范要求的切缝时间，根据实际温度计算养护时间，在正常情况下当气温在25~30℃时，切缝时间在48h左右即可；如掌握不好，过早切则损伤缝边，过晚则局部段已开裂且过硬不好切缝。

(3) 当一次连续浇筑路面过长时，切缝机具满足不了要求时，可以在中间适当位置先切，然后再分段切割。先间隔距离长一些切开，以减少收缩应力集中，然后逐渐切割。

(4) 混凝土路面的结构组合与厚度设计，应有预见性地满足交通需要，特别是工业厂区可能有超重车、特种车使用路段，如大型设备吊卸及安装检修等，必须引起足够重视。

(5) 在配制场地及路面混凝土时，要选择干缩性小的硅酸盐水泥或普通硅酸盐水泥，在配料时认真计量，进场原材料要复试合格，混凝土强度影响最大的水灰比要严格控制，混凝土的搅拌时间要保证拌合料的均匀性，振捣密实是非常关键的，而后期的养护也是极其重要的环节。

1.3 对裂缝的处理

（1）当混凝土的板块裂缝较宽时，咬合能力及整体性严重降低，必须进行局部返工凿除修补处理。在修补前，先沿裂缝两侧一定宽度范围标出线，宽度根据实际不要超过1m，标出线垂直中心线，再沿缝切割整齐，凿掉标线间混凝土，然后浇筑新的混凝土，特别重视接缝处的抹压效果。

（2）如果两条切缝之间的板块表面裂缝严重，当裂缝数量多且有的缝长超过板块的1/2时，应该将整块板进行更换。采取将整块板吊走或者全部凿除清理干净，对基础表面重新处理后浇筑混凝土。特别注意新浇混凝土周围同原板块接缝的平整度。

（3）若是板块表面裂缝的长度和宽度不超过规范允许值或者超过较少时，可以采取用聚合物材料灌浆的方法封闭缝，或者沿裂缝开凿嵌入弹性或刚性粘结修补材料，主要是起到封闭裂缝防止进水，起到防止如冬季冻结产生更严重后果的作用。

2. 路面混凝土纵向裂缝

水泥混凝土路面上面沿道路中心方向出现的裂缝，称作纵向裂缝。这种裂缝一旦出现经过一段时间后，往往会形成贯穿性裂缝，不但影响到路面的刚度和整体性，而且会使雨雪水沿缝隙渗入到基层，破坏面层尤其是基础，将严重影响到耐久性和使用寿命。

2.1 纵向裂缝原因分析

（1）路基出现不均匀沉降是产生混凝土路面产生纵向裂缝的主要原因。例如，纵向沟槽下沉，路基拓宽部分沉降不一致，路堤一侧存有积水，路基排水设施部分失效，均会导致路基不均匀下沉，板块下悬空而产生开裂。

（2）路基稳定性差，在重型车辆行驶及积水、温度的效应下土体产生蠕动，或者由于基层材料水稳定性不能满足需要，出现软弱变形或是膨胀变形，导致不同形式的板开裂。

（3）路基压实度未能达到设计密实度指标，造成强度偏低不足，或者是混凝土板厚度及强度均存在质量问题，厚度不一致，未达到设计要求。

2.2　预防裂缝一般采取的措施

（1）对于回填土场地及路基，一定要求按照设计规定分层回填夯实碾压，并分层取样检验。确保路基碾压密实、均匀，压实度必须符合设计要求。

（2）对于软弱地质路段，必须对淤泥进行彻底清除。对于沟槽地段，应采取切实措施保证回填土料有良好的水稳定性和压实度，以避免和减少残余沉降量。软弱地层和沟槽地段要采用半刚性硬基层，并适当增加基层的厚度。在拓宽路段对拓宽段切实加强其密实度，并处理好新旧接槎处搭接。尽量保证有一定厚度的基层能全幅铺筑，整体回填几层。在容易产生沉降地段，混凝土路面的混凝土中应加入钢筋或钢筋网片，防止开裂。

（3）路基必须有足够的强度、压实度及水稳定性。在软弱地段路基回填时，采用传统的石灰三合土或者水泥土，以达到稳定路基不产生蠕动为目的。

2.3　对路基的处理

（1）如果纵向裂缝是因地基沉降等原因引起的，则应考虑从稳定路基方面入手，或者待一段时间自然沉降稳定后，再采取措施修复。在采取修复前的一段过渡时间，认真观察并采取临时措施，暂时封闭缝隙，不让水渗入。对于影响到交通的路段，挖除干净后用沥青混合料修复通行。

（2）对于非基础沉降型纵向裂缝，如果采取一般性的扩缝嵌填或者浇筑专用修补材料的方法，可以临时解决封闭防渗漏水的问题，但是耐久性不能保证。采取扩缝加筋的方法处理，具有较好的增强效果。

（3）采取将损坏部分全部挖出，重新浇筑混凝土是修复中常用的也是最有效的办法，但必须查明出现纵向裂缝的原因。如果属于路基问题，首先从加强稳固地基入手，经过认真处理基础后再重新施工混凝土路面是唯一有效的长久之策。

3. 混凝土表面龟裂

水泥混凝土场地及路面表面出现龟裂，这是混凝土最普遍也是最常见的质量通病。这种龟裂表现呈网状，浅而细的极细裂纹，一般很浅，大多深度 < 10mm。

3.1 龟裂原因分析

(1) 在水泥混凝土浇筑振捣抹压后的路面表面，如果未及时进行覆盖保湿养护，尤其是夏季气温高或风速较大，混凝土表面的水分蒸发过快无法补充，造成表面干燥混凝土体积快速收缩，从而引起表面大面积龟裂。

(2) 混凝土配合比设计中水灰比过大，水泥用量和砂率过大，收缩量增加，拌合时计量不准，模板与垫层过于干燥也要吸收混凝土中水分，基层浇筑前洒水较少，这些都可能造成混凝土表面产生龟裂。

(3) 混凝土表面过分振捣或抹压，使水泥浆层过多上浮至表面，砂浆层收缩量大而产生龟裂。同时，由于场地和路面在露天自然环境下施工，混凝土较薄且面积很大，又不能进行围护，因蒸发过快，在塑性阶段就开始出现收缩、龟裂是普遍的现象。

3.2 预防龟裂一般采取的措施

(1) 在浇筑混凝土前，及早对模板及地基浇水湿润，以减少吸收混凝土中的搅拌水。在混凝土道面浇筑完成后，要立即用塑料薄膜或者潮湿材料及早覆盖，保持水分不向外散发，按照初凝即可浇水的原则养护。

(2) 在进行配合比设计时，要严格控制原材料质量，水泥用量和水灰比（W/C），选择级配良好的粗骨料和合适的干净中粗砂砂率，配料计量准确误差在允许范围以内，且搅拌均匀。

(3) 如果水灰比较小的干硬性混凝土采用平板振动器振捣时，振捣时间要足够，而且来回压槎不漏振。关键是防止过振和漏振，过振会使砂浆层过厚积在表面干缩过大。抹面也不要过度压抹。

(4) 在风速过快的环境下浇筑混凝土面层，要监测风速不要超过4级；当超过4级时，应停止浇筑施工。

3.3 对龟裂的处理

（1）在表面混凝土初凝前产生的塑性龟裂，可采用铁抹子来回用力压抹，或是采取二次振捣的方法即可消除龟裂，而且会自行愈合，并用塑料薄膜覆盖保湿加强养护。

（2）对表面产生的轻微龟裂纹，经过分析认为对结构强度无影响时，不需要进行处理。但在强度增长过程中，要注意观察裂纹的变化情况，如无发展可认为无危害。

（3）对表面产生的严重龟裂纹，区分情况进行处理。如表面刷一层素浆封闭，或通过注浆对表面进行涂层处理，以达到封闭缝隙、防止水渗入为防治目的。

4. 下水检查井周围裂缝处理

检查井周围水泥混凝土特别容易产生裂缝现象，往往在井周围转角处呈现放射性及纵横向裂缝，地面水从这些裂缝向地下渗漏到井壁内外。

4.1 裂缝一般原因分析

（1）在水泥混凝土路面中设置集水井或者下水及检查井时，混凝土板块的纵横向截面会减少。同时，因板块下空穴洞存在，周边及转角处会使应力集中而在薄弱处开裂。

（2）这些设置的检查井在使用过程中，由于下部及周围回填土的密实度达不到大面积的压实度，产生不均匀下沉，使板体也产生附加应力而开裂。

（3）井周边的混凝土板承受不同方向的综合应力，此应力大于混凝土路面的设计抗折强度时，也会产生裂缝。

4.2 预防裂缝一般采取的措施

（1）在进行路面整体构造设计时，要合理布置检查井的井位。若是将井位安排在横缝上，或当检查井离混凝土板块纵、横距离小于1m时，应将井位板块放大至纵横缝的边缘，并把井位预留与检查井进行二次浇筑，以减缓裂缝的产生。

（2）对检查井位置的基础要进行特别的加强处理，回填土分层夯实，基础用材料要有水稳定性，回填土密实，使井不下沉并减少附加应力防裂。

（3）对检查井同路面相平齐的混凝土中增加一层加强钢筋，起到井周围防裂并保持其整体性。也可以采用抗裂性优良的钢纤维混凝土浇筑面层，达到抑制开裂或是裂缝发展的目的。

4.3 对裂缝的处理

（1）当井周围混凝土裂缝细小时，对使用不影响而且渗透不可能出现的情况下，可以不进行处理，使用后观察发展情况再作考虑。

（2）若是井周围混凝土裂缝较大时，降低了板的整体性，可以采取粘结的方法处理，方法是将缝扩宽，深度超过缝底，用成熟的灌浆材料和方法进行修补，达到无缝板块整体性的目的。

（3）对于井周围混凝土裂缝较严重时，只有采取砸掉清理干净重新浇筑混凝土的彻底处理。在重新浇筑时，要减小混凝土水灰比，防止小面积混凝土干缩，同原混凝土之间产生粘结不牢或出现不平整现象。

综上浅述，水泥混凝土用于场地和道路工程十分普遍，但产生裂缝的现象也极其普遍。而混凝土面层产生裂缝的原因十分复杂，就场地和道路混凝土来说，由于长期暴露在自然环境中，表面受环境影响比较大，但关键因素还是由于路基础处理、车辆超载及施工缺陷所造成。因此，设计人员根据土壤情况提出地基处理要求，尤其对混凝土板厚考虑到多种不利因素，经过计算及经验确定厚度及强度。另外，还要对路面纵横缝、板块面积尺寸合理布置。实践表明，只要认真设计和构造，选择好的建筑材料，施工过程严格把关和监督，裂缝问题会大大减少。

8 现浇混凝土楼板施工裂缝原因及预防

现在的钢筋混凝土梁板是允许带裂缝工作的，混凝土结构内部存在很多的裂缝人所共知，但并不是说结构件可以任意开裂，而施工中各工序环节层层把关，严格控制产生裂缝，目的是确保结构的耐久性和使用年限。从浇筑混凝土到竣工交验，施工过程中稍有不慎都会造成楼板的开裂，有的开裂还比较严重。近年来由于建筑住宅工程的商品化，人们更加重视工程质量，集中搅拌混凝土由于泵送的需要坍落度较大，加重了混凝土楼板的开裂影响程度。针对集中搅拌混凝土现浇楼板近年来出现的开裂问题，不是哪一个环节能解决好的，它是一个系统工程，需要设计、材料选择、施工工艺过程及管理上齐抓共管，分析探讨各种裂缝的原因形成及现状，力求重点从施工角度采取技术措施予以处理。

1. 混凝土楼板产生裂缝的主要原因

（1）混凝土离析造成的原因。预拌混合料在运输过程中造成离析，上部分为水泥砂浆，细骨料也极少或没有。胶凝材料过多，水也超量，水灰比更大，随时间延长强度增长慢，以至不增长。按正常混凝土强度增长时间拆除模板时，梁不能承受自身重量及楼板荷载而产生结构破坏。中间部分产生垂直裂缝，两端产生的多条剪切斜裂缝，该斜裂缝沿横截面呈贯通分布，从而造成丧失承载能力。

当缺少了胶结材料的部分混凝土，石子集中过多，砂浆不能包裹石子并填满孔隙，没有能力胶结，拆除模板后可见混凝土表面有大量的蜂窝、狗洞及严重麻面，使整个横截面孔洞贯穿，除了承载力不可能达到要求外，外观也无法满足要求，此时梁受荷载或在自重作用下即可随之破坏，危害程度十分严重。

（2）不按规定时间拆除模板。为抢工期提前拆除不到强度的构件模板，甚至构件自身也承受不了，即便可以承担自重，但不可能承受上层梁或楼板施工中传递给支撑的整个重量及自重。拆除模板造成梁垂直裂缝和端部斜裂缝，而且是贯穿裂缝，裂缝宽度达0.5～3mm之间，分布有规律性。梁的端部出现裂缝较大斜裂缝，呈现中间垂直且宽度较大，间距0.5～1.5m，之间不等。

楼板面的裂缝基本是无规则的龟裂状态。因板上仍承受上层楼板及支撑的全部重量，此荷载是通过支撑向下传递的，因而柱下楼板的下部呈无规则的开裂。这是由于支撑立杆间距为1.0～1.5m，因此裂缝较多，基本形成网状，裂缝宽度在0.3～1.0mm之间。某一2～6层住宅楼板，经过夏季3个多月时间，仰望楼板底部养护从缝隙渗漏下的水返碱留下白色网线，严重的向下漏水。但对这样楼板的强度进行检查，用回弹法还是取样测试，均符合设计要求，这个现象有其特殊性。

2. 施工荷载造成的裂缝

施工过程的荷载是难以避免的，正常情况下对梁板并不造成危害。但浇筑时间过短、处理不当容易造成板的开裂，堆积在无强度梁板上的荷载，集中堆积超过极限时使混凝土出现早期开裂。

(1) 砌块成笼吊卸堆放。砖类砌筑材料成笼上吊及堆放，是造成砖混结构梁早期尤其是板开裂的主要原因。为经济效益至上抢进度赶工期，经常是上午浇筑完混凝土，下午开始砌筑作业。吊上来的砌块材料大量成笼堆放在预砌的墙体两侧。通常是住宅一个房间面积只有10多平方米，砌筑材料也是10多立方米，分两次吊运，重量也是很大的。终凝前的板上已局部堆积了如此的重量，而混凝土此时尚无承受能力，即使模板支撑承担这些重量，也给钢筋造成损害。这种裂缝无规则，因为已在终凝前开裂的，也是不能逆转的，实际工作中屡见不鲜，直到进行地面装修时仍然见到水迹。此种现象直至人员装修前一直可见。

(2) 大捆钢筋集中吊放。现在的施工周期一层是3～7d，完成柱、梁板的钢筋及混凝土浇筑工作。放线及浇筑混凝土占时1d，支模及绑扎钢筋各占1.5～2d，可知在上一层楼板支撑时下层楼板混凝土龄期仅3～4d，当支撑完成一部分，钢筋绑扎也紧跟着进行。在大跨度无次梁的梁柱体系（如9m长），钢筋直径为ϕ14以上而长度为9m。吊运钢筋成捆的为9m长，4t左右不拆捆直接上吊，堆积在新支撑的模板上，通过几根立杆传入龄期只有几天的混凝土板上，就是放在支撑位置也会局部压裂板面混凝土。对此情况，吊运大捆钢筋必须拆开小捆分散吊、分散放，防止荷载超过当时的强度而造成板的开裂。

（3）模板及支撑材料。钢筋混凝土工程模板，支撑及配件要有3层的用量，防止周转不开，过早拆模。支设模板采取分段流水作业，才能保证混凝土工程规范要求达到的拆模强度。实际施工中采取减小跨度或者接近规范要求强度时提前拆模，也有采取一层模板分段流水作业的情况。即在上层开始支撑时下层梁板混凝土强度等级均达不到设计强度，或下部仍有一层支撑而混凝土龄期则更短，强度也更低。上层支模如果施工不当会给下层新浇混凝土板造成严重危害，即开裂。

上面已分析过上午浇筑混凝土下午就开始放线，砌筑墙体的现象，此时板亦受到砖垛的压力裂缝。墙体砌筑很快完成即接着便进模板，梁板的支撑立柱多用 $\phi48 \times 3.5$ 钢管，60mm × 100mm 方木等材料。不论用何种材料吊运时都要绑成捆再吊，下落时对初期混凝土的冲击比较大，且成捆堆放受压严重。但是最大危害还是上层模板安装施工，架杆及模板吊上冲击堆放，重量传递于下层现浇板时，二次造成局部混凝土板的开裂，在施工现场常见板下的返白缝隙就是这样形成的。

3. 沉陷造成的梁板开裂

（1）基础不均匀沉降，如果设计和施工考虑得十分周全，这类缺陷出现较小，只有对地基的了解不够，判断不准，事先未采取处理措施使不均匀沉降量增大，产生不均匀沉降问题。高低层施工不当或未预留变形缝，缝留了但位置不对；施工中出现大暴雨天气，地基中水浸泡且黏性土受害严重；开挖基坑时地基原土受机制扰动或者深度超挖过多，回填土未达到原状土密度；施工过程在基础周围局部堆放或建筑物局部房间作临时库房，堆积整车水泥或钢材等物资。所有这些都有可能形成局部差异不均匀沉陷而造成上部板开裂。这种不均匀沉降产生的裂缝较宽，也有规律，板与墙体一同开裂，此时混凝土的强度达到了设计要求。

（2）支撑不牢或局部堆放重物。施工的一层模板立柱直接支撑在回填土上，夯实度差，不均匀或立杆端部垫木板太薄弱、太小，严重者不垫木板直接放在回填土上。在一层及二层楼板施工时会出现立杆不均匀下沉，使楼板底模变形造成开裂，或者受到重压时立杆不受力下沉。

当二层以上模板支撑立杆支在下层混凝土板上时，楼板有一定的稳定性。但是若厚度控制不好，形成板中间薄而四周板较厚，也会在上层板浇筑混凝土时，使下层板大面积开裂。如某楼板设计厚度 150mm，而施工浇筑混凝土厚度未认真控制，中间只有 110 ~ 120mm，结果上层浇筑造成下层大范围板的开裂。严重的是板中部拆模后下挠度达 100mm 左右。对这样严重的质量问题，只有返工重新浇筑才能达到设计使用要求。

模板支设都是采取手工操作，肉眼观察，每根立杆的稳定程度全凭操作人员技巧及感觉而定。安装过程中不论技术和手法都会存在差异，也出现少数支撑不垂直、木楔子夹卡不紧的现象。这些不容易被发现但实际存在的立杆不稳、松动的确存在，在荷载过大、集中堆放重物及混凝土浇筑时会有松动的不均匀下沉。除了本层，下一层浇筑时间不长的梁板也会产生二次开裂或者已有裂缝的再一次扩大，加重对楼板开裂的危害程度。

4. 泵送管的振动危害

按照要求，混凝土管道输送都是通过支架架空不能直接压在结构筋上形成振动。但在工程现场，输送管道前部分软管会和上层钢筋网相接触，或者出浆活动段 2m 软管直接压在钢筋上，并随混凝土浇筑范围的扩大而移动。混合料从管口挤出，间歇式向前喷吐，每次外吐都有振动，一般是 3 ~4s 要振动一次。此振动引起钢筋产生伴随振动，并且沿钢筋向外传播，传播范围 3mm 不等。在浇筑现场明显感觉及观察到沿着钢筋网片出现网状开裂。有时随振动而张开或闭合，最终还是形成不可愈合的可见裂缝。此时的混凝土由于没有任何强度，多处于塑性状态，也属于塑性阶段的振动裂缝。如果及时抹压并再不振动，裂缝是可以愈合的，不存在质量的问题。若是错过初凝时间前抹压，随着失水收缩裂缝会不断扩大，有的成为贯穿裂缝，危害极大。

5. 管线预埋引起的结构裂缝

现浇筑的钢筋混凝土楼板因预埋PVC塑料穿线管，二层管每侧只有25mm，三层管只有15mm，一层管厨房及卫生间除PVC电线管还有预埋水管线。按卧室、起居室功能需要安装二相、三相插座，照明、空调、电视、电话及计算机专用插座。在一个起居室楼板内PVC管有一层及二层，最多三层叠加处厚度60mm左右，再加上一个接线盒，此处影响范围达600mm，住宅楼板厚度一般只有100mm，混凝土厚度只有不足30mm。这种薄弱部位正是开裂及渗漏的主要部位。不论早期的塑性裂缝还是后期的失水干燥裂缝都是由此向周围扩展的，这种开裂也会将地面拉动开裂。常见的沿PVC管走向的地面开裂，长度沿整个地面，缝宽达1mm左右，是危害较大处。该处由于混凝土很薄弱，除承载力降低外，施工中因毛细管线路变短，易蒸发失水，形成早期塑性开裂。同样，在干燥时毛细水分散失也快，收缩量增大裂缝变宽，使后做的地面连带开裂。这种明显的裂缝在交用后半年至一年出现，主要原因是塑料管固定不牢，紧贴楼板上表面或下表面，这种现象十分普遍，应引起重视，采取防范措施。

6. 收缩产生的各类裂缝

上述分析的裂缝主要是由施工不当造成的，而混凝土结构梁板的收缩裂缝则不同，主要是和混凝土内外失水有关。

（1）塑性收缩开裂。混凝土的塑性收缩是初凝前的开裂，对现浇混凝土楼板几乎是难以避免的通病。由于裂缝微细很少引起重视，因伴随抹压即便再次出现；若不及时处理，后期失水干燥在此缝处叠加出现，必将加宽、加深严重。

新浇筑的混凝土表面失水快会产生面裂，混凝土表面裂缝主要是蒸发；而基层及模板吸水，则加剧表面的干燥。在气温较高、有风天气应防止表面塑性开裂，一旦出现必须及时二次压抹或振捣，使缝隙愈合不再出现，立即覆盖浇湿。

由于新浇筑的混凝土骨料之间充满了水，当水分蒸发量达到0.5kg/($m^2 \cdot h$)后将产生负的毛细压力，引起水泥浆体的收缩。

这种收缩由于骨料的存在而变得很不均匀，骨料受压，胶结料受拉，当收缩拉应力超过水泥胶结料的限极抗拉强度时而开裂。梁板类比表面积比较大，夏季高温风速快，相对湿度小，混凝土自身超温，当失水速度超过泌水达到表面的速率，便产生毛细管负压，引起塑性收缩而开裂。由此可知，塑性收缩裂缝主要是由于表面蒸发，失水过快，引起混凝土板表面的开裂。不及早保水湿润，则会产生塑性收缩而开裂。

（2）干燥收缩裂缝。混凝土的干燥收缩专指硬化后胶凝体由于失水产生的裂缝。主要是由拌合存在混凝土中的水分，只有毛细孔中水分散失对收缩有较大影响。混凝土胶凝材料和用水量越多，毛细管的数量也越多，干燥时水分散失的也就越多，使收缩量加大。另外，用水量越多导致泌水也多，而泌水使混凝土中毛细管相连接，从而加快毛细管水分蒸发，加大收缩量。当收缩力大于胶结料的限极抗拉强度时，便干缩开裂。需要强调的是，硬化后的混凝土中氢氧化钙与空气中的二氧化碳作用生成碳酸钙和水的反应过程，会使收缩增加20%左右，加重了开裂。

事实上，混凝土的收缩是一种规律，不收缩是不可能的。混凝土收缩值一般在 6×10^{-4}，而混凝土的极限变形为 1×10^{-4}，可见混凝土实际收缩大于混凝土允许变形，收缩引起的板开裂是必然的。混凝土的收缩包括：沉降收缩、塑性收缩、干燥收缩、自收缩、化学收缩、温度收缩及碳化收缩等，在施工中以塑性收缩和干燥收缩影响最大，必须加以严格控制。

上述浅要分析了现浇混凝土楼板在施工过程中因各种原因产生的裂缝，如运输、支模、抢工期拆模、材料吊装堆放、埋管等方面造成的开裂，需要引起各方高度重视，使建筑工程质量达到验收标准要求，创造一个安全耐久的建筑产品。

9　泵送混凝土现浇楼板裂缝预防措施

用泵输送混凝土取代过去现场自行拌制用吊桶送混凝土浇筑是一次重大变革，但伴随着使用发现，集中搅拌的泵送混凝土开裂成为十分关注的问题。经分析，楼板的开裂原因比较多，归结起来还是设计、施工及混凝土自身的质量原因。对于泵送混凝土的有些问题，如认识不到位、处理不当，一定会成为现浇混凝土尤其是现浇楼板开裂的诱因。加上设计考虑不周、材料选择不当及施工过程控制差，会加重楼板的开裂。下面重点探讨泵送混凝土早期开裂的控制。

1. 泵送混凝土的质量要求

泵送必须具有良好的和易性和可泵性，要求混合物分布均匀，大流动性并有较好的黏聚性。黏聚性是防止混凝土泌水离析，保证在输送管中顺利流动。流动性大小主要表现在对水灰比和坍落度的需求，为了确保拌合料有良好的流动性，因此泵送混凝土的水灰比较大，坍落度也高。提高用水量可以加大其流动性，但同时必须加大水泥用量。理论上水泥水化所需的水量约是水泥重的0.24，尚有0.18的水被储存在胶凝体的凝胶孔隙中不能参加水化，因而理论上合理的水灰比为0.42。泵送混凝土为保证流动性，需要水灰比远远高于此值。但是随着而来的高水化热、凝结速度加快及多余游离水蒸发，遗留下无数的孔隙而降低了混凝土密实性，进而增加了收缩量。当收缩变形量超过当时混凝土的强度时，就产生开裂。可见用提高水灰比的方法保持大坍落度满足泵送的需求，存在不少难以克服的弊病。

改善混凝土可泵性、降低水灰比又要保持混凝土质量，现在采用的有效办法是增加化学外加剂和矿物质外掺合料。常用的减水剂主要在于减少用水量、降低水灰比、增大坍落度、改善可泵性，同时也减少水泥用量，是混凝土技术的进步。而当流动性增大或外加剂适应性差、用量过多时，可引发混凝土质量的诸多问题。提出这些问题的目的在于要引起施工现场技术人员的充分认识，严格控制预拌混凝土进场质量，减少开裂的发生及发展。

掺用高效减水剂后混凝土的坍落度大大提高，一般在120～220mm左右，仍然达到设计质量要求。但随着时间的流逝坍落度损失很快，拌后20min可下降25%左右，温度越高坍落度损失越快。而掺入缓凝型减水剂若是用量略多，影响到凝结；有时因坍落度过大，黏聚性降低，泌水过多或使水泥浆流失，使拌合料粗细骨料分离，产生泌水离析现象。这种现象在现场有时会遇见，因流动性过大引起骨料沉淀分层，浇筑结构件上下不均匀，上层砂浆层过厚但强度却很低，容易开裂起砂。

2. 坍落度过大带来的早期开裂

由于泵送混凝土流动性大，造成混凝土沉降收缩裂缝多是泵送混凝土的通病。此种裂缝出现在混凝土浇筑的初期，尚在塑性阶段，快的几分钟内出现，迟的也是1～2h内，通常沿钢筋走向表面产生裂缝，沉降裂缝并不是非要出现，问题是拌合料流动性太大，粗细骨料与水泥浆沉降不一致，沉降时受到钢筋或模板约束，或者用促凝剂，加上气候干燥水化速度加快，稍微约束则变形引起开裂。

混凝土在浇筑初期还有一些塑性裂缝，泵送混凝土往往上表面有一层薄泌水。在大风、气候干热时，表面水蒸发过快，泌水速度慢，形成负压，造成毛细孔水流动蒸发加快，达到0.5kg/(m^2·K)时，混凝土表面因失水而收缩开裂。为了降低表面温度，减慢水分损失，浇筑前湿润所有混凝土接触部位，振抹后及早覆盖保湿极其重要。可以说，现浇混凝土楼板的大部分裂缝是可以控制的，并不是一定会出现的。在了解产生裂缝的原因后，可以通过各种措施全力控制，还是有一定效果的。

3. 现浇混凝土楼板裂缝控制措施

塑性裂缝包括塑性收缩裂缝和塑性沉降裂缝，均出现在泵送混凝土浇筑的初期。因此裂缝可以修复愈合，所以只要措施及时，可以减少以致不产生。若是已经出现，及时处理不构成危害。如果不及时认真处理，任凭其发展，加上其他原因可形成贯穿性裂缝，产生的渗漏降低耐久性功能，对结构造成严重危害。

（1）塑性收缩裂缝的预防：首要的是确保混凝土的质量，入模前对混凝土坍落度情况现场抽查，使坍落度符合设计要求，泵车绝对不允许加水，尤其是掺入粉煤灰和火山灰水泥混凝土，因对坍落度损失极为敏感。不要使用分层、泌水离析的混凝土，注意使用促凝剂，防止混凝土早期出现沉降裂缝。使用缓凝剂不当会延长凝结时间，或长时间不凝固；当遇到这种情况，应采取返工处理，将已浇筑部分全部清出，重新浇筑新拌混凝土。夏季气温高、干燥、有风浇筑时，尽量避开高温时段，充分利用早晚凉爽时节。风大要采取遮挡，降低表面干燥过快产生干裂；随时检查表面情况，一旦出现裂缝，必须立即进行二次振捣及二次抹压，不要过振，防止分层。抹压也不要过分搓推，浇筑完毕后立即对表面进行防失水处理，表面先铺一层塑料薄膜，重视周边的防护处理。现在最有效的办法还是传统的浇水养护，辅以其他的保湿措施。

（2）沉降裂缝的预防：满足可泵性前提下，适当减小水灰比和坍落度，使流动性适宜。降低运输、浇筑振捣过程中因颗粒大小及密度不同造成的差异沉降。施工条件允许时，可适当加入缓凝剂，延迟凝结时间，适应自然沉降后的开裂。注意结构截面变化，高低部位沉降量增大，流动性降低。如浇筑速度过快，更容易出现沉降，例如坡屋面、坡道过陡对大流动泵送混凝土在重力和摩阻力作用下，更易向下流淌。因泵送大流动混凝土中粗骨料流动快，表面层快于下层易出现离析，这种沉降不均匀形成的差异开裂，在屋顶坡度较大处更为严重。应该使该部位浇筑速度放慢，用木抹向上推赶拍打，加速沉降到位，减少离析开裂。

混凝土在终凝后更要加强保湿养护，这是强度尽快增长、防止后期开裂的重要措施。真正参与水泥水化的用水量约在水泥重量的24%，另有18%的水不能参与水化用。当施工水灰比低于0.42时，则水泥不能被完全水化；当混凝土的湿度降低到80%以下，水化作用则停止，从而降低了混凝土的强度，增大收缩量，使开裂加重。另外，还有化学收缩、干缩、碳化收缩裂缝更加严重。加强养护保湿，使表面湿润，是非常必要的，一旦发现沉降缝立即进行收压，效果明显。

(3) 施工荷载引起裂缝的预防：由施工荷载引起的混凝土板裂缝是各种裂缝中常见的一种，危害性比较大。因多出现在未硬化混凝土初期，此时混凝土尚没有任何强度，具有不可逆转性，对质量影响严重。但如果措施得当，前期准备工作做得好，此种裂缝是不会产生的。究其原因：一是抢工期，在混凝土强度极低时即吊装，为下道工序作准备，上午浇完混凝土，下午放线、吊砖砌墙；二是模板数量不够，急用支上层模，本来应有三层的模板，若是4d浇一层，12d左右拆除模板夏季完全可以，如果只有二层模板无法进行上层支模，只有拆除下层，但强度过低出危险。根据施工荷载引起的裂缝，要采取以下一些措施预防：

首先，吊物要轻降落，慢速度落在板墙梁位置，瞬间冲力要大5~7倍，对新浇混凝土的破坏是巨大的。其次，对成笼吊砖要分散放，不要成笼堆放板中，要留出墙及脚手架位置，吊运速度以不影响砌筑为宜，不要堆放在一个房间，分散在架板上和楼面上。对支模材料的吊运，支撑钢管及方木不要成捆吊装及堆放，一定要轻吊慢放，1t重物突然落在楼板上，冲压力达70kN，浇筑后混凝土无法承受，只有局部产生严重开裂。第三，对于钢筋的吊运，现在的钢筋混凝土框架结构，泵送加速了施工进度，平均5d左右浇筑一层。浇完一个流水段紧接着放线、绑扎钢筋、柱梁模板支设，共2d左右完成，这些工作都是在混凝土板强度很低时干完，梁柱的模板钢筋直接放在新浇的、没有任何强度的板上，因此要轻，起重量要小，小捆多次吊运，要减小冲击力，通过分散堆放在模板上，尽量使楼板少开裂。

(4) 其他原因造成的开裂预防：

① 板上45°角裂。如楼板角部位产生的45°裂缝，在许多引起混凝土楼板裂缝中是最常见也是危害最大的板角45°裂缝，由于产生时间在2个月以后，宽度在0.1~0.5mm之间，多数为贯穿性的，影响比较大。此种裂缝是由温度应力、收缩作用的结果。因设计考虑不周，未加强辐射钢筋，就是布置了辐射钢筋数

量也未满足抗裂要求，或者长度不够等，在温度应力、收缩作用下产生裂缝。同时，由于楼板同砖墙在温度应力作用而沿板边产生互相垂直的水平剪力，两者共同作用产生45°的主拉应力，当主拉应力大于混凝土的极限拉应力时，加上收缩变形，致使已有的缝更加严重。

其预防措施是：在建筑物端部房间、阳角处宜设置双层密而细的钢筋，并增设一定长度的（辐）放射筋，会审图纸时对此引起重视，提出由设计人员合理解决。

② 模板不稳定造成的裂缝。主要是泵送混凝土浇筑前期，混凝土尚未有任何强度阶段的裂缝，模板支承十分重要。满足强度、刚度、稳定性是首先要达到的。通常竹胶合板厚度10mm，次方木 60mm × 90mm，间距 300mm 左右，主方木 100mm × 60mm，间距900 ~ 1100mm 左右，立柱钢管 $\phi48 \times 3.5@1000$mm 左右均可满足浇筑要求。浇筑过程中如果有撞击或碰撞作用力时，这个模板系统则是脆弱的，在瞬间荷载作用下必然会引起混凝土的开裂。对此立杆间距@ ≤1000mm，水平支撑不少于4 道，主次方木或钢管间距再小 100mm 左右即可。尤其是清水混凝土模板局部不抹灰，更要重视支撑及模板稳定性质量。

③ 板中预埋 PVC 塑料穿线管，必须放置在两层板筋之间，还要固定牢固。避免两根管上下交叉叠压，更不能多管成捆敷设，凡是需要交叉的用接线盒处理。

上述三种原因引起的开裂仅仅是极少的一部分，也是施工中最常碰到的问题。这些裂缝在后期因干燥收缩、温度收缩、化学收缩、碳化作用变形影响下，徐变、应力松弛也会随之增大。

综上所述，由于施工阶段问题引起的泵送混凝土，在水化初期出现在楼板开裂及其预防措施，关键还是控制混凝土的水灰比、坍落度、外加剂及外掺合料的问题。目的是提示施工人员引起重视，认识到与传统的自拌混凝土不同，避免用传统方法施工引起楼板更加严重的开裂，引起结构使用功能下降，直接影响到耐久性寿命。对沉降和塑性裂缝及施工期间荷载问题引起的裂缝尤其重视。同时，又涉及吊运重物对楼板的危害，尽量避免此类问题出现。

10　混凝土结构施工缝处理方法探讨

混凝土结构的施工都会要求一次性整体浇筑，但是也存在因施工组织或工艺等原因，或意外情况发生往往无法实现混凝土的连续浇筑。当停留时间超过混凝土的初凝时间时，就会形成施工缝。施工缝是现在混凝土浇筑中难以避免的问题，它是保证结构质量和安全及整体性的重要部位，处理不好易成为结构的薄弱处，对结构抗震极为不利。曾出现过地震对施工缝破坏的现象，其共性是：框架柱施工缝处有一圈水平裂缝，下截面部分混凝土剥落，露出较平滑的柱截面。尤其是施工缝质量无法确保的情况下，施工缝更是薄弱部位，更容易遭到破坏。对带有施工缝的钢筋混凝土结构的处理方法分析探讨，对正确处理现浇混凝土结构抗震性很有必要。

1. 施工缝性能的研究情况

（1）抗压强度影响：室内的研究表明，无论施工缝表面是否铺水泥砂浆层，其抗压强度均不低于整体浇筑混凝土，都能满足设计要求。但施工缝面要去掉表层露出粗糙面。

（2）抗拉强度影响：施工缝对局部抗拉承载力的影响是很明显的。即便处理得相当好，施工缝处抗拉强度也低于一次性浇筑的混凝土。对施工缝处粘结拉伸强度试验分析，在再次浇筑新混凝土之前，各种不同的已浇筑混凝土粘结面的处理对抗拉强度的影响表明：施工缝面的抗拉强度只有母体抗拉强度的41%～86%。不论使用哪种工具方法处理施工面，施工缝面的抗拉强度都低于一次性浇筑的混凝土。采取粘结劈拉强度是检验评价施工缝抗拉强度的间接方法，据介绍，采取5种不同施工缝面层处理方法的粘结劈拉强度的试验，表明接缝的劈拉强度是整体现浇混凝土强度的77.5%～90.2%。

（3）抗弯强度影响：对中间带有施工缝的150mm×280mm×

4200mm简支梁试验表明，在纯弯荷载作用下，施工缝对梁的荷载-变形特性和极限弯矩没有影响。有施工缝梁和没施工缝梁的裂缝宽度也具相似的特征。据对6根简支梁的正截面抗弯特征试验，其中2根整浇，有4根留垂直施工缝，在施工缝梁中有2根在施工缝的顶面和底面各配有2根长500mm、直径为8mm的插接钢筋。施工缝设在弯矩最大截面处。梁的截面尺寸150mm×300mm×3600mm，其结果表明，有施工缝试件的承载力不低于没有施工缝的承载力，试件的破坏截面均不在施工缝处，这同其他试验结果基本相似。

（4）抗剪强度影响：施工缝的抗剪强度传递受接缝面粗糙度和接缝面所用粘结材料的影响。粗糙的接缝面或施工缝面，使用粘结材料都可以增强施工缝的抗剪能力。但无论施工缝面处理的多么规范，其抗剪强度最大也只能是整体浇筑的85%左右。在施工缝处剪力是通过黏聚力和摩擦力来传递。已浇混凝土和重浇混凝土的时间间隔对抗剪强度影响轻微。光滑施工缝处的粘结力要比整体浇筑的混凝土降低60%左右。

当地震作用在施工缝面处，依靠单独荷载作用下的试验结果分析是不安全的。不同时间浇筑的混凝土接缝面的传力，若是接缝面的粘结破坏了，在荷载作用下，剪力传递性能迅速退化，所能传递的剪切强度只有单调荷载作用的60%，接缝面粗糙才是粘结好必需的。

（5）对复合力的影响：在高剪力和低弯矩区域没有施工缝的梁进行试验，表明当施工缝设置在剪力高而弯矩低的部位时，施工缝接缝面光滑的梁在很低的荷载作用下就破坏，但施工缝表面粗糙的梁荷载-变形特性和极限弯矩与整浇梁相同。对循环荷载作用下有施工缝的混凝土梁试验表明，施工缝在梁端部的构件产生的滑移值对结构的强度下降影响较大。当施工缝在梁端部时，每产生1mm的滑移，强度会下降20%；而施工缝位于梁中部时，每产生3mm的滑移，强度只下降20%左右。

检验施工缝处新老混凝土在拉、剪复合应力作用下的特性，表明施工缝表面处理不当的构件抗拉刚度比其他构件低，抗剪刚度与其他构件差别很小。随着拉力的加大而抗剪刚度降低，施工缝处混凝土的抗拉和而抗剪强度同没有施工缝的混凝土都要低，而抗拉强度降低比抗剪强度大。

2. 同发达国家规范相对比

根据实际应用需要考虑到框架柱的水平施工缝，正好留置在邻近节点的柱端，而梁柱节点处受力复杂，且钢筋又很密集，因此各国规范对施工缝的设置和处理都有详细的规定。尤其是梁柱结构件的混凝土强度等级要求不同的时候，施工缝的处理要求更加严格。

（1）美国的规范要求。早在1978年美国建筑物抗震设计暂行条例规定，剪力墙、横隔和其他抵抗地震作用的构件中施工缝应按承受接缝处的设计力进行设计与构造。施工缝完全由栓销作用和以混凝土粗糙表面的摩擦来抵抗剪力时，缝上总剪力不得超过公式规定的验算值。抗侧力部件的所有施工缝表面都应打毛。考虑到施工中垂直施工缝铺设砂浆层难度大，ACI318M-89（1992版）和ACI318-95规范中取消了在浇筑混凝土之前，垂直施工缝应铺设水泥浆层的要求，建议用水冲洗或其他可行性方法处理施工缝表面。施工缝的位置和构造不得有损于结构物的强度。应采取措施，使通过施工缝的剪力和其他外力能有效传递。

（2）欧洲希腊规范要求。希腊在1978年规定，不论建筑物大小，施工人员都必须提出模板和混凝土工程详细施工方案，在设计图中一定标明混凝土施工缝位置和接口形式；每条施工缝必须完全按下述规定处理：混凝土浇灌中间停顿时，在再次浇灌之前必须全部清除落在接缝面上的杂物；用钢丝刷自上而下清除老混凝土表面的水泥浆，刷子的硬度取决于混凝土接缝的间歇时间；用高压水冲洗时水和冲下的杂物应顺利排走；接缝面风干之前要先在老混凝土上铺一层稠水泥浆，并立即开始浇筑混凝土。而对柱子和墙的所有施工缝，均需先设置局部附加筋，附加筋能局部代替混凝土，承受一半的直接拉力。即使设置了附加筋，施工人员也必须按上述要求处理缝处。

（3）国内规范对施工缝的规定。《混凝土结构工程施工质量验收规范》GB 50204—2002 综合考虑了剪力较小、方便施工两个因素，对混凝土梁、板、柱、墙等施工缝留置位置和处理方法作了详细规定。规范第 4.4.19 条规定，在施工缝处继续浇筑混凝土时，应当符合：已浇筑的混凝土抗压强度不应小于 1.2MPa；应清除已硬化混凝土表面上的水泥薄膜、松动石子和软弱层，并加以充分湿润和冲洗干净，且不得积水；在浇筑混凝土前，宜先在混凝土缝处铺一层水泥浆或水泥砂浆；混凝土应认真捣实，使新旧混凝土紧密结合。《钢筋混凝土高层建筑结构设计与施工规程》JGJ 3—91 第 7.3.4 条规定，钢筋混凝土框架柱应在梁底标高以下 20 ~ 30mm 处或在梁、板面标高处留设水平施工缝。现行国家标准《混凝土结构施工质量验收规范》GB 50204—2002 中，已经取消了施工缝设置的要求，划出归纳在《混凝土结构施工指南》一书，也是施工人员应该掌握的内容。而《建筑抗震设计规范》GB 50011—2001 中要求对抗震墙（剪力墙）施工缝截面处的受剪承载力进行验算。

3. 梁柱交接处施工缝留置要求

（1）美国规范的规定：当梁柱的混凝土强度等级不同时，施工缝的留设与节点的浇筑要协调，美国混凝土规范 ACI318—99 规定：如果柱的混凝土强度为楼板混凝土强度的 1.4 倍以上，应采取下列措施中任何一条：

①先浇筑节点混凝土，强度与柱相同，其部位要求如图 1（*a*）所示。必然在节点混凝土初凝前浇筑楼板混凝土；②节点处采用同楼板强度相同的混凝土（节点与楼板同时浇筑），如果节点混凝土强度不够，可用插筋加配螺旋箍的方法补偿，如图 1（*b*）所示。③当柱四周均有高度近似相等的梁，且柱混凝土强度大于 1.4 倍楼板梁混凝土强度时，可将节点与楼层梁板同时浇筑，并按下式计算节点处混凝土的折算强度：

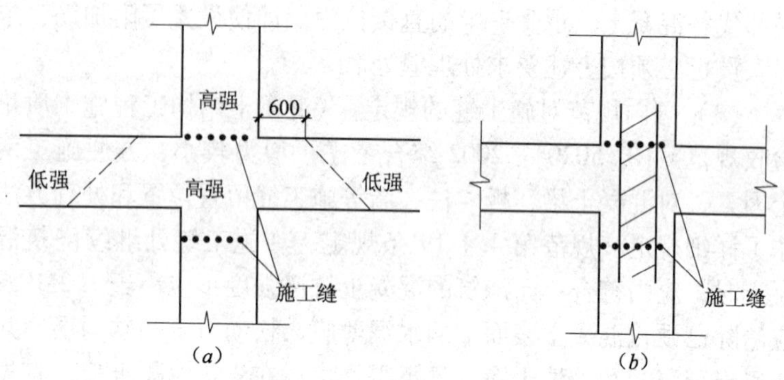

图1　梁柱节点施工方法
(a) 节点采用柱混凝土；(b) 节点插短筋

$$f_{ce}=0.35f_{cs}+0.75f_{cc}\leqslant f_{cc}$$

式中　f_{ce}——节点处的折算强度；

f_{cc}——柱混凝土抗压强度；

f_{cs}——楼层体系混凝土抗压强度。

（2）加拿大规范要求：加拿大规落 CSAA23.3-94 也有相似的规定，当柱的混凝土抗压强度大于楼层梁板的混凝土抗压强度时，节点区采用楼层梁板的混凝土抗压强度时，节点范围内柱段的抵抗能力应基于折算抗压强度来计算。其计算公式：

中柱 $f_{ce}=1.05f_{cs}+0.25f_{cc}\leqslant f_{cc}$；

边柱 $f_{ce}=1.4f_{csc}\leqslant f_{cc}$；角柱 $f_{ce}=f_{csc}\leqslant f_{cc}$。

当柱的混凝土强度为楼板的1.4倍以上，梁柱的混凝土强度相差较多时，美国规范所得到的混凝土折算强度总是略高于加拿大规范的折算混凝土强度。当柱的混凝土强度与楼板的混凝土强度之比大于1.4时，加拿大规范的公式值比较合适。

（3）国内规范的要求：《钢筋混凝土高层建筑结构设计与施工规程》JGJ 3—91 第5.2.1条规定：梁柱混凝土等级不宜大于5MPa，如超过时梁柱节点区施工要作专门处理，使节点区混凝土强度等级与柱相同。在高层建筑结构中，一般是柱的混凝土强度要高于梁板，此规定在具体施工中不好控制。同时，因对该情况存在不同意见，现行《高层建筑混凝土结构技术规程》JGJ 3—2002 未作具体规定。需要强调的是，凡梁柱节点混凝土强度低于柱混凝土强度现象存在，需要验算节点区承载力，包括受剪、轴心受压、偏心受压等。

当梁柱的混凝土强度等级不同时，如何处理施工缝与节点关系，并无明确规定，而通常的处理方法同国外基本相似。当柱的混凝土强度高于梁不超过 5MPa（1 个等级）时，可以把节点核心区和梁板一同浇筑。节点混凝土强度与梁板混凝土强度等级相同。此时施工缝可留置在柱脚或梁底处。当柱比梁混凝土强度等级高出不超过 10MPa，且柱四周都有现浇梁时，也可以将节点核心区同梁板一次整体浇筑。这样也是方便施工，容易使节点核心区强度不足。也有的施工，节点混凝土强度与柱混凝土强度采取相同的方法，这样处理引起结构刚度的变化并不合理。当梁柱混凝土强度相差比较大时，混凝土交接槎应在梁上，同时节点处的混凝土要和按先高后低的浇筑程序。也就是先浇强度等级高的混凝土，再浇强度等级低的混凝土，严格掌握在节点混凝土初凝之前浇筑梁板混凝土。梁板混凝土若采取二次振捣，则效果更好。

在实际的施工中，高、低强度混凝土的交接面会常留置形成垂直或斜面，如图 2 所示。其中留成垂直面要在交接面处加封堵模板，方法是用粗细两种孔径钢丝网比较合适。混凝土浇筑前先将合适网片绑扎或点焊在附加筋上，距离柱边缘 500mm 左右或与梁高相同的梁内，该距离可视坍落度的大小调整。钢丝网不取掉，永久留在混凝土中。

综上所述，建筑工程质量是在施工过程中形成的，具体形成过程工程结构质量是受各种因素影响的，工艺工序过程中变化复杂，质量控制的难度也大。虽然现行的施工质量验收规范对现浇混凝土框架结构施工缝的留置和处理方法做出了详尽的规定，但这并不意味着施工缝的存在是安全可靠的。在施工质量可以保证的前提下，只有承受压力或者纯弯荷载时，施工缝对结构的影响最小可不计。当施工缝在传递拉力、剪力及拉剪复合力时，即便是有极好的施工工艺和接缝面的处理方法，其缝隙面处强度依然会低于整浇混凝土。因此在工程实际施工中，应当不留施工缝，当确实要留置时对施工缝的处理绝对细致、认真，确保结构的质量。尤其涉及缝处的渗透问题，势必影响结构的整体性及耐久性，消除潜在质量隐患的存在。

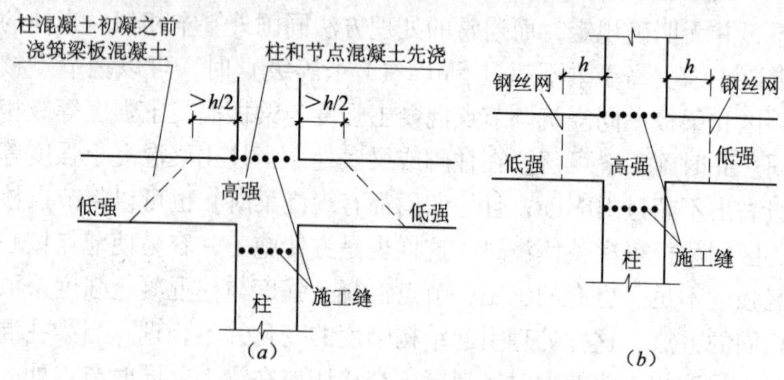

图2　梁柱节点施工方法

(a) 节点采用柱混凝土；(b) 不同混凝土交接处留垂直面

（四）特殊要求混凝土施工质量控制

1　高抗裂抗渗混凝土在地下工程中的应用

高层建筑的地下室一般有 2 ~ 3 层，地下水位高，因此现场施工对结构混凝土的抗裂防渗透能力成为关键技术。按照现在的施工经验，解决混凝土开裂及渗漏问题一般采取掺膨胀剂、聚丙烯纤维或是双掺膨胀剂和聚丙烯纤维的抗裂防渗透技术。但应用实践表明，单掺膨胀剂或聚丙烯纤维的抗裂防渗透性效果很不理想，而双掺需要在搅拌现场分别投膨胀剂和聚丙烯纤维，这样容易造成计量不准或出现质量问题时互相推诿不承担责任的现象。在经过分析以前应用的基础上，采取在地下部分施工时，在混凝土中掺入南京派尼尔科技实业有限公司生产的高抗裂、高抗渗复合材料，这是一种将纤维、膨胀剂、保水剂等多种组分在工厂采用预混技术生产而成的复合产品。该产品具有膨胀剂与纤维双掺的效果，又能解决现场施工中由于原材料的复杂多样性带来的质量控制难的问题，同时可以提高养护效果。由此配置的补偿收缩纤维混凝土具备高抗裂、高抗渗的质量要求，取得理想的效果。

1. 高抗裂、高抗渗混凝土性能理念

(1) 普通混凝土自身存在的质量问题。自从水泥应用以来，混凝土的裂缝和渗漏就成为建筑工程长期寻求解决的最大质量通病。普通混凝土主要由于两个方面的原因带有很多的裂缝：一方面因干燥收缩、塑性收缩、温度收缩、化学收缩及自身干燥收缩的原因，混凝土的体积具有强烈的收缩倾向性；而另一方面因混凝土属于脆性材料，拉压比低，极限变形小。当产生大的收缩遇到强力约束时，脆质材料很容易产生裂缝。由于材质本身质量通病的存在，使得普通水泥混凝土不适合应用在对抗裂、抗渗要求高的建筑结构中。

(2) 高抗裂、高抗渗混凝土的方案。混凝土自身的收缩和脆性是引发混凝土非结构性裂缝的两个根本原因。要切实改善混凝土的抗裂防渗性能，必须在混凝土中有针对性地引入有效抵御这些不利的抗裂组分。而膨胀剂与聚丙烯纤维是近年来用于提高混凝土抗裂性的主要材料。膨胀剂能有效地减少混凝土的收缩，尤其能提高混凝土的后期体积稳定性，聚丙烯纤维可以改善混凝土的脆性，提高混凝土材料结构内部均匀性和连续性。复合使用可发挥各自的优势，有效减少结构的开裂。

膨胀剂与聚丙烯纤维的防裂原理、作用层面及作用方式在有效时段并不相同。实践表明，单一掺入膨胀剂或者聚丙烯纤维在混凝土抗裂问题上并不十分有效果。膨胀剂主要是通过化学作用补偿混凝土凝结硬化过程的收缩，但对抑制混凝土早期塑性收缩作用并不明显，而聚丙烯纤维对于抑制混凝土早期塑性收缩开裂作用很明显，但在硬化阶段却很难再发挥作用。因此，要对混凝土凝结硬化全过程抗裂，仅靠某一种抗裂组分是远不够的，应该是膨胀剂与聚丙烯纤维复合作用。吴中伟院士认为：复合化是水泥基材料高性能化的主要途径，复合化的技术思路——超叠加效应，对材料高性能化有重要意义，可用公式1+2≥3表示。而孙伟院士则认为：微膨胀剂与聚丙烯纤维的复合，体现了层次抗裂、阶段抗裂的科学理念，符合裂缝控制“抗”与“放”的原则，是传统的补偿收缩理论与复合材料理论的有效结合。

（3）高抗裂、高抗渗复合材料。采用的高抗裂、高抗渗复合材料是由高效膨胀组分、合成纤维、特种保水组分、改性组分等多种材料复合而成。产品具有膨胀剂和合成纤维的共同特点，同时也改善混凝土内在的保水能力，提高混凝土的养护效率，使混凝土在相同养护条件下获得良好的保湿效果。

作为一种新研发高性能的混凝土外加剂，高抗裂、高抗渗复合材料可以广泛应用在水利、道路、工业及民用建筑，尤其适用于对抗裂防渗有较高需求的地下混凝土结构，并可用于超长结构的无缝施工。高抗裂、高抗渗复合材料提供的补偿收缩纤维增强混凝土技术，将为地下工程混凝土的高抗裂、高抗渗起到重要的保证作用。

2. 高抗裂、高抗渗混凝土设计与施工

（1）原材料：水泥采用当地产P. O. 42. 5级硅酸盐水泥，热电厂Ⅱ级粉煤灰，地产中粗砂模数2. 6~3. 0，石子采用碎石粒径5~31. 5mm，木钙质减水剂及上述介绍的Dou-bleX™高抗裂、高抗渗复合材料，用量8%。

（2）混凝土施工用配合比：按照工程要求，设计强度等级为C30P8级抗渗混凝土，配合比见表1。

C30P8 抗渗混凝土施工配合比（kg/m³）　　表1

名　称	C	K	FA	S	G	W	减水剂	DB-1
基准混凝土	228	84	76	765	1056	178	3. 74	0
混凝土1号	198	84	76	765	1056	178	3. 74	31
混凝土2号	228	84	75	708	1055	178	5. 6	34

（3）混凝土的施工质量控制：当掺用高抗裂抗渗复合材料混凝土的生产与施工，重点做法是：集中进行搅拌，时间比普通混凝土延长 30s 左右，混凝土浇筑要连续进行，振捣密实、均匀，在混凝土终凝前表面二次抹压，避免表面出现龟裂现象。对于由于振捣存在的个别蜂窝麻面及裂纹，用高抗裂抗渗复合材料采取 1：2 的比例修补。

养护时间掌握在表面硬化以后即洒水，时间要进行 14d。因墙板薄且侧面不存水，拆模时间不能过早，且内外温差要小，一般是浇筑 24h 后松开模板对拉螺杆，再从顶端浇水养护。

3. 高抗裂、高抗渗混凝土的性能

（1）抗压强度。按照《普通混凝土力学性能试验方法标准》GB/T 50081—2002 要求，对掺有高抗裂、高抗渗混凝土的强度及工作性进行试验，在坍落度在 120mm 时，基准混凝土 7d 抗压强度为 22.2MPa，28d 为 37.1MPa；而混凝土 2 号 7d 抗压强度为 27.7MPa，28d 为 42.3MPa；几组试块 28d 抗压强度都超过设计 30.0MPa 的要求，完全满足使用要求。

（2）膨胀率要求。根据《混凝土外加剂应用技术规范》GB 50119—2003 要求，其膨胀率标准要求水中 14d 大于 1.5，而混凝土 1 号实际为 1.9，混凝土 2 号为 2.3。两组试块均满足要求，结合强度及现场坍落度 120mm 的工作度，最终配合比按 2 号施工。

（3）抗裂性能。按照标准化协会标准《纤维混凝土结构技术规程》CECS38：2004 中附录 D 纤维混凝土和砂浆收缩裂缝方法进行，其结果是：基准混凝土总开裂面积 A1430mm^2，双掺混凝土 271mm^2，DB-1 混凝土为 0；而裂缝降低系数 η（%）是：基准混凝土为 0，双掺混凝土 81；DB-1 为 100。其中纤维与膨胀剂双掺混凝土中纤维掺量为 0.6kg/m^3，膨胀剂掺量 8%，DB-1 混凝土的抗裂性能最好。

裂缝降低系数 η 计算：

$$\eta = 100 \times (A_{mcr} - A_{fcr}) / A_{mcr} (\%)$$

式中　A_{mcr}——基准混凝土开裂面积，mm^2；

A_{fcr}——待检混凝土开裂面积，mm^2。

从试验结果看出，基准混凝土出现了明显开裂，而双掺混凝土与基准混凝土开裂面积相对减少得多，掺入 DB-1 的混凝土表面塑性裂缝完全未出现，具有良好的抗裂性。

（4）抗渗性能。抗渗性试验方法是根据《水工混凝土试验规范》DL/T 5150—2001 规定进行，混凝土在 0.8MPa 水压时的抗渗性：基准混凝土平均抗渗高度 144mm；而 DB-1 混凝土只有 43mm。从数值上看，DB-1 混凝土完全可以达到抗渗 P10，抗渗性能优良。

4. 高抗裂、高抗渗混凝土的机理

高抗裂及高抗渗混凝土其主要性能来源于 Dou-blex™ 高抗裂、高抗渗复合材料。材料由高效膨胀组分、合成纤维、保水组分、改性组分合成，各种材料在水泥混凝土中发挥各自的独特作用。同时又互相补充增强，作用机理是：

（1）双重保护双重功效。高抗裂、高抗渗复合材料从物理和化学两个方面提高混凝土的抗裂性，为混凝土提高双重保护。数量众多的纤维网状配筋作用，抑制混凝土开裂进程；另外，膨胀组分与水泥水化产物发生化学反应产生膨胀，可以阻止混凝土收缩开裂。

（2）层次阶段抗裂。膨胀组分主要在硬化过程中发生作用，而纤维在混凝土塑性阶段发挥作用。高抗裂、高抗渗复合材料将两者复合，体现了层次阶段抗裂的理念，可达到全部抗裂的目的。它们从不同层面，以不同方式在不同时段对混凝土的抗裂作贡献。

（3）改善保水性，提高养护效果。高抗裂、高抗渗复合材料保水组分在水化初期把水分保留在混凝土中，防止水分蒸发。随着水化的进行又将水分释放，提供形成钙矾石所需的大量水分。因此，改善混凝土内在的保水能力，提高混凝土养护效果，从而保证混凝土质量。

通过工程应用实践进行浅要分析可知，Dou-blex™ 高抗裂、高抗渗复合材料是一种高性能的混凝土外加剂，产品性能可明显提高混凝土的抗裂性、防渗性。在现场实际观察看到，高抗裂、高抗渗混凝土拆模后表面光洁、均匀，无肉眼可见裂缝，地下墙板没有出现渗漏问题，取得了良好的工程效果，解决了地下工程渗漏水的通病。

2 自密实中强混凝土设计及施工

自密实混凝土应具备高性能混凝土所具有的基本特性之外，还必须具有高的流动性，使得自密实性能优异。其配合比设计主要是解决混凝土的高流动与抗离析能力的关键因素。通过选择适宜的胶凝材料与级配骨料，掺入合适量的抗离析外加剂的配合比设计，配制出性能优良的自密实混凝土并应用在工程施工中。具体实例如下：

某综合楼工程地上 8 层，地下 1 层，建筑面积 2.6 万 m^2，地下层高 4.8m 车库兼人防工程。地下室梁筏底板及剪力墙混凝土设计为 C40P8 混凝土。由于前期施工，使地下混凝土施工空间较小，并且钢筋网的间距分别为 100mm 和 300mm，混凝土入模及振捣均有一些困难，有些部位混凝土振捣棒进不到位，容易漏振，达不到密实。为了确保混凝土质量，考虑采用流动性大的自密实混凝土浇筑。另外，因地处人员集中的中心区域，尽量降低噪声及对环境的影响，采取自密实混凝土浇筑效果最好。

1. 原材料的选择要求

(1) 水泥胶结料选择：自密实混凝土的强度部分来源于基材的密实程度，即使有一部分水泥被一种或几种辅助材料所代替，这对混凝土的早期强度不会造成不利影响。另外，化学活性较低的辅助胶结材料代替少量水泥，从降低水化热和流动性的方面分析也是可以的。在自密实高性能混凝土中矿物掺合料的作用，首先是细颗粒矿物掺合料，主要是火山灰矿物掺合料掺入混凝土中，可以有效改善混凝土的流动性、黏聚性和稳定性符合需要。由于孔隙率少且小，截断了水分迁移的通道，矿物掺合料一般能减少泌水和离析，而泌水和离析是引起混凝土微观结构不均匀的主要原因，尤其是水泥浆与粗骨料界面区；另外，能过延长凝结时间和降低坍落度损失速率，矿物掺合料可以在一定程度上减轻坍落度损失，利于浇筑达到自密实要求；相对于水泥矿物，掺合料活性较低，颗粒会均匀分散到混合料中，成为大量水化物沉积核心。这样掺入矿物掺合料的水泥浆，因均匀分布，形成微孔的无定型结晶程度差的水化物组成。所以，在强度和抗渗性方面都会优于不使用矿物掺合料的水泥浆。

配合比中当水泥用量大时既增加了成本，同时也带来更加不利的后果，水泥用量大，水化热高，收缩量大，开裂更严重，对混凝土的耐久性极其不利。根据工程实际及常用水泥习惯，工程采用地产 P. O. 42. 5 级普通硅酸盐水泥，其细度 0.62，初凝 110min，终凝 190min，抗压强度 3d 为 26. 3MPa，28d 为 52. 2MPa。同时掺适量粉煤灰替代部分水泥，改善混凝土性能。粉煤灰需水量 94%。

（2）粗细骨料选择：在配制混凝土时水泥浆与粗细骨料的体积比为 0. 35：0. 65。从混凝土体积稳定性来看，一般认为混凝土中骨料用玄武石或石灰石比砂岩和河卵石要好些。在配合比相同时，用花岗石和卵石骨料的混凝土比用辉绿石或石灰石骨料的混凝土强度要低。这是由于水泥浆与骨料之间的界面区结构，因粘结强度的差异造成的。除了骨料的材质外，使用级配合理、无杂质、洁净粗骨料是很重要的。

作为常用的细骨料，选择中粗细度模数为 2. 6 ~ 3. 0 之间的天然砂较好。在颗粒粒径基本相同时，作为粗骨料以破碎的石灰石或深层的泥浆岩，一般会得到好的效果。粗骨料的最大粒径为 10 ~ 20mm 自密实混凝土较好。因此，根据使用分析，选择河砂细度模数为 2. 70；粗骨料为加工碎石，最大粒径为 20mm，针片状小于 0. 3%。

（3）外加剂选择：配制中强度等级自密实混凝土，超塑化剂是必不可缺少的，而常用的减水剂是达不到减水率和满足和易性要求的。高效减水剂和超塑化剂是阴离子型高分子表面活性剂，通常是萘磺酸甲醛缩合物和三聚氰胺磺酸盐甲醛缩合物，本项目选用的三聚氰胺系超塑化剂与引气剂、增稠剂复合使用，掺量为胶结材料质量的1.5% ~2.0%之间。

（4）水灰比选择：水灰比即水胶比，是影响混凝土各项性能的重要因素。水灰比降低会增加混凝土的密实性，提高混凝土的强度和耐久性。但是为了满足可工性需要，水灰比应该在0.42较合理。理论上研究的水泥完全水化需要的水灰比为0.26，其他剩余水为游离水不参与水化，一部分水要蒸发体外形成孔隙或通道，而另一部分水（约0.18）呈游离形式在硬化后的混凝土壁上吸附中长期存在。影响到水泥石与骨料的粘结牢固，可能会降低混凝土的整体强度和耐久性功能。对此，自密实混凝土设计时在满足流动性和强度要求的同时，应尽量降低水灰比，保证混凝土的黏聚性和抗离析能力。

2. 配合比设计控制

（1）配合比测试方法：自密实混凝土拌合物性能的评价方法有多种，在现在还没有形成一整套统一的测试标准。使用时只有根据工程特点及部位实际，结合应用经验和资料介绍，试验应从拌合物的流动性、间隙通过能力、填充能力几个最需要的功能来评价自密实混凝土拌合物性能，其具体试验方法是：

① 流动性：由于自密实混凝土属于大流态混凝土，不适宜采用坍落度作为评价指标，应该参考水下不分散混凝土试验方法，利用坍扩度作为评价自密实混凝土流动性指标比较合适。

② 间隙通过能力：根据工程施工具体部位，配筋比较密集的情况，需要检验混凝土拌合物通过钢筋间隙能力。测试时，将混凝土拌合物从A向B水平流动，通过间距80mm的钢筋栅(栅格间距为80mm)，分别检测A、B区域的混凝土表观密度和高差，通过对混凝土流经钢筋栅前后表观密度和高差的比较，来评价混凝土拌合物通过钢筋间隙能力状况。

③ 填充能力：填充能力是衡量自密实混凝土工作性能的一

个主要指标，多采用BOX模型试验来检验。为了能更好地模拟混凝土在现场的施工性能，根据浇筑部位的实际情况，对BOX模型进行改进，改进后的试验装置为一内置多层钢筋网的U形槽。试验时，将混凝土从一端倒入，在不加任何外力的情况下，流经安有钢筋网的中间，直至混凝土装满整个箱模，观察混凝土拌合物在流经钢筋网后是否产生分离。待混凝土凝结后拆除模板，观察混凝土的填充情况和表面饱满度。

（2）配合比确定：水泥用量为450kg/m^3，水灰比为0.37，粉煤灰等量取代率为20%，混凝土配合比与新拌混凝土的性能见表1。

新拌混凝土的性能试验指标　　表1

W/C	水泥（%）	粉煤灰（%）	泵送剂（%）	砂率（%）	坍落度（cm）	扩散度（cm）	流动时间（s）	坍落度损失（cm）
0.37	80	20	1.8	41	25.1	59.3	45	1.5

注：拌合物含气量为3.3%；初凝8.5h；终凝10.0h。

力学性能试验（试件免振捣），7d抗压强度为32.4MPa，28d抗压强度为54.4MPa，抗渗P8无渗漏。结果表明：混凝土通过钢筋间隙能力比较好。填充能力表明：当扩展度在60cm时拌合物的整体性能较好，可以自流通过间距80mm的钢筋栅，填充密实整个箱模。

对于自密实混凝土，较小的流动性损失是很重要的，因为自密实混凝土需要靠自重和拌合料相互挤压来流动，达到填充密实的效果；若是先入模混凝土流动性损失过快，后入模混凝土的流动密实过程会受阻，导致缺陷的产生。而获得高流态整体性好的自密实混凝土，增塑剂的品种、掺量是关键。

3. 施工过程质量控制

混凝土采取现场搅拌及浇筑施工，为确保质量采取集中搅拌，延长拌合时间不少于150s，充分均匀；浇筑采用斜面浇筑施工，从短边开始由远向近，后退浇筑一步到位方法。在钢筋稠密区域，先分别在浇筑斜面上下两端同时用钢筋插捣，促使拌合料流动，防止出现空洞质量问题；浇筑到表面后，压抹、覆盖保湿，防止水分过快蒸发，覆盖材料用塑料薄膜一层，待硬化后周围挡土蓄水养护，是效果最好的养护方法。

自密实混凝土一次浇筑量为3000m^3。拆除模板后检查基础外观无缺陷，表面均匀，无蜂窝、麻面现象。混凝土抗压强度及抗渗都达到了设计要求。

通过自密实混凝土在工程的实际应用，可以知道，在材料选择过程中及施工过程是两个最重要的环节，尤其是胶结材料、粗骨料粒径、级配、混凝土配合比。实践表明，配合比以0.35∶0.65为最佳。实验室配制与现场试配密切结合，尽量接近工程实际。同时还要对混凝土进行评价，是否能满足工程要求，对浇筑过程采取全方位监控，尤其施工过程中重视钢筋稠密区域混凝土的流动和采取必要的预防措施，后期的养护也是重要环节，由于自密实混凝土是一种流态大、性能良好的混凝土，解决钢筋稠密区域混凝土密实度是重中之重。

3 自密实混凝土测试方法探讨

自密实混凝土是一种具有高流动性、不离析、均匀性、稳定性和填充性能较好的混凝土，浇筑在构件模板内靠其自身重量流动，不需要振捣而达到密实，水化凝结后混凝土具有设计要求的力学性能和耐久性优点的新型混凝土。与传统需要人工机械振捣的混凝土相比，具有免振捣而自密实和耐久性好的特点，是当今高性能混凝土的发展方向。新拌合的自密实混凝土的工作性又称为自密实性，包括三个方面：即充填能力、间隙通过能力和抗离析能力。充填能力是指新拌合自密实混凝土在自重作用下而自行流动填充模板空间的能力；间隙通过能力是指混凝土浇筑时能够自行穿越钢筋空间而不堵塞的能力；抗离析能力是指新拌合状态下混凝土保持成分均匀的能力。到目前为止，自密实混凝土的工作性检测方法和技术措施，是制约其混凝土发展的障碍，为此，结合文献介绍及应用特点，分析探讨自密实混凝土的现状。

1. 检测方法及研究现状

为了能简单、准确地评价自密实混凝土的工作性能，已经提出了很多检测方法，尤其在进入21世纪以来，世界各地在发展和应用自密实性混凝土的同时，十分重视自密实性混凝土工作性测试方法和技术研究，也取得了重要进展。如美国德克萨斯大学开展的自密实性混凝土工作性测试方法研究，于2003年8月完成报告；欧洲由英国、瑞典等8国的12所大学研究机构和厂商，2005年9月项目成果“新拌自密实混凝土性能测试”出版。国内尚未开展大规模研究，但中国建筑标准研究院、清华大学、北京市建筑工程学院、中南大学及福州大学等单位也对自密实混凝土性能检测方法进行了深入研究，取得了一定成果。

到现在为止，国际上基于经验性的试验室或是现场，检测新拌自密实混凝土性能的方法发展了数十种之多，如坍落流动度、V形漏斗试验、箱形检测、J形试验及流速仪法等，现简要介绍如下。

（1）坍落流动度测试：是一种基于坍落度测试来评价无障碍状态下自密实混凝土在水平面上自由流动能力的方法，在日本最早是测试水下自密实混凝土性能的。测试过程简单快捷，适合化验室和现场，测得的坍落度扩展度越大，其流动能力和填充能力越好。另外，通过测定T500（从试验开始到坍落扩展度到平均为500mm时的时间）来评价自密实混凝土的填充能力和黏稠度，对特定新拌自密实混凝土则T500越小，填充能力会越好。

（2）V形漏斗试验：用来测定自密实混凝土的填充能力，一般用来测定粗集料粒径小于20mm的自密实混凝土的填充能力。将约10L自密实拌合物装满V形漏斗，表面抹平。随即打开下底盖，测试从开盖到混凝土拌合物全部流出的时间，流出的时间越快填充能力则越好。V形漏斗还有一个V_5的检测方法，即测完V形漏斗后，紧接着再将漏斗装满，静置5min再测一次，对照两次数据差别，来判断自密实混凝土的抗离析能力。

(3) 箱形（也称 U 形箱）检测：是用来测定自密实混凝土拌合物的间隙通过能力。分为 A 型和 B 型两种，由两个箱体合并而成，中间开口处布置隔栅障碍，并用活动门隔开两个空间，先关闭活动门，用自密实混凝土拌合物将 A 室浇满，静置 1min 后迅速地把间隔门向上拉起，混凝土通过栅障碍边向 B 室流动，直到流动停止为止，用钢尺量测 B 室混凝土填充高度（丈量时沿容器宽方向取两端及中间 3 个位置的填充高度取平均值），值越高间隙通过能力越好。

(4) J 形环试验：是用来测定自密实混凝土间隙通过能力。用圆钢筋焊成一个直径 300mm 的圆环，在圆环上垂直焊接若干根 $\phi10\times100$mm 的圆钢，圆钢的间距为（48 ±2）mm 或粗骨料最大粒径的 3 倍。测试时将 J 形环套在坍落筒外，用测试坍落扩展度的方法，让自密实混凝土拌合物通过 J 形环流出，然后测量环内外高差及对比，量测的 $2(h_{am}-h_{bm})-(h_{I}-h_{am})$ 值越大，间隙通过能力越差。一般值在 10mm 左右的间隙通过能力比较适宜。也可以与坍落扩展度方法或流速仪方法联合使用，测定流动能力和间隙通过能力。

(5) L 形箱试验：用来测定自密实混凝土间隙通过能力，最早日本用此法来评价水下自密实混凝土。是由一个水平设置和一个垂直设置的矩形箱组成，形状像 L 形，在接口处设置一个可活动门和布置 3ϕ12 钢筋。关闭活动门，用自密实混凝土拌合物灌满竖直箱，然后拉开活动门，让自密实混凝土拌合物流入平置箱，待流动停止后，测定平置箱端部拌合物高度 h_2 和竖置箱内拌合物 h_1，用 h_2/h_1 比值来评判自密实混凝土间隙通过能力，比值越接近 1，则自密实混凝土间隙通过能力越好。

(6) 箱形填充试验：是用来测量粗骨料粒径在 20mm 以内的自密实混凝土间隙能过能力，该装置是一个表面平滑的透明树脂容器，外形尺寸 300mm × 300mm × 500mm，在容器内布置 35 个 ϕ20mm、间距 50mm 的 PVC 障碍棒，该装置是一头的顶部设置一个漏斗，将自密实混凝土拌合物从漏斗灌入后，通过量测容器内不同位置自密实混凝土拌合物高度值来判断拌合物的间隙通过能力。

(7) GTM 筛稳定性试验（浆体筛分法）：用来测定自密实混凝土拌合物的抗离析能力。将约 5kg 自密实混凝土拌合物从 500mm 高处连续徐徐倒入 ϕ350mm、网孔为 5mm 的筛中，静置 2min 后称通过筛子的砂浆含量，砂浆通过率 5% ~ 15% 较好，>15% 表示离析，>30% 为严重离析。

另外，还有通过流速仪来测定自密实混凝土拌合物的黏聚性和填充能力，也就是用通过自密实混凝土拌合物从流速仪全部流出的时间计算出流动速度，来评价自密实混凝土拌合物的黏聚性和填充能力。流过时间越短，则填充性越好。

2. 现在常用检测与评价对比

从 21 世纪开始，国内外许多国家和地区都先后制定了自密实混凝土方面的规程或指南，通过对已颁发规程的测试方法分析比较发现，各国及地区采取的方法、工具、评价指标存在较大差异，浅述如下。

(1) 国内的检测方法与评价指标。早在 1996 年，北京城建集团构件厂首先推出自密实混凝土检测方法，主要是检测坍落扩展度；同时，提出在试验室试验时用简单的下口为 60mm 的方形箱检测抗离析性，用简单的设置一定数量钢筋的 L 形箱检测间隙通过率，成功研制国内早期的自密实混凝土，并多次用于建筑工程。

国内现行的《自密实混凝土应用技术规程》CECS203：2006 规定，自密实混凝土的自密实性能包括流动性、抗离析性和填充性。可以采取坍落扩展度试验方法测试自密实混凝土的流动性能，用 V 形漏斗试验方法测试自密实混凝土的黏稠性和抗离析性，用 U 形箱试验方法测试新拌自密实混凝土的通过钢筋间隙与自行填充模板角落的能力。另外，用全量检测方法检测现场浇筑过程中自密实混凝土的自密实性能。自密实性能等级分为 3 级，评价指标见表 1。

自密实混凝土性能等级评价指标　　　　表1

性能等级	一级	二级	三级
U形箱试验填充高度（mm）	320以上（隔栅障碍1型）	320以上（隔栅障碍2型）	320以上（无障碍）
坍落扩展度（mm）	700±50	650±50	600±50
T500（s）	5~20	3~20	3~20
V形漏斗通过时间（s）	10~25	7~25	4~25

（2）欧洲的检测方法与评价指标。2002年2月，欧洲EFNARC组织制定的《自密实混凝土规范与指南》推荐使用的方法及评价标准见表2。

欧洲自密实混凝土规范与指南推荐使用的方法及评价标准　　　　表2

检测方法	检测性能	单位	取值范围	
			最大值	最小值
坍落流动度试验	填充能力	mm	800	650
T500坍落流动度试验	填充能力	s	5	2
J形环试验	间隙通过能力	mm	10	0
V形漏斗试验	填充能力	s	12	6
V形漏斗T5试验	抗离析能力	s	+3	0
L形箱试验	间隙通过能力（h_2/h_1）	—	1.0	0.8
U形箱试验	间隙通过能力（h_2/h_1）	mm	30	0
箱型填充试验	间隙通过能力	%	100	90
GTM稳定性筛分试验	抗离析能力	%	15	0
流速仪法（Orimet）	填充能力	s	5	0

（3）北美的检测方法与评价指标。2003年4月，由美国PCI组织发行的《自密实混凝土使用暂行指南》特别推荐了以下

10种检查方法及部分评价指标，见表3。

美国PCI自密实混凝土使用暂行指南规定
检查方法及部分评价指标　　表3

检测方法	检测性能	单位	等级		
			一级	二级	三级
L形箱试验	通过能力，抗阻塞能力	%	>90	75-90	<75
U形箱试验	通过能力，抗阻塞能力	mm	305以上（隔栅障碍1型）	305以上（隔栅障碍2型）	305以上（无障碍）
J形环试验	通过能力，抗阻塞能力	mm	很好（0~25）	好（25~50）	差（>50）
坍落流动度T500与目测稳定VSI组合法	抗离析，稳定性，黏度	s	<3	3-5	>5
倒坍落流动度与目测稳定VSI组合法	抗离析，稳定性，黏度				
稳定性筛分试验	静态抗离析能力				
泌水性试验（法国）	动态抗离析能力				
泌水性试验（ASTMC232）	泌水性				
V形漏斗T5试验	通过能力，抗阻塞能力，黏度	s	<6	6-10	>10
J形环与流速仪同使用（Orimet）	静态抗离析能力，通过能力，抗阻塞能力				

（4）日本的检测方法与评价指标。日本在1998年由土木工程师学会发行的《高流动混凝土指南》中所推荐评价标准见表4。

日本土木工程师学会规定自密实混凝土评价标准　　表 4

检测方法	检测性能	单位	规格
坍落扩展度	流动性，填充能力	mm	600 ~ 650
T500	填充能力	s	3 ~ 15
U 形箱试验	间隙通过能力	mm	≥300
V 形漏斗试验	填充能力	s	8 ~ 15

3. 自密实混凝土工作性即基于流变学

流变学是关于流动与变形的科学，研究应力-应变及应变对时间的变化率关系。经验性试验方法对实际应用中的施工进行模拟，有一定使用价值，但难以反映自密实混凝土的全部特征。不同试验方法之间数据难以比较。只有从混凝土流变学角度分析新拌自密实混凝土的性能，才有利于揭示混凝土中各成分的相互作用及新拌自密实混凝土的工作性机理。

一般认为，新拌混凝土属于宾汉姆流体，也有人认为新拌阶段的自密实混凝土的变形规律更符合 Herschel-Bulkley 模型，常用两个参数来定义自密实混凝土的流动性、屈服应力和塑性黏度，并满足如下关系。

$$T = T_{o} + \mu D$$

式中　T——剪应力，Pa；

T_{o}——屈服应力（值），即流体开始流动时的内摩擦力，Pa；

μ——塑性黏度，Pa. s；

D——剪切速度，L/s。

上式说明宾汉姆流体 $T < T_{o}$ 时物体具有固态性质，不流动；$T > T_{o}$ 时材料结构破坏，迅速进入液态，按牛顿黏性体规律连续移动，外力一旦降低到屈服值以下时又迅速形成新固体。

采用流变计对混凝土进行的有关试验表明，混凝土的坍落度在流变学上与混凝土的屈服剪切应力有关，自密实混凝土的坍落度流变度同样与混凝土的屈服应力有一定的相关性，而与塑性黏度没有关系，自密实混凝土的稳定性不仅与屈服应力有关，而且与塑性黏度有关，而穿越能力本身就是在一定的约束条件下填充力，而且在很大程度上取决于间隙的间距和混凝土抗离析能力。但混凝土试件的离析会使得流变计测得的数据不准确，因此流变计不适合检测自密实混凝土的稳定性，还需要用其他方法测定自密实混凝土的抗离析能力。

通过上述简要分析表明：对自密实混凝土的检测仅用一种方法来判断拌合物的自密实能力是远远不够的，必须组合两种或两种以上的试验方法，才能够比较准确地判断自密实混凝土的工作性好坏。认真探索在试验室与现场都可用、功能多样、简便准确的测试工具和方法，是摆在工程技术人员面前的迫切需要。现场测试方法和技术的进一步科学适用和规范化，评价指标的具体化、标准化是当前极需要解决的关键问题。要从流变学的角度进一步研究自密实混凝土拌合物的工作机理，促进虚拟试验的发展，各种原材料和配合比指标的数据模型，是今后一段时间内研究必须突破的方向，自密实混凝土的检测技术只有不断完善、创新才会得到发展。

4　泡沫混凝土的开发与应用

泡沫混凝土是一种新型建筑材料，不仅密度小、重量轻，而且还具有较好的保温、隔声、抗振等功能。本文对泡沫混凝土的定义和应用现状进行分析浅述。

1. 泡沫混凝土应用现状及分类

泡沫混凝土是指用物理方法将泡沫水溶液制备成泡沫，再将泡沫加入到有水泥基胶凝材料、粗细集料、外掺合料、外加剂及水拌合成混合料，经过搅拌、浇筑成型、自然或蒸汽养护而成的轻质多孔混凝土砌块，即发泡混凝土砌块。泡沫混凝土砌块加工制作工艺有两个特点，一个是发泡工艺，而另一个是自然或蒸汽养护的产品。

事实上，泡沫混凝土的种类比较多，按照组成的胶结材料不同可分为水泥泡沫混凝土、菱镁泡沫混凝土、石膏泡沫混凝土和火山灰质胶结材料泡沫混凝土；按主要填充材料的种类分，可分为粉煤灰泡沫混凝土、矿渣泡沫混凝土、秸秆泡沫混凝土等。按照砌块干表观密度，可分为 8 个等级：即 B03、B04、B05、B06、B07、B08、B09、B10；按照使用功能，可以分为：保温型、保温结构型和结构型。按使用范围，分为房屋用泡沫混凝土、工程用泡沫混凝土、园林用泡沫混凝土等。按成型后的养护，可分为自然养护泡沫混凝土、蒸汽养护泡沫混凝土和蒸压养护泡沫混凝土 3 种。

在众多泡沫混凝土类型中，使用最多、用量最大的是水泥基泡沫混凝土。水泥基泡沫混凝土系指以水泥为主要胶结材料制成的泡沫混凝土。特别要说明的是，通常所说的泡沫混凝土实际上指的就是水泥基泡沫混凝土，习惯上常用这种叫法。

泡沫混凝土在国内使用比较晚，因此大部分还只是应用在建筑工程中，而国外已经使用的很广泛，主要是在土木工程及构件的制作方面。如挡土墙、运动场及田径跑道、夹芯构件、复合墙板、管线回填、屋面边坡等。另外，泡沫混凝土还可以用于防火墙的绝缘填充，楼面隔声填充，隧道衬管回填，供电、供水管线的隔离等。当前，国内将泡沫混凝土用于低温地板辐射采暖的隔热层中和屋面保温工程，取得了一定的成效。

2. 泡沫混凝土的研发进展状况

目前仍然是以水泥基为主要胶结材料的泡沫混凝土，因掺合料的不同又可分为：水泥-粉煤灰-石灰型，水泥-粉煤灰-砂-石灰型，水泥-砂型，水泥-矿渣-粉煤灰-石灰-植物纤维型，水泥-矿渣-石灰-石膏型，水泥-煤矸石-石灰-石膏型等。

2.1 水泥-粉煤灰-石灰型。水泥-粉煤灰-石灰型研制的泡沫混凝土，胶结料是采用了 P. O 42.5 级水泥，初凝时间为 118min，终凝时间为 184min。采用有效 CaO + MgO 含量为 61%，MgO 含量为 3.8%，细度 0.126mm，筛余量 18%，二等钙质熟石灰。配合比为：水泥 30%，粉煤灰 60%，石灰 10%，外加剂为早强型减水膨胀剂，3d 脱模，自然条件养护。砌块经过检验质量轻、强度高、保温隔热性能好、导热系数小、抗冻性和抗碳化性好的泡沫混凝土砌块，性能见表 1。

水泥-粉煤灰-石灰型砌块性能一　　表 1

表观密度 (kg/m^3)	抗压强度 (MPa)	干燥收缩值 (mm/m)	抗冻性 (次)	碳化系数	导热系数 [W/(m·K)]
489	1.6	0.67	15 (循环合格)	0.89	0.139
692	3.4	0.72	15 (循环合格)	0.89	0.210

另外，又对水泥-粉煤灰-石灰型泡沫混凝土进行配制。采用粉煤灰为干灰，其颗粒粒径为 53.5μm 以下粒径占 75%，其中 ≤4.8μm颗粒占 5%。天山水泥 P.O 42.5 级水泥，初凝时间为 118min，终凝时间为 184min。灰中含 CaO67.13%，早强剂为常用的普通型。配合比：水泥 30%，粉煤灰 60%，石灰 10%，泡沫剂 1mL/kg。结果表明：掺入早强剂对粉煤灰泡沫混凝土的密度和吸水率影响不大，但却能使 7d 的抗压强度提高明显。在蒸汽养护下，粉煤灰泡沫混凝土的密度提高，吸水率降低，抗压强度明显提高，制品性能见表 2。

水泥-粉煤灰-石灰型砌块性能二　　表 2

砌块性能	蒸养 8h 后 7d		自然养护 7d	
	掺早强剂	不掺早强剂	掺早强剂	不掺早强剂
体积密度 (kg/m^3)	943	931	806	802
吸水率 (%)	50.1	52.1	58.6	58.8
抗压强度 (MPa)	12.2	8.3	6.9	5.0

2.2　水泥-粉煤灰-砂-石灰型泡沫混凝土砌块的研制，对所用材料粉煤灰、水泥、石灰、砂子、发泡剂、水灰比及外加剂等，对粉煤灰发泡混凝土性能的影响。试验用原材料：水泥为 P.O 42.5 级水泥，粉煤灰的化学成分见表 3。

粉煤灰的主要化学成分　　表3

成　分	SiO_2	Fe_2O_3	Al_2O_3	MgO	CaO	SO_3	Loss
含　量	46.51	12.32	22.92	2.31	6.04	2.21	4.55

该粉煤灰符合现行国家标准《用于水泥和混凝土中的粉煤灰》GB/T 1596—2005 标准中Ⅱ级的技术要求。配合比为：粉煤灰60%，石灰5%，细砂15%，水泥20%，发泡液3kg进行配制，其结果是：密度646kg/m³，28d抗压强度3.4MPa，吸水率22%。

2.3　水泥-矿渣-粉煤灰-石灰-植物纤维型泡沫混凝土砌块，试验采用了干排放粉煤灰45μm筛余量为35%，需水量比为115%。选择快硬型P.I 42.5级水泥，初凝时间为25～35min，终凝时间为70～80min，用未消解的磨细钙质生石灰（4900孔/cm²筛）筛余量不大于15%，活性CaO含量为70%，MgO含量小于4%。拌合中用的外加剂主要是硅酸盐与硫酸盐类，其目的是使胶凝材料产生超塑性，并掺入减水剂。外掺合料矿渣超细粉中CaO大于38%，Al_2O_3含量为9%～16%，SO_3≤4%，CaO/SiO_2（重量比）<1%，细度≥6000cm²/g，制成的600级泡沫混凝土砌块配合比见表4。

研制的600级泡沫混凝土砌块配合比例　　表4

材料名称	规　　格	用量（kg）	备　　注
水泥	P.O 42.5级	180	
粉煤灰	烧失量≤5%	330	
细矿粉	6000cm²/g	45	
右灰	有效氧化钙>70%，140目	8	
复合外加剂	硅酸盐与硫酸盐	20	1∶5搅拌
纤维	植物纤维	5	
C-3减水剂	减水率>25%	0.5	1∶10搅拌
F-3发泡剂		3.5	水/液=23－25
水	pH值为7	180	

2.4　水泥-砂型泡沫混凝土砌块，对水泥-砂型泡沫混凝土进行研制，表明了一般水泥加砂泡沫混凝土有一定的缺点：强度低，收缩量大，易开裂吸水。体积密度800～850kg/m^3的泡沫混凝土，其抗压强度很低，一般小于2.0MPa，抗折强度更低。

2.5　水泥-矿渣-石灰-石膏型泡沫混凝土研制情况，采用的原材料是：

水泥：P.I 52.5级水泥，细度0.08mm水筛，筛余量2.4%；水淬矿渣：碱性系数1.15，粉磨细度0.08mm水筛，筛余量5.0%；石膏：生石膏含量（$CaSO_2.2H_2O$）为82.2%，细度0.12mm，方孔筛全部通过。

采用正交设计方法，确定常规激发矿渣多孔混凝土的最佳配合比，矿渣：水泥：石膏：石灰=88：5：5：2。控制最佳养护条件，泡沫浆料表现密度为1100kg/m^3（水料比0.35）的试件，在40℃静停4h，70℃湿润养护5d的工艺制度。其结果是砌块出池密度为910kg/m^3，出池抗压强度4.5MPa，7d密度为920kg/m^3，抗压强度6.0MPa，28d密度为930kg/m^3，抗压强度9.81MPa。表明常压养护矿渣多孔混凝土是一种较理想的隔热保温砌块，是价格适中、市场需要的产品。

2.6　水泥-煤矸石-石灰-石膏型泡沫混凝土砌块的研制，对影响煤矸石泡沫混凝土表观密度、抗压强度的主要因素分析探讨，基准配合比参见表5。

试验基准参考配合比（%）　　　　**表5**

水　泥	煤矸石	石　灰	石　膏	泡沫剂	填　料	减水剂	水料比
16.0	46.0	12.0	3.0	0.15	23.0	1.0	0.80

试验表明，需要热活化好的煤矸石，煅烧温度为750℃，水料比对干表观密度有较大影响，随着泡沫剂用量的增加，煤矸石泡沫混凝土的流动性下降，表观密度降低，抗压强度也下降，锻烧煤矸石的研磨时间对煤矸石泡沫混凝土的干表观密度和抗压强度有较大影响。

通过上述分析可知，泡沫混凝土是一种较新型建筑砌体材料，不仅密度小、质量轻，而且具有良好的保温、隔声、抗振等功能。泡沫混凝土产品的质量控制也容易掌握，制造成品养护自然及蒸汽都可以。但现在的泡沫混凝土产品强度不尽满意，需要开发质量高的复合外加剂，优化骨料级配，工艺流程要改进，使产品质量符合保温节能要求。

5 再生混凝土应用应重视的几个问题

再生混凝土也就是利用废弃混凝土材料经过破碎的再利用。将大量废弃的混凝土再次利用，既可以从根本上解决废弃混凝土的处理，又可以节省有限的天然资源，其社会、经济与环境保护意义深远，因而受到世界各国的高度重视。现在对废弃混凝土的处理利用并不乐观，表现在利用率普遍很低，即使是再生利用较早的发达国家，如英国在每年超过 2000 万 t 的废弃混凝土中，只有 40% 左右被再生利用，只占全年所用骨料的 10%。荷兰的利用率比较高，也达不到 60%。而对再生骨料开发较晚的国家，利用率则更加低少。我国每年产生的过亿吨废弃混凝土，虽然没有统计资料介绍利用情况，但根据现实分析再生混凝土的使用量极其有限。另外，利用水平偏低，再生骨料利用也只是松散填在路基下部，或是多孔粒料填方的非承重位置等。

废弃混凝土不能得到充分有效大量使用，主要还是缺乏：①具有普遍指导作用的再生骨料分级标准；②未形成高效而合理的再生骨料生产工艺；③对再生混凝土的强度发展过程尤其是经时变化规律了解较少；④对再生混凝土在各种环境中，尤其在恶劣气候环境下的耐久性研究不深入；⑤对再生混凝土结构件的各种性能，特别是长期性能缺乏依据。现从这几个方面分析探讨再生混凝土应用中需要解决的问题，为提高使用力度提供支持。

1. 再生混凝土骨料分级问题

有不少发达国家在 20 世纪末都制定、发布了再生混凝土骨料分级标准或条例。在 1993 年美国国际材料协会（RILEM）颁布了《再生骨料混凝土规定》。该规定根据环境等级与温度等级两个指标，界定了再生混凝土的适用范围，根据不同来源将再生粗骨料分为 3 类，分别分为来自砖石、来自废弃混凝土和再生骨料（少于 20%）与天然骨料（大于 80%）混合而成。对再生粗骨料的最小干密度和最大吸水率做出强制性规定，对其中杂质（如有机物、填充料、砂及硫酸盐等）限定了最大含量。该规定限制使用细料，主要考虑到再生细骨料含有大量污染物，对这些缺乏检测方法与判断标准，需要进一步研讨；再生细骨料对混凝土强度与耐久性的影响方面需要更加研究；再生细骨料强度与测试方法不统一；对再生细骨料残留的活性碱，缺乏可靠的检测方法；再生细骨料的使用已引起生产上的具体控制问题，如自由水多少的控制、材料的流动性等。

但该标准也存在一定缺陷：对再生细骨料简单地采取限制使用措施，不利于广泛使用；没有给出再生粗骨料的使用等级指标与标准划分；对于再生粗骨料对天然骨料取代率的限制过严。事实上超过 20% 的取代量是不高的，完全可以获得较好的性能。

日本在 1994 年 4 月颁布了《再生混凝土材料的质量试行条例》，确定了再生骨料的质量标准，采用吸水率、坚固性两个指标将再生骨料划分为 3 个等级。不足之处在于考核指标较少，划级标准过分绝对化。而德国在 1998 年颁布的《再生骨料混凝土应用指南》中规定了再生骨料的质量必须符合天然骨料的技术要求，而是忽略了再生骨料的自身特性，实质上根本不可能利于再生混凝土骨料的开发和推广。另外，如俄罗斯、韩国和丹麦等国也先后制定了再生骨料的技术质量标准。相对于我国比较滞后，尚未制定出可施行的再生混凝土骨料的技术质量标准，国内研究人员基本采用国外标准借鉴国内天然骨料的相应标准的现状。

总体上分析看，现有的再生骨料分级的标准不够完善，按照一些研究成果，再生混凝土粗细骨料的破坏机理特征，其界面过渡层存在薄弱环节，对其确定检验方法及考核准则，制定切合实际的等级划分标准，是再生混凝土骨料需要解决的关键、迫切问题。

2. 再生骨料与再生混凝土的制作

2.1 再生混凝土骨料的质量控制

废弃混凝土块体上会粘附大量的废水泥浆体，再生骨料内混入泥土及微细粉尘金属、木屑、玻璃等杂物，现在国际上采用的再生混凝土骨料的生产工艺，包括对废弃混凝土块体破碎及筛选处理，以达到提高其质量水平。以国外一些国家的处理加工为例，如俄罗斯的破碎工艺中设置了两台转子破碎机，分别对混凝土块体进行预破碎与二次再破碎，预破碎的骨料经筛分机处理，被分为0~5mm、5~40mm及40mm以上3种粒径，对40mm以上粒径的骨料进行二次破碎，控制粒径小于40mm。为了除去废弃混凝土中的金属、木屑及玻璃等杂物，特别设置了磁铁分离器等设备。但也存在一定缺点，处理设备多、能耗大，造成对环境的二次污染，而一次性投资过大，不利于推广应用。德国的生产工艺流程，主要是由两个二档次破碎机组成，分为前后两个部分破碎，同时也装备两个颚式破碎机。再生骨料的粒径分为：0~4mm、4~16mm、16~45mm与45mm以上4个级别，破碎石料要烘干。加工出的再生骨料质量比较好，但仍然是能耗比较大，造成二次环境污染，投资费用高和占地多的问题。国内虽然有人提出了再生骨料的生产工艺问题，但付诸实施的报道尚未见到。

从国内外总的应用情况看，现在的再生骨料生产工艺没有很好地处理投资高、能耗大及二次对环境的污染问题。为提高再生混凝土骨料生产的工业化程序，降低生产费用，还需要解决的关键问题是：研制经济效率高的再生混凝土骨料生产加工设备；开发成套体积小、方便、快捷、可移动的循环再生混凝土骨料生产加工设备是非常重要的。

与普通天然粗骨料相比，现有的再生粗骨料具有可视密度低、吸水率高、压碎值大的显著不足。对此，若是按照普通混凝土配合比设计配制再生混凝土，肯定无法达到混凝土的各项性能要求。原来建立的超声—回弹综合法对普通混凝土的抗压强度计算公式，对再生混凝土可能不大适用。用废弃混凝土骨料全部代替粗细骨料或是粗、细骨料配制再生混凝土时，其水灰比与普通混凝土会有一定差异。混凝土试配时，要重视再生骨料吸水率的影响因素，再生骨料混凝土的单位用水量需求，为普通混凝土单位用水量与再生骨料混凝土附加用水量之和。同时，新拌再生混凝土的工作性较同配合比的普通混凝土要差，其砂率应在普通骨料混凝土相似砂率的基础上再增加1%～3%较适当。正是由于再生混凝土骨料的这样特点，如果是再生混凝土的原材料仅是由水泥、骨料（其粗骨料为再生粗骨料，或部分再生粗骨料及部分天然砂子）及水构成，所配制出的再生混凝土的性能，尤其是在长期的耐久性方面会低于普通混凝土。实现再生混凝土的高性能要求，是加大再生混凝土应用的有效手段。而真正的高性能混凝土必须是低水胶比，掺入最优化的外掺料及高效处加剂，以耐久性作为设计的主要依据，同时针对不同用途要求，必须保证耐久性、工作性、适用性和混凝土所具备的力学性、体积稳定性和经济性。其中，工作性和强度及耐久性是最重要的3项指标，通过正交试验与方差分析，以总效率系数最优的配合比用于工程。

2.2　再生混凝土的制作工艺要求

对于再生混凝土的施工工艺和成型，可以采取两种配置方法，在再生混凝土粗骨料取代天然粗骨料60%左右的高用量下，使拌制的混凝土质量更好。也就是采用合理的生产工艺，大幅度提高再生混凝土的利用率。同时，根据不同工程特点及需要，采用再生粗骨料同天然骨料的比例优化至最佳比值，但再生粉碎的砂用量比例要低，仍然以天然砂为主。对施工配合比尤其是优化方法，是再生混凝土现在要解决的实际问题。

3. 再生混凝土性能

再生混凝土的性能与再生粗骨料的性能及拌制混凝土的结构特点有关。由于废弃混凝土破碎时产生的内部大量微裂缝存在，再生骨料的混凝土多孔与颗粒级配不太相容，混杂在骨料的杂质如粘附的未清理浆渣形成薄弱结合层，使得再生混凝土质量差异性大。与普通混凝土类似，再生混凝土的早期强度也会随着水泥的充分水化而提高。据介绍，再生混凝土 360d 的抗压强度比 28d 的抗压强度提高约 60%。再生混凝土在自然环境中长期的性能，如收缩、抗冻、抗渗、徐变及抗碳化能力，抗氯离子侵蚀能力等方面，耐久性能均低于普通混凝土。进一步表明再生混凝土需要提高性能的必要性。采取掺入一定比例的纤维或膨胀剂抑制收缩与徐变，通过掺加粉煤灰及矿粉优化其孔结构，改善其长期性能。

对废弃混凝土再生利用是可持续发展的需要，考虑到对再生骨料的分级、生产工艺和配置方法，分析探讨再生混凝土性能不高的原因及利用率低的原因，是再生混凝土需要解决的关键性问题。

6 再生混凝土耐久性能分析

再生混凝土的利用是发展绿色混凝土，实现建筑、环境、资源可持续发展的主要措施之一，引起混凝土界的关注及工程界人士的重视。再生混凝土的微观结构和界面特征因再生粗骨料的加入，而使得较原材料普通混凝土更为复杂，也给再生混凝土的耐久性机理分析带来难度。同时，不同来源的再生骨料性能也存在较大差异，耐久性的试验方法也各异，各个国家的试验设计内容不尽统一。本文在参阅文献对比分析基础上，探讨再生混凝土的耐久性问题。

1. 再生混凝土的抗碳化性能

再生粗骨料的孔隙率大于天然骨料，使得孔隙率与同水灰比的普通混凝土相比有较多的增加，这无疑会降低抗碳化的能力。然而，由于再生骨料的表层含有老水泥浆，使混凝土中总水泥含量增加，可碳化物质加大对抗碳化有益。因此，再生混凝土的抗碳化性能应是这两个效应的结合。据介绍，伴随着再生粗骨料的取代率增加，再生混凝土的碳化深度增大。采用二次搅拌工艺可提高再生混凝土的抗碳化的能力。原始混凝土的龄期（小于28d，水泥未完全水化）对再生混凝土的抗碳化性能影响不大。掺入矿渣细料可以减小碳化深度，而掺量不宜超过30%的用量；掺入粉煤灰反而会使碳化深度增加。可见掺入矿物掺合料可以细化混凝土内部孔隙，改善再生骨料与新拌水泥浆体界面，利于改善其抗碳化能力，但也同时降低混凝土内部含碱量，增加碳化速度。

可以看出，再生混凝土抗碳化能力可能低于同水灰比的普通混凝土，但是同强度的再生混凝土与普通混凝土抗碳化能力比较接近。究其原因，都是因为再生混凝土的水泥用量明显大于同强度等级的普通混凝土。再生混凝土抗碳化能力的基本规律是：随新水泥浆体密实度的增大，再生混凝土抗碳化深度减小；对再生粗骨料进行表面改性，并不能明显改善抗碳化能力；随再生粗骨料的取代率增加，再生混凝土抗碳化深度则增大。

2. 再生混凝土抗冻性能

再生混凝土有良好的抗冻性能，甚至优于同水灰比的普通混凝土。究其原因，与轻集料混凝土具有很好的抗冻性能相类似。尽管再生集料改善混凝土抗冻性能的效果不如轻集料，但再生粗骨料较大的孔隙率应该起到微养护作用，还可降低界面水泥浆的水灰比，从而改善界面的质量。

然而，再生混凝土的抗冻性能低于普通混凝土，再生粗骨料是再生混凝土抗冻性能的薄弱环节。原因是再生粗骨料很容易吸水饱和，10min可达饱和的85%以上，而冻融破坏的临界饱和度约为92%，因此，再生粗骨料容易先于新水泥浆基体出现冻融破坏，成为再生混凝土的抗冻性能的薄弱环节。对试块进行分析表明，微观裂缝首先集中在再生粗骨料的附着砂浆，进而诱发其周围新砂浆中产生裂缝，经过次数并不多的冻融循环之后，裂缝便在新砂浆中相互贯通，最终导致试块冻融破坏。采用两类再生粗骨料试验，1类再生粗骨料由非引气混凝土破碎而成，而2类再生粗骨料由引气混凝土破碎而成，再生混凝土与普通混凝土都掺入了引气剂。结果是由1类再生粗骨料配制的再生混凝土引气后，其抗冻性能明显低于普通混凝土；而由2类再生粗骨料配制的再生混凝土，其抗冻性能明显高于普通混凝土；2类再生粗骨料中掺加少量1类再生粗骨料后，其配制的再生混凝土抗冻性能明显下降。由此可知，原始混凝土是否引气对再生混凝土抗冻性能影响较大，未引气的再生粗骨料表面附着老砂浆往往是抗冻性的薄弱环节。

对于再生混凝土硬化初期遭遇一次冻结后的性能表明，再生混凝土的预养龄期（受冻前养护时间），受冻天数对再生混凝土的后期强度影响很大；不同受冻温度对再生混凝土的后期强度影响较小，但对一次冻结融解时的强度影响较大；再生混凝土需预养较长时间（14d），才能使后期强度基本不受损害，因而不适于在冬期施工。

再生混凝土抗冻性能的基本规律是：降低水灰比以减小混凝土内部的孔径，掺入引气剂以减少空气气泡间距，而掺入掺合料以细化混凝土内部的孔结构，减小再生粗骨料最大粒径，提高再生混凝土抗冻性能，以掺入引气剂的效果最好。试验表明，粉煤灰掺量为14%时，再生混凝土抗冻性能提高并不明显，而当粉煤灰掺量增加到28%时，再生混凝土抗冻性能得到明显提高。再生粗骨料的水饱和度对再生混凝土抗冻性能有一定提高，减小再生骨料粒径可以提高再生混凝土抗冻性能。

3. 干燥收缩对再生混凝土的影响

再生混凝土的干燥收缩机理同普通混凝土基本相似。在普通混凝土中产生收缩变形的主要是水泥砂浆，粗骨料对水泥砂浆的收缩变形起抑制作用。然而由于再生骨料表面的老水泥砂浆吸水后产生收缩，加上再生骨料的弹性模量也小，抑制作用降低，同时为改善再生混凝土的工作性，通常采取预湿再生粗骨料或增加拌合水方法，增加了再生混凝土的收缩变形。

伴随着再生混凝土的强度提高，再生混凝土的收缩变形较同水灰比的普通混凝土增大越多；随原始混凝土强度增加，再生混凝土的收缩变形增大。这是因为强度越高时，再生粗骨料的单位用量增大，使再生混凝土的总砂浆含量越大。而原始强度越高时，再生粗骨料附着的砂浆含量也越大。对普通混凝土绝大部分的水分散失来自于水泥石，而在再生混凝土中除了水泥石外，再生粗骨料也会失水，导致干燥收缩量大。再生混凝土的收缩变形较普通混凝土的增大很多。干缩变形在早期（56d）增长很快，在后期逐渐减慢。再生细骨料的干缩变形在前10d内增长很快，此后逐渐减慢。

影响再生混凝土干缩变形的主要因素是：水泥品种、水灰比、相对湿度、构件尺寸、养护时间及龄期。再生混凝土干缩变形的基本规律是：再生混凝土的干缩变形在前期增长很快，后期逐渐减慢；再生混凝土的干缩变形随再生粗骨料取代率的增加而量大，然而用再生细集料取代天然砂时，其值将进一步增大；再生混凝土的干缩变形随水胶比、胶集比（胶泥材料与集料之比）的增加而增大，也随用水总量、胶泥材料总量的增加而增大；随再生粗骨料附着砂浆含量增加，再生混凝土干缩变形增大；掺入矿物掺合料、聚丙烯纤维、钢纤维、膨胀剂以及用蒸汽养护等，可以减小再生混凝土干缩变形，其中以掺膨胀剂的效果最佳。

4. 再生混凝土的徐变

再生混凝土中含有大量的水泥砂浆，使再生混凝土中总的砂浆含量远大于同配合比的普通混凝土，导致再生混凝土的徐变增大。再生混凝土的徐变一般比普通混凝土大20%～60%，但徐变会因强度的增加而减小，随再生粗集料附着砂浆含量的增加而增大。同强度再生混凝土与普通混凝土的徐变之间的差别减小。徐变随水灰比的增加而迅速增大，但在任意水灰比和荷载水平之下，再生混凝土与普通混凝土的徐变之间差别几乎为一定值。搅拌方式也可以改善再生粗集料与新水泥基体之间界面质量，最终使再生混凝土的徐变降低20%，接近普通混凝土的徐变水平。

通过浅要分析可知，再生混凝土的徐变较普通混凝土的大。

再生粗集料附着大量的砂浆，使再生混凝土中砂浆含量大于普通混凝土，使再生混凝土的徐变增加。再生混凝土的徐变基本特性同普通混凝土基本一致，随水泥用量、水灰比增加而增大。理论上讲，掺入粉煤灰、聚丙烯纤维、钢纤维、膨胀剂以及用蒸汽养护等可以减少其收缩变形的方法，同样可以减小徐变。正是由丁再生混凝土的徐变较大，不宜用于预应力构件，而用于非预应力构件截面也应增大10%。

5. 再生混凝土抗渗性能

再生混凝土用集料在破碎过程中产生的裂缝，以及表面层老水泥砂浆的孔隙率，还有老界面，都会改变再生混凝土内部的孔结构，增大孔隙率，从而增大渗透性。混凝土的抗渗透性能与其孔隙率或密实度直接相关。因而提高混凝土的密实度，可以改善抗渗透性能。

(1) 再生混凝土抗水、抗气渗透性能：再生混凝土抗渗透性能低于同配合比的普通混凝土。再生混凝土的水灰比比普通混凝土降低0.05~0.1，可达到与普通混凝土相同的抗渗透性能。当粗骨料取代率小于30%时，再生混凝土抗渗透性能降低很少。随着粗骨料取代率进一步增加，再生混凝土抗渗透性能降低较大。采用氧气渗透指标描述再生混凝土氧气渗透性能，结果是氧气渗透指数随着再生集料取代率增大而减小，随着龄期增长而增大。再生混凝土表面的抗渗透性能表明，再生混凝土抗渗透性能低于普通混凝土，全部采用再生集料会大大降低抗渗性能；再生混凝土表面的抗渗透能力与其孔隙率、空气扩散率存在一定相关性，用表面渗透能力作为评定混凝土耐久性的一个指标。

(2) 再生混凝土抗氯离子渗透性能：试验表明，再生混凝土抗氯离子渗透性能略低于或低于同配合比普通混凝土，再生混凝土抗氯离子渗透性能随着再生集料取代率的增加而降低。再生混凝土抗氯离子渗透性能的基本规律是：随着再生集料取代率的增加，渗透性能降低，再生细集料对再生混凝土抗渗透性能的影响大于再生粗集料。减小水灰比，掺入矿物掺合料、外加剂，对再生集料改性处理及蒸汽养护，均可提高再生混凝土抗渗性能，达到普通混凝土抗渗水平。若是采取二次搅拌工艺，可使再生混凝土抗氯离子渗透性能力提高22%左右。

6. 再生混凝土的抗耐磨性能

抗耐磨性能是路面混凝土的一个重要指标。混凝土的耐磨性能主要取决于面层混凝土的强度和硬度。试验表明，再生混凝土抗耐磨性能低于同配合比普通混凝土，再生混凝土的耐磨损深度随着再生集料取代率的增加而增大。与同配合比普通混凝土相比，再生集料取代率小于50%时，耐磨损深度相差不大；再生集料取代率为100%时，耐磨损深度相差34%。强度等级为C30的再生混凝土和普通碎石混凝土的磨耗量分别为1544、1600kg/m^{3}时，再生混凝土的抗耐磨性能优于同强度的普通混凝土。

通过分析可以看出，再生混凝土的抗耐磨性能低于同强度的普通混凝土。如果再生混凝土的要达到与普通混凝土相同的强度等级，一定要加大水泥用量，提高密实度。因此，相同强度等级的再生混凝土与普通混凝土，其耐磨性能与同配合比普通混凝土相比会有改善。再生集料中含有大量的水泥浆，使再生混凝土中砂浆含量超过相同配合比的30%以上，再生混凝土的抗耐磨性能低于同配合比普通混凝土是可理解的。混凝土的抗耐磨性能主要受混凝土强度、集料性能、面层混凝土质量的影响。因而提高再生混凝土强度，改善集料，提高面层施工质量，都可以提高再生混凝土耐磨性能。增加水泥用量及掺入矿粉，可减小再生混凝土的耐磨损深度，二次搅拌用超细矿粉浆液浸泡再生集料，以改善再生集料的孔隙结构。

7. 再生混凝土的碱-集料反应

再生集料表层粘附老水泥砂浆对性能影响中，若单位原始混凝土与再生混凝土的各组分用量按照天然粗集料（或再生粗集料）1300kg、天然砂600kg、水泥280kg、水180kg，而水泥中碱含量取最大值即1%计算，拌合水按水泥用量25%计算，仅由再生集料引入再生混凝土最大碱含量达混凝土重量的0.12%，相当于2.7kg/m^3。混凝土的安全碱含量3.0kg/m^3，由再生集料引入再生混凝土的碱量必须引起重视。

在配制混凝土之前采用快速砂浆棒法测再生集料表层老水泥浆，具有潜在活性。对浸水饱和后的再牛混凝土内部进行观察分析时发现，再生粗集料周围均有白色光圈，这是碱-集料反应的重要标志—反应产物碱硅酸凝胶。表明原始混凝土中天然集料具有碱活性时，在再生混凝土中仍然可以发生碱-集料反应的膨胀破坏。

由这些分析可知，由再生集料引入再生混凝土的碱量不可轻视，同时水泥可能大量积聚在再生集料表面，必将增加再生混凝土中产生碱-集料反应的膨胀破坏可能性，因为现在还没有一个公认的再生集料碱活性检测方法，而最有效的方法就是避免采用已经发生过碱-集料反应的膨胀破坏再生集料，还要控制再生混凝土中总碱量，使得其在安全限量内。如用硅灰取代部分水泥，可以减小再生混凝土碱-集料反应的膨胀破坏可能性。

8. 再生混凝土的抗硫酸盐腐蚀性能

硫酸盐溶液可以与混凝土中水化产物发生化学反应，使混凝土体积产生膨胀而破坏。再生混凝土的抗硫酸盐侵蚀性能略低于相同水灰比的普通混凝土，再生粗集料取代率小于30%时，再生混凝土的抗硫酸盐浸蚀性能基本相近；随着再生粗集料取代率增加，再生混凝土的抗硫酸盐侵蚀性能降低，再生粗集料取代率小于50%时，其性能较普通混凝土降低很少；再生粗集料取代率超过50%时，其性能较普通混凝土降低较大；取代率为100%时，降低18.5%左右。

当水泥中硫酸盐含量取最大值，即是水泥重量的4%，按上述配合比由再生粗集料引入再生混凝土中硫酸盐含量最大可达再生混凝土质量的0.5%，相当于11.2kg/m^3，不可轻视。

上述浅要分析可知，再生混凝土的抗硫酸盐侵蚀性能低于相同水灰比的普通混凝土，再生粗集料引入再生混凝土中硫酸盐不可轻视。在再生粗集料取代率较小时，再生混凝土的抗硫酸盐侵蚀性能力降低很小，基本同普通混凝土相似；而当再生粗集料取代率进一步加大时，其性能降低较大。再生混凝土的抗硫酸盐侵蚀性能的基本规律是：随再生粗集料取代率增加，再生混凝土的抗硫酸盐侵蚀性能降低；掺入粉煤灰、高效减水剂、减小水灰比、矿物外加剂及对集料进行改性处理，均可以提高再生混凝土的抗硫酸盐侵蚀性能。

9. 对再生混凝土研究需重视的问题

再生混凝土耐久性的研究及应用还处在初期阶段，关于耐久性机理、物理模型建立及耐久性提高措施方面，还有大量工作要做，要对试验方法进行可对比性，需要重视的一些问题：

9.1　对耐久性机理

与普通混凝土相比较，再生混凝土的耐久性会受到集料本身性能，如粘附老砂浆含量及强度、含水率等的影响。不同来源的再生集料，性能差别也大；再生混凝土界面结构较普通混凝土也更加复杂。同时，再生集料与轻集料类似，再生集料在混凝土中同样也会存在吸水、返水特性。这都给分析再生混凝土的耐久性机理带来困难。不同人员对耐久性存在不同或相互矛盾观点，除了集料的差异大、试验条件不同外，对再生混凝土耐久性机理认识不够也是一个方面。

对于再生集料的含水状态对再生混凝土抗碳化性能的影响结果是矛盾的，预湿再生集料可以改善再生混凝土的抗碳化性能，而有人得出预湿再生集料会增大再生混凝土的深度。在水泥用量较小，时再生集料对再生混凝土的抗碳化性能影响较小；而在水泥用量较大时，再生集料对再生混凝土的抗碳化性能影响增大。伴随水灰比的减小，再生混凝土抗渗性能接近普通混凝土，即再生粗集料对再生混凝土抗渗性能的影响随基体水泥质量的提高而减弱。这与同水灰比再生混凝土与普通混凝土抗渗性能在水灰比较大时相差小、较小时相差大相矛盾。

再生混凝土产生碱-集料反应的主要原因，是水泥因再生集料较大的吸附能力而大量积聚在再生集料与新水泥浆之间的界面上，使得界面区域溶液中 pH 值增大，这个问题还要再探索。

9.2　对物理模型的建立问题

到现在没有人提出再生混凝土的碳化模型问题，有人提出碳化深度与时间平方根成正比的经验公式同样适用于再生混凝土，并未对再生混凝土的碳化模型做深入研究。

对再生混凝土的收缩变形，得出了再生粗集料、龄期、配合比对再生混凝土的收缩变形的影响规律，并在此基础上提出预测公式。然而这是基于单一来源的再生粗集料，龄期短 180d，且考虑因素少，如粗集料效应、最大粒径效应等对普通混凝土干燥收缩应变的预测公式修正后给出。对于不同来源的再生粗集料，龄期更长考虑因素多情况下，再生混凝土干燥收缩应变的预测公式还需要进一步试验研究。对于再生混凝土徐变的预测公式，还未见报道。

9.3　再生混凝土改善措施及试验方法

对再生混凝土的耐久性改善措施，徐变及碱集料反应方面介绍较少，同时不同人员得出不一致或矛盾的结论。如再生粗集料中砂浆含量能较大地提高再生混凝土抗冻性，而有人提出减少再生粗集料中砂浆含量对再生混凝土的抗冻性能并未明显影响。如掺加硅粉会降低再生混凝土的抗冻性能，似乎与习惯认识的掺加硅粉可以提高再生混凝土的抗冻性能是矛盾的。

不同研究人员采用的试验方法不同，结果也相差较大。同样试块在水中快冻融性能要比在空气中快速冻结然后在水中解冻所测低很多。普通混凝土的耐久性测试方法能否直接用于再生混凝土，测试方法可靠性十分重要。测量再生混凝土长变度的方法是评定抗冻性能无损方法中最准确的，可准确反应冻融过程产生的内部裂缝。强度损失仅在冻融破坏严重时才显著，因而不能用作评价再生混凝土抗冻性能的可靠性。用强度损失作为衡量再生混凝土抗冻性能指标，要比动弹性模量损失和质量损失更加可靠。采用混凝土棱柱体检测集料碱活性时，测得天然玄武岩集料与再生集料均为非活性，但再生混凝土的碱集料膨胀率较普通混凝土约大20%。由此可见，天然集料的碱活性检验方法可否直接用于再生粗集料，还要进一步探索。

综上浅述，再生粗集科来源复杂，性能差异性大，再生混凝土配合比设计方法和耐久性试验方法各异，使再生混凝土耐久性可比性差；再生混凝土耐久性低于普通混凝土，但只要采取合理措施，完全可以获得耐久性良好的再生混凝土。

7 再生混凝土采取二次搅拌对强度的影响

再生混凝土是骨料再生混凝土的简称，是指将废弃混凝土经过破碎、清洗及分级后形成的骨料，部分或全都替代砂石天然骨料配制成的混凝土。相对于再生混凝土来说，用来生产再生骨料的原始混凝土称作基体混凝土，在使用中用于同再生混凝土进行对比，且配合比相同的混凝土为基准混凝土。再生混凝土的分析研究主要是从界面过渡区入手，采取二次搅拌工艺及对其强度的影响。

1. 骨料界面结构特点

普通混凝土的强度与骨料本身强度，设计混凝土及骨料与水泥浆界面的粘结强度相关，特别是界面的粘结强度对混凝土的整体质量强度影响很大。普通混凝土中存在着骨料—水泥石界面过渡层，此过渡层结晶尺寸大则孔隙率也较大，是低密度、低强度区域。

而再生混凝土中，再生骨料表面存在着三种状态，即旧硬化层水泥砂浆面、天然骨料面和生产加工的遗留面。在使用时，搅拌过程中同样出现固—气界面、固—液界面和气—液界面的转化。但由于再生骨架的表面形状与原生骨料界面有所不同，再生骨料—水泥界面结构也不同。因再生骨料表面由于部分或全部被已硬化的水泥砂浆层包裹，再生骨料与新拌水泥砂浆之间有良好的相容性，彼此存在化学反应的可能性；再生骨料表面更粗糙，与新胶体的界面黏聚力更强；再生骨料吸水率好，加水拌合后，再生骨料大量吸收新拌水泥浆中多余水分，既降低了粗骨料表面的水灰比，同时也降低了拌合物的有效水灰比。同时，因再生骨料的亲水性好，能尽快被水湿润，使表面水膜层较薄；再生混凝土的骨料表面包裹着硬化水泥浆体，使再生骨料与新拌水泥浆体之间弹性模量相差小，利于改善液面；再生骨料表面存在较多裂缝，这些微裂缝会吸收新的水泥颗粒，对形成新的致密性界面结构有利。

从总体看，虽然再生骨料的表面形状对界面结构有改善作用，但由于界面过渡区的晶体及孔隙多仍比水泥浆本身大，再加上晶体的定向排列，界面过渡区还是再生混凝土的薄弱部位。由于过渡区强度略低，加上过渡区内混凝土受荷前已存在微裂缝，使再生混凝土在承受比水泥石和骨料强度更低的应力作用下出现破坏。需要采取进一步措施加强界面过渡区强度，这是再生混凝土需解决的重要问题。考虑到这些问题的存在，要分析、探讨采取二次搅拌工艺对再生混凝土强度的影响问题。

2. 二次搅拌工艺的机理

通过对混凝土搅拌工艺的改进达到提高混凝土的流动性和强度事例不少，2006 年第 8 期《混凝土》杂志中，赵悟提出再生混凝土的振动拌合强度方法，认为在搅拌混凝土时加以振动，可以破坏水泥浆的网状结构，释放出其中的自由水，并使水泥颗粒分布均匀，从而提高再生混凝土流动性和水泥水化程度，达到提高再生混凝土的强度。

2.1　一次搅拌工艺机理分析

普通混凝土的施工都是采取一次性地将水泥、砂、石、水及外加剂经过计量，再投入搅拌机内进行拌合，经规定时间后出机形成混凝土拌合物。这种方法已沿用了若干年，优点是搅拌设备在施工现场，习惯性作业投料程序简单，搅拌速度快，基本均匀也满足要求。这种一次性搅拌的不足之处是：骨料直接同水接触因表面及内部裂缝的吸附作用，使拌合物中砂石表面易形成一层自由水薄膜，厚度为几微米，水泥粒子的分布密度在骨料紧贴处基本没有；随着离骨料的距离加大，分布密度也增大，水膜逐渐被新生物填充，在距骨料的100μm以内，形成高水灰比的界面过渡区。当水灰比大或泌水时，均可能使水膜层界面过渡层厚度增加。界面过渡区削弱了水泥浆与骨料界面的粘结强度，混凝土的破坏往往出现在水泥浆与骨料界面处，随着荷载的增加向水泥石扩充，最终使骨料开裂而导致混凝土的破坏。另外，由于水泥颗粒间产生的引力作用，使水泥浆形成絮状结构。在絮状结构中包裹了一些拌合水，使水不能充分分散于水泥颗粒之间，不能充分发挥在拌合物中改善流动性的作用，见图1（*a*）。

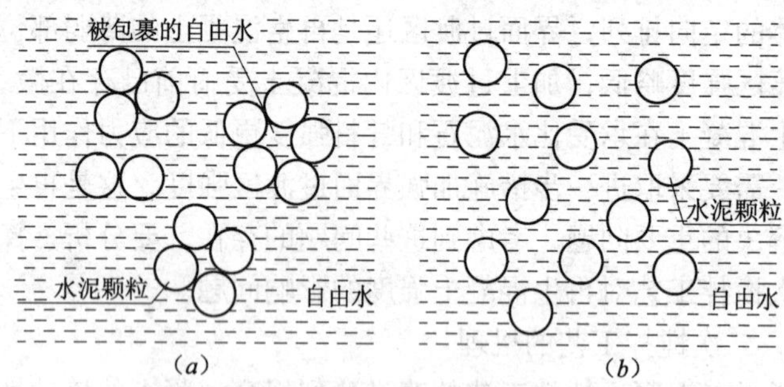

图1　不同搅拌工艺对水泥分散的效应
（*a*）一次搅拌工艺；（*b*）二次搅拌工艺

由于存在粗骨料的夹裹和水泥颗粒间引力作用，宏观上显得均匀的混凝土中的水泥浆中，仍然存在10%～30%的水泥颗粒黏聚成微小的水泥团，导致水泥水化很不充分，影响了混凝土强度的深入发展。

在再生混凝土中由于破碎过程的影响，再生骨料表面存在着三种状态，即：旧的硬化水泥砂浆面、天然骨料表面及破碎时留下的面。当一次性搅拌时，这三种表面则有不同的变化，旧的硬化水泥砂浆面因亲水性很好，能尽快将表面湿润，表面水膜可以很薄；破碎时留下的面由于表面粗糙且有一些微小裂缝，也具备良好的亲水表现，也能尽快将表面湿润，表面水膜可以很薄；而对于未包裹硬化水泥浆和未破碎的天然骨料表面，则会吸附较厚的水膜，形成较厚的水灰比界面过渡区。同时，再生混凝土拌合物仍然会出现部分水泥颗粒分散不均匀而导致水化不完全，部分拌合水包裹在水泥颗粒的絮状结构中，使混凝土拌合物流动性降低。

2.2　二次搅拌工艺机理分析

混凝土采用二次搅拌工艺是在考虑混凝土各组分中各物质相互均匀充分混合的基础上，利用物料投放量、搅拌顺序及之间不同时间对混凝土内部结构形成的影响，提高混凝土性能的工艺方法，现在应用上较成熟的有：预拌水泥浆法，预拌水泥砂浆法，水泥裹砂法，水泥裹石法及粗细骨料造壳法等。

二次搅拌裹砂法的过程即是先加入总用水量 17% 的水，砂粒本身含水率在 5% 左右，然后加总用水量 52% 的水，使水灰比为 0.25，此时搅拌力矩最大：搅拌 20s 后加入全部水泥；再搅拌 50 ~ 60s 后，加入全部粗骨料搅拌 10 ~ 20s；最后加入总用水量 31% 的水，搅拌 50 ~ 60s，形成混凝土拌合物。这种裹砂法搅拌混凝土使石子表面有厚度相似的砂浆层，避免石子表面的水膜层。

采取二次搅拌工艺主要效应包括：①通过高速搅拌先搅拌水泥浆或水泥砂浆来促使水泥颗粒很快分散，消除水泥颗粒黏聚成的微小水泥团，使水泥充分达到水化，提高混凝土的强度（见图 1*b*）。②由于消除了水泥颗粒黏聚成的微小泥团，使水能充分分散在水泥颗粒之间，可充分发挥水在混凝土拌合物中改善流动性的效果。③在水泥投入后会立即粘附在骨料表面的水膜上，加强了水泥的水化反应，使最早生成的水化铝酸盐覆盖在骨料表面，限制了氢氧化钙晶体扩散而强化了界面层。当已经搅拌均匀的水泥浆或水泥砂浆与骨料再次搅拌时，由于水已经分散在水泥与砂料之间，骨料不能直接与水接触，从而使骨料表面的自由水膜受到抑制，或者减少了水膜层的厚度，水泥浆或水泥砂浆在骨料表面形成了“壳”，形成了相对比较低的水灰比区，如图 2 所示。

如将拌合水全部加入搅拌过程时，距离骨料较远的稀浆中水分向骨料表面壳膜中渗透，同时壳膜中的水泥浆液向稀浆中扩散。界面过渡区水灰比大则逐渐变小，水泥浆本体中水灰比小则使其变大（见图3），这样可有效地克服或改善了一次搅拌形成的大水灰比的界面过渡区。据试验结果表明，二次搅拌工艺制造的混凝土试件破坏，一般是水泥石与粗骨料整体粉碎性破坏，表明混凝土过渡区的粘结强度有很大的提高。

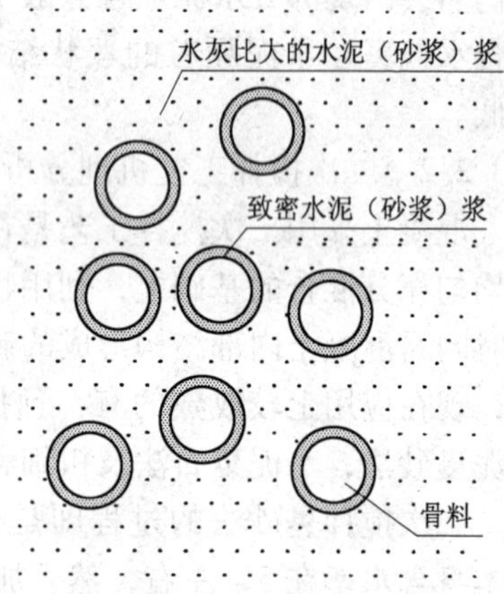

图2　二次搅拌工艺的造壳效应

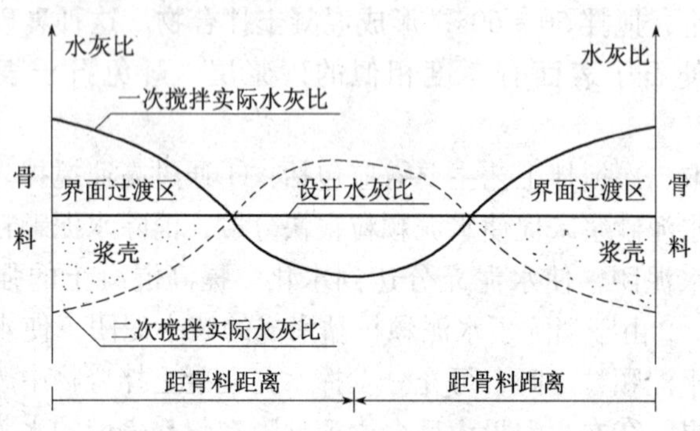

图3　不同搅拌工艺水灰比变化比较

采用二次搅拌工艺与一次搅拌工艺相比，在配合比不变情况下，加大拌合物的流动性，提高混凝土的强度。据介绍，采用额定功率15kW、输出转速228r/min、公称容量100L的强制式双卧轴搅拌机，用预拌砂浆法搅拌40s的普通混凝土强度，比一次搅拌40s、50s、68s时分别提高24%、16%和4%；用水泥裹石法搅拌50s的普通混凝土强度，比一次搅拌50s、68s时分别提高16.8%和4.4%。再生混凝土界面结构特点及一次搅拌工艺对普通混凝土和再生混凝土性能的影响可分析推论：与普通混凝土类似，二次搅拌工艺对提高再生混凝土的强度也有一定作用，与其他方法相比更简便、经济、实用。

通过上述分析探讨可知，同普通混凝土一样，再生混凝土也存在骨料—水泥石界面过渡层问题，这个过渡层降低了之间粘结强度，会降低再生混凝土整体强度。但再生混凝土骨料表面形态对界面过渡层有改善作用。二次搅拌由于投料顺序的改变，可促进水泥颗粒的分散使得水化更充分，提高再生混凝土强度。要采用强制式单卧轴搅拌机拌合，使用的常规搅拌机拌合因转速所限，不能充分发挥二次搅拌工艺的优势，要改进提高。

8　钢管混凝土浇筑质量的控制措施

现在钢管混凝土结构是一种发展较快的建筑结构形式，具有强度高、延性和耐久性能好、施工简便快捷等优点，正在越来越多地应用在现代工业厂房、高层建筑、桥梁和地下大型结构工程，取得了较好的社会效果。采用钢管混凝土柱的高层建筑在进行施工时，都是先安装钢管作为施工期间的承重骨架，再进行其他结构的施工，然后以钢管为模板在内浇筑混凝土。由于管中混凝土为外围钢管所包裹，隐蔽性是最明显的，使浇灌的混凝土质量无法看到，也不易被发现。

不符合质量要求的混凝土，其强度及其他力学性能会大大降低。对于钢管混凝土，如果管中混凝土不密实会导致钢管混凝土构件承载力和刚度不同程度的降低，对结构安全及耐久性影响巨大。因此可靠的浇筑质量是确保钢管混凝土满足设计要求强度，保证钢管和管中混凝土共同作用，充分发挥其结构力学性能的重要条件。

目前钢管混凝土工程进行混凝土密实度质量的检查方法通常用超声波法、钻孔法和敲打法三种。这些都是根据钢管混凝土工程的特殊性总结出的一般方法，有适用性和可操作性使用，但这几种方法有其局限性，还应该认真分析探索更有效的检验和控制方法。这是基于：①管内混凝土的浇灌是一个连续的施工过程，应对这一全过程进行有效监控；②常规的习惯检测是采取抽检的方法进行的。即使检查出混凝土密实度存在缺陷，也只能采取事后补救措施，既浪费时间又难以保证结构的可靠性。其关键问题是单纯依靠事后检查出再进行处理，是起不到保证钢管内部混凝土密实性的。

现在钢结构和混凝土结构工程都有各自的施工及质量验收规范，而钢管混凝土至今还没有统一的施工及质量验收国家规范。混凝土的浇筑质量是钢管混凝土施工的关键环节，应从强化施工质量工艺过程管理，来加强施工阶段浇筑质量入手控制管内混凝土密实。

1. 浇筑工艺方法及质量控制思考

IOS9000 系列质量管理体系标准使企业的质量管理活动统一在一个共同基础模式上，国内将该标准等同采用为 GB/T 19000 系列标准。按此建立保持和改进的质量管理体系，进一步规范和强化企业质量管理。通过对产品过程的控制，不断提高产品合格能力，而且能持续改进和改善竞争力，逐步进入国际标准化管理行列。

施工项目的质量控制小至一个工序的操作、一批材料的检验，大到一个单位工程全面控制过程。施工项目的质量管理可以一个系统控制过程。钢管中的混凝土被钢管所包裹，隐蔽性极强。在其施工中管内的混凝土浇筑过程有点特殊性。这个过程的要求正如标准 GB/T 19001—ISO9001 中第 7. 5. 2 条生产和服务提供过程的确认中规定，即通过“确认应证实这些过程实现所策划的结果能力”，强调以“控制过程达到控制结果的目的”。按照标准要求结合钢管混凝土结构特点，对钢管中混凝土的浇筑控制过程要严格执行。

（1）识别和确定管中混凝土的浇筑过程，规定每个工序活动控制质量的验收准则；（2）使用的材料、工具和设备要适宜、充分，并经过检查认可；（3）各工序的操作人员必须经过培训符合上岗资质要求；（4）编制施工技术方案及作业指导书，规定程序、过程、方法要求，并具体实施；（5）对施工全过程进行监测、记录，以确保各工序活动符合具体要求；（6）当施工方案及作业发生变化，应在实施和变更前进行评估和审批。

如上浅述是从过程方法考虑，通过现场质量管理体系运作，加强施工全过程质量管理，确保每道工序过程能力满足这些要求，预期可达到保证钢管中混凝土浇筑质量可靠。

2. 过程控制实施方案问题

为确保施工阶段钢管中混凝土的浇筑密实，过程方法十分重要，在质量控制基础上执行《混凝土结构工程施工质量验收规范》GB 50204—2002 相关规定。根据多年施工及监理经验，应该从“施工策划与准备、混凝土制备与运输、混凝土浇筑及检测”几个方面进行控制，制定钢管混凝土的浇筑措施。

2.1 施工准备阶段控制

（1）根据工程特点及实际，编制详细的施工技术方案及相关作业指导书。

（2）确定混凝土浇筑方式：根据工程实际采取人工分层浇筑、导管浇筑、高处抛落无振捣和泵送顶升等方法施工；如采取自密实混凝土高位抛落无振捣浇筑时，必须重视施工工艺对混凝土材料基本性能的影响。

（3）使用原材料的准备：对拌制混凝土所需的各种原材料，如水泥、粗细骨料、外加剂及掺合料在进场阶段，进行自检和见证复检。按相关要求逐项检查，如果使用商品混凝土，也是逐车做坍落度检验，并提前同搅拌站办理协调事宜。

（4）加强对配合比的设计和施工试配：要求混凝土的基本性能完全满足设计要求为先决条件，合理确定可供实际混凝土制备参考配合比。对于性能较高的自密实混凝土，设计和试配更应结合施工工艺要求配置。

（5）人员组织及技术交底：现场管理和技术人员要定人、

定岗位，认真进行施工前的安排和技术交底工作，务必分工明确，责任到人，确保浇筑过程严格按程序进行。对于特殊部位及细部浇筑要制定详细安排，如梁柱节点处浇筑、分层交接处及内隔板等部位浇筑。

（6）应急控制措施方面：如施工中突然停电、水管线断裂、混凝土运输车及输送泵、塔吊出现故障等。要提前做好应急情况下的对策，防止影响到浇筑部位的衔接。入冬前进行混凝土施工时，要充分考虑突然降温对混凝土质量的影响，保温措施要提前做好准备。

2.2 混凝土的拌制和运输

（1）按照施工进度保证各种材料的及时供应，现在使用的混凝土基本上全都是集中预拌商品混凝土，提前同搅拌站制定供应合同，提出具体质量要求，检查材料计量及掌握配合比、外加剂使用情况，投料顺序及拌合时间控制。

（2）混凝土运输现在基本上由搅拌站用专门搅拌车运输，搅拌站距浇筑地一般较远，考虑堵车等因素，在运输途中保持罐体旋转，使混凝土运送浇筑地点不离析、不分层。卸料口处要检查拌合料的坍落度，对其流动性、和易性也必须检查并做好记录。

（3）按照规定制作好标养和同条件养护的试块，并按时脱模养护。由于对温度及湿度有严格要求，标养现场无条件的送试验室养护。同条件养护则放在同构件相似部位同养护。

2.3 钢管混凝土浇筑质量控制

（1）按照施工组织设计要求分段、分层连续浇筑，要保证混凝土中空气的有效排出。如果确实需要间歇时，间歇停留的时间不能超过混凝土的初凝时间。

（2）现场观察及检测，根据实际情况和检测工具，将摄像头放入钢管内重要部位观察浇灌现状。关键节点（如梁、柱接头处）钢管内设置了内隔板时，要注意观察排气孔情况，浇灌时看是否有混凝土溢出；若是有混凝土溢出，表示板下混凝土已灌满密实了。当采取泵送顶升法管内浇筑混凝土时，要检测泵送出口处压力流量及止回装置是否符合规定要求。当管内混凝土浇筑完毕后，应立即将管口封闭。凡是浇筑的混凝土可以洒水的部位，必须认真保湿养护。

（3）钢管内混凝土及混凝土的实体检测：检测包括现场抽取试块及钢管内的混凝土的实体检测。对试块的检测是测试混凝土基本性能，如强度及收缩性等。实体检测主要是检测钢管内的混凝土的密实性能。只有混凝土的基本性能和密实性能得到有效保证，才能满足结构需求。

上述施工策划与准备、混凝土制备与运输、混凝土浇筑及检测三个阶段各工序活动均符合要求，才能达到确保全过程的质量控制目标的实现。

通过浅要分析可知，以上重点是针对钢管混凝土施工中核心混凝土浇筑质量的过程方法，比较浅薄也是初步探讨。在实际的钢管混凝土施工中，将上述想法和工程特点结合优化应用，使得其具有可操作性。在实际进行钢管混凝土施工时，应与设计人员协调，设计时充分考虑施工过程中钢管结构安全性和钢管混凝土结构使用阶段的影响，对于一些典型建筑可因地制宜制定工法来实施。

在管理控制上采取 ISO9000 族系列标准对质量实行管理，对钢管混凝土施工中核心混凝土浇筑质量的全过程认真监控，提出初步设想和实施措施。通过确保对全工序过程严格控制，保证钢管混凝土浇筑质量达到设计的要求，避免和降低对钢管中混凝土浇筑难度，采取更有效措施具有可操作性，最终目的是保证钢管混凝土的密实和结构耐久性安全。

9 陶粒混凝土在屋面工程中的应用

通常在屋面保温隔热施工中，习惯使用吸水性较好的材料，如现浇水泥膨胀珍珠岩为保温隔热屋面等。选择这些材料做屋面保温隔热效果并不理想，不仅不节能环保而且价格也比较高。现在市场上推广应用的陶粒陶砂轻质混凝土作屋面保温隔热材料，经测试该陶粒混凝土材料导热系数为 0.236W/(m·K)，蓄热系数为4.37W/(m^2·K)，在屋面上只铺16cm厚就能满足导热系数K≤1.0W/(m·K)、D≥3的建筑节能要求。施工工艺比现浇水泥膨胀珍珠岩简单，是一种较理想的新型屋面保温隔热材料。经过实际应用检验，室内冬季温度比混凝土架空隔热板高3~4℃，而夏季室内温度降低2~3℃，有推广使用的价值。

1. 陶粒的性能及分类

陶粒是用天然原料或工业废料，经过破碎后成粒，加黏土陶粒则是将黏土拌成小颗粒，干燥后在1200~1300℃的高温窑炉中焙烧而成的一种颗粒状人造轻质骨料。料径大于5mm的为陶粒，小于5mm的称作陶砂。

现在的陶粒主要有页岩陶粒、煤矸石陶粒、黏土陶粒和粉煤灰陶粒几个品种，又有烧结型和膨胀型陶粒的区别。陶料的技术性能主要以其密度和强度质量指标判定。陶粒以松散密度划分等级，如松散密度510~600kg/m^{3}的为600级密度陶粒。即每一个密度等级的陶粒要求相应一定强度等级的陶粒质量指标。对于松散密度小于500kg/m^{3}的陶粒，称作超轻陶粒。

陶粒的产品分类：按密度分为：400、500、600、700、800kg/m^{3}五个等级；按粒径划分有：20~30、10~20、5~10mm陶粒，小于5mm为陶砂四种。

陶粒的密度等级与筒压强度见表1。

陶粒的其他技术指标为吸水率（1h）≤10%；软化系数≥0.8；抗冻性：15次冻触循环后质量损失不大于5%；安定性：用沸煮法质量损失不大于2%；导热系数500级自然状态下0.21~0.23W/(m·K)。

陶粒的密度等级与筒压强度 **表1**

密度等级（kg/m^3）	400级	500级	600级	700级	800级
筒压强度（MPa）	0.8	1.0	1.5	2.0	2.5

2. 陶粒混凝土的使用及特点

轻骨料陶粒混凝土的使用，按其功能可分为结构混凝土、保温用混凝土和结构保温混凝土三个类型。轻骨料陶粒结构保温混凝土的强度等级为 C5、C7.5、C10 及 C15；混凝土质量小于 1400kg/m^3，用于围护结构体。保温用混凝土强度等级≤C5.0，混凝土质量小于 800kg/m^3，用于保温隔热围护结构或热工构筑物等。结构混凝土的强度等级为 C15、C20、C25、C30、C40 和 C50 级，混凝土质量小于 1900kg/m^3，用于承重的配筋构件、预应力构件或构筑物等。

陶粒混凝土的特点，由于陶粒作为轻质骨料用在各类混凝土中，页岩陶粒是一种性能优良的新型建筑保温材料，用它作为骨料的混凝土，具有质轻、高强、保温性好、耐火、隔声、抗渗透性好及施工适应性好的特点，比较广泛地用在混凝土空心砌块、保温结构工程和多层建筑的混凝土结构中，也可以用陶粒轻质混凝土生产各种墙板材料，或者整体现浇屋面保温隔热层，其保温隔热效果非常好。

3. 屋面保温隔热层的施工

（1）陶粒混凝土的材料基本要求：最大粒径以陶粒累计筛余小于 10% 时的筛孔尺寸，定为本批次陶粒最大粒径。保温混凝土及结构保温混凝土用陶粒的最大粒径不宜超过 30mm；结构混凝土用陶粒的最大粒径不宜超过 20mm。配制保温或结构混凝土时，如果除了陶粒轻骨粒外，还必须采用轻质陶砂。用作屋面保温及隔热层时，可用 MU2.5 级混合砂浆砌陶粒保温砌块，也可以按陶粒混凝土设计配合比整体现浇保温层，待浇筑后的保温层达到一定强度后，再用 1∶2 水泥砂浆抹 20mm 厚找平层压平。

采用页岩陶粒混凝土作为屋面保温隔热层的一般配合比见表 2。

（2）陶粒混凝土施工质量控制：

① 计量搅拌：粗细骨料、水泥和外加剂等严格按重量计算称量，其中粗细骨料允许误差 <3%；水泥、水和外加剂允许误差为 1%。搅拌必须用强制式搅拌机进行，投料顺序是：先投细骨料、水泥和粗骨料，干拌约 1min，再加水连续拌 2min 以上；而采用自落式搅拌机的加料顺序是：先加用水量的 1/2，再加粗细

骨料和水泥，搅拌1min以后再加1/2的水连续搅拌不少于2min。

页岩陶粒混凝土配合比及性能　　　　表2

强度	坍落度(mm)	砂率(%)	质量配合比例							28d强度(MPa)	混凝土干密度(kg/m^3)	导热系数W/(m·K)
			水泥32.5	陶砂	陶粒直径（mm）			河砂	自来水			
					5~10	10~20	20~30					
5.0	20	0.35	1	0.72	0.4	0.4	0.53	—	0.48	6.4	876	0.2348
10.0	25	0.41	1	0.40	0.3	0.3	0.4	0.32	0.51	14.2	1163	0.318

② 陶粒混凝土浇筑成型控制：浇筑屋面较大的陶粒混凝土保温隔热层时，如果厚度为24cm，要先用振动棒振捣后再用平板振动器在表面振动。对于和易性好、流动性大且能满足强度要求的塑性轻质拌合物，也要用振动棒插入振捣。

（3）施工方法及注意问题：屋面在施工前的结构层表面应干净、干燥，无裂纹、蜂窝、麻面等缺陷，倒置式屋面应用吸水率低，长期浸泡不腐烂的保温材料。分散保温隔热材料要分层铺设，并压密实。平面保温隔热层的虚铺厚度不大于150mm。压实后的保温隔热层，未达到强度前不得上人和堆放重物。整体现浇保温层表面要平整，找坡均匀、顺直。

对于封闭式整体保温层和倒置式屋面，要按施工规范要求在保温层中设置好排气孔，排气孔道应纵横贯通，不要堵塞，并同外部连接好通向大气，排气孔数量应每$36m^2$至少设置1个，并对排气孔做防水处理。保温层浇筑完成后，及时进行找平层和防水层施工，雨期施工必须采取遮盖措施。

综上所述，轻质陶粒混凝土用于屋面保温隔热，施工工艺简单，工期短，造价也低，是一种比较好的新型屋面保温隔热材料。轻质陶粒混凝土配合比选择主要满足强度、密度及和易性，并合理使用材料及水泥为宜，有特殊要求（如抗冻及弹性模量要求等）。当配制C10以下轻质陶粒混凝土时，可以掺入占水泥质量20%左右的粉煤灰或其他矿物外掺料，达到改善拌合物和易性、便于施工操作的目的。轻质陶粒混凝土用于屋面保温隔热材料，具有良好的保温隔热效果，质轻、耐久、利于屋面防水工程质量，符合节能保温要求。

10 清水混凝土结构施工技术重点

清水混凝土是一次性成型的混凝土结构体，最早广泛应用在桥梁工程中，以前直接应用在民用建筑工程的比例较少。清水混凝土结构有其自身的优势，如：节省了装饰阶段的二次抹灰工序，避免了抹灰产生的开裂、空鼓、顶棚脱落等弊病，节约材料，环保经济，施工质量效果良好，符合建立资源节约型社会理念，适应当前建筑节能要求。现结合某建筑大厦主体工程梁、柱、墙、板为清水混凝土施工及管理控制，分析清水混凝土的质量标准及要求、常见质量缺陷及监控对策，重点阐述从模板体系的设计、制作及安装固定到混凝土原材料选择，配合比设计，混凝土浇筑、养护和表面缺陷修补全过程中，所采取的方法措施及质量控制重点。

1. 清水混凝土的质量标准要点

到目前国内还没有统一的针对清水混凝土的质量标准和施工验收规范①，应用时只能参考相关混凝土的施工工艺标准，针得业主、设计、监理及施工单位的认可同意，在普通混凝土结构验收标准的基础上，形成共同遵守的质量标准：即：轴线通直、尺寸准确、棱角方正、线条顺直、表面平整、色泽一致、清洁干净，表面无明显气泡，无砂带斑点；表面无蜂窝、麻面、露筋和裂纹；模板接缝、施工缝留置和对拉螺栓有规律性；模板接缝与施工缝接槎处无挂浆和漏浆等可见缺陷。

2. 混凝土常见结构缺陷及对策

要做好施工预控准备，必须认真分析探索清水混凝土面层可能出现的质量缺陷和产生这些缺陷的原因，才能采取有效的预控措施，避免产生已确定验收标准上提出的缺陷存在。而清水混凝土需要预防控制的缺陷主要表现在：表面平整度、轴线位移或不

---

① 可参考《清水混凝土应用技术规程》(JGJ 169—2009)

平直，表面出现蜂窝、麻面、有水气泡小坑，表面粘损、小孔洞、箍筋露出，单个孔隙；而混凝土内部需要预控的是：浇筑过程中振捣质量不到位，过振或漏振，造成混凝土内部孔洞偏多、孔隙率偏大，必须在浇筑过程中严格控制，监督管理。

采取的监控措施是：重点抓住清水混凝土施工的四个关键控制技术环节，即模板安装加固，混凝土配合比设计和使用原材料的质量控制，混凝土的浇筑过程质量控制及混凝土养护与表面缺陷修补等，做好各个过程工序的预防控制。

3. 模板工程质量控制

3.1　模板施工方案审查重点

清水混凝土施工用模板必须具有足够的强度、刚度和稳定性，在混凝土侧应力作用下不允许有丝毫的变形，以保证浇筑件外形几何尺寸均匀，断面一致，防止漏浆；选用的模板材质要有较高的要求，表面平整光洁，强度高，耐变形及耐腐蚀，并且有吸水性；对模板的接缝和固定螺杆等，接缝平整严密，不允许有漏浆可能；对模板的设计，充分考虑到拼装和拆除时的方便可靠、支撑牢固和简便性，并保证支撑好的骨架有可靠的强度、刚度和稳定性及整体拼装后的平直度，根据所浇构件的外形及规格，可以现配或制作定型模板，周转使用；模板制作时确保几何尺寸准确，拼缝严密，材质一致，板面拼缝高低差不大于1mm。模板间接缝高差、宽度偏差不大于2mm；模板接缝处理要严密，板内缝用油膏嵌批，而外侧用硅胶或发泡剂封闭，可防水也是防漏浆，模板内刷脱模剂应选择吸水适中的无色轻机油；严格控制模板周转次数，周转二次后应全面检修并对表面进行处理。

3.2　模板方案及材料选择要点

为达到浇筑符合清水混凝土质量目标，模板体系确定材质为钢木组合大模板，根据工程特点及木工技术素质及已安装工程经验，地下室及裙房选用竹胶板木龙骨模板体系，采取常见的12mm×1220mm×2440mm 竹胶板作为面板，50mm×100mm 方木及 ϕ48mm 钢管为楞骨，ϕ48mm 钢管，自制蝴蝶夹，ϕ14mm

对拉螺栓作为加固系统；而标准层及剪力墙、柱采用钢木组合大模板，12mm 厚竹胶板作为面板，6 号槽钢为副龙骨，10 号槽钢为主背龙骨，剪力墙采用 $\phi16$ 的高强全丝螺杆为加固系统。梁、板模板同地下室，以 $\phi48$mm 钢管搭设的整体扣件式满堂脚手架作为墙、柱的水平支撑及梁、板的垂直支撑体系。

3.3　柱模板支撑要点

对于地面以下混凝土柱模的通用性和互换性都比较差，选用 12mm 厚高强度覆膜竹胶板为面板，50mm × 100mm 方木作楞木兼拼口木，以 $\phi48$mm 钢管作为柱箍，柱截面尺寸 ≥700mm 时，增加对拉螺栓拉结加固。地面以上的混凝土柱模板通用性、互换性较强，采取定制可调截面钢大模板支设。

（1）对截面尺寸 ≤650mm 的柱，采用双管柱箍中间加设坡口木楔紧固，柱高 3m 以下范围内柱箍的间距 ≤400mm；柱高 3m 以上范围内，柱箍的间距 ≤500mm。

（2）对截面尺寸 ≥700mm 的柱，采取脚手架管作柱箍紧固，柱高 3m 以下范围内柱箍的间距 ≤400mm；柱高 3m 以上范围内，柱箍的间距 ≤ 500mm，在柱中加设 $\phi14$mm（外套 $\phi25$mmPVC 管）对拉螺栓，柱外侧四角双向均加设保险扣件，对拉螺栓布置间距同柱箍。

地面以下柱模板见图 1，地面以上混凝土柱采用定制可调截面钢木大模板支设，见图 2、图 3。

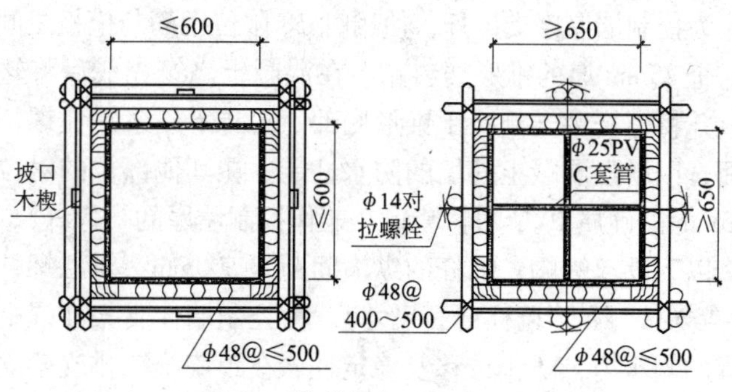

图 1　柱模板加固示意图

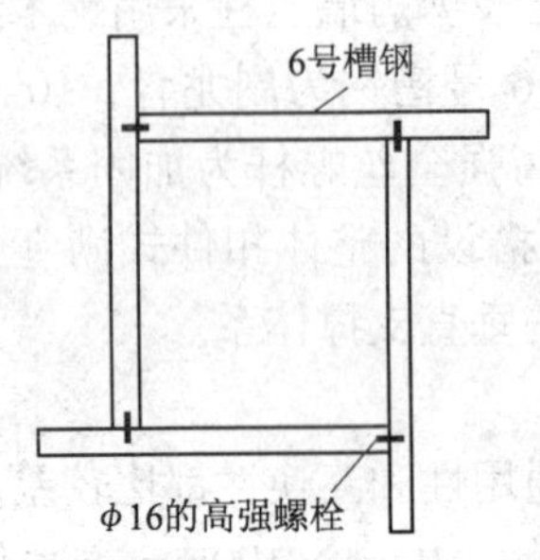

图2　可调截面钢柱模组合平面

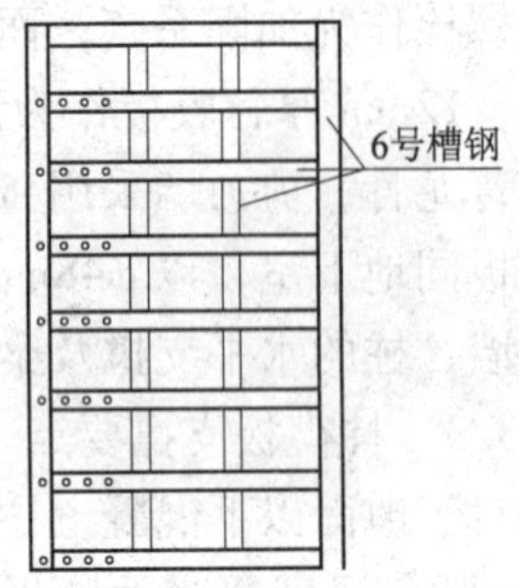

图3　钢柱模立面结构

3.4　剪力墙、电梯井等模板支设要点

（1）剪力墙模板采用12mm厚高强度覆膜竹胶作为面板，50mm×100mm方木作次楞木兼拼口木，以φ148mm钢管作为主楞骨。在墙模的根部（距地面200mm高范围），设一道定位水平拉杆（间距1.5m以内），一端固定在模板的十字横楞上，另一端固定在满堂脚手架上。墙模下口校正定位后，按上述步骤在墙模板中间设一道水平拉杆。认真进行校对并自检，确保墙模位置准确。校正完一侧模板后，检查钢筋是否绑扎完成并检查验收，确认钢筋无任何问题则进行另一侧模板的合模，并用穿墙对拉螺杆固定两侧模板。双面模板安装加固后，要反复检查模板的平整度、垂直度及截面尺寸，及时调整报检。

（2）地下室外墙对拉螺杆用30mm长φ8mm钢筋垂直于螺杆焊接作为控制墙厚度支撑杆，使用时φ8限位钢筋与模板之间还要加设一个25mm厚的锥形塑料帽，在混凝土浇筑完成后将塑料帽取出，并将螺杆用气割断于锥形底部，用防水砂浆封住螺杆端部迎水面，以增强混凝土外墙的防水性能。在其他部位的对拉螺杆套φ25mm的硬质PVC塑料套管（兼作控制墙厚的支撑杆），在墙高1/2以下设双螺帽，螺杆的纵横间距为500mm，对拉螺杆长度为h+400mm（h为墙柱截面尺寸）。为控制墙体支架在混凝土浇筑过程的侧压力，防止位移及稳定性，在距墙第二排支架立杆处的楼板上，预埋设φ32mm钢筋作为地桩@≤2000mm，并与支架的扫地杆固定，在支架内设剪刀撑，剪力墙模板安装布置见图4。

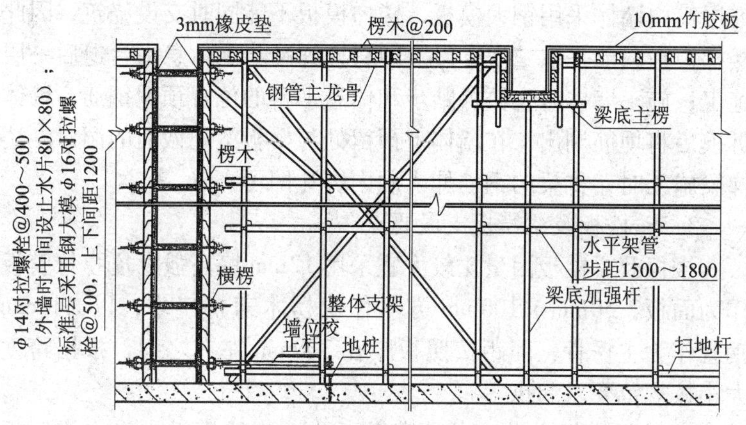

图4　梁、墙、板模板施工示意图

（3）电梯井道内模板的支设，考虑到井道模板支拆方便，不损伤模板，并保持阴阳角方正，井筒的4个阴角模采用120mm×10mm和75mm×8mm角钢制作的定型活动角模，见图5。

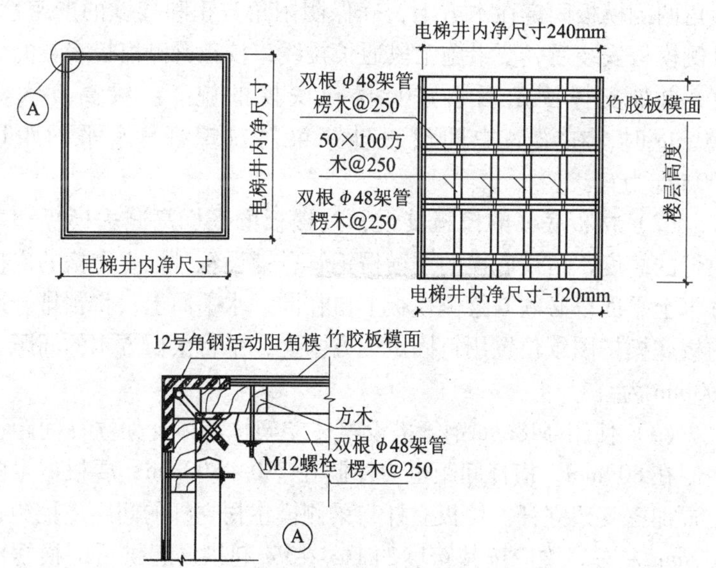

图5　阴角结构示意图

（4）楼梯模板支设要点，楼梯一般都是筒内附墙式，因标准层筒内墙体采用钢大模板，楼梯模板不能同时支设浇筑，因此楼梯模板只能采取二次支设。即将楼梯踏步和休息平台退后一层施工；施工墙体时在楼梯踏步和休息平台的位置预埋钢筋，墙体拆模后将埋筋剔出，在墙体上预留处与楼板梁同截面的洞口。楼梯梁施工时，将梁的钢筋伸入洞内绑扎即可。

3.5 楼板及梁模板支设要点

楼板及梁模板因量比较大宜采用12mm厚高强度覆膜竹胶板作为面板，50mm×100mm方木作次楞木兼拼口木，以ϕ48mm钢管作为主楞骨，间距按照板厚在300mm左右之间，根据跨度大小按规范要求起拱。

（1）梁模板支设，次梁模板不要入主梁模板内，主梁模板不入柱模板内，所有梁侧模板必须定向配制，规定横向时为外包，纵向为被包，以防在模板安装时出现混乱的锯、包补现象。在梁与梁、梁与柱的交接处，必须用50mm×50mm的方木把阴阳角两侧模板固定在木方上，确保阴阳角方正和接缝的严密性。梁侧模板安装后，要沿施工段通长拉线，校正梁侧模板安装的顺直，并加支撑固定后再进行楼板底模的施工。梁高度大于600mm时，在梁高中间设一排穿梁对拉螺杆，水平间距以700mm为宜。

（2）楼板底模的模板支设，按楼板的底标高减去模板和木龙骨的高度，搭设底模的主横楞钢管；铺设经过检查合格的次楞方木上平面，必须与梁侧模板上口在同一水平面上；将预排合适的板底模按图纸位置用钉固定在方木上，平台次楞方木的间距以200mm为宜。

（3）使用ϕ48mm钢管搭设整体支架，整体支架立杆间距应控制在800mm，横杆间距也应控制在700～800mm；要根据梁的位置加密支架立杆。楼板立杆与梁侧摸主楞立杆的间距应控制在400mm左右。梁应按其跨度的1%～3%起拱，起拱后的横楞沿梁的长方向应呈弧形，不得形成三角形。支架之间应设水平拉杆和剪刀撑，其竖向间距应当在1.60m。支架应满足承载力要求，加设支座及木垫板，保证混凝土在浇筑过程中不会出现支座下沉和位移。梁的两侧模板通过连接模用U形插销与底板连接，保持梁成型后截面尺寸不变。

为确保满堂模板支架的整体刚度和稳定性，支架内应设剪刀撑，满堂模板支架四边与中间每隔4排支架立杆应设一道纵向剪刀撑，由底至顶连续架设；高于4m的模板支架，其两端与中间每隔4排支架立杆，从顶层开始向下每隔2步设置一道剪刀撑。

4. 混凝土浇筑全过程的控制

4.1 对原材料配合比控制重点

原材料产地必须统一，砂石的粒径级配要连续、均匀；新拌混凝土具有良好和易性和黏聚性，绝对不允许出现分层和离析现象。在各种条件都允许的条件下，尽量采取低坍落度和水灰比配料。现在浇筑混凝土几乎都是泵送施工，控制坍落度为140～160mm为宜，尽量减少泌水出现。同时，控制拌合物的含气量小于3%，初凝时间不超过8h。

加强同搅拌站的协商与沟通，提出清水混凝土的特殊性，要求厂家对所有原材料配合生产过程严格检查，按照重量准确投料，不要出现随意性，严格掌握用水量和搅拌时间，随时根据气候变化抽检砂石料的含水率，调整用水量，从源头控制混凝土的均匀一致性。

4.2 清水混凝土的浇筑过程控制重点

检查落实施工保证措施，组织措施和人员安排，技术交底相关规定；检查模板分项，合理调度搅拌运输车和送料时间，逐车检查拌合料坍落度；严格控制每车下料数量，保证输送浇筑点的分层厚度在350mm以内；振捣方法正确，不漏振和过振，可以采取二次振捣法，以达到更好地排出空气，更加密实，即第一次在混凝土浇筑时振捣，第二次待混凝土静置一段时间再振，而上层一般在0.5h后再二次振；严格振捣时间和振动棒插入下层混凝土深度，振捣时间以混凝土翻浆不再下沉和表面无气泡泛起为止，一般在10～20mm之间。

4.3　清水混凝土的养护控制重点

为避免混凝土表面形成色差，减少表面因失水过快而形成微裂缝，影响外观质量和耐久性，认真做好混凝土早期的养护十分重要。现场要求清水混凝土梁侧模在48h后可拆除，拆模前上表面可以浇水湿润，拆模后其表面遮盖物不得直接用草帘包裹，防止造成永久性黄色污染，应选择用塑料薄膜严密覆盖养护，一般房屋工程养护不少于7d，有规定养护期的按规定养护。

4.4　清水混凝土表面缺陷修补控制重点

混凝土施工属于动态控制，尽管采取各种措施但拆除模板后，由于混凝土的特性产生的泌水、模板漏浆和混凝土本身的含气量较大，表面局部会产生一些小的气泡、气孔和砂带现象。拆模板后要立即清除浮浆和砂子，采用相同品种、相同强度等级水泥拌成水泥浆，修复和批嵌缺陷地方。待水泥浆凝结后，用细砂纸将整个构件表面均匀地打磨光洁，并用水冲洗干净，确保表面无色差，达到均匀一致。

综上所述，某建筑工程清水混凝土主体工程，经过认真分析，制定细致、周密的方案，实行全过程质量控制，并对重点部位加强控制，清水混凝土主体结构一次施工完成，结构阴阳角方正、线条顺直、棱角分明、分格缝宽窄深浅一致，墙体表面平整，色泽基本一致，主体工程合格，达到预期质量控制目标，为以后类似的清水混凝土结构施工提供可借鉴经验。总之，清水混凝土结构质量控制的重点关键是模板工程，这是重中之重的要控制的项目。

11　硅粉混凝土性能及在工程中的应用

硅粉是冶炼工业硅或含硅合金时，由高钝度的石英与焦炭在高温电弧炉（2000℃）中发生还原反应而产生的工业尘埃，是利用收尘装置回收烟道排放的高温废气并通过专门处理获取。硅粉也称硅灰、细硅粉及硅尘，产品质量主要用二氧化硅（SiO_2）

含量和细度来评定。硅粉 SiO_2 含量越高，颗粒越细，对混凝土性能改善越明显。由于硅粉是蒸汽冷凝而成，故粉末呈现完整的球状，相对密度较低，为2.2~2.5g/cm^3，表观密度200~300kg/m^3，空隙率高达90%以上。硅粉颗粒特别细，比表面积为15~25m^2/g，平均颗径0.1μm左右，约是水泥的1/100，属纳米级颗粒。硅粉主要成分是无定型的 SiO_2，活性约占85%以上。硅粉烧失量一般在6%左右，火山灰活性指数多大于85%。

硅粉虽然是工业废料对环境造成一定污染，如果作为掺合料用于混凝土中，不仅节省能源减少环境污染，而且能更加有效地改善和提高混凝土的多项性能，适合用于各类混凝土工程。1985年，国内在首先在四川渔子溪二级水电站厂房混凝土中掺入使用，硅粉掺量为3%~7%，效果不错。之后又在一些工程相继使用，如安康、二滩、东风、小浪底、飞来峡等水电、大桥、高层建筑、公路路面等工程中应用，均取得了较好的社会经济效益，现在硅粉是生产高性能、高强度混凝土不可缺少的重要材料。

1. 硅粉在混凝土中的作用

硅粉在混凝土中的主要作用性能包括火山灰效应和微填充效应。硅粉在混凝土中与水接触后，部分小颗粒迅速溶解，并与水泥水化产生的 $Ca(OH)_2$ 发生化学反应，生成水化硅酸钙C-S-H凝胶，均匀分布在水泥颗粒中间，这就是硅粉的火山灰效应。由于C-S-H凝胶的强度高于水化产物 $Ca(OH)_2$ 的强度，因此C-S-H凝胶的生成不仅提高了混凝土结构体内的密实性，更加有利于提高混凝土结构的强度。因硅粉微粒极其细小，造成硅粉的火山灰效应往往在加入混凝土后的几个小时内就出现。试验表明，在有硅粉存在的情况下，水泥水化早期产物中的 $Ca(OH)_2$ 含量随着龄期的延长变得越来越少，也可能完成反应。

当硅粉替代水泥后极细球状微粒将填充在水泥颗粒孔隙之间，改善水泥颗粒级配和粒径分布，使水泥浆体密实。当硅粉二次水化产物又堵塞毛细管的通道，使大孔隙和连通孔减少，水泥浆体则更加密实。硅粉的这种物理填充和二次水化产物填充的功能，称作硅粉的微填料效应。因此，硅粉的微填料效应和火山灰效应共同作用下，水泥浆体中早期产物中的 $Ca(OH)_2$ 减少使细晶细化，混凝土内部的小孔隙增加，孔隙分布的均匀性提高，水泥浆与集料的粘结力有大的增加，掺入硅粉的混凝土物理力学性能和耐久性均有大幅度提高。

2. 硅粉混凝土的力学性能

（1）硅粉在拌合料中的和易性：由于硅粉的比表面相当之大，颗粒表面湿润需要较多水分，使得新拌混合物中的大量自由水被硅粉粒子所控制，混凝土内部很难有多余的水分溢出。另外，硅粉微粒堵塞了新拌混合物中混凝土的毛细孔，因此，在混凝土中掺入硅粉使得黏聚性和保水性大大提高，但流动性却大幅降低，且流动性的降低是随着硅粉掺量的增加而增大。如不掺硅粉纯水泥标准稠度为22.75%，而硅粉掺量为10%的标准稠度则为30.55%。掺入硅粉，使硅酸盐水泥的标准稠度用水量明显增大。如果保持流动性不变，每立方米混凝土中每加入1kg 硅粉，用水量也要增加1kg。为此，为了确保硅粉混凝土的强度和需要的流动性，在混凝土中掺入硅粉的同时，必须掺用高效减水剂。高效减水剂为萘系列，掺量在1%～3%之间。

（2）硅粉混凝土的强度：实践表明，在混凝土中掺入硅粉和粉煤灰，可以替代等量水泥。现以硅粉混凝土的抗压强度试验为例，水泥为P. O. 52. 5 硅酸盐水泥，粉煤灰Ⅱ级，混凝土坍落度3～7cm，人工碎石，减水剂1%。*W/C* 为0. 50，试验结果见表1。

硅粉和粉煤灰共掺混凝土的抗压强度　　表1

试件号	水泥量（%）	硅粉量（%）	粉煤灰（%）	抗压强度（MPa）		
				7d	28d	90d
P1	100	0	0	24. 8	33. 6	39. 0
P2	90	10	0	30. 2	47. 7	54. 3
P3	65	0	30	18. 1	27. 8	36. 6
P4	65	5	30	20. 8	36. 8	41. 4

从表 1 中看出，混凝土中掺入 10% 硅粉替代等量水泥，混凝土 7d、28d、90d 强度分别提高 21%、42% 和 38%，表明硅粉混凝土强度发展稍慢，其硅粉混凝土强度发展主要在 28d 以前，但适量的硅粉会使混凝土的绝对强度大幅提高。硅粉掺量在 20% 以内，混凝土的强度一般会随着掺量的增加而提高。当掺量超过 20% 以上时，硅粉混凝土强度则明显下降，也不会随着掺量的增加而提高。

比较表中试件 P3、P4 在掺入 30% 的粉煤灰和 5% 硅粉的混凝土抗压强度比单掺 30% 的粉煤灰混凝土要高。因为在混凝土中同时掺入粉煤灰和硅粉的混凝土，水泥、粉煤灰、硅粉三种粉体材料的粒径处于不同数量级，对颗粒进行优化，更加便于填充集料间空隙，并与水泥水化产物 $Ca(OH)_2$ 充分反应，生成 C-S-H凝胶，增大 C-S-H 凝胶的数量和体积，减少 $Ca(OH)_2$ 的数量。克服了单掺粉煤灰混凝土早期强度低和单掺硅粉混凝土后期发展缓慢的不足，并能获得更好的和易性，使粉煤灰和硅粉达到优势互补最佳状态，改善混凝土性能，获得较高的早期强度和耐久性。

（3）硅粉混凝土的干燥收缩性：在混凝土中加入硅粉后，由于硅粉的微填充效应，自身吸水率高，使新拌混凝土的泌水量大大降低，而且硅粉混凝土早期水化反应快，早期强度提高，弹性模量也大，徐变和应力松弛则减小。因此，硅粉混凝土出现塑性开裂时间，一般在浇筑振捣后抹压的终凝前出现，收缩裂缝的机会较普通混凝土大得多，且也随着硅粉掺量的增加而增大。而后期即 60d 后因硅粉混凝土孔隙细小，结构细密，水分迁移较少，体积变化相对平缓，其收缩量与普通混凝土相似。

外掺硅粉不仅使混凝土表面出现裂缝的时间提早，而且裂缝贯穿整个混凝土表面所需的时间缩短，最终裂缝数量、裂缝总长度、最大裂缝宽度及开裂面积会增加。如当水分蒸发速度为 $0.5kg/(m^2 \cdot h)$ 以上时，硅粉混凝土极有可能出现塑性开裂。而普通混凝土这一限值可达到 $1.0kg/(m^2 \cdot h)$。据有关资料介绍，掺有硅粉的混凝土7d龄期的干收缩值为普通混凝土的2倍左右，占全部干收缩值的40%左右。为此，在高温低湿度和高风速条件下浇筑的硅粉混凝土，必须特别注意防范混凝土早期塑性出现开裂和早期收缩。

（4）硅粉混凝土的温度变化：当混凝土中掺入硅粉后，通常3d前的水化速度和温度升高加快，热峰值提早出现，但混凝土的最终水化热比普通混凝土降低，绝对温升值有所下降，特别是在水灰比较低时更加明显。这对减少大体积混凝土内部升温引起的开裂是比较有利的。试验表明，水灰比为0.35，水泥用量为77%，粉煤灰用量为23%或15%，胶材总量为213kg/m^{3}的混凝土，掺8%硅粉与不掺入硅粉的混凝土相比较，28d的抗压强度提高9%，3d前的绝对温升速度加快，而3d后的绝对温升速度趋同，最高绝热升温值降低2~3℃。

3. 硅粉混凝土的耐久性能

混凝土的耐久性是一项关键指标，耐久性一般包括抗冻性、抗渗性、抗磨蚀性、抗化学侵蚀性和抑制碱集料反应能力等。许多使用研究表明，在混凝土中掺入硅粉对混凝土耐久性是极其有利的。

（1）抗冻和抗渗性能：混凝土中掺入硅粉后其密实度增加，抗渗性能提高，则抗冻性也会好。在强度相同的情况下，硅粉混凝土的抗渗性能比不掺硅粉的混凝土提高约1倍。在水泥用量为100kg/m^{3}的混凝土中掺入10%硅粉，其渗透系数从1.6×10^{-7}m/s减至4×10^{-10}m/s，改善后的混凝土渗透性相当于水泥用量为400kg/m^{3}的普通混凝土。

据南京水利水电科学研究院介绍，对掺与不掺硅粉的混凝土分别加压12MPa维持24h后劈开试件检测其渗水深度，不掺硅粉与掺5%、10%硅粉混凝土的渗水深度分别为9.5mm、5.2mm和4.8mm。由于硅粉的微填料效应，掺入硅粉的混凝土密实性增加，抗渗能力提高，使抗冻性能得到较大改善。当胶结材料用量为216kg/m^3，掺40%粉煤灰和0.004%引气剂的混凝土，抗冻融循环仅达到50次；而原材料品种相同，当胶结材料用量为 236kg/m^3，掺35%粉煤灰、5%硅粉和0.006%引气剂的混凝土，抗冻融循环可达到350次以上。

（2）抗磨蚀性能：据介绍，东风拱坝中孔边墙混凝土 C_1 和粉煤灰硅粉共掺混凝土 C_2 的抗磨蚀性能见表2。

粉煤灰硅粉共掺混凝土抗磨蚀性能 表2

试样号	水泥（%）	粉煤灰（%）	硅粉（%）	28d 抗压强度（MPa）	抗冲磨强度相对倍数	抗空蚀强度相对倍数
C_1	77	23	0	58.0	0.744	7.61
C_2	77	15	8	63.3	0.996	21.30

从表2中看到，在混凝土中掺入硅粉后，混凝土的抗磨蚀性能力提高。同未掺硅粉的混凝土试件 C_1 相比，硅粉混凝土（C_2）的抗空蚀能力一般提高1.8倍左右，抗冲磨能力提高0.3倍。一些研究表明，随着硅粉掺量的增加，混凝土的抗磨蚀性能力提高。但当硅粉掺量大于20%时，混凝土的强度和抗磨蚀性能力不再随着硅粉掺量的增加而增加，甚至会出现下降局势。

（3）抗化学侵蚀性：硅酸盐是以离子形式扩散到混凝土中与其中的 $Ca(OH)_2$ 反应，形成钙矾石膨胀，使混凝土结构体造成破坏。混凝土中掺入硅粉后可明显降低混凝土渗透性，减少游离的 $Ca(OH)_2$，能有效抵抗 SO_4^{2-}、Cl^- 的渗透，减少 Cl^- 浸入混凝土后腐蚀钢筋产生顺筋裂缝，从而提高混凝土抗侵蚀性。这样的技术条件对海岸及盐渍土混凝土极其有利。

（4）抑制碱-骨料反应能力：水泥中的碱性氧化物（Na_2O、K_2O）与骨料中的 SiO_2 发生化学反应，在骨料表面生成复杂的碱-硅酸凝胶，这种凝胶吸水后产生很大的体积膨胀（达3倍左右），从而引起混凝土的膨胀破坏。硅粉掺入混凝土后对碱-骨料反应有明显的预防抑制作用，因为硅粉微粒改善了水泥胶结材料的密封性，混凝土内部小孔多但是均匀，极细的微粒表面又吸附了混凝土内部有限的自由水，从而减少了水分通过浆体的流动速度，使得碱-骨料反应必须的水分减少，有效抑制碱-骨料反应。在混凝土中掺加5%～10%的硅粉，混凝土的膨胀量可以降低10%～20%。一般掺加10%的硅粉可以有效抑制碱-骨料反应能力。

4. 硅粉混凝土在工程中的用途

硅粉的超细度和含量高的无定型SiO_2，使得在混凝土中微集料效应和火山灰效应发挥的极其充分。除了能改善混凝土的物理力学性能外，几乎对混凝土耐久性的所有性能都有利，尤其是对配制C60以上高强度高性能混凝土，还可以配制特殊环境条件下的高耐久性混凝土，即水工、海工、抗冲击、冻融环境混凝土，用外掺硅粉通常是最有效的方法。

（1）水工抗冲击耐磨混凝土：磨损冲击和空蚀破坏是水电泄流构筑物常见的工程损害病症。在水流速度太快且夹带部分砂石子磨损冲击时，这种破坏更严重。如水电冲砂闸、泄水孔、溢洪道等部位混凝土，会经受高速水流冲刷和气蚀作用影响，易遭受破坏且难以修复。这些部位如果用硅粉混凝土可较好地解决这个难题。

（2）海工混凝土：海岸及海港混凝土工程长期遭遇海水侵蚀冲击，极容易受氯离子Cl^-渗透而使钢筋锈蚀破坏。如洋山港深海集装箱码头、2004年建成的东海大桥，其桥墩基础最初计划采用环氧树脂作为保护层来防止钢筋的锈蚀。由于环氧树脂的耐久性、成本及抵抗氯离子Cl^-渗透能力不利，改为掺硅粉、矿渣、粉煤灰掺合料，提高了混凝土抗Cl^-渗透能力。杭州湾跨海大桥等工程同样使用掺硅粉、粉煤灰等掺合料，来提高混凝土抗Cl^-渗透能力。实践表明：混凝土中掺入硅粉，能有效提高混凝土的抵抗氯离子Cl^-渗透能力，减少钢筋锈蚀破坏。

（3）高强度混凝土：高强混凝土一般是指强度等级达到C60及其以上的混凝土，主要用在城市的高层建筑和大跨度桥梁工程。如芝加哥77层高大楼，下部分1/3是用C80高强硅粉混凝土后，柱子原C30混凝土截面700mm×700mm减小到425mm×

425mm，截面积减小 63%，不仅节省费用还增大了使用空间。现在利用外掺硅粉和高效减水剂，可以配制 C100 以上的高强混凝土。

（4）公路路面混凝土：利用硅粉的微填料效应和火山灰效应，在路面混凝土中适当掺入硅粉，能显著提高混凝土的耐磨性能，抗折、抗疲劳、抗压强度都会提高，且在相同使用年限下的硅粉混凝土其路面投资比普通混凝土路面降低 10% 左右，维护费用也低，利用硅粉混凝土修复路面，还能发挥硅粉混凝土早期强度的优势，缩短因路面修复引起的交通问题。

5. 硅粉混凝土应用的技术控制重点

（1）硅粉的合适掺量：当硅粉的掺量明显加大时，硅粉对混凝土的强度不再提高而是（效率指数）下降。当硅粉掺量取代水泥大于 20% 时，其效率指数明显下降。当大于 30% 时，混凝土的强度反而降低。混凝土出现塑性开裂和早期收缩裂缝的机会增大。当硅粉掺量过多时，新拌混凝土变得非常黏，稠度大，施工振捣不宜。由于硅粉产量比较低，价格同水泥相当，掺用多了也节省不了费用，因此在必要时掺用，其使用量低于 15% 为宜。

（2）硅粉必须同减水剂复合使用：混凝土中掺用硅粉必须同时掺用高效减水剂，才能保证混凝土必需的流动性，也能使硅粉在混凝土中发挥增强作用。需要特别注意高效减水剂对混凝土中其他材料的适应性问题。结合工程特点和备用材料的性质，通过试拌混凝土确定硅粉、外加剂和其他胶结材料的用量及相对最佳混凝土配合比。同时，高效减水剂的加入使低水灰比的硅粉混凝土拌合料的坍落度损失加快。因此，预拌混凝土运输时间长或泵送硅粉混凝土，应严格控制硅粉或外掺缓凝剂量。还要特别注意的是，因硅粉混凝土稠度比较大，拌合时间要长于普通混凝土 40s 以上，从搅拌机出料后尽量缩短运输时间，及早入模振捣，防止坍落度损失操作困难。

（3）硅粉混凝土的养护问题：认真控制硅粉混凝土的裂缝

是硅粉混凝土施工的关键。为此，硅粉混凝土的养护要比普通混凝土提前及加强。在混凝土浇筑完成后终凝前，必须立即用喷雾方法来保持表面湿润使水分蒸发放慢，并用塑料薄膜覆盖保湿，养护时间不少于28d。实践表明，延长养护时间对减少硅粉混凝土塑性开裂和早期干燥开裂有利。

综上浅述，由于硅粉混凝土具有优良的物理力学性能和耐久性能，硅粉混凝土现在已经成为水利水电工程、海港、交通、建筑工程混凝土的重要外掺合料，成为高强度、高性能混凝土的关键组分之一，在混凝土中发挥越来越重要的作用。但硅粉资源缺乏数量也少，价格较贵，用部分硅粉与其他工业废料复合，来配制高性能混凝土是很有必要的，利于环境保护和节省能源，降低混凝土成本，使混凝土结构耐久性得到提高。

12　多孔植被混凝土的耐久性影响因素分析

多孔植被混凝土是由多孔混凝土和植生基材（人工土壤）两个部分组成，在具有工程防护功能的同时，还具有适合植物生长，恢复保护环境，改善生态条件性能。据资料介绍，日本已有数百个工程运用该技术构筑堤坝、河岸、公路边坡等。我国对多孔植被混凝土的研究与使用才是初级阶段，从许多文献资料看到主要是在多孔植被混凝土的强度和孔隙率方面，对于多孔植被混凝土的耐久性涉及较小。现就多孔植被混凝土的结构、组成与使用环境对耐久性影响进行分析。

1. 影响多孔植被混凝土的耐久性因素

多孔植被混凝土的孔隙率大且互相连通，胶结材料少且很薄弱，在使用过程中经常受到来自水的冲刷、自然环境恶劣和土壤因素产生的化学侵蚀作用，同普通混凝土相比较，其耐久性更复杂。

1.1　混凝土自身因素

（1）多孔混凝土结构特点：多孔植被混凝土的主体构造是多孔混凝土，采取的单一粒径或间断级配集料作为骨架，水泥浆薄层包裹在骨料的表面，骨料通过硬化的水泥浆薄层胶结而成，见图1。因此混凝土内部存在着大量连通的空隙，这些孔隙数量多，孔径大小及水泥浆层厚度都将直接影响多孔植被混凝土的强度和耐久性。多孔混凝土的孔隙率一般在25%以上。强度低于10MPa，因此很容易遭受腐蚀而破坏。

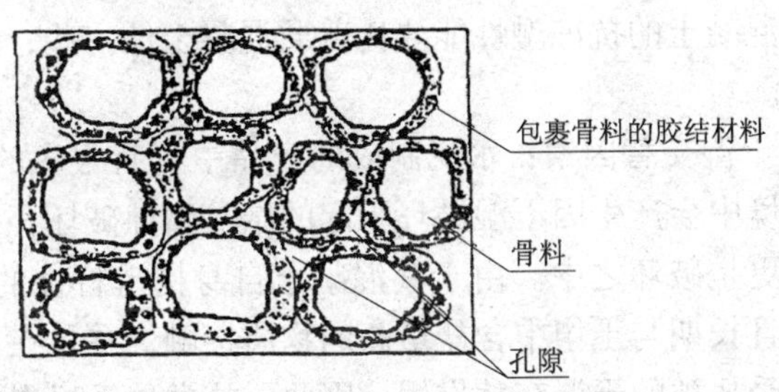

图1　多孔混凝土的结构模型

（2）多孔混凝土配合比及材料组成：多孔混凝土的配合比与耐久性关系密切相关，配合比中骨料用量和胶结材料用量决定着孔隙率大小和混凝土强度。水灰比影响胶结材料浆体层的厚度，以及浆体对骨料包裹的均匀程度，水泥浆体层越厚，分布越均匀，多孔混凝土强度会越高，抵抗物理破坏和化学侵蚀的能力则越强。同时，水泥品种、强度等级及矿物组成，骨料粒径、形状、颗粒质量及表面形状，外加剂及掺合料也都会对多孔混凝土的耐久性产生不利影响。

（3）植被基材影响：植被基材是多孔植被混凝土的重要组成部分，是多孔植被混凝土中植被生长的人工土壤，其材料组成比较复杂，化学性质活跃，富含酸、盐、二氧化碳和微生物等。在土壤中所有水泥基材，都会不同程度地遭受到各种侵蚀介质的影响受损害，其腐蚀形态及主要影响因素与土壤类型，土壤理化性质及微生物种类和含量有直接关系。植被基材对多孔混凝土结构的腐蚀类型主要有酸、盐、微生物和二氧化碳类的侵蚀。

1.2　多孔植被混凝土的耐久性外部因素

（1）季节冻融因素：由于多孔植被混凝土中有大量连通的

孔洞，水分很容易自由流动到内部各部位，孔隙中的土壤中长年保存大量水分，进入冬季北方广大地区低温引起混凝土内部孔隙水产生冻胀结冰，使多孔隙混凝土承受来自内部的膨胀应力。当冻结不断加重，膨胀应力超过孔隙混凝土承受应力时被冻胀裂，随着时间的延续裂缝不断扩展，表现混凝土骨料颗粒的剥落粉化。因此混凝土的抗冻融性能要比普通混凝土低一些，强度损失也比较大。

（2）干湿交替因素：水泥制成的产品中含有很多的无机盐，在这种环境中会产生因干湿循环引起的结晶腐蚀破坏，多孔植被混凝土也更是破坏之中。由于其混凝土自身构造特性的多孔隙，表面积大且长期与土壤中含盐量高的物质接触，并且在自然环境中常年遭受盐类的干湿交替作用。因此，盐类的干湿交替是影响多孔植被混凝土结构稳定性的重要环境因素。

（3）植被本身的因素：多孔植被混凝土中的植被较多选择的是根系发达的草种，根系的生长具有向水性和向下性，其在多孔混凝土内部孔隙中扎根，延伸扩展，甚至穿越混凝土层深入到混凝土外部土壤中。植物根系的壮大对混凝土孔隙壁产生挤压力，对混凝土结构有较大的破坏性。而植被的生长活动会使植生基材化学性质变得更为活跃，加速多孔混凝土的化学腐蚀进程。但此时植物根系在混凝土中形成网络，也使得多孔植被混凝土的力学性能得到提高。同时，植物根系在混凝土底部与下层土壤之间有良好的锚固效应，有效提高多孔混凝土结构的整体性和稳定性。

另外，水流对多孔混凝土也有影响，因其具有优良的透水性，透水系数约为0.2～6.0cm/s，水在其孔隙中流动，必然会造成多孔植被混凝土中的$Ca(OH)_2$逐渐溶解和流失，使强度来源的水泥石结构逐渐劣化，甚至破坏。

2. 多孔植被混凝土的耐久性要求

混凝土的耐久性是一个重要质量指标，是抵抗外部环境的能力的体现。多孔植被混凝土在河岸边和公路边坡护理中，长期受到来自植被与植生基材、气候及水环境的影响，其耐久性的要求如下：

（1）抵抗冻融性破坏：多孔植被混凝土用在公路与河岸边坡时，不可避地的在潮湿环境中或直接与水接触，因此，北方地区进入冬季其结构必然遭受到冻胀循环环境作用的影响。与普通混凝土相比，多孔植被混凝土的强度很低，孔隙多，胶结层薄，一般只能承受数十次冻融循环便发生破坏。此外，多孔植被混凝土孔隙内的填充土壤，在受冻过程中的体积变化和化学变化也会影响多孔混凝土的抗冻性能。

（2）抵抗酸侵蚀性：多孔植被混凝土中的土壤呈弱酸性，其酸来源于腐殖质中的有机酸，土壤中微生物的氧化还原反应，以及为调节土壤pH值和肥力而加入的酸性无机盐和聚合物。土壤酸性物质在土壤溶液中解离出 H^+，与从水泥石中溶出的 $Ca(OH)_2$ 发生中和反应。一方面，使水泥石碱度急剧降低，水化硅酸钙和水化铝酸钙失去稳定性而水解溶出，导致混凝土强度不断下降；另一方面，其生成的腐蚀产物稳定性差，易被溶解，加速腐蚀进程。

（3）抵抗盐侵蚀性：土壤和水中尤其地下水含有大量对混凝土有破坏能力的硫酸盐、氯盐和镁盐等。土壤溶液中 Mg^{2+}、SO_4^{2-}、Cl^- 的浓度一般都在0.001mol/L以上，有些甚至会达到0.1～1.0mol/L。在盐的腐蚀环境中，水泥石的各种组成都不稳定，能同所有侵蚀离子发生一系列物理和化学反应，导致混凝土质量劣化和破坏。另外，由于盐溶液的干湿交替作用，加速了各种有害离子在胶结层中的渗透，加强了盐侵蚀的破坏速率。

（4）抵抗流水的侵蚀性：流水的侵蚀作用主要反映在接触性溶液的破坏。由于流水的水化产物都呈碱性且不同程度地溶解于水，只有在液态石灰浓度超过水化产物各自极限浓度的情况下，这些水化产物才会稳定，不向水中溶解。但是因多孔植被混凝土的孔隙极多，透水性又好，在投用过程中长期与水流接触，混凝土中的 $Ca(OH)_2$ 首先被溶解。随着 $Ca(OH)_2$ 的溶解，水泥中的其他化学产物便会水解生成 Ca（OH)$_2$，以补充水泥石中的 Ca（OH)$_2$ 含量。首先引起水溶解破坏的是水化硅酸三钙和水化硅酸二钙，高碱性水化产物，其次是铝酸三钙和铁铝酸钙等低碱性水化产物，在多孔植被混凝土的内部，水化产物的溶解速率与水的硬度和流速有关。

（5）抵抗二氧化碳的侵蚀性：土壤中的 CO_2 主要是来自微生物的代谢和分解、有机质的腐烂、植被生长过程中根的活动以及地下水。土壤气相部分中 CO_2 含量达 0.74% ~9.73%（体积百分比），是空气中 CO_2 含量（0.03%）的几十倍至数百倍。因此，二氧化碳对多孔植被混凝土的碳化作用是不容轻视的。

多孔植被混凝土的 pH 值低于普通混凝土，这种低碱性和大孔隙的混凝土在快速碳化试验中 28d 的碳化深度可达到 15mm 左右，明显高于普通混凝土。多孔植被混凝土碳化后的 pH 值进一步降低，有利于孔隙的植生环境，28d 内的抗压强度变化不大。但是胶结材料在长期碱化作用下，中性化程度越来越高，会因为化学成分变化而失去稳定性。

（6）抵抗微生物的侵蚀性：破坏混凝土的主要微生物有好氧异养菌、硝化菌、硫化菌、反消化菌和硫酸还原菌，来自雨雪水、河水与污水。多孔植被混凝土的孔隙环境呈现低碱性，为微生物提供生存和繁衍的必要条件。微生物对多孔植被混凝土的腐蚀破坏，主要是通过微生物代谢产物实现的。代谢有机的碳化物好氧异养菌、真菌通过利用有机物产生的酸来破坏混凝土。参与氮代谢的反硝化菌和硝化菌，产生亚硝酸和硝酸，加速混凝土的中性化，参与硫循环的硫酸盐还原菌把水中硫酸盐还原成硫化物，接着硫化物硫化菌氧化产生硫酸，破坏混凝土，改变其渗透性。

3. 混凝土的耐久性要求问题分析

至今尚未有多孔植被混凝土的耐久性评价指标要求，对耐久性的评价应从环境因素影响进行。混凝土的抗冻性是影响多孔植被混凝土耐久性护坡结构安全的最重要因素。同时，流水侵蚀及碱化作用也是重要的原因。

（1）抗冻性测试是采取同普通混凝土相同方法，若是用慢冻试验多孔植被混凝土，可以达到300次冻融循环而不破坏；如采取快速冻融试验，而冻融循环次数仅有50次左右。这是由于快速冻融时，多孔植被混凝土孔隙中水结冰冻胀，在试件中无法释放膨胀应力，使混凝土产生冻胀破坏。慢冻法时，多孔植被混凝土孔隙总是处于气冻状态，不存在孔隙水的冻胀作用，结果显示混凝土具有较高的抗冻性能。为此，如东南大学潘志峰教授根据多孔混凝土具有连通空隙及应用在河岸护堤坝特点，设计了一种单面冻融循环试验方法，此方法并不能准确和全面反映多孔植被混凝土在各种使用环境中冻融破坏情况。因此，应模拟护堤工程实际情况进行冻融试验，且不要忽视孔隙土壤对多孔植被混凝土抗冻性的影响。

（2）水流的侵蚀是不可忽略的因素，由于是一个持续长期的过程，通过试验观察多孔植被混凝土在不同流速下，混凝土动弹性模量、质量的变化规律及 $Ca(OH)_2$ 的溶出速度。现在这些方面研究介绍极少，仅是表明混凝土中的 $Ca(OH)_2$ 会随着水的浸透而溶出，并随着水流速度的加快而加快，混凝土的动弹性模量及质量也会随着 $Ca(OH)_2$ 的溶蚀而降低。

（3）碳化作用不可轻视。多孔植被混凝土受碳化影响十分明显，从短期使用看，胶结材料的碳化对多孔植被混凝土是有利的，28d强度没有什么变化，而长期的碳化作用影响现在没有任何介绍。对于酸、盐类的侵蚀、干湿循环交替、微生物侵蚀也未见到研究报道。

（4）对于环境因素的综合作用，应根据具体工程状况、地域、气候特点考虑。北方寒冷地区以抗冻性为主要指标重点考虑，而南方湿润地区应重视水流的抗侵蚀措施，干旱地区以抵抗氯盐酸类为主。采取的方法应以多孔混凝土强度比、质量损失和动弹性模量为主要指标，以多孔植被混凝土成分变化为参考指标，如测定水泥石CaO含量，一旦CaO损失超过一定限值就认定混凝土出现破坏，并通过化学腐蚀产物直观分析变化，来判定腐蚀恶化程度。

综上所述可知，现在采用的多孔植被混凝土在维护边坡稳定，改善生态、美化环境、结构与组成特点、工程环境使多孔植被混凝土的耐久性问题较普通混凝土更加突出。提出以多孔混凝土强度比、质量损失和动弹性模量为主要方法，以成分变化为辅助方法，评价多孔植被混凝土的抗冻、抗酸盐、抗二氧化碳和抗微生物侵蚀耐久性要求，对延长使用寿命十分关键。

四、幕墙门窗质量控制

1　建筑工程幕墙节能设计技术应用

现在各种材质的幕墙工程应用比较普及，幕墙是采取悬挂在结构框架外部的外围护构件，幕墙自重和风荷载通过锚接点传递给框架结构件上。其构件之间的接缝连接是用现代技术措施来处理的，达到外观整体的装饰效果。现在采用最多的构造形式是玻璃幕墙，可以减少传统混凝土外墙大量钢筋和混凝土材料用量，对减少高能耗建材使用所达到的节省能源有一定的作用。但玻璃幕墙作为建筑外围护结构件，其保温和隔热性能达不到传统墙体的效果，热损失是传统墙体的 5 倍左右。幕墙的能耗约占整个建筑能耗的 35%，因此，幕墙的节能在公共建筑节能设计中有着十分重要的意义。

1. 单层玻璃幕墙的节能

玻璃作为墙面材料是透明的，透明幕墙材料包括最早的单层和双层玻璃幕墙，现在对节能的要求重点是传热过程与传热模式结合及使用周期等几个方面。传统的玻璃幕墙是用普通平板玻璃安装成的单玻璃幕墙。平板玻璃的可见光和长波辐射的反射有限，在夏热冬冷地区因玻璃的透明性，阳光透过玻璃直接照入室内，使室温上升过热，加大空调的耗电。为了解决好这个问题，习惯性做法是减少玻璃幕墙的使用面积，安装方向的调整，采取合适的遮阳处理措施，选择幕墙材料及对接缝的密封处理等方法。

(1) 减小玻璃幕墙的使用面积。在夏季可以降低热辐射量，使室温不要过高，减少空调的运转时间。而冬季则可以减少热交换量，从而降低由于玻璃保温性较低的热损失。现在的幕墙工程设计和使用，为了达到立面上观感效应，减少玻璃幕墙的使用面积并不合适。

（2）安装方向的调整问题。建筑方向的考虑也是建筑外墙节能的重要措施。建筑朝向应该考虑习惯做法，即日照、采光、通风和遮阳等需求。大面积玻璃幕墙必须重视避免东照西晒，而房屋的长方向应南北向布置。这种坐北朝南布置方式是我国广大地区合理的建筑朝向，但对于朝向的选择要符合周围环境，地域气候，建筑物使用功能需求而改变，不能生搬硬套。城市房屋建筑设计时，布置朝向的选择往往要根据城市整体规划而定，没有可以自选的余地，但尽量调整方案取得最佳布置朝向。

（3）遮阳技术措施的选择。玻璃幕墙可以通过选择合适的玻璃品种来影响太阳辐射，但效果赶不上安装遮阳板或遮阳百叶等，这些外部遮阳改变玻璃材质的效果大。在玻璃幕墙上安设遮阳系统，可以有效地减少阳光直射的升温，避免室温过高，是广大地区防热的一种较好方法。

遮阳功能可以减少太阳辐射，避免产生眩光，改善室内热环境，同时对室内采光、通风带来不同层次的影响。但是如果在玻璃幕墙外安置遮阳材料，则会改变设计的构思，使建筑外观失去洁净的效果，而且室外的遮阳构件长期遭受自然环境的侵蚀破坏，保养维修难度很大，因此，传统使用的玻璃幕墙基本上采取室内遮阳处理。现在室内遮阳普遍的方法是挂窗帘，遮阳的效果取决于窗帘朝阳面材料的性质。对于普通的材料而言，热量的吸收反而使室内温度上升，从而加大了空调的开启使用时间。对此，选择新型的遮蔽材料则尤为重要。新型纳米材料不仅对紫外线辐射具有很强的反射作用，而且具备特殊的选择和吸收性能，可以将紫外线能量转换成热能或其他无害低能形式予以释放掉。

（4）选择合适的幕墙材料。由于玻璃表面散热很快，热透射率高所产生的室温过高，除了减少玻璃幕墙的使用面积和幕墙建筑方向的设计外，还可以选择适宜的幕墙材料。太阳辐射的特点是：可见光波长度短，为 380 ~ 780nm，热量小，红外线波长度长，大于780nm而热量大。所以，玻璃材料应尽量让短波可见光透过，而让长波辐射热反射出去，这样能减少夏季空调开启时间少的同时，不至于降低采光效率。如果用镀膜玻璃、Low-E玻璃、中空玻璃和热反射玻璃处理技术，可大大减少太阳透过玻璃的直接辐射。其中，Low-E玻璃可直接反射远红外热辐射，辐射率可达到80%~95%，阻拦玻璃吸热升温后以辐射形式从膜面向外散热。可以得到最多89%的可见光透射率，同普通玻璃相似。也可以采用铝塑复合材料、热断桥型材等高阻热材料的应用，其中断热保温技术相对简单，能使玻璃幕墙结构的传热系数大幅降低。

2. 双层玻璃幕墙结构节能

双层玻璃幕墙结构形式是由内外两层玻璃幕墙组成，两层幕墙之间形成一个通道，同时在外层幕墙留设进风口和出风口，如图1所示。

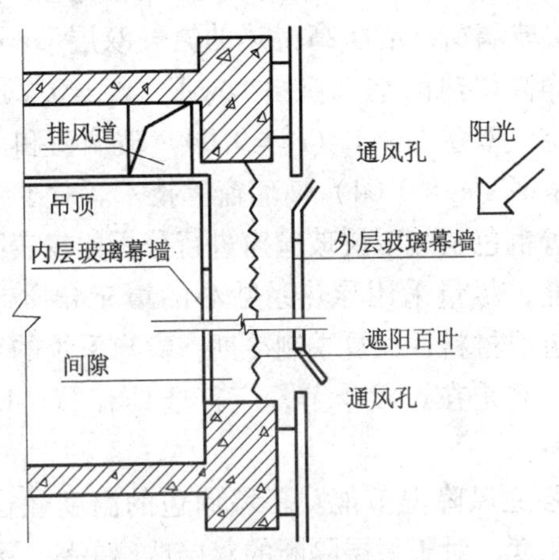

图1　双层玻璃幕墙构造图

为了达到立面通透和视野开阔，内层幕墙一般采用悬窗的结构形式。还有一种方法是设置通风器处理。通风器可以安装在幕墙的顶端，控制方便，通风换气柔和自然，人感觉舒适。与传统的玻璃幕墙比较，双层玻璃幕墙有独立的双层形式，不仅在提高幕墙的保温隔热性能上提高了档次，更加重要的是为遮阳构件提供一个栖身之地，使之既能有效遮挡太阳，又能保持外幕墙的立面效果。

（1）双层玻璃幕墙结构节能原理。双层玻璃幕墙在夏季是利用“烟囱效应”，通过自然通风换气来降低室内的温度。而冬季则产生温室效应来提高保温效果，降低取暖用能。双层玻璃幕墙在夏季太阳光照射下，幕墙通道中的空气被晒热，形成自下向上的自然流动，这样带走通道中的热空气，起到降低室内温度的作用。同时，放下半透明的卷帘，通过卷帘反射后除去大量太阳辐射，也降低了室温，达到节省能源的目的。在冬季，双层玻璃幕墙将外层幕墙通风口关闭，这样达到夹层内部空气在太阳照射下升高，减少了室内外的温度差，同时降低了室内高温向室外低温的传递，起到保持室内恒温的作用，更是减少采暖费用。

（2）在双层玻璃幕墙间充气体。是在双层玻璃幕墙间充空气和氩气，节能效果可以较大地提高。采用洁净空气双层玻璃窗，洁净氩气双层玻璃窗，洁净高得热的氩气双层 Low-E（$e_2=0.1$）玻璃窗，洁净高得热的空气双层 Low-E（$e_2=0.1$）玻璃窗，洁净低得热的空气双层 Low-E（$e_2=0.04$）玻璃窗和洁净高得热的氩气双层 Low-E（$e_2=0.04$）玻璃窗等技术。对于青铜色空气双层玻璃窗、青铜色氩气双层玻璃窗进行分析比较表明，在采暖期为了降低能耗，尽量采用导热系数小的填充介质或者 Low-E 放射系数低的边框材料；在夏季制冷期，窗户系统的导热系数是主要影响因素；而是在过渡季节，应首选具有 Low-E 且放射系数低的边框材料。

（3）加强通风降温节能。幕墙周边的温度往往会比天气预报的温度高几度。对于每层隔断的双层玻璃幕墙，幕墙中的换气量取决于风向和风速，而不是烟囱效应那样。在设计中应该将双层玻璃幕墙空间与通风口隔断，防止炎热空气倒灌进去，或是像国外炎热天气全部打开外层幕墙，但这样构造费用过高，国内还没有这样处理的先例，也会造成冬季的保温问题。

（4）设置冷热缓冲区域。冷热缓冲区设置是在玻璃幕墙和房间留下一个空间，例如经常采用外包阳台或平台做法。这样处理的节能原理与双层玻璃幕墙相似。不过只是其空间较大，若处理好通风问题，可以将热量有组织地分流，达到一个很好的降温效果，从而减少室内空调开启的时间。由于留置的空间类似于温室，可以种植少量的花草，形成绿色休憩地。

3. 利用太阳能节省能源

利用太阳能在幕墙装置上节省能源，主动式太阳能建筑节能设计，是建筑利用太阳能节能的必然趋势。作为建筑立面的幕墙，在太阳能利用中最具优势。现在国外采用一种光电幕墙发电，该幕墙是在玻璃中间安复合光电池板块，然后将其装配连接在一起，从而形成一套发电系统。这套发电系统再通过一定的储存设施把电能转化为可以直接使用的电源。在炎热的季节利用太阳能产生的电源，可以在设定范围内满足照明等用电需要。

综上所述，玻璃幕墙的节能效果与设计构造直接关联，传统的单层玻璃幕墙可以采用减少玻璃幕墙的使用面积，建筑物布置方向调整，采取不同的遮阳方式，良好的玻璃幕墙材料及密封材料达到减少能耗。而双层玻璃幕墙的节能措施，是改变两层玻璃幕墙间的空气导热性能及流动性处置。热缓冲区的留置不仅利于减少室内空调的使用，而且成为一个绿色休憩地。主动式太阳能节能应该是建筑幕墙设计的主体，而光电幕墙是利用太阳能发电的最好应用，应该大力发展。

2　玻璃幕墙渗漏问题的分析处理

同传统的外墙相比，玻璃幕墙具有装饰效果丰富，质轻高强，材料单一，施工方便、快速的优点。现在采用玻璃幕墙作为外围护结构的建筑物不少，但也存在一些不同程度的质量问题，同国外先进水平比较仍有一定差距。玻璃幕墙作为建筑物的外部围护构件，防止雨水渗漏是玻璃幕墙的基本功能之一。雨水通过幕墙孔隙渗入室内，流入幕墙框格的型材中，如果不能及时排出，在冬季便会有冻裂的可能。长期滞留在型材腔内的积水，更会腐蚀材料及零配件，缩短幕墙耐久性，存在严重的质量隐患。玻璃幕墙雨水渗漏原因比较复杂，涉及设计、材料应用、施工工艺及管理多个环节，应针对实际认真分析，采取切实措施加以综合治理。现从幕墙设计、原材料、制作、安装几个可能引起渗漏的环节进行分析，防止和解决幕墙渗漏水问题。

1. 幕墙雨水渗漏原因

1.1 设计方面存在原因

（1）设计过程中对细部考虑不周。

（2）设计未采用伸缩量较大的密封材料，也没有进行计算。如耐候硅酮密封胶其位移能力达 25%，为普通密封胶的 2 倍，必须以此数据计算预留注胶位置尺寸；否则，密封胶适应变形能力差，受温度变化会自行拉裂或鼓包，失去防水功能。

（3）泡沫条规格不符合设计要求，造成胶缝处厚度太薄，留有空隙。

（4）开启窗扇防水密封失效或密封厚度不够，导致密封缺陷处雨水沿幕墙流淌时，直接进入开启扇内，形成倒泛水进入。

（5）同建筑物交接处收口部位，没有同土建协调配合，各不相连形成渗漏通道。幕墙顶部与女儿墙之间的压顶连接不牢固，封闭也不严，螺钉孔、压顶搭接处打胶不严或温度变化裂开，形成渗漏水通道。

（6）铝型材主要受力立柱未按现行的《玻璃幕墙工程技术规范》JGJ 102—2003 设置 20mm 伸缩缝，铝型材热胀冷缩，主体结构压缩变形产生的应力，会造成玻璃开裂产生渗漏水的问题。

1.2 材料方面存在原因

（1）铝型材质：幕墙工程规范中对铝合金型材的材质、截面、壁厚及玻璃厚度等都有明确的设计计算方法，幕墙工程支撑部位的铝合金型材壁厚不足规范规定的 3mm，铝型材表面处理不符合国家标准要求，表面涂层附着力不牢固，型材表面氧化膜厚度达不到要求，玻璃幕墙用铝合金的阳极氧化厚度不能低于现行国家标准《铝及铝合金阳极氧化膜与有机聚合物膜》GB/T

8013. X—2007 中规定的 AA15 级，如氧化膜过厚及过薄，会使密封胶粘结失效，导致幕墙雨水出现渗漏。

铝型材主要受力立柱和横梁的强度、刚度不足，其截面受力部分的壁厚度小于 3mm，在风荷载作用下，相对挠度大于 $L/180$ 或绝对挠度大于 20mm，幕墙会产生变形、移位而出现渗漏水。

应当采用高精度（合格）的铝合金型材，但有些施工企业为了降低费用，不采用高精度（合格）的铝合金型材，以次充好，用不合格型材，其弯曲度、扭转度及波浪度不达标，造成整体幕墙的平整度、垂直度不符合设计要求。

（2）玻璃材质：对玻璃强度未进行计算，玻璃承载力低，在风荷载及大雨时破裂而进水；大面积玻璃吸收大量太阳辐射热，热应力超过玻璃允许应力，引起热断裂而产生渗漏水进入；玻璃截面尺寸不准，未实际丈量实物尺寸，下料后误差超标偏差大，玻璃两端嵌入量及空隙不符合要求；安装到明框的幕墙上时，玻璃偏小，槽口嵌入深度不足，胶缝宽度达不到要求，玻璃容易从边缘破裂；若玻璃过大，槽口嵌入位置过深，玻璃受热胀冷缩容易被型材挤裂产生渗水；尺寸不准确的玻璃安装在隐框幕墙上时，胶缝宽度不均匀，难以保证注胶的效果。现行规范中要求，隐框幕墙玻璃拼缝宽度不小于 15mm，这样才能保证拼缝间隙满足因遭受地震、温度变化及振动产生层间位移的需求，不会挤裂玻璃。另外，对玻璃要进行边缘及倒角处理。若是不倒棱角而直接用于幕墙安装，则会产生应力集中，导致裂暗缝或出现自爆，存在渗漏水质量隐患。

（3）密封胶选用：如果为了节省费用选用普通密封胶，而没有选择耐候性优越的硅酮密封胶进行室外部嵌缝，在大片立面太阳辐射下，胶经不住紫外线长期照射而过早老化，造成开裂。没有按要求对硅酮密封胶的接触材料相容性进行试验，后果是硅酮密封胶与铝型材，玻璃及胶条出现不相容性，影响粘结性能的化学反应和密封牢固性。使用时未认真查看胶的保质期，使用过期硅酮密封胶和耐候硅酮密封胶，墙边胶过期仍使用，胶缝出现起泡、开裂及不凝结现象，导致该部位渗漏水。

1.3　施工控制方面

（1）在打耐候胶前对基层没有擦拭干净，局部粘结差，二次注胶未做好上次注胶接头处胶缝清理，使密封胶在长期压力下没有了弹性。

（2）没有考虑打胶时的气温、湿度条件的要求，为加快进度低温或下雨打胶，无法达到应有效果。

（3）打胶不密实、封堵不严或长宽比不符合规定，雨水从嵌填的空隙及裂缝渗入；规范要求施工厚度大于3.5mm，小于4.5mm，高度不应小于厚度的2倍，且不得三面粘结。耐候硅酮密封胶施工厚度太薄，不能保证密封质量，对型材在温度变化产生的应力不利；若是胶太厚，反而容易被拉断，使防水功能失效，雨水会从嵌缝的薄弱部位渗入室内。

（4）铝合金主框安装时不按要求进行，平整度、垂直度、对角线都超标，直接影响到幕墙物理性能。正常情况下，接缝处的水流量要大于玻璃墙面上的平均水流量，接缝处是主要产生渗漏的部位。如果各构件连接处的缝隙不进行认真处理，安装玻璃后必然会出现渗漏。

（5）玻璃安装没有用弹性垫片，玻璃与构件框架直接接触。当建筑物变形或温度变化时，构件对玻璃产生较大应力，多数会从玻璃底部开始挤压，使玻璃开裂。

（6）开启窗的安装质量不符合要求，开启扇安装的玻璃与幕墙大面玻璃应在一个平面。

1.4　使用方面

（1）没有向使用方提供幕墙使用中注意的事项，用户入住后不了解幕墙使用方法，开启扇注意问题，造成对幕墙的损伤、碰撞变形及污染，从而导致渗漏水。

（2）幕墙表面清洁时安全操作不当，容易对幕墙造成损伤。如吊篮挂绳不在屋顶伸出部位，而往往图方便直接挂在幕墙上部胶缝位置，吊篮来回摆动，摩擦拉裂胶缝，从而造成渗漏水。

(3) 用户自行进行改造，对损坏的部位没有进行认真恢复，也未打胶塞填而存在渗漏水。

2. 防止玻璃渗漏水的措施

2.1 设计控制方面

(1) 幕墙构件的面板与边框所形成的空腔，应采用等压原则设计，在幕墙铝型材上设置等压腔和特别压力引入孔，等压腔内部压力通过特别压力引入孔与外部压力平衡，简单的办法就是在幕墙外侧缝隙孔洞处不设置密封条，将密封处理移至室内侧开口处，即将压力差移至接触不到雨水的室内开口处，这样就做到有水处没有风压，而有风压差的部位又没有水，即避免了雨水渗漏问题。

(2) 要严格按照设计要求采用泡沫条，以保证耐候胶缝厚度的一致。一般情况是耐候胶缝宽深比为2：1（不可小于1：1），胶缝必须横平竖直，缝宽均匀一致。

(3) 设计中也可考虑在玻璃幕墙上设置雨水收集管道和排水管道，把渗入裂缝隙流入幕墙内部的水收集在一起，通过排水管道畅通地排在室内某固定点再排出。设计构造时，也可以加高有存水可能的横梁型材内侧翼缘高度，达到提高防雨水渗漏进入的目的。

2.2 材质选择方面

(1) 在幕墙用型材的选择上，选择国家定点厂家的幕墙铝型材是质量可靠的关键。在铝型材上开设畅通的排水管道系统，把通过细小缝隙进入幕墙内部的水快速排除干净，这应当是可行的措施。其排水方法是合理布置排水系统，一般是把镶嵌缝沿外侧布置排水孔洞，布置要均匀，间距为500mm左右。为了避免在玻璃镶嵌槽内积水，需创造一定的压力平衡条件，以防止空气串通，将雨水压进室内。

(2) 幕墙玻璃优先采用特选品和一级品安全玻璃，玻璃规格尺寸的误差符合标准要求，玻璃边要专门研磨；否则，在安装过程中和安装以后，容易产生应力集中。安装后的玻璃表面不应有伤痕，多数采用的钢化玻璃要提前加工，在试验中通过检验。

（3）对于密封用材料，选择优质结构硅酮密封胶、耐候硅酮密封胶和墙边用胶。对于打胶的质量要加强检查，尤其胶的使用期不过时。

2.3 施工质量控制方面

（1）根据槽口尺寸状况选择适宜的橡胶型密封胶条，橡胶密封胶条在转角处应呈45°角割断，在转角处和四边胶条间隔500mm左右用胶粘剂将胶条固定在槽口内，接头处密封严密，组装时应加强各连接处连接严密，防止有阻水现象。注胶时要做好防污染措施，一旦污染要清理干净。

（2）要掌握好密封胶的使用环境温度，严禁下雨或低温进行耐候硅酮密封胶的施工。结构胶的施工车间要干净、无尘土，室内温度不超过28℃。不同胶对温度要求也有差异，相对湿度不应低于50%。

（3）高层建筑幕墙的测量应在风力小于5级情况下进行，每天应定时对幕墙的垂直度和立柱位置进行校核检查。

（4）施工中不允许使用酸性或碱性的硅酮结构密封胶，这样会对铝合金材质造成损害，且影响硅酮结构密封胶的粘结牢固性，而应该采用中性胶。不符合要求的密封胶在太阳紫外线照射下易出现老化、变色、变脆，影响幕墙的整体密封性能，造成渗漏水。

（5）注射耐候胶前对胶缝处用二甲苯或丙酮进行二次以上清洗，在二次注胶前也要清理干净，使胶在长期压力下具有弹性。结构硅酮密封胶、耐候硅酮密封胶、墙边胶注胶前，先将铝框、玻璃及缝隙上的尘埃及污染物清理干净。注胶应嵌填密实，表面平整，保持干净。

（6）安装玻璃的下构件框槽中应安放不少于2块弹性定位橡胶垫块，长度不小于100mm，以消除变形对玻璃的不利影响。另外，玻璃幕墙四周与主体结构之间的缝隙要采用防火的保温材料填塞牢固，内外表面用密封胶连续密封，接缝严密不能渗漏水。对于开启扇要严格检查密封质量，配件合格，功能可靠，开启、关闭灵活自如。

（7）按照规范要求，玻璃幕墙施工过程中应分层进行抗雨水渗漏性检查，以便及时修补，减少可能产生的渗漏，控制过程质量及使用可能产生的渗漏问题。

2.4 使用方面注意问题

（1）使用单位应根据使用说明制定对幕墙的保护、检查和维修管理。幕墙在正常投用期，除了定期和不定期检查维修外，使用5年要进行一次全面检查。按照幕墙技术规范要求，幕墙用硅胶和玻璃等材料和产品只有10年的保质期，在用10年后应进行一次粘结性能检验，此后每5年进行一次，发现问题及时补修处理。

（2）如果检查发现螺栓、玻璃、连接构件有松动及破损，应及时修复更换。密封胶和密封条脱落或损坏，也应及时修复更换，对幕墙排水系统定期检查，发现堵塞及时疏通。当五金件脱落损坏或功能出现障碍，要及时修复更换，保证正常使用的整体耐久年限。

（3）幕墙外表面清洁时，要利用楼房自身擦洗机，若是由专业公司清洁，需要有详细的技术安全方案。清洁剂不能用酸性或含研磨粉的去污粉清洁玻璃，而是采用中性玻璃清洁剂。用干净水冲洗干净清洁剂，减少腐蚀性物质而不降低密封性。

从以上所述可知，玻璃幕墙发生渗漏水原因很多，可能是某一原因或者多方面原因引起。通过分析，要从根本上避免幕墙雨水渗漏的产生，必须从各方面进行综合控制。解决和防止玻璃幕墙渗漏水问题方法较多，合理的设计构造、原材料质量合格、施工过程工艺控制是最关键的。只要认真按照施工及质量验收规范进行全方位控制，渗漏水减少以至不出现是可以实现的。

3 不同气候环境中节能门窗的选用

外围护结构中门窗占的面积一般只有总面积的30%左右，

而门窗的能耗损失却占建筑围护结构体的50%以上。鉴于此，建筑物选择使用节能门窗对实现建筑节能意义重大。在选择门窗时，必须根据本地区气候环境特点，应用节能效果好的节能门窗，这是非常必要的。

1. 环境气候地区的分类

现在对于地区气候条件的分类，根据环境条件把全国分为严寒地区、寒冷地区、夏热冬冷地区和夏热冬暖地区四个区域。

（1）严寒地区。主要是指“三北”地区，即东北、华北和西北地区。该区域内经常受西伯利亚寒流的侵袭，每年冬季气候寒冷，采暖期在5.5～6个月时间，冬季室外温度多在－25℃以下，属于国家建筑节能的重点地区之一。

（2）寒冷地区。寒冷地区主要是指“三北”地区中偏南的一些地区，跨越严寒和寒冷两个气候区域。该地区采暖时间也在4～5个月，室外气候长年平均略高于严寒地区，也是节能的重点区域。

（3）夏热冬冷地区。包括我国中部广大地区，如上海、重庆、湖北、湖南、安徽、浙江、江西及四川、贵州、河南、江苏、陕西等省部分区域，涉及16个省、市及自治区。该地区最冷月平均气温0～10℃，平均相对湿度达80%左右，冬季气温虽然比北方高，但日照远不如北方。北方日照率不少于60%，而该地区东部高也只有40%，中部只有30%，西部20%，如重庆不足15%。整个冬季天气阴沉，雨雪不断，阴冷潮湿，不见阳光。

（4）夏热冬暖地区。该地区包括海南省，广东，广西，福建省南部地区及台湾省。分区特点是：最冷月平均温度高于10℃，最热月平均温度在25～30℃，而且月平均温度在25℃的天数在100～200d，空调制冷在5个月左右时间。

2. 不同气候区门窗的选择

房屋用的门窗概念是相对的，保温性好的门窗应该是属于节能门窗。一套完整的门窗是由框及扇玻璃组成，节能门窗的框扇材料及玻璃，必须保温性好，缝隙严密。仅以框材或玻璃单一衡量是不够的。以下只对几种目前常用的门窗进行浅要分析。

（1）铝合金门窗。现在使用最多的是铝合金和塑料复合隔热型铝合金窗。前者是用增强纤维的聚硅胺塑料（PA）尼龙66隔热条辊压合成的隔热铝型材，会呈现内外两种不同颜色。而后者采取在铝型材空腔中灌注高分子材料固化成隔热体，再经铣削切断铝合金的灌注方法，制成断热铝型材，其材料抗风压及强度性能大大提高到Ⅰ级，水密性能为Ⅰ～Ⅲ级，隔声性能达30～40dB，传热系数K值达到3.0W/(m^2·K）以下，是优良的节能门窗框料。

（2）塑料门窗。塑料门窗产品年产量达1亿m^2以上，占全国门窗总用量的1/4。其应用优点明显，缺点也不少。主要不足有：①门窗材质物理性能差，如弹性模量仅是铝合金的1/36，拉伸强度仅是铝合金的1/12，抗弯强度仅是铝合金的1/28；②塑料材质容易老化、龟裂、变色，耐候性差，使用寿命较短；③塑料门窗易燃烧且有毒，一旦出现火灾会成为助燃剂毒气大量散发，危害人的生命；④高层建筑不宜使用塑料门窗，尤其是防雷击安全方面明显不及铝合金门窗。

加强质量改进塑料门窗的使用市场还是很大。由于PVC塑料门窗的线膨胀系数$K=70\times10^{-6}$m/(m·K)，若是室内外温差达到50℃，大面积塑料窗线膨胀可达到3～5mm，而墙体及窗洞基本为0，使用会产生变形严重问题。冬季由于线膨胀系数不同，在窗框与墙体之间出现裂缝。因此，材料内腔应采用闭孔聚氨酯发泡或聚苯乙烯弹性材料填塞，以达到保温效果。在窗框外侧用嵌缝膏嵌缝，做法见图1、图2。

（3）玻璃钢门窗。玻璃钢门窗克服了塑料门窗的一些缺点，例如，膨胀系数与玻璃接近，衔接性能好，结构稳定性好，玻璃钢抗拉强度达600MPa，弯曲强度为380MPa，是塑料门窗的12倍和14倍，且不变色使用达50年以上。其不足之处是回收比塑料难度大，存在高层雷击，价格略高于塑料门窗。

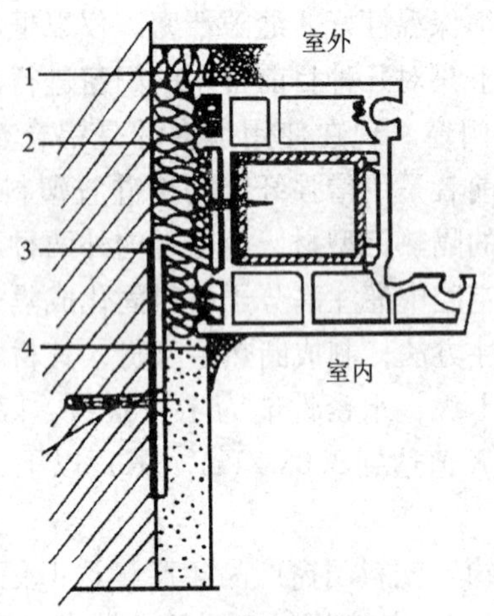

图1　外窗安装点

1—嵌缝膏；2—弹性填充物；
3—固定片；4—塑料膨胀螺钉

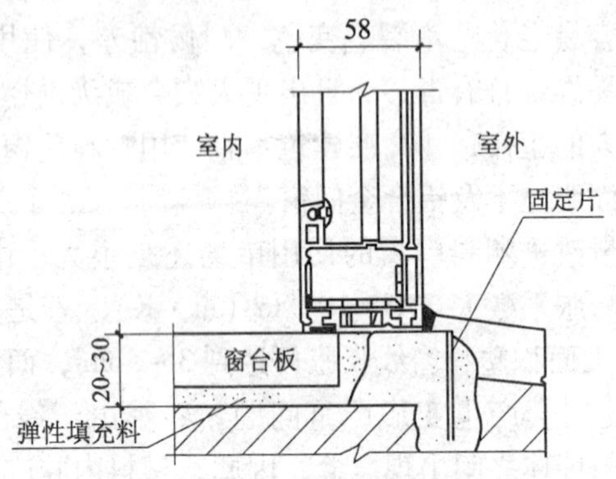

图2　塑料窗下框与墙体间的保温处理

3. 门窗玻璃的选择

目前门窗玻璃常用的有：透明玻璃，吸热玻璃，中空玻璃，热反射镀膜玻璃，低辐射（Low-E）玻璃，Solar-E 玻璃等品种。提高门窗保温隔热性能是建筑节能的重要内容，由于现在窗户面积往往超过规范窗墙比要求，更加重视选择玻璃种类，一个品种玻璃不会满足各种气候条件下的窗用，根据建筑物特点布置合理朝向也是必需的，玻璃光热参数见表1。

常用玻璃的光热参数表 **表1**

玻 璃 名 称	玻璃品种、结构	透光率（%）	遮阳系数 *Sc*	传热系数 W/(m^2·℃)	
				U夏	U冬
单层透明玻璃	6c	89	0.99	6.76	6.18
透明中空玻璃	6c+12A+6c	81	0.87	3.09	2.76
单层热反射镀膜玻璃	6CTS140	40	0.55	5.71	5.67
热反射镀膜中空玻璃	6CTS140+12A+6c	38	0.45	3.05	2.59
Low-E 中空玻璃	6CBE12－12A+6c	39	0.31	1.71	1.67

注：6c表示6mm透明玻璃，CTS140是热反射镀膜玻璃，CBE12是Low-E玻璃型号。

（1）严寒及寒冷地区玻璃选择：低辐射（Low-E）玻璃是一种镀膜玻璃，适合于在严寒及寒冷地区使用。Low-E玻璃对0.3～2.5μm太阳光辐射有60%以上的透过率，白天室外辐射可大部分透过，夜间或雨天室内物体热辐射的50%反射回室内，仅有15%热量通过交换损失，能有效阻止室内热气流向室外。

在线Low-E玻璃是在浮法生产线上把银色气体喷在玻璃表面，在冷却过程中完成镀膜，金属膜成为玻璃一部分，膜层坚硬、牢固，可以热弯及钢化二次加工，但热学性能差。除非膜层厚，否则其*U*值只有离线法Low-E玻璃的1/2。

建筑如果只用单层吸热玻璃、反射玻璃或Low-E玻璃能起到一点节能作用，但其效果不大，用这些玻璃组成的中空玻璃较好。中空玻璃外层多采用吸热玻璃、热反射玻璃或Low-E玻璃，内层选择透明或Low-E玻璃。中空玻璃不仅能降低太阳辐射，而且能有效阻止温差传热。使用时北方与南方有些不同，北方需要减少对太阳光的照射阻挡，使太阳光进入室内，而南方需要阻止太阳光进入，Low-E玻璃的使用正好符合各自的要求。

（2）夏热冬冷地区玻璃选择：选择窗玻璃主要考虑玻璃的折射系数，选择遮阳系数*Sc*较小的玻璃，而Low-E玻璃和Solar-E玻璃遮阳系数较小，能起一定节能效果，但传热系数大，节能很有限。最好还是选择中空玻璃，因外层用吸热、热反射或是Low-E玻璃和Solar-E玻璃，内层用透明或Low-E玻璃。这样的组合遮阳系数小和传热系数低，是夏热冬冷地区门窗玻璃的最佳选择。由于夏季太阳高度角大，建筑墙体北向基本晒不到阳光。用透明或半透明中空玻璃，利于冬季的太阳能取暖。

4. 低辐射Low-E玻璃

节能环保的低辐射Low-E玻璃有其独特的优点：①红外线反射率高，可以直接反射红外辐射，表明反射热辐射的能力强，冬季可有效阻止室内暖气和人体产生的热量流出，夏季阻止室外热空气进入室内，具有阻止热辐射直接透过的作用，Low-E玻璃的节能效果是冬暖夏凉。②表面辐射率低（$E \leqslant 0.15$），吸收外来能量的能力小，再辐射出的热量也少；表明吸收和辐射出的能量少，玻璃窗同室内外空气接触后吸热少，升温慢因而再放出的热量少。③遮阳系数范围广，可根据需要控制太阳能的透过量，适应不同地区的需要。由于可见光透过率适宜，为不同地区建筑提供了可选择余地。北方选用遮阳系数高的Low-E玻璃，以突出高通透特性和适当采集阳光的作用；而南方地区选用遮阳系数低的Low-E玻璃，以突出阻挡阳光辐射的作用。

5. Low-E玻璃的节能效果

使用Low-E玻璃合成夹胶玻璃或中空玻璃，尤其是合成中空玻璃，传热系数会进一步降低，具有优异的节能效果。由于Low-E玻璃银膜有98%的红外线反射率，可以大量用于各类工业及民用建筑中。其玻璃的节能价值是明显的，以单层6mm厚透明玻璃为例，白玻璃中的结构为：6mm + 12A + 6mm，单层热反射镀膜以CTS140镀膜玻璃，热反射中空玻璃用6mmCTS140 + 12A + 6mm；低辐射中空玻璃以6mmCEB12 + 12A + 6mm白玻璃，计算冬季Q值为散失至室外的热量，以窗玻璃面积1000m^2，夏季空调开启90d，每天10h；冬季供暖120d，每天12h计算；冬季室温18℃，室外-10℃，夏季室内20℃，室外35℃。太阳辐射系数630W/m^2，各个U值取自美国ASHRAE标准。从表2及

表3可见节能效果。

建筑用玻璃传热性能表　　表2

玻璃品种	透光率(%)	计算值				
		U值[W/(m²·K)]		Sc值	Q值[W/(m²·K)]	
		U冬	U夏		冬季	夏季
单层白玻璃	89	6.16	5.75	0.99	-1.55	711
白玻中空玻璃	81	2.76	3.08	0.87	-0.69	595
单层热反射玻璃	41	5.48	5.64	0.46	-1.38	369
热反射中空玻璃	37	2.57	3.08	0.31	-63	243
低辐射中空玻璃	39	1.64	1.72	0.30	-42	216

不同品种玻璃与Low-E玻璃能耗对比　　表3

玻璃品种	夏季传室内热量(W/m²)	冬季传出热量(W/m²)	与Low-E比较冬季多传入热量(W/m²)	与Low-E比较冬季多传出热量(W/m²)	夏季多耗电(kW·h)	折合电费[0.4元/(kW·h)]万元	冬季多耗电(kW·h)	折合电费[0.4元/(kW·h)]万元
单层白玻璃	710	154	495	113	445500	17.82	169500	6.78
白玻中空玻璃	594	69	379	28	341100	13.644	42000	1.68
单层热反射玻璃	368	137	153	96	137700	5.508	144000	5.76
热反射中空玻璃	242	64	27	23	24300	0.972	34500	1.38
低辐射中空玻璃	215	41	1	1	1	1	1	1

6. 节能玻璃门窗的应用

6.1　严寒地区窗的应用

如新疆北部属严寒地区，住宅建筑节能门窗，窗的北、东、西侧外窗用三玻充氩气塑钢窗，整窗检验传热系数为1.97W/(m^2·K)；南侧外窗用双层Low-E玻璃塑钢窗，整窗检验传热系数 1.98W/($m^2 \cdot K$)，均小于要求值 2.0W/($m^2 \cdot K$)。起居室开窗面积较大，满足采光要求。由于 Low-E 玻璃对热损耗极小，外窗框周边与墙体用聚氨酯发泡塞填，无热桥产生。

当然在外保温构造中，窗的北、东、西侧用中空琉璃钢窗，南侧窗用密封双层玻璃钢窗也可以达到设计需求。

6.2　寒冷地区窗的应用

如某节能楼南立面与东立面玻璃幕墙 + 水平外遮阳，用双层中空玻璃 + Low-E 玻璃。玻璃间隙为 0.2mm，内有小支撑物承受空气压力，不影响视野及采光。而北、西立面用轻质保温外墙，采用多腔结构 PVC 塑钢窗，安装外卷帘遮阳。

6.3　夏热冬冷地区窗的应用

该区域范围比较大，主要是限制外窗的传热和太阳辐射。单层玻璃铝合金外窗的传热系数达 6.7W/($m^2 \cdot K$) 左右，而断热铝合金型材双玻的传热系数达 3.2W/($m^2 \cdot K$)，塑钢中空玻璃外窗的传热系数达 2.5W/($m^2 \cdot K$)。同时，设置薄的热反射材料和遮阳减少太阳辐射进入室内等传统措施。

另外，可采用塑料单框双玻璃窗，空气层厚度 12mm，窗墙比小于 0.35。窗的保温性能取决于框和玻璃热工性能，双玻比单玻降低 40%。采用塑钢窗和双层玻璃，在玻璃内侧加铝箔隔热窗帘来提高玻璃热阻值。同时重视玻璃的气密性，缝的处理很关键。

6.4　夏热冬暖地区窗的应用

该地区常用的门窗有单玻、中空铝合金和单玻中空塑料门窗等。也有用 Low-E 玻璃、热反射玻璃的，节能效果好，达到节能要求。近年来，采用低辐射 Low-E 玻璃和中空玻璃，这些具有遮阳隔热功能的门窗玻璃也得到应用。

4　住宅工程合理开窗与冬季节能

在建筑住宅工程中窗户是不可缺少的，它是一个独特的围护结构件。一方面，它是人们进行室内外沟通的渠道，当有太阳照射及自然光照进室内时，又能看到室内外物景，达到人们心理的需求。所以大窗户、落地窗及外飘窗的使用渐渐多起来，窗框的材料也丰富多彩，PVC 塑料窗、铝合金窗、玻璃钢窗、断热铝合金窗、不锈钢窗应有尽有，品种繁多。另一方面，它又阻挡外部自然环境变化对室内的影响，但窗的保温隔热性能较差，窗缝隙是冷空气渗透的通道，是房屋围护体中热交换最活跃、最敏感的部位，其热损失占建筑物总能耗的 40% 左右。所以，窗户承担着沟通与隔绝室内外两种互相矛盾的功能，改善窗的保温隔热性能是节省能源、提高舒适度的一个重要环节。如果居住者喜爱宽敞、亮丽的视觉环境，沐浴冬季阳光的同时，又不造成对能源的浪费，本文对此作浅要分析探讨。

1. 窗户在外围护体中节能作用

现在各地区的建筑工程都重视了节能的设计和施工，但总体来说，节能工作同发达国家相比仍有较明显的差距。同样建筑面积的居住房屋要实现相同的采暖、制冷效果，耗能量是发达国家的至少 3 倍以上。在国际上，建筑能耗与工业、农业、交通、运输业能耗同样重要，属于民生能耗，所占全国总能耗的比例西方发达国家一般为 30% ~40%，我国目前建筑能耗大约占社会总能耗的 30% 左右，随着城市化进程的加快，这个比例会逐渐增大。

在夏热冬冷地区建筑能耗中，冬季采暖和夏季空调能耗占了绝对多数，尤其以冬季采暖为最多。在冬季采暖能耗中，通过外窗的热损失占很大比例，以北方地区住宅建筑中 3 单元 6 层楼的黏土空心砖墙体、混凝土楼板结构的住宅为对象，通过外窗的传热损失，空气渗透热损失之和，约占热损失的 40% 以上。因此，提高外窗的保温性能是降低冬季采暖能耗的主要问题。同时，要增大南向窗的面积，提高房屋太阳辐射时间，有利于节能，但热损失也在增加，两者之间如何平衡还要经过应用实践，总结分析并根据当地气候特点来确定。

2. 影响外窗冬季保温隔热原因

（1）外窗的气密性能：一般情况下，外窗的气密性等级越高，热损失则越小。一般窗缝渗透量约为4.3m^3/(m·K)，属于1级；如果采用3级窗，可以减少房间冷风热损失的40%；若是采用4级窗，可以减少热损失60%；若是采用5级窗，可以减少这项能耗热损失80%以上。现在造成大面积外窗高能耗的主要原因还是窗的气密性能太差，使通过窗的缝隙渗透入室内的冷空气增多，而室内热量损失也在加大。一般多层砖砌体住宅因冷风渗透消耗的热量达到建筑物耗热总量的28%～30%。为此，提高窗户气密性必须引起高度重视。

外窗的气密性与窗扇开启形式、窗的施工安装质量和密封条件有关。窗扇开启方式主要有推拉窗和平开窗。因推拉窗使用后密封毛条磨损，造成上下空隙加大，空气流动性也加大。另外，推拉窗关闭时两个扇不在同一平面，而两个窗扇之间没有密封的压力存在，只是依靠毛条进行重叠搭接，形成对流现象，因此推拉窗的构造缺陷造成的气密性大量损失，不属于节能窗的使用选择。平开窗窗扇关闭以后，密封橡胶条压得很紧，周围缝隙严密，很难形成对流现象。从结构上看，平开窗要比推拉窗有较大的节能优势。但平开窗的不足之处是外平开窗受大风影响，存在安全隐患。如果采用内平开窗时，又占用室内空间。新建或者既有住宅房屋改造时，为了节能还是采用平开窗为好。

(2) 外窗的传热系数：外窗的传热系数是指在相对平稳环境下，窗户两侧空气温差为1K，1h内通过1m^2表面积传递的热量。外窗的传热系数越大，在冬季通过外窗的传热损失也越大。夏热冬冷某地区几种常用外窗的传热系数见表1。

几种常用外窗的传热系数　　表1

窗框材质	窗户类别	空气层厚度（mm）	传热系数［W/(m^2·K)］
钢质、铝型材	单层窗	—	6.4
	双层窗	100～140	3.0
	单框（断桥）中空玻璃窗	9～16	3.4

续表

窗框材质	窗户类别	空气层厚度（mm）	传热系数［W/(m² · K)］
木质、塑料	单层窗	—	4.7
	单框中空玻璃窗	9~16	2.5~2.7
	双层窗	100~140	2.3
	单层+单层中空玻璃窗	100~140	2.0

从表1中看出：非金属窗的保温性能明显优于金属窗；中空玻璃窗和双层窗明显优于同类框型材的单玻窗；铝合金断热窗的保温性能明显优于框未断热的铝合金窗。用钢质或铝材做窗框时，如不做断热处理，窗的传热系数较高，不宜作为节能窗使用。现在木材资源缺少，受气候影响容易变形，所以采用PVC塑料窗比较合适。目前，住宅建筑中许多是单框中空PVC塑料窗，传热系数低于2.5W/(m² · K)，符合节能要求，冬季太阳辐射光透过率也高。如果采用Low-E低辐射中空玻璃PVC塑料窗，可使热导系数低于1.7W/(m² · K)，节能效果达75%。

（3）外窗的安装位置影响：因外窗的洞口周围热桥的存在，通过外窗的实际传热系数要大于窗体本身的传热系数，应将这部分由窗洞口热桥引起的传热系数称为窗户附加传热系数，用ΔK表示，即：

$$K_{zc}=K_{cT}+\Delta K \qquad \Delta K=2(r_1L+r_2h)/Lh$$

式中 K_{zc}——整窗传热系数，W/(m² · K)；

K_{cT}——窗本身的传热系数，W/(m² · K)；

r_1——窗上、下侧热桥线性传热系数，W/(m² · K)；

r_2——窗左、右侧热桥线性传热系数，W/(m² · K)；

L——窗洞宽度，m；

h——窗洞高度，m；

窗户附加传热系数ΔK与窗在洞口上的安装位置有关。在传统的墙体中，窗户居中时附加传热系数最小，在内外保温、夹芯保温墙体中，窗户紧靠保温层安装，窗户的附加传热系数最小。

（4）外窗的设置面积大小：正常是外窗的传热系数要大于外墙传热。应该是外窗的面积越小，热损失也越少。为此，建筑设计规范规定了各不同方向外窗的最大窗墙比面积规定。根据《民用建筑节能设计标准（采暖居住建筑部分）》JGJ 26—95 的具体要求，窗户面积不宜过大，不同朝向窗墙比面积应当符合北向窗墙比面积不应大于0.25；东西向窗墙比面积不应大于0.3；南向有阳台的窗墙比面积不应大于0.35；南向无阳台，且采用中空玻璃窗或双层窗时，窗墙比面积不应大于0.45。这些比例只是满足采光和日常采暖用，并没有考虑辐射得热。现在一般住宅建筑南向窗都超过上述比例，提高太阳辐射也利于建筑节能。

3. 开窗面积与冬季保温

假定单元住宅中间层主卧室开间3.6m，进深4.5m，层高3.0m，外墙为240mm空心砖，内外抹灰层厚度20mm，外侧采用阻燃型聚苯板，厚度为40mm；材料导热系数 λ 砖墙为0.58，聚苯板为0.042，修正系数洞口中间位置，在窗左右侧线性附加传热系数0.5W/(m^2·K)，窗上下侧线性附加传热系数0.4W/(m^2·K)。施工过程中对框和洞口之间密封良好，冷风渗透热损失还是取决于窗的密封性能。

外窗设计尺寸（高×宽）分别为：1.5m×1.2m、1.5m×1.5m、1.5m×1.8m、1.5m×2.1m、1.5m×2.4m五个规格。窗的气密性指标分别取：1级为15m^3/(m^2·h)、3级为6m^3/(m^2·h)、5级为1.5m^3/(m^2·h)。根据开窗尺寸和气密性不同情况，分析其净得热情况。

外墙的传热系数 K_p 为：

$$K_p = 1/R_i + \sum R + R_e = 1/0.11 + (0.24/0.58) + (0.04/0.042 \times 1.2) + (0.04/0.93) + 0.04 = 0.72\text{W}/(\text{m}^2 \cdot \text{K})。$$

根据公式 $\Delta K = 2\ (r_1 L + r_2 h)\ /Lh$ 求得附加传热系数，再按公式 $K_{zc} = K_{cT} + \Delta K$ 求整窗传热系数。单位时间内通过外窗和墙

的总传热量 Q_{CR} 为：

$$Q_{CR}=(t_i-t_0)(K_{ZG}F_G+\varepsilon_i K_p F_p)$$

单位时间内通过外窗的冷风渗透热损失 Q_{ST} 为：

$$Q_{ST}=(t_i-t_0)C_p rLhq_2$$

式中 t_i——室内计算温度，K；

t_0——采暖期室外平均温度，K；

ε_i——传热系数修正值，取 0.79；

C_p——空气比热容，取 0.28W·h/(kg·K)；

r——空气密度，kg/m^3(t_o=1℃时，r=1.29kg/m^3)；

q_2——单位面积空气渗透量，m^3/(m^2·h)。

单位时间内，通过外窗和墙的总传热量损失 Q_2 为：

$$Q_2=Q_{CR}+Q_{ST}$$

通过上述计算，其热损失见表 2。

通过外窗和墙的总传热量及渗透损失 **表 2**

检 验 项 目		外窗尺寸（高×宽）/m				
		1.5×1.2	1.5×1.5	1.5×1.8	1.5×2.1	1.5×2.4
外墙面积（m^2）		9.00	8.55	8.11	7.66	7.20
ΔK [W/(m^2·K)]		1.37	1.21	1.09	1.02	0.96
K_{ZG} [W/(m^2·K)]		3.97	3.81	3.69	3.61	3.55
Q_{CR}（W）		233.24	255.04	277.02	298.91	320.81
Q_{ST}（W）	气密性 1 级	185.28	231.62	277.95	324.27	370.58
	气密性 3 级	74.11	92.65	111.19	129.72	148.24
	气密性 5 级	18.53	23.17	27.79	32.43	37.07

从表 2 可以看出，提高窗户的气密性，可以有效地降低冷风渗透的热损失，但室内需要一定的换气通风，只有另设换气风窗，通过机械排风回收空气热余量来节能。进入冬季，太阳高度角较低，外窗框安装在墙洞中间位置，窗洞口阴影主要投射在窗框上，对光线的遮挡主要是窗户自身框墙面积比，取 0.35 则室内通过窗户获得的太阳辐射日平均达 0.65×140F_C（F_C 为外窗

面积)。

在冬季，不同尺寸、不同气密性外窗设计的南向外墙净得热情况见表3。

外窗设计的南向外墙净得热情况表　　表3

检验项目		外窗尺寸(高×宽)(m)				
		1.5×1.2	1.5×1.5	1.5×1.8	1.5×2.1	1.5×2.4
Q_z (W)	气密性1级	418.53	486.67	554.96	623.18	691.38
	气密性3级	307.36	347.70	388.20	428.62	469.04
	气密性5级	251.77	278.21	304.81	331.34	357.86
室内获得太阳辐射(W)		163.80	204.75	245.70	286.85	327.60
有效太阳能吸收系数		0.985	0.982	0.978	0.974	0.970
室内透进有效太阳辐射(W)		161.34	201.06	240.29	279.20	317.78
室内净得热(W)	气密性1级	-257.18	-285.61	-314.67	-343.98	-373.62
	气密性3级	-146.03	-146.64	-147.91	-149.42	-151.27
	气密性5级	-90.44	-77.15	-64.52	-52.14	-40.08

从表3可以看出，随着气密性的提高，建筑能耗显著降低。气密性为1级时，窗面积增大，建筑能耗增加；气密性为3级时，建筑能耗随窗面积增大而减少，效果并不明显。当窗宽由1.2m增至2.4m，同比节能3.6%；气密性为5级时，随着窗面积增大，节能效果明显达到同比节能55%。

上面分析是针对住宅建筑在南北向无遮挡情况下进行，在实际应用中并不多，多数房屋受到前后排建筑物不同的遮挡，此时日照不足，即使窗的气密性较高，窗面积增大，建筑能耗也会增大。此时应按照规范，在满足采光要求前提下尽量减小外窗面积。

综上所述，通过对夏热冬冷地区开窗大小与建筑节能关系的分析，建筑外窗的传热系数和气密性对建筑节能有大的影响，使用普通窗时面积增大更加不利。当太阳资源较好，房屋之间遮挡也少时，如采用传热系数低、气密性高的外窗并增大南外窗面积，充分利用太阳辐射热，可以降低采暖能耗，达到既有明亮视野又不浪费能源的目的，提高居住环境质量。

5　既有房屋门窗节能改造技术的应用

现在未采取节能技术建筑的各类房屋数量很大，不论在哪种气候条件下单层玻璃窗普遍存在能耗高不符合保温节能要求。既有建筑节能改造的重点是窗户，目前采取的措施是把原来窗更换成新型节能窗。这样处理既费时又影响到用户的正常生活，且新型保温窗价格贵，旧窗拆除又无处用，经济上也不合算。本文介绍一种既不动原窗又能使窗户达到保温节能效果的技术措施，达到降低改造费用的节能窗户。

1. 新的技术改造措施

重点技术要求是在不改动原有窗户的同时，通过在窗口外侧墙体上安装一个节能窗罩，使窗户具有显著的冬保温夏隔热作用，在冬季白天能充分利用太阳辐射热取暖，夏季还具有遮阳的功能。其技术措施是:

（1）建筑窗户外安的窗罩由蓄热保温室和内置窗帘组成，蓄热保温室由正面玻璃窗（室内看)、侧面玻璃窗、保温顶板和保温底板组成，内置窗帘由内置保温帘和内置遮阳帘所组成，东、西、北向窗户安装内置保温帘和内置遮阳帘，而南向窗户只安装内置保温帘。

（2）正面玻璃窗和侧面玻璃窗相当于阳台窗玻璃，安装单层玻璃，而正面玻璃窗有开启扇、固定扇及纱窗，侧面玻璃窗只是安装固定的窗扇。

（3）保温顶板和保温底板可以用玻璃钢材料制成，用角钢支架固定在窗洞外边。而正面玻璃窗和侧面玻璃窗，安装固定在保温顶板和保温底板之间的位置。

（4）内侧窗帘可以是电动的，也可以手动开启，也可以向上卷帘或是拉帘，安装位置在原窗户外侧上方或者在窗罩内顶板上部固定。

正面玻璃窗和侧面玻璃窗型材以轻质较好，如铝合金、玻璃钢、塑钢等材料。所有玻璃用普通透明玻璃即可，侧面玻璃窗可以用有机玻璃制，对各种缝用聚氨酯泡沫塞填紧密，窗罩正面玻璃窗窗扇开启方式为平开或者推拉式，构造形式见图1。

2. 窗罩的性能分析

2.1 各部分作用性能

(1) 蓄热保温室。主要是保温取暖功能，在冬季太阳照射时能够充分利用太阳能取暖，节省保温费用明显。另外，蓄热保温室又起到保温隔热效果，和原有窗户构成双层窗，使室内冬暖夏凉，达到隔热的作用。蓄热保温室顶板在夏季可作为遮阳板，当关闭原窗户后仍对房间起到遮阳效应。

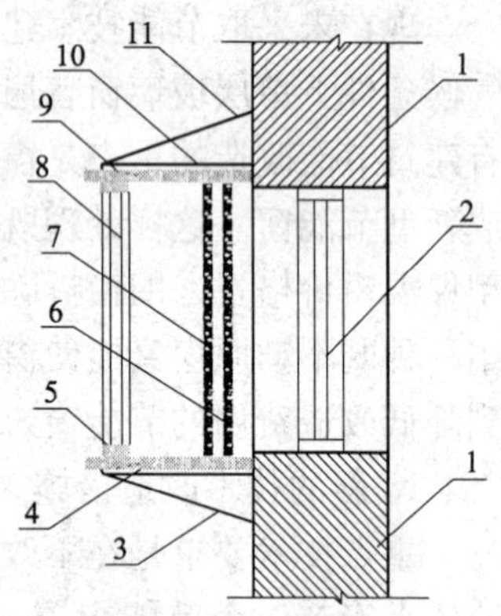

图1 建筑节能窗罩构造示意
1—墙体；2—原玻璃窗；
3—底板斜支撑；4—底板平支撑；
5—保温底板；6—内置保温帘；
7—内置遮阳帘；8—正面玻璃窗；
9—保温顶板；10—顶板平支撑；
11—顶板斜支撑

(2) 内置保温窗帘。窗帘对增加窗户的保温效果很明显，同时对提高隔声及太阳热也有一定作用。

2.2 窗罩的特点及效果

(1) 窗罩因构造简单，尤其适用于既有建筑的平开窗节能改造，冬季采暖效果更好。

(2) 暖棚效应。冬季白天当太阳照射到窗户上时，开启原窗户关闭窗罩，太阳辐射热能够从窗罩的三个面进入室内蓄热取暖。

(3) 保温效应。在冬季无阳光照射时，关闭窗罩和原窗户，到晚上再拉上内置保温帘，保温效果优于普通双层窗。

(4) 隔热遮阳效应。在夏季白天关闭窗罩和原窗户，整个窗户的隔热性能比普通单层玻璃窗优异。另外，蓄热保温室顶板对于室内起到遮阳作用，显著降低进入室内的太阳辐射热。

3. 各项性能效果分析

3.1 节能效果

单层透明玻璃和其他品种玻璃的主要技术参数见表1。

透明玻璃和其他品种玻璃技术参数表　　表1

玻璃类别规格		辐射率（%）	透光率（%）	遮阳系数 *Sc*	传热系数［$W/(m^2 \cdot K)$］
单层透明玻璃（6mm）		0.84	0.89	0.99	5.58
透明中空玻璃（6+12A+6）		0.72	0.81	0.88	3.43
Low-E中空玻璃（6CEF+12A+6）	冬季型	0.08	0.86	0.84	2.31
	夏季型	0.05	0.74	0.52	2.23
	遮阳型	0.05	0.35	0.31	2.23

为了综合考虑不同玻璃窗全年节能情况及能耗比，宜建立简单的计算模型。

（1）玻璃模型：不考虑建筑构造，只按窗户单位面积计算，热断桥铝合金窗框，窗框面积占25%，玻璃面积占75%。朝向正南、正西两个方向。

（2）热源形式：室外热源仅考虑太阳辐射热，室内冬季热源仅考虑供暖，夏季考虑空调。

（3）环境参数：以乌鲁木齐为例计算，室外冬季平均温度-2.7℃，夏季平均温度为31.3℃，室内冬季按18℃，夏季按26℃，每天24h。

（4）天气情况：夏季晴天按50%，冬季晴天按67%考虑。计算时间冬季按5个月，夏季按2个月考虑。

（5）太阳辐射情况：对南向玻璃窗冬季太阳入射角小，可以直接射入室内，辐射强度较大，有利于获得太阳光热量。而夏季太阳光射入角大，照射光大部分被反射，得到的热辐射比冬季少。但是西向玻璃窗则同夏季完全不同，下午受阳光长时间低角度照射的影响，太阳辐射强度比南向窗要高得多，所以夕阳很强。

窗罩用6mm厚透明玻璃，冬季每天光照按6mm透明玻璃计算，实际高于1.695kW·h，因3个面玻璃受太阳光照射，室内散热近似按遮阳型Low-E中空玻璃计算。夏季每天日照得热和室内得热近似按遮阳型Low-E中空玻璃计算，对于南向窗因内原窗存在，使室内蓄热保温顶板为原窗的遮阳板，对东、西、北向窗用内置遮阳帘遮挡阳光。

对南向、西向窗户的能耗计算结果见表2和表3。

南向窗年能耗及节能率（kW·h）　　表2

玻璃类型规格		冬季能耗		夏季能耗		全年		
		每天	年总耗	每天	年总耗	总能耗	能耗比（%）	节能（%）
普通6mm白玻璃		0.929	140.30	1.625	100.74	241.04	100	0
透明中空玻璃（6+12A+6）		0.119	17.91	1.280	79.35	97.26	40.35	60
Low-E中空玻璃	冬季型	-0.375	-53.88	1.136	70.41	16.53	6.86	93
	夏季型	0.154	23.91	0.783	48.57	72.48	30.07	70
	遮阳型	0.518	78.22	0.557	34.53	112.75	46.78	53
既有窗户+窗罩		-0.647	-95.91	0.557	34.53	-61.38	-25.46	125

西向窗年能耗及节能率（kW·h）　　表3

玻璃类型规格		冬季能耗		夏季能耗		全年		
		每天	年总耗	每天	年总耗	总能耗	能耗比（%）	节能（%）
普通6mm白玻璃		1.785	269.49	2.205	136.73	406.22	100	0
透明中空玻璃（6+12A+6）		0.871	131.44	1.790	110.98	242.42	59.68	40
Low-E中空玻璃	冬季型	0.369	55.73	1.628	100.95	156.68	38.57	61
	夏季型	0.608	91.77	1.088	67.48	159.25	39.20	61
	遮阳型	0.786	118.68	0.734	45.49	164.17	40.41	60
既有窗户+窗罩		0.209	31.54	0.734	45.49	77.03	18.96	81

从表2可以看出，对于南向窗现有窗户能耗比最低的是冬季型Low-E中空玻璃窗，为6.86%，年节能为93%，完全满足节能65%的要求。现有建筑在安装窗罩以后，窗户全年总能耗为-61.38kW·h，能耗比-25.46%，节能达125%，远高于65%的目标。实际节能还要高一些，因安装窗罩后冬季室内热损失要小于1.049，这是由于双层玻璃再加1层内置保温窗帘。夏季实

际日照得热和实际室内得热小于表2数据，窗罩顶板遮阳及内置窗帘遮阳效果较好。由此可见，现有建筑安装窗罩后在冬季不但不耗能，还可采暖弥补外墙部分损失。

由表3可以看出，对于西向窗户，冬、夏和遮阳型用Low-E中空玻璃窗的能耗比相差不大，都满足不了节能65%的要求，现有建筑安装窗罩后，全年总能耗为77.03kW·h，能耗比18.96%，节能达81%，远高于65%的节能目标。实际上还要高一些，因为室内冬季散热要小于1.049，这是由于双层玻璃再加1层内置保温窗帘，而普通中空玻璃窗玻璃是两层。

对东向窗可以和西向窗同样处理，北向窗冬季是保温重点，还要考虑夏季遮阳，用此安装窗罩技术措施也可以满足节能65%的要求。

3.2 采光隔声效果优

对既有建筑安装窗罩后，由于是双层透明玻璃，透光率高于任何形式的Low-E中空玻璃窗。双层玻璃内置保温窗帘，隔声效果明显提高，室内环境得以改善。

对原有建筑原来是平窗，安装窗罩后看上去像是外飘窗，美化建筑物立面。最重要的是解决了窗户的保温隔热、遮阳及冬季采暖问题，具有非常重要的实用价值和节能保温效果。

6 建筑物外窗节能应重视的问题

窗户是建筑物的眼睛，它的外观及色彩只表示其外表，而作为建筑物外围护结构的主要部件，其物理性能是最重要的，由于窗的特殊功能使得窗的传热系数难控制小，所以对所有建筑物来说是各种构件中的能耗大户，长期消耗能耗占整个建筑物长期使用能耗的近50%。因此，人们已经认识到窗户节能的重要性，窗户是建筑物节能的一个重要环节。

1. 窗框及其材质

窗户由框扇料及玻璃两部分组成，框是窗的构成支撑体，目前主要由木质材料、金属、塑料及复合型材制作加工而成。

(1) 木质框料是最传统的窗型，保温性能良好，容易加工成复杂的断面，传热系数可达到 2.0W/(m^2·K) 以下，可以刷成各种需要的颜色，装饰效果较好。就严寒地区使用的木窗来说，一种是纯木窗的抗老化性能差，冷热变形量大，日晒雨淋，容易被侵蚀；而另一种是铝包木制窗，最大的特点是保温、抗风沙，是在木材之外又包了一层铝合金薄材，使窗的密封性更好，不会结冰、结露，因外层铝合金材料起到了保护作用。但该种窗价格较高，还没有得到推广应用。

(2) 钢窗在 20 世纪 80 年代应用极广泛，由于钢窗强度高，防火性好，抗风压能力强，透光面积约为木窗的 160%，缺点是容易生锈、腐蚀，热工性能差，保温隔热性能也不好，而传热系数在 5.0W/(m^2·K) 以上，不符合节能窗要求。

(3) PVC 塑料框窗内腔由钢材作支撑，与多空腔的塑料构架紧密结合而成，钢骨架只起内支撑作用，而塑料自身的材质有很好的隔绝热传递性能。现在塑材截面由原来的 2~3 腔室发展到 4 腔室型材，个别地区还出现了更高档次的塑料型材。北方地区房屋南向窗一般采用 60mm 以上的单框双玻塑料窗，其他朝向窗框采用厚度 65mm 以上的单框四腔三玻塑料窗。PVC 塑料框型材颜色几乎都是白色，色彩单一，缺乏可选择性，而且耐火性极差，时间长表面会发黄，窗体变形严重，因此使用年限 20 多年，达不到建筑物的同寿命。

(4) 铝合金窗。铝合金型材刚度较好，耐火及耐潮湿环境，但抗风压性能差，保温隔热性略差，易形成复杂截面。采用多腔型材的窗保温性并不好，传热系数约 4.6W/(m^2·K)，这是由于铝材的导热性太大，通过腔壁传导的热量远大于腔内空气的导热对流和壁面辐射传热量之和。为了提高铝合金框的隔热保温性能，现在开发出几种热桥阻断技术型材，包括用聚酰胺尼龙条穿入后液压复合，用聚氨酯发泡材料灌注后铣开等，其中以穿尼龙条方法优点较多。型材经过断热处理后称作第二代铝合金窗，其框的保温性能可以提高 50% 左右，经过断热处理后的铝框，其传热系数要优于塑钢窗框。

采取断热处理的金属窗框，由于断面形状和断热材质本身强度的限制，断面中的隔热材料宽度不会大，其断热铝合金窗框的传热系数很难达到2.0W/(m^2·K)以下。这种情况会随着材料技术的进步而得到解决。

2. 玻璃的选用

(1) 现在使用的窗玻璃性能。玻璃窗在建筑工程中是一个独特构件，严寒及寒冷地区冬季一方面要阻挡室内的热气向室外流失，另一方面要让太阳辐射光进入室内，向室内补充热量。要求窗户的热工性能的系数K值（太阳辐射得热系数）也就是窗户的保温性能，K值越小则保温性能越好。

国内窗玻璃已由传统的单层白玻、双层白玻发展提高到目前用的中空玻璃、中空充气玻璃、中空镀膜玻璃、中空充气镀膜玻璃及低辐射Low-E玻璃。普通玻璃对于可见光和短红外线几乎是透明的，但却能够有效地阻挡长波红外线辐射，而这些能量在太阳辐射中所占比例较小，因此普通玻璃就有对辐射热进多出少的温室效应。为使玻璃具有对太阳光的透过有选择性，通常对玻璃表面镀一层金属或氧化物薄膜来改变太阳光的透过率，常见的有热反射膜和低辐射率Low-E膜，其Low-E对可见光有较高的透过率，对红外线长波段透过率却很少。因此，可以增加玻璃表面间的辐射换热热阻而具有良好的保温性能。但是，Low-E玻璃对短波红外线的透过率极其低，而这一波段的太阳辐射能量几乎与可见光段相同，因此用这种玻璃的得热远低于普通玻璃，它并不适宜用于北方建筑的节能窗户。而东、西向窗户冬季得热少但夏季得热多，在此时窗的大小从满足采光要求考虑，采用Low-E玻璃合适。

(2) 新型节能窗玻璃。为适应不同地区自然环境，夏季型、冬季型和遮阳型窗已经应用，其冬季型Low-E（Sun）是专门为寒冷地区制造的，在整个太阳辐射光谱范围内均有好的透过率，可见光透过率为0.86，太阳辐射透过率为0.73，长波发射率仅0.08。在节能建筑中很多采用了中空玻璃，从使用效果分析，中空玻璃的使用量并不大，已使用的中空玻璃窗节能效果并不相同，在有限的中空玻璃使用中低性能中空玻璃占有绝对比例。低性能中空玻璃虽然也采取了密封，玻璃间隙空气层内的干燥空气在15mm范围内，处于静止状态，解决了对流，但热传递和热辐射并没有解决了，还存在密封胶易老化、寿命短、质量不过关等问题。为提高窗户的保温节能效率，应改善现在中空玻璃的结构，使用高性能中空玻璃是节能的需要。而高性能中空玻璃应同时从解决热传递方面入手，选择低辐射玻璃、惰性气体和高性能边间隙措施，缺一不可。

（3）真空玻璃。这种玻璃是基于保温瓶原理开发的窗用新一代节能玻璃。它是将两片平板玻璃四周密封起来，将玻璃间抽成准真空并封闭排气孔，由于夹层中空气极其稀薄，热传导和声传导的能力极弱小，因此这种玻璃具有比中空玻璃更好的隔热、保温和防结露、隔声性能，标准的真空玻璃传热系数可以降低到1.4W/($m^2 \cdot K$)左右。现在具有生产真空玻璃的国家较少，北京新立基真空玻璃有限公司是国内大规模生产真空玻璃的厂家，相信今后随着节能的需要，玻璃产品及质量会有一个大的提升。

3. 窗户气密性

节能需要外窗具有优良的气密性，以抵御冬季和夏季室外空气的渗透，要对外窗气密性有相应的要求。提高外窗气密性从以下几个方面入手：

（1）从开启方式分析各种材料的平开窗多数能达到4级以上，而各种推拉窗由于两扇不在同一个平面，所以不能压紧，密封性较差。由于结构形式的不合理，多数窗达不到4级，少量可达到3级。因此，节能窗还是选择平开窗或固定窗，这样气密性才能确保。

（2）经过提升窗用型材的规格尺寸精确度，下料组装缝隙的严密，减少各种缝的宽度，达到不透或少透气的目的。

（3）改善密封方法，对框与墙洞和扇与玻璃之间的间隙处理，现在国内多采用双层密封的方法处理，而国外则对框与墙洞和扇与玻璃之间的间隙处理采用3级密封的方法处理，使窗的空气渗透量达到1.0m^3/(m·h) 左右，因此用3级密封方法较好。

(4) 重视密封材料及密封方法的配合，从使用效果上分析，密封材料要优于密封件，但框扇材料在干湿环境下会产生变形，导致密封失效，而密封件虽能适应变形，但密封作用并不十分牢靠。因此，简单地将密封材料嵌入缝内，或仅仅使用密封条的方法是不可靠的。

采取在窗框上安设具有自动换气功能的设施，在正常情况下卫生间及厨房抽烟机打开时，室内可以通过窗户进入新鲜空气，当大风或室温高过一定范围时，换气设施可以自动关闭。这种设施应具有防尘作用，发展到可换热更理想。

4. 影响节能的其他因素

影响的因素有：①窗户本身质量不合格；②扇本身关闭不严密；③五金配件不齐全；④玻璃质量无保证；⑤窗户安装质量不好；⑥玻璃安装角度不对等。中空玻璃一般是垂直堆放使用，由于中空玻璃的使用范围更广，当用于温室或斜坡屋顶时，内部气体的对流状态也会引起变化，必将影响气体对热量的传送效果。常用垂直90°状态，K为2.7W/(m^2·K)，水平0°放时K值为3.26W/(m^2·K)，加大了20%。所以，当中空玻璃被水平0°放置使用时，必须考虑K值变大对建筑物的效果影响，如图1所示。

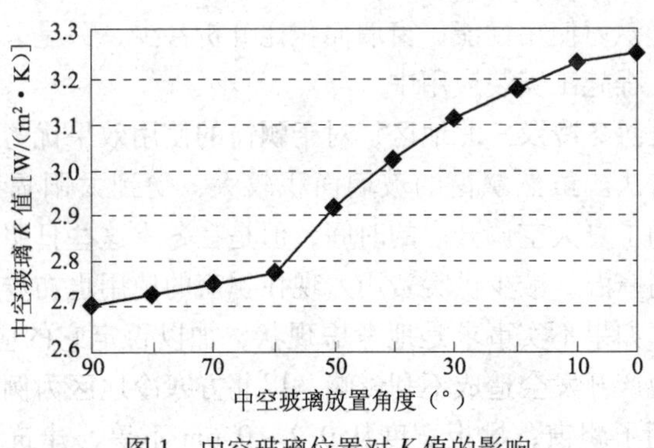

图1　中空玻璃位置对K值的影响

但要重视图 1 的 K 值变化趋势，系指在室内温度大于室外温度的条件下，相反条件时变化并不很明显。随着城市化进程力度的加快，窗户的保温节能作用会更加发挥效率。

7 建筑外飘窗挑出板宽度的选择

现在建筑房屋外窗应用中飘窗占有一定的比例，是近十多年来发展的一种新型外窗结构形式，但如何使该种窗满足建筑物自身的保温隔热性、气密性、采光、抗风、隔声、通风及水密性要求，尤其是外飘窗挑板宽度对其能耗的影响，也就是挑出墙外宽度的距离。由于挑板宽度的增加，使外飘窗两侧的窗玻璃面积加大，对飘窗的整体能耗会带来较大影响。对某建筑物南向飘窗进行动态负荷模拟计算，研究平开式飘窗在使用不同窗体和玻璃材料条件下，飘窗挑出宽度从 0.2 ~ 1.0m 时带来全年的能耗量。表明南向飘窗的年能耗随着窗台板的宽度而加大，使用节能性好的窗体和玻璃可大幅度降低能耗，根据夏热冬冷地区节能 50% 的要求，PVC 平开中空玻璃飘窗的外挑板宽度在 0.3m 以内节能效果好，而铝塑复合平开 Low-E 玻璃飘窗的宽度不超过 0.5m 时较节省能源。

1. 建筑飘窗存在的问题

到目前为止，对于使用比较多的建筑外飘窗的研究很少，是由于国外一般不使用飘窗所致，而国内的研究也只在定性分析方面，对于飘窗使用性能、窗墙面积比分析甚少，只是采取对飘窗的实际工程施工安装应用中。

在夏热冬冷及三北地区，对于飘窗的使用效果优劣问题存在不同的看法。虽然飘窗的玻璃面积较大，受到太阳辐射的热较多，增加了夏天空调开启的时间，但是在冬季这些日照热却能大幅度提高室温，减少供暖费用。现在飘窗的使用也初步得到业主的认可，如果不实事求是地考虑现状，加以否定它的应用价值，对于房地产开发会造成不利影响。以北方寒冷地区为例，有一些房屋采用了飘窗，挑板宽度从 0.2 ~ 0.6m 不等，建筑墙体及玻璃材料也不相同，应该分析对冬季供暖及夏季空调使用的影响。

2. 建筑物的选取

采取以北方寒冷地区坐北朝南房屋，层高为 2. 80m 住宅楼南墙外窗，普通窗及飘窗的窗高度为 1. 5m，窗宽为 1. 8m，飘窗的挑出板宽度为 L，混凝土板厚度为 0. 1m，飘窗的东、南、西三个侧面均用相同品种的玻璃安装，如图 1 所示。

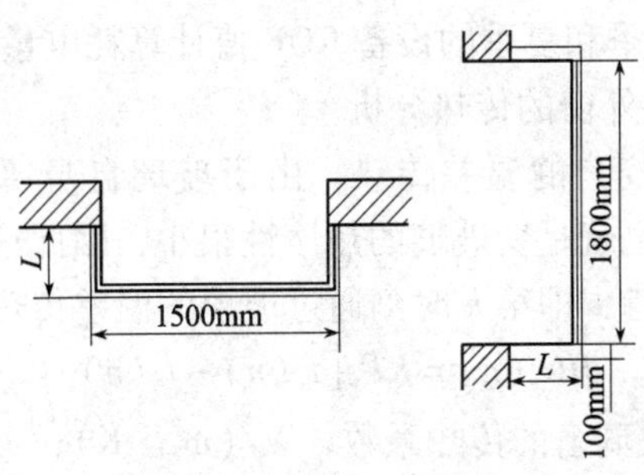

图 1　飘窗的俯视图和右视图

建筑物室内设置温度夏季为 26℃，冬季为 18℃，供暖的额定能效比取 1. 9；空调的额定能效比取 2. 3，设备按连续运行考虑，外窗的基本性能见表 1。

外窗的窗型和基本参数　　　　**表 1**

窗　项　目	序号	窗　型	玻璃种类	窗传热系数 [W/(m²·K)]	玻璃遮阳系数 SC	窗玻璃有效面积系数（%）
铝合金推拉窗	Ⅰ	单玻窗	6mm 普通玻璃	6. 3	0. 88	80
PVC 塑料平开窗	Ⅱ	单玻窗	6mm 普通玻璃	4. 8	0. 88	70
	Ⅲ	中空窗	6 + 9 + 6	2. 9	0. 75	70
PVC 塑料平开飘窗	Ⅳ	单玻窗	6mm 普通玻璃	4. 8	0. 88	70
	Ⅴ	中空窗	6 + 9 + 6	2. 9	0. 75	70
铝塑复合平开飘窗	Ⅵ	Low-E 中空窗	5 + 9 + 3	2. 1	0. 51	70

3. 计算方法

根据当地典型气象参数，即典型逐时水平面直射、散射、辐射强度和室外环境温度，采用理论计算方法，分别计算全年空调和冬季供热由于南墙不同形式的外窗带来的能耗量，计算分 3 步进行。

① 计算南墙外窗的得热量，计算飘窗的得热量时，对飘窗的东、南、西 3 个面分别计算，然后再汇总；

② 要对房间采取反应系数法来计算供暖和空调负荷；

③ 通过冬季和夏季的设备 COP 值计算耗电量。

3.1　建筑外窗的传热分析

（1）通过窗户的温差传热。由于玻璃自身薄弱，导热系数也相对较大，也就是窗玻璃的热惰性很小，因此这部分传热可以按稳态传热看待，即第 n 时刻通过玻璃的温差传热 $HG_g(n)$ 为：

$$HG_g(n) = KF_g[t_a(n) - t_y(n)] \tag{1}$$

式中　K——玻璃窗的传热系数，$W/(m^2 \cdot K)$；

F_g——玻璃窗面积（m^2），计算飘窗时，南侧窗为 1.5m × 1.8m，东侧和西侧为 1.5m × L；

$t_a(n)$——第 n 时刻室外空气温度；

$t_y(n)$——第 n 时刻室内空气温度，夏季为 26℃，冬季为 18℃ 取值。

（2）透过玻璃太阳辐射热。通过窗户玻璃的太阳辐射得热量与玻璃的朝向关系密切，会随着季节和每日的具体时间有变化。计算时要考虑窗框的因素、使用玻璃的实际有效面积、阳光实际照射的面积等。通过玻璃窗的太阳照射得热量计算公式为：

$$HCS = (SSC_{DI}x_s + SSC_d)SCx_fF \tag{2}$$

式中　SSC_{DI}——标准透光材料太阳直辐射得热量，等于 $I_D \cdot g_{DI}$；

SSC_d——标准透光材料太阳散辐射得热量，等于 $I_d \cdot g_D$。

由于水平辐射和垂直辐射只是角度关系，即太阳高度角 h 和壁面太阳方位角 e，因此根据资料中太阳辐射模型，求得东、南、西 3 个方向垂直面的直辐射和散辐射；

SC——全遮阳系数；

F——窗面积，计算飘窗时南侧窗为 1.5m × 1.8m，东侧和西侧为 1.5m × L；

x_f——窗玻璃的有效面积系数；

x_s——阳光实际照射面积比，等于窗上实际照射面积与窗面积之比。此时未考虑外遮阳影响，计算铝合金单玻推拉窗时，只考虑到墙体凸出窗玻璃本身遮阳，墙厚度为 240mm，窗户周围无墙体遮挡，此外应是 $x_s = 1$。

（3）空气渗透引起的热损失。室内外存在着压力差，从而导致室外空气通过窗子缝隙或外围护结构的小孔进入房间，由于加大了室内的热损失，这种现象在冬季尤其明显。在夏季由于室内空调开启处于正压状态，阻止热空气的进入。在此只考虑冬季冷风的渗入影响，由空气渗透引起的室内失热量 HC_a 为：

$$HC_a = L_a c_a p_a (t_r - t_a)/3.6 \tag{3}$$

式中 c_a——室外空气比热容；

p_a——室外空气密度；

t_r——室内空气温度，℃；

t_a——室外空气温度，℃；

L_a——渗透进入房间的室外空气量，(m^3/h)。

$L_a = q_1 \cdot ZC$。其中 q_1 为单位缝长指标；外窗的气密性不应低于现行规范《建筑外窗气密性能分级及其检测方法》GB 7107—2002 中 4 级，即 $0.5m^3/(m \cdot h) < q_1 < 1.5m^3/(m \cdot h)$ 的水平。而本文铝合金窗 $q_1 = 0.5m^3/(m \cdot h)$，PVC 塑料窗 $q_1 = 1.0m^3/(m \cdot h)$；ZC 为窗户接缝总长度，本文推拉窗为 $(1.8 + 1.5) \times 2m$；外飘窗为 $(1.8 + 1.5) \times 2 + (1.8 + L) \times 4m$。

3.2 围护外窗的冷热负荷

房屋外窗的冷热负荷是由外窗的传热负荷、太阳辐射得热负荷及空气渗透热负荷组成。其中空气渗透热负荷等于空气渗透热损失量，不用转换计算，而热传负荷和太阳照射得热负荷的计算方法相似，现仅以窗的传热负荷进行计算：

$$CLX(n) = WX(0)HCg(n) + [WX(1) - CXWX(0)]$$

$$HCg(n) + CXCLS(n-1) \tag{4}$$

式中　CX 为房间反映系数的公比，$CX = 1 - WX(1)/[F_c - WX(0)]$，房间反应系数 WX（1）、WX（0）由资料查得。根据经验反复计算 4 次，即可消除对 CLX（0）初值取零的影响。

3.3　年供暖和空调总耗电量

首先，按下式分别计算供暖、空调季节耗电量 q_2：

$$q_2 = Q_2/COP \times 1000 \tag{5}$$

式中　Q_2 为空调、供暖累计负荷、热负荷，kW·h，文中按冬季供暖时间取为 10 月 15 日 ~4 月 15 日，夏季空调时间取为 6 月 1 日 ~9 月 30 日。

全年供暖、空调总耗电量，即为：

$$q = q_{供暖} + q_{空调} \tag{6}$$

由于在计算上的方便性，对全年的动态模拟过程中均涉及矩阵的计算，整个数学动态模拟计算过程采用 MATLAB 程序处理。

4. 计算结果的分析

4.1　外窗冬季能耗分析

在图 2 中给出了不同材质窗Ⅳ、Ⅴ和Ⅵ在挑板宽度从 0.2 ~ 1.0m 时的冬季累计热负荷，以及Ⅰ、Ⅱ和Ⅲ的冬季累计热负荷。从图中可以看出，在冬季，Ⅱ和Ⅳ相比、Ⅲ和Ⅴ相比，无论挑板宽度如何，Ⅳ和Ⅴ的热负荷要大。这是因为对于使用同种窗体和玻璃材料的平开窗和飘窗，虽然飘窗随着挑板宽度的增加，东、西两侧的玻璃面积便会增大，在冬季可以获得较多的日照得热，但同时也带来了更多的温差热损失，因而增加了供暖的热负荷。此外，Ⅳ的热负荷随着挑板宽度的增加而增加，而Ⅴ的热负荷随着挑板宽度的增加而减小。这是由于挑板宽度的增加使得飘窗的玻璃面积增大，在冬季有利于获得更多的日照得热，但是Ⅳ的传热系数较大，随着挑板宽度的增加，多获得的日照热量比温差传热带来的热损失要少，因而热负荷呈上升趋势。而Ⅴ的传热系数较小，随着挑板宽度的增加，多获得的日照得热量比温差传热多出的热损失要多，因而热负荷呈下降趋势。

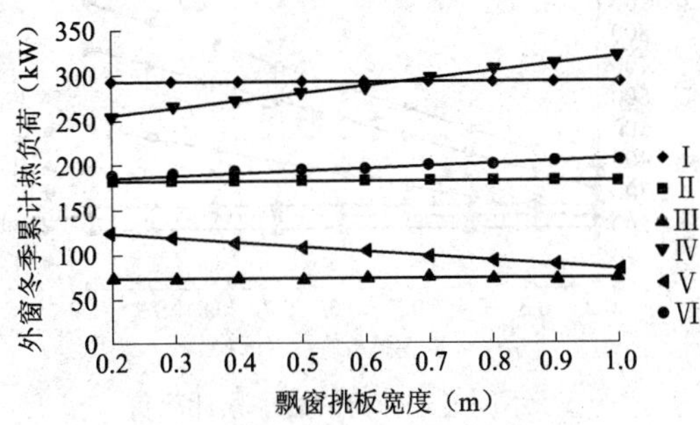

图2　不同形式外窗的冬季累计热负荷

同时可以看出，Ⅴ和Ⅵ的冬季累计热负荷均远小于Ⅰ，这是由于Ⅴ和Ⅵ的传热系数都较小，由温差传热带来的热损失较小，而挑板宽度的增加使得飘窗的玻璃面积增大，有利于获得更多的日照得热，从而减少了能耗。不过可以看出，当挑板宽度相同时，Ⅵ的热负荷比Ⅴ要大，并且Ⅵ的热负荷随着挑板宽度的增加而增加。这是因为，虽然Ⅵ的传热系数比Ⅴ小，但Ⅵ的遮阳系数也较小，随着挑板宽度的增加，Ⅵ比Ⅴ少损失的热量，与Ⅵ比Ⅴ少获得的日照得热量相比要小一些，因而当挑板宽度相同时，Ⅵ的热负荷比Ⅴ要大。而对于Ⅵ自身而言，随着挑板宽度的增加，多获得的日照热量比其他方式多出的热损失要少，因而总热负荷呈上升趋势。

4.2　外窗夏季能耗分析

从图3不同材质窗给出了Ⅳ、Ⅴ和Ⅵ在挑板宽度从0.2～1.0m时的夏季累计冷负荷，以及Ⅰ、Ⅱ和Ⅲ的夏季累计冷负荷。由于普通窗不像飘窗一样凸出墙体，它们与墙体在同一个平面，不存在挑板宽度，图中的Ⅰ、Ⅱ和Ⅲ的能耗结果为某一定值则是一条直线，与挑板宽度的大小无关。而飘窗的能耗则与挑板宽度的大小有关，因而呈斜线形式。

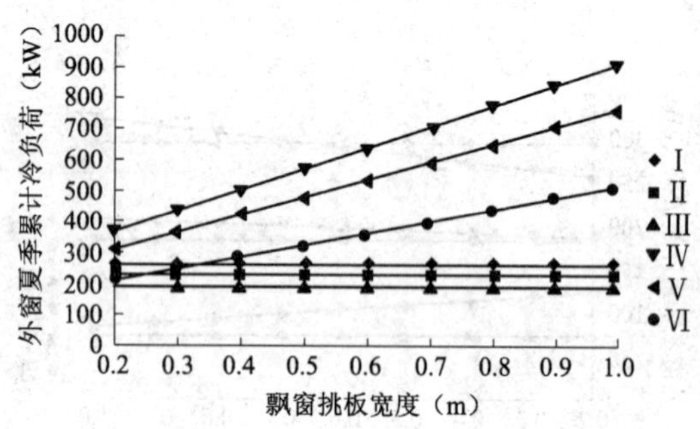

图3　不同形式外窗的夏季累计冷负荷

从图中看出，在夏季，Ⅱ与Ⅳ相比、Ⅲ和Ⅴ相比，Ⅳ和Ⅴ的冷负荷无论挑板宽度多少，都比Ⅱ和Ⅲ的冷负荷要大，并且冷负荷随着挑板宽度的增加而加大。这是因为对于使用同种窗体和玻璃材料的平开窗和飘窗，飘窗由于拥有东、南、西三侧玻璃面积，随着挑板宽度的增加，东西两侧的玻璃面积便会增加，因而在炎热的夏季获得了更多的日照得热，从而增加了空调的冷负荷。即使是Ⅰ的冷负荷，也要小于Ⅳ和Ⅴ。

同时比较Ⅳ、Ⅴ和Ⅵ可以发现，当挑板宽度相同时，这三种飘窗的夏季累计冷负荷逐渐减小，尤其是Ⅵ，在挑板宽度相同时，它的冷负荷比Ⅳ要小45%左右，并且它的冷负荷增长率也小于Ⅳ。这是由于Ⅵ的传热系数和遮阳系数较小，从而减少了由温差传热和日照得热带来的冷负荷。并且，Ⅵ与Ⅰ、Ⅱ相比，当挑板宽度小于0.35m时，Ⅵ的冷负荷比Ⅰ要小；当挑板宽度小于0.25m时，Ⅵ的冷负荷比Ⅱ要小。

4.3　外窗年能耗分析

由图4给出了Ⅳ、Ⅴ和Ⅵ在挑板宽度从0.2～1.0m时的全年累计耗电量，以及Ⅰ、Ⅱ和Ⅲ的全年累计耗电量。

从图中可以看出全年总计耗电量，Ⅱ与Ⅵ相比、Ⅲ和Ⅴ比较，无论挑板宽度多少，Ⅳ和Ⅴ的用电量都比Ⅱ和Ⅲ的用电量多。这是由于对于使用同种墙体和玻璃材料的平开窗和飘窗，无论是夏季还是冬季，飘窗的总负荷比平开窗大，因而飘窗的耗电比平开窗大。同时Ⅳ和Ⅴ与Ⅰ比较，当Ⅴ的挑板宽度小于0.5m时，其耗电量比Ⅰ少；而当Ⅳ的挑板宽度小于0.65m时，其耗电量也比Ⅰ少。

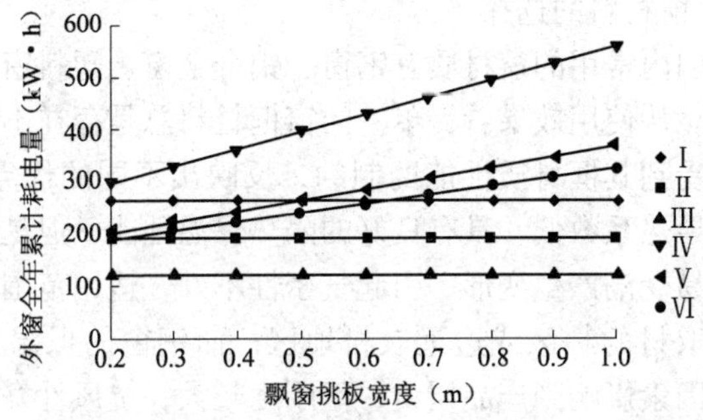

图4　不同形式外窗的全年累计耗电量

按照现阶段夏热冬冷地区建筑节能50%的要求，以Ⅰ作为原有窗型进行对比，可以看出对于飘窗，只要选择适当的窗材，玻璃及挑板宽度，全年耗电量还是比Ⅰ少。从图4中分析可知，对于Ⅴ来说，当挑板宽度为0.2～0.5m时，其耗电量比Ⅰ省1.8%～25%；对于Ⅳ，当挑板宽度为0.2～0.65m时，其耗电量比Ⅰ省9.8%～36%，节能效果是明显的。

8　夏热冬冷地区住宅窗户的节能应用

在建筑物围护的墙体、屋面、地面和窗户4个部件中，窗户的隔热性能最差，是影响建筑节能和室内热环境质量的主要因素。就建筑工程典型的围护部件分析，窗户的能耗约是墙体的4倍、屋面的5倍和地面的20多倍，占建筑围护结构总能耗的50%左右。在采暖和空调的条件下，冬季单层玻璃所损失的热量占到供热负荷的40%左右，夏季由于太阳辐射热透过单玻射入室内而消耗的冷量占空调负荷的25%。因此，提高窗户的保温隔热性能，减少因窗户而造成的热损失，是改善室内热环境质量和提高建筑物节能的重要内容。在国内有广大的地区属于夏热冬冷的环境气候条件，夏天日照时间长温度高，而冬季风多，日照时间短，湿度较大寒冷，建筑物的窗户节能重点，要考虑夏季的防隔热和冬季的保温问题。

1. 选择保温好的窗户类型

1.1　窗材料的选择

现在国内常用的窗材质有钢窗、铝合金窗、塑料窗、塑钢窗和木窗等。从使用效果看，单一的窗框材料总是存在不足，这些窗户都会受到其框材质性能的制约，反映出不同的优点和不足。如木制窗导热系数低，具有良好的隔热保温性能，但是要耗费大量木材，易受潮产生变形，引起气密性不好，适用范围有限，可用在就地取材的林区或边远农村地区；而钢窗的保温性能比较差，多种因素影响到产品质量，但刚度较大，抗风性好，仍然有一些市场，用在风沙大的一些地区；铝合金窗户唯一的不足之处是传热过快，保温性不良，易在内侧产生结露现象，但因其具有优异的耐久性和可装饰效果，抗风压性能也较好，因此应用范围广，在城市和农村比较普及；塑料窗户由于原材料节能的特点，型材绝热性能也优异，整个窗的能耗明显降低，可以满足现在及今后节能的需要，近年来推广使用较普及，其耐火、耐冲击、刚度略差，防火及防盗功能难以达到高的要求。塑料 PVC 材质窗因自身强度不够高且刚度低，与金属材料窗相比，抗风性能比较差，而高层建筑一般风压大，若是单纯的塑料窗难以达到使用要求，塑钢窗则较好地解决了这个问题。现在用的塑钢窗是用塑料和钢材两种完全不同材料制成的，是一种综合性能较佳的新型窗户，既具备塑料窗节能的优点，又具有钢材强度高、抗风压性能高的优势，是节能窗今后的发展方向。

上述浅要分析可知，无论是木头、塑料、钢材或铝材哪种窗户产品，性能方面都存在不同的缺陷。从建筑节能的实际出发，关键是窗户在满足保温隔热性能的同时，还要考虑到其他的性能要求，根据工程的实际状况来选择综合性能相适应的窗户类型。同时，发展新型复合窗户是获得综合性能更佳的又一途径。

1.2　窗扇的开启形式

现在习惯常用的窗户开启有外平开窗、左右推拉窗、固定窗、亮窗、上下悬窗及上下提拉窗等，在建筑销售市场中，推拉窗和平开窗产量最大，尤其是左右推拉窗在夏热冬冷地区用量最多，具有安全、五金件简单、制作方便及成本低的优点，但开启面积不大，只能开1/2，对通风不利，属于一个主要缺点。平开窗虽然价格比推拉窗略贵，但开启后通风面积最大，气密性能也好，从使用效果上看应该推广使用这种窗型最好。据介绍，上下提拉窗也适用于湖北及湖南等夏热冬冷地区，虽然窗户开启面积只有1/2，但通风效果完全满足。建筑窗台的高度一般在800～900mm范围内，上下提拉窗的下扇向上提时有800mm以上的通风高度，也就是在房间这个高度范围正是人的身体，也是晾晒衣服适用的习惯性高度。

2. 提高窗户的隔热性能

窗户的隔热性能主要是指在夏季窗户阻挡太阳辐射热射入室内的能力。在夏热冬冷地区，夏季太阳辐射时间长、强度大，如在硬化地面夏季太阳辐射高达900W/m^{2}以上。在这种强烈的太阳辐射下，阳光直射到室内，将严重地影响建筑室内热环境，增加建筑空调能耗量，从这些地区建筑能耗分析中可知，窗对建筑能耗的损失主要有两个方面：一个是窗的热工性能太差所造成夏季空调、冬季采暖室内外温差的热量损失增加；另一个就是窗因受太阳辐射影响而造成的建筑室内空调采暖能耗的增加。从冬季环境来看，通过窗口进入室内的太阳辐射有利于建筑的节能，因此，减少窗的温差传热是建筑节能中窗口热损失的主要环节。而夏季的能耗损失中，太阳辐射是最主要的因素，应采取适当的遮阳措施，以防止太阳辐射的不利影响。

给建筑物的窗口装置一些遮挡体，阻挡阳光直接射入室内，这样的措施是对窗户进行遮挡遮阳处理。窗户遮阳的目的就是使阳光不能直射入室，起到调光、降温、改善室内热环境、光环境的作用，其中对遮挡太阳辐射热的效果和降低室内温度的效果非常明显。但对室内采光和通风也有不利影响，如设置遮阳板后，一般室内照度降低到50%～70%之间，此外，会使室内风速降低25%～45%，这对防热是不利的。因此，这样的遮阳处理措施还要考虑采光、考虑少挡风，最好能导风入室，建筑中常用的遮阳措施目前有三种。

2.1 采用遮阳板遮阳

遮阳板有固定的和活动的两种形式，目前多数是采取固定形式。许多地区一年中需要较长时间的遮阳，一般考虑设置永久性的遮阳板。而采用活动的大多用于东、西朝向的窗口，以便随阳光照射的方向加以调节，既利于遮阳，又利于通风和采光。从形式上分，大致有水平式遮阳板、垂直式遮阳板、方格式遮阳板、挡板式遮阳板等几种。从建筑功能的需要来说，一般水平式遮阳板适用于朝南向的房间。当需要挑出更长时，可以改变成两层或多层的水平遮阳板，这样既可缩短挑出的总长度，又可获得同样的遮阳效果。方格式遮阳板适用于东南向或西南向的房间，垂直式遮阳板的挡板式遮阳板适用于东向或西向的房间，后者可改成百叶式的，有利于乘凉、通风，也能达到同样的遮阳效果。但由于东、西向的日照强度较低，当窗户设置这两种形式的遮阳板后，一般也只能部分遮住东、西向的日照。如果要求全部遮挡这两个朝向的日照，则只有使垂直式遮阳板的朝向偏北，或把遮阳板设计成可转动的，但这样做，会对房间内的视线造成一定的不利影响。

2.2 采用热反射材料遮阳

采用热反射材料或在普通玻璃上粘贴节能薄膜，作为窗户的遮阳型镶嵌材料。目前，常用的热反射材料主要有吸热玻璃、热反射镀膜玻璃、低辐射玻璃和热反射薄膜。它们的优点是保温隔热效果好、使用方便、美观，不足之处在于价格较高，对窗户的采光会有不同程度的影响。如热反射玻璃，虽然可反射大部分太阳辐射热，但可见光透过率只有10%～40%，会严重影响室内采光需求，导致室内照明能耗增加，其增加值甚至会大于空调节能冷耗的值，反而使总能耗上升，得不偿失，在设计使用时应慎重考虑。低辐射玻璃有较高的可见光透过率和良好热阻隔性能，能让80%左右的可见光直射入室而获得良好的采光效果，并对阳光中的长波部分有良好的反射作用，同时又能将90%左右的室内物体的红外辐射热保留在室内，起到保温作用。此外，它还能阻隔紫外线，避免室内物体褪色、老化，特别适用于夏季炎热地区的民用建筑。据初步估计，用于民用建筑可节能25%左右，用于公用建筑节能15%左右。目前，该产品在西方发达国家已大面积推广应用。但由于价格偏高，在国内还处于试用阶段。薄膜型热反射材料也是良好的热反射材料，对太阳热辐射反射率在40%～70%，价格也较低，约为10～15元/m^2，但可见光透过率偏低，通常在30%以下，用于节能建筑可能造成节能效果不够理想。

2.3　用绿化植物遮阳

对于低层建筑而言，利用植物遮阳是一种既经济又有效的遮阳措施。具体应用是采取植树和棚架攀登藤爬两种做法。种树要根据窗口位置对遮蔽的方式要求来选择和配置树种，对于树木的位置要根据树冠的高度和太阳照射角度，与建筑物保持适当的距离。避免正对着窗口的中心部位，减少对通风、采光和视野的阻碍；种植经人工修剪可攀登藤爬的植物，在许多地方可以看到这种适用的做法。在冬季，落叶后允许少量藤条遮挡低角度在窗洞口，而夏季高角度的阳光可以被遮挡。

3. 提高窗户的气密性能

窗户的气密性是指在关闭状态下空气通过的程度，也是表示窗户节能的重要技术指标。因窗框和窗洞口墙体之间、窗框和窗扇之间、窗扇和窗扇之间及窗框与密封材料之间都存在着缝隙，如果密封不够严密，空气会自由通过这些不严密处流动，产生交换而造成损失，对此必须处理好窗户缝隙的空气渗透性。按照《建筑外门窗气密、水密、抗水压性能分级及检测方法》GB/T 7106—2008的规定，国内窗户等级一般属于Ⅲ级左右，而国外将窗户气密性定在Ⅰ～Ⅱ级，因此应提高窗户的气密性，这是降低窗户能耗的重要方法。加强窗户的气密性一般可采取以下措施：

（1）通过提高窗用型材的截面尺寸、精确度、尺寸误差和组配的准确性，达到开启缝隙的搭接深度，减少开启缝宽度，使空气渗透量不出现。

（2）采用密封条使缝隙更严密。同时改进密封方法，对于框与扇和扇与玻璃之间缝的解决，现在国内通常用二级密封的方法，而国外许多国家在框与扇之间普遍采用3级密封的处理做法，这样处理后的空气渗透量已降低到1.0m^3/（m·h）以下，国内同类窗的空气渗透量却达到1.5m^3/（m·h）左右，推广3级密封较好。

（3）应注意各种密封材料和密封方法的互相配合。近年来的许多应用表明，在封闭效果上密封柔性料要优于密封件。这与密封料和玻璃、窗框等材料之间处于粘合状态有关。但是，框扇材料和玻璃等在于湿温度变化作用下所发生的变形，会影响到这种静力状态的保持，从而导致密封失效。密封件虽对变形的适应能力较强，且使用方便，但其密封作用却不完全可靠。因此，只简单地以密封料嵌填于窗缝，或仅仅使用密封条的方法都是不可靠的。

4. 改善窗户的保温性

虽然夏热冬冷地区冬季气温没有三北广大地区绝对气温低，但却存在降温快、气候潮湿、日照时间短的特点，为改善提高夏热冬冷地区冬季室内气温低的现实，从节省能源的方面考虑，改善外窗的保温性能是一种有效方法。因为窗户传递温度是建筑中最主要的影响因素。改善性能主要是指窗户的热阻损失，一般是通过两种形式处理。

4.1 提高窗框料的热阻性

要提高窗框材料的阻热性，也就是增加材料的传热阻，这样有利于减少窗户传热量，降低采暖或空调的能耗。影响窗框材料传热阻的原因有两个：一个是窗框材料自身的热导系数，另一个是窗框材料中的隔热腔室的体积和数量。很明显，框料的热导系数越小，则传热阻值越大，窗框材料中的隔热腔室体积和数量取决于型材型腔断面的设计构造形式。现阶段型腔断面种类最多的应是 PVC 塑料型材，其型腔分为单腔、双腔和三腔几种。从热阻性能上比较，三腔结构性能最好，适用于广大三北地区，但制作复杂、费用高，而双腔结构相对简单实际，与单层玻璃相匹配较合理，广泛用在夏热冬冷地区。对于单腔结构的框料应该限制使用，这种简单的型腔不利于节能，安装五金配件也不牢固。

4.2 用空气间隔层提高热阻

单层窗玻璃的热阻值很小，内外表面的温差仅有 0.4℃左右，因此单层窗玻璃的保温性能最低。采用双层或多层玻璃窗、中空玻璃窗，是利用空气间层热阻大的特点，可以明显提高窗的保温性能。采用有空气间层的双层玻璃窗，其内外表面间的温差接近 10℃左右，在冬季玻璃窗内表面温度的升高，会使人体的辐射放热量降低，达到人体的舒适感觉，同时也能减少供暖房间的热损失，进而达到节能目的。但双层窗框材料用量较多，而中空窗的费用更高，对比之下可以说明双层玻璃窗比较经济、合理。

5. 太阳能的广泛利用

众所周知，能源是人类赖以生存和发展的基本条件，建筑使用过程中所消耗的能量，即建筑能耗，在社会总能耗中所消耗的能量，在社会总能耗中占有很大的比例，而且社会经济越发达，生活水平越提高，这个比例则越大。目前，我国建筑能耗已占社会总能耗的 30% ~39% 上下，正逐步上升到 40%。可见建筑能耗状况是牵动社会经济发展全局的重要问题。而能源短缺更让全世界都认识到节约能源的重要性，因而建筑节能成为世界节能浪潮的主要趋势。与常规能源相比，太阳能是最洁净、可再生、丰富而遍及全球的自然能源，在建筑上具有很大的利用潜力。对太阳能的热利用和光利用可以减少空调和照明所使用的常规能源，同时也减轻因电力生产所造成的环境负荷。因此，太阳能的利用可作为建筑节能的有效手段。从建筑节能的角度考虑，建筑外窗一方面是能耗大的构件，另一方面也可能成为得热构件，即通过太阳光投射入室内而获得太阳热能，从而达到节约能源的目的。如将外窗玻璃做成浅色的太阳能集热板，这样做法在日本已经流行；另外，发达国家已研制成功一种智能玻璃，这种玻璃可调节其颜色的深浅，从而可随意调节太阳光入射量，更好地解决采光和隔热的问题，同时也使得它在不同的季节都能取得良好的节能效果。虽然这些产品由于技术复杂、价格昂贵，在我国还未广泛推广使用，但相信在不久的将来，必将会成为我国建筑节能窗户的主流产品。

6. 设计重视窗墙比例的控制

外墙的面积中窗户所占面积一般是1/6左右比较适当，而窗户的热阻同墙比较要小，如单层钢窗的热传系数为240mm厚砖墙的3倍，可以认为窗户面积的大小及保温性能的优劣，对建筑物采暖有很大的影响，这样就需要一个合适的窗墙面积比例。在住宅商品化的今天，建筑物的窗墙面积比有明显大的现实，这是由于商品住宅居住者希望自己购买的房子更加明亮，开发商为满足市场要求，都会采取超大采光、外飘窗、老虎窗等极其不节能的窗用于建筑工程中，加大了建筑物的能耗量。对此，夏热冬冷地区设计人员，结合当地建筑物实际和居民习惯，对东西向窗墙面积控制比较严格，而对南向较宽松。如现行标准规定的各个朝向窗墙面积比，西墙不大于0.30，南向不大于0.50。如果窗墙面积超过规范允许值时，首先要考虑减小窗户的传热系数，若是用单框双玻或者中空玻璃，要加强夏季窗口的遮阳处理，还要减小外墙的传热系数更有效。

综上所述，窗户是建筑围护结构能耗的重要因素之一，应根据夏热冬冷地区的气候条件、功能要求以及其他围护部件的情况等多种因素，来选择合适的窗户材料、窗型和相应的节能技术，这样才能取得良好的节能效果。同时，尽管可以采用许多技术措施来提高窗户的保温隔热性能、降低建筑能耗和增加室内热舒适程度，但仍需要建立正确的使用方法和节能观念，才能取得理想的节能效果。

9　门窗框体与建筑洞口连接要求

建筑门窗框与建筑预留洞口墙体的连接与密封，是影响门窗节能的重要因素，现在的相关规范对此没有很明确的要求和检验标准。现在由于分工较细，门窗洞口由建筑施工根据图纸预留，而门窗则由制造厂家安装，最后的洞口收口由建筑施工完成，双方在留洞及安装过程中的协调配合极其重要，为此要解决好两个工种间的配合，是确保门窗安装固定达到建筑节能验收标准的重要环节。

1. 常规门窗与洞口连接固定形式

门窗框与建筑洞口墙体的连接，现在绝大多数形式是土建方根据施工图留洞口，然后再进行门窗框的固定安装。门窗框的连接安装常规做法多是干法进行，即先安装附框再安窗框；也有湿法直接安装框体的施工方式。采用干法固定片安装见图1，干法直接固定安装方法见图2。即通过膨胀螺栓或射钉将窗框或附框连接固定在洞口内的安装方式；窗框与洞口之间用发泡胶进行保温，水泥砂浆进行收口，密封胶进行密封，最后安装扇及玻璃和附件，完成整个门窗，达到使用条件。

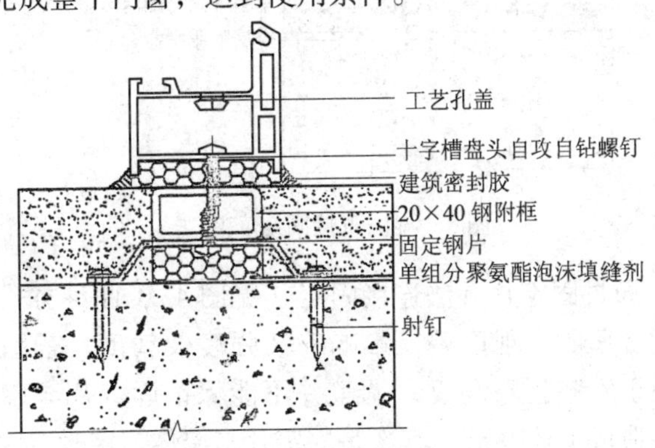

图1　干法固定片安装法

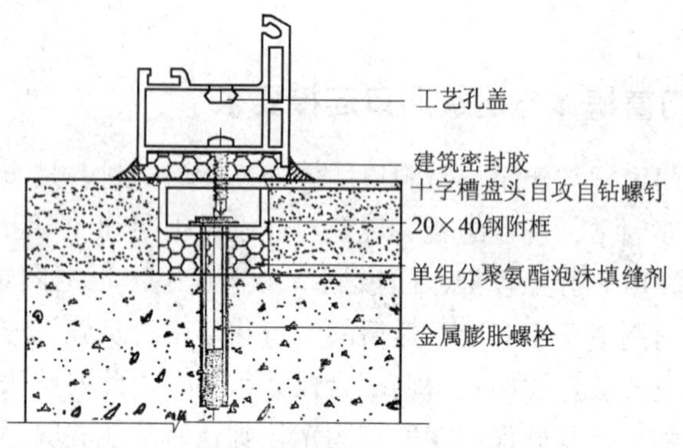

图2　干法直接固定安装法

2. 门窗与洞口连接存在的问题

（1）湿法安装是将门窗框直接通过埋件或其他方式与墙体连接（见图3），然后再进行抹灰收口。此种习惯做法不利于对门窗产品的保护而损伤或严重污染，而金属框体必须进行防腐处理，施工周期较长，现在不适合此种连接方式，应限制性采用。

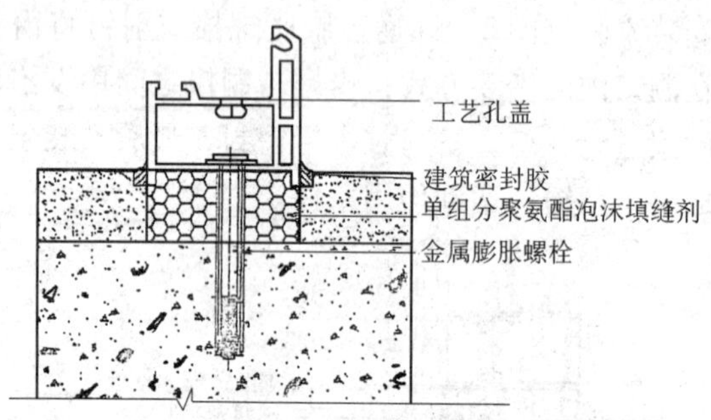

图3　湿法直接固定安装法

（2）通过固定片湿法连接固定（见图4），此种方式首先因固定片大、薄弱、刚度差，影响安装强度及精度；若固定片太厚，不便于安装折弯角度，调整并不能保证固定片与墙体的紧贴，容易造成框体变形。其次是固定片与墙体连接时，因安装方向全部在一个方向，同在室内而形成四边形效应，导致固定后的门窗可能沿一个方向活动，起不到固定作用。另外，是固定片与框体连接时多数采用一个自攻螺钉或抽芯铆钉连接，其强度难以达到长期使用要求；最后，因隔热铝合金门窗为保证窗框刚度，在洞口内外侧都进行固定，固定片必须与内外框进行连接，形成金属通路，传热损失大而影响门窗的保温；采取两点连接又影响固定片的方向，因此这种安装方式也不应该采用。

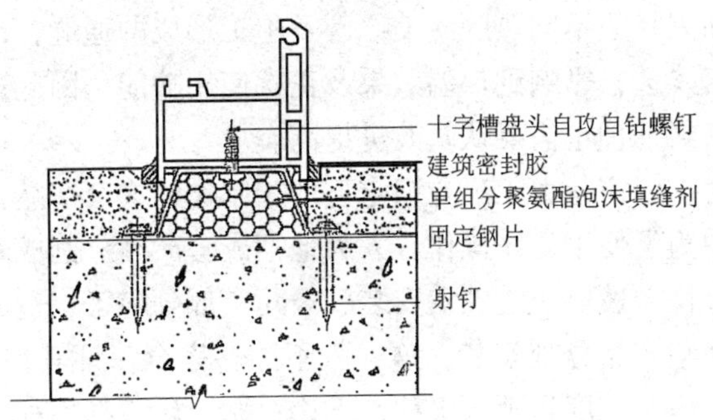

图 4　湿法固定片安装法

（3）目前常见的干法安装是为了避免门窗安装后，因土建施工的湿作业而造成的门窗损伤及污染。使用膨胀螺栓时，先将附框与墙体进行固定，待土建湿作业完成后再进行门窗框的安装，所安装的钢附框只是起到大概的转接作用，有时会有较大误差。此种安装方向的不足之处是：因钢附框材料、墙体材料及门窗材料三者之间的线膨胀系数不同，导致因热胀冷缩而产生的变形量也不同，严重影响了建筑门窗与墙体的密封效果。易出现渗漏水，固定点松动，脱胶而直接影响门窗部位的水密性、气密性和保温性能。同时，由于金属钢附框不耐腐蚀，长期在内受到腐蚀而影响到门窗使用耐久性强度。另外，由于隔热铝合金门窗为了确保框体安装刚度，而采取内外门窗框与墙体或钢附框进行固定，导致钢附框形成了金属通路而影响到门窗的保温性能，钢附框传热系数比较大，为此应考虑此种安装方式的改进。

（4）无论采取何种门窗框与墙体的连接固定方式，都是在窗框与墙体洞口内之间挤压聚氨酯发泡或用水泥砂浆填补平，在窗框室内与室外侧与墙体洞口之间用密封胶密封处理。此种常规做法的不足之处是：由于用发泡或用水泥砂浆填实时，会出现注胶不饱满或水泥砂浆不密实的现象，影响到窗框部位的保温及强度。另外，窗框与外墙体之间在建筑施工中并没有预留注胶槽口而造成注胶时只能注在平面上而达不到粘结强度。并存在窗框与墙体之间因材质不同热胀冷缩原因及施工形成的通缝，造成渗漏水和空气渗透，影响到保温效果及正常使用功能，因此这些安装固定及密封处理也需要认真改进提高。

同时，门窗是由工厂专门定型加工制作的成套产品，但在施工过程中为了便于工序操作，人为地把成套产品分割成附框及窗框、五金件、玻璃、注胶及安装胶条几个部分施工，造成门窗由出厂的完整产品分割安装，这样就不能够完全保证其整体质量，也增加了施工难度且延长工期，无论对哪个环节都不利。

3. 对传统安装方式的改进措施

鉴于门窗传统安装存在的质量问题，可以采取干法安装和整窗单元安装方法施工。

3.1　干法安装法

干法安装是土建施工按设计预留标准洞口，附框安装及预设连接件安装法，如图5所示。

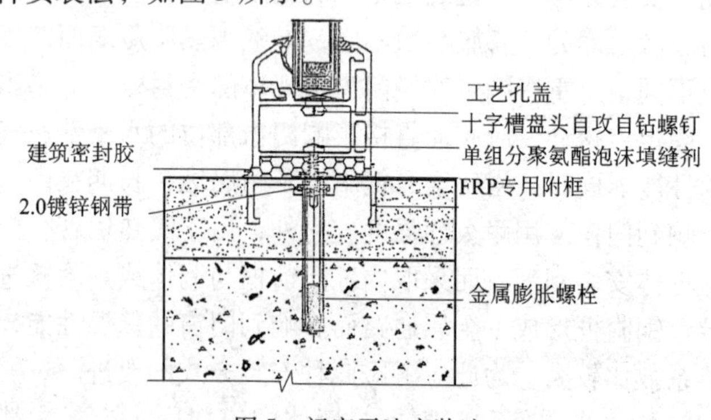

图5　门窗干法安装法

（1）土建预留标准洞口法：土建砌筑时，要按照施工图纸及质量验收规范规定尺寸留洞口，位置准确，上下尺寸相同，不允许超过安装误差，等到达到强度要求后用自攻螺钉将门窗框与墙体直接进行固定，门窗框与墙体之间最后注聚氨酯填实，两外侧用建筑密封胶密封，使框体与墙体紧密连接，然后再进行饰面工作。

（2）附框安装方法：要求用金属膨胀螺栓把 FRP 专用附框与洞口墙体进行固定，再用水泥砂浆进行刚性收口，待凝结硬化后用自攻钉将门窗框与 FRP 专用附框进行固定，窗框与 FRP 专用附框之间注聚氨酯填实，两外侧用建筑密封胶密封，使门窗框与墙体之间有效连接，解决了可能存在的渗透通缝问题。

此种附框安装的优点是：FRP 专用附框型材与建筑物墙体材料的线膨胀系数接近，FRP 线膨胀系数为 $7.3\times10^{-6}/℃$，砖材质的线膨胀系数为 $9.5\times10^{-6}/℃$，混凝土的线膨胀系数为 $10\times10^{-6}/℃$，而玻璃的线膨胀系数为 $9.0\times10^{-6}/℃$。这些材质在热胀冷缩情况下变形量相差小，减少和避免裂缝的产生。对水泥砂浆碱性物质的腐蚀不做处理，延长使用寿命。专用附框四周通过钢角件与自攻螺栓连接，使强度得到提高。

门窗框在用水泥砂浆二次抹灰收口完成，再进行干法安装，外侧 FRP 专用附框的 10mm 凸边和专用弹性垫片可实现框的正确定位并处理通缝，门窗框通过自攻螺钉与 FRP 专用附框内置的 2mm 镀锌钢板连接，提高了框的连接强度。发泡剂的填充和密封胶提高了热胀冷缩和变形能力。附框可以与窗框采取相同宽度，确保与窗的一致性。由于 FRP 专用附框是槽式结构，先插入上部可以防止安装时可能产生的颠倒现象，便于施工过程中的位置调整，同时也提高了门窗的抗风能力。

（3）预埋连接法：是先将预埋连接件与预留的建筑洞口墙体进行固定，再用水泥砂浆进行刚性收口，待硬化后再将门窗框与预埋连接件进行固定，窗框与墙体之间用聚氨酯填实，两外侧用建筑密封胶密封，实现门窗与墙体的有效安装。

3.2 整窗单元安装法

在干法安装的基础上实现整窗单元安装法，其主要优点为：一是实现了门窗的整体安装，减少了施工过程中多个环节的污染；二是加快进度，保证质量；三是为了门窗实现标准化生产打下基础，并且实现产业化大生产，单元安装法见图6。

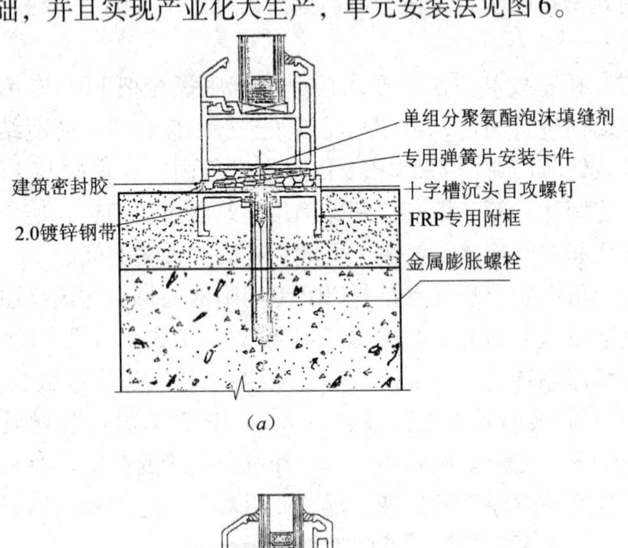

(a)

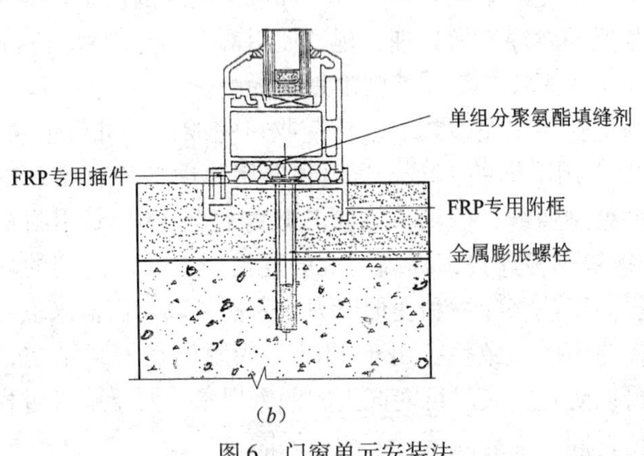

(b)

图6 门窗单元安装法

(1) 弹簧卡片或是其他专用卡件的整体单元安装法：在门窗洞口完成湿作业后，将专用弹簧卡片或其他专用卡件固定在FRP专用附框或预留洞口内，然后再将整窗平行推出，把弹簧卡片压下，在整窗到位后弹簧卡片通过自身弹起，卡住窗框内壁与FRP附框的凸起边，共同将窗框固定住。窗框与FRP附框之间的间隙用聚氨酯发泡弹性材料填实，室内用建筑密封胶密封处理。

(2) 封边式整窗单元安装法：首先，在预留洞口上安装上框，采用槽式结构FRP附框和侧面、下边带插槽式的FRP附框；其次，待土建完成湿作业以后，再将整窗上部插入槽式结构FRP附框后平行推出，与侧面、下边带插槽式的FRP附框贴紧；再次，将窗框与FRP附框之间间隙用聚氨酯发泡弹性材料填实保温；最后，室内用专门FRP插件进行周边固定，密封胶密封，完成整个安装过程。

(3) 一条龙式整窗单元安装法：是由门窗制造厂家提供成品门窗和配套的FRP附框、披水板和窗台板、封边板及所有配件，由专业施工队进行安装，实现门窗产品的一条龙采购和施工。安装过程是先安装FRP附框，再由土建进行湿作业，然后进行整窗安装。室外下部披水板安装，室内下部窗台板和侧面、上边窗封板安装，最后用密封胶密封，完成整个窗的安装过程，确保门窗的整体性和密封性能，具有性能优良的保温隔热和抗风压能力，应该是今后门窗安装的主流方向。

综上所述，门窗是建筑物重要的组成部件，应加强门窗洞口的连接固定方式，大力发展FRP附框干式安装和整窗单元安装，最终实现门窗的一条龙式整窗单元安装法，保证门窗与建筑物的密封整体统一性，为保温节能减排达到既定的目标。

10 单元式幕墙的结构细部质量控制

单元式幕墙的产品由工厂制作现场进行安装，但安装方法不同于一般框架式施工安装。框架式施工安装是将制作好的立柱、横梁构件逐一安装就位，再镶嵌玻璃、金属板、石材或瓷板等，最后打胶密封。而单元式幕墙是在工厂将立柱、横梁等构件加工组装，然后安装玻璃、金属板、石材或瓷板，再将密封胶涂缝而形成单元件，将其运至工地整体安装。其优点是：单元幕墙高度为楼层高度，因而传力直接，构造安装简便；由于工厂加工组装受外界环境气候影响极小，加快安装制作速度；工厂化制作便于工序控制，提高整体质量；幕墙单元的安装连接接口为横向及纵向对插形式，可以吸收层间变位和单元变化，对高层及超高层及钢结构类型建筑更有利；不需要搭设内外脚手架，也不用吊篮，可节省人工及材料，施工也更加安全；单元式幕墙之间接缝不需注胶，由于硅酮胶易受周围污染物污染，使质量产生劣化，不仅对环境造成污染，而且要定期修补和更换；否则，会产生渗漏水，这些缺陷采用单元式均可得到克服，体现绿色环保理念。

1. 单元式幕墙结构形式多样灵活

如果从竖料截面设计构造形式来分，可分为两个类型：一是公母料系统，见图1；另一种是双母料系统，见图2。

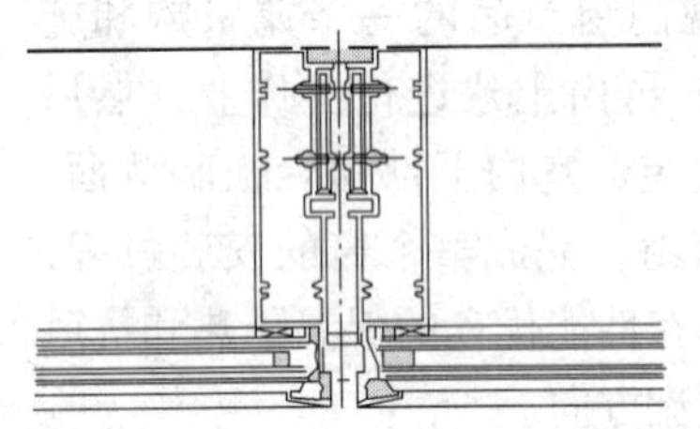

图1　公母料系统

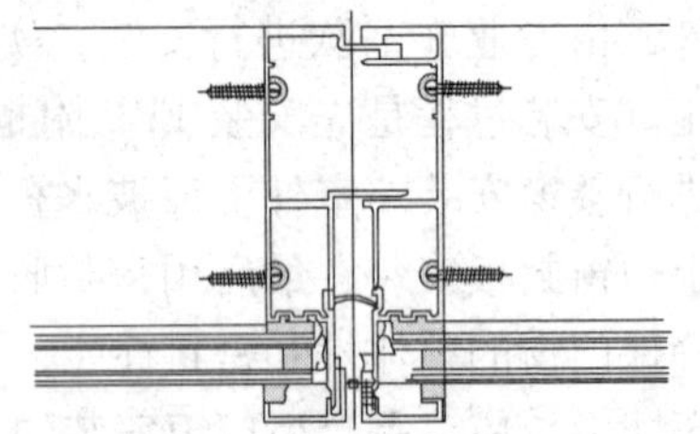

图2　双母料系统

公母料系统是指单元左右两个主要受力型材，公料设计成带几截悬伸臂，母料设计成几个凹槽腔体。现场安装时，公料的悬伸臂插进母料的凹槽中，两者共同受力抵抗外部风压。现在国内大多数单元式幕墙采用的都是公母料系统。现场安装完一单元后，将一种带有橡胶条的小铝棒插进单元的一侧，并且悬挑出一部分，以便安装相邻的单元时，伸进相邻单元的母料腔体内。双母料系统在受力时是不考虑其共同受力的，带橡胶条的铝棒仅仅起密封作用。有的工程甚至不使用硬质铝棒，仅使用柔性密封橡胶条。双母料系统在安装上的一个好处是可以不考虑安装顺序。事实上单元式幕墙安装靠一个单元对插一个单元来完成，必须沿着一定的方向进行，但双母料系统可以避免这样做。还有在一些角度变化的部位，用折线形的单元接近一个建筑平面上的大圆弧，用公母料系统时必须用新的竖料模具，以便公料的悬伸臂适合变化的角度，插入母料的凹槽腔体中。但双母料系统则完全可以用平直部分的型材，只要用带角度很小的铝棒即可解决，甚至只有柔性胶条，适应任务角度变化需要，减少复杂工艺也省费用。

从受力的传递上分析，双母料系统更优于公母料系统，上下两个单元的对插处，是连续梁受力简图的铰接点，公母料系统在此外力的传递是上一个单元竖料将力传递给水平插芯和下一个单元的顶横料，再通过下一个单元的顶横料与竖料的螺钉连接，把这个力传给下一个单元的竖料，进行两次转换。而双母料系统传力简单、直观，下一单元竖料将受力通过上下单元竖料间的对插件，传递给上一个单元的竖料。严格计算分析公母料系统就是因为这个原因，上一个单元的底横料将力传递给下一个单元顶横料，有一个较大的偏心距，使得剪力增大，检验料断面承压往往不够而要加大竖料壁厚度，显然不经济。而双母料系统由于传力的优势，完全不存在这个问题。在公母料系统的构造中，上下单元的对插是非常重要的，受力和防水都是不可忽视的，处理不当会使整个系统失效，存在安全隐患。如顶横料的横滑套芯必须紧靠顶横料悬伸臂的某部位，如图3所示。这样才能符合设计构造意图，上单元的受力安全地传递给横滑套芯，再传递给下一个单元。

如果较粗的横滑套芯与顶横料的细薄悬伸臂没有贴紧，上单元的受力就会直接传给下单元的顶横料悬伸臂最外端，计算后强度不够而产生屈服，那么单元板就只有与结构直接连接的一点是牢固的，另一端就会屈服后从张开

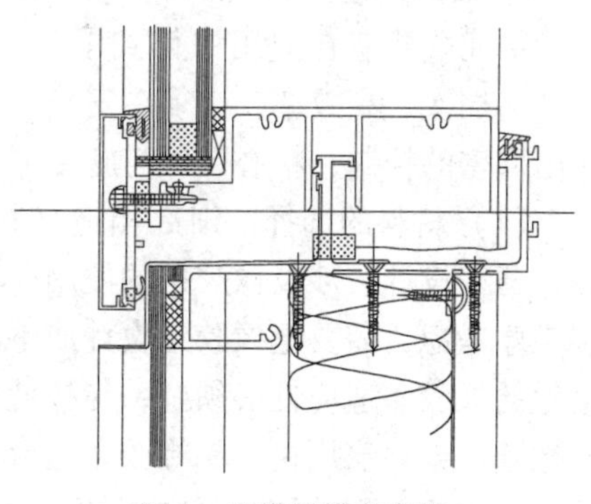

图3　顶横料横滑套芯

的下一单元顶横料腔体中拨出，整个系统因而失效显得不安全。母料系统由于受力的优势，就不需考虑。在转角设计中公母料系统竖料要共同努力，由于转角部位有不同方向的风压，公料在加一方向受力变形，悬伸臂很容易从母料的腔体中脱出，从而无法共同受力。要考虑共同受力目的，需采取增加壁厚的技术措施加强。而双母料系统不考虑竖料共同受力，只需要考虑分别承担来自不同方向的风压，通过应力和挠度计算即可。对于地震设防区，采用公母料系统就显得安全。因地震发生时，幕墙系统受到来自平面内水平方向的荷载，由于横料横滑套芯的限制，上下左右相邻单元不会出现错位。而双母料系统在地震作用下，竖料在两单元对接处受水平方向荷载出现屈服，而玻璃是刚性的，并不会随之发生变形，从而受到竖料的挤压容易产生破碎，这就是较少采用的原因。

单元式幕墙从竖料的截面形式又可分为开口薄壁截面及闭口截面。设计成开口截面，在单元组框制作加工更为方便，但是开口薄壁截面由于侧向失稳使得能承受的应力受影响，壁厚也需要增加。一般一个闭口空截面占整个面积的1/3，对于转角部位型材，截面最好是封闭腔体，为了型材能单独受力，并且单个方向挠度很小，不会发生一边型材的悬伸臂从另一边的腔体中拨出的问题，而使整个承载体系失效。

2. 细部构造控制

单元式幕墙在应用中得到了各方的确认，要真正实现高质量、高档次、高效率，必须在安装、防水及收边处理构造细节上作出周密的控制，精心设计与施工，满足现代幕墙需要。

（1）材料的选择：细部构造材料的选择应用十分重要。例如，幕墙设计会涉及橡胶条的使用，采取先穿槽还是后推进的安装工序考虑，需要把橡胶条设计成不同截面及硬度。与结构胶相接触的橡胶条适应性必须好，与接缝处密封胶接触的橡胶条宜用硅橡胶，开启窗周边一圈橡胶条适合用氯丁橡胶。在不锈钢材料选择上，要根据使用的不同部位注明材质。一般用在室外自然环境部位，要采用高档次的不锈钢，材质的耐腐蚀性好。有较多的幕墙外立面接缝是不用打胶的，因此水汽是可以进入幕墙的，高档做法是在内部做一道密封防水，用铝板或镀锌板构成，而外幕墙与防水板之间用的固定件也是铝材或镀锌板材。

（2）支座及组合板块安装：单元式幕墙的支座安装方式有多种，根据结构构造需要可分为侧向安装和楼板上安装两种。安装构造因设计不同而异，原则上要实现三维调节，方便施工，以人工安装为基本条件，并留出操作空间。

组合板块安装有时可以设计成两个单元板片组合成一个组合板块，如上海环球中心就是用这种组合方式，中间竖料是锁在一起的，现场不进行对插，有支座固定挂点。采用这种方式时一定要掌握现场安装条件。有时转角板块也可以做成组合单元，但要考虑运输及吊装许可时决定组合单元，或者用转角对插竖料。

（3）倾斜幕墙的控制：现在幕墙的外立面有些不是简单的平面，有的也做成各种曲线状的。在建筑设计上精心构思，考虑可行性与经济的协调统一。如某工程单元板的顶横料是倾斜的，但悬伸臂是直的，因此安装上还是垂直抬起、垂直落下，不存在变化复杂的安装角度，这样将复杂的状况简单化处理。看到的上海环球中心有一部分是倾斜的，虽然不是明显的曲线状，也不是远看一直线的倾斜，而是不断地小角度变化。用铝型材顶横料及其悬伸臂是倾斜的，它的上墙挂钩支座是良好的纯铰接设计，固定在楼板上的铝码圆球接驳头可以适应变化的角度，调整到位，用螺栓锁牢，见图4。

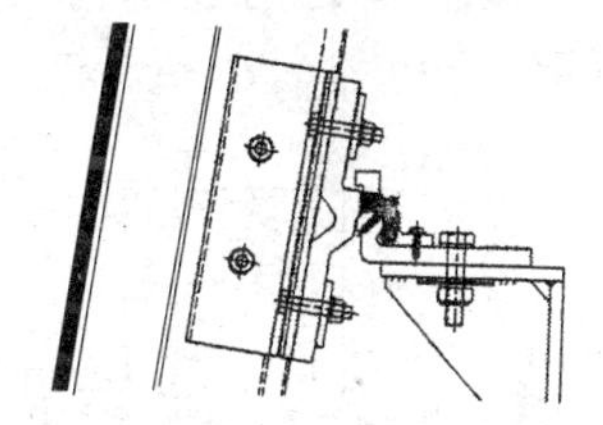
图4　倾斜幕墙

（4）遮阳板处理：幕墙的外立面会设计不同的水平及垂直遮阳板，这些凸出物既是审美需要又可遮阳节能，成为一种功能需求。幕墙设计时在工厂将这些突兀物固定在单元板块上，运输效率低也不安全。设计成独立构件将单元板块运送现场，安装之前再挂在单元板块上，是比较合适的技术措施。

（5）移动及开启单元：有的建筑外立面要求有可移动或开启单元，那么普通的幕墙单元要设计成两个部分：一部分是固定的，另一部分通过拆卸螺旋与固定件分离，向室内移动一段距离，再沿着预先布置好的轨道进行水平移动。固定部分与移动部分交接的一圈，其防水处理很重要，防止渗漏是重点。

（6）等压设计要求：单元式幕墙结构要考虑等压设计，在对插横料的截面上可以看到，实际上有三个腔体，即室外腔体、中间腔体、室内腔体。要求腔体等压，横料的每个腔体对应竖料的相同的腔体需要联通等压的，没有联通则要开孔联通。

（7）收口及防水要求：结构件同主体的收边十分重要，要考虑吸收误差，通过两块板铆接吸收偏差，达到标准的尺寸。对铆接部分要注意打胶防水，如图5所示。

对于单元式幕墙防排水设计很关键，在系统图纸设计时一定要做到几道防水及排水路径的规划构造措施。

（8）吊顶及窗台板处理：幕墙的室内吊顶板、窗台板都是可以通过挤压型材来实现，拼装方便、快速。但两块板接缝处由于不折边不易打胶，而且安装有误差会显得不平齐。在吊顶板和窗台板接缝处内放薄衬板，可以达到好的视觉效果，如图6所示。

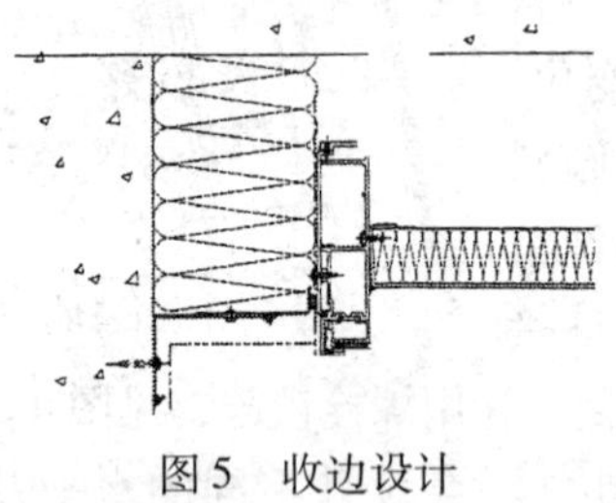

图5　收边设计

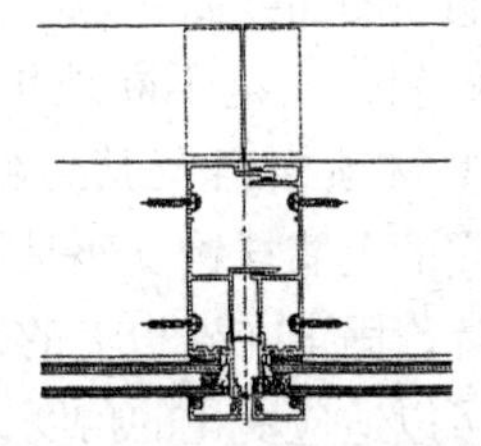

图6　接缝处设薄衬板

（9）擦窗机销座位置确定：在单元式幕墙结构要考虑到以后擦窗机销座的设置。有的设计将销座安装在横梁上，这样会给横梁增加了额外的荷载，加大了弯曲应力。正确的处理是在横梁罩板上开洞，隐框幕墙则是横料对应胶缝处开洞，擦窗机销座连接在一个与竖料连接的厚角铝材，直接将擦窗机重量传递到竖料上。

通过上述浅要分析探讨，单元式幕墙结构是比较成熟的幕墙形式之一，由工厂加工制作规格，标准，安装快捷，外观质量也很美。但设计施工涉及材料构造的多个方面，设计细部构造在很大程度上决定了幕墙品质，精心设计构思是非常关键的。设计、使用及施工方都希望做得尽量安全可靠且耐久，为达到设计及规范要求尽力则会实现。

五、房屋采暖技术的应用

1　低温地板辐射供暖在住宅建筑中的应用

低温热水地板辐射供暖系统有其自身的独特优点之处，同散热器片采暖比较，更加卫生、舒适、节能，尤其不占用室内面积和空间，不影响外观感，因此在近十多年中，在北方广大地区住宅工程中得到广泛使用。但在设计施工中还存在一些不完善的方面，如何更好地发挥地板辐射供暖系统的优势，根据设计中存在的几个重要问题，以下进行分析并提出改进建议。

1. 地板辐射供暖系统的构成

低温热水地板辐射供暖在国外的使用时间已有 70 多年历史，尤其是欧美国家的使用比较广泛，国内是在 20 世纪末才开始推广使用，而且发展速度很快。由于该采暖系统是一种环保、节能、卫生相对新型的供暖方式，其构造形式是通过埋设在地（楼）板基层上部的加热盘管，用 C20 细石混凝土浇筑包裹在保护层内，管内通热水把楼地面加至 30℃ 左右，达到均匀向室内辐射热量取暖的作用。此种供暖方式使居住者感觉舒适，不占用使用空间，具有干净、卫生、无噪声、无污染、节能、管理运行及维修费用低的特点。

低温热水地板辐射供暖系统的构成，主要包括以下部分：

（1）面层：建筑室内地面直接承受使用过程中各种不利影响因素的表面层，如地面砖、木地板、地毯等面层。

（2）找平层：在垫层或楼面上进行抹压找坡的构造层。

（3）边界保温带：是地面辐射采暖系统与周围墙、柱构件之间绝热层，多数采用膨胀聚苯乙烯板条隔离。

（4）绝热层：用于阻止或预防供暖系统热损失的构造，也是采用膨胀聚苯乙烯板作隔离。

(5) 防水层：避免绝热层上部施工及其他水进入，采取防止损坏绝热层的功能性构造处理。

(6) 防潮层：主要是防止室内地基或楼层地面下潮气透过地面的构造防潮层，目前是用铝箔铺设。

(7) 钢丝网及扎带：用低碳钢丝编织的网，并用于扎带将塑料管固定在钢丝网上的塑料带。

(8) 塑料管：应具有耐压强度高、使用耐久性及寿命长、耐腐蚀的供热水管道，现在用于供暖系统的塑料管有 PE-X、XPAP、PB、PP-R 等管材。

(9) 塑料管卡：固定塑料管用卡子，要与塑料管配套使用，用管卡时不需要用钢丝网片。

(10) 填充层：用于保护塑料管和使地面温度均匀的构造层，施工时基本都用 C20 细石混凝土，表层厚度 30mm。

(11) 伸缩缝：避免填充层出现开裂，按照面积设置的缝内填充材料仍是膨胀聚苯乙烯板条隔离。

(12) 分/集水器：用于连接多个环路的部件，多数为铜质或不锈钢产品。

低温热水地板辐射供暖系统的构造形式楼面见图 1。地面与楼面构造有些不同，见图 2。

2. 地板辐射供暖塑料管材选择

伴随着房屋建筑的快速发展和广大民众对居住条件舒适度的要求，低温热水地板辐射供暖系统的应用更加普遍，住宅工程中散热器片采暖在克拉玛依基本不用。现在地板辐射供暖系统中最常用的塑料管材主要有以下几种。即：PE-X 交联聚乙烯管；PP-B：耐冲击共聚聚丙烯；PP-R：无规共聚聚丙烯；PB：聚丁烯；PE-RT：耐高温聚乙烯等管材。

(1) PE-X 管：合格的 PE-X 管具有力学性能好，耐高、低温性能好的优点，但是 PE-X 管材不具有热塑性能，不能用热熔焊接的方法连接和修复缺陷。

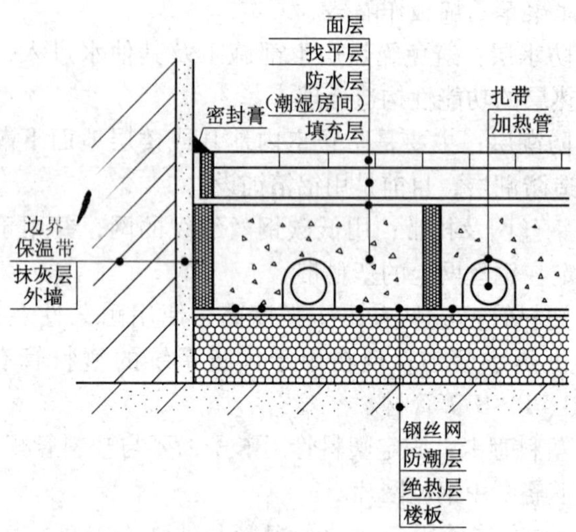

图1　楼面层系统构造简图

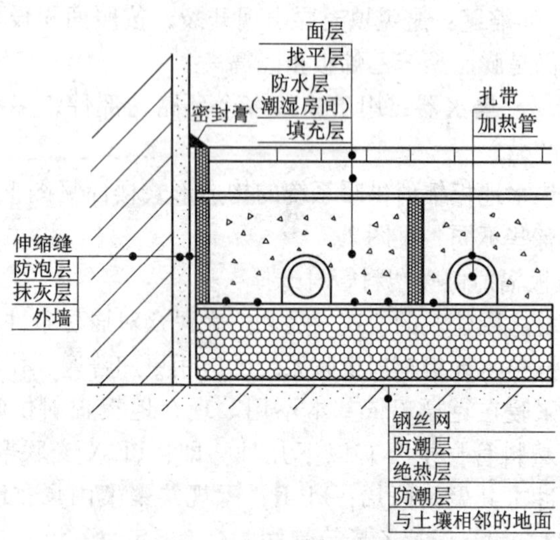

图2　地面层系统构造简图

（2）PP-B 管：耐低温性能好，弯曲模量高，连接性能优良，原材料价格低。

（3）PP-R 管：耐高温性能好，力学和连接性能好，欧洲一些公司的原材料有良好的蠕变破坏曲线，但耐低温、抗冲击性能较差。

（4）PB 管：耐蠕变和力学性能优越，在上述几种管材中最柔软，在相同设计压力下设计计算需壁厚最薄。在同样的使用条件下、相同壁厚系列的管材中，PB 管的使用安全性最高。但原材料的价格也最贵，目前使用量也少。

（5）PE-RT 管：该管材是一种力学性能十分稳定的中密度聚乙烯材料，由乙烯和辛烯的单体经金属催化共聚而成。它所特有的乙烯主链和辛烯短支链结构，使其同时具有乙烯优良的韧性、耐应力开裂性能、耐低温冲击和长期耐水压性能及辛烯的耐热蠕变性能。可以用热熔连接方式连接，遭到意外损坏也可以用管件热熔连接来修复。

对于选用的任何一种管材，管材的原材料性能都非常关键。如果不了解原料产品质量是否合格，也就不能保证管材的质量可靠性。设计中不论考虑选择哪种管材用于低温地暖，必须是有合格产品标准要求的原材料，生产厂家具有生产许可证，其管材在地板辐射供暖使用寿命要达到 50 年。对于塑料管材的热熔连接方式，在满足管道系统要求上要优于机械连接。在供暖层中敷设的管材，运行过程中不可避免地会出现因施工损伤、装饰中砸破造成的渗漏现象，用热熔连接方式修复，可以保证修复处的牢固与整个管网系统同寿命，用机械连接的方式就不容易做到这一点。

3. 地暖设计与施工应重视的问题

3.1 设计方面重视的问题

（1）采暖的热负荷。按照正常计算的热负荷再乘以 0.9 ~ 0.96 的修正系数，或将室内计算温度取值降低 2℃，分户热计量的地面辐射供暖系统热负荷计算，应考虑户间传热因素。

（2）地面辐射供暖的有效散热量经过计算确定，还应计算室内设备、家具及地面覆盖物对有效散热量的折减；住宅建筑供水温度宜采用 35～50℃，回水温差不宜超过 10℃。地表面的平均温度计算，人员常停留区，24～26℃，最高 28℃；无人停留区，36～40℃，最高 41℃。

（3）加热管的选择根据使用效果分析，应优先选择用交联聚乙烯管（PEX），工作压力不应大于 0.8MPa。当建筑物高度超过 50m 时，应竖向分区布置。

（4）住宅采暖系统应按户划分系统，配置分水器和集水器，户内的各主要用房宜分环路布置加热管，各环路布置加热管的长度应接近，并不超过 120m，中间不要有接头，管径宜采用 $\phi16 \sim \phi20$。

（5）分水器、集水器布置应少于 8 路，所配备的过滤器、阀件、放空阀应采用耐腐蚀的材质，为方便检修，分水器、集水器的支路均应设有阀门。

（6）加热管的布置形式宜采用平行排管、回形排管和蛇形盘管三种形式，排管形式见图 3～图 5。地面的固定设备和卫生洁具下不应布置加热盘管。

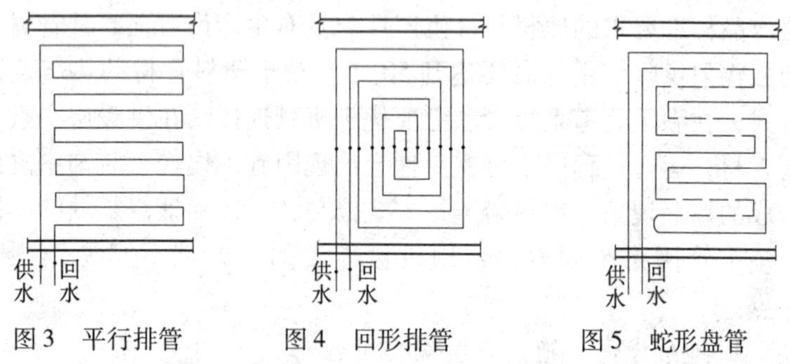

图 3　平行排管　　图 4　回形排管　　图 5　蛇形盘管

（7）加热管敷设管间距，要根据地面散热量，室内计算温度，平均水温及地面传热阻等通过计算确定。正常情况是加热管距外墙≥200mm；根据温度分布性质，加热管敷设管间距，应从外向内逐渐增大，宜控制在 150～300mm。弯曲半径 PEX、PB 管不宜小于 100mm，其他管材不宜小于 150mm。

(8) 加热管的填充层厚度不宜小于30mm（不包括饰面层厚度）；填充层适当位置应留置伸缩缝，加热盘管在穿越伸缩缝时宜设长度不小于100mm的柔性套管。

(9) 低温热水地板辐射供暖系统应经过计算确定，加热盘管内水的流速不应小于0.25m/s，每个环路的阻力不要超过30kPa。

(10) 对于绝热层基本都是采用表观密度为20kg/m^{3}的膨胀聚苯乙烯泡沫板，厚度为30mm。

(11) 低温热水地板辐射供暖绝热层敷设在土壤上时，绝热层下要做防潮处理。在潮湿的卫生间或厨房，敷设地板辐射采暖系统时，加热管填充层上部也要做防水层。

3.2 施工过程应重视的问题

(1) 对加热管的敷设宜在环境温度高于5℃以上进行，施工过程中要防止油漆、沥青或其他化学溶剂接触及污染。

(2) 加热管出地面与分水器相连接的管段，穿越地面构造层部分要加设套管；混凝土填充层的混凝土强度等级不应低于C15，混凝土内应有外掺合料，防止产生开裂，且粗骨料最大粒径不要超过15mm。尤其在混凝土填充层内，不允许有可拆卸的接头。

(3) 加热管必须固定，可以用管卡或者专用绑扎带，固定点之间的距离应保持在直管段不大于1m，弯曲段部分不大于350mm。

(4) 填充层用的细石混凝土应具有可补偿收缩的措施。当地板面积超过30m^{2}或是长度超过6m时，应当每隔5~6m填充层留置5~10mm宽的伸缩缝。当盘管穿越伸缩缝处，要求设长度不少于100mm的柔性套管。填充层与墙或柱的交接处，也应留置5~10mm宽的伸缩缝，伸缩缝内要填充弹性膨胀材料。

(5) 填充细石混凝土的浇筑时间，必须是在加热盘管试压及检查合格后进行。浇筑填充混凝土时，盘管内应有不低于0.4MPa的压力，在浇筑后72h养护期满时再卸压力。

(6) 对于使用的隔热材料要严格控制，导热系数不大于 0.05W/(m·K)，抗压强度不小于 100kPa，吸水率要小于 5%，氧指数应大于 32%。当选用膨胀聚苯乙烯泡沫板时，其密度不应小于 $20kg/m^3$。

4. 地板辐射供暖系统应用及存在问题

由于低温热水地板辐射供暖系统具有独特的优势，受到居民的接受和认可，从 2000 年至今在某市住宅工程应用了数十万平方米，今后还将继续采用地板辐射供暖。在设计、施工和投用后的多年中，也出现了一些质量问题，已引起了一定重视，主要问题是:

(1) 敷设管道出现渗漏水：查其原因主要是管材本身质量有缺陷，其管壁厚度、工作温度和工作压力、使用耐久性不符合要求。工程应用实践的反馈了解到，热熔连接也有出现渗漏水现象，原因是操作不当、热熔时间不够，或加热时间过长超时、连接工艺不符合要求而影响了粘结强度；另一方面，由于热熔连接相当于对塑料管的二次加工，使得成品塑料变成再加工塑料，连接的可靠性能大大降低。

对于管道出现渗漏水问题，现行的《建筑给水排水及采暖工程施工质量验收规范》GB 50242—2002 第 8.5.1 条规定，地面下敷设的盘管埋地部分不应有接头，属于强制规定。

(2) 不设隔热层：隔热层是限制加热盘管向楼板下散热采取的隔离措施，也是适应节能和减少户间传热为分户计量的措施。在地板辐射供暖市场，现在个别有用 4mm 厚度 EPE 布代替绝热层，这种做法是不符合设计要求的，也是不能允许的。地板辐射供暖应用技术规程对隔热层用的膨胀聚苯乙烯泡沫板厚度有明确要求，并对使用其他绝热材料也有要求，要求按等效热阻确定其厚度，不允许随便降低材料质量标准。

综上浅要分析可知，低温热水地面辐射供暖应用中的设计及施工技术措施，最重要的仍是施工过程的控制，管材表面不得污染和损伤，铺设在绝热层上不要有尖凸物，管道固定用塑料卡为宜，做好系统试压，填充层用细石混凝土，严禁用机械振捣，在完成的表面不得砸破或打洞等。只要严格按设计要求施工及选择材料，其效果还是完全能满足使用要求的。地面辐射供暖的使用耐久性主要取决于管道自身的耐久年限，所以供热管材质的选择是非常重要的环节。总之，只要加强管理，把握好各个工序过程质量，地面辐射供暖的应用前景十分广阔。

2 地板低温热水辐射供暖节能分析

低温地板热水辐射供暖方式的应用已有10多年时间，由于这种供热方式具有较多的优点，现在的住宅工程大量采用，发展极快。但是对于节能问题目前认识并不相同，对该供暖方式的节能并没有从严格的试验方法给出节能的实际效果，而大多数只提出有利节能的一面而不利节能的问题都不涉及。对于节能不利的问题专业人员也存在一些不同看法，现从节能的有利和不利两个方面，把低温地板热水辐射供暖方式与散热器散热供暖方式进行分析比较，客观、公正地分析探索该方式节能问题。

1. 地板辐射供暖节能的优势

（1）减小室内设计温度，节省能耗。辐射供热不同于对流供热的一点就是并非直接加热室内的空气，而是通过辐射换热加热各围护结构内表面及室内各物体表面提高表面的温度，从而达到室内温度均衡的舒服度。据介绍，当室内风速小于0.05m/s时，平均辐射温度变化1℃对人体热感觉的影响与空气温度变化1℃时基本相同。但地板供热所产生的平均辐射温度的提高将使人体受到的辐射热减少，在这种情况下要建立同样舒适条件的需要，辐射供热方式比对流供热方式的热效率高，所以，室内设计温度可以比其他供暖形式降低2~3℃。

利用低温热水地面辐射供热方式供暖时，热量主要以辐射形式传送，辐射散热量占总散热量50%~60%，这种传送方式直接、迅速，热量不需要通过任何介质便可传给供热对象，提高了热效率。因此，地板供热可以用较低的室内设计温度得到散热器较高室内设计温度相同的供暖效果。室内设计温度的降低，意味着室内供暖热负荷的降低，也即节省了能耗及资源。

（2）为了节省能耗及资源，地板供暖容易使单户自成系统，只需在分水器旁加装热计量装置，即可实现分户热计量，适应了热供应方式的变革，达到按需供给，实现行为上节能。地面辐射供暖的分室温度控制，要求环路设计，按房间单独布置，分集水器上每个支路设流量调节阀，使每个房间都能达到设计要求流量，从而避免了管长一致、流量一致及超出设计流量造成的过热浪费现象。

采用自动分室温度控制之后，温控系统能自动关闭环路，减少热量损失，可能会节省能耗 10% 左右。地板供暖智能化，分户计量，自动调温可以实现行为节能。但是该节能方式随着传统散热器供暖系统形式的改变，行为节能的效果也会得到实现。因此，该种节能方式并不能看做是低温热水辐射供暖方式比散热器供暖更节能。

（3）可以避免安装散热器的局部无效热损失。通常是散热器沿外墙布置在窗台下，在墙内壁面附近有限局域形成的上升热气流，会影响从窗户渗入室内下降的凉空气，并使窗表面的温度有一定提高。但这种供暖方式往往使散热器背面的墙体温度明显升高，这部分热量往往会通过外墙白白地损失浪费掉。据试验和计算分析，对于不采取保温措施的红砖外墙，散热器背面局部温度升高，导致的无功热损失约占散热器散热量的 10% 左右。而地板辐射供热不存在这样大的损失。

（4）高度附加热损失要小。根据现行的《地面辐射供暖技术规程》JGJ 142—2004 规定的设计要求，人长期停留房间地表面温度下不得高于 28℃，采取地面辐射供暖时室温在室内垂直方向的变化规律，地表面温度接近 30℃，垂直温度开始降低，在人的呼吸地带达到室内设计温度。在距离地面 30cm 垂直方向的温度变化不大，采取地面辐射供暖时，辐射供暖地面的温度高于空间温度，由于上部空间温度偏低，因而大大降低了上部空间向外的无功热损失。对于一般的建筑工程，这部分的损失不是很明显，一般不考虑。但是对于层高大的建筑空间，差别显得十分明显，应该引起注意。

（5）地板材料的蓄热使得热稳定性较好。地板供热管的上部一般有30～50mm厚度填充保护层，大多数采用C20左右的细石混凝土，热容量大，楼板也比散热器供暖系统的蓄热量大，因此这种供热方式具有热稳定性较好的优势，尤其是间歇供热情况下室温变化很缓慢，即使关闭热水阀门、降低供水温度，填充层的材料蓄热量可使室温保持5～6h。相比较可看出，对流暖气片供暖一旦关闭暖气阀门，或者停止供热1～2h后，室温会很快降低。应用实践表明，地板辐射供热的蓄热具有一定的节能效果，有利于蓄热节能。

另外，还可以利用低温热水。低温热水地板辐射供热所需水温低，可利用热泵技术，广泛用于地热、空气、污水热量、太阳能等可再生能源和低品位能源。

2. 地板供热节能的不利因素

（1）小温差大流量增加了运行的能耗：现行的行业标准《地面辐射供暖技术规程》JGJ 142—2004中对于无坡度的加热管内热媒流速规定不应小于0.25m/s。低温地面辐射供暖水温一般为50～60℃，要保证与房间较好的地面温度均匀，回水温度不宜过低。在房间的热负荷基本相同的情况下，与散热器95/70℃的回水温度相比，地面辐射供暖温差一般只有10℃左右的小温差。如果人为加大回水温差，必然引起流速降低达不到设计要求，因此，对于水温差运行必然引起流速加快。流量G的计算公式为：$G=0.86Q/(t_g-t_h)$

在房间的热负荷基本相同的情况下，散热器的供回水温差25℃，地面辐射供暖供回水温差10℃，这就意味着地面辐射热要比散热器的供暖提高1倍。在热力系统入口处的循环泵电耗将会大大增加，而且消耗的是无污染的电能。

以某生活区域为例，供热面积近50万m^2，单位面积热指标

65W/m^2，采用散热器供回水温度95°/70℃。如果改变为低温热水地面辐射热供水温度55℃，供回水温差10℃，计算比较两者水泵电耗：

① 散热器供暖：供暖总负荷 $Q=65\times50000=3.25\times10^6$J。

设计流量为：$G=0.86Q/(t_g-t_h)=0.68\times3.25\times10^6/(95-70)=112$t/h。

扬程大概为30mH$_2$O，选择的循环水泵为IS型单级单吸离心泵125-100-315，流量120t/h。扬程为30mH$_2$O，配置的电机功率为15kW。

② 地板辐射供暖：供暖总负荷 $Q=0.95\times65\times50000=3.09\times10^6$J。

设计流量为：$G=0.86Q/(t_g-t_h)=0.58\times3.09\times10^6/10=265.5$t/h。

扬程变化不大也考虑取30mH$_2$O，选择的循环水泵为Sh型双吸离心泵8Sh—13A，流量270t/h，扬程为36mH$_2$O，配置的电机功率为37kW，而耗电量增加了1.5倍。

（2）室内外墙内表面温度增高，加大了传热耗能。辐射供暖并非直接加热室内空气，而是通过辐射换热加热各围护结构内表面及室内各物体表面，从而提高了室内的平均辐射温度。在辐射供暖过程中，55%以上的热量是通过辐射方式进行的。这样就导致室内物体以及外墙内表面的温度要比室内平均温度要高。同样室内温度，散热器供暖的外墙内表面温度要比辐射供暖的外墙内表面温度低，室内外的传热量与室外的温度、外墙内表面温度有直接关系，而与室内空气平均温度无关。试验分析表明，室内平均温度为18℃，散热器供暖的外墙内表面温度一般为14℃，地板辐射供暖的外墙内表面的温度为15.9℃，温差接近2℃，会导致热量损失的增加。在相同温度时和散热器供暖的系统相比，地板辐射供暖与室外传热引起的热量损失要大。

（3）双向传热加大底层地面传热量。现在设计应用的辐射供暖，基本上是在地板加热管下敷设一层30~40mm厚度的聚苯乙烯板，这样可以减小标准层地板下表面向下楼层的传热，有利于分户控制和分户计量。即使在管下垫了保温板，还是有一些热量损失。整个建筑都设计为地面辐射供暖时，由于向下传热与来自上层地板的散热基本相当，标准层的热损失可以不考虑，但是底层用户向土壤的散热损失要大于散热器供暖的地面热损失。

（4）楼板热桥加大局部传热量。在结构层中由于加热管表面温度一般在 50～60℃，会造成楼板层及构造层与外部的连接处出现局部的较高温度，形成热桥，加大了热损失。尽管标准及规程有要求，第一根加热管与外墙的距离不得小于 300mm，使得热损失略微减少，但仍存在热桥现象（效应），增加了局部的传热损失。

综上所述，通过低温地板辐射供暖与散热器供暖的简单比较，存在不利节能的因素问题，所以低温地板供暖的节能效果与行为节能、分户控制计量有很大的关系。但是，在舒适性方面而言，低温地板供暖有着散热器供暖无法比拟的优势，推广应用前景看好。

3　低温热水地板辐射供暖管材质量分析

塑料管和复合管是现在低温热水地板辐射供暖系统中最常用的两种新型管材，常用塑料管材有交联聚乙烯管、耐高温非交联聚乙烯管、嵌段共聚聚丙烯管、改性聚丙烯管、氯化聚氯乙烯管和聚丁烯管材；常用的复合管材主要有交联铝塑复合管。为了能够在地板辐射供暖系统中选择使用合适管材，现就此七种塑料管和复合管的性能作分析介绍，为热水采暖管材的合理选择提供依据。

1. 交联聚乙烯管材（PE-X）

交联聚乙烯管材是聚乙烯通过物理或化学方法进行交联，从而使得其热强度、耐热老化性、耐腐蚀性能、抗蠕变性能得到较大提升。交联聚乙烯管材具有良好的水力条件，流动噪声较低；管材自身质量较低且施工安装方便；抗振性能很好；属于无污染、环保型的绿色管材。近年来交联聚乙烯管材使用和生产规模不断扩大，年产量已达5万吨。

2. 耐高温非交联聚乙烯管（PE-RT）

耐高温非交联聚乙烯管材是专门为给水用管材设计的一种中密度共聚物，是适合高温环境应用的新型聚乙烯管材。耐高温非交联聚乙烯管具备超强的耐温性，持久的耐静压强度和优良的抗冲击强度。由于此种管材生产过程无需交联，具有优良的柔韧性，使得敷设和施工方便。耐高温非交联聚乙烯管材凭借其优异的物理性能及加工性能，在欧洲许多国家和地区代替了80%以上的交联聚乙烯管材（PE-X）市场。近年来国内的PE-RT管材市场也是需求量大增，现在PE-RT管材已成为比较理想、最具应用前景的低温热水地板辐射供暖管材。

3. 嵌段共聚聚丙烯管（PP-B）

嵌段共聚聚丙烯管材是丙烯和乙烯嵌段共聚物，添加适量助剂经挤出成型的热塑性加热管。嵌段共聚聚丙烯管材不含有害成分，化学性能稳定，无毒、无味，价格相对其他采暖管材较低，但其耐热、耐压性能与改性聚丙烯管材的差距较大。嵌段共聚聚丙烯管（PP-B）在韩国的壁挂式加热炉、低温热水地板辐射供暖系统中应用比较普遍。由于其材质弯曲模量大，敷设难度也相对较大，现在该品种在国内市场占有率比较少，一般应用在温度比较低的热水管道系统，而不适合用在压力比较高的地板辐射供暖系统中。

4. 改性聚丙烯管（PP-R）

改性聚丙烯管材是采用先进的气相共聚法，使PE（5%左右）在PP分子链中随机地均匀聚合而成，具有良好的低温抗冲击能力和长期蠕变性能，可用于直接饮水系统。PP-R管材的导热系数为0.21W（m·K），仅是钢材的1/200，一般使用管道系统不要保温，用于热水管道时温度节能效果比较明显。具有良好的耐热性，管材最高工作温度可达95℃，在1.0MPa压力下长期使用温度为70℃，适合嵌墙和地坪面层内的直埋暗敷设，使用寿命较长。安装方便，连接牢固，密度仅为钢管的1/9、铜管的1/10，减轻敷设人员的劳动强度，管道沿程摩阻力比铜管道小，管材、管件可回收利用，在生产施工过程中对环境无污染，是一种新型、环保、绿色节能管材。

改性聚丙烯管材在国外尤其是欧洲使用广泛，主要用于冷热水系统、直饮水系统和地板辐射采暖系统。该种管材的不足之处主要是其刚性和抗冲击性能比金属管道差，在贮运施工过程中要引起注意。它的线膨胀系统比较大，为0.14～0.16mm/(m·K)，在设计和施工中要特别重视支架的设置，合理选择伸缩器，正确敷设管道。抗紫外线能力比较差，材料允许应力低，管壁较厚，直接影响费用，在相同外径下的有效流通截面比其他管道略小。

5. 氯化聚氯乙烯管材（CPVC）

氯化聚氯乙烯管材是PVC聚氯乙烯氯化的产物，与PVC管材相比具有较多的优势。它的使用温度范围广，一般PVC管材安全使用温度为60℃，而氯化聚氯乙烯管材在95℃下使用时仍可保持足够的机械强度。管壁光滑输送流体时摩擦阻力和附着力比PVC管材更小，具有良好的水力特性，优异的化学腐蚀性、阻燃性和力学性能，在恶劣的使用环境下具有更长的使用寿命。而且密度小，相当于钢管的1/5、铜管的1/6，施工安装方便。现在主要用于自来水管、热水管和采暖供热管，目前国内生产较少，材料来源需进一步开发。

6. 聚丁烯管材（PB）

聚丁烯管材具有很高的耐久性、化学稳定性和可塑性，无毒、无味。从环境保护方面看，聚丁烯的分子结构不含卤化物，可以全部回收，属于绿色环保型管材。聚丁烯管材的柔韧性好、易弯曲特性，使得在低温热水地板辐射热采暖系统中很容易进行敷设布管。而聚丁烯管材具备耐温性好、耐压温度高的特点。可以用于连接暖气片、输送高温热水，在高温供暖使用区域同样具有独特的优势。

7. 交联铝塑复合管（XPAP）

交联铝塑复合管是以交联聚乙烯作为管的内外层，中心芯层夹以焊接铝管，在铝管的内外表面涂覆胶粘剂与塑料层粘结，通过共挤成型的具有五层结构的复合管材。铝塑复合管具有良好的耐腐蚀性，可抵御强酸碱的强腐蚀化学液体。阻隔性和密度小，同样管径及长度的管材，铝塑复合管约是钢管质量的1/7。不回弹，可任意由直变弯并保持变化后的形状，这一特性对于成盘收卷的铝塑复合管用于室内明管施工尤其方便，需用金属管件连接价格较高。

8. 对管材的综合评价

上述七种可用于低温热水地板辐射热采暖系统中的管材，各个方面都存在优点及不足，通过分析总结管材的性能及参数，进行全面分析评价，见表1。

建筑常用管材的性能及参数比较表 **表1**

评价项目	PE-X 管	PE-RT 管	PP-B 管	PP-R 管	CPVC 管	PB 管	XPAP 管
使用温度（℃）	-70~95	-40~90	-20~60	-15~80	-40~95	-20~95	-70~95
密度（kg/cm^3）	0.95	0.93	0.9	0.9	1.55	0.93	1.3
热膨胀系数［mm/(m·K)］	0.15	1.95	0.125	0.16	0.08	0.13	0.036
导热系数［W（m·K)］	0.35	0.40	0.22	0.21	0.14	0.17	0.45
弹性模量（MPa）	600	600	350	500	3500	400	—
卫生性能	较好	—	较好	很好	一般	很好	很好
环保性能	绿色环保	绿色产品	环保产品	绿色产品	一般产品	绿色环保	环保产品
敷设方式	并联式暗敷	串联式暗敷	串联式明暗敷	串联式明暗敷	串联式暗敷	暗敷	明暗敷
连接工艺	承插夹连接	热熔连接	热熔电熔连接	热熔电熔连接	溶剂胶粘	热熔电熔连接	承插夹连接
适用范围	冷、热、地板散热器	冷、热水饮用水	冷、热、地板散热器	冷、热水饮用水、空调	冷、热水饮用水	冷、热水饮用水、空调	冷、热、地板散热器、饮用水

从表中可以看出：

（1）当管材用于采暖系统并输送高温水时，可以选用耐高温的交联聚乙烯管（PE-X）、聚丁烯管（PB）和交联铝塑复合管（XPAP）。但是当供暖系统采用钢制散热器易腐蚀构件时，交联聚乙烯管（PE-X）和聚丁烯管（PB）应设有阻氧层，防止渗入氧而加速对系统的氧化腐蚀。由于低温热水地板辐射热采暖热媒的设计温度不超过60℃，上述管材均可用于地暖热。

（2）交联铝塑复合管（XPAP）的热膨胀系数是这些管材中最小的，由于地板辐射热采暖是把管道埋在地板下，其热膨胀受到限制，所以热膨胀性一般不会对地板采暖结构造成不利影响。当用在常规采暖系统时，XPAP 管是上述几种管材中温度上升时尺寸变化最小的，因此用于采暖系统更加安全、可靠。XPAP 管的导热系数为 0.45W（m・K），远高于其他管材。当应用于地板辐射采暖系统时，由于其热阻力小，与常用的 PE-X 管、PE-RT 管、PP-R 管相比，在地板辐射采暖系统可以提高热传导率。耐高温非交联聚乙烯管（PE-RT）的导热系数略低于交联铝塑复合管（XPAP），但因价格较低，XPAP 管更加具有市场竞争力。

（3）材料的弹性模量越小，弹性就越大，挠曲性越好，施工容易敷设；反之，材料的弹性模量越大，施工敷设也就越困难。上述管材中弹性模量较小的是 PP-B 管和 PB 管。两种的弹性远优越于其他管材，但是由于 PP-B 管在国内比较少，且产品质量不均匀，因此，PB 管在采暖系统施工性能上更加切合使用实际。PE-RT 管、PP-R 管、PP-B 管和 PB 管原料可以回收再用，属于绿色环保产品，而 PE-X 管和 XPAP 管不能回收利用只有废弃。

（4）表中介绍的管材连接方式各有不同，PE-RT 管、PP-R 管和 PB 管均是采用热熔连接，具有可靠的连接牢固性，在管道敷设过程中如果发现破损，可以直接热熔连接处理，不需要把整根管子更换。而 PE-X 管和 XPAP 管采用承插夹紧连接，连接用管件均是锻造黄铜，材料价格高且连接紧密性也差。

综上浅述，现在地板辐射采暖中，PE-X 管是应用最多的一种管材，具有很大优势，在以后一段时间内仍然占主要地位。PE-RT 管的价格高于 PE-X 管，它具有的热传导率使得成为地暖管材中综合性价比最优的管材，而 PP-R 管、PP-B 管较低价在大量住宅工程中应用。PB 管和 XPAP 管由于价格因素应用不是很普遍，CPVC 管现在国内生产线少，还未得到应用。在散热器采暖系统中，采用分户计量的供热方式中，PP-R 管由于性价比原因应用比较多，前景较好，其他管材各有优势但用量较少。

4 地面热辐射采暖防渗技术在卫生间的应用

地面热辐射采暖是北方广大地区现在很是流行的一种采暖形式，这种对热微环境进行调节的供热系统，是一种卫生条件和舒适程度都比较理想的采暖方式。卫生间地暖与其他所有房间相比有其独特的特点，它是供水、排水系统集中的部位，系统多，结构复杂，易渗漏，维修周期长，难度也较大。卫生间地暖由于采暖功能的增加，造成渗漏情况更加严重。结合住宅工程实际，针对卫生间特点对其防渗漏问题采取改进措施。

1. 卫生间地暖地面的构造

（1）地暖设计构造：近年来建设的大量住宅工程，几乎都是采取地暖供热，而关键的卫生间地暖自下而上的构造为：在混凝土结构层上刷 1mm 厚度自闭防水涂料两道，沿卫生间墙体四周上刷高度 250mm，然后铺设隔热材料（一般是聚苯板）和聚酯真空镀铝膜，起到单向保温隔热作用，在铝膜上铺焊接钢丝网，将发热电缆按设计要求的间距固定在钢丝网上，用细石混凝土浇筑保护层，拍压平整，做透气防水层施工、水泥砂浆保护层，养护到强度后再施工面层，面层用防滑地砖，卫生间地暖的构造见图 1。

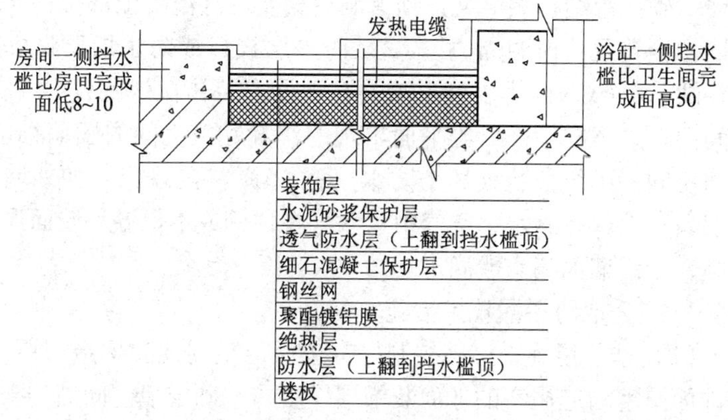

图1　地暖地面构造

（2）卫生间地暖的特点：地面标高不一，同一功能范围装饰内容不一，施工界面多。根据现行《地面辐射供暖技术规程》JGJ/42—2004 规定，地面的固定设备和卫生洁具下地面不应布置加热管，卫生洁具和管道占卫生间建筑面积的 35%～40%，浴缸的下面考虑检修空间不作任何处理，这样就造成地面施工后有几个标高，地暖和普通地面及不作任何处理的浴缸下面形成多个分界面。造成施工工序多，成品保护难度大。因不同单位及工种，在不同时间施工，人员素质不等，对产品的保护问题比较大。

卫生间门口容易出现倒灌现象。主要问题是：地暖的各层不防水；隔热层易变形造成以上构造竖向开裂；隔热层压缩变形后也形成负压，将上面的积水吸入隔热层；地砖胶粘剂虽然对每块地砖之间密实，但往往由于边缘不饱满而局部空腔产生吸水，导致地暖层内积水。这样如卫生间地暖的地面构造厚度超过卫生间底的高度，当积水高度超过起居室结构标高时，卫生间地暖的积水就容易向起居室或卧室倒流，造成地板损坏变形。

2. 卫生间产生渗漏情况

渗漏情况主要包括：（1）结构渗漏：钢筋混凝土楼板、剪力墙、砌体等结构裂缝处；预留洞后期塞堵补混凝土部位；外墙穿墙螺栓孔及门窗洞周边；（2）防水层损坏或防水层质量本身存在缺陷；（3）供排水管道渗漏，地漏安装错位渗漏；（4）卫生间门口、浴缸检修口等平面出现的渗漏；卫生间周围墙根部，相邻房间踢脚线安装损坏了防水层；（5）渗漏现象：如外墙结露现象；上部冷凝水；空气中水蒸气在顶棚或不保温外墙面形成的结露，沿墙面淌水或滴水。

3. 应采取防渗漏技术措施

（1）结构层施工标高控制好：按照卫生间地暖构造层厚度、装饰面厚度与起居室的地面装饰层厚度，来确定卫生间结构楼板的落地高度，以保证两者做完后卫生间地面标高比起居室低20mm。严格掌握地漏口标高，控制好排水坡度。地漏与排水管连接牢固。

（2）混凝土施工：切实保证混凝土的强度、配合比、水灰比及浇筑厚度符合设计要求，浇筑过程振捣密实，加强养护，不允许留置施工缝和留冷缝，保护成品。

（3）砌体施工：外墙砌体分两次完成，砌筑到梁、板底20~30mm时，等待砌体沉降稳定后用水泥砂浆嵌堵塞，杜绝盲缝。砌筑外墙时用满刀灰，不要用断裂砌块。卫生间周边砌体下设置不小于200mm高度、与底板连续浇筑的混凝土墙。

（4）预留洞处：尽量确保预留洞位置准确，数量合适，尺寸正确，不要遗漏和尽量不打洞、不剔槽。管道安装完毕后，堵洞由专业人员进行，洞底吊模紧贴楼板底部，浇筑混凝土之前洞四周洒水湿润，刷配比0.5素水泥浆一道，浇筑比楼板混凝土强度等级高一级的混凝土，认真养护。同时，堵塞洞的混凝土上表面要略低于楼板表面，管周围留低于20mm凹槽，在混凝土达到一定强度后，在凹槽内用密封材料嵌填密实、饱满；地面层施工时，在管根周围30~50mm范围内做高出相邻地面50mm的砂浆锥台，见图2。

（5）穿墙螺栓孔：先清理螺栓孔内的PVC套管垃圾，在模板拆除后用微膨胀水泥砂浆从外侧嵌填密实，直到水泥浆从内侧墙挤出，螺栓孔外侧洞口用水泥浆抹成50mm弧形，凸出墙面5mm。

（6）门窗周边除嵌缝：打好发泡剂，周围留5~7mm凹槽打胶密封外，还要加强在施工过程中的保护，安装五金后对螺栓孔及时补胶，处理好排水孔。对外墙面粉刷除确保粘结牢固外，防止空鼓、掉皮。对于八分离缝内易产生变形的塑料嵌缝条清理干净，用专门抽缝工具来回拉至槽内密实、光洁。

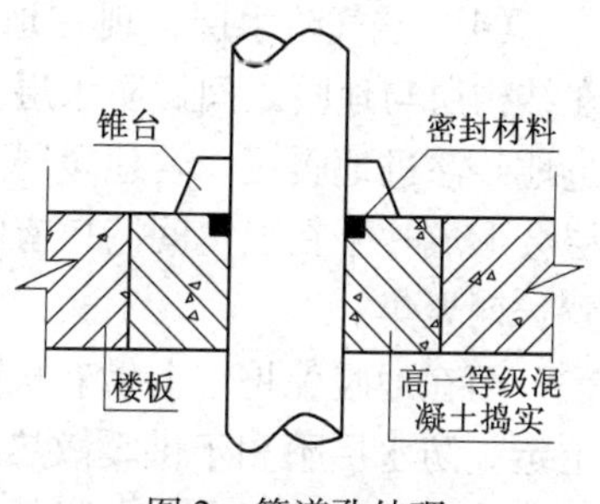

图2 管道孔处理

（7）防水层施工：在防水层施工前，使结构层平整、干净并坡向地漏处，阴阳角抹成圆弧形。防水层施工时，要重视全过程的质量控制，对涂刷过程、厚度及在墙根上翻高度必须达到设计要求。淋浴间的上翻高度不少于1.5m，防水层施工后要加强养护和成品保护，绝不能损伤防水层，做好后再进行一次蓄水试验。

4. 地暖的施工控制

在地暖层施工前，第一次试水必须不渗，基层平整、干燥、干净再进行下道工序。

（1）铺设绝热保温苯板：板块应切割整齐，铺设板块之间缝隙小于5mm，并用胶带粘结平顺；苯板距离墙不小于100mm，不设沿墙伸缩缝。门口不安苯板，苯板实铺不架空，为了避免因压缩和疲劳产生变形，造成地面跟着下陷而破坏，苯板要满足的条件是：表观密度≥20kg/m^3，压缩强度≥100kPa，吸水率≤4%（V/V），尺寸稳定性≤3%，熔结性≥20mm。

（2）铺设反射层、钢丝网、发热电缆。

（3）细石混凝土保护层：铺细石混凝土保护层是更好的保护采暖层，防止装修或使用过程中对采暖层的破坏。材料进入铺设范围必须进行垫板保护，找平层施工48h后才能上人，严禁重压、剔凿，整个施工过程中必须保证找平层厚度和排水坡度，表面压光，四周压成圆弧形。

（4）透气防水层：现在地暖设计构造层在防水层之上，即在结构层与地暖之间做防水层。如果卫生间一旦积水，积水将穿过地砖渗进地暖层。若地暖层下面防水层防水效果好，整个防水层会形成一个在卫生间门口有唯一缺口的部位，积水会在这个位置长期聚集。

而在地暖保护层上做有机防水涂层，发热电缆散发的热量向上走，防水层不利于供暖散热。再者，对防水材料长期加热，反复热胀冷缩，使用老化，降低耐久性。在对比分析后应采取在发热电缆的保护层上再增加一道透气型聚合物防水涂膜，以阻止卫生间内的水向下渗入保温层，使保温材料不被积水浸泡，达到保温效果不降低的目的。同时，当下层防水出现问题时可最大程度地保证楼下住户不受影响。如果没有上层防水，积水超过一定高度将穿过卫生间门口进入起居室或卧室。

（5）防水保护层：设置此层目的是为了保护透气防水层，以防装饰或维修过程中透气防水层遭到破坏。

5. 细部的处理

（1）水电线管预埋：在水电线管预埋完成后，标明预埋位置，即对水电管进行通电、通水试验，使其达到正常使用状态，尽早发现渗漏，及时处理。同时，在后续的装饰施工中一旦局部被钉子打穿或者不小心砸烂，也能及早发现处理。

（2）浴缸检修部位处理：使用时水流至浴缸台面后，向靠近浴缸检修门一侧流，水流顺该处垂直下流，在经过检修门时沿检修门的缝隙进入浴缸下面，这样就会造成浴缸下面长期积水。积水深到一定程度，因地暖层水平方向没有防水处理，水会逐渐经过卫生间门口渗入起居室，因此浴缸检修门口要用硅胶临时封闭。

（3）设置挡水槛：在浇筑卫生间四周墙体下部的混凝土导

墙时，在卫生间门口靠近浴缸地暖一侧设置宽度为120mm的混凝土挡水槛，卫生间门口挡水槛高度比装饰完成面低10mm左右，浴缸靠近地暖一侧防水槛高度比地暖装饰面层高50mm，两道防水层均上翻到挡水槛顶部。卫生间装饰门框下端不得伸进防水门槛。

（4）其他方面：按照施工图和规范要求，对所有使用材料进行入场验收和抽样复检，每道隐蔽工程经验收合格方能进行下道工序施工。材料使用和工序过程必须严格把关，以免留下质量隐患，影响正常使用。

综上浅述，某住宅区卫生间地暖工程，经过认真组织精心施工，经过3个冬季的运行未发现有渗漏水现象，用户对施工质量无任何疑问，表明所采取的方法、措施正确，在今后的工程中更加完善，使卫生间容易产生渗漏的质量通病全部消除。

5 住宅工程中采暖分户计量的应用

关于采暖热负荷问题，现在的做法是，住宅工程中采暖用分户热计量的热负荷包括：基本热负荷及户间传热负荷。户间传热负荷是指通过户间楼板和隔墙的传热量，户间楼板和隔墙的传热阻通过综合经济技术比较来确定，与邻居温差按6℃计算，以向各户间传热量总和的适当比例作为户间传热负荷。该值不应大于基本热负荷的80%。这是考虑到采暖热负荷的附加量不宜过大，以免增加建设费用和对系统的调节控制，造成不利影响。实际设计过程中，考虑住宅入住率高低的因素，户间传热负荷对基本热负荷的附加系数，在保证入住率80%的情况下，该系数为10%～30%；在保证入住率60%的情况下，该系数为20%～60%；处在建筑中间的住户取大值，底层、顶层及建筑物两端部住户取小值。

对于热源和室外的采暖系统，因采取集中供暖分户热计量系统的用户，宜设置单独的热源和室外采暖系统。当采用燃气、燃油和电热锅炉房作为热源时，为了方便控制，每个锅炉房的供热面积不能大，宜采用供水温度为95℃、回水温度为70℃的低温热水为热媒，宜采取压力直供暖。集中供暖分户热计量采暖系统的室外区域管网，应在充分了解热源系统和各室内采暖系统特性的基础上，统筹进行设计，确保整体系统的供水平衡和有效进行调控。

1. 建筑室内共用采暖系统

建筑房屋内共用采暖系统由建筑物热力管道入口装置，建筑物内共用供回水水平干管和各户共用供水立管组成。住宅内部的公共用房和公共空间，应设置单独的供暖系统和热量计量装置。

1.1 建筑物热力管道入口装置

（1）在满足室内各环路水压平衡和总体热计量的前提下，应尽量减少建筑物热力管道入口的数量。当建筑物热力管道入口较多时，会增加入口装置的投资费用，也会加大区域管网调节的难度。

（2）建筑物热力管道入口供水管上应设两级过滤器，顺水流方向第一级应是孔径不大于3mm的粗过滤器，第一级宜为60目细过滤器。按照采暖系统的热计量方案，确定建筑物热力管道入口是否设置总热量表。总热量表的流量计应设置在回水管上，进入流量计前的回水管上也应设滤网、规格不小于60目的过滤器。流量计和积分仪可以采用整体式热量表或分体式热量表；如果是分体式，积分仪和流量计的距离不要超过10m。

（3）室内采暖系统为双管变流量系统时，建筑物热力管道入口应装置自力式压差控制阀，以克服室外采暖系统利用压差变动对室内采暖系统的影响；室内采暖系统为单管跨越式定流量系统时，建筑物热力管道入口应装置自力式流量控制阀。当室外采暖系统流量分配变动时，维持室内采暖系统流量的稳定。自力式压差或流量控制阀可替代供一次调节用的调节阀，但都应与系统调节特性要求相适应，两种控制阀两端的压差范围宜为8~100kPa。在实际工程设计中，应尽量增加末端用户采暖系统的阻力损失，并减小室外采暖系统的阻力损失，这样做有利于保证各末端采暖用户所需流量的稳定性。

1.2　建筑物内共用供回水水平及立管

（1）建筑物内共用供回水水平干管和各户共用供回水立管要均匀分布，各共用立管所承担的采暖负荷接近，检修便利，管道采用优质保温材料保温，管材宜采用热镀锌钢管。

（2）建筑物内共用水平干管不要穿越住宅的户内空间，通常设置在住宅的设备层、管沟、地下室或公共空间的适当位置，要留有检修位置。共用水平干管应有利于共用立管的布置，要有不小于0.2%的坡度。各共用立管压力损失应相近，共用水平干管宜采取同排就位。同一对共用立管宜连接热负荷相近的用户室内系统，除每层设置分、集水器连接多户的系统外，一对共用立管每层连接的户数不要超过3户。

（3）共用立管设计应采取防止垂直固定的措施，一般采取异程形式。

当室内采暖系统为散热器系统，即供回水温度为95℃/70℃时，共用立管若是下供下回异程形式，共用立管供回水管道比摩阻多40Pa/m左右。上下层户内采暖系统之间相差的重力水头，即可由供回水立管的阻力损失来补偿，有利于共用立管所连接的各户内采暖系统之间的水力平衡。

户内采暖系统为地热系统，即供回水温度为60℃/50℃时，共用立管若是下供下回异程形式，共用立管供回水管道比摩阻多25Pa/m左右，就能补偿重力水头，对系统水力平衡影响很小。共用立管若采用下供下回异程形式，共用立管供回水管道比摩阻多为12.5Pa/m左右，即可基本补偿重力水头，此种形式使管材规格加大。由于地热采暖系统是小温差、大流量系统，其共用立管形式应通过技术经济比较后确定。户内采暖系统压力损失所占损失越大，共用立管平衡能力也越强，户内散热器采暖系统压力损失明显小于户内地热采暖系统的压力损失，室内双管系统压力损失明显小于户内单管系统的压力损失。

2. 室内采暖系统

按照室内末端散热设备的不同，户内采暖系统可分为散热器采暖系统和地热采暖系统。户内采暖系统通常是指采暖用户用热量表、一户一环的系统形式，主要包括：户内采暖系统入户装置，户内供回水管道，散热器或地热盘管，室温控制装置。

2.1　户内采暖系统入户装置

（1）当采暖用户用热量表计量方式时，户内采暖系统入户装置应包括：供水管锁闭调节阀，设置于热量表前的管道过滤器（60 目左右），户用热量表，温度传感器，回水管锁闭阀等。

（2）新建住宅的户内采暖系统入户装置，应与共用立管一同设于邻楼梯间或户外公共空间的管道井内。管道井应层层封闭，其平面位置及尺寸应保证与其相连的各户内采暖系统入户装置能安装在管道井内，并具备查检和检修条件。既有住宅改造的户内采暖系统入户装置，宜设于安装在楼梯间的热量表箱中。

2.2　户内采暖系统供回水管道

（1）要根据住宅建筑平面、层高、装饰标准及使用要求、管材和施工技术条件等因素，综合确定适当的户内采暖系统供回水管道布置形式。并且连接在一对共用立管上的户内采暖系统，要采用相同的供回水管布置形式。

（2）户内采暖系统供回水管道的明装配管，应采用热镀锌钢管丝扣连接。暗装配管应根据工作温度、使用压力、水质要求及使用寿命、材料情况、施工技术水平、环保要求等因素，经过综合技术经济考虑决定，可以采用塑料管或铝塑复合管等管材，且质量必须符合现行行业标准的规定。当户内采暖系统采用钢制散热器时，埋设在地面垫层内的管道应采用铝塑复合管，或者有阻氧层的塑料管材。

2.3　户内采暖系统散热器

（1）住宅散热器的选用必须遵循安全、耐用、节能、美观、经济的原则。散热器的布置应用要确保室内温度分布均匀，尽可能缩短室内管道的长度。散热器罩会影响散热器的散热量和温控阀的正常工作。除特殊要求外不宜安置散热器罩，每组散热器应设手动或自动放空门。

（2）散热器的散热能力应与设计供回水温度、设计流量、组装片数、安装形式、户内采暖系统供回水管道布置形式相对应，散热器标准工况（$\Delta t=64.5℃$）下的散热器应根据实际情况调整。

2.4 室温控制装置

（1）分户热计量的户内采暖系统，为了节能和提高室内舒适度，保证用户自主实施分室温度的调节与控制。散热器恒温阀、手动调节阀是实现采暖房间温度控制和采暖系统节能的重要部件。

（2）散热器恒温阀应根据户内采暖系统供回水管布置形式及散热器进、出水支管安装形式合理使用。双管系统采用双通高阻阀，单管系统采用双通低阻阀或三通低阻阀。

（3）调节阀开启与流量应呈线性关系，任意调节而不能有渗漏产生，并优先采取手动较好。若是低温热水地板辐射采暖系统的主要房间，应分别设置支线，分集水器上每一支管均应设置调节控制阀门。

3. 热量计量装置

住宅的分户热计量应采用以热媒量差和质量流量，在一定时间内积分的直接量测方法。热量计量装置是由流量计、测温传感器及积分计算显示器三个部分组成的机电一体化仪表。户用热量表要采用机械式旋翼流量计，并安装在供水管道上，额定流量下的压力损失不宜大于25kPa，热量表前设置过滤器。

建筑物热力入口热量表和热源热量表的额定流量，由于系统实际流量经常小于设计流量，为了保证热流量计精度，宜按系统设计流量的80%考虑。管径为50～70mm时宜采取机械式旋翼流量计，管径为80～150mm时宜采用超声式流量计，热量表流量计应安装在回水管线上，其额定流量下的压力损失不应大于20kPa。建筑物热力入口热量表应采用流量计和积分计算仪合为一体的整体式，热源热量表宜采用流量计和积分计算仪分离的组合式。

4. 系统的水力计算

用户二次水侧室外采暖系统最不利环路管道的比摩阻，应不大于 60Pa/m，且其压力损失不大于热源出口处总压力差的 25%，应详细计算室外采暖系统在每一建筑采暖入口的压力差，并对照建筑物内共用采暖系统，户内采暖系统的总压力系统的总压力损失的 1.1 倍，为此要正确选择建筑物热力入口装置，建筑物内共用供回水水平干管的比摩阻应不大于 60Pa/m，各户共用供回水立管重力水头以设计采暖供回水温度条件下重力水头的 2/3 进行计算。户内采暖系统包括锁闭调节阀、户用热量表在内的计算压力损失宜控制在 30kPa 范围内。当室内采用水平单管跨越系统时，应考虑散热器的连接方式、片数修正系数、顺序计算降温，确定散热器数量等。

6 供暖技术的发展对采暖器的要求探讨

冬季取暖现在依然以煤为热源，传统的以散热器供暖散热的取暖方式长期应用在建筑物中，近 10 年来供暖方式的发展打破了用散热器供暖散热的一统天下的局面，供暖方式出现了多元化发展的良好形势。因此，对散热器行业产生了较大的冲击和挑战，同时也对散热器的发展提出了新的要求，在新形势下也推动了散热器供暖散热的大力发展。

1. 现在供暖方式的基本状况

（1）有几种室内供暖方式可选择：① 传统的散热器供暖：室内散热设备采取安装散热器片组装，由于散热器的散热大都采取对流方式散在室内，因此也将散热器采暖看做是对流型供热。现在绝大多数建筑物仍然使用的是散热器供暖形式。

② 地面低温辐射供暖：由于使用化学管材质量的提高，低温辐射供暖方式发展极快，已经被广泛地应用在北方广大地区的住宅建筑及少量公共建筑。

③ 电热辐射供暖：采用电热板、电热膜、电缆线的电供暖

方式在使用中也发展很快，但用量不能同低温辐射供暖方式相比。

④ 燃气、燃油单户供暖装置：是独自建筑一户中由热源和散热设备构成的独立小型供暖系统，常指家庭用壁挂式燃气炉等。

（2）不同采暖方式的特点：上述几种采暖方式都有各自的优点及不足，因此在建设工程中以使用多少占有不同的比例。

① 散热器供暖：散热器供暖使用的历史比较长，系统投资比较低，广泛地应用在工业及民用的各类建筑工程中。尤其是近年来散热器产品的发展较快，改变了以前产品种类少、形式单一陈旧的落后局面，基本上满足了不同建筑物供暖的需要。

② 低温辐射供暖：室内具有舒适性好、节省供暖能耗、室内无任何管道、扩大了房间内有效使用面积等优势，并且较容易实现分户计量，现在北方地区住宅建筑大多用低温辐射供暖。

③ 电热辐射供暖：如用电热膜供暖，电缆、中、低温电热辐射板，电锅炉供暖等。但电热膜、电缆线供暖的初投资和运行费用都较高，并且又不利于进行二次装饰。在目前的设计规范中规定了不应直接用电力供暖的内容要求。

④ 燃气、燃油单户用供暖炉：单体的户用采暖炉仅作为一家一户独立的供热源，一般还是要配置散热器为室内的散热设备，系统并减少了很多不利因素。用户可根据需要进行调节，运行费用完全由自己掌握，达到分户计量的目的。此种供暖使用的燃料费比较高，运行费用也高，而且存在安全隐患问题。

（3）供暖方式的改变：人们需要供热质量的提高以及分户计量和分室控制技术的成熟，散热器供暖效果将大大地改善，因此散热器采暖仍是最常用和最普遍的室内供暖方式。

热水地面辐射供暖系统随着初投资下降和技术的不断提高，也在不断扩大使用量。电热采暖方式的使用与电力的发展关系密切。利用燃煤火力发电供暖，无论从能源利用率、经济性及环保方面都不是最佳选择。但是对于大力发展水电和用煤发电效率有了大的提高之后，此种供暖会有大的发展，在水电发展地区使用更好。

单体供暖虽然在一定程度上解决了供暖费收取的问题，但不能在住宅建筑中大力推广使用。在独家独院别墅和不能集中有热源的情况下，也不失是一种有效的方法。

多种热源和多元化的供暖方式的共存，也更利于建筑的不同需要，各地区可灵活应用热源资源，按环保要求优先推荐使用供暖方式。

2. 供暖方式的提高对散热器的要求

近10多年来全国各地出现了多种新型的供暖技术，有的供暖技术对采暖散热器提出了新的要求，如分户热计量、分室控温技术、单体供热等。

(1) 热计量对散热器的要求：为了进行热耗量计费，近年来进行的热计量试验研究中，在采用铸铁散热器的房屋工程中，运行一段时间后出现了热量表和控温阀被黏砂堵塞的情况，因此现行的一些规范和规程中提出了一些要求：暖通规范中要求“安装热量表和恒温阀的热水采暖系统不宜采用水流通道内含有黏砂的散热器”。一些地区也有类似的要求。北京市《新建集中供暖住宅分户热计量设计技术规程》中规定：当采用铸铁散热器，应对散热器内腔的清砂工艺提出特殊要求并有可靠的质量控制措施。地热水供暖时，对散热器的抗腐蚀能力要求更高。

(2) 建筑质量的提高对散热器的要求：进入21世纪以来，建筑业的发展及技术水平有了极大的进步和提升，居住质量和环境也得到了很大改善。现在高档建筑在建设中迅速发展。

中、高档住宅对散热器的要求：首先是散热器要跟上形势的发展和建筑物档次的匹配，其突出的是美观要求。中、高档散热器的价格已逐渐被市场所接受，并扩大应用范围。而实用美观是建筑对散热器的最起码要求，随着建筑水平的提高，如何在住宅装饰中隐蔽或装饰散热器，其问题就是散热器存在与室内装饰的不协调，所以散热器的外观如果制作得完全能够被住户接受甚至满意，当散热器明装后住户心情自然会舒畅。

容易清扫干净也是用户的要求：室内环境的优美使居住者对住宅内清洁也有较高的要求。因此，便于清扫的散热器也是使用者所需要的。应设计生产体型紧凑、易于清扫及擦拭、寿命长的散热器，要根据需求开发出新产品，充分考虑建筑的需要。同时，使用耐久性也是不可缺少的。随着建筑市场的繁荣、管理措施的完善，开发商也越来越注重散热器的外观及使用寿命，《住宅设计规范》也要求散热器的使用寿命不低于钢管的形式寿命。

3. 采暖散热器需要提高

（1）发展方向：从产品的总体发展过程，在采暖散热器行业来说，研发优质高效、质轻的散热器，其方向就是以钢质为主、以铁为铺、多种并存、不断创新的方针。伴随着供暖运行管理水平的完备及钢制散热器防腐性能的提高，如达到国家标准提出散热器使用寿命不低于15年的目标，现在的散热器发展应该是钢制散热器材质的绝好时机，即铸铁散热器→钢制散热器→空调器逐步提高的阶段。

（2）结构构造形式上的发展：散热器产品要优化整合，大力优先推广建设部重点推荐的新品种。并在散热器的结构构造形式上向轻、薄、美、巧、新方面发展，尤其现在仍然使用的铸铁散热器的宽度，是用户非常不欢迎的形式。在使用功能和装饰性的结合上，散热器的装饰性只能是相对的。但是如果能从功能和美观等方面做到巧妙的构思结合，市场前景还是很广阔的，如卫浴型散热器是很有发展前景的品种。

（3）研制出高性能散热器：高性能散热器主要是节能、节材和使用过程中的节水，环保型的采暖散热器是今后生产的主体，现在国家主管部门已开始制定环保型散热器标准。

（4）铸铁散热器的质量亟待提高：铸铁散热器从20世纪一直沿用了数十年，社会的发展和进步要求铸铁散热器的整体质量得到提升，从外形、粘砂等方面全面改进，只有这样才能适应新的建筑市场的要求。同时，在制作过程中要防止对环境的严重污染。

（5）钢、铝材质散热器的腐蚀防护：钢、铝材质散热器的腐蚀问题不容忽视，若是腐蚀问题得到较好解决，必将得到更广泛的使用。现在腐蚀问题仍然是制约钢、铝材质散热器的关键环节。在此所说的钢制散热器主要是指薄钢板制作的散热器，此类散热器从外观及性能指标方面已得到市场的认可，但是腐蚀问题解决不了，其寿命一直困扰生产者和使用者。

（6）打造名牌产品，满足建筑市场：采暖散热器行业应打造名牌产品，以优质产品占领建筑市场，从而废止一些劣质、落后、陈旧的产品，提高采暖散热器的档次和质量，满足建筑市场需求，这是刻不容缓的需要。

通过以上浅要分析可知，建筑市场供暖方式的需求和发展，散热器行业应加大研发步伐，科技创新，调整结构，研发优质高效、使用可靠、功能先进的采暖散热器，提高居住环境的舒适度。

7 太阳能技术在民用住宅中的应用

太阳能在民用建筑中的技术应用包括被动应用、主动应用和综合应用几种途径。被动应用是通过建筑物结构、朝向、布置形式及相关材料的应用进行集取、储存和分配太阳能。主动应用是以太阳能集热器与储热器、泵和散热器等组成的太阳能生活热水及采暖系统，与吸收式或者吸附式制冷机组成的太阳能空调及供热系统。综合应用是将太阳能光热光伏技术充分用于建筑的采暖、空调、照明、电器用电等，其中包括了太阳能的被动应用和主动应用，从而实现舒适和零能耗的理想生活环境，目前来说这是一种最为理想的太阳能利用方式。

在民用建筑设计中，太阳能利用与建筑工程设计之间一直存在着密切的关系，例如，客厅、卧室的外窗户绝大多数朝南向，既能获取充分的太阳光又实现良好的自然通风功能，而且北方的住宅楼南向的窗户一般比北向的要大，这样设计既保证了主要用房更多地见到阳光，又利于身体健康及节能。当然窗户只是一种最原始、最简单的太阳能利用形式，伴随着太阳能技术的快速发展，更新的太阳能应用技术会应用在普通建筑工程中。

1. 太阳能技术应用的适应性

（1）适用于广大的农村生活：当前就广大的农村来说，冬季采暖和日常做饭大多数仍然是烧煤和烧各种柴草，烧煤常常是家里保持不了干净，而烧柴草对自然环境日积月累的破坏是严重的。许多地方因树木砍伐去烧火做饭，造成水土流失，地表植被破坏而将石头暴露出来，荒漠化现象日趋严重，使生态生存环境变差，广大农村老百姓迫切需要一种新的替代能源来提高生活质量。而取之不尽的太阳能产业的发展，将从根本上解决这一大问题，农村住宅的结构特点也适合安装太阳能设备。原因是太阳辐射的能量密度较低，一般在夏季阳光照射时，在太阳能资源较丰富的地区，地面上接受的太阳辐射度也只有 500 ~ 1000W/m^2。因此，在开发利用太阳能时，采光面积需要较大。而农村住宅多数是平房，也有少数是二层楼房，超过 3 层的房屋较少，多是独门独院，整个屋面和大部分墙面都可以作为采光面，具备较大的采光集热面积，为太阳能产品的有效利用提供了较大优势，太阳能热水器、太阳能空调、太阳能照明、供电和太阳灶等都有较大的应用空间。

（2）城市居住建筑同样适用太阳能：对于广大城市普通居民来说，采用太阳能热水器是利用太阳能最好的方式。现在的民用建筑结构比较适合使用太阳能技术，因为随着建筑节能设计标准在全国的广泛应用，建筑外围护结构都采用了保温节能材料。就北方民用建筑冬季采暖来说，本身采暖能耗就降低了接近一半，而且住宅敷设地暖采暖已成为一种发展方向，地暖采暖要求供水温度 35 ~ 50℃，太阳能热水器所获得的热水温度完全能满足使用要求。同时，随着经济体制的改革和发展，劳动人口的流动量越加频繁，由农村流入城市的人口不断增加。对于许多居住稳定性差、收入偏低的一些家庭，安装使用太阳能热水器是一种最好的选择。对家庭而言可以节省费用，对社会来讲减少了对环境的污染，现在的建筑节能起到了以点带面的社会效应。

2. 太阳能热水系统的相关技术

（1）太阳能热水系统的构成：太阳能热水系统由太阳能集热系统和热水分配管线所构成。集热系统的主要部件有太阳能集热器、辅助热源、储热水箱、循环泵、循环管线、控制系统和线路等。热水分配管线由配水循环管线、控制阀门和热水计量表等部件组成。热水管系统由太阳能真空集热管在晴天阳光下辐射热晒到40～85℃的热水，进入储热水箱，再由水箱进入热水管道系统，流至用户的分支管道，供不同用途的使用。

（2）热水系统在多层住宅中的应用：一般太阳能集热器、储热器设在多层建筑的屋顶上，这样不影响或很少影响建筑物外观，热水分配管路与土建结合，将各分户的上下冷热水管、辅助加热线等设在管道井内。太阳能集热器在安装形式上看有两种：一种是住户自己安装，个人管理和使用，这种方式比较方便，住户之间矛盾也较少。但太阳能热水器在屋顶布置零乱，外观不好看。假如整幢楼房全部安装也有一些困难，屋顶面积相对有限，也达不到美观、和谐的要求。还有一种是以住宅单元为安装对象，一个住宅单元安装一个太阳能热水器供本单元所有住户用。每个单元太阳能热水器系统是独立的，本单元管道井内的给水立管上引入冷水管道，被加热后的热水管道在管道井内不同高度分支进入用户家中。在屋顶安装太阳能热水器时，要关注集热器的平面位置，尽量减少水平管线的长度。

（3）热水系统在高层住宅中的应用：当建筑物层数在12层时，如果每个单元集中安装一个太阳能热水器，太阳能热水器储热水箱设置有些难度。如果每个单元集中安装两个太阳能热水器供用户，则设计方法是相同的。当层数过多时，对于高层建筑住宅的最上几层，可以采取多层住宅的安装方式供热水。而高层建筑低层住宅存在管线过长及屋顶无法安装的现实。这时，在低层住宅墙面或是阳台安装太阳能热水器，可以减短管线的长度。比较容易实现的方法是：在竖直墙面上安装直流式横向集热管，也可在阳台倾斜栏板上安装热管式或平板式集热器。集热器可单独悬挂在建筑物墙体向阳面阳台或外窗台下方，水箱放在阳台地面或室内墙角，管道几乎全在室内，冬季安全，不会冻结。由于独特的聚光先进技术及消除集热器表面落灰尘的不利因素，冬季水温比放在屋顶要高得多。

3. 太阳能空调系统应用

太阳能空调实现的方式主要有两种：一种是先实现光-电转换，再用电力驱动常规压缩式制冷机或家用空调和电冰箱进行制冷。这种方式比较简单，适用于一般家庭使用。另一种是利用太阳的热能驱动吸收式或吸附式制冷机进行制冷，这种制冷方式技术要求较高，但成本低、无噪声污染。常用的吸收式制冷机根据使用吸收剂的不同，分为氨-水式吸收式制冷和溴化锂-水吸收式制冷两种。它以太阳能集热器收集太阳能产生的热水或热空气，再利用太阳能热水或热空气代替锅炉热水输入制冷机中进行制冷。由于造价、工艺及效率等方面的因素，采用这种技术的太阳能空调系统，一般适用于设有中央空调的大型公共建筑及民用建筑。设计中，由于吸收式制冷机组体积比较大，一般安置在地下室，而太阳能集热器设放在屋顶或者墙面，使用中要注意使太阳能空调设备与墙体外观融为一体，达到建筑整体效果美观的要求。使用太阳能空调的效果是，既可使室内温度适宜，又降低了大气环境温度不上升，更减少了城市中热岛效应。而在夏季气温越高，空调负荷越大，需要的制冷量也越大，而此时太阳的辐射热也越高，提供的热能也最多，太阳能空调提供的冷量也越多。由于太阳能空调利用的是取之不净的太阳光，因此运行费用很低也经济。进入冬季，太阳能辐射热降低，但需要的热水温度不高，一般50℃左右完全满足地暖需求，在达到制冷工作情况集热面积下，同样可满足制冷负荷要求。

4. 太阳能供电储能技术应用

在太阳能的利用中，由于阴雨天和夜晚无太阳照射，需要配备储备热能设备，供夜间或阴天使用，或是增设辅助热源，才能全天候使用。从环境保护角度考虑，采用电能和天然气作为辅助热源较好。太阳能储存应用较多的是电能和热能的储存。热能储能比较普遍，如太阳能热水器的储热水箱。还有一种使用较广泛的电能储存，光-电直接转换方式是利用光伏效应，将太阳照射能直接转换成电能，光-电转换的基本装置就是太阳能电池，富余的电能则是用蓄电池组储存。太阳能供电储能有两个过程：

(1) 太阳光照射→太阳能电池板→太阳能充放电控制器→直流电用户。

(2) 太阳光照射→太阳能电池板→太阳能充放电控制器→逆变器→交流电→交流电用户。

当电流暂时不用时，可通过太阳能充放电控制器和蓄电池组储存起来，以备需要时用。

因为太阳能利用与集热板、太阳能电池采光板的位置、光照角度、强度直接相关，所以太阳能设备直接关系着民用建筑的外观设计，应该在设计初期就考虑到太阳能设备的安装和应用。在当今能源紧缺的情况下，最大限度地利用太阳能资源对使用者和社会极其有利。

综上所述，由于太阳能是一种清洁能源，在开发利用过程中无污染、无废渣废气、无噪声和废水，且对人体无任何危害。而且取之不净，用之不竭，是人类最理想的能源。随着生活水平的提高，建筑物的采暖空调和日常用热水及电的需求量不断增加，能源日趋减少，利用太阳能供热、供水及供电，将太阳能技术应用在建筑工程中，可造福使用者和社会。

8 建筑节能技术及太阳能建筑的应用

建筑节能成为日益关切的大问题，当今社会十分关注建筑工程的能耗及建筑物使用过程中长期的能耗，因此要根据建筑设计的节能要求，尤其是发展利用太阳能建筑技术的推广应用。

1. 建筑物的节能技术

建筑节能是技术进步的重要标志，新能源利用是实现建筑可持续发展的重要环节。在目前条件下，建筑节能主要采取以下五项技术措施：

（1）减少建筑物的外表面积：建筑物的外表面积的衡量值是体形系数。控制建筑物体形系数的重点是平面设计。平面凸凹过多，建筑物外表面积就会增加。如住宅建筑设计中，经常会遇到卧室及卫生间开窗问题，由于卫生间靠内开窗要凹进平面很多，无形中增加了建筑物外表面积，另外还有飘窗、晒台等构造对节省能源很不利。所以平面设计时，要综合考虑多种因素。在满足使用功能的同时，使建筑物体形系数控制在合理、有效的范围内。

另外，在立面造型、层高控制方面也会影响到建筑物体形系数。进入21世纪后，许多高层建筑采取矩形平面及矩形组合，使建筑物外表面积相应减小，整体尺寸较和谐，也保持了建筑物的外观，对建筑节能是有益的。这体现了建筑设计理念的新思维。

（2）重视围护结构体设计：建筑物的能源和热工消耗，主要反映在外围护结构上。围护结构设计主要包括：选择围护结构材料和构造，确定围护结构传热系数，外墙受周边冷热桥影响下其平均传热系数的计算，围护结构热工性能指标及保温层厚度的计算等。

在外墙外侧或者内侧增设一定厚度的保温材料，以提高墙体的保温性能，是现阶段墙体节能的重要措施。目前外墙保温多数采用聚苯乙烯泡沫塑料板类材料。在施工过程中按照保温材料的施工程序，加强保温板的粘结及固定牢固，保证边缘及底部的质量，才能达到保温效果。同时，屋面是热量波动最大的部位，需要采取有效措施，增加保温隔热效果和耐久性。

（3）合理控制窗墙面积比例：同自然环境接触面大的还有外门窗。许多分析和试验表明，门窗占全部热能耗的50%左右，对门窗进行节能设计就会明显提高节能效果，必须选择热阻值高的门窗框体材料。现在，许多门窗框体材料常用塑料内衬托钢骨架、断热铝合金框、低辐射镀膜中空玻璃。窗户的气密性要好，认真控制窗墙面积比例，北向不留大窗和飘窗，其他朝向也不宜使用飘窗。

工程实践中，建筑物为了立面效果，许多住宅建筑采取大面积窗户。在无法减小窗户大面积的情况下，也要采取措施：如尽量把窗户安排在南侧，增加窗户的固定扇，加强框及扇边缘的密封，根据规定进行权衡判断计算，以达到建筑物的整体节能效率。

（4）加强其他部位的保温隔热措施：其他一些部位的保温隔热措施，如地板、楼板、栏板及冷热桥部位进行保温隔热处理。寒冷及严寒地区建筑物四周内外地面处理，不采暖楼梯间墙面及透光窗，单元门入口处理，阳台楼地面及门窗口处理。需要引起注意的是：遇外界接触的门要选择保温门，外飘窗要采用上下挑板及侧板的，凡是遇外界接触的板都必须进行保温节能处理。

现在建筑采用专门用的节能设计软件，通过综合计算满足各项热工指标。要根据热工指标采取相应的构造措施，使建筑物整体达到节能要求。

（5）采取其他节能措施，综合实现节能目标：采取其他一些节能控制措施，如安装热量表和热量控制开关等，使温度保持均衡，也是减少能耗的必要手段。事实上，建筑节能的主要内容除采暖空调外，应该包含通风、家用电器、热水及照明等。假如家庭所有电器都是节能产品，那节能的潜力更大，效果更明显。

2. 太阳能建筑技术

太阳能建筑可分为主动式和被动式两个类型。利用机械装置收集和储存太阳能，并在需要时向房间提供热能的建筑，称为主动式太阳能建筑；根据当地气候条件，在很少使用机械设备条件下，通过建筑物布局、构造处理，选择性能好的热工材料，使建筑物本身能够吸收和储存太阳能量，从而达到采暖、空调、供热水的建筑物，称为被动式太阳能建筑。

太阳能建筑的平面布置应尽量将长边作为南北方向。使集热面处于正南方向正负 30°以内。并根据当地的气象条件及所处位置，做出恰当调整，以达到最佳的阳光照射效果。集热和蓄热墙间接受的热是被动式太阳能建筑的一种形式，如图 1 所示。它充分利用南向太阳辐射热大的特点，在南向墙面上加设一层透光外罩，使透光外罩与墙体之间形成一道空气层。为了使透光外罩内最大限度地得到太阳照射，在空气夹层内壁表面涂上吸热材料。当太阳照射的时候加热了空气夹层内的空气和墙体，这时吸收到的热量分为两部分：一部分气体加热后利用温差压形成气流，通过与室内相连的上下通风口，与室内空气进行循环对流，从而使室内温度上升；另一部分热量使墙体受热后，利用墙体的蓄热能力贮存热量。当夜晚气温降低时，墙体蓄存热向室内释放，从而达到昼夜温度适宜的程度。

夏季高温到来时，如图 2 所示，将透光外罩内的空气层与室外连接的通风口开启，与室内连接的通风口关闭。室外通风口上部通向大气，下部通风口最好处于与周围空气温度低的位置连接，如晒不上太阳阴凉处或地下空间。这样，当空气层的温度加热后，气流迅速向上部通风口处流动，将热空气排向室外。随着空气的不停流动，通过下部通风口的凉空气进入空气层，这时空气层内的温度低于室外温度，室内热气通过墙体向空气层散热，从而达到夏季降低室温的作用。

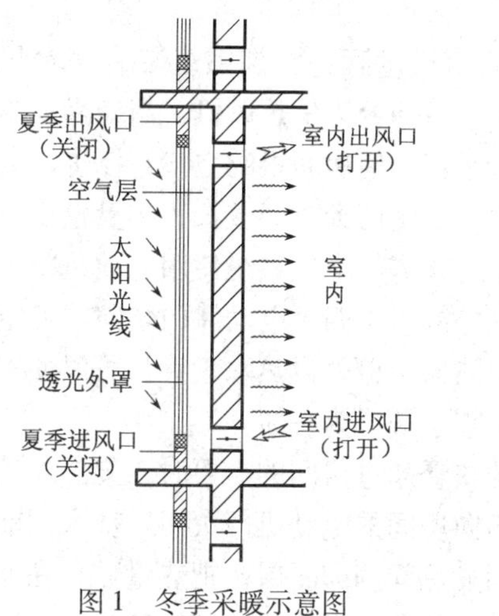

图 1　冬季采暖示意图

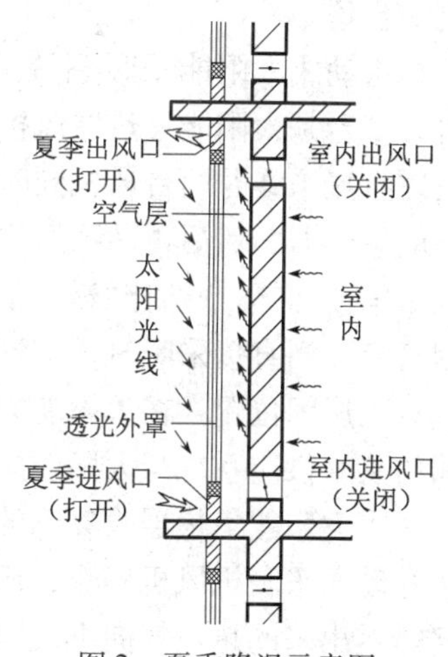

图 2　夏季降温示意图

从被动式工作原理可以看出，材料性能在太阳能建筑中占有重要的位置。透光材料传统使用的是玻璃，透光率一般达65%～85%，而现在使用的采光板，透光率达到92%。蓄热用材料采用一定厚度的墙体，或改变墙的材质，如采取水墙做蓄热体以增加墙体的蓄热量。另外，设置贮热间也是一种蓄热方法。贮热间的传统做法是：将卵石堆放在贮热间内，热空气流过贮热间时加热卵石，进入夜晚或是阴雨天，可将卵石散出的热量再输送到室内。由于被动式太阳能建筑简单易行，太阳能建筑得到广泛采用，如多层建筑、通信台站、民宅等。现在高层建筑也采用这一原理：将玻璃幕墙分层设置，在外墙楼板上下连接处设可控式进出通风口，这样既采用了太阳能又美化了建筑立面，是太阳能技术的具体体现。

主动式太阳能建筑就是利用机械设备，将收集到的热能输送到各个房间。这样可以扩大太阳能的吸收面，如屋顶、坡面及院落等处凡是太阳光照射强的地方，都可以作为太阳能的吸收面。同时，还可以在需要的地方设置贮热间，这样把采暖系统、热水供应系统组合成一体，应用有效的热能控制设备，使太阳能利用更加合理。

主动式太阳能采暖系统的运行过程是：该系统装有两台风机，一台是太阳能集热器风机，另一台为供热风机。当依靠太阳辐射直接采暖时两台风机同时运行，使房间里的空气直接进入太阳能集热器，然后再回到房间。如阴雨天时间较长，热量较低时采用辅助加热，此时贮热间不工作。热空气系统使用电动风门控制气流，当直接采暖时，空气控制器中两个电动风门转向，使空气流入房间位置。在太阳能集热器出口处设热水盘管，可以使房间的热水供应系统与太阳能采暖系统成为一体。

当太阳能集热器收集到的热量超过房间的需要时，集热器风机开动而采暖机风机停止，通向房间的电动机门关闭。从太阳能集热器出来的热空气向下流向贮热间的卵石层，把热量贮存在卵石里，直至卵石层全部被加热，使贮热间蓄热达到饱和状态。进入夜晚没有太阳辐射时，就要从贮热间里取热。此时，关闭空气控制器中第一个电动风门，打开第二个电动风门，启动供暖风机，使室内的空气循环由下向上通过贮热间卵石层加热，再返回到供暖调节系统。当贮热间有充足的热量时，进入空气调节器的空气温度只比从太阳能集热器直接出来的气温低一些。这一循环过程将持续到贮热间卵石层的热量差放完。然后，若设有辅助加热器时，要启动辅助加热器。如果贮热间蓄热达到饱和状态或者夏季无采暖要求时，太阳能集热器仍然工作，用于加热使用热水供给系统。

太阳能建筑种类较多，工作原理基本相似。有的建筑以水为媒介进行热交换。这样系统内的所有设备在同样热效应下，体积减小的同时还可以与其他能源共同使用一个热水系统。这是用水作媒介的最大优点。另一种能源是利用地热作热源，工作过程是将地下水热量提取后，通过采暖系统将热量送到房间，制冷时反向运行，工作原理如同空调机组。其不足是机组连续工作时间较长时，热量可能供应不足。因此，在地热资源丰富的地方比较适用。

3. 能源建筑物的期望

太阳能的集取只能在有太阳的时候才能进行，阴天及夜晚是采集不到热量的，因此采集的热量也有限。但是阴雨天及夜间往往是需要热量的时间，这就影响了太阳能建筑的发展。如果把地热资源与太阳能结合起来使用，取长补短，采取有效技术措施转换能源，合理的热控技术，优良的热工材料，那么，环保节能的新型建筑会得到大力发展。由此可见，环保节能的应用是一个综合性很强的技术，要想得到大力发展还要解决一些具体问题。

（1）节能措施要切实可行：新能源的利用是以节能措施为依托的应用，建筑围护结构的保温性能就显得非常重要。因此，外墙及外门窗，凡是与外界接触的梁、楼板部部位也要采取保温，这是冷桥部位。总之要满足规范、规程及行业保温要求。

（2）要解决好热能综合利用控制技术：而单独的太阳能、

地热能的利用都有一定局限性。新能源的利用要根据当地自然资源状况，进行综合应用才有效果。再加上必要的辅助热源，才能保证正常的供热。而综合控制技术是根据建筑物室内温度需求和热源的供应情况，自动转换对房间的热量供给，达到温度的稳定。根据现在自动化控制技术的进步，热工材料、热交换设备、热电气元件功能，解决这些技术是完全可能的。

（3）节能和新能源中最佳选择仍然是太阳能，而节能和太阳能的应用对建筑物的外观有一些影响，为此在建筑物设计中，处理好建筑物立面、屋顶收集热源的外观构造，不仅关系到热效率，同时也关系到建筑物的整体效果。

综上所述，建筑节能是技术进步的重要标志，新能源利用是实现建筑可持续发展的重要环节，也是世界上所有国家采取的节能措施。在今后的发展中，太阳能的应用和新型的节能建筑，只要以最低的能量消耗，使居住环境更舒适、更清洁，则节能及社会效益更好。

9 夏热冬冷地区屋面节能构造措施

房屋建筑在使用中影响能耗最多的是建筑物的外围护结构，屋顶又是外围护结构中一个不可缺少的重要部位。屋面构造做法对整个建筑物的节能起着举足轻重的作用。在全社会都重视建立节能型社会的今天，有必要对屋面进行优化设计，采取适当的构造处理，即通过在构造上的节能达到良好节能效果，提高建筑节能增效目标。

构造措施的节能也是传统的技术手段，但传统的构造做法并不能充分发挥节能潜力。在广大的夏热冬冷地区，习惯的屋面构造做法无论从保温还是在隔热上来分析，总的节能效率不是很高，效果很一般。与下部楼层相比较，顶层的房间通常是夏季温度高于下部3～5℃，而进入冬季则低于下层，制冷和采暖的能耗超过下层。因此，对传统屋面做法进行构造改进，采取综合优化是非常必要的，也是使构造措施节能在建筑整体节能中发挥应有的作用。

1. 夏热冬冷地区习惯传统屋面的构造做法

夏热冬冷地区由于传统习惯的保温隔热措施存在不足，加上冬季无采暖设施，室内外基本没有什么温差，夏季如处于火炉之间，而冬季却如处在冰窖内。房屋里热环境比较差。随着人们生活水平有所提高，对舒适度也有新的要求，空调的使用得到了极大提高。但是，因建筑物围护结构保温隔热性能比较差，传统能耗总体是很高的。因此，加强建筑物保温隔热构造的分析研究，对于提高室内居住质量、节省能源意义深远。

屋顶是建筑物的最顶端也是水平围护的重要构件，其顶面是与外界自然环境接触的部分，屋顶的基本功能要求是防雨排水和保温隔热，对于高性能屋面还有一些其他功能要求。从保温隔热的需要考虑，夏热冬冷地区最常见的屋面做法可以分为保温屋面和隔热屋面两类。

（1）保温屋面要求：保温屋面在寒冷地区通常采用，按构造层次一般可分为普通保温屋面和倒置式保温屋面两种。普通保温屋面是将保温层布置在防水层的下部，这种屋面为了防止内部水蒸气的凝结，构造做法比较复杂。同时，由于防水层直接同自然环境接触，受太阳照射条件的作用，容易因受老化等原因破坏。

倒置式保温屋面是把保温层做在防水层上部，这样防水层不仅受到保温层的保护，同时避免了其他因素对防水层的破坏，而且构造处理也比较简单化。但要选择吸湿性低、耐候性好的保温材料，并要做重量大的覆盖层压紧保温层。

（2）隔热屋面要求：隔热屋面一般可分为实体材料隔热屋面、架空通风隔热屋面、反射降温屋面和蒸发散热降温屋面四种。

① 实体材料隔热屋面：该屋面是利用实体材料的蓄热性能及其热稳定性，传导过程中的时间延迟等性能使得内表面温度比外表面有一定程度降低。

② 架空通风隔热屋面：该种屋面是在屋顶中设置通风的空气间层，利用间层空气的流动带走一些热量，使屋顶二次传热，从而达到降低屋面表层温度的作用。

③ 反射降温屋面：该种降温屋面是利用屋顶表面的颜色和光洁度对热辐射的反射作用，来达到降低屋顶表面温度的作用。

④ 蒸发散热降温屋面：该种屋面又可分为淋水屋面和喷雾屋面两种。淋水屋面是利用流水的反射吸收和蒸发作用，在白天太阳照射温度高时屋面浇水，通过浇水所形成的流水层来降低屋面的温度。喷雾屋面是在屋面上按设计安装水管及喷头，在炎热时喷出的水在屋面上部形成水雾气，雾气变成水珠落下又在屋面形成流水层。水珠落下时会从空气中吸收热量进行蒸发，同时反射一部分太阳辐射热，从而达到降低屋顶表面温度的作用。

针对夏热冬冷地区的气候特点，屋面设计既要考虑保温又要重视隔热，如何使两者有机的结合，是关系到使用功能的成败和耐久性的需要所在。

2. 屋面节能构造的设想

对于建筑物屋面的节能，其构造做法不仅要满足功能上基本要求，还必须达到相应的节能技术指标。不仅要改善顶层住户室内空间的居住环境，还要达到减少、节省能源的目标。对于广大的夏热冬冷地区的节能建筑物，以往的做法只注重隔热而轻视了保温功能。现行《夏热冬冷地区居住建筑节能设计标准》JGJ 124—2001 实施以来，有些设计往往重视保温构造方面，而忽略了隔热措施处理。在实际工程中既要考虑保温又要考虑隔热构造，如果构造层次设置不当，其效果也不理想。针对夏热冬冷地区保温隔热的特殊性需求，改善传统屋面构造采取优化措施方面，要有一些新构想和新思路来实现。

2.1　采取戴帽和打伞结合屋面

建筑保温构造的目的是为了达到保暖，类似人的衣帽也是给建筑物穿戴衣帽；而建筑物的隔热构造是要达到一个遮阴的环境，同时又有良好的通风条件，好像给建筑物打伞遮阳，让建筑物在树荫下乘凉。对于夏热冬冷地区的建筑物，如果给建筑物既戴帽子又打伞，则会达到保温隔热的双重效果。由于屋面是建筑物最上部的水平围护结构，因此雨雪和太阳辐射都直接作用在上面。夏季阻隔外界热量传入室内是首先要考虑的重要问题，而冬季考虑阻断室内热量外流是重点。为此，了解屋面的多重功能需求，就可以在传统构造基础上再进行优化组合设计。

保温层在下的双层通风层面，这种屋面是架空通风屋面与倒置保温屋面的优化重组。单独的架空通风屋面只有隔热作用，而单独的保温屋面虽然除了保温外还有一定的隔热作用，但隔热效果不好。所以如果将两者的功能结合一体，改造成下层保温双层通风屋面较好，如图1所示。

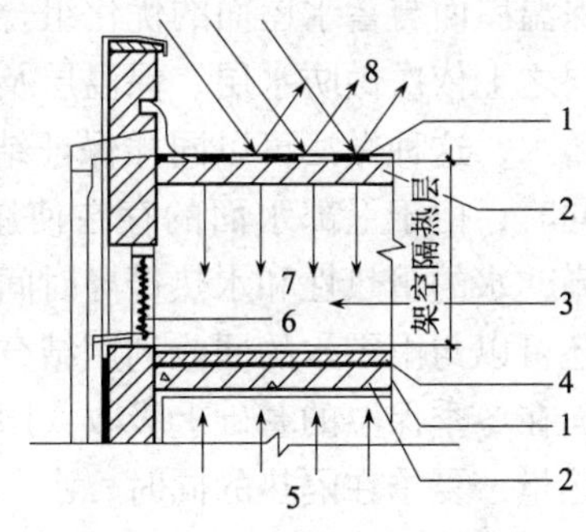

图1　下层保温双层通风屋面
1—防水层；2—结构层；3—通风散热；
4—保温层；5—室内热量；6—通风窗；
7—辐射热；8—太阳辐射热

这样构造则可提高保温隔热效果，更有利于节能。把保温层设在下层可以充分利用保温材料的特性，最大限度地阻止室内热量向外散发的损失；若是把保温屋设在上层，层间的空气流动将会加速室内热量的散失，保温层难以发挥其作用，保温层的设置如同虚设。与单独的倒置保温屋面相比，这样构造处理的优点是：不需要在保温层上做重量大的覆盖层；保温层不直接受日晒雨淋和环境气候的影响。与架空通风屋面比较，也有一定的优点：上层结构采取整体式混凝土屋面板，比普通的小块板耐久性要好，上下两层结构及防水层更加提高了屋面的防水功能；另外，由于前后都有通风窗，穿堂式的通风更利于空气的对流，提高了屋面的通风散热速度。从不同季节看，夏季间层的空气流动带来自顶端的太阳辐射热能，下部的隔热保温层也能阻断一些太阳辐射热，这样就会较好地保证夏季的隔热效果，冬季下层的保温层又阻断了室内热量的向外传递。

2.2　构造成既吸热又隔热的屋面

构造成在夏季炎热时间阻热，冬季寒冷季节不仅保温、阻止热量外流，而且还吸收太阳辐射热传入室内，这样构思的屋面是比较理想的。

（1）倒置保温蓄水屋面构造：倒置式保温蓄水屋面是倒置保温屋面与蓄水屋面的优化组合构造做法，如图2所示。在结构层之上依次做防水层、保温层及质量重的覆盖材料层，在其上部蓄水，这种做法可以同样保证结构层之上防水层的耐久性质量。同时，由于上部水面的存在使屋面的降温及隔热性能大幅度提高，水的蓄热性和水热传导时间的延迟可以有效阻热。这种做法还可以与雨雪水的回收利用结合起来，从而节省水资源。此种屋面在冬季保温的基础上吸收太阳辐射热，并蓄收室内传出的少数热量；夏季在隔热的同时，水、土吸收蓄积的热量，由于下面保温层的隔断作用而不易传入室内，减少了晚间散热，出现使室内过热的现象。

（2）倒置保温种植屋面构造：倒置保温种植屋面是倒置保温屋面与覆土植草屋面的优化组合，构造做法如图3所示。在结构层之上依次做防水层、保温层、覆土层及植草层。这种构造结合了倒置保温层屋面和覆土植草屋面的做法，把保温层做在防水层上部，使防水层得到保护，防水耐久性大大提高。另外，普通的倒置保温屋面都要在保温层上面做重质覆盖层，而倒置保温种植屋面的覆土层及植草层在隔断太阳辐射的同时，兼顾覆盖层的作用。从不同季节来说，夏季覆土植草层的存在使屋面下层结构不受顶部太阳辐射的影响，土的蓄热性能和绿色植物在光合作用时吸收太阳辐射热，因此，就保证了屋面具有良好的隔热性能；而在冬季，屋面下部室内空间的热量也因保温层所处特殊位置难以向外散发出去，使得屋面的保温性能也有了改善。土的蓄热性能还能吸收太阳辐射热，有利于屋面的热稳定性。在冬季，如果将土层吸收的太阳辐射热通过一定装置导入室内，会成为更理想的保温隔热屋面构造。

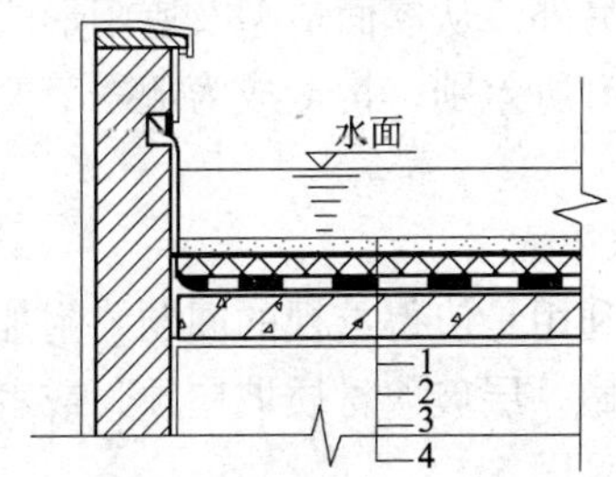

图2 倒置保温蓄水屋面
1—重质材料覆盖层；2—保温层；
3—防水层；4—结构层

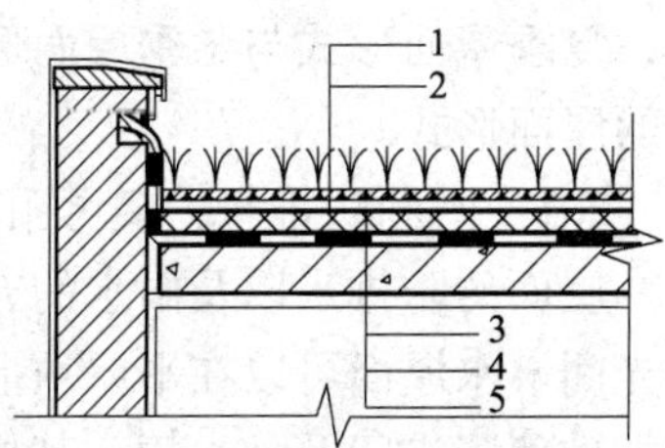

图3 倒置保温种植屋面
1—植草层；2—覆土层；
3—保温层；4—防水层；
5—结构层

（3）倒置保温活动构架遮阳屋面构造：平屋顶和坡屋顶是屋面结构中最常见的两种形式，两者之间的结合或相互转化也是一个需要解决的实际问题，如图4所示。

如果在平屋顶的上部加设一层活动式构架，应根据季节的变化进行相应的调节，根据雨伞原理可以折叠使用，对设置构架进行开启调节。夏季将构架打开，调成倾斜状态，遮阳帘调节可遮挡阳光的封闭状态，这样可有效地遮挡屋面的受热面，阻隔了太阳辐射对屋面的直晒。同时，由构架组成的下部空间就成了阴凉的空气通风间层，起到很好的隔热效果。进入冬季，将构架收拢或只收拢遮阳帘，阳光可以照射在屋面。这样屋面的重质覆盖层可吸收太阳辐射热，起到蓄热的作用，更利于冬季的保温。活动遮阳构架的形式应根据屋面大小及形式设计成独立构架，多个

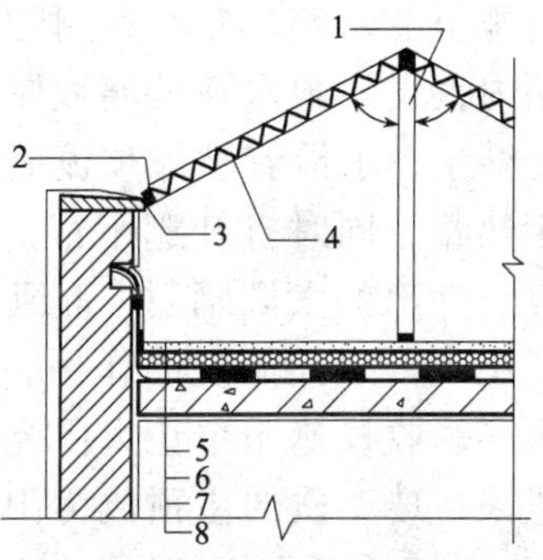

图4 倒置保温活动构架遮阳屋面示意
1—活动构架；2—滑动式连接件；
3—滑动轨道；4—可调节遮阳帘；
5—重质覆盖层；6—高效保温层；
7—防水层；8—结构层

组合构架形式，这样就不会受屋面面积的影响。还有一种形式是在向阳面构架上种植落叶植物，夏季枝叶茂盛可以遮阳，冬季落叶后又可使太阳光透过照射屋面。另外，从屋面造型及遮阳形式看，夏季屋面形式与冬季屋面形式有所差别，构造成为随季节变化的屋面形式。

2.3　既利防排水，又可用雨水屋面

屋面的防排水以及雨水的充分利用是值得重视的问题，附加阳光间淋水屋面可以在平屋顶上部做一层玻璃材质坡屋顶，或者附加玻璃阳光间及贮水箱，其构造见图5。

下雨期间可将雨水进行收集，贮存在贮水箱内。玻璃坡屋顶的存在使得下部平屋顶得到保护，下雨时水不直接与平屋顶接触，而是在通过坡顶向下流动，将雨水汇集到檐沟中，再排至贮水箱。夏季利用贮水箱内收集的雨水在玻璃坡屋面上淋水，水沿着坡屋顶流淌带走热量，同时打开遮阳帘，以隔断外部的太阳辐射，起到降低屋顶内表面温度的作用。进入冬季收拢遮阳帘让太阳光照进来，玻璃质的屋顶成为阳光间，利于冬季屋面的保温。这样，玻璃顶及其下部空间都得到合理、有效的充分利用。这种构造使雨水得到回收并用于屋顶冷却，另外平屋顶上外加的玻璃坡顶有利于排水，减轻了平屋顶的防排水负担。从通风换气方面考虑，可在阳光间的适当部位设置进出风口，夏季打开进出风口，让空气自然流动形成循环状，带走部分热量，而冬季则关闭进出风口，不让热量向外散发。

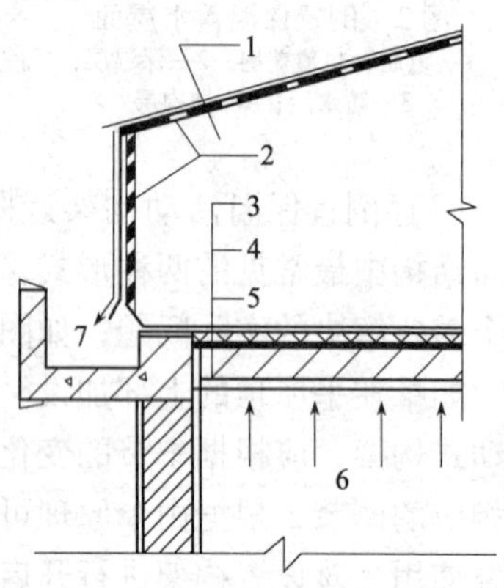

图5　附加阳光间淋水屋面示意
1—可作为阳光间；2—可调节遮阳帘；3—重质材料保护层；4—保温层；5—结构层；6—室内热量；7—流水排入贮水箱

综上所述，屋面构造形式是保温节能的重要环节，通过利用传统的夏热冬冷地区常见构造做法的合理方面，重新优化组合，改进屋面的传统构造做法，提高屋面的保温、隔热双重性能，是改进的方向。随着节能技术的更加深化，应研究应用更新的设计思路和方法，满足节能和改善居住环境条件，实现人与自然的和谐发展，造福社会。

10　胶粉聚苯颗粒浆料外墙外保温防裂施工

为实现绿色建筑促进节能减排，某住宅区建筑外墙外保温采用胶粉聚苯颗粒保温浆料施工。针对外墙外保温容易出现裂缝的状况，采用了胶粉聚苯颗粒保温浆料施工中强化防裂措施。该项目保温系统饰面层主要有涂料和面砖两种：其中，涂料面层胶粉聚苯颗粒保温浆料外墙主要用于二层及以上外墙。由墙体基层向外层次是：界面剂：15mm 厚 1：3 水泥砂浆刮粗糙层，35mm 厚胶粉聚苯颗粒保温浆料，5mm 厚抗裂聚合物水泥砂浆，压入一层耐碱玻纤网格布；专用腻子：水溶性高弹涂料（一底二涂）。面砖饰面层胶粉聚苯颗粒保温浆料外墙，主要用在底层部分，由墙体基层向外层次是：界面剂：15mm 厚 1：3 水泥砂浆刮粗糙层，35mm 厚胶粉聚苯颗粒保温浆料，8mm 厚抗裂聚合物水泥砂浆，压入镀锌钢丝网（保温钉固定，@500mm），专用胶粘剂，粘面砖面层。

为强化外墙外保温的粘结和防裂，根据现场实际，外保温施工应在外墙门窗洞口、外墙水落管、消防梯、入户管线及各种预埋件安装合格后进行。施工环境温度在 5℃ 以上，风力小于 5 级。夏季避免日光直射，必要时采取遮挡防护，雨天不允许施工，必要时要采取防护。

1. 施工工序及准备

（1）施工工序：饰面层为涂料时：墙面基层处理→阴阳角、门窗洞悉灰饼→提前浇水→保温层施工→养护 7d 后抹抗裂砂浆→碱玻纤网格布压入→抹面层抗裂砂浆→养护→涂料饰面层→检查→交验。饰面层为面砖时：墙面基层处理→阴阳角、门窗洞悉灰饼→提前浇水→保温层施工→养护 7d 后钉镀锌钢丝网→保温钉→抹抗裂砂浆→养护→贴饰面砖→检查→交验。

（2）施工准备：施工技术人员必须熟悉设计要求和保温系统技术要点，对操作人员进行技术交底，准备施工机具、垂直和水平运送车、测量仪器及放线工具、抹灰及检查工具等。同时做好材料配置准备，保温砂浆必须用强制式搅拌机拌合时间不少于 180s，要求拌料充分均匀。保温砂浆同水比例为 1∶0.3，拌合后时间不要超过 2h 用完。对于抗裂砂浆搅拌要求同保温砂浆，只是抗裂砂浆用水比例为 1∶0.2。随拌随用也在 2h 内用完。

2. 保温砂浆施工控制

（1）基层墙面处理，基层墙体表面应干净、坚硬、平整、无尘灰、松动、油污、起砂等影响粘结的附着物；若是存在这些现象立即修补处理，对平整度大于 4mm 的凹凸必须处理平整。

对基层砖墙面，在施工前提前浇水湿润，对混凝土梁柱表面用界面剂喷涂处理，检查合格后再进行保温层施工。不同材料接触处要用钢丝网做加强处理。

（2）阴阳护角及洞口灰饼，吊垂直线，找方正，弹厚度控制线、装饰线、伸缩缝线等。按设计的保温层厚度用保温砂浆做标准厚度灰饼，防止产生热桥。同时，根据灰饼做成后的情况，对基层局部用 1∶3 水泥砂浆找平处理，目的是使保温层厚度均匀一致，满足保温要求。墙阳角处、门窗洞口用 1∶2 水泥砂浆抹护角，宽度 100mm，厚度同保温层。

（3）保温浆料层施工。抹胶粉聚苯颗粒保温浆料要分层进行，每层抹的厚度要小于 20mm，第一遍抹完间隔 24h 以后再抹第二遍。如果气候较凉，适当延长间隔时间，第一遍抹厚度 20mm，第二遍一次到位即 15mm 厚度。抹保温浆料顺序自上而下进行，注意第二遍一定要压实，与灰饼平，保证整个墙面平整度、垂直度符合验收规范要求。

（4）为了控制保温砂浆的厚度，防止由于砂浆的厚度相差过多而产生收缩不均的开裂，要求在抹的过程中用 2m 长直尺检查并刮平，误差控制在±4mm以内。对于抹保温砂浆用长杠搓平后泡沫颗粒露出的实际，用铁抹子压抹可以掩盖泡沫颗粒露出的问题。为了保证保温层的收缩和强度，在保温浆料抹完后表面干燥及时洒水养护，保护成品不用水冲和碰撞。养护时间不少于3d。检查保温层凝固干燥后，方进行抗裂砂浆的施工。

3. 抗裂砂浆防护层施工控制

3.1 饰面层为涂料的施工

（1）保温层施工5d后进行抗裂砂浆的施工，在抗裂砂浆施工前先将保温层上浇湿，无明水时再抹抗裂砂浆。抗裂砂浆的厚度为3mm，铺贴耐碱玻纤网格布和分格条。或者在保温砂浆施工完成后，用抗裂砂浆在保温层上直接贴分格条，并局部铺设250mm宽的网格布。

（2）当第一遍抗裂砂浆稍干硬至用手压不上印，即2h左右可涂抹面层2mm厚抗裂砂浆，严格保证防护层砂浆的厚度达到设计要求。耐碱玻纤网格布要固定在抗裂砂浆面层中间略靠外侧，使其充分发挥抗裂作用。

（3）网格布的施工。先把网格布按所需用尺寸裁好，将翘曲环状边用壁纸刀裁齐，在保温层上抹3mm厚度抗裂砂浆，用抹子把网格布搓揉压进浆内，网眼砂浆饱满。网格布铺的方向纵横都可以，在压埋入时一定要绷紧、绷平，弯曲一面朝里，用抹子从中间向两边压平。

网格布铺的纵横方向端搭接长度不小于100mm，边缘不允许干搭接，如果遇到3层以上搭接剪只留两层，并在门窗洞口四周角处沿45°方向加铺一块200mm×300mm网格布加强角部。同时，在阴阳角处增加铺一条200mm宽网格布。门窗洞口的加强网格布先用抗裂砂浆粘贴牢，再进行大面施工。遵循先细部、后整体、大片压小片的工法。

（4）抗裂砂浆施工时对厚度严格控制，两次抹的厚度不要超过5mm，也是减少开裂的措施。抗裂砂浆抹完，凝结后对面层进行养护，表面湿润洒水时间不少于7d。

3.2 饰面层为面砖的施工

(1) 在保温层面上铺设镀锌钢丝网片，镀锌钢丝网铺设方向竖横向都可以，多数竖向铺。在铺设镀锌钢丝网时，必须绷紧压平。横向竖向接槎部位搭接宽度不得小于50mm，搭接处用锚固件固定。当重叠超过3层以上搭接剪去一层只留两层，并在门窗洞口四周角处沿45°方向加铺一块200mm×600mm镀锌钢丝网加强角部，再进行大面积施工。当镀锌钢丝网表面大，每隔500mm×500mm点处加设锚固件一个。

(2) 实际的镀锌钢丝网规格20m×1.0m/卷，实搭接长度50mm则宽幅为0.95m，分为3排锚固，单排锚固间距为47.5cm，确保锚固钉5个/m^2。

(3) 在确定位置用冲击钻或电钻钻孔，用ϕ8的钻头钻孔，锚固件在墙体中的有效锚固深度不小于30mm。用ϕ8的保温螺栓、塑料圆盘直径50mm，每个锚杆抗拉强度标准值≥0.8kN。

(4) 抗裂砂浆设计厚度为8mm，抹后在初凝后浇水养护7d，养护到期后在表面弹分格线，排面砖控制线。面砖粘贴按饰面砖工法进行。

4. 施工过程中质量控制

外墙保温在基层质量验收合格后进行，施工过程中应跟踪检查，隐蔽工程及分项验收按程序进行。墙体节能工程的各类饰面层的基层及面层施工，必须按设计图和现行《建筑装饰装修工程质量验收规范》GB 50210—2002的要求。对进场的所有材料必须检查合格证及检测报告，并按规定由监理见证抽样复试，合格后才能使用。外保温层及饰面层与其交接收口处，应采取密封措施。对保温层及附着基层表面处理，如锚固件、增强网铺设、保温浆料厚度、墙体热桥部位等隐蔽验收要进行，并做好记录和必要资料，并对锚固件进行拉拔试验。每一道工序必须经过检查后确认，才能进行下一工序施工。

5. 细部质量处理改进

(1) 对于结构细部（如变形缝处），传统做法是用1mm厚整体铝板压槽盖缝。如果墙体出现不均匀沉降，这种做法因是整体盖板，会对墙面保温及饰面层产生应力，不利于系统的安全性。为此，宜采取用2块1mm厚不锈钢板相扣作为变形缝的盖板，使系统变化对结构不产生影响，如图1所示。

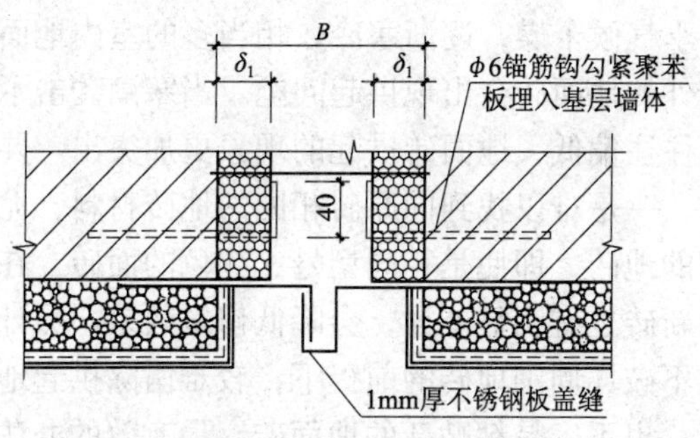

图1　变形缝处理示意

（2）分格条改进处理，分格条做法一般是在第一层抗裂砂浆及网格布粘贴完成后，用抗裂砂浆粘贴分格条，这样做法不利于对保护层总厚度的控制，对系统安全不利。应在保温层完成后，用抗裂砂浆粘贴分格条，并局部铺设250mm宽网格布，即网格布在分格条处粘贴，粘贴宽度50mm，其余部位在抹大面第一层抗裂砂浆及粘贴网格布的同时，使两层网格布搭接，如图2所示。

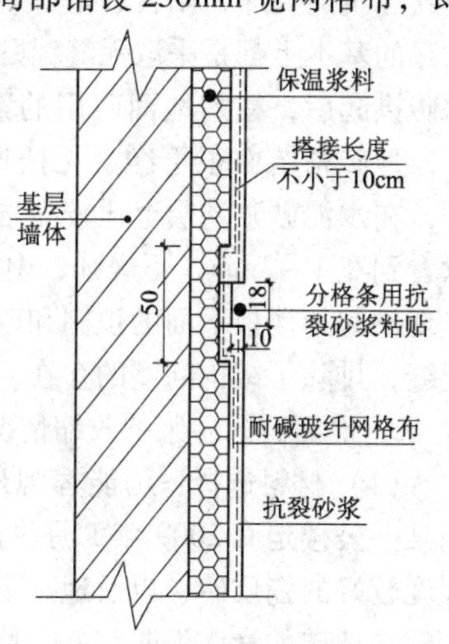

图2　分格条（按立面效果及分格要求）

综上所述，住宅小区外墙外保温采用胶粉聚苯颗粒保温浆料施工，经历了两个冬季的考验未出现明显的龟裂及空鼓，表明做法是合适的。保温系统原材料的质量将直接影响整个保温系统的施工质量，对于工程的所有材料要求按规范进行复试，复试合格后才能使用。由于保温工程是一项严格、完整的技术体系，每一个环节都要按程序严格控制。

11　冬季室内地面砖拱起原因及对策

进入冬季气候干燥，逐渐寒冷，相当多的室内地面砖，尤其是暴露在室外的地面砖会出现拱起问题。当寒潮袭击了广大南方地区，气温往往偏低，地面砖拱起的现象更加突出。要想修复原样十分不易，一是难以找到同原砖相同的地砖材料，尤其是几年以前施工用的地砖，即使是相同型号、颜色的面砖，在自然环境下的旧砖同新砖也有明显差异，会降低修复效果。另外，是铺砌有难度，在不破坏周围地砖的前提下，较难凿除拱起地砖下面的水泥砂浆层，也不容易粘贴新的地面砖，最有效的办法是从源头开始，确保地砖在使用过程中不拱起。

1. 地砖拱起的现象

地面砖拱起现象都是发生在寒冷干燥的冬季，多在夜间出现并伴随着较大的响声。绝大多数出现在住宅室内的客厅大房间，公共建筑的大厅、阳台、走廊等没有取暖设施的干燥较冷部位，拱起的基本上都是采取无缝铺贴，且面积较大的大块地面砖。地面砖拱起后，粘贴地面砖用的素水泥浆结合层与地砖完全脱离开，地砖粘结面很干净、无任何浆，但却与水泥砂浆层粘结牢固，在水泥砂浆基层上比较光洁，砖底面图案清晰可见，但还可以看到宽1～2mm、不规则、中间大两端小的微裂缝。在地面砖出现拱起的楼板下面的顶棚和四周墙体上面，均没有发现明显的裂缝，排除了结构问题的存在。

2. 地面砖同砂浆的收缩情况

（1）材料选择：为能客观地反映地砖起拱的真正原因，采用某办公楼走廊2009年1月拱起的某品牌地砖3块，均为玻化程度较好的瓷质砖，以及地砖下面的水泥砂浆基层碎块3块。表面粘结地砖的素水泥浆完好，修整试块表面，清除污垢及松动颗粒，称重，量其长度。

（2）检测在饱和状态下试块质量及长度：将试块放进沸煮箱沸煮 2h，恒温 3h，取出晾至表干称重，再将试块放入水盆内浸泡在水中，连盆一起放进恒温箱中，使水温在 35℃，6h 取出，量测长度。再将试块连盆一起放进冰箱冷藏室，使水温在 4℃，6h 后量测长度。取出试件晾干表面，放入 -17℃ 冰箱冷冻室 6h 后量其长度。

（3）检测干燥状态下试块质量及长度：将此试件放进烘箱，设定温度 108℃，8h 后取出冷却称重量。放入温度 35℃ 的恒温箱中，6h 后测量其长度；再放入冰箱冷藏室，使温度在 4℃，6h 后量测长度，再放入 -17℃ 冰箱冷冻室 6h 后量其长度；在整个测试过程中要轻拿轻放，试块下垫一干布，防止碰撞试块棱角。

（4）试验检测数值见表 1。

从表 1 中可以看出，瓷质地面砖饱和时的含水率极低，含水率加权平均值仅为 0.15%，而砂浆饱和时的含水率却比较高，含水率加权平均值高达 11.81%。同时，还看出当温度从 35℃ 降至 -17℃时，从饱和下降到很干燥时，地面砖试块的平均收缩率比较小，为 3.60×10^{-4}。由于地面砖的吸水率极小，所以干缩也很小，只占地砖总收缩率的 11.90%，冷缩是总收缩的重要组成部分，达 88.10%；而砂浆试块的平均收缩率比较大，为 1.724×10^{-3}，是地面砖试块的 4.79 倍，其中干缩占总收缩的 57.88%，冷缩占 42.12%，如图 1 所示。

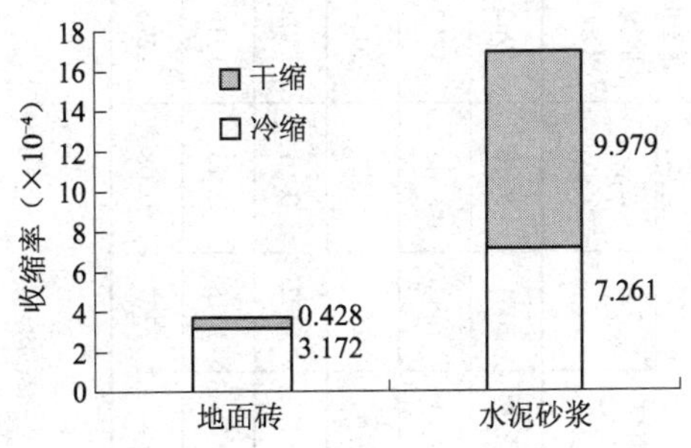

图 1　地面砖试块和水泥砂浆试块的收缩率

试块含水率及测量长度 **表 1**

检验项目	试块取样时		烘干时质量（g）	含水饱和时		取样时长度（mm）	35℃时长度（mm）		4℃时长度（mm）		-17℃时长度（mm）	
	质量（g）	含水率（%）		质量（g）	含水率（%）		饱和	干燥	饱和	干燥	饱和	干燥
砂浆块 A	2061	5.16	1962	2171	10.70	320.05	320.16	319.94	320.06	319.92	319.98	319.84
砂浆块 B	1483	6.47	1393	1598	14.74	302.71	303.03	303.60	302.98	302.60	392.74	302.49
砂浆块 C	2161	5.22	2051	2276	10.92	333.20	333.62	333.22	333.52	333.08	333.30	332.83
地砖 1	1302	0.01	1302	1304	0.15	396.37	396.44	396.43	396.38	396.37	396.32	396.34
地砖 2	1318	0.15	1316	1321	0.23	363.33	362.48	362.40	362.36	362.32	362.32	362.28
地砖 3	1277	0.08	1275	1277	0.08	424.71	424.81	424.79	424.73	242.72	424.68	424.68

3. 地面砖拱起主要原因

（1）干缩和冷缩：由上述试验分析可知，当温度从35℃下降至 -17℃时，含水率从饱和降低到干燥，砂浆试块收缩是地面砖试块收缩的4.79倍，收缩率相差 1.364×10^{-3}，即每1m长砂浆要比地面砖多收缩1.364mm。在寒冷干燥的冬季，尤其是夜晚气温最低时，砂浆基层含水率很低，砂浆收缩比地面砖收缩量大得多，这正是地砖拱起的主要原因。

（2）化学收缩：水泥砂浆在凝结硬化过程中会产生化学收缩，化学收缩量可能超过 6.000×10^{-4}，这种化学硬化收缩使砂浆同地面砖之间产生较大的剪力，这也是地面砖拱起的另一重要原因。

4. 针对地砖起拱采取的对策

（1）铺贴留缝：采取有缝铺贴的方法，尽量使用面积小的地面砖，使砖与水泥砂浆之间的收缩应力得到有效释放。在工程实践及检查中发现，小块地砖很少有拱起质量问题，这是由于对于同一楼地面，铺小块地面砖比铺大块地面砖有更多的缝隙，地面砖之间的挤压应力得到及时消散，所以在铺地面砖时，块与块之间要预留一定宽度的缝隙。缝隙宽窄与地面砖大小、环境最大温差、含水量的最大变化成正比。另外，在夏季铺贴时缝隙应大一些，要预防砂浆的冷缩、干燥收缩和化学收缩变形。而在冬季铺贴时缝隙应小一些，主要是抵消砂浆化学收缩和干燥收缩变形，不能直接用水泥素浆刚度大的材料勾缝，为了外观可以选择与地面砖颜色相近的密封胶或是其他柔性材料填补缝。

（2）尽量减小砂浆的收缩率：素水泥浆的化学收缩比较大，当水泥砂浆硬化后，水泥砂浆与地面砖之间就已经产生较大的剪力。在砂浆中掺入丁苯乳胶的聚合物以及其他类型的减缩剂，可以补偿砂浆的化学收缩，增加砂浆的密实度，减少砂浆吸水性且增加粘结力。在工程检查中发现，地面砖拱起时素水泥浆结合层与地面砖完全脱离，砖底面很干净，而素水泥浆层和下部砂浆基层仍然牢固地粘结为一体，表明脱开的主要原因是砂浆基层收缩量过大而不是砂浆基层与素水泥浆的结合层粘结不牢固，所以砂浆基层的强度可以降低一些，如原1∶4降低至1∶6即可，减少了收缩量过大的隐患。一般是水灰比越大，砂子越细，砂浆的化学收缩量则越大，为此，基层要采用干硬性水泥砂浆，收缩量小，并使用中砂，减少孔隙，增加密实度，降低含水量也就减少了干缩量。粉煤灰水泥的化学收缩和干缩都很小，所以基层结合层中最好用粉煤灰水泥。另外，铺有地面砖的房间冬季要采暖保温，减少砂浆的收缩。

（3）提高砂浆与地面砖的粘结牢固：地砖背面越粗糙，凸凹越深的地面砖与水泥砂浆的粘结力越牢固。要加强早期养护，在水泥浆结合层达到其一定强度前不要上人踩踏，确保此期间有静置的粘结强度。地面砖拱起破坏都是素水泥浆结合层与地面砖粘结不牢固造成的。为了增大地砖与素水泥浆的粘结力，在地砖的背面满涂1mm厚度聚合物乳液，或者环氧乳液为基料的瓷砖胶粘剂，代替素水泥浆结合层效果肯定好，但价格也会上去。

综上浅要分析，地砖拱起是常见的质量问题，主要是由于粘结砂浆在凝结硬化过程中发生化学收缩，在寒冷干燥冬季又要产生较大的干缩和冷缩，造成砂浆基层与地面砖之间产生较大应力。若这种应力得不到释放，地面砖就会拱起。出现这种现象时修复比较困难，最好的办法是提前预防，不要出现起拱。采取的预防措施是：砖块之间不要挤紧而要留有适当的缝隙；选择小块地砖比大块好，实践表明，1.0m×1.0m地砖最容易空鼓；选择中砂不用细砂，而且用干硬性砂浆，减少用水量，并在砂浆中掺入减缩剂，防止干缩量过大；地砖选择背面粗糙、凸凹纹深的，粘结力强。加强养护也是一个重要环节。

12　外墙保温系统应用中存在的问题及对策

现在比较成熟的外墙外保温材料与技术主要是：膨胀聚苯乙烯泡沫塑料板薄抹灰外保温系统；胶粉聚苯颗粒保温浆料外墙外保温系统；现浇混凝土模板内置保温板外保温系统；外墙干挂保

温装饰板外保温系统等。针对目前建筑市场使用最多的聚苯乙烯泡沫塑料板薄抹灰外保温系统和胶粉聚苯颗粒保温浆料外墙外保温系统，在施工应用中存在开裂及渗漏质量问题进行分析探讨，并在总结成功应用基础上提出防治措施。

1. 外墙外保温存在的主要问题

（1）保温材料质量不稳定：聚苯乙烯泡沫塑料板材缺陷，如密度低、易老化变形、在运输中挤压碰撞损伤、腻子韧性差、不耐水、胶结不牢固、耐候性差、耐碱网格布质量不达标、抗拉强度低等。聚苯颗粒材料是由再生废料加工制成，颗粒大小不一，存在粉末甚至夹杂木屑、泥块、小石子等。这些系统中材料质量不符合合格要求问题，会造成保温系统的整体质量不稳定。

（2）施工操作不规范影响系统质量：建筑企业发展过快且对操作人员未进行培训，对外保温系统与工艺过程并不熟悉仍在摸索阶段，虽然技术规程颁布实施几年了，未必了解其真正技术措施和控制要领。在不同建筑物立面构造处理效果不同，工程质量和保温效果会存在较大差异。如果对墙面基层残浆、油污不彻底清除，个别部位因撞击损伤未修补处理，表面存在明显不平整就涂刷界面剂或保温砂浆，以至粘结及抗渗性能大打折扣。有的施工人员不了解材料与热工性能，在房屋两端施工时，将保温砂浆同时抹在保温板与女儿墙的结构屋面上。由于两种不同材质在基层上热工性能及膨胀系数不同，当受到环境气候影响所产生的收缩变形不同，从而使面层砂浆在粘结界面处产生应力收缩开裂，不仅产生渗漏而且更影响保温效果。

（3）设计原因造成的保温和渗漏：设计方面主要是考虑不周到，用户改变使用功能而影响到保温效果，甚至产生渗漏问题。现在在对外墙保温系统设计时，常会忽视门窗洞口外侧女儿墙、檐口及封闭阳台的热桥部位。对该处密封和防水构造处理要求未明确且不详细说明，有的重要部位无构造详图，仅在图上注明按某图集和某规范施工。有的将涂料饰面系统抹灰层中的分格缝遗忘或留置不恰当；有些则对消防梯、落水管、通信网络、空调、电气等各种管线的位置，预埋件尺寸要求未作详细设计和规定；有的用户在外保温系统做成后，由于自行改变使用功能而使预留洞位置作废，重新凿洞、增加预埋件等，保温差和渗漏不可避免。

（4）基层和防护层处理欠佳：基层是墙体保温系统的可靠保证，基础有缺陷必然会增加面层的空鼓、开裂，严重时会脱落。究其原因主要是基层表面平整度差，外保温施工前对允许偏差未进行检查，同时也未进行认真处理或虽然处理也不合格。由抹灰砂浆和耐碱玻纤维布构成的防护层对整个保温系统的抗裂性能起重要作用。作为系统中网格布的效果一方面增加拉伸强度，另一方面能够分散应力，达到增加抗裂作用。施工时直接使用了普通水泥砂浆做防护层，或者虽采用了聚合物改性抗裂砂浆，但柔韧性达不到自然环境的要求，或是抗裂砂浆层局部过厚，耐碱玻璃纤维网格布性能达不到要求，则保温隔热层墙面的开裂是不可避免的。因此，基层墙体的处理质量、防护层施工水平高低，对整个保温系统的耐久性极其重要。

2. 保温系统质量问题对策

（1）切实做好保温工程设计：① 对保温墙体设计要结合工程特点及需要，确定保温系统。当选择材料系统确定后，要根据技术要求和相应标准提出要求，不能自行更改系统的材料组成和构造措施。② 外保温系统设计的重点包括门窗外框洞口、女儿墙及封闭阳台、各种进出房屋管道及连接件、预埋件细部处理，主要是热桥问题处理。③ 如果采用了薄抹灰系统时，其保护层厚度应该在 3 ~ 6mm，表面保护层厚度应在 25 ~ 30mm，过薄或超厚都是不利于耐久性，而且极容易造成裂缝产生。④ 处理好外保温系统的防水构造设计，使雨、雪水不会通过缝隙进入保温层内，重要细部要有构造详图。⑤ 对于建筑物水平面、出挑部分、檐口及延伸到地面以下部分要做防水处理，除节点外还要有详图。在设计中综合考虑使用功能，一旦系统设计和施工后就不能随便在保温材料上打洞钻孔，敲击安装损伤造成保温系统局部防水失效，影响整个保温功能。

（2）材料与产品质量关必须认真把好：建筑施工企业对所用的各种原材料、半成品和成品的品质及性能指标必须要符合设计和相应质量标准要求。施工企业在原材料进场与施工过程中都必须按照相关标准进行检查验收，确保进场材料达到使用标准，不合格产品绝不准进入现场。当材料进入现场后，按照检验或复检规定，由监理工程师首先进行检查验收，主要是各种检测报告及合格证件，同时按复检规定见证取样，送至指定的检验机构检测，其中有一个检验项目不合格则产品不能用于工程。保温系统检查的材料很多，除主材苯板外，对其他材料也必须进行检查，主要包括：界面剂、复合保温砂浆、抗裂砂浆、网格布、钢丝网、锚固件、勾缝柔性材料等。对保温砂浆的外观也要检查，抽取一袋人工拌合检查其湿体积和稠度、和易性是否符合施工要求，保证系统材料达到质量要求。

（3）严格按施工工艺要求进行过程控制：建筑房屋外墙外保温的施工在北方地区有 10 多年时间，有些地区应用较晚，仍属于比较新的材料、工艺和技术。因此，对操作工人的技能培训、工艺演习、材料性能和工艺解析十分重要，绝不可忽略。如保温砂浆与习惯用传统水泥砂浆、混合砂浆工艺相比，其操作程序、工艺要求更严，关键部位及环节要求更高。如对伸出墙面的爬梯、水落管、各种进出管线和空调设备的预埋连接件，在全部安装完成后，必须按照保温层厚度预留出空隙和高度；对屋面各种预留孔洞及出屋面管线，提前处理到位。尤其对女儿墙及屋檐处，更应认真按大样详图处理。

在选用密封胶时，各项性能指标必须符合 GB/T 16776 的相关规定，因此对材料必须进行试验，避免产生不相容性，影响耐久性；在工艺上必须科学、合理，对无挑檐泛水女儿墙的保温做法宜参考《既有建筑节能改造（一）》06J 908-7 中第 19 页节点 4 的做法，见图 1。对带挑檐泛水女儿墙的保温做法，可参考《既有建筑节能改造（一）》06J 908-7 中第 20 页节点 2 的做法，见图 2。

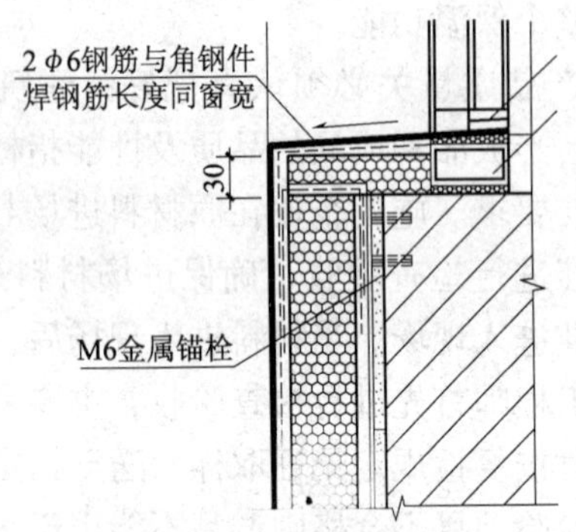

图1　不带挑檐的窗台保温节点

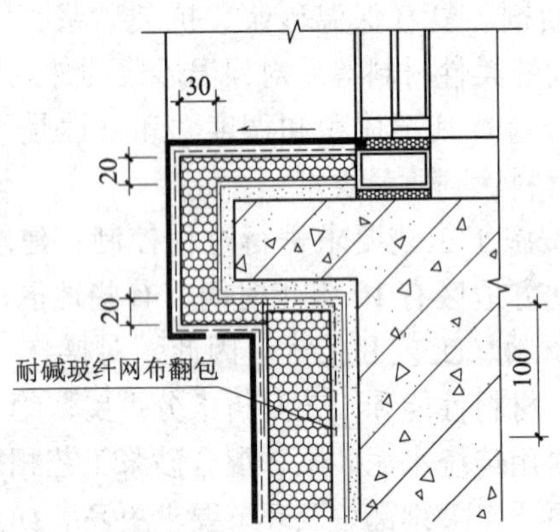

图2　带挑檐的窗台保温节点

另外，保温板上的密封胶要涂抹在边面的3个边，即上边和两侧边，下边不涂抹的施工效果优于涂抹在保温板缝的做法，密封胶的涂抹宽度一般在50mm以上才能保证粘结质量。

（4）玻璃纤维网格布的施工：现在所有外墙外保温面层的开裂现象比较普遍，其原因主要还是与材料质量、施工工艺过程控制、操作人员技能素质密切相关。由于现阶段对保温墙面层材料的设计措施，主要是采用抗裂砂浆、耐碱玻璃纤维网格布、饰面层用耐水腻子及专用涂料。保温板的安装固定材料主要是塑料锚栓和胶粘剂等。

在工艺上导致裂缝的主要原因是在耐碱玻璃纤维网格布的施工质量控制不到位上。现在施工的常规做法是，先把网格布用少许砂浆点贴在保温板上，待网格布固定到位后再抹面层抗裂砂浆。由于面层砂浆厚度不超过 6mm，抹压施工一次成活，在人工操作时往往容易将网格布挤压在抗裂砂浆的最下面，而不是砂浆的中间或表面层，这样就无法保证表面不开裂。在自然环境温度变化下产生开裂、渗漏水，则保温功能及耐久性大大降低。在人工抹灰时，要改变先贴网格布再抹灰的工艺顺序，而应该是在基层处理合适后先抹一层 3mm 厚度抗裂砂浆，随即用铁抹子把网格布压进底层砂浆表面，再接着抹 3mm 左右面层，这样分两次抹可以有效保证网格布在抗裂砂浆中间，真正起到设计意图，达到抗裂作用，使面层不裂或少裂，才能确保保温效果和使用耐久性。

六、建筑电气设计施工控制

1 建筑工程中电气节能设计的措施

国家加大力度建设节约型社会，相关部门也出台了关于节省能源的要求，需要各行各业尤其是建筑设计人员，注重运用经济分析和评价方法，做好建筑电气节能设计，优化节能技术措施和策略，提高建筑工程的经济性和实用性。

1. 建筑工程电气节能的一般原则

（1）建筑工程电气节能的原则是必须满足房屋的使用功能。这些功能主要包括满足照明的亮度、色温、显色指数；满足舒适性空调的温度及进风量；满足办公场所的现代化电气设施的正常运行；满足使用范围内通道的畅通无阻；同时，还要满足特殊工艺要求，如娱乐场所的游乐设备设施用电、展厅的艺术照明及动力安全用电等。

（2）考虑其经济效益的合理性。节能要考虑当地经济条件，不能因为节能而过多地在资金上进行投入，而是要让该部分增加的投入尽可能在短时间内用节能减少的费用回收。

（3）节省无谓消耗的能量。节能的重点应在节省无谓消耗的能量上，先找出哪些地方的能量消耗与建筑物使用功能无关，再考虑采取相应的技术措施。例如：变压器的功率损耗，传输电能线路的功率损耗也属于无用的能量消耗；量大面广的各种照明，采用先进技术成果使得能耗降低。节能的技术措施应该是经济、实用及技术先进的原则。

2. 电气线路的节能措施

建筑电气节能在供配电系统中的电动机、变压器、灯具及镇流器，还有家用电器都具有电感性，会产生滞后的无功电能，并从系统中经过高低压线路，再传输到用电设备末端，无形中又增加了线路的功率损耗。这些正常使用过程中的损耗，可采取措施降低这部分损耗。例如，在设计时尽量采取功率因数较高的用电设备，如同步电动机等。电感性用电设备可以选择有补偿电容器的用电设备，如配备电容补偿器的荧光灯；用静电电容器进行无功补偿。电容器产生的超前无功电流，可以抵消用电设备的滞后无功电流，从而达到提高功率因数，同时又减少整体无功电流的作用。

对于供输电线路来说，应考虑减少线路损耗的方面是：尽可能选择用电阻力较小的导线；线路走向尽量直线、不拐弯，在低压配电中尽量不走回头路，变电所要靠近负荷中心，减小供电半径；增大导线截面面积，当线路过长时在满足载流量、热稳定和保护配合电压降要求前提下，选择电线截面积时应加大 1 级，虽然增加了线路费用，但因节省能耗而减少了运行费用；在输送功率不变的情况下，因电能损耗与电流强度的平方成正比，而与运行电压的平方成反比，因此在额定电压允许的波动幅度内，适当提高运行电压，这样可有效降低线路的电能损耗。

3. 变压器的节能措施

变压器的主要电损耗有两个部分：一个是与负荷无关的空载，另一个是与负载成平方比的负荷损失。与负荷无关的空载损失，当变压器空载时，空载电流 I_0 很小，在线的绕组过程中引起的铜损失 P_{cu} 可以不计，而空载损失 p_0 可以看作与铁损 P_{fe} 相当。而铁损失由磁滞留损失与涡流损耗组成，这两项损失近似与一次线路电压 U_1 的平方成正比，只要运行一次电压不变，则铁的损失不变；而另一个与负载成平方比的负荷损失，即当变压器有载时除了固定铁损失外，还存在由于电流通过 1 次和 2 次线圈的电阻损耗，也就是铜耗 P_{cu} 在不同负载条件下，变压器的总损耗为 P_{cu} 与 P_{fe} 之和。在此，变压器的有功功率损耗用下式来表示：

$$\triangle P = P_0 = \beta^2 P_k$$

式中　$\triangle P$——为变压器的有功损耗；

P_0——为变压器的空载损耗；

P_k——为变压器的短路损耗；

β——为变压器的负载率。

（1）要降低变压器的空载损耗。P_0 作为变压器的空载损耗，又称作铁损，是由铁芯的涡流损耗及漏磁损耗而组成，其值与铁芯材料和铁芯加工制造工艺有关，而与负荷大小无关，所以变压器要选择节能型的油浸变压器，或者干式变压器较好。由于它们都是采用优质冷轧取向硅钢片，因“取向”处理时硅钢片的磁畴方向接近一致，以减少铁芯的涡流损耗，5°全斜接缝结构使接缝密合性好而减少漏磁的损耗。

（2）降低负荷损耗。P_k 是变压器额定负载传输的损耗，也称为变压器线损，其值取决于变压器绕组的电阻及流过绕组电流的大小，对此要认真选用阻值较小的绕组，最佳的是铜芯变压器等。

（3）优化选择最佳负荷率。根据公式 $\beta = S/S_N$，S_N 为变压器额定容量，S 为变压器运行中的实际容量，$\beta^2 P_k$ 为要用微分求其极值时，在 $\beta = 50\%$ 时每千瓦的负荷。此时，变压器的能耗最小。但是，$\beta = 50\%$ 负荷率时仅减少变压器的线损，并不能减少变压器的铁损耗，由此可见并不节能。综合多种因素考虑，还要考虑变压器在使用期内预留一些余量，变压器选择最经济、节能的，运行的负荷率在 80% ~90% 较合适。

（4）优化变压器的运行方式。也就是对负荷进行合理配置，选择容量与电力负荷相匹配的变压器，使之工作在高效低耗区段，同一变电站的变压器尽量并联运行，根据负荷的变化调整并联运行的变压器台数。同时，还要对控制各种非线性用电设备所产生的高次谐波，降低高次谐波值，减少变压器及电动机线路的损耗，还要降低变压器运行环境温度，3 相负荷平均和合理选择变压器的连接方式等。

4. 供配电系统的节能措施

切实采取提高系统的运行电压和功率因数，减少无功功率及导线运行的电阻，降低供配电系统线路损耗极其重要。节能的技术措施从下述几个方面入手：

（1）要按照负荷容量、供电分布及距离远近、用电设备等特点，优化设计供配电系统及合适的供电电压。供配电系统应当简单可靠，同一电压供电系统变配电级数不要多于两级。

（2）变电所位置应尽量安排在负荷中心，以缩短配电半径，减少线路损耗；电力用户内部的变电所之间，要敷设联络线，根据负荷情况可以切除部分变压器，也减少了线损耗量。

（3）要降低线路的电阻。线路的截面选择要适应国际通用标准，宜使用 IEC287-3-2/1995 电力电缆截面的经济最佳化，按经济电流密度法合理选用导线截面，减少线损。另外，对于环形供电形式，为降低线路的电阻值，把开式网运行改为闭式网运行，同样可以降低线路损耗。

（4）在传输方式上可以采取提高电压等级的措施，通过计算可知，当电压提高 10%，线路损失可以降低 17% 左右，因此提高电压传输方法是降低线损的重要措施。

（5）还可以利用提高功率因数减少电能的损耗。线路上的损耗与用电方的功率因数二次方成反比，因而提高功率因数也是降低线路损耗的又一有效途径。提高了功率因数，可以合理选择用电设备容量，装设并联补偿电容器方面考虑。

5. 电动机动力系统的节能措施

要降低电动机电能损耗的技术措施，主要是提高电动机的工作效率和功率因数。在多层及高层建筑可使用的电梯、水泵及消防系统电机，风机及电气设备运行所产生的用电量，会占公摊费的 1/2 左右。这部分电动机的节能十分重要，设计要选择用高效节能型电动机，例如 YX 系列高效电动机，要比 Y 系列电动机效率高约 3% 以上。

优化设计就是根据实际负荷需要选择电动机。而电动机的功率指标是在额定负载运行下的数值，在非额定负载运行下其数值要比额定值时低。当电动机在负载率为75%～100%之间，运行效率是最高的。一般情况下，选用电动机额定功率要比负载实际功率大10%为宜。当电动机的平均负载达到70%以上时，电动机的效率与额定效率相当，可以认为容量适宜。而当电动机的平均负载达到45%～70%时，电动机的效率与额定效率略为低，要经过计算才能确定是否把容量减小些。当电动机的平均负载达到25%～40%时，要选择容量相当的电动机，或者将电动机绕组由△接法改为Y接法，负载率低不仅效率低而且会降低功率因数。解决的主要技术措施是：

（1）选用高效率的电动机。也就是要提高电动机的效率和功率，这是减少电能损耗的重要方法。与普通电动机相比，高效电动机的效率要高5%以上，平均功率因数高7%～9%，而总耗损少达到20%～30%，因而具有一定的节能效果。在优化设计或是技术改造项目中，要选择Y、YZ、YZR等系列高效率电动机，达到节省电力的目的。同样，由于新产品电机价格比普通电机要高出30%左右，因而在采用时考虑到资金回收时间，也就是在短期内靠节省电费收回多付出的设备费用。在符合以下条件时可选择用高效电机；即负载率在0.6以上时；每年连续运行时间在3000h以上时；电机运行无频繁停启，如风机水泵等轻载运行；单机容量大。

（2）选择交流变频调速装置。应当推广交流电机调速节电技术，是当前节省电能的主要措施。采用变频调速装置可达到电机在负载下降时；自动调节转速，从而与负载的变化相适应，提高电机在轻载时的效率而节能。现在用普通晶闸管、GTR大功率晶体管、GTO门极可关断开关、IGBT绝缘门双极晶体管等，电力电子器件组成的静止变频器，对异步电动机进行调速已经广泛使用。变频调速是通过电子元件组成的变频器及相应的辅助装置，改变电动机输入电压和频率，以实现电机的调速。同其他方法相比，变频调速具有自身损耗少、效率高和调速精度高的优点，通过微机还可以进行闭环自动控制，是现在较好的调速方法，尤其适用于高层建筑中水泵、风机和电梯电动机的调速控制用。

提高自控技术尽量减少交流电机的启动、制动次数也是降低损耗节省电能的方法之一。由于电动机在启动时会产生制动能耗，采取自控技术监视电气设施及消防水箱水位，合理、科学地控制电机启动台数和相隔时间也是节省电能的有效措施。

6. 照明系统的节能措施

6.1 对于照明系统的优化节能设计

优化节能设计是在确保不降低照度的前提下，力求减少照明系统中电能的损失，最大限度地利用光能。照明系统的节能措施是：

（1）充分利用自然光，这是照明节能的最好方法，节省了电力照明的消耗。

（2）选择用高效光源，现行的设计规范规定了各种场所的照度标准、视觉要求及照明功率密度。照明标准不允许任意更动，需要采取技术措施加以控制，而光源的效率与电力消耗相关，要在满足照明亮度的前提下，一般场所应优先采用高效发光的荧光灯及紧凑型荧光灯，如生产车间、厂房及体育场馆室外照明，宜采用高压钠灯、金属卤化物灯等高效气体放电光源。

（3）选择低能耗性能优异的光源电附件，例如电子镇流器、节能型电感镇流器、电子触发器及电子变压器等产品，公共建筑场所内用的荧光灯优先使用带有无功补偿的灯具，紧凑型荧光灯优先选用电子镇流器，气体放电灯宜使用电子触发器。

（4）采取合理的控制方法，充分利用天然光的照度变化，决定电灯照明亮度范围，实现照明分区控制和增加照明开关部位，改变全开的不良习惯，在需要的时间和部位提供所需照度，也是节能的一个方面。

（5）采用各种类型地节能开关，如旅馆客房设置节能控制总开关，对居住住宅楼梯间可天然采光及房间走廊，除必须应急照明外，安装节能自熄开关。公共场所的室外照明，可以集中遥控管理或装自动控光设施。

6.2 提高供配电系统功率因数

提高系统的功率因数可以减少线路无功功率的损耗，达到节能的要求。具体方法有：

(1) 减少用电设备无功损耗，提高用电设备功率因数，用功率因数高的设备（如同步电机）、电感性用电设备（如有补偿电容器荧光灯等）。

(2) 用静电电容器无功补偿，电容器可产生超前无功电流抵消用电设备滞后无功电流达到提高功率因数，又减少整体无功电流。工程中采取分散就地补偿和高低压柜集中补偿的方式。

综上所述，供配电、变压器及电动机、照明系统，都存在较大的节能潜力。为达到节能目标，电气设计和施工通过科学优化设计，采用先进技术和设备，是可以达到节省电能损耗的。

2 住宅建筑电气节能设计方法及措施

建筑电气工程的节能存在巨大的潜力，不仅可以缓解电力供应不足，确保经济的健康有序发展，又能保护环境，而且经济效益显著。按照国家提出的“中国绿色照明工程”的要求，建筑工程照明成为节能不可忽视的重要方面。节电是在确保照度满足需求的前提下，应用高效节能照明器具，提高电能利用率，实现节省用电。下面就使用照度、改造线路、光电源灯具布置、照明控制及维修管理方面，结合某住宅电气工程实例，对建筑电气节能进行分析探讨。

根据现行国家标准《建筑照明设计标准》GB 50034—2004中规定为100-150-200lx，见表1。

住宅建筑照明度设计标准值　　表1

类　　别	参考平面及高度	照度标准值（lx）		
		高	中	低
一般活动区（起居室）	0.75m 水平面	50	30	20
书写、阅读（起居室、卧室）	0.75m 水平面	300	200	150
床头阅读（卧室）	0.75m 水平面	150	100	75
精细作业（卧室）	0.75m 水平面	500	300	200
餐厅、厨房	0.75m 水平面	50	30	20
卫生间	0.75m 水平面	20	15	10
楼梯间	地面	15	10	5

建筑住宅照明设计应追求实用，避免形式，规定的照度范围值必须切实有效才能对节能有利。室内用途不同的房间，照度需求有较大差别。若对现有房屋进行改造时，应根据不同的环境和用途确定不同的照度。照度过大或过小，不仅浪费电能而且对眼睛有害，并给生活带来不便。在满足正常照度需要下节省电力，并考虑：

（1）房间平面尺寸及形状。一般房间的面积越小，利用系数越低；相反，则越大。建筑物的尺寸及形状对节能有较大的影响。

（2）室内装饰色彩。室内用白色或浅色饰面，加大光的反射，提高光的利用率。当采用漫射型灯具时，工作面上的照度有近1/2由墙、顶棚相互反射提供。若采用深色装饰，光线大部分被吸收，照明度大大降低。

（3）充分利用天然光。设计考虑尽量减少白天使用人工照明，而利用天然采光，要求建筑物开窗面积应满足要求。灯具布置和控制要与窗户平行，在阴天时只需开启室内照明度不足位置的灯具即可。

1. 照明方式的确定

室内照明方式选择应适当，其照明方式分为一般照明、局部照明和混合照明三种方式。当一种光源不能满足使用需求时，可以采用两种以上光源混合照明的方式，这样提高了光照效率又改善了显色性能。

现在国内照度的标准等级是按照视觉作业观察对象的尺寸大小确定。在高照度等级内，同一等级可以使用不同的照明方式。其照度标准也不同，混合照明方式照度标准定为750-1000-1500lx。混合照明度中的一般照明取照度值的5%～15%。也就是取100-150-200lx，因为用混合照明比较节能。即在照度要求很高时，不宜采用一般照明方式，而应增加局部照明。为了节省能源采用单独一般照明方式时，照度≤300lx。许多场所都采取局部照明，其特点是工作面大或是工件尺寸大，要求照度高。如果无法采取局部照明时，可采用一般照明低挂的方式，节能也可达到使用照度。

最好是一般照明和局部照明相结合。对于大空间，可在上部高处设一般照明墙壁安投光灯或壁灯照明，比单独设一般照明方式要节省能量。

2. 电线电缆选择

电线和电缆都存在电阻，当电流流动时不可避免地产生线路损耗，即产生有功功率的损耗且照明线路上的损耗约占输入电能的4%。影响到照明线路上损耗的主要因素是供电方式和导线的截面积。按照三相线路，有功功率损耗由下式表示：

$$\triangle P_{i,j}=3I_{i,j}^{2}R^{3}$$

式中 $\triangle P_{i,j}$——为有功功率损耗，kW；

R——为每相线路电阻，kW；

$I_{i,j}$——为计算相电流，A。

例如，在 $L=10$m 的 BV-3×2.5 的铜芯导线上传输功率为 2kW，$\cos\varphi=0.8$ 的电能，其有功损耗值由以下步骤算出：

$$I_{i,j}=P/U\cos\varphi=2\times10^{3}/220\times0.8=11.36\text{A}$$

芯线60℃的2.5mm^2 铜芯线每千米的交流电阻 R_0 为8.36Ω：

$$\triangle P_{i,j}=I_{i,j}^{2}R_{0}\times10^{-3}=11.36^{2}\times8.36\times10^{-3}=0.0108\text{kW}$$

同样条件下当采用铝芯导线时，铝芯线 R_0 为 13.419Ω：

$$\triangle P_{i,j}=I_{i,j}^2\times R_0\times10^{-3}=(11.36)^2\times13.419\times10^{-3}=0.0173\text{kW}$$

从上述的分析计算可以看出，同等截面铜芯每 10m 线路损耗约为 10W，而铝芯约为 20W。在一项工程中电线电缆的使用量是极其可观的，尤其是大型现代化工业设施线路纵横交错，其线路上总有功损耗是比较大的，所以各类电气线路损耗对于节省电能是一项必须重视的现实问题。因为在使用过程中线路上的电流是不能变化的，要想减少线路损耗就要减少电阻 R。但是 $R=PL/S$ 即是线路电阻与电阻力 P 长度 L 成正比，与截面积 S 成反比。因此，减少线路的电耗应从下面两点入手：

（1）对导线截面的选择。导线截面较大就会减少电阻，也减少了线路损耗，但是也存在面积过大而带来的费用加大 M，因节省能耗而省的年运行费为 m 时，则 M/m 为回收年限；若回收年限为半年或一年，要加大一级导线截面积。如导线截面 $<70\text{mm}^2$，线路长度超过 100m，增加一级导线截面积容易实现上述要求。另外，利用季节性负荷的线路这些用户不用时，可提供给长期用户作供电线路费用，以减少线路和电阻。

（2）采用电导率小的材质做导线，尤其是 20 世纪 90 年代以前的既有建筑，照明线路用铝芯导线的最多，截面小，电阻大，电能损耗大，改造时用铜芯导线较好。同时，在设计线路时尽量走直线，弯曲线路要少，减少了导线长度，也就减少了线路损耗。

3. 电光源优化选择

电光源的合理选择是节能的基本要求，但光源和节能关键是其发光效率。在长时间内各种建筑物的照明绝对用的是白炽灯，由电能转化为光能的转化率仅为 5% 左右。荧光灯的光效是白炽灯的 4 倍，而紧凑型荧光灯的光效又比普通荧光灯提高了约 20%，显色指数达到 80% 以上，且体积小但寿命长达到 1 万小时左右。在光源的选择上，紧凑型荧光灯的产品应该是首先采取的。特别是外形为细管型，如直径 26mm 的荧光灯和紧凑型高效节能荧光灯，其效果肯定更好，要比普通型直径38mm荧光灯节省15%。住宅常用照明光源技术参数见表2。

住宅常用照明光源技术参数表　　表2

光源种类及性能	白炽灯	荧光灯		紧凑型高效荧光灯
		细管	粗管	
功率范围（W）	10~1000	18~36	6~100	5~40
发光效率（Lm/W）	7.3~18/6	58.3~83.3	26.7~57.1	35~81.9
色度（K）	2400~2950	4100~6200	2900~6500	2700~6400
显色指数（Ra）	95~99	70~80	70~80	80
平均寿命（h）	1000	8000	1500~5000	1000~6000

4. 优选使用高效节能灯具

电光源选择后，应根据照明场所的实际需要再优选照明灯具。对于保证正常使用和节省用电量十分重要。对此，在照明线路设计中，注重控光效果好、效率高的灯具，注意灯具的配光曲线。灯具的配光曲率对节能影响较大。若灯具未进行优选，效率过低时，会使能量受到巨大损失，高达40%左右。

建筑照明在过去传统型常采用电感镇流器，其缺点是噪声大，频闪，功率损耗高。现在随着绿色照明的提倡和推进，普通型电感镇流器会逐渐退出建筑市场，用节能型镇流器取代。市场上有两种镇流器，即电子镇流器和节能型镇流器，这两种镇流器各有特色。①电子镇流器的优点是：功率低，启动快，功率因数高。但缺点是受到元器件质量的影响，尤其是功率大的开关三极管和电容器质量的影响，可靠性和稳定性不是很好，使用寿命不易控制。②节能型电感镇流器的优点：节能和功率因数高，可靠性高，寿命长，价格适中，无电磁干扰及谐波污染。其不足之处是节能型电感镇流器仍存在频闪和噪声问题，如何防止镇流器过热问题还需要解决。各种荧光灯镇流器的性能见表3。

不同荧光灯镇流器的性能表　　表3

名称及内容	36/40W 传统电感镇流器	36/40W 国产电子镇流器	36/40W 节能电感镇流器
自身功耗（W）	9	<3.5	<4 – 5.5
光效比	0.95 ~ 0.98	1.10	1.50
功率因数	0.4 ~ 0.6	0.92 ~ 0.99	0.9 ~ 0.98
可靠性	较高	一般	很高
重量比	1	0.3 ~ 0.4	1.02 ~ 1.05
使用寿命（h）	30000	10000	60000

同时，还要优化选择电灯控制开关。住宅照明设计的控制方式对照明节能同样重要。现在的照明控制方式及各种类型的节电开关也不少，如单灯控制、多灯控制、双控开关控制、声光控延时开关、光电自动控制器、节电控制器等。在这些控制方式中，首先选择应用方便，方便了也就省事，省事的控制就节能。

上述主要从几个方面分析、探讨了建筑住宅工程中，电气节能几个方面的控制方法和措施。只要设计人员努力从电气工程的各细节入手，努力利用现在电气优化节能材料，合理布置线路和利用节能电气设备及材料，就能减少支出和资源总量的消耗，为保护环境和促进社会的持续发展作出努力。

3　建筑电气设计与施工质量管理控制

电气工程在现代建筑中占有重要的地位，但电气工程因设计、材料及设备原因造成的质量问题也不少见。据统计，全国由设计原因引起的工程质量事故占 40.1%，施工原因引起的占 29.3%，设备材料质量原因引起的占 30.6%，电气工程也是同样。而工程监督监理对施工过程中的质量控制，根据施工及验收规范把好关是极其重要的。

1. 电气设计影响质量的问题

电气工程影响设计质量的问题主要包括安全性、适用性、可靠性及可维修等方面，对常见问题探讨分析如下。

1.1　设计未遵守规范要求设计

在查看电气工程施工图时，经常会发现未作电气保护接地及等电位联结设计，错误地采用 TN-C 低压配电系统，这样进行设计完全违背了规范的安全性要求，若是按图施工会留下严重的安全隐患。

建筑的低压配电线路截面选择问题，由于办公室一般会设置在厂房内为单相负荷，三相负荷不平衡时必然导致中线通过不平衡电流。现在电脑已经普及，低压电网高次谐波污染日趋严重，3 次及奇倍数谐波均构成中性电流。中线过电流并由此诱发电气火灾的现象日益增多。对此相关设计规范已规定，“用 3 相 4 线或 2 相 3 线的配电线路中，当用电负荷大部分为单相负荷时，其 N 线或 PEN 线截面不宜小于相线截面；以气体放电灯为主要负荷的回路中，N 线截面不应小于相线截面”。由此可见，建筑配电系统的干线、支干线及支线的导线截面原则上，均应选择 N 线或 PEN 线截面与相线截面相同合理。

对于变配电所位置的设置，相应的设计规范明确要求要考虑“设备运输及吊装的方便”，这是保证安全适用性及确保维修的安全要求。钢筋混凝土框架结构合理使用周期均大于 50 年，而变配电设备的使用寿命仅 20 年左右，甚至时间更短，定期或出现故障维修的时间不定更短，因此电气设计必须考虑维修吊装及运输安全性问题。

1.2　设计深度较差

现在的施工图设计深度多数达不到工程的实际使用要求和建设工程设计文件编制深度规定的现象极其普遍，主要存在设计文件可实施性方面的不足，直接影响到施工困难或产生错误，导致适用性的缺陷。由于达不到深度水平，未进行必要的计算或复核标注，往往使设计文件本身出现原则性错误而不能及早发现，会出现影响到项目建成后使用功能的严重问题。例如，按照深度要求电力及照明系统图及相应设备材料表中，应详细标明选择的电气设备及材料名称、型号、规格参数及数量。现在经济的发展使建筑市场繁荣兴旺，国家不可能对所有电气设备及材料规定统一的型号，现阶段设计标明显得极其重要，是业主和施工方订货的依据。

但事实上，近些年电气设计文件普遍习惯性只在系统图的设备符号旁标注该设备的型号或厂家产品编号，设备订货容易出现差错。如某工程电气设计，在系统图断路器符号旁仅标注A063M 20A，设备表未反映，也未注明名称及参数，而施工方理解为20A普通断路器，因查不到该产品编号另采购了一种断路器。后来在向监理报验时发现，原来A063M是海格公司生产的一种电磁式漏电断路器的产品编号，额定电流为20A，额定漏电动作电流值30mA。可见原图中这些回路是应设漏电保护的，但因标注不明确而采购错误，只有重新订货返工更换。

再如电气照明图中，主要房间及场所应标清照度标准值，需要设计者进行照度设计计算，按设计进行灯具配制。然而实际情况是主要工作场所的设计可达到要求，而附属工程基本达不到国家标准照度。还有许多电气施工图对电缆沟只标注走向和截面尺寸，对沟内支架及盖板没有任何要求，也有注明参照××图和××页。现在使用的国家标准图集中，对任何一种尺寸的电缆沟、支架及盖板做法都有多个可选择方案，设计未指定则施工时随意性大，往往满足不了实际需要，造成不必要的损失。

1.3　各专业协调不到位容易出现失误

对于防雷接地处理，现在普遍利用建筑物结构件钢筋作为防雷接闪器，引下线及接地与等电位联结装置，按规范要求必须在电气施工图中标明预埋件联结点位置，并说明敷设方式和技术要求、焊接或搭接及防腐等。在土建专业施工图中相关预埋件详图及说明标注。实际上很多施工图仅在电气图上有防雷接地图，标注说明十分简单，土建施工图中则没有任何相关的说明及要求，在施工过程中会出现问题。若施工技术人员经验不足或考虑不周产生遗漏，给土建及电气配合造成失误。最常见的是接地钢筋网连接点位错、漏焊和作为外引接地连接点或检测点的漏设。存在最多的是建筑物的转换层，因墙或柱内钢筋配置防雷引下线钢筋错接和焊错的现象时有发生。

另外，各专业管道、线路相互位置碰撞，交叉在一个部位的矛盾已经是施工图的多发病和常见病，哪个建设项目都会遇到。如给水管道及通风排气管，与照明灯具、电气、弱电管道碰撞或在一个位置，火灾探测器被通风、排烟管道遮挡，弱电控制及照明开关在同一个消防箱背后位置无法安装，这些都需要重新设计再二次安装。

1.4 边设计边施工造成的问题

一些建设单位在工程项目报批后，没有把总体设计完成就急于开工，而设计单位由于其他设计工作而不能完成设计图，造成施工过程中图纸不系统、完整，缺项、漏项很正常。边设计边施工虽然规定是不允许的，但事实上仍然存在，造成图纸送审的不完整和相互之间的矛盾。尤其是土建以外其他专业设计文件更加衔接不上，错误和相互矛盾很多，影响施工及质量控制，如施工的剪力墙上开洞安排风扇，问题就比较严重。

设计文件是工程施工与质量控制的依据，设计质量和深度是否达到设计规范要求，是建筑工程能否达到使用功能，施工过程中各专业密切协调配合顺利进行的关键。只有设计企业重视图纸审核质量，重视会签和施工前图纸会审，杜绝边设计边施工项目的实施，各专业协调配合，把问题消灭在设计过程中，施工质量才会得到保障。

2. 电气安装中常见问题及预防

2.1 电气设备和材料质量问题

常用电气主要材料设备存在问题包括：

（1）无产品合格证和生产许可证、使用说明书和检测报告等文件资料；导线电阻率偏高，熔点低，机械性能差，截面小于标准值，绝缘差，温度系数大，长度尺寸不够；动力照明插座箱外观很差，几何尺寸不方正，铁皮或塑料壳厚度不够，焊缝差，影响整体强度，容易腐蚀，耐久性差；电缆耐压低，绝缘电阻小，耐温低抗腐蚀性差，内部接头多且绝缘层与线芯严密性低；开关与插座导电值与标称值不相符，导电金属片弹性差，接触不良易发热，达不到设计使用要求，塑料盒阻燃低耐温安全性差；灯具光源粗糙，机械性低，容易生锈，使用寿命短；各种电线管外壁薄弱，镀锌层质量不匀，强度低，不耐折，弯曲性能差等。

（2）设备和材料质量预防措施。技术人员、监理及采购人员必须重视设计要求，进入现场的电气材料及设备要及早报监理工程师验收。在报验前，自己先查看是否符合型号、规格及性能参数，清点数量、合格证、检验报告、零配件和外观检查。

对重要设备材料的合格证或检验报告的质量产生怀疑时，及时封样到当地有资质的质检部门去检验，确认合格才能投入使用。

2.2　电线管敷设质量控制

电线管敷设存在的主要质量问题有：

（1）薄壁管替代厚壁管，普通钢管代替镀锌钢管，PVC 塑料管代替金属管等。金属管口毛刺不打磨直接对管焊接，丝扣连接处和通过中间接线盒时不焊跨接筋，焊接长度不够，点焊烧穿管壁等。镀锌管和薄壁管直接焊接，不用丝扣连接。穿线管弯曲半径过小，使弯角外瘪陷、弯皱，甚至死弯。管子转弯处不设过渡盒连接。管子埋墙或埋地段深度不够，在混凝土板中预留交叉过多，现浇板内敷设管子过分集中，成排、成捆影响该部位结构安全。管子通过伸缩缝沉降缝不设过路箱，留下安全隐患。明管或暗管进箱或进盒不顺直，挤成一团；且进箱线长度不一，钢管入箱不套丝，PVC 塑料管无锁紧纳子。钢管不接地或接地不牢，焊口烧坏保护层，未做防腐处理等。

（2）敷设质量问题的预防控制。施工必须按设计图纸和验收规范配管下料，管材不符合要求的专业监理人员把好关，不准使用。配管制作加工时要掌握：明配管只有一个 90°弯时弯曲半径 > 管外径的 4 倍；两个或以上 90°弯时，弯曲半径 > 管外径的 6 倍；暗配管时弯曲半径 > 管外径的 6 倍。埋入地下或混凝土中管子的弯曲半径>管外径的10倍。

镀锌钢管和薄壁管子内径<25mm的可选用不同规格的手动弯管器，内径大于32mm钢管要用液压弯管器，对PVC塑料管可根据内径选用不同规格的弹簧弯管，内径大于32mm的管用热煨弯，数量较多时可用专制的弯管烘箱加热。做到管子弯曲后表面不皱、不裂；PVC管对接时采用整料套管对接，并加胶粘结。如果配管过长要加过线盒穿线，直线30m以上，20m一个90°弯；15m两个90°弯；8m三个90°弯。

（3）不允许用切管器切割钢管，钢锯锯口要平并锉干净毛刺。当直径>40mm厚壁管对接应采取焊接方式，直径<32mm管应套丝连接，也可用套管紧定螺钉连接，不允许焊接。明管和暗管必须可靠接地。进入配电箱的镀锌管，薄壁管用专业接地线卡和>25mm的双包BV导线与箱体牢固连接，直径>40mm的管进入配电箱，可以用点焊法固定在箱体，要做防锈、防腐处理。

（4）管子埋入墙内或者地下，管子外表面距墙和地面深度要>20mm，墙和地面不要裂缝。混凝土预制板上敷设管子尽量不要交叉压上，几条线一根埋管的可多埋细直径穿插；严禁在现浇混凝土板内成排和成捆埋管。当埋管经过伸缩缝或沉降缝处，过渡箱盒按规定布置施工。

（5）明管和暗管进配电箱或盒时必须顺直。管子外径如果与箱体预留孔相符合应尽量使用；若管径比箱体孔眼小，要用开孔器开孔；当管径比箱体孔眼大时，应在箱体孔眼基础上再扩大，不允许在箱体上用电气焊烧孔。当进箱管子数量多成排时，要留适当的间隔。管子进箱体内长度要小于50mm，排列整齐、规范。

2.3 室内吊顶棚内布管

吊顶内配管存在的主要问题：

（1）管线走向不规则、不直、不正也不平。钢管跨接接地线焊接质量差，焊穿、夹渣、虚焊或只点焊。金属软管未做跨接地线，留管长度不够或过长外露，接线盒无盖板，除锈防腐不到位。吊支架设置位置不对，距离过大，也有将管子直接绑在吊筋或放在龙骨上，用钢丝随便绑住，既不规范也不安全。

（2）吊顶内配管存在的主要问题的预防处理。施工前要进行技术交底，要求在吊顶内配管按明管要求进行配置施工。尽量使管线横平竖直，少交叉、少弯曲。镀锌管或普通钢管跨接接地仍按明管规定去做，普通钢管各焊接处必须除锈干净，刷防锈漆和面漆。吊顶内上部的吊架、支架及管卡的设置必须按图纸施工，还必须除锈干净，刷防锈漆和面漆处治。

2.4　配电设施安装质量问题

配电箱体接线盒存在的主要质量问题是：

（1）这些箱体及吊扇钩未按图设置，位置偏移，箱盒不正，吊扇钩盒不正。

现浇混凝土剪力墙面、柱子内的箱盒歪斜错位，凹陷较深，管线无法进盒。墙面箱盒固定不牢，混凝土进入盒内无法清除，箱体未做防腐处理等。

（2）对配电箱体接线盒问题的预防。灯具、开关、插座及吊钩预埋时，按图纸要求定位。如同一室内成排布置的灯具和吊扇，中心允许偏差 <5mm；开关盒距门框边一般为 150 ~ 200mm，高度按设计；当设计无要求时，一般不低于 1.3m。

在预埋施工中根据现浇混凝土板厚度，将盒紧贴模板固定牢固。浇筑混凝土时，电工应值班保护埋管及盒不移位，随时纠正，不偏斜。预埋吊扇钩用直径 10 ~ 12mm 钢筋做成一个直径 40mm 圆圈，插入混凝土中与其他筋绑扎牢固。

2.5　导线穿管及质量问题

导线穿管及连接存在的问题：

（1）导线弯曲、扭转，硬拉进线管，管内接线头、线色标识混乱；导线连接形式乱，多股线不压鼻，多根单线压在一些，接头不搪锡，剥线工具损伤线保护层，螺栓少垫片弹簧；包扎不紧密，工序不到位，仅用塑胶带或黑胶布包扎，胶带及胶布保留不当、变质或过期，无粘结性、松弛，效果差。

（2）对导线穿管及连接质量的控制措施。导线质量在检查合格的基础上才能用，穿管时检查管口纳子和防护套。PVC 塑料管口纳子是否完整，查看管内是否掉进杂物，最好用压缩空气吹管内，也可用钢丝绑布条拉出杂物。放线时用放线盘缓慢放线，并把导线用棉纱包住把线抹直。凡是三相导线，ABC 相或色标红绿黄色区别。单相线用红色，PE 保护线用黄绿色，零线用蓝色。

（3）对裸露导线要搪锡。为防氧化，在每个接线螺栓或接线端子上连接的导线不多于 2 根，在螺栓接两根导线时中间加垫片。多股导线的连接宜采用镀锌铜接头压接。吊装灯头引下线用软导线并与吊链编织、交叉在一起进灯罩。对于单芯导线，可使用安全压线帽连接法。凡是搪锡的线头都要把焊渣清干净，防止焊物损伤导线，管内导线不允许接头。

对于导线的接头包扎，要先用橡胶带或塑料带用劲缠绕两圈，再用黑胶布或带胶塑料带缠绕两圈，包扎要紧密、结实，使胶带粘结一体，防止潮气、湿气侵入内部。

2.6　防雷接地质量问题

防雷接地存在的主要质量问题：

（1）接地极的避雷网施工中焊接不符合要求，电阻测试点设置也不符合要求。在彩钢屋面上用 10mm 镀锌钢筋作避雷网时，避雷接地极的测试点说明不妥当等。

（2）防雷接地质量问题的预防措施。现在对防雷接地极将桩基或基础主筋焊为一体，通过柱筋连接到避雷网。图上如要求断接卡测试点不妥，改为地极测试点，用 2.5mm × 25mm 镀锌扁钢引进；彩钢板避雷网带如果固定，正确利用彩钢板。

（3）当利用建筑物基础筋作接地极时，要用内外主筋把整个基础内外两根主筋一周搭接处焊牢，再把圈内纵横两边主筋与外周两根主筋焊牢。如桩基的，用两根桩筋按要求连接到基础主筋，按指定主筋焊在基础主筋上作为引下线。为确保质量，在钢筋搭接焊处再用10mm圆钢跨接。焊筋要求双面，搭接长度为钢筋直径的6倍。

（4）在高层建筑防雷接地施工时，9层以上的金属门窗框应用2.5mm×25mm镀锌扁钢与接地筋焊接，防止侧面雷击在门窗框上。从1层至顶层每隔一层圈梁外侧主筋搭接处，要跨筋焊牢，再接到避雷引下线的柱筋上作为均压环。

在建筑电气施工中，空调、消防、照明、弱强电、电气埋管及电缆沟的安装过程中，这些现象都程度不同地存在着。要提高安装工程质量，操作人员的技术素质是必不可少的关键环节，这是电气施工的根本所在。同时，各参与方是一个有机的整体，需要互相配合、协作支持、共同努力，才能使建设项目的安装达到合格产品。

4 建筑电气工程施工管理的要点

现代建筑工程中电气的作用极其重要，如何有效控制电气的施工质量，电气技术管理人员的作用十分重要。为了保证电气工程的施工质量及提高安全可靠性，电气管理人员应具备的技术素质，从施工图纸的审查过程质量管理控制，浅议电气工程的管理。

1. 电气工程的重要作用

工业与民用建筑中的电气工程，包括建筑中的强电和弱电，是整个建设工程的重要组成部分。所有建筑工程中混凝土结构是骨架和肉体，而血液和经脉则是建筑中的电气。传统的电气仅仅只是建筑物的照明、简单的动力设备控制配电以及进行防雷接地等。建筑电气在整个建筑工程中处从属地位。但进入20世纪90年代，电气工程得到了飞速发展，电力电子技术、控制理论与控制工程尤其是计算机科学的发展，更是超出了人们的想像。人们对生活和工作环境的要求随着经济文化的发展越来越高。电气技术人员面对以消防自动报警与联动控制系统、共用天线电视系统及建筑电话系统为主的考验，不仅要面对传统的电气技术和经典自动化控制技术，还要面对计算机网络技术、数字通信技术以及现代智能技术等在建筑工程中的具体应用问题。这使得电气工程的地位和作用显得非常重要，直接影响到整个建筑工程的工期、质量和投资效果；工程质量直接影响到整个建筑工程的设备安全运行、节能效果及建筑物在运行过程中设计功能的实现，包括工作、生活人员的舒适性、安全性及效率。特别是电气使用中的安全涉及设备安全运行，电气线路是否存在漏电或火灾隐患，火灾报警及联动控制系统功能是否完善，运行正常，消防设备及应急照明供电是否可靠，安保监控系统是否完备调控正常等。

2. 电气管理人员必备的能力及素质

电气工程技术人员对所承担的在建项目电气工程质量具有高度责任心，充分利用自己的专业水平和工程实践经验，深入实际，看清图纸，了解设计意图，细致地处理好技术、质量、进度、安全及签证管理工作。一个合格的电气管理工程师首先要有全面的专业知识，不仅要掌握强电各系统的内容及施工验收规范要求，还要具备丰富的各种弱电系统的知识和经验。同时，还必须熟悉各种有关的设计规范要求、主管部门的相关规定及要求等。

应用时间最长的强电系统技术虽然比较成熟，但是电气设备、材料及元配件种类繁杂，并且在不断改进变换，更新换代。要想真正掌握了解各种电气产品质量性能，若不经过艰苦努力，没有一定的经验积累和教训，是很难达到要求的。

现在建筑物的智能系统是一项综合性的系统工程，而且在技术应用上发展很快，投资比例也在上升，电气工程师必须不断地学习更新知识，掌握电气发展趋势，充实自己的知识，深入掌握各种建筑智能化系统和产品的技术性能、工程应用效果等。同时，电气工程师还应该具有综合的业务水平和工作能力，如工程招投标、概（预）算、工种之间协调配合等工作。

3. 电气工程图纸会审应重视的问题

对接到的电气施工图纸认真查看，是否符合电气规范或相关技术标准；设计是否经过优化更加合理，特别是建筑智能化设计。要防止盲目求大、求全，应以适用为主，考虑经济和投资回报。设计选择的产品应当是开放型的，便于条件具备时对系统扩充、互联和信息共享。

要根据工程功能情况，明确业主对其项目的定位和需要，向业主提供意见和建议。及早协调、明确设置哪些必要的系统，以便所设系统与主体工程同步施工。避免主体工程完工后再上系统，既难以实施又易造成对建筑物的破坏和不必要的浪费。审查设计是否体现了工程经济性、施工方便性精神，许多成熟的技术及材料是否在工程中有所体现及使用。

作为专职电气工程师，应该认真准备并组织好电气图纸的会审工作，不要走过场应付了事。切实认真审图，把影响工程质量、使用功能方面的问题尽可能在会审时解决。审图时要重视的问题是：

（1）只有通用说明部分而缺少专用说明部分的内容，应补充说明建筑概况，包括层数、层高、各层用途定位，工业类建筑还要说明厂房或操作间生产性质及危险等级。如设置防火自动报警系统，生产性质确定，对消防系统设计等，设计任务范围及本建筑设计电源引入电压等级，电线电缆敷设方式，报消防部门审核等。

（2）配电系统采取接地故障保护时，应进行总等电位联结设计，应设计总等电位联结端子箱的平面布置和结线示意图，或详细说明总等电位联结措施的具体施工做法。

（3）卫生间、厨房内是否采用普通型跷板开关；浴室等房间电气安全保护是否符合规范及验收要求；灯具是否有防水功能。

（4）预留套管、洞口是否位置合理，标高尺寸是否标注清楚；电缆桥架、插座母线、线槽盒位置、标高是否合理且方便施工安装，避免与风管、水电线交叉。

（5）火灾事故照明和疏散通道指示标志应有备用电源。若是蓄电池设计，图中应注明连续供电时间等。工业厂房灯具应当是防静电、防爆等，必须一一细致审查清楚。

4. 电气工程的质量要求

施工质量是工程的生命，一旦工程质量特别是电气工程出现质量问题，将直接影响到建筑物功能的安全及正常运行，影响到建筑物的社会及经济效益。

（1）施工准备阶段的质量控制：作为专职电气工程师，不能只停留在照图施工的水平上，要全面熟悉设计图纸，努力并善于发现图纸中的不足，及时提出处理意见。这对业主是维护了其利益，对自己也是保证质量的关键所在。要根据工程的实际情况编制施工组织设计，包括临时用电和施工技术方案，要求有完善的质量保证体系和保证质量的各种技术措施。更紧密地结合工程实际，使工程的施工方案能真正起到指导施工的依据。

在施工前要对施工班组人员进行工程总体技术交底，并对阶段的施工也进行详细交底，明确现行的操作规程和程序。对工程用的技术资料和表格、相关技术文件、要求、标准，做到心中清楚。对工程中所有的资料、设备进行考查和确认，为工程正式进行做好准备，并根据工程进度情况及时协调和调整。

（2）施工阶段的质量控制：①施工中必须根据各方参加会审后的电气设计图和相关设计文件，按照国家现行的电气工程施工及验收规范，行业及地方有关建设法规、文件，经过审查后的施工组织设计进行。施工阶段肯定会发现图纸问题，应及时进行报告并及早处理，不允许未经过同意私自更变设计。施工过程中要严格落实三检制，关键部位实施监理旁站制监督。严格推行规范化操作程序，编制符合规范、工艺标准的方便操作的质量控制程序。平常巡检时注意收集和整理资料，尤其是隐蔽工程验收资料及签证。未经有关人员在隐蔽工程验收表上签字，不允许进行下道工序施工，防止监督流于形式，并认真记录施工日志。

②在主体施工阶段质量把关：把好电气材料管材及线盒的预埋质量关，做到管与管、管与盒连接的牢固、紧密，防止堵塞且

绑扎牢固。开关和插座墙体定位要准确。浇筑混凝土时，要求每辆车有电工跟班，及时检查和处理是否有被损伤的线管线盒。同时检查预放均压环、避雷带、防雷引下线是否焊牢，焊接长度及质量是否符合设计及验收规范要求。

③安装及调试阶段质量把关：首先要实行样板工程引路，防止施工了大量埋设线路却发现存在问题，返工量大且影响到进度。对接地线的连接、接地端子的预留必须符合规范，外墙的金属门窗、栏杆及屋面的金属构件大部分作为防雷关键，做好工序衔接，防止遗漏；设备外壳接地应符合要求。重点检查吊顶内的线路，导线穿管敷设也必须符合设计要求。同时要求按程序进行，如所有电缆、插座母线、导线、设备必须经过绝缘测试合格后才能送电调试，严禁凭经验、凭感觉随便送电。

（3）设备运行调试质量控制：要按先空载后带负荷，先单体后联动进行。并要先对可调元件（如热继电器）调整至设计规定值，调试运行还要持续运行到规定时间，验证电气及机械性能的可靠性。发电机自启动与市供电切换，双电源末端切换的调试，尽管实施时比较简单，但往往因简单而不重视或因各工种之间协调不好而出现问题。

消防泵的控制因涉及降压启动、现场手动、消防控制室手动、自动启动及自动互投等控制，往往涉及几家安装调试，容易出现技术上协调配合的问题，加之设计上可能存在的某些不足，会影响到调试和验收。电气工程师必须及早熟悉图纸及厂家提供的二次线路图、控制原理图，及早发现或预见可能出现的问题，早作预防处理。这部分调试十分重要，有时极小的一点问题会影响整个消防系统的验收，必须引起足够重视。

5. 做好控制工程造价工作

电气工程的管理不但技术是重点，而且也应控制费用。首先要了解电气工程的合同内容规定，工程造价确定的依据和执行定额的版本。对工程图纸中工程量进行详细核准，做到一点不差，还要对现场的工程量同图上工程量对照比较；如果超出图纸工程量，不要盲目进行签证。对于预算方面，应熟悉定额中的取费标准、电气材料的价格、工程量的计算规则等。

综上所述，随着电气技术的发展和应用，对建筑电气工程的管理水平越来越高，技术也更加复杂。作为专业管理电气工程师，必须具有高素质的水平和严谨的作风、丰富的实践经验，不断学习、提高专业水平，把电气施工做扎实，使安装质量合格，以良好的形象为企业和业主交出符合设计和验收满意的电气产品。

5 建筑电气工程中重视开关插座的选择

各类建筑工程中，开关插座是使用者每天接触的器具，由于是电气系统的终端，安全使用是最值得关注的末梢神经。这些开关及插座控制着建筑工程内的灯具、电器的开启与闭合，确保用电设备具有稳定、安全的供电连接。建筑电气施工安装人员对所有开关插座的安装工艺要求必须是很熟悉的，但是对开关插座的本身质量、内部构造却不可能深入、细致了解。常用的开关插座有多种型号，用于不同的场所和不同的使用功能，使用的型号也不尽相同，在设计的电气施工图上会有明确的规定和要求，在采购时按照设计要求就可以。但是准确了解开关插座的材质、内部构造及质量，对于采购符合设计要求、质量性能达到电气验收标准的开关和插座，保证安全耐久使用极其重要。

1. 开关质量是采购的关键

（1）外观质量的选择：电气开关外壳材质用 PC 料是比较优质的面板材料，PC 料又称作防弹胶，它的阻燃性、绝缘性、耐高温及抗冲击性能都比过去使用的尼龙 66 材料更加优秀。使用实践表明，PC 料制作的开关面板产品，在恶劣的气候环境下可以正常使用，即不变色、不发黄和耐老化能力好。但是由于 PC 材料的价格相对其他材料要高一些，使得一些厂商会采用其他材料做面板，例如尼龙 66、电玉粉等替代 PC 材料，或是只在表面用 PC 料，而在底座上使用尼龙材料。现在建筑电气市场上比较好的开关正面板和背面的底部都会使用 PC 材料，而较多的开关会在底座上用黑色的尼龙料代替PC材料，这样制作费用会降低一些，性能也相应降低。另外，一些厂家也适应了使用者对开关面板的传统认识，采用枫木及合金材质作为开关面板材料，为使用者提供较多的可选择性。

（2）开关内部结构质量：开启及关闭过程中导线零件的接触点即是触点。对于触点，应当是大的比小的好，还要看什么材质。目前触点的制作材料有三种，即纯银、银镍合金和银镉合金。过去用开关多采用纯银或是银镉合金作为触点的材料，由于纯银比较软，银镉合金容易产生污染，都不是用作触点最合适的材料。银镍合金是现在比较好的触点材料，硬度比较适当，导电性也好且不易氧化、生锈。现在许多大型生产厂家都选择使用银镍合金材料，作为开关触点的首选材料。银镍合金材料的性能要比纯银或银镉合金都好。用此材料作为触点，不仅可以防止开关启闭时的电弧引起氧化，更重要的是触点不变形，硬度及刚性好，不会扩散，具有更好的分断能力，从而使开关达到更长的耐久寿命，更加安全、可靠。某知名度高的开关面板，其开闭次数已达到4万次以上，超过国际规定2万次的要求，使用者更有保障。

（3）开关外观质量要求：现在使用的各种开关大部分是大翘板式样，外部观感及手感都比传统的拇指式的要好些。大翘板式样开关最有效地减少了手与面板缝隙之间的接触，预防因手部潮湿可能产生的意外触电危险。对于大多数用户来说，产品的外观只能是凭直感判断，表面色泽均匀、光洁、平滑、质感好的产品一般属于合格开关面板。另外，使用者还应当选择面板上粘贴的商标合格证及品牌，标识清晰、整洁、表面无任何缺陷的产品。在实际检查试看时要注意，优质开关的弹簧软硬度适中，弹性比较好，开和关的转切力度比较好。而一些质量较次的开关，在使用一段时间后，会出现开关按钮停在中间某个位置的现象，从而埋下引起火灾的隐患。还可以用手掂量开关的重量，质量符合要求的开关因为内部使用了铜及银金属，有一定的手感重量，而一些质量低劣的开关，感觉是轻飘、无质感。

（4）开关需要人性化产品：现在建筑市场上知名品牌的开关面板上都会有夜间指示灯。有的面板灯是用最传统的荧光涂料夜间指示的方式，也有的采取用电源发光的形式。而电源发光的形式中又分为 LED 灯和氖光灯两种。与传统的荧光涂料方式相比，电源发光的形式无论是环保方面还是使用方面，更容易使消费者舒适和接受。同时，随着家用电器功率的逐渐加大，对开关通电的负荷要求也有所提高，尤其关系到通电的一瞬间，许多劣质开关被瞬间电流即刻烧毁，而质量合格的开关应当通过 16A 以上的电流无安全隐患，而普通开关最多只能通过 10A 电流。

2. 电气插座质量的控制

（1）插座内保险挡片要求。插座内保险挡片是不可缺少的部件，在选择插座时一定要认真查看带有保险挡片的合格品。建筑电气市场上，多数品牌的插座都是有保险挡片的，不过质量却有高低之分。质量好的保险挡片单插一个孔时插不进去，只有两个孔同时插时才能顶开保险挡片。选购插座时，一般用螺丝刀插两个孔的一边或三个孔下边的任一个孔，稍微用点劲插入进去就是单边保险挡片，其挡片只是起到防尘灰作用，安全性不足。

（2）插口内材料质量。插口内用肉眼看到的是近似黄色，表示插口内材料用的是黄铜，一般不要选择为好。因为黄铜容易生锈且质地略软，用的次数多了，导电性能会降低。若是孔内看到的是紫色，说明插孔内材质属于锡磷青铜，这样材质的插座质量应该是比较好的产品，因锡磷青铜韧性比较优良，不易产生锈蚀。但是还应该拆开观察，只是从孔内看还是有问题。现在许多插座只有插座孔口部位用锡磷青铜，而内部全是黄铜，同样也会生锈。合格的插座采用的锡磷青铜作元件，由于其导电性能高，抗氧化疲劳及弹性好，耐磨，延长了使用年限。

（3）夹片牢固及插孔距离质量问题。插座孔处夹片紧固质量对使用影响较大，选择时认真检查夹片的紧固质量，插入时用力平稳也是一个重要原因。规范要求，一个插座的夹紧弹片必须达到插拔次数大于 5 千次以上。而质量优异插座的插入和拔出达

1.5 万次仍完好。

对于插孔之间的距离，有些产品的制作不合格。如二孔插口和三孔插口距离比较近，插头若插了三孔插口，如果插头比较大，把其他位置占据，两孔插头就无法插入使用，只能够用一个插头，因此在选择时一定重视孔位之间的距离。

3. 安全质量认证及标准执行

国家对于电气开关插座有严格的规定，并制定强制性安全认证（CCC）标志。合格开关插座必须是经过国家机构认证，并符合电气行业标准的产品。合格的国内品牌通常是经过 3C 认证、ISO9000 系列认证等严格程序。而一些国际品牌在通过 3C 认证外，还要获得相应国际及其国家的安全认证程序。由于电气开关插座的用途十分广泛及高使用频率，因此安全问题极其重要。为达到安全耐久性，认证工作需要经过一个过程，而且标识标注要明显地在产品本身及说明书中。

为了确保使用过程中的安全，必须选择通过质量安全认证的合格品。现行的国家标准有：《家用和类似用途单相插头插座 型式、基本参数和尺寸》GB 1002—2008、《家用和类似用途插头插座　第一部分：通用要求》GB 2009.1—2008、《家用和类似用途插头插座　第二部分：器具插座的特殊要求》GB 2009.2—1997 和《家用和类似用途固定式电气装置的开关》GB 16915.1—2003 ~ GB 16915.4—2003 标准。

通过上述分析可知，建筑工程中使用的开关及插座与人们的日常生活息息相关，质量隐患处处存在。作为一般工程施工人员，对其产品的材质及构成并不是十分了解，对此，必须要掌握开关插座的材质、内外部基本构造及质量要求，以达到正确选择及安全使用。

6　电信光缆敷设施工及质量控制

光通信技术在国内外得到了飞速发展，光缆作为信号与数据传输的载体，正确安装敷设是实现光通信的前提和保证。一般来说，光缆敷设可分为四种方式，即：直埋敷设光缆、管道敷设光缆、架空敷设光缆和水底敷设光缆。其中，最多的是长途通信网中直埋敷设光缆，而管道敷设光缆作为一种新的敷设方式，也以其独特的优势在众多领域得到了推广应用。影响光缆施工质量的因素比较多，如原材料存在缺陷、设计考虑不周、施工方法错误及违章作业等。这些问题是可以通过加强各个环节管理避免和防范的，有些则是由不可控制因素造成的（如气候环境及地质地理因素），因此要通过不断地改进施工工艺方法，在施工阶段尽量采取预防保护措施，以减少缺陷或不足，保证施工质量的提高。

西部原油成品油双埋管道工程，与输油管道并行敷设一条光缆通信线路，以满足输油工程数据传输与过程控制需要。光缆沿途经过路线地形比较复杂。为了确保光缆通信线路质量，必须认真分析施工过程中可能遇到的困难和影响光缆施工质量的因素，总结类似工程经验，采取切实措施，保证光缆施工质量不受影响。

1. 预防光缆被挤压的措施

造成光缆被挤压而损伤的原因，除了不按要求违规操作外，最常见的还有两种情况：一是在沟渠与水网地带，由于回填土与河床原状土不同，即使把回填土夯得再实也会因河水的浸蚀、冲刷而使光缆移位至管道的下部，从而使光缆损伤；二是当管道处于架空或悬空状态时，光缆可能在其保护管的管口处损伤。为防止这两种光缆损伤的现象重复发生，可以采取以下一些措施：(1) 在沟渠与水网地带，当管沟里的水被抽干时，先在预放光缆的一侧垫上细土并夯实，然后放上光缆，再在光缆上每隔 2m 用装好土的编织袋压上；当管沟里的水不可能抽干且存在稀泥时，每隔 3m 用两个装好土的编织袋把光缆固定在两个编织袋中间，用塑料绳扎紧编织袋，然后将光缆与编织袋缓慢放入沟底。(2) 当管道悬空时，光缆也是悬空的；如果在悬空的这一段加上保护管，光缆就可以在保护管底部受到挤压而损伤。对此，应该采取的措施是在保护管底部加一弯头，且将保护管口制成喇叭形，如图 1 所示。

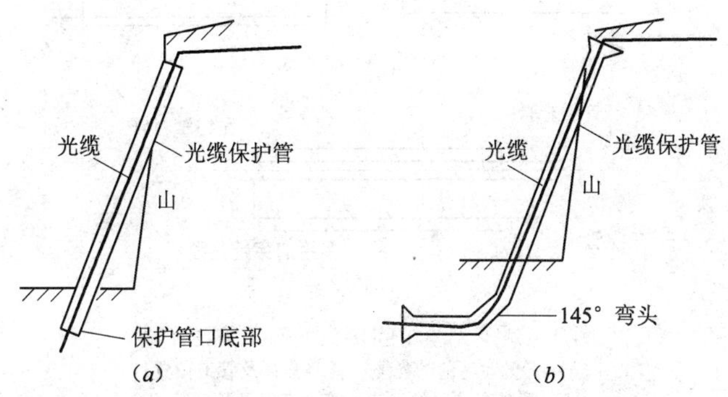

图 1　管道悬空时防止光缆被挤压的措施

(a) 采取保护措施前；(b) 采取保护措施后

2. 减少光缆接头的施工控制

(1) 主管道穿越滞后段的敷设：当主管道套管已经敷设，要穿越的道路两侧管沟已经开挖，但主管道不能及时穿越时，为了不裁断光缆，可采取如图 2 所示的方法敷设光缆。即在主管道穿越前，光缆在穿越侧预留一段，应大于穿越段保护管全长，并穿入光缆保护管；然后，将光缆先单独穿过主管道保护套管，并继续向前敷设，这样公路两侧的管沟就可以及早回填。之后，主管道穿越时，把光缆保护套管固定在要穿越的主管道上。当主管道移动时，在穿越的另一端同时牵引光缆，使光缆保护套管和光缆也同时随着主管道移动，以防止光缆在主管道上拧绞或打钩。主管道穿越后预留光缆移至道路另一侧，盘圈埋在地下。这样处理有两个好处：一是穿越段无接头，另一个当以后穿越处光缆出现了故障，预留段不但可以利用，而且光缆截断后仅需要重新接一个头就可以修复了。

(2) 山区光缆的配盘与敷设：在山区或坡地光缆的配盘时应充分考虑地形地貌特点，并针对现场复杂地形，光缆配盘长度不仅要有富余量，而且要求宁长勿短，长度富余量较平地段更长些，只有留足才能减少接头数量。

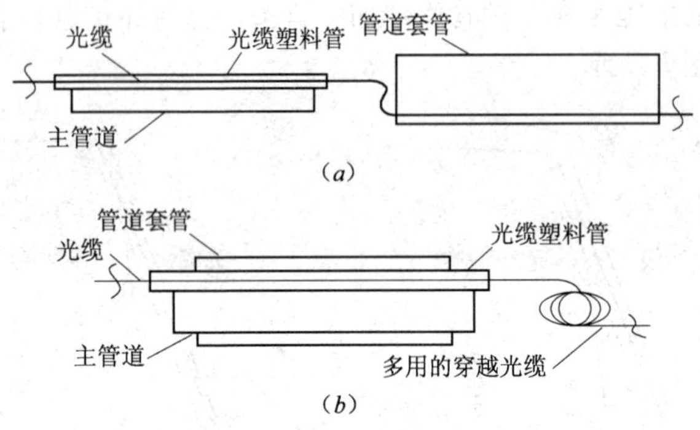

图 2　减少光缆中间接头的施工方法示意
(a) 管道穿越前的光缆、管道套管及管道位置;
(b) 管道穿越后的光缆、管道套管及管道位置

3. 定向穿越光缆的穿管方法

光缆保护套管长度不够焊接时，保护管内已经穿有一根牵引钢丝绳，钢丝绳不能有接头及断股，钢丝绳的直径要根据定向钻孔和光缆的长度决定。牵引光缆过管时，在牵引钢丝绳尾部系一根约 2m 长且与光缆最大允许张力相当的尼龙绳，再在尼龙绳尾部系待牵引过管的光缆。为了确保安全，在光缆套管内的牵引钢丝绳尾部再系一根等于或大于光缆套管长度的预备钢丝绳。此时，尼龙绳可保证光缆受到的牵引力不超过规范要求，而后备钢丝绳确保在尼龙绳断裂后还可以采取补救措施。

4. 光缆保护管口的处理方法

如果管道套管内用的光缆保护管为硬质塑料管时，因需要在穿越的主管道套管口处用沥青麻刀和热收缩套进行封堵，高温下主管道套管口处的光缆保护管很容易被熔解，甚至会损伤光缆。因此在穿越光缆时，在两侧套管口处各加一段长度为 1.2m 的钢管加以保护，钢管口两端均做成喇叭口形，钢管口与硬质塑料管口的两侧均应用热收缩套或是环氧树脂封堵，如图 3 所示。

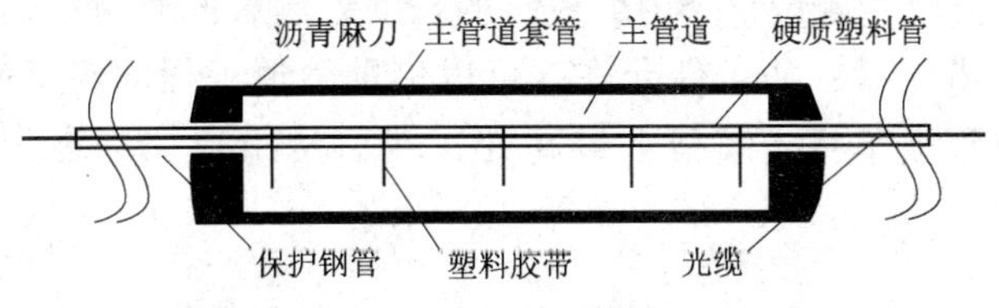

图 3　光缆保护管口的处理方法示意

5. 水冲沟地段的施工处理

在山区域当水冲沟深度较大时，光缆很容易在此部位损伤或出现较大耗损，对此可以采取两种保护光缆措施：一种是定向钻法，另一种即大开挖施工。

（1）当冲沟两侧不能进行大开挖时，则采取单边定向钻和大开挖的方式敷设。两侧的定向钻孔和沟底的电缆都要加设保护套管，保护管口用热收缩套或环氧树脂封堵，见图 4。

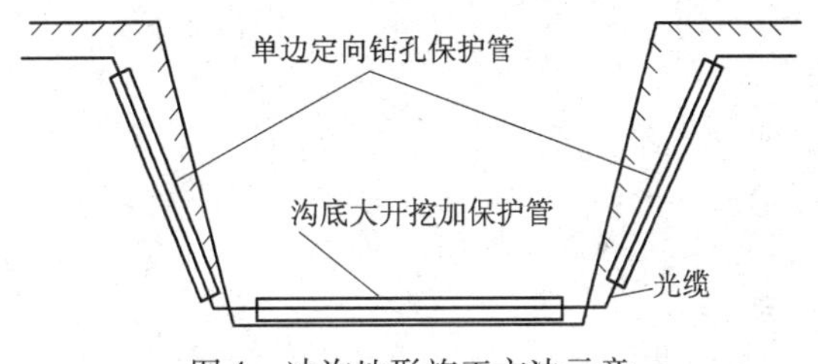

图 4　冲沟地形施工方法示意

（2）当冲沟两侧可以进行大开挖时，为了安全及以后维修方便，应将整个钢缆都要加钢保护套管，并采取 135° 的弯头。与两侧钻孔法相比，此方法可以方便地将光缆抽出更换。

6. 加快光缆敷设的进度

（1）地滑轮的使用：当地形变化比较大，人和机械不能到位时，可以局部采取地滑轮辅以人力或机械牵引布放光缆。滑轮的布置与固定都要保证光缆在施放时不受到损伤，尤其要重视转向滑轮的选择、设置与固定。还要有专人监视滑轮的运行状态并使通信联络畅通，这样既保证施工安全又能加快进度。

（2）从高处向下敷设光缆：山区和地形变化大的地段敷设

光缆时，应先测量整个山坡线路的长度，然后根据测量的长度进行光缆配盘；如条件允许，可以借助管道工程的施工便道，利用拖管板车将光缆拖上最高处，然后从山顶往下逐步敷设光缆。

参 考 文 献

1 曾凡生，等．钢筋混凝土框-撑结构在多层建筑设计中的探讨［J］．建筑结构，2007（10）

2 王晓伟．砌体结构设计与施工［M］．北京：中国建筑工业出版社，2004

3 高　谦，等．地下工程系统分析与设计［M］，北京：中国建材工业出版社，2005

4 李宏婕．城市地下空间的开发和利用［J］．城市，2004（6）

5 徐培福．复杂高层建筑结构设计［M］．北京：中国建筑工业出版社，2005

6 张俊松．夏热冬冷地区外墙自保温体系与建筑节能［J］．住宅科技，2008（4）

7 刘士红，等．蒸压砂加气混凝土自保温体系应用与研究［J］．新型建筑材料，2007（12）

8 田学春．蒸压加气混凝土砌块砌筑抹灰砂浆［J］．墙体革新与建筑节能，2008（10）

9 顾同曾．加气混凝土单一保温节能墙体体系的再议论［J］．中国建材，2008（9）

10 王宗昌．建筑保温节能施工常见问题及对策［J］．北京：中国建筑工业出版社，2009

11 王宗昌．建筑及节能保温实用技术［J］．北京：中国电力出版社，2008

12 王宗昌．建筑工程质量通病预防控制实用技术［J］．北京：中国建材工业出版社，2007

13 王宗昌、尹金生．建筑施工细部操作质量控制［J］．北京：中国建筑工业出版社，2007

14 王宗昌、方德鑫．建筑工程质量控制实例［J］．北京：科学出版社，2004

15 王宗昌．建筑细部操作技术［J］．北京：中国建材工业出版社，2001

16 王宗昌．建筑工程施工质量问答（第二版）[J]．北京：中国建筑工业出版社，2006
17 王宗昌．建筑工程质量百问（第二版）[J]．北京：中国建筑工业出版社，2005
18 王宗昌．实用建筑施工技术（第二版） [J]．北京：中国计划出版社，2004
19 刘苏文．影响混凝土多孔砖强度的工艺因素 [J]．新型建筑材料，2008（2）
20 王洪镇．断热节能复合砌块的研制及建筑保温系统的应用研究 [J]．新型建筑材料，2009（4）
21 张传成，等．低能耗天棚辐射制冷和采暖系统 [J]．建筑技术开发，2004（4）
22 郝满晋，等．混凝土中心空调墙 [J]．新型建筑材料，2008（8）
23 孙蒙杰．保温节能墙体施工工艺 [J]．建筑科学，2007（1）
24 李立权．混凝土配合比设计手册 [M]．广州：华南理工大学出版社，2003
25 张承志．预拌混凝土 [M]．北京：化学工业出版社，2006
26 丁抗生，等．全计算法混凝土配合比设计模板 [J]．预拌混凝土，2005（2）
27 彭　杰，等．对高强混凝土耐久性评价方法的探讨 [J]．建材技术与应用，2003（1）
28 易　成，等．NEL 法与 ASTMC1202 法氯离子渗透性对比试验研究 [J]．混凝土，2007（3）
29 巴恒静，等．高性能混凝土的早期自收缩测试方法研究 [J]．工业建筑，2003（8）
30 申爱琴，等．聚合物改性超细水泥修补混凝土结构物微裂缝的性能机理 [J]．中国公路学报，2006（4）
31 史美东，等．补偿收缩混凝土的应用技术 [M]．北京：中国建筑工业出版社，2006
32 陈建奎，等．高性能混凝土配合比设计新法—全计算法 [J]．硅酸盐学报，2002（2）
33 周明华．商品混凝土质量事故预防对策 [J]．建筑技术，2002（4）
34 刘祥顺，等．预拌混凝土质量检测控制与管理 [M]．北京：中国建材

工业出版社，2007
35 刘立军，等. 混凝土渗透性概念的细化及其测试方法［J］. 混凝土，2009（1）
36 史志华，等. 钢筋混凝土结构件正常使用极限状态可靠度的研究［J］. 建筑科学，2002（6）
37 吴中伟. 高性能混凝土——绿色混凝土［J］. 混凝土与水泥制品，2000（1）
38 中国土木工程学会. 高强混凝土结构设计与施工指南（二版）［M］. 北京：中国建筑工业出版社，2001
39 戴鹏飞. 高强混凝土配合比设计浅析［J］. 北方交通，2008（3）
40 洪乃丰. 基础设施腐蚀防护和耐久性［M］. 北京：化学工业出版社，2003
41 王 军，等. 矿渣水泥混凝土抗海水浸蚀性能研究［J］. 腐蚀与防护，2006（8）
42 吴金岳. 环氧涂层钢筋及其应用［J］. 腐蚀与防护，2004（3）
43 王 丽，等. 渗透型混凝土保护剂的应用. 新型建筑材料，2008（3）
44 徐定华. 混凝土材料实用指南［M］. 北京：中国建材工业出版社，2005. 7
45 黄士元. 高性能混凝土发展的回顾与思考［J］. 混凝土，2003（7）
46 陈肇元. 混凝土结构的耐久性设计方法［J］. 建筑技术，2003. 34（5）
47 王春武，等. 预应力混凝土框架结构的抗震设计探讨［J］. 工程抗震与加固改造，2005（5）
48 吴 京，等. 混凝土结构间接应力及裂缝控制研究［J］. 工业建筑，2006（5）
49 袁永松. 大体积混凝土施工技术标准探讨［J］. 施工技术，1998（5）
50 李彰明. 软土地基加固的理论、设计与施工［M］. 北京：中国电力出版社，2006
51 徐荣午，等. 工程结构裂缝控制——王铁梦法应用实例集［M］. 北京：中国建筑工业出版社，2005
52 韩素云，等. 钢筋混凝土结构裂缝控制指南［M］. 北京：化学工业出版社，2004
53 徐荣年. 工程结构裂缝控制［M］. 北京：中国建筑工业出版社，2005
54 张明辉，等. 高抗裂、高抗渗混凝土在高层建筑地下结构工程中的应

用研究. 建筑施工, 2008 (5)
55 刘 敏. 自密实 C40 混凝土设计与工程应用. 低温建筑技术, 2007 (2)
56 傅沛兴, 等. 自密实混凝土检测方法探讨 [J]. 混凝土, 2006 (9)
57 刘华良, 等. 自密实混凝土测试方法与技术研究 [J]. 混凝土, 2008 (3)
58 王群力. 新型轻质发泡混凝土砌块及节能墙体的性能研究 [J]. 砌块与墙板, 2006 (10)
59 闫振甲. 泡沫混凝土实用生产技术 [M]. 北京: 化学工业出版社, 2006
60 邓寿昌, 等. 废弃混凝土再生利用的现状分析与研究展望 [J]. 混凝土, 2006 (11)
61 王思源, 等. 再生混凝土应用的关键问题 [J]. 混凝土, 2008 (4)
62 肖建庄, 等. 再生混凝土耐久性研究 [J]. 混凝土, 2008 (5)
63 韩林海. 现代钢管混凝土结构技术 [M]. 北京: 中国建筑工业出版社, 2007
64 中国建筑工程总公司. 清水混凝土施工工艺标准 [S]. 北京: 中国建筑工业出版社, 2005
65 吴之乃, 等. 建筑业 10 项新技术及其应用 [M]. 北京: 中国建筑工业出版社, 2004
66 陈昌礼, 等. 硅粉混凝土的基本性能与工程应用. 新型建筑材料, 2008 (4)
67 潘志峰, 等. 植生型多孔混凝土抗冻性试验研究 [J]. 混凝土与水泥制品, 2007 (1)
68 万荣桂, 等. 现浇护堤植生型生态混凝土耐久性试验研究 [J]. 工业建筑, 2005 (6)
69 龙文志. 双层结构幕墙 (一) [J]. 建筑知识, 2004 (6)
70 高 望, 等. 玻璃幕墙的遮阳节能技术 [J]. 设计研究, 2005 (6)
71 王雅文, 等. 防治铝合金玻璃幕墙雨水渗漏应采取的措施 [J]. 门窗, 2007 (7)
72 涂逢祥. 节能窗技术 [M]. 北京: 中国建筑工业出版社, 2004
73 曹立辉, 等. 天津地区居住建筑合理开窗与冬季节能关系 [J]. 建筑技术, 2005 (10)
74 付祥钊. 夏热冬冷地区建筑节能技术 [M]. 北京: 中国建筑工业出版社, 2003

75 罗江海，等. Low-E 中空玻璃节能效果计算与分析［J］. 中国建材，2008（1）
76 郭　红，等. 铝合金窗和塑料窗节能性能的比较及设计选用原则［J］. 建筑科学，2006（6）
77 王建华. 建筑外窗节能问题与技术措施［J］. 工业建筑，2006（1）
78 简毅文，等. 窗墙比对住宅供暖空调总能耗的影响［J］. 暖通空调，2006（6）
79 成维川，等. 夏热冬冷地区建筑飘窗挑板宽度对能耗的影响［J］. 新型建筑材料，2009（4）
80 赵　越，等. 地面辐射供暖的设计和思考［R］. 北京建筑设计研究院，2002
81 亢燕铭，等. 地板辐射供暖的节能效应分析［J］. 暖通空调，2001（4）
82 周妹萌. 热水用塑料管材的性能及应用［J］. 塑料科技，2005（3）
83 张玉川. 标准是建筑用塑料冷热水管健康发展的保证［J］. 化学建材，2005（6）
84 王长贵，等. 新能源在建筑中的应用［M］. 北京：中国电力出版社，2004
85 邓　辉. 太阳能技术在民用建筑中的应用［J］. 工程建设与设计，2009（7）
86 张评衔. 建筑节能及太阳能建筑［J］. 工程建设与设计，2009（7）
87 任倩岚. 夏热冬冷地区屋面构造节能新方法探讨. 工业建筑，2007（5）
88 住宅建筑围护结构节能应用技术规程 DJ/TJ-08-206-2002
89 住宅建筑节能工程施工质量验收规程 DJ/TJ-08-103-2005
90 王继成. 冬天地面砖拱起的原因与对策. 新型建筑材料，2009（4）
91 张国良. 住宅建筑电气节能措施［J］. 住宅科技，2008（12）
92 郭　霞. 建筑电气设计节能措施分析探讨［J］. 四川建材，2008（4）
93 杨　彤. 现代建筑电气节能设计［J］. 电气应用，2006（8）
94 民用建筑电气设计手册（第二版）［K］. 北京：中国建筑工业出版社，2007
95 长途通信光缆塑料管道工程验收规范［S］YD5043-2005
96 周秋萍，等. 光缆施工技术及质量控制措施. 石油工程建设，2008（3）

尊敬的读者：

感谢您选购我社图书！建工版图书按图书销售分类在卖场上架，共设22个一级分类及43个二级分类，根据图书销售分类选购建筑类图书会节省您的大量时间。现将建工版图书销售分类及与我社联系方式介绍给您，欢迎随时与我们联系。

★建工版图书销售分类表（见下表）。

★欢迎登陆中国建筑工业出版社网站www.cabp.com.cn，本网站为您提供建工版图书信息查询，网上留言、购书服务，并邀请您加入网上读者俱乐部。

★中国建筑工业出版社总编室

电　话：010—58337016

传　真：010—68321361

★中国建筑工业出版社发行部

电　话：010—58337346

传　真：010—68325420

E-mail：hbw@cabp.com.cn

建工版图书销售分类表

一级分类名称（代码）	二级分类名称（代码）	一级分类名称（代码）	二级分类名称（代码）
建筑学（A）	建筑历史与理论（A10）	园林景观（G）	园林史与园林景观理论（G10）
	建筑设计（A20）		园林景观规划与设计（G20）
	建筑技术（A30）		环境艺术设计（G30）
	建筑表现·建筑制图（A40）		园林景观施工（G40）
	建筑艺术（A50）		园林植物与应用（G50）
建筑设备·建筑材料（F）	暖通空调（F10）	城乡建设·市政工程·环境工程（B）	城镇与乡（村）建设（B10）
	建筑给水排水（F20）		道路桥梁工程（B20）
	建筑电气与建筑智能化技术（F30）		市政给水排水工程（B30）
	建筑节能·建筑防火（F40）		市政供热、供燃气工程（B40）
	建筑材料（F50）		环境工程（B50）
城市规划·城市设计（P）	城市史与城市规划理论（P10）	建筑结构与岩土工程（S）	建筑结构（S10）
	城市规划与城市设计（P20）		岩土工程（S20）
室内设计·装饰装修（D）	室内设计与表现（D10）	建筑施工·设备安装技术（C）	施工技术（C10）
	家具与装饰（D20）		设备安装技术（C20）
	装修材料与施工（D30）		工程质量与安全（C30）
建筑工程经济与管理（M）	施工管理（M10）	房地产开发管理（E）	房地产开发与经营（E10）
	工程管理（M20）		物业管理（E20）
	工程监理（M30）	辞典·连续出版物（Z）	辞典（Z10）
	工程经济与造价（M40）		连续出版物（Z20）
艺术·设计（K）	艺术（K10）	旅游·其他（Q）	旅游（Q10）
	工业设计（K20）		其他（Q20）
	平面设计（K30）	土木建筑计算机应用系列（J）	
执业资格考试用书（R）		法律法规与标准规范单行本（T）	
高校教材（V）		法律法规与标准规范汇编/大全（U）	
高职高专教材（X）		培训教材（Y）	
中职中专教材（W）		电子出版物（H）	

注：建工版图书销售分类已标注于图书封底。